KB090609

과학의 민중사

A PEOPLE'S HISTORY OF SCIENCE
: MINERS, MIDWIVES, AND "LOW MECHANICKS"
BY CLIFFORD D. CONNER

과학의 민중사

과학 기술의 발전을 이끈 보통 사람들의 이야기

A PEOPLE'S HISTORY OF SCIENCE

클리퍼드 코너

김명진, 안성우, 최형섭 옮김

사이언스북스
SCIENCE BOOKS

폴 시겔(1916~2004년)을 기리며

태초에 말씀이 계시니라. —「요한복음」

태초에 말씀이 있었다고? ……

아니, 태초에 행위가 있었다. — 괴테,「파우스트」

차례

감사의 글

이 책의 제목에 있는 '민중'이라는 단어를 본 사람들은 내가 그렇고 그런 저자들 중 한 사람이라는 의심을 품을지 모른다. "어떤 특정한 차원의 역사를 독자 앞에서 흔들어 대면서 이것이 잊혀졌던 위대한 비법(grand arcanum, 연금술에 나오는 전설적인 물질인 '현자의 돌'을 만드는 비방을 가리키는 말 — 옮긴이)이자 클레이오(Kleio, 그리스 신화에 나오는 역사의 여신 — 옮긴이)의 수수께끼를 푸는 열쇠라고 주장하는" 그런 저자들 말이다.[1] 그와는 정반대로, 과학의 민중사를 구성하는 요소들은 수많은 역사학자들에 의해 이미 만들어져 있다. 그들의 연구는 척박한 땅을 갈아 씨앗을 뿌려 놓았고, 이는 이 책을 만들어 내는 데 없어서는 안 될 역할을 했다. 여기서 내가 맡은 임무는 그들이 이뤄 낸 발견들을 종합하고 이를 비전문가 독자들이 읽기에 적합한 일관된 줄거리로 제시하는 데 있다고 생각한다.

나는 과학 민중사의 창안자인 보리스 헤센(Boris Hessen)과 에드거 질셀(Edgar Zilsel), 그 뒤를 이은 핵심 연구자인 존 데즈먼드 버널(John

Desmond Bernal)과 조지프 니덤(Joseph Needham), 현재 활동 중인 연구자들인 윌리엄 이먼(Wiliam Eamon), 스티븐 섀핀(Steven Shapin), 패멀라 스미스(Pamela Smith), 데버러 하크니스(Deborah Harkness), 에이드리언 데즈먼드(Adrian Desmond), 스티븐 펌프리(Stephen Pumphrey) 등으로부터 많은 빚을 졌다. 그 외 내가 그들의 저작에서 크게 도움을 얻은 이들로는 에바 저메인(Eva Germaine), 라이밍턴 테일러(Rimington Taylor), 실비오 베디니(Silvio Bedini), 데릭 존 드 솔라 프라이스(Derek John de Solla Price), 로저 한(Roger Hahn), 로이 포터(Roy Porter)가 있다. 나는 과학의 사회사를 개척한 두 명의 학자 제임스 제이컵(James Jacob)과 마거릿 제이컵(Margaret Jacob)을 대학원 시절 은사로 모실 수 있었다는 점에서 특히 운이 좋았다. 두 사람은 이 책을 쓰도록 이끈 아이디어들을 내게 소개해 주었다. 그러나 내가 그들의 저작을 이용해 쓴 이 책의 내용은 전적으로 나 자신의 책임이다.[2)]

1970년대와 1980년대 내내 발간된 잡지 《민중을 위한 과학(*Science for the People*)》은 과학과 사회의 관계에 대한 나 자신의 이해를 형성하는 데 도움을 주었다. 아울러 이 책은 앞서 나온 민중사들, 그중에서도 특히 아서 레슬리 모턴(Arthur Leslie Morton)의 『영국 민중사(*A People's History of England*)』와 하워드 진(Howard Zinn)의 『미국 민중사(*A People's History of United States*)』에 분명하게 빚을 지고 있다. 피터 라인보우(Peter Linebaugh) 역시 내게 영감을 불어넣어 준 민중사가이다. 하워드 진은 자신의 저작을 통해 모범을 보여 주었을 뿐 아니라 내가 처음 이 책의 집필 계획을 제출한 이래로 줄곧 내게 따뜻한 격려를 보내 주었다. 이에 대해 감사드린다.

가장 크게 감사를 표해야 할 이들은 이 책의 초고 전부 내지 일부를 읽고 최종 결과물을 풍부하게 만든 제안들을 해 준 수많은 학자들이다. 그들은 또한 개인적으로 좋은 친구들이기도 하다. 앞서 언급한 제임스 제이컵 외에 인류학자 킴 손더레거(Kim Sonderegger), 미술사가 그레타 버먼(Greta Berman), 그리고 친한 친구이자 지금은 고인이 된 영문학자 폴 시겔(Paul Siegel)이 도움을 주었다.

아울러 오네시무스(Onesimus)에 관한 정보원을 제공해 준 코튼 매서(Cotton Mather)의 전기 작가 켄 실버맨(Ken Silverman), 그리고 애플의 초기 역사에 관한 통찰을 나눠 준 개인용 컴퓨터 혁명의 선구자 로드 홀트(Rod Holt)에게도 감사를 표한다.

저작권 대리인 샘 스톨로프(Sam Stoloff), 그리고 프랜시스 골딘(Frances Goldin)의 특별한 재능과 노력이 없었다면, 이 책은 아마도 여전히 원고 상태를 벗어나지 못한 채 아무도 거들떠보지 않는 출판사 사무실의 초고 더미 속에서 썩어 가고 있었을 것이다. 그 두 사람과 하워드 진을 내게 소개해 준 사람은 또 다른 친한 친구인 제프 마클러(Jeff Mackler)였다. 제프와 나는 30여 년 전 노동조합과 반전 운동에 몸담고 있던 시절에 처음 만났다. 그는 현재 무미아 아부자말(Mumia Abu-Jamal, 1970년대에 필라델피아에서 흑인 민권 운동을 했던 활동가이자 라디오 저널리스트이다. 1981년에 경관 살해 혐의로 재판을 받고 사형 선고가 내려졌으나, 이후 판결의 적부성 자체에 논란이 제기되면서 현재까지 사형수로 복역하고 있고 감옥에서 여러 권의 책을 쓰기도 했다. — 옮긴이)에 대한 구명 운동을 전국적으로 이끌고 있는데, 이 활동을 하면서 가까워진 무미아의 저작권 대리인 프랜시스 골딘을 내게 소개해 주었다. 출판사와의 관계에서 내 대리인으로 일해 주었을 뿐 아니라 책의 내용을 향상시킨 귀중한 조언도 여럿 해 준 샘 스톨로프에게 감사를 표한다. 아울러 네이션 북스(Nation Books)의 담당 편집자로서 편집 작업을 훌륭하게 해 준 칼 브롬리(Carl Bromley)와 루스 볼드윈(Ruth Baldwin)에 대해서도 뜨거운 감사를 전한다.

내가 가장 고마운 사람은 배우자인 마루쉬 코너(Marush Conner)이다.

케이전(Cajuns, 18세기에 오늘날 캐나다의 노바스코시아 주에 해당하는 아카디아에서 미국으로 이주한 프랑스계 이민자의 자손들을 가리키는 말로 루이지애나 주 남부 인구의 상당 부분을 차지하고 있다. — 옮긴이)들은 그녀가 내게 갖는 의미를 완벽하게 담은 애정 어린 표현을 갖고 있다. 한마디로 그녀는 '나의 모든 것(ma toute-toute)' — 협력자, 발레리나, 여행 기획자, 프랑스 어 조언자, 인생의 동반자, 흉금을 털어놓을 수 있는 벗, 최고의 친구, 끝내주는 애인, 그리고 인생을 가치 있게 만들어 주는 다른 모든 것들 — 이다.

1장
민중의, 민중에 의한, 민중을 위한 역사

우리는 모두 초등학교 때 교과서에서 배운 과학의 역사를 알고 있다. 이를 통해 우리는 갈릴레오 갈릴레이(Galileo Galilei)가 어떻게 망원경을 써서 지구가 우주의 중심이 아님을 보였고, 아이작 뉴턴(Isaac Newton)이 어떻게 떨어지는 사과를 보고 중력의 법칙을 알아냈으며, 알베르트 아인슈타인(Albert Einstein)이 어떻게 간단한 방정식 하나로 시간과 공간의 신비를 풀어냈는지를 배웠다. 이러한 역사는 오랫동안 이어진 무지와 혼란이 이따금씩 이 모두를 짜 맞춘 탁월한 사상가가 경험하는 "유레카!(알아냈다!)"의 순간으로 단절되는 것처럼 그려진다. 전통적인 영웅 서사에 따르면 위대한 사상을 가진 몇 안 되는 위인들은 나머지 인류보다 위쪽에 우뚝 솟아 있고, 우리는 과학 전부를 그들에게 빚지고 있다.

피타고라스(Pythagoras)의 전설은 모든 과학의 창조물을 영웅-학자 개인에게 돌리는, 일견 시대를 초월한 경향을 잘 보여 준다. 반쯤은 신화에 가까운 앞 시대 사람(피타고라스)에 대해 그리스와 로마 학자들이 남긴 논평을 두고 발터 부르케르트(Walter Burkert)는 이렇게 썼다. "후대인들에게는 자신이 가진 '지혜'의 관념을 과거의 위대한 인물들에게 소급하고, 근대적인 관점에서의 '과학'을 그들의 공로로 돌리는 것이 자연스러워 보였을 것이다."[1] 불행히도 그런 관행은 오늘날까지도 너무나 많이 남아 있다.

반면 내가 이 책에서 제시하고 있는 것은 과학의 **민중사**이다. 나는 이 책에서 보통 사람들이 어떻게 심오한 방식으로 과학을 만들어 내는 데 참여했는지를 보여 주고자 한다. 이는 **민중의** 역사일 뿐 아니라 **민중을 위한** 역사이기도 하다. 이 책은 직업 과학자나 과학사학자뿐만 아니라 과학 지식의 기원에 대해 관심이 있는 모든 사람을 독자로 의도하고 있다. 아울러 이 책은 많은 선배 학자들의 집단적인 노력에 의존하고 있기 때문에 어떤 의미에서는 이 책 자체가 **민중에 의한** 역사라고 해도 그리 무리한 이야기는 아닐 것이다.

내가 이 책에서 지향하는 주된 목표는 이름도 모르는 다수의 신분이 낮은 민중들 — 평민들 — 이 일반적으로 인식되거나 인정받는 것보다 과학 지식의 생산과 전파에 훨씬 더 많은 기여를 했음을 보이는 것이다. "더 멀리 볼" 수 있는 뉴턴의 능력은 자신의 주장처럼 그가 "거인들의 어깨 위에" 앉아 있었던 덕분이 아니라, 밝혀지지 않은 수천 명의 글자도 모르는 장인들(과 그 외 다른 사람들)의 등 위에 서 있었던 덕분으로 돌려야 할 것이다.[2]

물론 양자 이론이나 DNA 구조를 규명한 공로를 곧장 장인이나 농부에게 돌릴 수 있다는 것은 어리석은 생각이다. 그러나 근대 과학을 마천루에 비유한다면, 20세기에 이뤄진 그러한 승리들은 비천한 노동자들이 만들어 낸 거대한 토대에 의해 지탱되며, 그것과 떨어져서는 존재할 수 없는 정교한 세공품이라 할 수 있다. 만약 과학을 기본적인 의미에서 **자연에 대한 지식**이라고 이해한다면, 과학이 자연에 가장 가까웠던 사람들 — 수렵-채집인, 농부, 선원, 광부, 대장장이, 민속 치료사, 그 외 자신의 삶의 조건으로 인해 매일매일 자연과 맞부딪쳐 생존의 수단을 짜내야 했던 사람들 — 로부터 유래했다는 사실은 그리 놀라운 일이 못 된다.

몇 가지 간단한 사례를 보면 이런 주장을 이해할 수 있다(이 모든 사례들은 이어지는 장들에서 자세하게 설명될 것이다.). 오늘날 우리가 먹는 거의 모든 동식물 종들은 문자 사용 이전의 고대인들이 실험과 사실상의 유전 공학에 의해 길들인 것들이다. 우리 식량 생산의 근간을 이루는 과학 지식들은 오늘날의 식물 유전학자들보다 크리스토퍼 콜럼버스(Christopher Columbus) 도착 이전의 아메리카 원주민들에게 훨씬 더 많은 빚을 지고 있다. 상대적으로 근래에 일어난 일을 보더라도 마찬가지이다. 미국의 플랜테이션 농장주들이 쌀을 재배하려 했을 때, 그들은 벼의 생태에 관한 지식을 갖춘 아프리카 노예들을 사 오는 수밖에 없었다.

마찬가지로 의료 과학은 선사 시대 사람들이 발견한 식물의 치료 특성에 관한 지식에서 시작했고 지금까지도 그것에 의존하고 있다. 아메리카 원주민들은 기나나무의 껍질(키니네)이 말라리아 치료에 효능이 있음을 유럽인들에게 보여 주었고, 오네시무스라는 이름의 아프리카인 노예는 천연두 예방 접종 방법을 북아메리카에 들여왔다. 흔히 의사인 에드워드 제너(Edward Jenner)에게 돌아가는 백신 접종 발견의 공로는 벤저민 제스티(Benjamin Jesty)라는 이름의 농부에게 대신 돌아가야 한다. 뿐만 아니라 19세기까지 의료 과학의 진보는 대학에서 훈련받은 의학자들보다 반(半)문맹인 이발사-외과 의사, 약제사, "비정규" 치료사들에게 힘입은 바가 더 크다. 대학의 의학자들은 오히려 새로운 의료 지식의 획득을 저해하는 쪽으로 영향을 미쳤다. 역사에 기록된 최초의 제왕 절개 수술을 한 이는 1580년경에 스위스에서 돼지 거세를 하던 야코프 누페르(Jakob Nufer)라는 사람이었다.

아메리카 대륙과 태평양의 지리와 지도 작성은 토착민들이 가진 지식에 근거해 발전했다. 존 스미스(John Smith) 선장은 자신이 만들어 찬사를 받은 체사피크만 지역의 지도가 "야만인들이 준 정보에 따라 제작되었"음을 시인했고, 태평양의 섬들에 대한 제임스 쿡(James Cook) 선장의 지도는 투파이아(Tupaia)라는 이름의 토착 항해자가 준 정보에서 끌어낸 것이었다. 조수, 해류, 탁월풍에 관한 과학적 데이터는 애초 이름도 모르는 선원과 어부들로부터 유래한 것이었다. 벤저민 프랭클린(Benjamin Franklin)이 멕시코 만류를 그린 최초의 해도를 만들었을 때, 그는 이것이 "단순한" 고래잡이배들에서 배운 내용에 전적으로 근거하고 있음을 인정했다.

화학, 야금술, 재료 과학 일반은 고대의 광부, 대장장이, 옹기장이들이 생산해 낸 지식에서 유래했다. 수학은 그 존재와 발전의 많은 부분을 수천 년에 걸친 측량사, 상인, 서기-회계사, 기계공들에게 빚지고 있다. 마지막으로 16~17세기 과학 혁명을 특징지은 경험적 방법과 과학 혁명의 토대가 된 수많은 과학적 데이터는 유럽 장인들의 작업장에서 나왔다.

초기 사회들이 갖고 있었던 "민속의" 지혜와 전승된 지식은 나중에 좀 더 정확한 과학 지식에 의해 상쇄되고 대체되어 버린, 열등한 종류의 자연 지식이 아니었다. 오늘날 존재하는 과학은 민속과 장인적 원천**으로부터 만들어진** 것이며, 이러한 원천들에 크게 의존함으로써 현재의 모습을 이룰 수 있었다. 과학 철학자 칼 라이문트 포퍼(Karl Raimund Popper)가 주장했듯이, 지식은 대체로 이전 지식의 변형을 통해 진보해 왔다.

내가 여기서 개관한 접근법이 근대 과학의 기원에 대해 균형 잡힌 설명을 제공하지는 못한다는 주장이 있을 수 있다. 그러나 역사적 기록은 젠틀맨 계급 역사학자들에 의해 이미 오랫동안 심각하게 균형을 잃어 왔다. 여기에 문서 자료에 의존하는 역사의 본성과 누가 역사를 쓸지를 결정하는 권력 관계도 불균형에 일조했다. 뉴턴, 찰스 로버트 다윈(Charles Robert Darwin), 아인슈타인 같은 위대한 과학자들이 놀라운 지적 능력으로 세상을 바꾼다는 전통적인 낭만 서사보다 더 불균형한 과학사가 과연 있을 수 있겠는가? 나는 이 책에서 목소리를 잃은 사람들의 목소리를 탐색하고 희소한 증거를 찾아 기록을 선별해 냄으로써 의도적으로 "막대를 반대편 방향으로 구부리고 있"다. 이런 작업을 통해 내가 목표하는 바는 과학의 발전에서 어떤 주변적인 측면들을 구출해 내는 것이 아니라, 바로 그 희소한 증거가 과학 발전의 숨겨진 핵심을 어떻게 조명할 수 있는지를 보여 주는 것이다.

선별적인 접근이 반드시 균형을 잃은 결론으로 귀결되는 것은 아니다. 이 책이 이름도 모르는 보통 사람들에게 초점을 맞추고 있는 것은 사실이지만, 내가 과학 지식의 생성 과정에서 그들의 중요성을 과대평가하고 있다고는 생각지 않는다. 내가 주장하려는 바는 우리에게 친숙한 과학의 위인(Great Men of Science)들이 아무런 역할도 하지 않았다거나 중요하지 않았다는 것이 아니다. 다만 그들의 업적이 이전에 장인, 상인, 산파, 토지 경작자들이 했던 공헌에 기초를 두고 있다는 것이다. 이러한 사람들 대다수는 결코 위대한 인물로 여겨진 적이 없었고, 상당수는 남성(men)도 아니었다.

여성을 전통적인 영웅 서사에 통합시키려는 노력은 결국에 가서 불만족스러울 가능성이 높다. 그 이유는 여성들이 일반적으로 남성보다 지적 능력이 열등해서가 아니라, 역사적으로 여성에게 교육의 기회를 박탈하고 과학 관련 직업으로의 진입을 막아 온 사회적 장벽이 존재했기 때문이다.[3] 민중의 절반을 차지하는 것이 여성이므로 과학의 민중사에서는 여성의 기여가 더 많은 주목을 받게 된다. 그러나 심지어 여기서도 남녀가 대등했다고 보기는 어렵다. 여성이 전통적으로 많은 숙련 직종들에서 배제되었던 까닭이다. 하지만 여성 중에 뱃사람이 거의 없어 해양학의 발전에는 별반 기여한 바가 없다 하더라도, 지역의 치료사나 산파 역할을 하면서 의료 과학에 기여한 바는 이를 벌충하고도 남는다.

사회적 종속 계층이자 문맹이었던 사람들이 과학사에 기여한 바는 역사학자들이 증거를 찾을 때 통상 의존하는 문서 자료의 형태로 남아 있지 않다. 가령 린 타운센드 화이트(Lynn Townsend White)는 "역사학자들이 농부에 대해, 또 농부가 하는 일과 그가 보내는 시간에 대해 무시하는 태도를 취하는" 이유를 농부가 "글을 읽고 쓸 줄 아는 경우가 거의 없었다."는 사실 탓으로 돌렸다.

> 역사뿐만 아니라 문서 자료 일반은 농부와 그의 노동을 대체로 당연한 것으로 받아들이던 사회 집단에 의해 작성되었다. 이 때문에 도서관에 토지의 소유권에 관한 자료들은 넘쳐 나지만, 그런 토지를 소유할 만한 가치가 있는 것으로 만들었던 경작의 다양한(종종 변화하는) 방법들에 관한 정보는 놀라울 정도로 부족하다.[4)]

18세기의 과학적 영농에 대한 전통적 서술에 등장하는 영웅들은 제스로 털(Jethro Tull)이나 토머스 "순무" 타운센드(Thomas "Turnip" Townshend) 같은 "혁신적 지주들"이다. 이런 사람들의 실험 정신이 농업의 대약진 뒤에 숨은 원동력이었다는 것이다. 그러나 토머스 사우스클리프 애슈턴(Thomas Southcliffe Ashton)이 산업 혁명을 다룬 자신의 고전적인 연구에서 설명했듯이, "털은 괴짜였고, 농업의 역사에서 그의 중요성은 터무니없이 과장되어 왔다." 타운센드 자작이 순무의 작물 도입에서 한 역할에 대해, "최근의 연구는 그가 이런 방법을 창안한 사람이 아니라 대중화시킨 사람이었음을 보여 주었다." 이런 방법을 창안한 사람은 한 명이 아니었다. 즉 집단적인 성취였다. 농업에서의 실험은 "영국 곳곳에서 이름 모를 농부들에 의해 이뤄졌고," 이어 "새로운 방법에 관한 지식은 소작농들의 저녁 식사 자리에서, 양털 깎기 축제에서, 수많은 지역 농부 조직의 잦은 모임에서 퍼져 나갔다." 규모가 큰 장원의 경우 흙과 거름 더미 속에서 실제로 일을 하면서 새로운 작물과 절차를 실험했던 사람은 부유한 지주가 아니라 신분이 낮은 소작농들이었다. 새로운 농경 지식은 "모든 주요한 혁신들이 으레 그렇듯, 수많은 손과 두뇌가 만들어 낸 산물이었다."[5]

"토지를 소유할 만한 가치가 있는 것으로 만들었던" 농부들의 지식 발전은 문헌 연구를 통해서 추적하는 것이 불가능하며, 읽고 쓸 줄 몰랐던 장인들이 만들어 낸 많은 과학 지식에 대해서도 마찬가지이다. 그러나 최근 수십 년 동안 역사학자들은 인류학을 비롯한 다른 분야들의 방법론을 끌어와, 글로 씌어진 자료에 의지하지 않고도 과거 — 꼭 "선사 시대의" 과거가 아니더라도 — 에 대해 많은 것을 배울 수 있음을 보여 주기 시작했다. 여기에 더해 문서 자료에 의해 뒷받침될 수 없는 몇몇 주장들은 가능한 다른 대안적 설명이 존재하지 않기 때문에 유효하다고 간주된다. 가령 이름도 모르는 선원과 어부들이 대양의 해류와 탁월풍에 관한 과학적 데이터를 처음 얻어 낸 이들이라는 주장이 하나의 예이다.[6]

과학사를 개관하는 이 책의 연대기적 범위는 가능한 최대로 넓게 구석기 시대부터 탈현대까지 걸쳐 있지만, 무게 중심은 특정한 시기에 뚜렷하게 쏠려 있다. **근대** 과학으로 알려진 것의 기원을 포함하는 14세기부터 17세기까지의 기간이 그것이다.[7] 지리적 범위 역시 마찬가지로 제약을 두고 있지 않지만, 유라시아 대륙의 서쪽 끝 방향에 치우쳐 있다. 나의 역사관은 유럽 중심주의적인 것은 아니지만, 이 책의 주제가 유럽이 지구의 다른 지역들을 제국주의적으로 정복한 것과 불가분하게 얽혀 있기 때문에, 상대적으로 유럽에서 일어났던 활동들에 더 많은 관심을 돌릴 필요가 있다.

어떤 민중인가?

이 책에서 다루는 민중의 역사의 주체이자 대상이기도 한 **민중**은 누구인가? 장인, 상인 등과 같은 직업적 범주들이 좋은 일차적 후보가 되겠지만, 이들을 어떻게 집합적으로 파악할 것인가? 나는 따옴표 속에 넣어 모순성을 드러낼 때를 제외하면 그들을 **하층 계급** 혹은 **열등 계층**이라고 부르는 것을 피하려 한다. 이러한 호칭들은 자신들을 항상 다른 모든 사람들보다 우월한 존재로 정의 내려 온 특권적 소수의 관점을 반영한 것이기 때문이다. **평민** 혹은 **보통 사람들**이라는 호칭에는 약간 경멸이 섞여 있지만 특별히 반대할 이유는 없다. **대중**, **노동 계급**, **프롤레타리아트**(무산 계급)는 본질적으로 무가치한 용어들은 아니지만, 지나치게 남용되어 왔고 이미 신용을 잃은 스탈린 시기의 이데올로기와 유감스러운 방식으로 연관되어 있다. **사회적 다수**는 모욕적인 용어는 아니지만, 이 말에 내포된 계급 중립성 때문에 다소 공허하게 들린다.

노동 계층, **빈민** 혹은 이와 유사한 용어들은 18세기 이전 민중의 모든 구성 요소들을 포괄하지 못하기 때문에 부적절하다. 특히 이러한 용어들은 상인, 장인 기술자, 그리고 이제 막 모습을 드러내던 자본가 계급의 다른 성원들을 제외시켜 버린다.[8] 프랑스 대혁명 기간에 **민중**(le peuple)은 법률적 범주로 손쉽게 정의되었다. 여기에는 성직자나 귀족이 아닌 사람들이 모두 포함되었다. 아마도 **종속 계층** 내지 **피지배 계층** — 다소 어색한 표현이긴 하지만 — 이 지시 대상이 되는 사회적 관계를 가장 잘 전달하는 듯하다. **군중?** 그럴지도. **폭도?** 결코 그렇지 않다. **다수?** 어떤 식으로 정의하건 간에 이 책에서 과학의 기원과 발전을 평가하는 관점을 구성하는 것이 바로 그들의 이해관계이다.

그러면 누가 **민중**이 아닌지를 살펴보자. 스스로를 "상류 계급", "귀족", "상류층 인사"라고 일컫는 이들은 정의상 그러한 범주에서 배제되는 사람들보다 우월한 사회적 권력을 가졌다. 그러나 그들의 자기 호칭은 도덕적 우월성의 의미를 함축한다는 점에서 민중의 역사에 불협화음을 일으킨다. 그들은 **우세 계급**, **지배 계급**, **특권 계층**, **엘리트** 등의 용어를 써서 적절히 명명되고 사회적 지위를 인정받을 수 있다.

전통적인 과학의 영웅들 중에서 애당초 지배 계급으로 태어난 사람은 매우 드물다. 일부는 실제로 귀족이나 왕족이기도 했지만 — 로버트 보일(Robert Boyle), 튀코 브라헤(Tycho Brahe), "항해왕" 엔리케(Prince Henrique)가 얼른 떠오른다. — 대부분은 대학의 자리(뉴턴, 갈릴레오)나, 다른 후원의 형태(갈릴레오, 프랜시스 베이컨(Francis Bacon))를 이용해 지위가 높은 종복으로서 특권 계층에 포섭되었다. 이를 두고 과학사학자 윌리엄 이먼은 "교육받은 엘리트가 일종의 지적 귀족층이 되었다."고 설명한다.[9)] 과학적 엘리트임을 증명하는 것은 고귀한 혈통이 아니라 전문 지식인으로서의 지위이다.

손노동과 지적 노동 사이의 구분은 — 적어도 선사 시대의 여명기에 사회적 차별이 생겨난 이래로 — 항상 매우 날카롭게 정의된 사회적 장벽의 근거가 되어 왔다. 손을 더럽히지 않고 생계를 유지하는 사람들은 손을 써서 노동하는 사람들을 두고 열등하다며 경멸을 보냈다. 초기 문명들에서 교육받은 학자들과 글자를 모르는 기술자들 사이에 계층 구분이 존재했다는 사실은 기원전 1100년경 고대 이집트의 한 아버지가 아들에게 "학문에 뜻을 두고" 손노동을 피하라는 직업 선택의 조언을 하고 있는 데서 분명하게 드러난다. "난 금속을 다루는 일꾼이 타오르는 용광로 앞에서 힘들여 일하는 모습을 보았단다." 아버지는 경고했다. "그 사람의 손가락은 악어가죽처럼 거칠었고, 그 사람에게서는 물고기 알보다 더 지독한 냄새가 풍겼다. 일을 하거나 조각을 하는 모든 목수들도 농부보다 더 많은 휴식을 누리지는 못하지 않느냐?"[10)]

플라톤(Plato)과 베이컨의 시대에 전문 지식인들은 (귀족 후원자들을 따라) 종종 공공연하게 손노동에 대한 경멸감을 표시했다. 그런 경멸감은 폭넓은 이데올로기적 기반 위에 놓인 것이었다. 플라톤과 같은 시대에 살았던 크세노폰(Xenophon)은 "우리가 실용적이라고 부르는 기예(技藝, arts)는 대체로 평판이 좋지 않다."라고 기록했다. 게다가,

> 국가도 이런 일을 대단히 낮게 평가하고 있는데 여기에는 그럴 만한 이유가 있다. 그것은 일꾼과 감독자의 신체 건강에 해롭기 때문이다. 이런 일을 하는 일꾼은 실내에 계속 앉아 있어야 하고, 경우에 따라서는 하루 종일 불 앞에서 보내야 한다. 몸이 나약해지면 정신도 시간이 갈수록 점점 약해진다. 그리고 실용 기예(mechanical arts)라 불리는 이 일은 사람들을 친구와 국가에 대한 배려로 뭉치지 못하게 한다. 이 때문에 실용 기예에 종사하는 사람들은 분명 친구로서도 도리를 못하고 자신의 나라도 제대로 지키지 못할 것이다. 국가들 중에는 — 특히 전쟁으로 유명한 국가들에서는 — 단 한 사람의 시민도 실용 기예에 종사하지 못하도록 하는 곳도 있다.[11)]

이러한 태도는 시대의 변화에도 불구하고 계속 살아남았다. 이먼에 따르면, "'시골뜨기'와 '군중'에 대한 학자들의 무시는 13세기 들어 악의적으로 바뀌었다. 교육받은 엘리트가 자신의 지위를 다지고 스스로를 보통 사람들의 무리보다 더 높은 곳에 위치시키려 하면서부터였다."[12)] 민주적

가치를 요구하는 오늘날의 사회들에서는 이런 구분이 언급되는 일이 줄어들었지만, 내가 생각하기에 이런 구분이 지금까지도 계속 존재한다는 사실을 완전히 부인할 수 있는 사람은 아무도 없을 것이다.[13]

노동을 통해 결코 손을 더럽히지 않는 데 자부심을 갖는 것에 더해, 근대 과학의 태동기에 과학 엘리트를 특징지었던 또 하나의 표식은 "문자 해득력"이었다. 근대 초기의 유럽에서 이 말은 단순히 읽고 쓸 줄 안다는 것이 아니라 라틴 어를 읽고 쓸 수 있음을 의미했다. "라틴 어에 대한 지식은 …… 그 자체만으로 식자층을 평민과, 엘리트를 대중과 구별 짓는 기능"이었다.[14]

이 책에서 다루는 민중의 역사의 주체가 갖는 또 하나의 주된 특성은 익명성이다. 과학사에서 한 자리를 차지한, 대학에서 교육받은 많은 학자들의 이름은 그들이 출간한 저술에 의해 영원히 남았다. 반면 글자를 모르거나 반문맹인 대다수 장인들의 이름은 — 기록이 설사 있다 해도 — 보통 출생, 세례, 결혼, 사망에 관한 기록만이 남아 있을 뿐이어서 그들이 자연 지식의 생성 과정에서 어떤 역할을 했는지에 대해서는 아무런 단서도 제공하지 못한다.

그러나 여기에는 주목할 만한 예외들이 있다. 몇몇 장인들은 (라틴 어가 아닌) 자국어로 글을 썼고, 자신의 이름을 붙인 설명서나 "비밀의 책"들을 출간했다.[15] 이런 장인들 중에서 적어도 두 명은 종종 진정한 과학의 위인의 반열에 든 것으로 간주된다. 자신이 살았던 시대의 가장 긴급한 과학적 난제였던 바다에서의 경도 측정 문제를 해결한 존 해리슨(John Harrison)[16]과 "원생동물학과 세균학의 아버지"로 불리는 안톤 반 레벤후크(Anton van Leeuwenhoek)[17]가 그들이다. 과학사에 기여한 많은 미술가와 건축가들 — 부오나로티 미켈란젤로(Buonarroti Michelangelo), 레오나르도 다빈치(Leonardo da Vinci), 필리포 브루넬레스키(Filippo Brunelleschi) 같은—은 대단한 명성과 귀족의 후원을 얻었지만, 그럼에도 그들은 본질적으로 기술자였다. 에드거 질셀은 이들을 일컬어 "뛰어난 손노동자"라고 불렀다.[18] 또 과학 엘리트와의 투쟁을 통해 "민중의 과학자"로 불릴 자격을 갖추었다고 할 만한 탁월한 인물도 하나 있다. 바로 테오프라스투스 봄바스투스 폰 호헨하임(Theophrastus Bombastus von Hohenheim), 후대에 파라셀수스(Paracelsus)라는 이름으로 더 널리 알려진 이다. 그러나 이러한 예외들에도 불구하고, 이 책의 주제를 이루는 기여를 해낸 대다수 사람들의 이름이 역사 속으로 사라져 버린 것은 여전히 사실이다. 어쨌든 민중의 역사의 주된 관심은 개인들이 아닌 직업별 집단들의 과학적 성취이다.

몇몇 개인들의 경우 손쉬운 범주화가 어렵다는 점을 감안하더라도, 손을 써서 일하고 익명성에 묻혀 있으며 라틴 어로 글을 쓰지 않고 후원자가 없었다는 점 등은 사회적 다수를 엘리트 학자들로부터 구분해 파악할 수 있는 특징으로 유용하다. 17세기 후반에 과학은 전문 직업화를 향한 최초의 중요한 한걸음을 내딛었다. 이 과정은 이후 3세기 동안 이어졌고 결국에는 거의 모든 과학 활동이 직업 과학자들에 의해 수행될 때까지 계속되었다. 자연에 대한 새로운 지식을 얻어 내는 어려움이 커짐에 따라, 정부나 기업의 지원을 받아 자금이 넉넉한 연구 팀들만이 이를 추구할 수 있게 되었다.

20세기가 되자 과학은 고도로 전문화된 엘리트들의 배타적 영역이 되었다. 이 책의 마지막 두 개 장에서는 거대과학(Big Science)의 부상을 살펴보면서 박사 학위가 없는 사람들이 과학에 직접적 기여를 할 수 있었던 시대가 과연 확실한 종말을 고했는지를 생각해 보겠다.

어떤 과학인가?

과학의 의미는 얼른 생각하는 것처럼 그렇게 손쉽게 규명할 수 있는 것이 아니다. 라틴 어 시엔티아(*scientia*)는 모든 형태의 지식을 포괄하는 일반적인 용어였지만, 근래 들어 **과학**은 오직 특정한 형태의 전문 지식만을 가리키는 용어가 되었다. 수년 전에 영국의 학술지《네이처(*Nature*)》는 이 단어의 의미를 정확한 방식으로 명문화해 과학과 사이비 과학의 분명한 구분을 가능하게 하려는 몇몇 과학자들의 체계적인 시도를 소개한 바 있다. 그러나 그들은 만족스러운 정의를 만들어 내지 못했다.[19] 나는 존 데즈먼드 버널의 걸작『역사 속의 과학(*Science in History*)』이 마련해 놓은 선례를 따랐다. 이 책의 서두에서 버널은 "이 책 전체에서 과학은 매우 넓은 의미로 쓰일 것이며, 이 용어를 하나의 정의 속에 밀어 넣으려는 시도를 하지는 않을 것이다."라고 말했다. 이처럼 과학에 대한 독단적 정의를 피하는 이유는 다음과 같다.

> 결국 과학이 지닌 의미와 가치를 최종적으로 판단하는 것은 민중이기 때문이다. 과학이 선택받은 소수의 손아귀에 든 수수께끼로 유지되어 왔던 곳에서, 과학은 불가피하게 지배 계급의 이해관계와 연결되며 민중의 필요와 능력에서 나온 이해와 영감으로부터 단절된다.[20]

과학이라는 용어 안에는 적어도 어떤 지식의 꾸러미라는 의미와 그런 지식을 획득하는 과정이라는 의미가 모두 들어가야 한다. 따라서 여기서는 이 점을 감안해 최대한 단순한 접근법을 취하기로 하고, 이 책의 목적에 비추어 과학을 그냥 **자연에 관한 지식**과 여기 연관된 **지식 생산 활동**으로 정의하도록 하겠다.

과학 지식을 만들어 내는 활동의 유형과 관련해 이 책의 일차적인 초점은 **이론적** 과정과 상반되는 의미에서의 **경험적** 과정이다. 내가 주장하고자 하는 바는 과학 지식의 토대가 추상적 사고보다는 실험이나 "직접 해 보는" 시행착오에 더 크게 기대고 있다는 것이다. 벤저민 패링턴(Benjamin Farrington)은 이 점을 매우 명료하게 지적했다.

> 사실 과학의 기원은 역사에서 때때로 묘사하는 것과 달리 실용적인 목적과 꽤 가까웠다. 그리스 시대로부터 물려져 내려온 교과서들은 지식의 성장에서 경험적 요소가 하는 역할을 흐려 버리는 경향이 있다. 다뤄지는 주제가 논리적으로 정연하게 발전해 왔음을 보여 주고자 하는 야심 때문이다. 설명의 방법으로서는 그것이 최선일지도 모른다. 문제는 이것을 이론의 기원과 혼동하는 데 있다. 유클리드(Euclid)가 직선을 "그 위에 있는 점들 사이에 고르게 놓인 선"이라고 정의한 배경에서 우리는 수준기를 든 석공을 떠올릴 수 있다.[21]

이처럼 폭넓고 포괄적인 과학 개념은 과학을 실증주의적 방식으로 사고하면서 물리학이 다른 모든 분야들의 준거가 되는 모범 과학이라고 생각하는 독자들의 입맛에는 맞지 않을 수도 있다.[22] 이론 물리학자들은 식물학이나 고생물학 같은 분야들이 담고 있는 내용을 우표 수집에 비유하는 식으로 종종 이런 분야들을 얕보곤 한다.[23] 이러한 태도에는 물리학이 이론에 의해 덜 추동되는 분야들보다 "더 과학적"이라는 생각이 깔려 있다. 이것은 지적 노동을 손노동보다 더 영예로운 것으로 선언한 고대의 편견을 다시 한번 떠올리게 한다. 그러나 물리학자들이 하는 일이 다른 대다수 과학자들이 하는 일의 전형이 되는 것은 아니다. 생물학, 인류학, 생태학, 심리학, 사회학은 이론 물리학의 추상화와는 거의 공통점이 없다. 그런데도 근대 과학의 전반적 이데올로기는 물리학을 다른 모든 과학 분야들이 모방하려 애써야 하는 모범 과학이라는 반석 위에 올려놓고 있다.

이러한 "물리학의 제국주의"[24]는 미국 정부의 정책 형성에서 적지 않은 역할을 했다. 원자 폭탄 개발 과정에서 담당했던 역할 때문에 몇몇 "물리학의 귀족들"은 제2차 세계 대전 이후에 미국 과학의 주요 대변인으로 모습을 드러내게 되었다. 그들은

> 이후 수십 년 동안 정부의 과학 정책에 자신들이 지닌 가치 — 사회 과학과 행동 과학에 대한 경멸을 포함해서 — 를 심어 놓았다. 전후 과학을 지배한 물리학자들은 오만한 태도로 사회 과학과 행동 과학을 …… "연성 과학(soft sciences)"이라며 무시했다(그들은 자신들과 화학자, 수학자, 생물학자들을 "경성 과학(hard science)"의 실천가로 간주했다.).[25]

과학 중에서 물리학에 특권적 지위를 부여한 것은 과학에 "가치가 개입되지 말아야" 한다 — 특히 사회 문제와 관련해서 — 는 생각을 강화시켰다.[26] 물리학에서 객관성의 이상은 중립성과 동일하다고 여겨졌다. 이러한 정의에 따라 과학자들은 자신들의 연구 주제와 관련해 중립적이고 감정에 치우치지 않아야 한다고 기대되었다. 중립성은 물리학자들에게 수용할 만한 태도일 수 있다. 그러나 사회적 이해관계와 가까운 과학 분야들 — 의학, 인류학, 심리학, 사회학, 정치 경제학 같은 — 의 경우, 중립성에 대한 호소는 기존 사회 질서를 뒷받침하는 쪽으로 작동한다. 기존 사회 질서는 과학자들 자신이 종종 인식하지 못한 인종 차별적, 성차별적, 혹은 부르주아적 가정들에 의해 지탱되고 있다.[27] 가령 최근 수십 년 동안 페미니즘 운동은 엘리트 의료 과학의 전통적 지식 속에 수천 년 동안 여성들의 건강에 매우 나쁜 영향을 미쳐 온 강력한 반여성적 편향이

존재했다는 점을 보여 주었다. 의료 전문가들이 오랫동안 여성의 존재 그 자체를 병리적 조건으로 간주해 왔다는 사실은 "히스테리(hysteria)"라는 단어의 어원에도 반영되어 있다. 이 단어는 그리스 어로 "자궁"을 의미하는 단어에서 비롯했다.[28)]

과학의 민중사가 "모든 것 위에 군림하는 물리학" 식의 협소한 과학 개념으로 한정될 수 없음은 자명하다. 과학 민중사에서 자연 지식의 모든 분야들은 동등한 지위를 부여받으며, "경성" 대 "연성", "정밀" 대 "비정밀" 과학과 같은 불만족스러운 비교는 더 이상 환영받지 못한다. 가치가 개입되지 않은 과학이라는 개념과 그것이 근대 과학의 이데올로기 속에서 지배적인 지위에 오르게 된 과정은 그 나름의 역사를 갖고 있으며, 6장에서 좀 더 자세히 다뤄질 것이다.

이 책에서 시도하는 것처럼 과학이 이론적인 노력으로 국한되어야 한다는 관념에 도전하는 것은, 지난 수년간 지식인 사회를 휘저은 "과학 전쟁(science wars)"에서 어느 한쪽 편을 드는 것을 의미한다. 과학을 "순수한 이론"으로 그려 내는 전통주의자들은 과학을 비판이 미치지 못하는 곳에 위치시키는 것을 목표로 삼는다. 과학에 대한 이러한 관점은 종종 반동적인 정치적 관점들에 따라붙은 부속물이 된다. 왜냐하면 이러한 관점은 마치 종교와 같이 도전할 수 없는 권위의 원천을 제시하며, 따라서 권위주의를 뒷받침하는 역할을 하기 때문이다. 그러나 열린 마음을 가진 많은 학자들, 급진적 페미니스트들, 환경 운동가들은 이런 관념을 기각하고 신성화된 과학 앞에서 조아리기를 거부한다.

과학과 기술

손노동에 대한 지식인들의 경멸감에서 유래한 또 다른 이데올로기적 결과물 가운데에는 과학이 기술과 엄격하게 구분되며 역사적 중요성에서 기술보다 앞선다는 "대단히 널리 퍼진 잘못된 생각"이 있다.[29] 21세기를 살아가는 오늘날의 시각은 기술을 "응용 과학"으로 보도록 부추긴다. 이런 관념은 과학 이론이 항상 기술 진보의 전제 조건이었다는 경솔한 가정에 근거를 두고 있다. 그러나 역사적으로 보면 대부분 그 정반대가 참이었다. 기술과 과학은 항상 밀접하게 연관된 활동이기는 했지만, 과학 지식의 성장을 이끌었던 것은 기술이었다.[30] 요한 볼프강 폰 괴테(Johann Wolfgang von Goethe)의 말을 빌자면, 과학의 시작은 **말**이 아니라 **행위**였다. 즉 과학은 빛나는 이론가들의 선언이 아니라 보통 사람들의 창조적인 수작업에서 시작되었다는 것이다. 기술이 발전하고 점점 더 정교화되면서 이전 단계에서 산출된 과학 지식은 뒤이은 실천 속으로 계속해서 통합되었고, 그런 의미에서 비로소 기술이 "응용 과학"의 성격을 나타내 보였다고 말할 수 있다. 둘 사이의 관계는 누적적인 상호 강화의 관계이며, 그 최초의 충격은 기술로부터 나왔다.

지난 한두 세기 이전까지 자연 지식을 획득하는 과정은 대체로 두뇌보다는 손으로 얻어 낸 산물이었다. 다시 말해 이론적 적용보다는 경험적인 시행착오의 절차를 통해 얻어 낸 산물이었다는 말이다. 고고학자 비어 고든 차일드(Vere Gordon Childe)는 "과학은 실용적 기술에서 유래했고 처음에는 그것과 동일시되었다."고 썼다.[31] 사회 인류학자 클로드 레비스트로스(Claude Lévi-Strauss)는 "문명의 위대한 기예들" — 도기 제조, 직조, 야금술, 농경, 동물 사육 — 이 "일련의 운 좋은 발견들이 우연하게 누적된" 결과로 나타날 수 있었다는 관념을 기각했다. 이런 기예들은 "신석기 시대의 인간"이 "기나긴 과학적 전통의 후손"이었음을 보여 주는 증거라고 그는 주장했다.

> 이러한 기법 각각은 수 세기에 걸친 적극적이고 규칙적인 관찰과 끝없이 반복된 실험으로 시험된 대담한 가설의 존재를 드러낸다. …… 이 모든 성취들을 위해 진정으로 과학적인 태도, 지속적이고 주의 깊은 관심, 그리고 지식 그 자체를 향한 욕망이 필요했음은 의심의 여지가 없다. 그보다 훨씬 더 적은 관찰과 실험(그 자체는 일차적으로 지식을 향한 욕망에 의해 촉발되었다고 가정해야 할 테지만)만으로도 실용적이고 당장 유용한 결과를 얻어 내는 것은 가능했을 터이기 때문이다.[32]

"기술이 먼저 자연의 모습들을 드러낸 다음 그 위에 철학이 건설되었"고, 오랜 기간 동안 기술은 자연 지식의 일차적인 원천으로 남아 있었다.[33] 과학은 근대 초기, 즉 대략 1450년부터 1700년까지의 기간 동안 장인들이 만들어 낸 발명과 혁신에 대한 분석을 통해 진보했는데, 그런 장인들 중 많은 수는 글을 읽고 쓸 줄 몰랐다. 16~17세기 과학 혁명기에는 실용적 진보가 먼저 나타나면 이론은 그 뒤를 — 많은 경우 한참 뒤에서 — 따라왔다. 이러한 관계는 18세기 말 산업 혁명기까지 지속되었다. 주요 기술이 이론적 과학에 근거해 발전하는, 오랫동안 고대되었던 희망이 마침내 실현된 것은 화학 염료가 대량 생산되고 전기 산업이 도래한 19세기 후반의 일이었다.[34] 심지어 20세기에 들어서도 장인들은 여전히 중요한 과학적 기여를 할 수 있었다. 상대성 이론과 양자 이론의 시대였던 1903년에 공기 역학(aerodynamics) 분야에 결정적인 자극을 준 것은 이론 물리학자들이 아니라 라이트라는 이름을 가진 두 명의 자전거 수리공들(라이트 형제를 말함 — 옮긴이)이었다. 이론이 과학적 발견에서 전반적

으로 선도적인 역할을 하기 시작한 것은 제2차 세계 대전과 맨해튼 프로젝트를 거친 이후부터였다.[35]

과학의 역사와 기술의 역사를 엄격하게 분리시키는 것은 과학이 평범한 인간 세계를 초월해 구름 위를 떠다니는 순수한 사고의 영역에서 생겨났다는 그릇된 관념을 강화시키는 데 한몫한다. 근대 과학의 발전에 대한 왜곡되지 않은 상을 얻기 위해서는 과학이 기술과 뒤얽혀 있었다는 — 종종 이 둘을 구분되는 실체로 인식할 수 없을 정도까지 — 사실을 인정하고 받아들여야만 한다.

항해술을 다시 예로 들어 보자. 항해술은 일반적으로 기술로 분류되며, 과학보다는 기예에 가까운 것으로 생각된다. 선박의 도선사(수로 안내인, 항해사 — 옮긴이)가 하는 활동을 과학이라고 부르는 것은 이상해 보일지 모른다. 그러나 항해술의 역사적 발전은 그것의 기초를 이루는 일군의 자연 지식의 성장에 전적으로 의존했다. 대양의 조수, 해류, 탁월풍에 관해, 지구 자기장의 특성에 관해, 또 천문 현상에 관해서 말이다. 모든 시대, 지구상의 모든 장소에서 선구적 항해자들은 땅이 보이지 않는 먼 곳까지 항해하면서 수로학(水路學)의 토대를 놓았고 해양학, 기상학, 자연 지리학, 지도학, 천문학 등의 과학 분야들에 없어서는 안 될 중요한 기여를 했다.

저명한 과학사학자인 리처드 웨스트폴(Richard Westfall)은 보통의 선원들이 항해 과학에 기여한 바를 평가절하하면서 "항해자들을 가르쳤던 것은 평선원으로 일했던 실용적 뱃사람들이 아니라 언제나 천문학자와 수학자들이었다."고 주장했다.[36] 나중에 가면 전문 수학자들이 항해술의 향상에 기여했음을 부인할 수는 없지만, 처음에는 뭍에 매여 있는 학자들이 선원들이 제공한 수치에 의지했다. 이 부분은 4장에서 충분히 다뤄질 것이다.

수학자들의 작업은 좀 더 근본적인 방식으로 항해 기술자들의 이전 활동에 의지했다. 존 네이피어(John Napier)의 로그 발명은 항해자들이 단순화된 계산 방법을 특히 필요로 했다는 사실로부터 자극을 받은 결과였고, 뉴턴이 만유인력의 법칙을 고안하도록 이끈 것은 바다에서 경도를 알아내는 방법을 찾는 문제였다.[37] 이처럼 중요한 과학의 진보들의 주된 원동력은 고립된 사상가들의 한가한 호기심에서 온 것이 아니었다. 이 점은 지식 생산의 집단적이고 사회적인 성격을 잘 보여 준다. 네이피어와 뉴턴이 해상 무역이 빠른 속도로 성장하던 시대의 섬나라 출신이었던 것은 단순한 우연의 일치가 아니다. 이러한 사례들에서 선원들은 수학자들의 답변을 이끌어 낸 기술적 문제를 제기함으로써 지식 생산의 능동적인 요소를 이루었다. 이와 같은 관계가 보편적으로 널리 퍼져 있었음은 1세기의 지리학자인 스트라본(Strabon)의 책에서도 잘 드러난다. 스트라본에 따르면 항해술에서 "어떤 시대 어떤 민족보다도 뛰어났던" 페니키아인들은 "천문학과 산수학의 철학자"이며, 실용적 계산과 야간 항해를 하면서 연구를 시작했다.[38]

"수학자와 천문학자들"을 "실용적 뱃사람들"과 대비시키는 것은 또 다른 숨은 엘리트주의적 가정에 의지하고 있다. 수학적 노력은 상아탑에 위치한 이론가들의 전유물이라는 것이다. 그러나 이런 생각은 15~16세기에 실용 수학의 혁신에서 첨단을 달렸던 측량사, 지도 제작자, 도구 제작자, 항해자, 기계공들의 활동을 무시하고 있다. 잉글랜드의 수학자 존 월리스(John Wallis)는 자서전에서, 1630년대까지만 해도 "수학은 **학문적** 연구로 거의 간주되지 않았으며 오히려 **무역업자, 상인, 선원, 목수, 토지 측량사**의 일과 비슷한 **실용적**인 것으로 생각되었다."고 썼다.[39]

이론 과학에 대한 기술의 역사적 선차성은 이 책의 중심 주제에서 가장 일반적인 예시를 찾을 수 있다. **장인들은 과학 혁명의 원재료가 된 수많은 경험적 지식을 제공했을 뿐 아니라 경험적 방법 그 자체도 가져다주었다**는 것이다. 이전 시기의 과학은 거의 전적으로 고대의 저자들, 그중에서도 아리스토텔레스(Aristotle)의 권위에 의존했다. 대학과 그 외의 엘리트적 환경에서 자연 지식의 문제는 책에서 답을 찾거나 — 고대의 권위자들에게 도전하는 드문 경우에는 — 추상적이고 선험적인 추론을 통해 답을 구했고, 자연을 직접 심문하는 식의 연구는 하지 않았다. 5장에서 보겠지만, 근대 과학을 특징짓게 된 실험주의의 태도는 기술자들의 작업장에서 유래한 산물이었다.

어떤 역사인가?

역사학자들은 교육받은 독서 대중의 지배적 관점에서 찬미조의 전통 — 역사는 위인이 지배한다는 이론 — 을 제거하는 데 대체로 성공을 거두었다. 하지만 과학사학자들은 엄청난 노력과 훌륭한 학문적 업적들에도 불구하고 그만한 성공을 거두지 못했다. 데릭 존 드 솔라 프라이스는 "과학은 다른 어떤 학문 분야보다도 그 영웅들에 단단히 묶여 있는 것 같다."며 탄식하기도 했다.[40] 오늘날 "세계의 역사는 위인들의 전기에 다름아니다."라는 토머스 칼라일(Thomas Carlyle)의 유명한 경구에 동의하는 사람들은 거의 사라졌다. 그러나 많은 사람들은 과학 혁명이 엄청난 재능을 가진 극소수의 천재들 — "니콜라우스 코페르니쿠스(Nicolaus Copernicus)에서 뉴턴까지" — 의 창조물이라고 계속해서 믿고 있다.

문제의 원인은 부분적으로, 역사 일반에 대한 대중의 이해가 전문 역사학자들로부터 강하게 영향을 받긴 하지만, 대다수의 사람들이 과학사를 이해하는 방식은 과학사학자들이 아닌 과학자들 자신에 의해 형성되어 왔다는 데서 찾을 수 있다. 과학자들은 종종 앞 시대 과학자들의 실천에 대해 왜곡된 생각을 갖고 있다가 이를 널리 퍼뜨린다.[41] 과학자들은 선배 과학자들을 영웅으로 그리는 데 직업적 이해관계를 가진다. 이는 자신이 속한 전문직의 영웅적 지위를 드높여 주며, 사물의 질서 속에서 자신들의 위치를 강화시켜 주기 때문이다.

더 중요한 문제는 대다수의 과학자들이 전문 역사학자가 아니며, 그들의 일차적인 관심사는 역사적인 것이 아니라는 데 있다. 과학의 발전 경로에 그들이 가진 관심은 과학 그 자체에 대한 관심에 비하면 부차적인 것이다. 이 때문에 그들은 종종 은연중에 자신이 속한 분야의 과거에 대해 터널 시각(tunnel-vision)적인 관점을 드러낸다. 좁은 성공의 계보에만 초점을 맞추면서, 모든 잘못된 출발과 막다른 골목들은 "아무 곳에도 이르지" 못하기 때문에 흥미 없는 것으로 무시하는 것이다. 터널 시각 과학사는 초등학교 과학 수업의 학습 도구로는 얼마간 쓸모가 있을 수 있다. 그러나 이것은 정당한 역사학이 되지 못한다. 이런 역사는 현재의 관심사를 과거에 투영함으로써 실제 삶 속에서 과학이 발전해 온 방식에 대해 왜곡되고 그릇된 관점을 제공한다.[42]

유능한 몇몇 과학사학자들은 최근 수십 년 동안 과학자들과 그 선배들이 만들어 놓은 이상화된 상을 넘어서기 위해 엄청난 노력을 기울여 왔다.[43] 각주와 참고 문헌에서 볼 수 있듯이 이 책은 새로운 세대의 역사학자들 중 최고의 학자들이 이뤄 놓은 학문적 업적에 뿌리를 두고 있다. 그러나 불행하게도 과학사라는 학문 분야는 계속해서 몇몇 유명 과학자들에게 집중적으로 주목해 왔다. 아마 이것은 우리 문화 전체를 괴롭히고 있는, 유명 인사들에 대한 숭배를 보여 주는 징후일지도 모른다. 과학사의 책과 논문들 중 상당수는 "갈릴레오 산업", "뉴턴 산업", "다윈 산업", "아인슈타인 산업" 등이 만들어 낸 산물이다.[44] 물론 과학의 위인들은 속담에 나오는 거실의 코끼리처럼 간단하게 무시될 수는 없다. 그러나 그들의 이야기는 전통적으로 지배 엘리트의 관점에서 서술되어 왔다. 나는 이것을 다른 관점에서 다시 살펴보려 한다.

사회사와 민중의 역사

"민중의 역사"를 좀 더 일반적인 범주인 사회사와 구분하는 요소는 무엇인가? 이 둘은 서로 겹치는 부분이 있지만 과거를 이해하는 동일한 접근법은 아니다. 사회사학자들은 전통적인 과학의 영웅들이 활동한 사회적 맥락을 묘사하는 훌륭한 작업을 해 왔다. 가령 보일과 뉴턴의 활동을 잉글랜드 내전과 명예혁명에 비추어 설명한 것은 이상화된 과학사를 교정한 소중한 성과이다.[45] 그러나 민중의 역사는 과학 지식 생산의 집단적 성격을 강조하여, 사회적 활동으로서의 과학에 대한 이해를 더욱 심화시킬 수 있다.

이미 오랫동안 사회사학자들은 과거에 대한 상을 "하향식"이 아닌 "상향식"으로 제시해 왔다. 몇몇 학자들은 평민들의 활동을 그려 내거나 그 외 다른 방식으로 역사적 사건들이 이해되어 온 사회적 맥락의 지평을 넓혔다. 그러나 지배적인 사회 계층의 관점을 완전히 포기한 것은 아니었다.

또 다른 사회사학자들은 특권 계층에 의도적으로 주목했다. 스티븐 섀핀의 책 『진리의 사회사(*A Social History of Truth*)』는 과학의 사회사를 서술한 탁월한 사례이지만, 그가 17세기 잉글랜드에서 일어난 "과학의 진리에 대한 젠틀맨식 구성"이라고 부른 것에 대한 설명은 명시적으로 엘리트적 관점에 입각한 것이다. "나는 공민권을 빼앗기고 목소리를 잃은 사람들에 주목한 새로운 문화사에 대해 잘 알고 있고 또 깊이 공감을 느낀다."라고 섀핀은 썼다. 그러나 "내가 젠틀맨 사회에 초점을 맞추는 한,

이 책은 '그들의 관점에서' 서술된 이야기가 될 것이다."[46]

새핀은 과학 지식의 생산에서 17세기 젠틀맨들이 했던 역할에 초점을 맞추었다. 그 역할은 본질적으로 인식론적인 것, 즉 지식의 인증이나 정당화와 관련된 것이었다. 섀핀이 고찰한 질문은 젠틀맨들이 어떻게 자연에 대한 새로운 내용을 알게 되었나가 아니라 그런 것을 알고 있다는 데 대해 자기네들끼리 어떻게 합의를 이루게 되었나 하는 것이다. 자연에 대한 새로운 발견들을 실제로 해내고 있던 이들은 장인들이었다. 그들은 머리뿐만 아니라 손을 써서 일했고, 일차적으로는 호기심에 의해서가 아니라 물질적 필요, 즉 생계유지의 필요에 의해 동기를 부여받았다. 요컨대 근대 과학의 탄생은 젠틀맨들이 장인들의 지식을 전유해 이를 체계화하기 시작했을 때 일어났다. 이 주제는 5장에서 좀 더 자세하게 다뤄질 것이다.

여기서 언급해 두어야 할 것은 장인들은 자신들이 아는 내용을 정당화하는 공식적 수단을 필요로 하지 않았으며, 다른 이들이 거기 동의하는가에 대해서도 대체로 무관심했다는 점이다. 그들이 갖고 있던 자연 지식은 매일매일의 실천 속에서 시험되고 확인되었으며 또 반복적으로 재확인되었다. 그들이 아는 내용이 "잘 작동"한다면 그것만으로도 충분히 정당한 것이었다. 로버트 보일은 장인들이 발견한 경험적 수치 자료가 "기술자들에게 진정으로 도움이 된다면 진리임에 틀림없"으며 따라서 "자연의 역사 속에 받아들여질 자격이 있다."고 썼다.[47] 선원과 어부들은 다시 한번 설득력 있는 예를 제공한다. 달의 위치와 조석의 관계에 관한 그들의 정확한 지식 — 정교한 표로 기록된 — 은 수 세기 동안 배가 항구에 안전하게 도착할 수 있도록 도와주었다. 이것은 갈릴레오가 달이 조석의 원인임을 부정하고 지구의 자전을 그 원인으로 잘못 지목한 것보다 훨씬 이전의 일이었다.[48]

섀핀은 자신의 책이 "힘세고 목소리가 큰 행위자들로 이루어진 작은 집단"을 다루고 있음을 인정하면서도, 다른 역사학자들에게는 다른 사회적 방향에서 접근해 보라는 과제를 던졌다. "역사 서술 속에서 주의를 기울여 들리게 만들어야 하는 과거의 목소리들 — 여성, 하인, 야만인들의 목소리 — 이 있다면, 역사학자들은 의당 그들에게 관심을 가져야 한다." 반면 "그런 목소리들이 존재하지 않거나 거의 들리지 않을 경우", 역사학자들은 "누군가는 대변하고 다른 누군가는 대변되며 누군가는 행위하고 다른 누군가는 행위의 대상이 되는 **포함과 배제의 실천**"에 주목해야 한다고 섀핀은 덧붙였다.[49]

나는 섀핀의 조언을 따라 보기로 했다. 종속 계층 중에서 지식 추구에 관여한 구성원들의 희미한 목소리들을 증폭시켜 들리게 만드는 길도 있지만, 그들을 "대변"하고 "행위를 가하는" 사람(엘리트)들의 말과 행동을 주의 깊게 분석함으로써 그들이 과학사에서 차지하는 위치를 밝히는 대안적 접근법도 있다. "글자도 모르는 기계공들"의 중요성을 보여 주는 강력한 근거는 베이컨과 보일, 윌리엄 길버트(William Gilbert)와 갈릴레오 같은 이들의 증언에서 찾아볼 수 있다.

결국 누구의 지식이었는가?

기술 비밀 유지(craft secrecy)라는 주제에 관해 언급했던 거의 모든 저자들은 이를 비난하면서 자신의 지식을 몰래 숨기려 한 미개한 기술자들의 후신성을 개탄해 왔다. 그런 반면 로버트 보일 같은 엘리트 학자들에 대해서는 자연에 관한 새로운 지식을 널리 알렸다며 칭찬을 아끼지 않았다. 자신의 연구 결과를 공표함으로써 자유로운 공유를 가능케 한 이들은 인류의 계몽과 진보에 사심 없이 기여했다는 이유로 널리 상찬되었다.

두말할 것 없이 이는 보일, 베이컨, 그 외 이들과 비슷한 생각을 했던 동료 학자들이 스스로를 바라보는 방식이었다. 이후 대다수의 저자들은 이 문제에 대해 아마도 깊이 생각해 보지 않은 채로 그들의 관점을 그냥 되풀이했다. 그러나 베이컨식의 주장이 "인류" 일반에 대한 관심을 표명하고 "인류의 삶을 더 낫게 만드는 것"을 자신들의 동기로 내세웠음에도 불구하고, 진보를 향한 베이컨 자신의 프로그램은 기존 사회 질서를 유지하고 강화하는 것을 그 일부로 분명히 포함하고 있었다. 기층 대중들에 대한 지배 엘리트의 권력을 강화하는 방식으로 말이다.[50)]

장인들은 기술 비밀 유지의 관행을 전혀 다른 견지에서 바라보았다. 그들이 보기에 이것은 어떤 사악한 의도에서 유래한 것이 아니었다. 그들은 이 비밀 유지를 자신들의 경제적 생존을 위한 필수 조건으로 이해하고 있었다. "기술에 대한 지식은 기술자들에게는 가장 귀중한 재산이었다. 심지어 그들이 가진 원재료나 노동력보다도 더 귀중했다."[51)] 자연적 과정에 대해 그들이 가진 지식은 힘든 노동과 수년간에 걸친 도제 생활을 통해 얻은 것이었고, 수입의 원천이자 생계를 유지하고 자신과 가족을 벌어 먹일 수 있는 능력의 기반이기도 했다. 아량을 보일 여력이 있던 부유한 젠틀맨들이 기술자들의 전승 지식을 공개적으로 폭로한 행동은 장인들의 이해관계라는 관점에서 보면 일종의 도둑질이었다.

과학적 아이디어의 자유로운 교환을 옹호한 학자들(virtuosi)의 자세는 일견 정당한 것처럼 보인다. 그들이 훔친 지식을 자신들의 몫으로 몰래 숨겨 둔 것이 아니라 이를 세상에 공표했기 때문이다. 그러나 그들의 너그러움은 자유방임 경제학의 위선을 반영한 것이었다. 자유 시장을 가장 강고하게 옹호하는 나라들은 예외 없이 시장 지배력이 가장 강한 나라들이다. 19세기의 영국과 오늘날의 미국이 전형적이다. 마찬가지로 "사상의 시장"에서도 지적 엘리트들은 자신들이 "해방시킨" 귀중한 지식을 통제할 수 있는 위치에 있었다.

로버트 보일은 기술자들의 지식을 전유한 것이 결국에는 더 큰 이득이 될 것이라고 주장하며 이를 정당화하려 했다. "자연학자가 수공업에 대한 조사를 통해 많은 지식을 얻어 내게 되면 …… 그렇게 얻어진 지식을 이용해 …… 수공업의 향상에 기여를 할 수도 있을 것이다."[52] "수공업의 향상"이 수공업자의 생활을 더 낫게 만들 거라고 생각한 보일의 진정성에 의심을 품을 이유는 없지만, 실제로는 그렇게 되지 않았다. 막 태동한 자본주의 경제의 맥락 속에서 생산성 증가의 혜택은 생산자가 아니라 자본을 끌어들여 생산 과정에 대한 통제권을 장악할 수 있었던 소수의 특권층에게 돌아갔다. 자신들이 가졌던 지식을 상실한 장인들은 대개 결국에는 임금 노동자라는 예속된 지위로 떨어졌다. 보일이 말한 "수공업의 향상"은 19세기에 이른바 노동 절약 기계들의 도입을 예견케 한 전조였는데, 이는 노동자들의 노동을 쉽게 해 주었다기보다는 고용주들이 부담하는 **노동 비용**을 절감시켜 주는 역할을 했다. 긴 안목으로 보았을 때 설사 사회적으로 진보적인 결과를 야기했다 하더라도, 당장 나타난 영향은 밀려난 노동자들이 생계 수단을 잃은 반면 공장주들은 부를 축적했다는 것이었다.

이 책의 전반적인 주제와 줄거리는 이제 충분히 분명해졌을 것이다. 이제 좀 더 자세한 설명으로 넘어가 민중의 과학이 어떻게 시작되었는지를 탐구할 때가 되었다. 다음 장에서는 원시 인류, 즉 전 세계 모든 곳에 퍼져 있었던 수렵-채집인들을 다룰 것이다.

2장
선사 시대
수렵-채집인의 과학

그러한 조건에서는 산업이 설 자리가 없다. 그로부터 얻을 수 있는 과실이 불분명하기 때문이다. 이에 따라 토지의 경작도, 항해술도, 바다를 통해 수입되었을 상품의 이용도, 널찍한 건물도, 이동 수단도, 많은 힘을 필요로 하는 물건들의 이동도, 지구 표면에 대한 지식도, 시간 개념도, 예술도, 문자도, 사회도 존재할 수가 없으며, 가장 나쁜 것은 공포심과 폭력적인 죽음의 위험이 계속해서 존재한다는 사실이다. 사람의 일생은 고독하고, 가난하고, 더럽고, 야만적이고, 짧았다.

—토머스 홉스(Thomas Hobbes), 『리바이어던(*Leviathan*)』(1651년)

17세기에 살았던 토머스 홉스는 선사 시대의 인간들이 가졌던 지식을 낮게 평가했다. 홉스가 보기에 그들이 살았던 조건은 동물의 그것과 거의 다를 바가 없었다. 이런 평가는 증거에 입각한 것이 아니라 상식적인 추측일 뿐이었다. 홉스는 법의 지배와 같은 문명의 혜택이 없었던 머나먼 과거에 삶이 어땠을지를 상상해 보았고, 그러한 삶은 자주 인용되는 문구를 빌리면 "더럽고, 야만적이고, 짧았"을 것임이 분명하다고 생각했다.

그 다음 세기에 그와는 반대되지만 마찬가지로 관념적인 인류의 선사 시대에 대한 이해가 또 다른 사회 이론가인 장자크 루소(Jean-Jacques Rousseau)에 의해 개진되었다. 루소의 사회 계약설에 따르면 선사 시대의 인간들은 고상한 야만인(noble savage)이었다. 최초의 원시 상태에서 사람들은 "자연이 허락하는 한 자유롭고 건강하며 선하고 행복한 존재였다."고 루소는 주장했다. 그러나 문명의 부상은 재산, 불평등, 노예제, 빈곤을 만들어 내어 "인류의 타락을 초래했"다.[1] 초기 인류는 비록 고상한 존재이긴 했지만 본질적으로는 여전히 야만인이었고, 성서의 은유를 빌자면 아직 지식의 나무에 열린 과실을 맛보지 못한 상태였다. 루소가 그려 낸 고상한 야만인들은 "어리석음과 둔함"으로 특징지어졌다. 그들은 홉스의 더러운 짐승들과 마찬가지로 아는 것도 없고 지적이지도 못한 존재였다.[2]

선사 시대의 인간들이 정확히 무엇을 알았고 무엇을 몰랐는지를 손쉽게 알아낼 수는 없지만, 홉스, 루소, 성서가 모두 그들의 지적 능력과 성취를 심하게 과소평가했다는 점은 분명하다. 다른 종들과는 달리 초기 인류는 자신들이 적응에 성공한 제한된 생태적 지위(ecological niche)에서 단순히 살아남은 것이 아니라, 전 세계로 퍼져 나가면서 가는 곳마다 자신들의 필요를 충족시키기 위해 주위 환경을 만들어 나갔다. 그들이 이렇게 할 수 있었던 것은 자연에 대해 엄청난 양의 지식을 얻어 내고 그것을 적용하는 독특한 인간의 능력 때문이었을 것이다.

선사 시대 민중의 과학은 문자가 나타나기 이전 수천수만 년 동안 인간들이 갖고 있었던 인상적인 수준의 자연 지식에 대해 설명한다. 이러한 자연 지식의 존재를 말해 주는 문서 증거는 존재하지 않는다. 그 때문에 여기에 대한 연구는 선사 시대의 지식에 대한 견고한 증거를 찾고 해석하는 데서 어려움을 겪는다. 반면 엘리트 지식과 민중의 지식을 구분할 필요가 없어지면 연구가 더 간단해지는 측면도 있다. 다루는 시기가 대체로 지배층과 피지배층의 사회적 계층 분화가 나타나기 이전이기 때문이다. 바꿔 말해 이 시기에 존재했던 과학은 어떤 것이라도 **그 정의상** 민중의 과학이라고 말할 수 있다.

인간 종이 기원한 시점이 언제인가 하는 문제는 계속되는 발견과 학술 연구를 통해 풀어야 할 과제이지만, 최신의 화석 증거는 원숭이와 구분되는 최초의 원인(原人)들이 700만 년 전에 아프리카에서 출현했음을 말해 준다. 화석 기록에 따르면 뒤이어 점점 더 우리와 닮은 원인들의 변이가 차례로 나타났고, 대략 4만 년에서 9만 년 전에 해부학적으로 우리와 구분되지 않는 하나의 종이 — 마침내 — 나타났다. 다소 판에 박은 문구를 빌자면, 만약 당신이 5만 년 전에 살았던 인간들 중 하나를 데려와 면도와 이발을 시키고 새 양복을 입혀 뉴욕 지하철에 태워 놓으면 다른 승객들이 놀라 눈썹을 추켜 올리는 일은 아마 없을 것이다.[3] 좀 더 중요한 가설은 만약 당신이 그들 중 하나를 하버드 대학교 같은 명문 학교에 보낼 수 있다면 그 또는 그녀는 우리 시대에 태어난 사람과 마찬가지로 교육이 가능할 거라는 것이다. 이것은 검증 불가능한 가설이긴 하지만, 그렇다고 이 가설이 틀렸다는 좋은 이유가 있는 것은 아니다. 인류학자 샐리 맥브리어티(Sally McBrearty)는 "가장 초기의 호모 사피엔스는 아마도 스푸트니크호를 만들어 낼 만한 인지 능력을 갖추었을 것"이라고 단언했다.[4]

어쨌든 고생물학상의 증거는 우리가 속한 "인간 계통"과 가까운 종족들이 수십만 년 동안 지구에서 살아 왔음을 말해 준다. 대략 1만 3000년 전 마지막 빙하기가 끝날 때까지 그들은 모두 수렵과 채집에 전적으로 생활을 의존했다. 빙하기가 끝난 후 농업과 동물의 가축화가 이루어지면서 수렵-채집 생활 방식에 대한 집착이 약화되기 시작했고, 오늘날에 이르면 수렵-채집인들 — 아마 "채식인(forager, '식량을 찾아다니는 사람'이라는 의미이다. — 옮긴이)"이 좀 더 나은 명칭이겠지만 — 은 전 세계 인구의 아주 작은 부분만을 차지할 정도로 줄어들었다.[5] 하지만 그럼에도 현재까지 살았던 모든 사람들 중 99퍼센트 이상은 채식인이었다고 추정해도 큰 무리는 없을 것이다.[6]

19세기와 20세기의 대부분 동안 사람들의 채식인 선조들에 대한 이해는 루소보다 홉스에게 빚진 바가 더 컸다. 그들의 생활 방식은 구제불능의 빈곤, 끝없는 노동, 형편없는 무지로 특징지어진다는 생각이 학자와 일반인을 막론하고 거의 보편적으로 퍼져 있었다. 이 점을 감안하면 농업과 동물의 가축화가 시작된 "신석기 혁명"이 수렵과 채집이라는 비참한 생활로부터 인류를 해방시켜 준 사건으로 간주된 것은 그리 놀랄 일이 못 된다. 과학사의 영웅적 관점에 발맞추어 이처럼 위대한 해방의 행위 역시 우수한 지능 덕택에 정기적인 식량 공급에는 정착이 유리하다는 점을 깨달았던 몇몇 뛰어난 인간들의 혁신으로 간주되었다.

그러나 1960년대의 급진주의는 사회에 대한 많은 전통적 생각들을 재고하도록 자극했고, 선사 시대 사회에 대한 생각 역시 예외는 아니었다. 1966년에 열린 "수렵인 남성(Man the Hunter)"이라는 제목의 학술회의는 채식 생활 방식에 대한 인식에서 하나의 전환점이 되었다. 인류학자 리처드 보셰이 리(Richard Borshay Lee)와 어빈 드보어(Irven DeVore)는 "지금까지 수렵 생활 방식은 인류가 성취했던 가장 성공적이고 지속적인 적응의 방식이었다."라고 선언해 사람들을 깜짝 놀라게 했다.[7] 마셜 샐린스(Marshall Sahlins)는 이런 주장을 더욱 도발적으로 제시했다. 선사 시대의 채식인들은 "최초의 풍요 사회"를 이루었다는 주장이었다.[8] 샐린스는 수렵인과 채집인들이 물질적 필요를 충족하기 위해 대개 하루에 몇 시간만 일하면 되었고, 그 덕분에 많은 여가 시간을 누리면서 상대적으로 편안한 생활을 할 수 있었다고 주장했다. 샐린스는 이를 "선(禪)의 경제"라고 불렀다. 채식인들은 자신이 원하는 것이면 뭐든 갖고 있었는데, 이것은 그들이 물질적 재화의 측면에서 그리 많은 것을 원하지 않았기 때문이었다. 일부 비평가들은 그가 선사 시대의 낙원에 대한 주장을 지나치게 과장했다고 공격했지만, 그럼에도 샐린스는 인류학자와 고고학자들이 연구 대상인 문화와 인공물을 해석하는 방식을 근본적으로 바꿔 놓는 데 성공을 거두었다.

전통적 사고방식에 따르면 "원시"인들은 기술적 진보를 이루지 못했기 때문에 생존을 위한 필사적인 노력에 시간을 뺏긴 나머지 깊은 사고와 혁신적인 실험을 할 여유가 없었다. 그러나 채식인들에게 자유 시간이 부족하지 않았다는 샐린스의 주장은 이후의 연구를 통해 폭넓게 확인되었다. 만약 채식인들이 "진보"를 이뤄 내는 데 "실패"했다면 그 이유는 그들이 너무 바쁘거나 어리석어서가 아니라, 현재의 관점에서 볼 때 진보로 간주되는 것이 그들에게는 별로 매력적이지 않았기 때문이었다.

농업으로의 전환이 해방을 가져온 사건이라고 생각하는 오늘날의 학자들과 달리, 채식인들 자신은 이것을 에덴동산으로부터의 추방으로 인식했을 수도 있다. 이전에는 여유 있는 낮 시간 동안에 식량을 모을 수 있었던 데 비해, 농업의 의무는 해가 뜰 때부터 질 때까지 힘든 노동을 강제했다. 그들이 이런 변화를 감행한 것은 오직 최후의 수단으로서였을 터이다. 인구 증가의 냉혹한 압력 하에서 점점 줄어들어 가는 땅으로부터 생존의 수단을 짜내야 했기 때문이다. 뿐만 아니라 신석기 혁명의 "선구자"들은 채식인들 중 가장 지능이 높은 이들이었으리라는 추론도 옳지 않다. 그들은 단지 식량을 생산하느냐 굶주리느냐의 선택에 가장 먼저 직면한 이들이었을 뿐이다.

채식 생활 방식을 에덴동산에 비유하는 것은 오직 가장 상대적인 의미에서만 그럴 법한 일이다. 수렵과 채집이 농업에 비해 일을 덜 요구했을지 모르지만, 선사 시대의 인간들이 식량과 피신처를 아주 쉽게 구할 수 있었기 때문에 노력이나 지식이 별로 필요하지 않았다고 가정하는 것은 잘못된 생각이다. 그들은 다소간 예측 가능한 방식으로 변화하는 천연자원들을 계속해서 얻어 낼 필요에 따라 자연 지식을 증진시켜 나갔다. 생존을 위해서는 광대한 영역에 대해 동물들의 이주 습성, 계절에 따른 물 공급 변화, 식물에 열매가 열리는 주기 등 최대한 많은 것을 배워야 했다. 현존하는 많은 채식인 부족들은 다양한 자원의 선택 가능성을 계속 열어 두기 위해 "광대한 영역에 대한 지식을 유지해야만 한다고 느끼고 있다. (알래스카 북부의) 누나미우트 족은 25만 제곱킬로미터에 달하는 영역에 대한 지식을 보유하고 있고, 오스트레일리아의 핀투피 족은 5만 2000제곱킬로미터 이상에 대한 지식을 갖고 있다."[9)]

"수렵인 남성" 학술회의는 급진적이긴 했지만, 이미 제목 그 자체에서 한계점을 드러냈다. 한 논평가는 말하기를, "극소수의 예외를 제외하면 20세기 인류학은 여성을 잘해야 사회의 주변적 성원들로 다루었고 최악의 경우에는 아예 존재하지 않는 것처럼 취급했다."[10)] 그러나 1960년대는 페미니즘 사상이 다시 태동한 시기이기도 했고, 오래지 않아 당연한 질문들이 제기되었다.

> 남성들이 사냥을 하고 문화를 창조해 나가는 동안 **여성**들은 어디 있었고 무엇을 하고 있었는가? 동굴 속에서 벌거벗은 채 아이들과 같이 추위에 떨고 있었는가? 이는 민속지학의 관점에서 말이 되지 않았다. 이러한 단초들로부터 채집인 여성 가설이 더욱 발전해 나왔고, 그와 함께 농업의 발명자로서의 여

성이라는 개념이 등장했다.[11]

그 결과 수렵인 남성이라는 관념은 채집인 여성(women the gatherer)의 관념에 의해 보완되었다.[12] 페미니스트 학자들은 여성들의 활동이 채식인들의 식량 섭취에서 절반을 훨씬 넘는 부분을 담당했다는 좋은 근거를 제시했다. 이런 사실이 과학의 민중사에 던지는 함의는 명백하다. 여성들이 식물과 작은 동물들의 일차적인 채집인이었다면, 채식인들이 지닌 자연 지식의 대부분은 그들의 몫으로 돌려야 한다는 것이다. 특히 인간의 생존에 필수적이었던 식물의 특성에 대한 상세한 지식의 측면에서 그렇다.[13]

초기 인류가 오늘날의 후손들에 의해 어떻게 인식되어 왔는지와는 별개로, 지구상에 인간이 등장한 최초의 수천수만 년 동안 모든 사람들이 수렵과 채집으로 생계를 유지했음은 부인할 수 없는 사실이다. 따라서 과학의 민중사는 채식인들에서 시작해야 한다. 그리고 첫 번째 관심은 애초에 사람들이 어떻게 자연 지식의 전제 조건이 되는 지능을 갖게 되었는가 하는 질문에 맞춰져야 할 것이다.

인간 지능의 기원

무엇이 먼저였는가? 두뇌인가, 손인가? 다윈이 『종의 기원(*Origin of Species*)』과 『인간의 유래(*Descent of Man*)』를 발표하기 전부터 진화 사상가들 사이에 의심의 여지없이 받아들여진 가정은 지능이 인간의 진화를 이끌었다는 것이었다. 진화의 과정은 매 단계마다 일차적으로 두뇌 크기의 증가에 의해 추동되었다고 여겨졌다. 그에 수반된 지능의 증가가 원숭이를 원인으로, 원인을 호모 사피엔스로 점차 변모시킨 선택압을 제공했다는 것이었다.

19세기 말에 최초의 원인 화석이 발견되기 전까지는, 만약 원숭이와 인간 사이의 "잃어버린 고리"가 화석 기록에서 발견된다면 그것의 두뇌 크기는 원숭이와 인간의 중간쯤이지만 인간의 특징인 직립 자세를 하고 있지는 않으리라는 가정이 당연시되었다. 그 생물은 오직 충분한 지력을 얻은 이후에야 직립 자세로 일어서 인간성을 드러내 보일 것으로 기대되었다. 스티븐 제이 굴드(Stephen Jay Gould)가 "두뇌 선차성의 교의"라고 불렀던 이런 생각은 1920년대에 치명타를 얻어맞았다. "당신과 나처럼 직립 보행을 하는" "작은 뇌를 가진 오스트랄로피테쿠스"의 유해가 아프리카에서 발견되었기 때문이다.[14] 그때 이후로 원숭이 같은 생물에서 원인으로의 변화는 뇌 용량의 상당한 증가보다 시기적으로 훨씬 앞섰다는 사실을 부인할 수 없게 되었다.

왜 "서구 과학"은 두뇌의 선차성이라는 선험적 가정에 그토록 목을 매왔을까? 굴드는 이런 의문을 품었다. 그는 이 문제에 대한 답을 프리드리히 엥겔스(Friedrich Engels)가 1876년에 썼지만 그가 죽은 후 20년이 지난 다음에야 비로소 발표된 에세이에서 발견했다.[15] 엥겔스는 「원숭이에서 인간으로의 전이에서 노동이 한 역할(The Part Played by Labor in the Transition from Ape to Man)」이라는 글에서, "결정적인 진일보"는 원숭이가 팔을 이동에 사용하는 것을 멈추고 "점점 더 직립해서 걷는 모양을 취하기" 시작했을 때 일어났다고 주장했다. 이로써 손이 자유로워졌고 도구의 사용, 즉 **노동**이 시작될 수 있었다. "오직 노동을 통해서, 완전히 새로운 작업에 대한 적응을 통해서 인간의 손은 높은 수준의 숙달에 도달했고, 이로부터 라파엘의 그림, 토르발트젠의 조각, 파가니니의 음악이 탄생했다."[16]

엥겔스는 노동의 산물인 손의 발달이 초기 인류에서 지능의 획득을 자극했고 결과적으로 두뇌 크기의 강화로 이어졌다고 주장했다. 엥겔스의 손-먼저 가설은 두뇌-먼저 가설과 마찬가지로 증거에 뒷받침되지는 않았지만, 화석 증거가 등장하면서 결국 사실로 확인되었다.

엥겔스가 성공적인 통찰을 내놓을 수 있었던 것은 그가 지적 노력을 손노동보다 선호하는 이데올로기적 성향에 의해 구속받지 않았기 때문이었다. 굴드는 학자들이 전통적으로 노동자들을 얕잡아 보는 경향이 있었고, 그들에게 "두뇌의 선차성은 너무나 자명하고 자연스러워 보여서, 지적 활동을 전문으로 하는 사람들과 후원자들의 계급적 지위와 관련된, 깊숙이 자리 잡은 사회적 편견이 아닌 기정사실로 받아들여졌다."라고 지적했다.[17] 엥겔스는 당대에 "다윈학파에 속한 가장 유물론적인 자연 과학자들조차도" 인류의 기원을 이해하고 "그 속에서 노동이 담당한 역할을" 인식하지 못하게 된 이유가 바로 이러한 케케묵은 편향 탓이라고 보았다.[18]

만약 인간의 진화가 두뇌에 의해 추동된 것이라면 그 과정에서 주도적인 역할은 평균 이상의 지능을 가진 개인들 — 선사 시대 판 지적 엘리트 — 에게 돌아가야 할 것이다. 그들과 그들이 지닌 유전자가 선천적으로 우월했기 때문에 생존 경쟁에서 선택 우위를 가지게 되었다는 설명이다. 그러나 화석 증거는 다른 결론을 가리킨다. 인간의 지능은 전체 원인 집단 — "노동 대중" — 의 도구 제작과 도구 사용 활동으로부터 등장했으며, 언어 능력, 전(前)과학 단계의 지식, 궁극적으로 과학의 등장 역시 마찬가지로 설명할 수 있다.

증거를 찾아서

선사 시대의 사람들이 자연에 대해 무엇을 알고 있었는지에 대한 증거는 일반적으로 두 가지 종류가 있다. 그러나 이 둘은 각각 다른 이유로 만족스럽지 못하다. 첫 번째는 고고학자들이 발굴해 낸, 인간이 만든 도구나 그 외의 물건들이다. 이런 도구들에 기반해서 과거 이것이 어떻게 쓰였는지를 추론할 수 있다. 그러나 "물질적 인공물의 풍부한 유산"이 구석기와 신석기 시대에 광범한 **기술들**이 존재했음을 입증하는 데 반해, "그러한 문자 사용 이전의 사회들에서 어떤 **과학적** 관심이 존재했는지에 대한 기록은 주로 천문학적 지식에 바탕을 둔 구조물의 형태로 미미하게만 존재한다."[19] 하지만 고고학자들이나 고생물학자들이 흔히 쓰는 표현을 빌리면 "증거의 부재가 부재의 증거는 아니다." 다시 말해 물질적 인공물들이 그 소유자의 명시적인 과학적 관심에 대해 단서를 거의 제공하지 않는다 해도, 이 사람들이 아무런 과학적 관심도 갖고 있지 않았음을 증명하는 것은 아니다.

더 중요한 것은 구석기와 신석기의 기술들은 그 전에 "인상적인 일단의 과학 지식"을 얻지 않고서는 존재할 수 없었다는 사실이다. "지형학, 지질학, 천문학, 화학, 동물학, 식물학에 걸친 이런 지식은 농업, 기구 제작, 야금술, 건축의 실용적 기술 전승과 과학적 진리를 담고 있었을지 모를 마술적 믿음에서 나왔다."[20] 이 때문에 이러한 초기 기술들은 과학사에서 필수 불가결한 일부가 된다. "자연 과학의 본질적 성격은 물질에 대한 효과적인 조작과 변형에 대한 관심에 있기 때문에, 과학의 주된 흐름은 원시 인류의 기술에서 출발한다."라고 존 데즈먼드 버널은 설명했다.[21]

두 번째 종류의 증거는 칼라하리 사막에, 오스트레일리아의 오지에,

북극권 내에, 그리고 그 밖의 지역들에 여전히 존재하는 채식인 집단들 사이에서 거주하면서 그들의 일상생활을 관찰하는 인류학자들의 현장 보고이다. 이런 증거들은 수렵-채집인들이 지닌 자연 지식에 관해 훨씬 더 풍부한 참고 자료를 제공해 주지만, 중대한 방법론상의 문제를 안고 있다. 오늘날 채식 생활을 하는 부시먼, 오스트레일리아 원주민, 에스키모들의 지식이 구석기나 신석기 시대의 채식인들의 지식과 유사하다고 가정하는 것은 과연 얼마나 정당한가? 고고학자와 인류학자들은 "과거를 재구성할 때 …… 오늘날의 수렵 채집 부족들로부터 유추하려는 유혹에 빠지지" 말아야 한다고 입을 모아 경고한다.[22)]

그 이유는 첫째, 하나의 채식인 집단을 연구해 나온 결론을 자동적으로 보편화시켜 다른 집단에 적용할 수는 없다. 이 점은 오늘날의 사람들을 수만 년 전에 살았던 사람들과 비교할 때 특히 그렇다. 둘째로 오늘날에는 전 세계 어느 곳을 가도 "순수한 석기 시대 문화"는 존재하지 않는다. "민속지학에서 알려진 모든 수렵-채집인들은 이런저런 방식으로 세계 경제 체제와 연관되어 있다."[23)] 뿐만 아니라 오늘날 인류학자들이 연구하는 채식인들은 사막이나 열대 우림 — 지구상에서 인간이 살기에 가장 한계 상황에 가까운 생태계 — 에서 살고 있는 반면, 선사 시대의 채식인들은 오늘날 농장과 도시가 차지하고 있는 훨씬 더 비옥한 땅에서 거주했다. 그러나 오늘날의 민속지 증거가 선사 시대에 대한 절대적인 보증은 되어 줄 수 없더라도, 문자가 사용되고 농업이 시작되기 이전의 사람들이 어떤 종류의 지식을 발전시킬 수 있었는지에 대해 시사점을 줄 수 있는 것은 분명하다.

무엇보다도 인류학적 자료는 "원시"인들이 본래 지적으로 열등하다는 편견 섞인 관념을 불식시키는 데 도움을 준다. 생물학자 재러드 다이아몬드(Jared Diamond)는 "문명의 손길이 닿지 않은 뉴기니 사람들의 사회에서 그들과 함께 일하면서 33년의 시간을 보낸" 후 이렇게 결론 내렸다. "오늘날의 '석기 시대' 사람들은 평균적으로 볼 때 산업 사회의 사람들보다 지적 능력이 더 뛰어날 — 그 반대가 아니라 — 것이다." 정신 능력 면에서 "뉴기니 사람들은 유전적으로 서구 사람들보다 더 뛰어날 것이며, 오늘날 산업 사회에서 대부분의 아이들이 성장하는 배경을 이루는 치명적인 발달상의 불리함을 피하고 있다는 점에서 확실히 우월하다."[24] 이는 물론 주관적인 판단이지만, 수많은 문자 사용 이전 사회들의 지적 성취가 이 점을 뒷받침한다. 예를 들어 태평양의 섬들에 살았던 초기 부족들은 문자로 씌어진 항성 목록이나 도표를 참조할 수 없었기 때문에 항해 시에 참조하는 별들의 위치에 대한 방대한 지식을 전적으로 기억에 의지해야 했다. 이것은 정말로 인간 정신의 놀라운 위업이다.

채식인의 과학

문화 인류학자인 피터 워슬리(Peter Worsley)는 오스트레일리아 북부 해안에 떨어져 있는 그루트아일런드 섬에 거주하는 원주민 채식인 부족을 여러 해에 걸쳐 연구했다. 워슬리는 다음과 같이 기술했다. "원주민들은 수렵과 채집으로 생계를 유지했고 농업을 발전시키지 않았기 때문에 종종 과학적 사고가 결핍된 것으로 생각되곤 한다. 그러나 식물과 동물을 정확히 관찰하고, 세상에 대해 올바른 결론을 내리며, 원인과 결과에 대한 이해에 도달하는 것은 그들에게 있어 죽느냐 사느냐의 문제이다." 워슬리는 덧붙였다. 그들은 "서구의 생물학자들, 동물학자와 식물학자들의 그것과 놀라울 정도로 유사한 범주들을 발전시켰"고 "이 과정에서 유사한 지적 절차를 사용한다."[25]

워슬리가 연구한 원주민들은 "최소 643가지의 서로 다른 생물 종들을 알아보고 이름을 붙였다." 이 가짓수는 그들이 구별하는 식용 생물 종의 거의 두 배에 달하기 때문에, "그들의 지식이 단지 실용적인 데에만 국한되어 있다는 통상의 믿음"과 배치된다. 워슬리는 "원주민들의 지식이 단지 양적인 측면에서만 놀라운 것이 아님"을 강조했다. "모든 것들이 **분류법** 내에서 나뉘어 있다는 것이 더욱 인상적이다. 우선 식물(*amarda*)과 동물(*akwalya*)이 기본적으로 나뉘고, 이들 각각은 그보다 낮은 단계의 여러 무리들로 세분된다."[26] 또 다른 원주민 집단인 케이프 요크 반도의 윅 몬칸 족을 연구한 생물학자이자 인류학자 도널드 톰슨(Donald Thompson)은 이 부족의 체계가 "간단한 린네식 분류법과 닮은 점이 있다."라는 결론을 내렸다.[27]

그루트아일런드 사람들의 분류법에서 식물 내의 첫 번째 분류는 목질의 줄기가 있는 것과 그렇지 않은 것이다. "도합해서 그들은 최소 114종류의 목질 식물들과 84종류의 비목질 식물들을 구별한다."[28] 한 분류 체계에서 목질 식물들은 다시 8개, 비목질 식물들은 3개의 하위 범주들로 나뉘었는데, "그중 일부는 형태상의 유사성에 근거해서, 다른 일부는 공통의 서식지에 근거해서 나눈다."[29] 수생 동물들에 대한 분류에서는

> 먼저 세 가지의 하위 범주로 나눈다. 물고기(137종), 조개(65종), 바다거북(6종)이 그것인데, 이때 연골어류(*aranjarra*)와 경골어류(*akwalya*)를 구분한다. 23종의 연골어류는 다시 상어(9종)와 (총칭하는 이름은 없는) 두 번째 하위 범주로 세분되는데, 후자는 색가오리(11종), 삽코가오리와 톱가오리(3종), 빨판상어로 구성된다. 그들이 구별하는 113종의 경골어류는 12개의 범주로 나뉜다.[30]

워슬리는 원주민들의 기본 범주들과 서구 생물학자들이 사용하는 속

(屬)과 종(種) 개념이 "놀라울 정도로 높은 상응성을 보인다."는 데 주목했다. 워슬리에 따르면 "네 발을 가진 육상의 포유류와 파충류의 경우 일치하는 비율이 86퍼센트나 된다. 동물 전체에서는 일치율이 69퍼센트, 식물 전체에서는 74퍼센트이다."[31] 그루트아일런드의 분류법이 그 내용이나 정교함에서 현대 생물학과 맞먹는다는 주장을 하려는 것은 아니다. 현대 생물학은 수백 종이 아니라 수백만 종을 식별할 수 있으니 말이다. 그러나 이러한 사례들은 채식인들이 **과학**이라는 이름으로 불릴 만한, 체계화된 일단의 지식을 만들어 낼 수 있음을 보여 주기에는 충분하다.

원주민들의 지리 지식 또한 양과 질 측면에서 언급해 둘 가치가 있다.

> 백인들의 눈에는 그루트아일런드가 오스트레일리아 북부 전체와 마찬가지로 별다른 특색이 없어 보인다. 그러나 원주민들에게는 결코 그렇지 않다. …… 와디는 그루트 해안과 앞바다의 섬들에서 이름이 붙어 있는 장소들을 최소 600곳 이상 기록했고, 데이비드 터너는 1969년에서 1971년 사이에 그루트 앞바다에 있는 비커튼 섬 — 남북과 동서 방향의 길이가 3~5킬로미터 정도밖에 안 되는 — 을 연구해 해안에서만 93곳의 이름 붙은 장소를 기록했다.[32]

섬 사람들은 "적어도 16곳(육지 8곳, 바다 8곳)의 서로 다른 생태 지대를 구분한다." 그들에게 가장 중요한 곳은 해안 지역이다. 이곳에서 그들은 "모래사장, 갯벌, 해변은 물론이고 깊은 바다, 얕은 바다, 산호초, 조간대의 암석 기반과 노두, 해안과 가까운 좀 더 얕은 조간대 등을 구별한다."[33]

워슬리는 채식인들의 가장 중요한 식품 중 몇몇은 자연 상태에서 사람에게 독성이 매우 강하다고 지적했다. 이 점은 그들이 식품 가공의 기술을 발전시켜야 했음을 의미한다. 가령 버라왕(burrawang)의 경우 특히 문제가 많은 식품이다. 열매 안쪽의 견과 부분에 독이 들어 있고, 이 독에 대해서는 알려진 해독제도 없기 때문이다. 이를 제거하기 위해 원주민들은 뜨겁게 달군 돌과 재를 이용해 견과를 가열 처리한 후 두들기고 빻아서 가루로 만들고 …… 흐르는 물에서 구부린 양치류 잎을 여과기로 사용해 이 가루가 흘러 내려가지 않도록 하면서 독을 걸러 낸다.

그러한 과정을 보면 선사 시대의 사람들이 어떻게 이런 방법을 처음 발견했는가 하는 의문이 떠오른다. 독을 제거하는 것이 가능하다는 사실을 그들은 처음에 어떻게 알게 되었을까? 또 끝내는 데 종종 며칠씩 걸리는 복잡한 절차들을 어떻게 고안해 낼 수 있었을까? 워슬리에 따르면 "답이 무엇이건 간에, 필요한 가공 방법을 발전시키는 데는 분명 상당한 추상적 추론과 많은 실험이 필요했을 것이다."[34)]

원주민들의 생물학 지식을 엿볼 수 있는 또 다른 실용적 기술은 의료였다. 발견을 이뤄 낸 경험적 방법의 세부 사항은 알려져 있지 않지만, 그루트아일런드 사람들의 치료 기술의 결과는 다음과 같이 남아 있다.

의료에는 잎, 덩굴, 뿌리, 구근, 딸기류의 열매, 백목질, 나무껍질, 과육, 벌집의 다양한 부분, …… 새싹, 씨앗, 소금, 바닷물, 가루로 만든 오징어 "뼈", 심지어 들개의 똥까지도 이용되었다. 일반적인 통증에는 덩굴과 잎을 으깨거나 가열하거나 물에 적셔 환부에 대어 주었다. 그러나 다음과 같은 증상에는 특별한 치료법이 있었다. 가슴과 귀의 병, 두통, …… 치통, 뱀에 물린 자리, 거미, 바다지네, 컵나방(cup-moth, 오스트레일리아에 사는 나방의 일종으로 번데기 고치가 컵처럼 생겼다고 해서 이런 이름이 붙었다. — 옮긴이)의 유충, 바다말벌(sea wasp, 열대 해역에 서식하는 해파리의 일종으로 맹독을 갖고 있다. 상자 해파리(box jellyfish)라는 이름으로 흔히 알려져 있다. — 옮긴이), 쑥치(stonefish, 인도-태평양 연안에 서식하는 독을 가진 어류의 일종으로, 바위에 붙어 돌맹이와 비슷한 모습으로 의태할 수 있어 이런 이름이 붙었다.—옮긴이), 색가오리 등에 물린 자리, 약간 베인 상처와 좀 더 심각한 상처, 부스럼, 화상, 염증, 골절, …… 상처를 아물게 하는 데, 변비, 기침, 감기의 치료, 설사, 소변 보면서 어려움을 겪을 때, 눈의 치료, 나병, 피부병, 종기 등등. 그들은 또한 피임약도 사용했는데, 효과가 너무나 강력해서 짧은 기간 동안이 아니라 평생 임신을 억제했다.[35)]

이러한 원주민들 사이에는 전문 지식인 계층이 존재하지 않는다. 이것은 곧 그 문화가 일단의 지식을 유지하는 것이 어느 정도 모든 개별 성원들의 책임이라는 것을 의미한다. 물론 모든 성원들이 동등한 지식을 갖추었다거나 젊은 세대로 지식을 전수하는 일에 동등한 정도로 관여한다는 의미는 아니다. 그루트아일런드에서 몇몇 개인들은 "대다수의 사람들보다 생각하는 일에 더 많은 시간을 쏟는다." 어떤 사람들은 "실용적 관심사들에 마음을 쓰는" 반면 몇몇은 "**다른 모든 이들처럼 사냥하러 나갈 의무는 있지만**, 생각하는 일에 관해 생각하는 데 많은 시간을 보낸다."

원주민 사회에서 여러 세대의 경험은 이러한 시간제(part-time) "대중" 지식인들에 의해 추출되고, 정교화되고, 분류되어 다음 세대로 전달된다. 그들은 지식이 저장되거나 책이나 도서관을 통해 연구될 수 없는 구전 문화(최근까지도 그러했다.)에서 활동한다.[36)]

바깥세상에서 온 인류학자들을 비롯한 사람들과 여러 해 동안 상호작용을 거친 결과, 그루트아일런드 사람들은 이제 순수한 채식인들의 전통 사회에서 벗어났다. 젊은 세대는 글을 읽고 쓸 줄 알고, 섬의 몇몇 여인들은 전통적인 분류 체계에 따라 식물과 동물들을 배열한 350쪽짜리 백과사전을 만들어 냄으로써 "자신들의 문화에 대한 극적 재전유"를 이뤄 냈다.[37] 위원회가 사회 전체의 전반적인 동의 하에 백과사전을 집필할 수 있었다는 사실은, 그루트아일런드의 분류학이 몇몇 예외적으로 뛰어난 개인들의 최근 작품이 아니라 일관성이 있고 널리 공유되었으며 오랫동안 지속되어 온 일단의 지식이었음을 확인시켜 준다.

추적: "과학의 기원"?

그루트아일런드 사람들과 앞서 언급된 다른 원주민들은 자연에 대한 지식이라는 측면에서 채식인들 사이에서 유별난 존재가 아니다. 흔히 "부시먼"으로 불리는 칼라하리 사막의 산 족을 연구해 온 인류학자들은 그들이 수백 가지 종의 식물과 동물들을 구분하고 범주화할 수 있을 뿐 아니라 좀 더 중요하게는 동물의 행동에 대한 깊은 이해를 갖고 있음을 밝혔다. 사냥은 단지 동물을 발견해 이를 죽이는 문제가 아니다. 대부분의 경우 사냥감은 찾기 어려우며, 따라서 그 습성을 알고 자취를 읽어서 추적을 해야만 한다.

가장 중요한 자취는 동물의 발자국이지만, 추적에는 단순히 동물이 지나간 흔적을 좇는 것보다 훨씬 많은 것이 요구된다. 사냥꾼이 자취를 읽어 내려면 거의 보일락 말락한 폭넓은 단서들로부터 추론을 해야만 한다. 가령 동물의 똥, 오줌, 침, 피의 흔적, 털이나 깃털, 부러진 가지나 잎사귀, 냄새와 소리, 동물이 먹이를 먹거나 그 외의 행동을 했음을 보여 주는 다양한 표시들이 그런 단서가 된다. 한 저자는 이렇게 설명했다. "칼라하리 사막의 사냥꾼들은 푸석푸석한 모래 위에서도 딱정벌레에서 노래기 …… 뱀에서 몽구스에 이르는 수많은 생물들의 자취를 식별해 낼 수 있다. 심지어 그들은 자취만 가지고도 서로 다른 종의 몽구스를 구분할 수 있다."[38] 그들은 종종 이처럼 미묘한 단서들만 가지고도 동물의 성, 대략의 나이, 그리고 지나간 지 얼마나 되었는지 등에 대한 판단을 내릴 수 있다는 사실도 덧붙여야 할 것이다.

역사학자 카를로 진즈부르그(Carlo Ginzburg)는 이것이 "인류의 지적 역사에서 가장 오래된 행동일지도 모른다."고 주장했다. "땅에 엎드려 사냥감의 자취를 탐구하는 사냥꾼의 모습"이 바로 그러하다는 것이다.[39] 인류학자 루이스 리벤버그(Louis Liebenberg)는 이런 생각을 확장해 채식인들의 정교한 추적 능력이 "과학의 기원"에 해당한다는 주장을 담은 책을 썼다.[40] 그의 논지에 따르면, 추적은 "가설 연역적 추론에 기반하고" 있으며 "현대의 물리학이나 수학에서 요구되는 것과 근본적으로 동일한 지적 능력들을 요구하는 과학"이다. 리벤버그가 칼라하리에서 연구한 수렵-채집인들이 가진 지식은 많은 종들의 "섭식, 번식, 동면 습관에 관한 상당히 자세한 정보를 포함하고 있었다." 그들은 "동물 행동의 많은 측면들에 대해 유럽의 과학자들보다 더 많이 알고 있는 것처럼 보였다." 그러한 지식은 "가설을 자취의 증거들에 비추어 끊임없이 검증해 이를 버티지 못하는 가설은 버리고 더 나은 가설로 대체하는 창의적 문제 해결 과정"을 뒷받침했다.[41]

쿵 산 족의 사냥꾼들을 연구한 두 명의 다른 인류학자들 역시 비슷한 결론에 도달했다. "그처럼 지적인 과정"은 "인간의 정신생활의 기본적 특징"임이 분명하다고 그들은 썼다.

> 반복된 가설 수립, 새롭게 모인 자료를 통한 가설 검증, 이전까지 알려진 사실과의 통합, 버텨 내지 못하는 가설의 기각 등이 서구의 과학자와 탐정들에게만 특유한 정신 습관이라면 그것이야말로 놀라운 일일 것이다. 그와는 반대

로, 쿵 부족의 행동은 인간의 두뇌가 그에 따라 진화한 바로 그 삶의 방식이 그러한 정신의 습관을 요구한다는 것을 시사한다. …… 인간은 사냥을 하는 포유류 중에서 후각이 너무나 미발달해 지적인 진화를 통해서만 성공적인 사냥을 할 수 있는 유일한 동물이다.[42]

칼라하리 사막의 추적자들이 아원자 입자들을 "추적"하는 현대의 물리학자들과 과학적으로 대등하다는 리벤버그의 주장을 받아들이건 그렇지 않건,[43] 이러한 채식인들이 자연 환경을 분석하고 이용하기 위해 동원하는 논리적 기법들의 정교성은 대단히 인상적이다. 하지만 그에 못지않게 인상적인 것이 있으니, 수천 년 전부터 태평양의 섬들을 차지했던 사람들이 지닌 바다와 별들에 대한 풍부한 지식이다.

태평양의 개척자들

태평양은 지구상에서 가장 넓은 수역이다. 전 세계의 어린 학생들은 이를 발견하고 탐험한 최초의 항해자로 페르디난드 마젤란(Ferdinand Magellan)을 존경하도록 가르침을 받는다. 마젤란이 이루어 낸 위업이 얼마나 대단한 것인지는 다른 유럽인들이 그러한 여행에 다시 나서기까지 1세기 가까운 시간이 걸렸다는 사실에서 엿볼 수 있다.[44] 그러나 태평양의 섬 사람들은 이를 보고 전혀 놀라지 않았을 것이다. 그들의 조상들은 수천 년 앞서 대양을 항해하는 법을 터득했기 때문이다. 이들에게 태평양의 광대한 수역을 가로질러 왕복하는 일은 오래전에 이미 일상으로 자리를 잡았다. 선사 시대의 인간들에게는 "항해술도 없었다."고 한 토머스 홉스의 가정만큼 사실과 거리가 먼 주장도 찾기 힘들 것이다.[45]

문자 사용 이전의 태평양 사람들은 어떻게 지도도, 자기 나침반도, 그 외의 다른 항해 도구도 없이, 심지어는 금속조차 사용하지 않고 너른 바다를 가로지를 수 있었을까? 하와이 제도에 도착한 최초의 유럽인 집단을 이끌었던 제임스 쿡 선장이 그곳에 사는 폴리네시아인들을 만난 후 탄복해서 외쳤듯이, "이 종족이 이토록 광대한 대양을 가로질러 널리 퍼져 나간 것을 어떻게 설명해야 할까? 우린 남쪽으로는 뉴질랜드, 북쪽으로는 이 섬들(하와이), 동서로는 이스터 섬과 헤브리디스 제도까지 걸치는 넓은 지역에서 그들과 만날 수 있었다."[46]

인류는 대략 4만 년에서 6만 년 전에 동남아시아로부터 오스트레일리아에 도달할 수 있었다. 당시에는 바다 위의 거리가 오늘날보다는 짧았지만, 그럼에도 육지가 전혀 보이지 않은 시간을 제법 오랫동안 보내야 했을 것임이 분명하다. 처음에 고고학자들은 오스트레일리아와 뉴기니에 사람이 정착하게 된 것은 우연이라고 생각했다. 배를 타고 바다 위에 있던 어부들이 바다 위에서 폭풍우에 휘말린 끝에 미지의 땅에 정착하게 되었을 거라는 생각이었다. 그러나 왕복 여행이 널리 이뤄졌다는 증거가 드러나면서 아주 초기부터 식민화를 위한 의도적인 항해가 많이 시도되었음이 분명해졌다.[47] 식민화된 지역에서의 인구 성장은 이 고대의 여행객 가운데 남녀가 모두 포함되어 있었음을 확인시켜 준다.

초기 오스트레일리아인들과 뉴기니인들의 항해 기술은 상당한 수준이었지만, 그럼에도 그 수준은 제한적이었던 것이 분명하다. 태평양에서 다음 번 인구 팽창의 물결이 일어나는 데 적어도 3만 년의 시간이 더 걸렸기 때문이다. 그러나 마젤란이 태평양에 발을 들여놓기 1,000년 전에, 토착 오스트로네시아(태평양 중남부의 여러 섬들을 지칭하는 명칭 — 옮긴이)인들은 멜라네시아, 미크로네시아, 폴리네시아의 광대한 수역에 퍼져 있는 정착 가능한 거의 모든 섬들을 식민화하는 데 성공했다. 이런 업적을 위해서는 폭넓은 천문, 지리, 해양 지식에 바탕한 고도로 정교한 항해 체계의 존재라는 전제 조건이 갖추어져야 했다. 최초의 태평양 섬 사람들은 오스트레일리아 원주민들과 쿵 산 족이 육지의 자연 환경을 숙달해야만 했던 것처럼 해양 환경에 대한 지식을 얻어야 했다.

오스트로네시아의 확장이 이뤄진 연대는 아직 확실치가 않다. 대략의 추정은 가능하지만 앞으로 새로운 고고학적 자료들이 발굴되면 바뀔 수 있다. 현재 시점에서 최선의 추정에 따르면 확장은 적어도 5,000년 전에 시작되어 기원전 1600년경이 되면 솔로몬 제도에 사람이 살고 있었으며, 이후 400년에 걸쳐 산타크루즈 제도, 길버트 제도, 캐롤라인 제도, 마셜 제도, 피지, 통가, 사모아 섬에도 정착이 이뤄졌다. 이후 1,000여 년이 흘러 기원 원년 무렵에는 쿡 제도, 타히티, 마키저스 제도, 하와이 등에 모두 사람이 살게 되었다. 기원 후 500년경에 확장은 동쪽으로 이스터 섬에 이르렀고 서쪽으로는 아프리카 연안의 마다가스카르 섬까지 다다랐다.

토착 천문학과 지리학

태평양 섬에 도착한 마젤란 및 그 뒤를 이은 유럽의 항해자들은 자신들이 야만인으로 여긴 섬 사람들이 항해술을 알고 있으며 천문에도 능하다는 사실을 발견하고 깜짝 놀랐다. 1769년에 쿡 선장을 수행한 자연학자 조지프 뱅크스(Joseph Banks)는 타히티 원주민들에 대해 놀라움을 표시했다. 그들은

> (별들의) 이름을 매우 많이 알고 있었고, 총명한 이들은 별들이 수평선 위에 떠 있는 기간 중 어떤 달에는 하늘의 어떤 부분을 봐야 별을 찾을 수 있는지도

알고 있었다. 그들은 또한 해마다 별들이 나타나고 사라지는 시기를 상당히 정확하게 알고 있었다. 유럽의 천문학자들이 얼른 믿기 어려운 수준이었다.[48)]

쿡과 거의 같은 시기에 타히티에 도착한 프랑스와 스페인의 탐험가들도 비슷한 관찰을 했다. 루이 앙투안 드 부갱빌(Louis Antoine de Bougainville)은 태평양 섬 사람들이 엄청난 거리를 가로질러 왕복 여행을 할 수 있음을 발견하고 충격을 받았다. 부갱빌은 아오토루라는 이름의 타히티 항해자를 배에 태웠는데, 그는 밤에 뜨는 별들을 "주의 깊게 관찰한" 후

> 오리온자리의 어깨 부분에 있는 밝은 별을 가리키면서 말하길, 우리는 저쪽 방향으로 나아가야 합니다, 그리고 이틀쯤 지나면 우리는 풍족한 국가를 발견할 겁니다, 라고 말했다. …… 아울러 그는 그날 밤에 우리가 가리킨 밝은 별들의 이름을 조금의 망설임도 없이 그의 언어로 모두 말해 주었다.[49)]

스페인 사람 안디아 이 바렐라(Andia y Varela)는 타히티인들의 방향 찾기 방법을 좀 더 자세하게 기술했다.

> 밤에 날씨가 맑으면 그들은 별을 보고 방향을 정했다. …… 그들은 가까이에 있는 여러 섬들과의 위치 관계뿐 아니라 그 속에 있는 항구들까지도 염두에 두었고, 그 위로 뜨거나 지는 특정한 별의 방위를 따라 항구 입구로 곧장 나아갔다. 그들은 문명화된 국가들에서 가장 숙달된 항해자가 성취할 수 있는 수준에 필적하는 정확도를 자랑했다.[50)]

유럽인들은 이미 고도로 발전된 항해 과학을 자체적으로 갖추고 있었기 때문에, 그러한 지식을 깊이 있게 조사해 보려는 노력을 기울이지는

않았다. 반면에 그들은 토착 항해자들의 **지리** 지식은 필요로 했다. 홉스는 이들이 당연히 "지구 표면에 관한 지식도 갖고 있지 않"으리라고 단정 지었지만, 다시 한번 그는 틀렸다.[51]

쿡 선장은 부갱빌이 그랬던 것처럼 원주민 항해자인 투파이아의 협조를 얻어 낼 수 있었다. 그는 쿡에게 "하와이와 뉴질랜드를 제외한 폴리네시아와 피지의 모든 주요 군도의 존재와 대략적인 방향"에 관한 정보를 제공했다. 쿡은 투파이아를 길잡이로 해서 74개의 섬이 그려진 지도를 만들었고, 투파이아는 개인적으로 쿡의 배를 루루투 섬으로 인도했다. 이곳은 타히티에서 남쪽으로 480킬로미터 떨어진, 이전까지 유럽인들에게 알려져 있지 않은 섬이었다. 투파이아는 "매우 인상적인 지리 지식의 지평을 갖고" 있었는데 이는 "동쪽으로 마키저스, 서쪽으로 로투마와 피지까지 4,000킬로미터에 걸치는 영역으로 대서양의 너비 혹은 거의 미국을 가로지르는 거리에 해당했다."[52]

1696년에 필리핀에 있던 스페인 사람들과 캐롤라인 제도에서 온 토착 항해자들 사이의 이른 조우도 시사하는 바가 크다. 연구자인 데이비드 루이스(David Lewis)의 말을 빌면

> 중요한 것은 캐롤라인 사람들이 사는 섬들에 대해 그들에게 열성적으로 질문을 던졌던 쪽이 스페인 사람들이었고 그 반대가 아니었다는 사실이다. 그들은 마리아나 제도의 세이펜(사이판)을 포함한 32개 섬들의 목록을 만들었고, 토착 항해자들의 말에 따라 그보다 더 많은 섬들을 표시한 지도를 그렸다.

캐롤라인 사람들의 지리적 범위는 "필리핀 동쪽으로 3,000킬로미터나 뻗어 있었고 북쪽으로는 800킬로미터 떨어진 사이판을 포함하고 있어 스페인 사람들의 피상적인 지식을 훨씬 뛰어넘는 것이었다."[53]

심지어는 19세기에 접어든 이후에도 태평양 섬 사람들은 계속해서 "지리 지식이 부족한 유럽 탐험가들에게 가르침을 주고" 있었다.[54] 1817년에 오토 폰 코체부(Otto von Kotzebue)는 마샬 제도의 아일룩 환초에서 추장 란제무이로부터 서쪽으로 200킬로미터 떨어진 곳에 있는 마셜 제도의 두 번째 열도에 관한 정보를 전해 들었다. 란제무이는 깔개 위에 조약돌을 늘어놓아 "라덱"과 "랄릭"이라는 두 개의 열도에 속한 섬들의 위치를 표시했다. 라덱 열도에서도 일부에 해당하는 섬들만 알고 있던 폰 코체부는 나중에 이렇게 썼다.

> 우리가 이미 알고 있던 군도 내 섬들의 위치가 정확하게 표시되었다. 랄릭 열도에 대한 그의 지식 역시 같은 정도의 신뢰를 받을 만하다. …… 랄릭 열도의 지도는 상당히 정확하리라는 게 내 희망이다. 난 란제무이의 정보에 따라 지도를 그려 내 지도책에 추가해 두었다.[55]

유럽인들이 토착 지리 및 항해 지식을 도용했다는 것은 지역의 항해자들을 납치해 도선사 노릇을 강요하는 일이 비일비재했다는 사실에서 가장 적나라하게 드러난다. 대서양에서 콜럼버스, 태평양에서 마젤란이 처음 시작한 이런 관행은 이후 "탐험가들"의 표준적인 행동 절차가 되었다. 마젤란의 항해를 직접 보고 기록했던 안토니오 피가페타(Antonio Pigafetta)는 원정대가 유럽 상인들에게 가장 수지맞는 상품이던 이국적 향신료가 있는 곳을 알아내는 방법을 아무렇지도 않은 듯 묘사하고 있다. "어느 날 우리는 도선사 두 명을 힘으로 윽박질러 그들로부터 몰루카에 대한 얘기를 들었다."[56]

그들은 어떻게 항해했는가?

초기의 항해자들이 어떻게 여행을 했는지 말해 주는 기록은 없다. 그러나 그들이 사용한 항해 방법과 관련해서는 매우 강력한 증거가 존재한다. 20세기 후반에 접어들어 몇 명의 인류학자들은 폴리네시아와 미크로네시아 사람들이 지닌 항해술의 중요성을 깨달았고, 전통적인 항해 기법이 여전히 몇몇 고립된 섬들에서 쓰이고 있기는 하지만 이러한 실천들이 서구화의 강력한 압력 하에서 빠른 속도로 사라지고 있음을 알아차렸다. 다행히도 유능한 몇몇 연구자들이 이러한 섬들로 가서 토착 항해자들의 지도 하에 항해술을 배웠고, 이렇게 얻은 지식을 여러 훌륭한 책들에 보존해 두었다.[57]

예를 들어 데이비드 루이스는 1960년대 말에 통가와 파푸아에서 전통적 항해자들을 만난 일을 기록했다. 그들은 "고대 항해자들이 지녔던 바다에 관한 전승 지식의 일부가 여전히 살아 있다는 깨달음"을 전해 주었다. 루이스는 "예전에 태평양 전체에 걸쳐 있었던 항해 지식 체계의 모자이크 조각들이 다시 짜 맞춰지기만을 기다리면서 섬들 사이에 흩어져 여전히 남아 있음"을 알게 되었다. 이에 따라 루이스는 바다에 대한 고대의 지식을 자신에게 가르쳐 줄 수 있는 토착 항해자들을 체계적으로 찾아 나섰다. 인류학자들은 그런 사람들을 관례적으로 "정보원"이라고 불렀지만, 루이스는 이 경우에 그런 명칭은 "전혀 온당하지 않"다고 보았다. "왜냐하면 도움을 준 뛰어난 항해자들 중 많은 이들이 우리의 선생이었기 때문이다. 그들은 뭍 위와 물 위 모두에서 주로 시범을 보임으로써 우리를 가르쳤다." 비록 "그들 대다수가 글을 읽고 쓸 줄 몰랐지만," 이 사실은 그들이 자연에 대해 지닌 경이로운 지식을 더욱 놀라운 것으로 만들어 주었을 뿐이었다.[58]

루이스를 처음 가르친 이들은 캐롤라인 제도의 풀루왓 환초에서 온 미크로네시아 사람 히포와 산타크루즈 군(群)의 리프 제도에 있는 필레니 환초에서 온 테바케였다. 풀루왓으로 가서 히포 밑에서 배웠던 또 다른 연구자 토머스 글래드윈(Thomas Glodwin)은 자신이 배운 내용을 정리한 책에서, "나는 원주민 선생이 …… 나를 위해 거의 책을 써 주다시피 한 운 좋은 인류학자들 중 한 사람이다."라고 썼다.[59] 또 다른 인류학자 리처드 파인버그(Richard Feinberg)는 1970년대와 80년대에 솔로몬 제도에 있는 아누타라는 작은 섬에 가서 푸 누쿠마나이아, 푸 코로아투, 푸 마에바타우 등의 아누타 선원들로부터 얻은 정보에 근거해 폴리네시아 사람들의 항해술에 관한 책을 썼다.[60] 1980년대에는 선원이면서 작가인 스티브 토머스(Steve Thomas)라는 젊은 미국인이 캐롤라인 군의 사타왈에 가서 항해의 달인인 마우 피아일룩 밑에서 도제 생활을 했다. 토머스는 쓰기를, 피아일룩이 "나를 자기 가족처럼 대해 주었고, 필요한 자재들을 구해 주었으며 내가 (지역 공동체에서) 정치적으로 받아들여질 수 있도록 책임을 졌고, 아무런 거리낌 없이 자신의 항해술을 내게 가르쳐 주었다. 그가 전해 준 항해술 지식은 그가 속한 문화 속에서 너무나도 귀중하게 여겨지는 것이었다."[61]

그러나 상대적으로 최근에 이뤄진 이런 연구들로부터 고대의 항해술을 과연 얼마나 유추할 수 있을까? 여기에 대한 답은 상당히 많이 가능하다는 것이다. 우선 태평양의 전통적 항해 기법들은 서구에서 기원한 항해 기법과 전혀 양립 불가능하기 때문에, 현재 남아 있는 토착 지식이 외부의 아이디어나 혁신의 도입에 의해 오염되었을 가능성은 희박하다. 또한 표준적인 진보 관념에 따르면 폴리네시아의 항해술이 지난 수천 년 동안 지속적으로 향상되어 왔으리라고 가정하기 쉽지만, — 그렇다면 히포나 테바케처럼 현재 생존해 있는 항해자들은 조상들에 비해 질적으로 더 나은 지식을 갖춘 셈이 될 것이다. — 증거가 가리키는 방향은 정반대이다. 섬 사회들이 점점 더 복잡해지면서 빚어진 갈등은 이들 간의 접촉을 저해하는 방향으로 작용했다. 예를 들어 캐롤라인 제도에서 하와이까지 항해할 수 있는 능력을 잃어버린 것은 심지어 서구 제국주의자들이 도착하기 이전에 이미 태평양 전역에서 항해술의 중대한 **퇴화**가 일어나고 있었음을 보여 준다. 서구 제국주의자들의 무역과 원주민 항해 금지는 그런 경향을 가속시켰고 전통적 항해술을 거의 완전히 쓸어버리는 결과를 가져왔다. 최근에 인류학자들이 기록한 항해 지식은 꽤 인상적이기는 하지만, 일종의 흔적에 불과하다. 과거 오스트로네시아의 확장을 이끈 선구자들이 갖고 있었던 지식의 빈약한 반영에 불과하다는 말이다.

태평양 섬 사람들이 이용했던 배는 흔히 카누라는 이름으로 불린다. 그러나 데이비드 루이스는 다음과 같은 단서 조항을 덧붙였다.

> "카누"라는 단어는 오늘날의 맥락에서 오해를 불러일으키기 쉽다. 나무둥치의 속을 파내어 만든 조그만 배의 모습을 떠올리게 되기 때문이다. 우리가 여기서 말하는 배는 …… "카누"보다는 "선박"이라는 명칭이 더 어울린다. 크기를 보면 이런 배들 중 일부는 쿡의 엔데버 호보다도 더 길었다.[62]

폴리네시아와 미크로네시아의 항해용 카누들은 길이가 보통 15~25미터에 달했고, 장거리의 대양 항해용으로 만들어졌다. 언어학적 증거들은 이러한 초기의 대양 항해용 배들이 노가 아닌 돛으로 움직였음을 분명하게 말해 준다. "돛을 가리키는 원시 오스트로네시아 용어인 *lay*(*r*)가 — 돛대, 아웃리거(outrigger, 좁고 긴 카누의 선체 옆에 나란히 대는 물에 뜨는 가벼운 받침대를 말한다. — 옮긴이), 아웃리거 붐(outrigger boom, 카누의 선체와 아웃리거를 연결해 주는 활대를 가리킨다. — 옮긴이)에 해당하는 용어와 함께—5,000년 전부터 존재했다는 사실을 보면, 그들이 타고 다닌 배의 성격과 배가 추진된 방식에 대해서는 거의 의문의 여지가 없다."[63]

과거에 일부 학자들은 오스트로네시아의 확장이 전적으로 우연한 일방향 항해에 의해 일어났다고 주장했다. 선원들이 돌풍에 떠밀려 자기도 모르는 사이에 이전까지 몰랐던 섬에 표류하게 되었으리라는 생각이었다.[64] 이런 주장은 더 이상 받아들여지지 않고 있다. 태평양의 바람, 돌풍, 해류에 대한 컴퓨터 모의실험 결과 "표류는 결정적으로 중요한 접촉의 특정 단계들을 설명해 줄 수 없다."라는 사실이 밝혀지면서 표류 가설은 그릇되었음이 입증되었기 때문이다.

> 서부 멜라네시아와 피지 섬 사이, 동부 폴리네시아와 하와이, 뉴질랜드, 혹은 이스터 섬 사이, 동부 폴리네시아와 아메리카 대륙 사이의 어느 방향으로든, 표류에 의해 바닷길을 가로질렀을 가능성은 극히 미미해 0에 가깝다. 서부 폴리네시아에서 동부 폴리네시아로, 서부 폴리네시아에서 마키저스 지대로 표류했을 가능성도 매우 낮다.[65]

이 증거들이 우연한 항해가 발견으로 이어졌을 가능성을 부인하는 것은 아니지만, 그런 발견 이후 섬들 간에 의도적인 쌍방향 소통이 뒤따르지 않았다면 식민화는 일어나지 않았을 것이다. 의도하지 않게 이뤄진 발견이 대부분이었다고 믿을 만한 이유도 없다. 항해술에 자신 있는 모험심에 찬 항해자들이 의도적인 탐험 여행에 나서는 모습을 쉽게 상상해 볼 수 있기 때문이다. 이 항해자들은 역풍을 안고 미지의 영역으로 나아가면서도 집으로 돌아올 때는 뒤에서 불어오는 순풍을 받아 빠르고 쉽게 귀환할 수 있으리라고 안심했을 것이다.

항성 나침반

모든 항해 시스템이 가장 먼저 갖춰야 하는 것이 방위 측정이다. 대양을 항해하기 위해서는 먼저 진로를 정할 수 있어야 하고(당신이 가고자 하는 목적지의 방향을 명시해야 하고) 그 진로를 계속 유지할 수 있어야 한다(당신의 배가 그쪽 방향으로 향하도록 유지해야 한다.). 가령 자기 나침반을 가진 항해자가 북북동 진로상에 있는 것으로 알려진 목적지에 가려고 할 때는 나침반이 가리키는 방향을 따라 육지가 나올 때까지 배를 몰면 된다. 태평양 섬 사람들은 자기 나침반이 없었지만, 별의 위치에 대한 포괄적인 지식에 바탕해 모든 면에서 그만큼 정확한 기법을 개발했다. 인류학자들은 이것을 "항성 나침반"이라고 불렀다. 심지어는 유럽인들이 자기 나침반을 토착 항해자들에게 전해 준 후에도, 토착 항해자들은 이를 자신들의 방식을 보완하는 용도로만 사용했다. 그들의 체계 역시 그에 못지않게 정확한 방위를 제공해 줄 수 있었기 때문이다.

폴리네시아의 항성 나침반은 유럽의 자기 나침반처럼 방위를 32개로 분할했다. 이 점은 있을 법하지 않은 우연의 일치로 보일지 모르며, 심지어 두 나침반이 서로 독립적으로 발전한 것이 아님을 암시하는 것으로 보일 수도 있다. 단순한 우연의 일치는 아니다. 먼저 두 나침반이 모두 동서남북의 네 기본 방위에서 시작했다는 것은 확실하다. 네 방위는 좀 더 정확도가 요구됨에 따라 이후 더 잘게 나뉘졌다. 최초의 분할은 8개의 방위로 나뉘었을 것이고, 다음에는 16개, 그 다음에는 32개로 나뉘었을 것이다. 시중해의 선원들과 태평양의 선원들 모두 32개의 나침반 방위가 자신들의 필요에 딱 맞는다고 독립적으로 결론 내리게 되었다는 추론은 그렇게 무리가 아니다. 어쨌든 확실하게 말할 수 있는 것은 항성 나침반이 자기 나침반이 태평양에 도입된 것보다 시기적으로 훨씬 앞섰다는 사

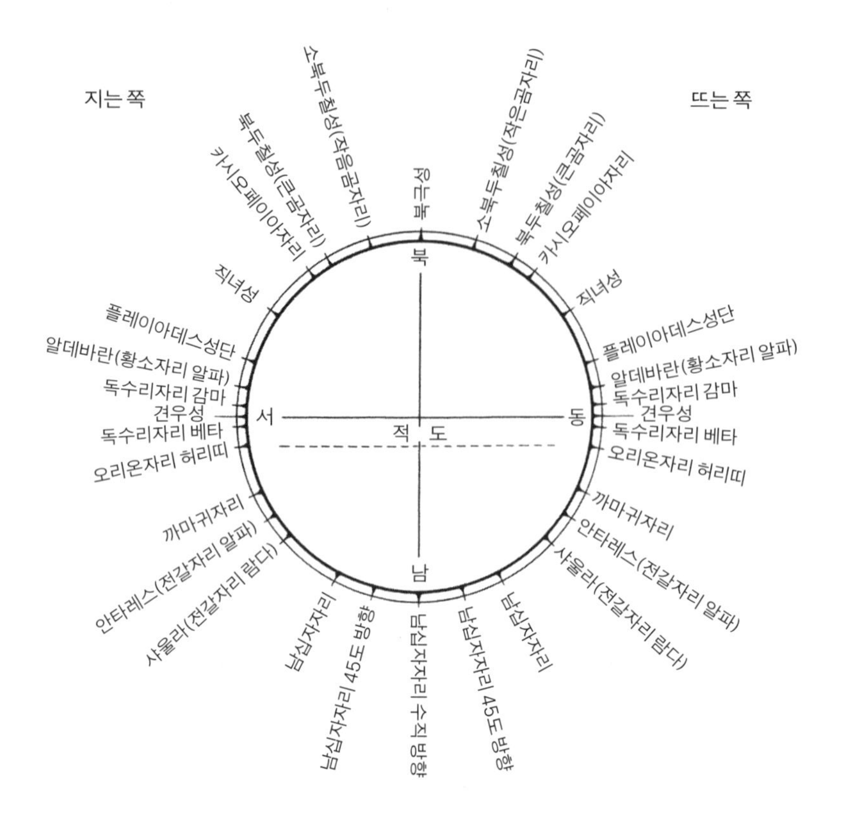

항성 나침반(출처: Goodnough[1953])

실이다.[66]

항성 나침반은 다음과 같이 작동했다. 밤하늘은 매일매일 바뀌지 않는 별들의 패턴으로 가득 차 있다. 지구 자전 때문에 별들이 동에서 서로 호를 그리며 움직이는 것처럼 보이지만, 이러한 움직임은 완벽하게 규칙적이다. 선사 시대의 항해자들은 동쪽 수평선의 정해진 지점에서 떠오르는 별은 매일 밤 정확히 동일한 지점에서 떠오르며, 마찬가지로 신뢰할 만한 규칙성을 가지고 서쪽 수평선의 특정한 지점에서 진다는 것을 알고 있었다. 따라서 그들의 체계는 수평선의 360도 원주를 따라 자기 나침반의 32개 방위와 유사하게 대략 동일한 간격으로 늘어서 있는 식별 가능한 별들이나 작은 성단에 기반을 두었다. 예를 들어 캐롤라인 제도의 선원이 북북동 방향으로 가고 싶을 때는 수평선에서 우리가 직녀성으로 알고 있는 별이 뜨는 쪽으로 항해하면 된다. 견우성이 뜨는 쪽으로 가면 정동 방향이고 견우성이 지는 쪽으로 가면 정서 방향이다.

물론 밤하늘에 견우성이 내내 수평선에만 머무르는 것은 아니다. 견우성은 동쪽에서 떠서 원호를 따라 움직여 서쪽의 정해진 지점에서 진다. 방향을 알려 주는 지침으로는 수평선 위로 그리 높이 떠오르지 않았을 동안에만 쓸모가 있는 것이다. 그러나 다행히도 하늘에는 수많은 별들이 가득 차 있어, 견우성과 매우 가깝게 원호를 그리는 프로키온과 벨라트릭스라는 밝은 별 2개가 있다. 원호상에서 이 별들의 간격은 "하나가 질 때 다른 하나가 뜨는" 정도로 떨어져 있다. 이 세 별들을 합치면 어떤 계절, 한밤의 어떤 시간에도 뜨고 지는 방향을 알아낼 수 있다.[67)]

수평선에서 별이 뜨고 지는 지점은 관찰자의 위도에 따라 달라지기 때문에 고대의 항해자들은 자신들이 북쪽 혹은 남쪽으로 얼마나 왔는지를 고려해 항성 나침반의 계산을 그에 따라 조정해야 했다. 그들은 고향 섬에서 멀리 떨어진 위도상에서도 별들의 위치에 익숙했다. 이는 천구 북극에 매우 가까이 있는 별인 북극성이 타히티 사람들이 믿는 우주 기원론에서 중요한 위치를 차지하고 있는 데서 잘 드러난다. 타히티는 북극성을 수평선에서 처음 볼 수 있는 곳으로부터 1,600킬로미터나 남쪽에 위치해 있는 섬인데도 말이다.[68)]

문제를 복잡하게 만드는 중대한 요인은 또 있다. 매일 어떤 별이 뜨는 시각은 그 전날 뜬 시각보다 4분씩 빨라진다. 항성 나침반의 특정 지점에서 떠오르는 별들의 주기 **순서**는 언제나 똑같지만, 일몰 후 가장 먼저 눈에 보이는 별은 몇 주, 몇 달이 지나면 달라진다. 따라서 완전한 주기는 24

1744년 매사추세츠의 세일럼에서 데이비드 킹이 만든 측량 나침반에 그려진 원형 방위도

시간 전체에 걸쳐 있어야 한다. 동일한 별들이 동쪽에서 뜰 때와 서쪽으로 질 때 방위 지침 구실을 할 수 있기 때문에 항성 나침반을 구성하기 위해 필요한 별들은 총 30~40개 정도면 된다. 그럼에도 이것이 수백 개의 별들의 위치에 대한 지식을 요구하는 고도로 정교한 체계라는 점은 분명한 사실이다. 오늘날의 사람들에게 이런 체계는 나침반에 있는 32개의 방위 각각에 해당하는 별들의 순서가 즉각 참조할 수 있는 문서화된 목록으로 준비되어 있을 때에만 쓸모가 있는 것처럼 보일 것이다. 그러나 폴리네시아의 항해자들은 그런 목록을 수중에 갖고 다니지 않았고, 따라

서 별들의 위치 체계 전체를 기억 속에 넣어 두어야만 했다.

전통적인 항해자의 교육은 평생에 걸쳐 이뤄졌고, 항성 나침반을 배우는 것은 그 작은 일부에 지나지 않았다. 별들의 위치는 숙달된 선원이 아들이나 조카에게 가르쳐 주는 것이 보통이었고, 육상에서 교실 기법을 사용한 교육과 바다 위에서의 현장 실습을 모두 활용했다. 전형적인 교실 수업에서는 학생들에게 모델 카누가 원형으로 늘어선 32개의 돌에 둘러싸인 모습을 보여 주었다. 여기서 32개의 돌은 방위 측정을 위한 별들의 주기를 가리키며, 학생들은 이런 돌을 무작위로 가리켜도 그 이름을 댈 수 있어야 했다. (각각의 주기에 속한 하나의 별이 전체 주기를 대표하는 말로 쓰일 수 있었다. 가령 "견우성"은 견우성-프로키온-벨라트릭스의 순서를 가리키는 약어로 간주되었다.) 학생들은 또 각각의 주기에 속한 모든 별들의 이름을 그것이 나타나는 순서에 따라 댈 수 있어야 했고, 상급 훈련에서는 각 별의 **상대편** — 즉, 나침반의 원호상에서 정확히 반대쪽에 있는 별 — 이름도 댈 수 있어야 했다. 상대편 별이 중요한 이유는 돌아오는 항해의 방향을 나타내기 때문이었다.

초보 항해자들은 항해를 요청받을 수 있는 다른 섬들의 방향을 가리키는 별들의 방위도 모두 암기해야 했다. 인류학자들의 연구에 따르면, 많은 항해자들은 자신이 방문할 것으로 기대되지도 않고 과거 여러 세대 동안 한 번도 방문한 적이 없는 멀리 떨어진 섬들로 가는 별들의 방향도 기억 속에 넣고 있었다. 다시 말해 그들이나 그들의 아버지, 심지어는 할아버지가 가령 타히티에서 하와이까지의 항해를 해 본 적이 없더라도, 그러한 항해를 위한 항성 나침반의 방위는 세대 간에 전수되는 교육 속에 보존되었다는 것이다.

인류학자들은 이렇게 보존된 정보의 내용이 서로 다른 섬들에서도 상당한 정도로 일치하는 것을 발견했다. 일부 군도들은 (제국주의의 강압이나 다른 이유로 인해) 다른 섬들로부터 오랫동안 고립되어 있었기 때문에, 바다에 관한 그들의 지식이 서로 일치하는 것은 그것이 공통의 기원을 가졌음을 암시하며, 구전에 의존하는 지식이 예상과는 달리 시간이 흘러도 크게 잊히지는 않았음을 말해 준다. 숙달된 항해자들은 별들의 순서를 노랫말로 만들어 견습 선원들의 마음속에 확고하게 심어 주었다. 글래드윈의 설명에 따르면 "이러한 지식은 장기간에 걸친 힘든 교육을 통해서"만 배울 수 있으며, 따라서 "끝없는 반복과 시험을 통해서 가르쳐지고 암기된다." 그러나 이는 "기계적으로 암기하는 기도문" 같은 것이 아니다. 이 정보는 "각각의 항목들을 분별 있는 방식으로 사용할 수 있도록 학습되며, 기나긴 기억법의 연쇄 속에 파묻혀 있다기보다는 항해자의 마음속 표면 위를 부유하는 것에 가깝다."[69]

폴리네시아의 항해자들은 항성 나침반을 이용해 방위 측정에서 적어도 지중해의 항해자들만큼 유능했다. 이들은 지중해에서 자기 나침반이 사용되기 시작했던 13세기 이전에는 훨씬 더 유능했을 것이다. 그러나 방위 측정은 항해 체계를 구성하는 하나의 요소에 불과하며, 그에 못지않게 중요한 것이 바다에서 자신의 위치를 아는 것이다. 선원들은 자신이 항로를 따라 얼마나 멀리 왔으며 앞으로 얼마나 더 가야 하는지를 가능한 정확하게 알고 싶어 한다. 그러나 18세기에 경도 문제에 대한 해법이 나오기 전까지는[70] 지구상의 어떤 항해자도 바다 위에서 자신의 위치를 전적으로 확신할 수 없었다. 그 전까지 태평양에서는 지중해나 대서양에서와 마찬가지로 선원들이 추측 기법에 의지해 자신들의 동서 위치를 어림할 수밖에 없었다.

반면 남북 위치는 천문학적 수단에 의해 쉽게 판단할 수 있었다. 바다에서 수평선 위에 있는 별들 — 특히 "결코 움직이지 않는 별"인 북극성 — 의 고도를 측정해 위도를 계산하는 것은 유럽 항해자들의 위치 측정에서 중요한 열쇠였다. 폴리네시아의 항해자들도 동일한 기법을 썼지만, 자신의 위치를 알아내는 수많은 단서들 중 하나로 부차적으로만 사용했다. 폴리네시아의 항해 체계에서 이것이 덜 중요했던 이유는 아마도 그들의 항해가 많은 경우 북극성이 보이지 않는 적도 아래에서 이뤄졌기 때문일 것이다. 그러나 남반구 사람들은 "남쪽 하늘에 북극성 같은 별이 없기" 때문에 "별들의 움직임을 이용해 길을 찾는 감각"을 발전시키지 못했다는 제이컵 브로노프스키(Jacob Bronowski)의 가정은 확실히 틀렸다.[71] 그는 폴리네시아인들의 항해 지식을 전혀 모르고 있었던 것 같다.

유럽의 선원들은 동서 위치를 파악하기 위해 물살을 가르는 배의 속도를 어림한 후 자신들이 여행해 온 시간을 곱하는 식으로 자신들이 여행한 거리를 추측했다. 그러나 속도를 어림하려면 해류의 흐름을 고려해야 했고, 이것은 종종 상당한 정도의 부정확성을 야기하는 요인이 되었다. 태평양 섬 사람들도 비슷한 어림 방법을 사용했다. 그러나 그들은 자신의 위치를 알아내기 위해 인류학자들이 에탁(Etak) 체계라고 부른 기법을 주로 썼다. 이 역시 항성 나침반의 지식에 기반을 두었다. 항해자들은 자신이 출발한 섬과 목적지 섬 사이의 경로를 머릿속에 떠올리고, 경로에서 벗어나 있는 제3의 섬(에탁 섬)을 기준점으로 선택해 역시 머릿속에 떠올렸다. 항해자들은 카누와 에탁 섬, 항성 나침반의 관계를 (에탁 섬은 항상 수평선 너머에 있어 보이지 않았으며, 어떤 지도나 도표도 사용되지 않았기 때문에) 마음의 눈을 통해 파악해야 했다. 이를 통해 그들은 자신이 얼마나 멀리 왔고 육지를 볼 때까지 앞으로 얼마나 더 가야 하는지를 어림할 수 있었다.

에탁 체계는 모든 형태의 추측이 그렇듯 본질적으로 부정확했지만, 전자 위치 측정 기술로 이 체계를 시험해 본 인류학자들은 토착 항해자들이 대체로 실제 위치와 상당히 근접한 추측을 해낸다는 사실을 발견했다. 자신이 여행하는 섬들에 대해 그들이 갖고 있는 "마음의 지도"는 매우 정확한 듯 보였다. 초보 항해자들이 에탁 체계를 배우기는 상당히 어렵다. 목적지 섬을 가리키는 고정된 별의 위치뿐만 아니라 에탁 섬을 가리키는 변화하는 별의 위치까지도 암기해야 하기 때문이다. 이것은 항해의 진행과 함께 수평선을 따라 차례로 다른 별들로 옮겨 가는 것으로 마음속에 그려진다.

해양의 융기에 관한 지식

항성 나침반은 그 원리 면에서 자기 나침반 못지않은 정확도를 보여 주지만, 자기 나침반은 낮 시간과 구름이 낀 날씨에도 사용할 수 있다는 커다란 장점을 갖고 있다. 태평양의 토착 항해자들은 별들이 보이지 않을 때를 대비해 부차적인 방위 측정 기법이 필요했다. 낮 시간에 그들은 태양의 위치를 보고 배를 몰 수 있었지만, 이런 방법은 해뜬 직후와 해지기 직전, 그리고 정오쯤에만 유효했다. 태양이 수평선 위로 낮게 떠 있을 때는 태양의 방향을 나침반의 방위에 해당하는 별의 방향과 손쉽게 맞출 수 있었으며, 정오에는 카누의 돛대 그림자가 정확히 남북 방향을 가리킨다고 알려져 있었다. 그러나 낮의 다른 시간에는 태양이 방위를 말해 주는 지침으로서 유용성이 떨어졌다. 방위에 대한 수많은 다른 단서들이 이용되었지만, 그중에서 가장 중요한 것은 해양의 융기였다.

해양의 융기를 읽고 분석해 방위를 찾는 것은 서구의 항해술에는 전혀 알려지지 않은 기법이었지만, 태평양 섬 사람들은 이것을 고도의 기예로 발전시켰다. 해양의 융기는 "오래된 파도"라고 생각하면 된다. 이것은 뾰족한 물마루를 만들지 않으며, 더 길고 느린 요동을 이룬다. 파도는 바람에 의해 직접 만들어지지만, 이때 움직이기 시작한 물은 바람이 부는 지역을 벗어나서도 수백 킬로미터에 걸쳐 상승과 침강을 계속한다. 태평양의 바람은 규칙적이고 예측 가능하기 때문에 이러한 바람이 일으키는 해양의 융기 역시 넓은 대양에서 예측이 가능하다. 경험 많은 항해자는 카누가 전후좌우로 흔들리는 모습을 보고 융기의 방향을 감지할 수 있으며 이를 알려져 있는 융기의 방향과 연관지어 항해에 필요한 방위를 결정할 수 있다.

융기를 읽는 것은 원리상으로 간단해 보이지만, 실행에 옮기는 것은 전혀 그렇지가 않다. 태평양의 바람과 해양의 융기는 예측 가능하기는 하지만 계절에 따라 변한다. 더 문제인 것은 대양에서의 융기가 한 번에 한 방향에서만 오는 경우는 드물다는 사실이다. 서로 별개인 융기들이 종종 3개, 때로는 4개씩 한꺼번에 밀려오곤 하기 때문에 항해자는 배가 전후좌우로 미묘하게 흔들리는 모습을 분석해 그것을 구성하는 움직임들을 알아내야 한다. 이것은 융기를 읽는 일의 어려움을 엄청나게 가중시키지만, 항해자가 추가적인 융기를 파악해 낼 수 있다면 방향에 대한 추가 정보를 얻는 셈도 된다. 스티브 토머스는 이 기법을 다음과 같이 간명하게 묘사했다.

> 지속적인 무역풍이 거의 일 년 내내 동쪽 사분면들에서 불어오는 열대 태평양에서는 바람이 밀어 올린 길고 낮은 바닷물 표면의 융기가 계속해서 바다를 가로질러 진행한다. 융기의 진행 방향은 일정하기 때문에, 숙달된 팔루(항해자)는 융기와 자신의 카누 사이에 일정한 각도를 유지함으로써 일정한 방향으로 항해할 수 있다. 2~3개의 융기가 교차하는 곳에서 항해자는 흔히 "마디"라고 불리는 것을 보고 조종을 한다. 이것은 두 대의 모터보트가 지나간 흔적이 만나는 것처럼 융기가 한데 모일 때 만드는 뾰족한 끝을 가리킨다. 새벽녘과 해질녘에 항해자는 별들에 비추어 융기의 방향을 확인해야 한다. 밤

> 시간인데 하늘에 구름이 껴 있어 바다 위의 융기를 비춰 줄 달이 보이지 않을 때에는 풍랑에 흔들리는 카누가 전후좌우로 흔들리는 모습을 보고 조종을 해야 한다. 이 기법은 …… 항해자가 지닌 기술에 대한 궁극적인 시험대이다.[72]

시각적인 단서가 전혀 소용이 없을 때 항해자는 카누의 갑판 위에 눈을 감고 누워 느낌으로 융기의 패턴을 가려내야 한다. 서구의 한 선원의 말에 따르면

> 난 여러 사람으로부터 이런 말을 들었습니다. 가장 민감한 저울은 남자의 고환이고, 밤이나 수평선이 잘 보이지 않을 때나 선실에 있을 때 이 방법을 사용해 섬에서 멀리 떨어진 곳에서 융기의 초점을 찾아냈다고 말입니다.[73]

자기 나침반을 흘낏 쳐다보는 것과는 달리, 해양의 융기를 읽는 기법은 장시간의 끈기 있는 관찰과 자연환경에 대한 깊은 지식을 요구하지만 태평양의 섬 선원들의 필요에 잘 부합했다. 아울러 이 기법은 대양에서의 방위 측정 외에, 육지가 시야에 들어오기 전에 그것의 존재를 감지하는 수단도 제공해 주었다. 항해자가 반사되거나 굴절된 융기의 특징적 패턴을 알아보기 시작하면 육지가 가까이 있다는 신호였다.

육지 찾기

태평양 섬들 사이의 항해는 고대 세계의 다른 지역들에서 발전된 항해와는 달랐다. 목적지인 땅이 광대한 면적의 대양으로 둘러싸인 조그만

땅 조각에 불과했기 때문이다. 폴리네시아와 미크로네시아 사람들이 사는 곳에서는 "뉴질랜드를 제외하면 육지의 비율이 바다 1000에 육지 2 정도밖에 안 된다."[74] 만약 육지를 직접 눈으로 봐서 찾으려면 작고 낮은 섬의 경우에는 목적지에서 10킬로미터 떨어진 곳까지 도달해야 하며, 항해 방향에서 아주 작은 각도상의 오차만 있더라도 섬을 놓치고 지나치기 십상이다. 그러나 고대의 선원들은 자연에 대한 지식을 이용해 20킬로미터의 폭을 사실상 100킬로미터까지 확장시킴으로써 섬을 좀처럼 지나치지 않을 수 있었다. 육지를 찾는 단서들 중 하나는 앞서 언급한 융기의 반사와 굴절이다. 섬 위에 뜬 구름의 독특한 형태와 움직임을 이용해 수평선 너머에 있는 섬을 찾을 수도 있었다. 그러나 그중에서 가장 유용했던 것은 새들의 습성에 대한 지식이었다.

항해자는 먼저 바다 위 온갖 곳을 떠돌아다니는 종들과 제비갈매기, 검은제비갈매기, 가마우지, 군함새처럼 육지에 기반을 둔 종들을 구별해야 했다. 각각의 종들은 그 종에 특유한 비행 범위를 갖고 있어, 새들을 알아볼 수 있으면 육지에서 최대 어느 정도 떨어져 있는지 추측할 수 있었다. 그러나 더욱 귀중한 것은 땅을 찾는 새들의 능력이었다. 새들이 물고기를 사냥할 곳으로 날아가는 일출 직후와 귀환 여행에 나서는 일몰 직전에

> 새들의 비행 경로는 육지의 방향을 가리켜 주었다. 가령 군함새는 저녁이 다가오면 한가로운 순찰 비행을 중단하고 높은 고도로 비상해 한 방향으로 출발하는데, 아마도 육안으로 확인한 집을 향하는 것일 터이다. 거의 같은 시간에 가마우지는 집요한 탐사에 싫증을 느낀 듯 낮게 수평선을 향해 화살처럼 곧장 날아간다. 검은제비갈매기는 떠날 때 큰 파도의 물마루 사이로 보였다 안 보였다 할 정도로 낮게 날고 제비갈매기는 그보다 조금 높이 떠서 날지만,

모두들 자신들이 떠나온 섬을 향한 바로 그 정확한 경로를 따른다.[75]

즉 항해자는 새들과 같은 방향으로 항로를 정하기만 하면 확실하게 육지를 찾을 수 있다.

태평양에서의 전통적 항해술에 대한 지금까지의 설명은 이 주제를 살짝 건드린 정도에 불과하다. 그러나 그들의 항해술이 기법들의 단순한 집합체나 잡다하게 모아 놓은 실용적 전승 지식이 아니라 자연에 대한 광범한 지식으로부터 경험적으로 이끌어 낸 정교한 이론들임을 확인하는 데는 충분할 것이다. 아주 낡아 빠진 사고방식의 근대주의자가 아니라면 이를 과학의 영역에서 배제할 수는 없을 것이다.

"야만인들"의 지리 지식과 지도학

앞서 유럽의 탐험가들이 알려지지 않은 섬들을 "발견"하고 지도를 만들기 위해 태평양의 토착 부족들의 지리 지식에 의지했다는 점을 지적한 바 있다. 이런 과정은 바다 위에서뿐 아니라 육지에서도 일어났다.

콜럼버스 이후 수십 명의 탐험가들이 남긴 기록과 일지를 보면, 아메리카 원주민 지도학자와 안내인들이 대륙 전역에서 북아메리카 지도의 윤곽을 그리고 이를 채워 넣는 데 심대한 기여를 했음이 분명해진다. 예를 들어 콜럼버스는 신대륙에 발을 디딘 순간부터 원주민의 지리 정보에 의지했고, 원주민이 그린 지도를 입수할 수 있는 경우에는 그것도 활용했다.[76]

불행히도, "아메리카 원주민들이 북아메리카를 탐사하고 지도를 만드는 데 다방면으로 기여했다는 사실은 지도학의 역사 문헌들에서 대체로 무시되어 왔다."[77] 한 역사학자는 이처럼 부당한 상황을 바로잡기 위한 노력의 일환으로 버지니아의 체사피크만 지역의 지도가 처음 만들어진 과정을 연구했다. 1608~1609년에 버지니아를 통치했던 존 스미스 선장에 대한 다음 기록을 보자.

> 스미스는 식민지 최초의 역사학자이자 이 지역을 어느 정도 정확하게 보여주는 최초의 상세한 지도를 1612년에 인쇄해 낸 저자로 알려지게 되었다. 지도학을 연구하는 학자들은 이 지도에 대해 칭찬을 아끼지 않았고, 이는 미국의 역사에서 가장 영향력이 컸던 지도 작품으로 널리 상찬되어 왔다.[78]

스미스의 지도는 "버지니아의 토대를 세운 최초의 수 개월, 수 년 동안 야생의 자연을 힘들여 탐험하는 과정에서 그와 동료들을 이끌고 가르치고 정보를 제공해 준 아메리카 원주민들의 중대한 기여"를 드러내 놓고 인정하고 있다.[79] 스미스는 자신의 지도가 포괄하는 범위에 대해, 이 지도는 "산줄기와 강의 흐름(여러 굴곡, 만, 여울, 섬, 후미, 샛강을 포함해서), 물길의 너비, 장소들까지의 거리 등"을 담고 있다고 기록했다. 스미스는 자신이나 다른 백인들이 실제 육안으로 확인한 장소들에 작은 십자 표시를 했다. "나머지는 **야만인들**이 준 정보에 의한 것으로, 그들의 지시에 따라 그려졌다."[80]

스미스가 아메리카 원주민들에 의지한 것은 탐험가들이 지리 지식을 얻은 전형적 방식이다. 미국사 교과서들에는 헨리 로 스쿨크래프트(Henry Rowe Schoolcraft)가 1832년에 미시시피 강의 발원지를 발견했다고 적고 있지만, "스쿨크래프트가 미시시피 강의 발원지를 '발견'한 것은 오지브와 족 추장(오자윈딥)이 그와 소규모 원정대를 그 장소까지 인도해 준 덕분"이었다.[81] 새뮤얼 챔플레인(Samuel Champlain)은 세인트로렌스 계곡 지역을 탐사한 기간 동안 원주민들과의 상호 작용에 대해 이렇게 썼다.

> 나는 거대한 강의 발원지와 그들이 사는 지역에 대해 그들과 많은 대화를 나누었다. 그들은 자신들의 지역에 대해 많은 사항을 알려 주었다. 강, 폭포, 호수, 땅뿐만 아니라 그곳에 사는 부족들, 그리고 그 지역에서 찾을 수 있는 단서라면 뭐든지 말이다. …… 한 마디로 그들은 내게 이런 것들을 매우 자세하게 말해 주었고, 자신들이 가 본 모든 장소를 그림을 그려 보여 주었다.

챔플레인은 덧붙인다. "이로써 그들이 내게 깨우쳐 주기 전까지 의문으로 남아 있던 몇 가지 사항들이 해결되었다."[82]

아메리카 원주민 한 명은 북아메리카 탐험에 대한 기여를 사후에 인정받았다. 쇼쇼니 족 인디언인 사카자웨아는 역사적인 루이스와 클라크 원정대(미국 최초로 태평양 연안까지 육로로 갔다가 돌아온 탐험으로 1804년에서 1806년까지 이뤄졌다. 원정대를 이끈 미국 육군의 메리웨더 루이스(Meriwether Lewis) 대위와 윌리엄 클라크(William Clark) 중위의 이름을 따서 이런 명칭이 붙었다. — 옮긴이)의 길 안내를 도왔고 오늘날 미국의 1달러 동전에 초상이 실려 있다. 발표된 원정대의 일지를 조사한 한 학자는 "원주민이 만든 지도를 직접 언급한 대목이 30곳을 넘으며, 원주민이 묘사한 지리적 특성을 기술해 놓은 대목이 91곳이나 된다."는 사실을 알아냈다. 루이스와 클라크도 다음과 같이 적고 있다. "원주민들이 평평한 모래 바닥이나 부드러운 나무껍질, 가죽 등에 그려 준 대부분의 지도들을 충실하게 베꼈다."[83]

노스캐롤라이나에서 이전까지 지도로 그려지지 않은 지역을 여행하던 사람이 1709년에 쓴 기록은 그 지역 원주민들로부터 받은 도움을 이렇게 설명했다.

> 그들은 모든 강, 마을, 산, 도로를 비롯해 우리가 물어본 것들에 대한 지도를 매우 정확하게 그려 냈다. …… 그들은 타다 남은 재 위에, 혹은 때로 깔개나 나무껍질 조각 위에 지도를 그렸고, 내가 야만인의 손에 펜과 잉크를 쥐어 주자 강과 만, 그 외 그곳의 다른 지역들을 그려 보였는데 나중에 확인한 바로는 실제로 아주 잘 들어맞았다.[84)]

아메리카 남부 식민지를 책임진 영국의 국유지 감독관 윌리엄 제라드 드 브람(William Gerard De Brahm)은 플로리다를 탐험하던 중에 크리크족 원주민들과 조우했고, 그들이 가진 "기하학적 지식"을 칭찬했다.[85)] 초기 북아메리카에서 모험을 즐긴 또 다른 여행자인 라혼탱 남작(Baron de Lahontan)의 논평에 따르면 아메리카 원주민들은

> 자신들이 잘 알고 있는 지역들에 대해 상상할 수 있는 가장 정확한 지도를 그렸다. 이 지도에서 빠진 것은 장소의 위도와 경도 개념뿐이었다. 그들은 북극성을 따라 정북 방향을 기록했고, 항구, 항만, 강, 시내, 호수변과 함께 도로, 산, 나무, 숲, 늪, 초지 등도 그려 넣었다.[86)]

유럽인들이 그렇게 얻은 지리 지식 가운데에는 원주민들이 자발적으로 제공한 것도 있었지만, 항상 그렇지는 않았다. 1502년, 콜럼버스는 신대륙을 향한 4차 항해에서 아메리카 원주민을 붙잡아 강제로 도선사 노릇을 하게 하는 전통을 열어젖혔다. "그는 원주민 중에서 나이 지긋한 사람을 발견하고는 그를 길잡이로 삼았다. 이 야만인은 해안선 지도와 비슷한 것을 그릴 수 있었기 때문이다."[87)] 1534년에 자크 카르티에(Jacques Cartier)는 타이그노아그니와 돔 아가야라는 두 명의 아메리카 원주민을 납치해 프랑스로 데려가서 프랑스 어를 가르친 후, 다시 데리고 돌아와

세인트로렌스 강을 거슬러 올라갈 때 도선사로 이용했다.[88] "또 다른 사례에서는 원주민을 납치한 후 잉글랜드로 보내어 그들이 갖고 있는 지리 지식을 상세하게 털어놓게 했다."[89] 1576년에 마틴 프로비셔(Martin Frobisher)는 이누이트 족 어부를 붙잡아 북극 탐험에서 길잡이로 삼았다. 이런 일은 한두 번으로 그치지 않았다. "원주민을 납치해 통역, 길잡이, 노예 구실을 강요하는 것은 탐험가들 사이에 잘 확립된 문화적 패턴으로 발전했다. 그런 관행은 일을 해 나가는 표준적 방식이 되었다."[90]

식민 지배자의 지도학

그렇게 아메리카 원주민들로부터 훔친 지리 지식은 그들이 조상 대대로 물려받은 땅을 강탈하는 데 이용되었고 지도 제작의 과학은 "제국주의적 통제의 부수 현상"이 되었다.[91] 존 브라이언 할리(John Brian Harley)는 "지도가 토착 사회를 파괴하는 힘을 행사하는 도구가 되어 버린" "미국사의 비극"에 대해 썼다. "17세기 뉴잉글랜드의 지도들은 원주민들이 점차 토지에서 밀려난 구획 과정을 연구할 수 있는 자료를 제공해 준다." 이러한 지도들은 "영토를 개방시킨 후 다시 폐쇄해 버리는 식민주의의 이중의 기능"에 봉사했던 "양날의 검"이었다.[92]

정착민들이 만든 가장 초기의 지도들은 "잉글랜드 사람들이 차지할 텅 빈 공간으로 가득 차 있었"다. 물론 종이에 텅 빈 지역으로 표시된 땅은 비어 있는 것이 아니었지만, 이 지도들은 "자기네 땅에 있는 원주민들을 보이지 않게 만들어 버림"으로써 결정적으로 중요한 이데올로기적 목적을 달성했다. 이 지도들은 "'텅 비어 있'거나 '점유되지 않은' 토지에서 이뤄진 식민주의 팽창은 정당하다는 널리 퍼진 교의를 시각적으로 표현한 것으로 볼 수 있다." 결국 지도학자들은 "텅 빈 변경 지대라는 끈질긴 신화를 퍼뜨리는 데 일조한 셈이었다. …… 잉글랜드 사람들이 신대륙에서 만난 원주민 사회의 현실을 편리하게 무시할 수 있도록 해 줌으로써 말이다."[93]

나중에 비어 있던 공간들이 채워지자 지도의 기능은 "원주민 영토의 세분과 경계 획정이 이뤄지는 실용적 문서"로 변모했다.

> 17세기 중엽이 되자 지도는 영토에 대한 사법적 통제를 위해 필요한 장치로 탈바꿈했다. …… 이미 1641년에 매사추세츠만 식민지 주의회는 법률을 제정해, 관할 하에 있는 모든 마을이 경계를 측량해 지도에 기록하도록 의무화했다. 이에 따라 법률 문서, 기술된 역사, 신성한 책들의 권위에 더해 지도의 권위가 원주민의 토지를 강탈하도록 승인하게 되었다.[94]

17세기 말이 되자,

> 지도는 개인의 영지에서 식민지 전체까지 영토의 모든 구획을 표시하게 되었다. 심지어 지역 수준에서도 지도는 종종 다른 특징들보다 경계를 강조하는 경향을 띠었다. 이것은 사유 재산에 초점을 맞춘 유럽 식민지 지도 제작의 전형적인 특징을 보여 주는 것이었지만, 피정복민들의 사용권에 대해서는 명시적으로 밝히고 있지 않았다. 그러한 지도들은 잉글랜드의 뉴잉글랜드 식민지 경관을 단순히 그려 낸 것을 넘어, 식민주의의 핵심을 이루는 획득과 박탈의 담론이기도 했다.[95]

지도는 지리적 실체를 단순히 시각적으로 표현한 결과물이 아니라, 필연적으로 그것을 만들어 낸 사회를 반영한다. 초기 미국의 지도학은 서로 경합하는 물질적 이해관계가 걸려 있을 때 과학의 중립성과 공정성에 대한 주장이 얼마나 공허해지는지를 적나라하게 보여 준다. 그러나 이 주제의 연원은 역사 시대를 통틀어 대단히 뿌리 깊다. 이제 또 다른 과학 분야의 기원을 찾아 선사 시대로 돌아가 보도록 하자.

고(古)천문학

아메리카 원주민들이 북극성을 이용했다는 기록은 태평양의 항해자들이 하늘을 연구했던 유일한 고대 민족이 아니었음을 말해 준다. 천체들의 움직임을 따라 원형으로 배열된 스톤헨지 거석은 선사 시대 과학이 남긴 가장 유명한 유적일 것이다. 그러나 "세계에서 가장 오래된 천문 유적"은 아일랜드에 있는 뉴그랜지이다.[96] 뉴그랜지는 스톤헨지보다 훨씬 거대하며 대략 기원전 3200년경에 만들어졌다. 스톤헨지의 최초 단계가 건설된 것보다 400여 년 전의 일이다.[97] 유럽과 아프리카에 있는 상대적으로 덜 알려진 수백 개의 거석 유적들, 아즈텍과 마야의 피라미드, 잉카의 궁전, 앙코르와트 사원, 기자의 대(大)피라미드, 그리고 태양과 별들의 방향에 맞춰 지어진 다른 수많은 구조물들은 고대의 천문학 전통이 전 세계의 다양한 민족들에게 존재했다는 증거를 제공한다. 이러한 유적들이 갖는 천문학적 역할을 분석하는 작업은 최근 들어 고천문학이라는 번창하는 과학 분야로 발전했다. 이 분야의 진지한 연구자들은 자신들의 분야를 대중 작가들의 상상력 넘치는 과장 — 가령 스톤헨지가 일식을 예측하기 위한 "신석기 시대의 컴퓨터"였다는 식의 — 으로부터 구해 내려는 노력을 기울여 왔다.[98]

거대한 천문 유적들은 천문 관측 전통의 기원이 아니라 이미 수천 년을 거친 전통의 정점을 드러낸다. 유적 건축물의 건조를 위해서는 채식보다 더 복잡한 사회 조직 형태가 필요하다. 고천문학에서 손꼽히는 한 학자는 뉴그랜지에 대해 이렇게 언급했다.

> 기원전 4000년기 후반에 밀, 보리의 재배와 가축의 방목이 이러한 대규모 유적의 건조를 가능케 하는 잉여를 창출해 낸 것이 분명하다. 태양이 지평선에서 계절의 변화에 따라 이동하는 것에 대한 지식은 그리 심오할 것이 없지만, 그러한 지식을 유적 건축물로 구현하는 능력은 일정한 수준의 전문화를 암시한다.[99]

스톤헨지와 뉴그랜지를 건설한 사람들은 채식인이 아니라 정착한 농경 민족이었고, 마야와 이집트의 피라미드를 만든 사람들은 글을 읽고 쓸 줄 알았다. 농경 부족에게 천문학은 달력 제작을 위해 필요했다. 달력은 밭을 갈고 씨를 뿌리고 수확을 하는 1년 단위의 주기를 확립해 주었다. 가령 파라오가 지배했던 시기의 이집트에서는 밝은 시리우스 별이 해 뜨기 직전에 떠오르는 것이 관찰되면 그날이 1년의 첫날이었다. 이러한 "태양인접출(heliacal rising)"이 일어나는 시기는 나일 강이 매년 범람하는 시기 — 이집트 농업에 매우 중요한 — 와 대략 일치한다고 알려져 있었다.

그러나 천체와 그것의 주기 운동에 대한 지식은 거석 유적이나 피라미드보다 시기적으로 훨씬 앞서 나타났다. 극적인 증거가 있는 것은 아니지만, 채식인들이 기본적인 천문학의 원리들을 알고 있었고 이것이 나중에 하지-동지점과 춘분-추분점의 방향에 맞춰 유적 건축물을 건설할 때 사용된 것은 분명하다. "물론 이것은 별의 주기 운동을 관찰하면서 시작되었을 것이다. 농업에 종사하거나 문명을 건설하기 오래전부터 우리의 두뇌는 하늘의 주기적인 변화에 초점을 맞추었고 그것에 따라 세상의 움직임을 판단해 왔을 것이다." 채식인들은 "자신들을 시간과 공간에 맞추기 위해" 하늘을 연구했다.

> 그들은 하늘을 관찰하면서 주기적 시간, 질서와 대칭, 자연의 예측 가능성에 대한 심오한 감각을 획득했고, 후손인 우리들 역시 그런 감각을 물려받았다. 이러한 자각 속에는 과학의 근본뿐만 아니라 우주와 그 속에서 우리의 위치에 대한 시각이 들어 있다.[100]

가장 명백한 천체의 주기 운동은 태양이 날마다 뜨고 지는 것이지만, 해시계 바늘(gnomon) — 수직으로 세워 그림자를 드리우게 만든 기둥 — 을 써서 태양의 경로를 추적해 보면 하루하루가 지나는 것 이상의 사실이 드러난다.

> 태양의 움직임에 관한 기본적 사실들은 초기 문명의 양치기, 농부, 어부, 낙타 모는 사람 같은 평민들이 알아냈다. …… 해시계 바늘의 기원은 그야말로 소박했다. 가장 초기 형태의 해시계 바늘은 양치기의 지팡이, 땅에 박힌 천막용 말뚝, 나무나 수직 기둥 등 태양 빛을 받아 그림자를 드리움으로써 태양의 위치를 나타내 줄 수 있는 모든 종류의 막대였다. 그림자의 기울기는 목동과 고리대금업자에게 하루의 진행을 알려 주었고, 그림자의 길이는 계절의 변화를 나타냈다.[101]

해시계 바늘을 이용해 보르네오 섬과 다른 농경 이전 부족의 사람들은 "한 해의 길이를 정했고, 정오 때의 그림자 길이를 측정한다든지 해서 하지나 동지가 언제인지 알아냈다."[102]

하지, 동지와 춘분, 추분은 자연의 관대함에 크게 의지하던 사람들에게는 중대한 함의를 갖는 사건이었다. 계절의 변화를 예측하는 수단으로 태양이 지평선을 따라 가장 북쪽에서 질 때와 가장 남쪽에서 질 때를 파악해 태양의 1년 주기에서 동지와 하지를 알아내는 것은 농경 부족이나 채식인들 모두에게 중요했다. 예컨대 아마존 열대 우림에서 생활하는 데사나 원주민들에게는

> 춘분과 추분은 두 차례에 걸친 우기의 시작을 알려 주기 때문에 중요하다. 한 번은 3월에 시작하며 다른 한 번은 9월에 시작한다. 춘분이나 추분에는 강물의 수위가 올라가 물고기가 산란을 위해 상류로 향하기 때문에 상대적으로 보기 힘들어진다. 마찬가지로 사냥감도 줄어든다. 우기는 회임의 시기로 간주된다.[103)]

달의 형상에서 나타나는 규칙적인 변화를 추적하는 것 역시 가장 초기에 이뤄진 천문학적 관측의 일부였을 것이다. 알렉산더 마샥(Alexander Marshack)은 믿을 만한 증거를 인용해 "달의 관측 결과를 일련의 기호나 부호로 기록한 것은 후기 구석기 시대에서 유래했다."고 썼다. "이를 거슬러 올라가다 보면 중석기의 아질 문화에서 구석기 말의 막달렌 문화와 오리냐 문화까지 계속 이어지고 있음을 볼 수 있다. 시기적으로는 선사 시대에 해당하는 3만 년에서 3만 5000년 전에 걸치는 기간이다."[104)] 달의 주기에 대한 기록은 멕시코 몬테레이 인근의 프레사 데 라 물라에 살던 북아메리카의 채식인들이 남긴 암석 조각에서도 볼 수 있다.[105)] 고고학적 증거에 논란의 여지가 전혀 없는 것은 아니지만, 인류학적 자료가 천문 해석을 뒷받침해 준다. "인도양의 니코바 제도 사람들도 비슷한 방식으로 막대에 표시를 하는데, 이는 달이 차고 기우는 것을 기록한 날짜

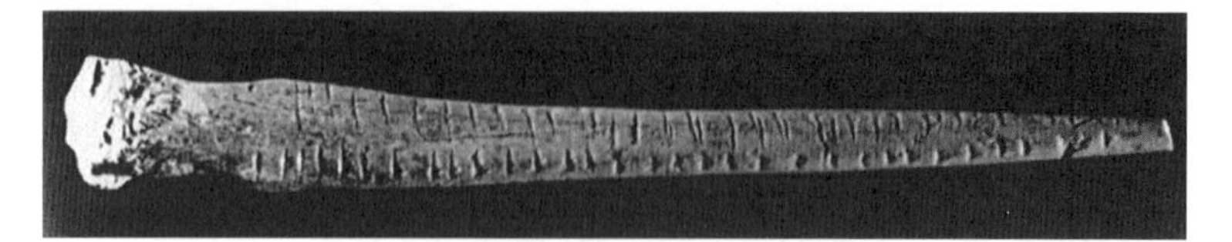

레바논의 크사르 아킬에서 출토된 금을 새긴 뼛조각

막대로 알려져 있다. …… 이런 막대는 후기 구석기의 것과 흡사하다."[106]

북아메리카의 북서 평원 지대에서 10여 개가 발견된 아메리카 원주민들의 일명 "의료 바퀴(medical wheel)" 역시 수렵-채집인의 천문학을 보여 주는 증거로 인용되어 왔다. 존 앨런 에디(John Allen Eddy)는 이러한 대규모 암석 배열 중 가장 잘 알려진 와이오밍 주의 빅혼 의료 바퀴(Bighorn Medical Wheel)를 분석해서 "바퀴살" 가운데 4개는 하지 때 해가 지는 방향에, 3개는 밝은 별 알데바란, 리겔, 시리우스가 태양에 가깝게 뜰 때의 방향에 맞추어져 있다고 결론 내렸다. 알데바란의 출현은 하지를 예고하는 것이었고, 다른 2개의 별은 하지 이후 28일의 기간(달의 주기와 동일한)과 다시 그 후 28일의 기간이 지났음을 각각 나타내었다. 이것은 역법상의 목적에 쓸모가 있었다. 고천문학자 에드윈 크럽(Edwin Krupp)에 따르면, "나는 북쪽으로 684킬로미터 떨어져 있는 서스캐처원의 또 다른 유적이 와이오밍 바퀴와 동일한 기본 계획을 따르고 있음을 확인했고, 이로써 빅혼 의료 바퀴의 천문학적 배치가 우연의 산물이 아니라 의도적인 것일 가능성은 더욱 커졌다."[107]

의료 바퀴가 천문학 관련 유적이라는 주장에 모든 연구자들이 동의하는 것은 아니다. 하지만 채식 생활을 하던 아메리카 원주민들이 하늘을 연구했다는 점에는 의문의 여지가 없다.[108] 예컨대 인류학적 증거에 따르면, 오늘날의 캘리포니아 남부에 살았던 추마시 족은 "달의 주기를 헤아렸고, 하지나 동지가 언제 일어날지를 예측했으며, 계절에 따른 별들의 출현을 관찰했다."[109]

설사 의료 바퀴의 배치가 천체에 맞추어졌음이 결정적으로 입증된다고 하더라도, 의료 바퀴가 근대적 의미의 "천문대"라거나 그것을 만든 채식인들이 오늘날의 천문학자들과 같은 과학적 동기를 갖고 있었음을 의미하지는 않는다. 초기에 천문 관측을 했던 사람들은 의식이나 종교, 마술, 그 외 우리가 알 수 없는 목적을 위해 천체들의 운동을 연구했는지도 모른다. 그러나 동기가 무엇이었건 간에 그들은 자연의 비밀을 탐구하고 천문 지식의 토대를 만드는 과정에 관여하고 있었다. "만약 우리 주위의 세상에 대한 주의 깊은 관찰을 과학으로 간주한다면, 고대와 선사 시대의 우리 조상들은 당연히 과학자로 불려야 한다." 크럽의 논평이다.[110]

그렇다면, 대피라미드나 치첸 이트사의 마야 사원 같이 천문학을 바탕으로 한 고대 구조물 역시 민중의 과학의 유적으로 간주해야 할까? 정반대다. 이런 구조물들은 사회의 엘리트들이 자연 지식을 지배했음을 보여주는 가장 초기의 사례들이며, 따라서 과학 엘리트가 처음 등장했음을 말해 주는 증거이다. 우선 초기의 계급 사회에서 상층부에 위치한 사람들은 노예나 그 외 형태의 비자발적 노동을 동원해 유적 건축물을 건설했다. 그리고 작업이 끝난 후 지배자들은 이 건축물을 이용해 정치적 권력에서 으뜸가는 요소인 천문 지식을 독점했다. 그들은 자신이 보조하는 "하늘에 관한 심원한 지식의 전문가들"로 구성된 "천문 관료 조직의 도움을 얻어 국가의 권력을 공고하게 했다." 그 결과 천문학은 "훈련받은 전문가들의 특권"이 되었다. 다음을 보자.

> 왕을 받들어 세우고 지역의 권력을 중앙으로 집중할 수 있을 만큼 사회가 복잡해지면 …… 지배자에게 부여된 권력은 설명과 정당화를 필요로 하며 …… 지배 권력의 정당화에 이데올로기가 동원된다. …… 신성한 왕과 신이

내린 황제는 자신들의 계보를 천상의 영역에서 찾았다. 이런 식으로 그들은 권력 독점을 정당화했고 아울러 천문학을 제도화했다.[111]

중앙아메리카와 메소포타미아의 천문학자들이 남긴 필사본과 쐐기 문자 서판을 보면, 문자 기록의 보존과 수학이 도입되면서 관찰의 정밀성과 달력의 정확도가 향상되었고 일식 예측과 같은 중요한 혁신이 이뤄졌음을 알 수 있다. 그러나 보조를 받는 전문가들이 한 일은 본질적으로 수천 년 전의 천문 관측자들로부터 물려져 내려온 기본 지식 위에서 그것을 정교화한 것이었다.

읽기, 쓰기, 산수의 기원

왕실 천문학자들의 문자 기록 보존은 구석기 시대에 뼛조각에 새긴 계산 부호에서 발전했다.[112] 이 부호는 인간이 숫자를 인식했음을 보여 주는 최초의 증거이며 채식인들이 사냥한 동물들의 수를 셈한 것이 그것의 기원임을 암시한다. "금을 새긴 막대 — 계산 막대 — 가 처음 쓰인 것은 적어도 4만 년 전의 일이다. …… 선사 시대의 수많은 동굴 벽화에서 동물들의 윤곽과 함께 금을 새긴 막대가 발견되었다는 사실은 새겨진 금이 계산 기능을 수행했음을 증명한다."[113]

숫자를 이용한 추론은 수학으로 발전하는 과정에서 최초의 문자 체계의 발전을 자극했다. 이러한 발전은 농부, 장인, 상인들의 일상적 경제 활동으로부터 나타났다. 문자와 숫자의 이용은 과학의 진보를 위한 필수 조건이라는 점에서, 문자나 숫자의 기원은 과학사에서 결정적인 이정표가 된다.

이란의 세 가비에서 출토된 단순한 토큰

읽고 쓸 줄 아는 능력은 선사 시대의 세계 여러 곳에서 독립적으로 출현했지만, 문자를 이용해 글을 쓴 최초의 증거는 고대 메소포타미아에서 진흙 판에 쐐기 문자로 씌어진 수메르 필사본이다.[114] 데니스 슈만트베세라트(Denise Schmandt-Besserat)의 고고학 탐사는 이러한 문자 체계가 상업 활동에 뿌리를 두고 있음을 밝혀냈다.[115] 슈만트베세라트는 문자 사용 이전의 사람들이 스스로 생산하고 교환한 물품들을 기억하기 위해 진흙 토큰을 생산물에 대한 상징적 표상으로 이용하는 회계 체계를 만들어 냈음을 보여 주었다. 수천 년 동안 이 상징은 여러 단계의 추상화를 거쳐 우리가 문자로 알아볼 수 있는, 진흙 판 위에 새긴 쐐기 모양의 기호로 변했다.

최초의 토큰(대략 기원전 8500년경)은 3차원으로 된 단단한 물체로 작은 구형이나 원뿔형, 원반형, 원통형으로 생겼다. 가령 6단위의 곡물과 8마리의 가축을 빚졌다면 이는 6개의 원뿔형과 8개의 원통형 토큰으로 나타낼 수 있었다. 여러 개의 토큰을 한데 모아 두기 위해 새로운 변화가 나타났는데(기원전 3250년경), 토큰을 진흙 상자 속에 봉해 두었다가 나중에 빚을 갚을 때가 되면 상자를 깨뜨려 숫자를 세어 볼 수 있게 했다. 그러나 상자의 내용물은 잊어버리기가 쉬웠으므로, 상자를 봉하기 전 3차원 토큰에 대한 2차원 표상을 상자 겉에 새겨 두었다. 이후 동일한 상징 두 가지를 사용하는 것(안에 든 토큰과 밖에 새겨진 표식)이 불필요하게 여겨지게 되면서 토큰은 사라졌고(기원전 3250~3100년경) 2차원 기호가 새겨진 단단한 진흙 판만 남게 되었다. 시간이 흐름에 따라 기호들은 그 숫자가 많아졌고 추상적인 것으로 바뀌었으며, 교역 상품이 아닌 다른 것들도 나타내게 되면서 결국 쐐기 문자로 진화했다.[116)]

기호 사용의 진화는 무엇보다도 토큰 그 자체의 복잡성 증가라는 모습으로 고고학 기록에 나타나 있다. 대략 1만 년 전에서 6,000년 전에 나타난 최초의 토큰은 구형이나 원통형처럼 가장 단순한 기하학적 형태 — "진흙을 만지작거릴 때 흔히 저절로 나타나는 형태" — 만을 가졌다.[117)] 그러나 기원전 3500년경이 되면서 좀 더 복잡한 토큰들이 널리 쓰이게 되었다. 그중에는 많은 "사실적인 형태", 즉 축소된 크기의 도구, 가구, 과일, 인간 모양 같은 것도 있었다.[118)] 앞선 시기의 단순한 토큰은 농업 생산물의 수를 세는 데 쓰였지만, 복잡한 토큰은 "빵, 기름, 향수, 양모, 밧줄 같은 완제품이나 금속, 팔찌, 여러 종류의 옷감, 의복, 깔개, 여러 점의 가구, 도구, 다양한 돌 그릇과 도기 그릇 등 작업장에서 생산된 물품들을 나타냈다."[119)] 마찬가지로 진흙 판에 새겨진 기호들도 단순한 토큰의 모양을 딴 간단한 쐐기, 원, 타원, 삼각형 모양에서 복잡한 토큰의 모습에서부터 끌어낸 상형 문자로 진화했다.

이런 증거가 나타나기 전까지는 문자를 발명한 사람이 — 언제나처럼 — 지적 엘리트일 거라는 가정이 널리 퍼져 있었다. 슈만트베세라트에 따르면, 예전 학자들은 "문자가 계몽된 개인들 여럿의 합리적 결정에 의해 등장했다."라고 믿었다. 예컨대 비어 고든 차일드는 사제 계급의 구성원들이 자기들 사이에서 "모든 다른 동료나 후계자들이 이해할 수 있도록 문자 기호로 세입과 세출 기록을 남기는 통상적인 방법에" 합의함으로써 문자가 등장하게 되었다고 생각했다.[120] 그러나 단순한 토큰이 최초의 경작자들과, 복잡한 토큰이 최초의 장인들과 연관되어 있었다는 사실 — 그리고 토큰-상자 회계 체계는 항상 소규모 거래에만 이용되었다는 사실 — 은 문자 이용의 창시자들이 상대적으로 보잘것없는 사회적 지위를 갖고 있었음을 말해 준다.

문자 이용뿐 아니라 숫자 이용 역시 마찬가지이다. 토큰은 수학이 "자신이 보유한 가축 떼 및 기타 물건들을 기록으로 남기려는 인간의 욕망에서 비롯되었다."는 추가적인 증거를 제공해 준다.[121] 또 한번 엄청나게 중요한 진일보가 이뤄진 것은 기원전 3100년경이었다. 이 시기를 전후해 수메르의 회계사들은 토큰에 기반한 기호들을 확장해서 최초의 진정한 숫자들을 만들어 냈다. 즉 "어떤 특정한 물체로부터 추상된, 하나, 둘, 셋의 수 개념을 담은 기호들"을 만든 것이다.[122] 이전까지 8단위의 곡물은 직접적인 일대일 대응에 의해서, 즉 1단위의 곡물을 나타내는 기호나 부호를 여덟 번 반복하는 식으로 표시되었다. 그러나 회계사들은 상품 기호와 구분되는 숫자 기호를 고안해 냈고, 8단위의 곡물은 곡물을 나타내는 부호에 뒤이어 "8"을 의미하는 부호를 써넣어 표시할 수 있게 되었다. 추상적인 숫자 계산의 발명은 수학의 역사에서 가장 혁명적인 두 가지 진보 중 하나였다.[123]

이러한 대약진을 이뤄 낸 익명의 회계사들은 어떤 사회적 지위를 차지하고 있었을까? 기록이 보관된 수메르 사원 유적에서 출토된 진흙 판들의 엄청난 양을 보면 서기 계급 내에도 사회적 분화가 존재했고, 상품의 숫자를 세는 단조로운 작업을 수행하는 낮은 지위의 목록 작성자들이 대단히 많았음을 알 수 있다. 한 고고학자는 "여러 줄로 늘어선 서기들이 작은 진흙 더미 뒤에 앉거나 쪼그린 자세로 기나긴 물품의 목록을 바

이란의 수사에서 출토된 복잡한 토큰

쁘게 점검하고 작성하는" 사원 회계실의 모습을 그려 내기도 했다.[124] 숫자의 진정한 발명가들이 서기 계급 안에서 어느 정도의 지위를 갖고 있었는지는 오로지 추측해 볼 따름이지만, 이러한 노동 절약적 혁신이 자신의 노역을 쉽게 하려는 하층 서기의 고안물이었을 거라는 추론은 여전히 유효하다.

문자와 숫자 이용이 농부, 장인, 상인들의 활동에서 유래하기는 했지만, 고대의 제국에서 정치 권력이 중앙 집중화되고 제국의 관료들이 상업을 관장하게 되면서 문자 기록과 계산은 교육받은 엘리트 — 천문학자-사제와 궁정의 고위 서기 — 의 통제 하에 들어갔다. 클로드 레비스트로스는 "문자의 등장"이 언제 어느 곳에서도 "위계화된 사회, 즉 주인과 노예로 나뉘어져 인구의 어느 한쪽이 다른 쪽을 위한 노동을 강제받는 사회의 확립"과 연관되어 있다고 주장했다.[125]

그럼에도 사회적 종속 계층들 — 특히 상인들 — 은 수학의 진보에서 중요한 역할을 계속 담당했다. 거의 1세기 전에 카를 요한 카우츠키(Karl Johann Kautsky)는 상인들의 활동이 어떻게 수학의 발전을 더욱 북돋웠는지에 대한 설득력 있는 설명을 제시한 바 있다. 카우츠키에 따르면

> 상인이 관심을 갖는 것은 결국 가격 조건이다. 달리 말해 …… 추상적인 수적 관계인 것이다. 상거래가 점점 발달할수록 …… 상인이 다뤄야 하는 금전적 조건들도 점점 다양해지고 …… 신용 체계가 점점 더 발달할수록 이러한 수적 관계는 더 복잡해지고 다양해진다. 따라서 상거래는 **수학적** 사고와 동시에 **추상적** 사고도 자극했음이 분명하다.[126)]

자릿수 계산

그러나 초기 수학의 발전은 숫자를 쓰는 적절한 체계가 없는 바람에 오랫동안 제약을 받았다. 자릿수 계산, 일명 위치값 체계가 도입되기 전에는 기본적인 숫자 계산이 엄청나게 복잡했다. 이것은 숫자 하나의 값이 수에서 그것이 놓인 위치에 따라 정해지는 것을 말한다. 가령 숫자 "9"는 2,945라는 수에서는 "900"을 의미하지만, 2,495라는 수에서는 "90"을 의미한다. 이전의 체계에서 "간단한" 연산이 얼마나 어려웠는지를 이해하려면 로마 숫자로 MMCMXLV 더하기 MMCDXCV라는 덧셈을 한번 해 보면 된다. 속임수(즉 머릿속에서 당신에게 익숙한 숫자로 변환시키는 것)를 쓰지 않고 이 계산을 해냈다면, 곱셈도 한번 해 보기 바란다.

자릿수 계산이 도입되기 이전까지 모든 계산은 손가락을 이용하거나 주판 같은 계산 도구의 도움을 빌어서 이뤄졌다. 그러나 덧셈, 뺄셈, 곱셈, 나눗셈을 실제로 하는 법을 배우려면 고급 교육을 받아야 했다. 한 수학사학자는 중세 유럽의 수학 계산에 대해 다음과 같이 기술한다. "오늘날 어린아이도 할 수 있는 계산이 당시에는 전문가의 도움을 필요로 했고, 오늘날 단 몇 분이면 할 수 있는 일이 12세기에는 여러 날에 걸친 정교한 작업을 요구했다."[127)] 그래서 최초의 문명에서부터 수천 년이 흐르기까지 산수("순수 수학, 응용 수학을 막론하고 모든 수학의 근간")[128]는 왕실 천문학자와 그 외 엘리트들의 영역이었다. "산수에 능한 사람은 거의 초자연적인 능력을 갖춘 것으로 간주되었다. 이것은 왜 오랜 옛날부터 사제들이 산술을 그토록 열심히 연마해 왔는지를 설명해 준다."[129]

위치값 체계와 함께 "비어 있는" 줄을 채울 0이라는 기호가 도입된 것 — 수학사에서 분수령을 이룬 사건 — 은 세 가지 이유에서 민중의 역사와 특별한 연관이 있다. 무엇보다도 이것은 산수를 "민주화"했다. 상인, 선원, 장인들을 포함해 사회 모든 계층의 사람들이 산수 계산을 이해하고 또 유용하게 쓸 수 있게 되었던 것이다. 둘째로 이것은 아테네나 알렉산드리아의 엘리트 수학자들의 총명함에서 유래한 것이 아니라, 기원후 3~4세기의 인도에 살던 이름 모를 사람들 — 아마도 계산 업무를 담당하는 평범한 서기 — 의 활동에서 나왔다. 저명한 수학자 피에르 시몽 마르키스 드 라플라스(Pierre Simon Marquis de Laplace)는 일찍이 이렇게 말했다.

> 기호 10개로 모든 숫자를 표현하는 영리한 방법을 우리에게 선사한 것은 인도였다. 각각의 기호는 절댓값뿐 아니라 위치에 따른 값도 갖게 된다. 이 심오하고도 중요한 아이디어는 오늘날 우리에게 너무나도 간단해 보여서 우리는 그것의 진정한 가치를 모르고 있다. 그러나 산수가 유용한 발명들 중 첫손가락에 꼽힐 수 있게 된 것은 (위치값 체계가) 모든 계산을 극도로 단순하고 대단히 손쉽게 만들어 준 덕분이다. 이 업적의 위대성은 고대가 낳은 두 명의 대학자 아르키메데스(Archimedes)와 아폴로니우스(Apollonius)의 천재성조차도 이것을 고안해 내지 못했음을 상기해 보면 더욱 두드러진다.[130]

그리고 셋째로 이 혁명적인 혁신은 수학 학술지나 학문적 담화가 오가는 다른 매체를 통해서가 아니라, 인도와 세계 다른 지역 사이의 무역로를 오가며 생업에 종사하는 상인들에 의해 전파되었다. 기원후 10세기가 되자 새롭게 개선된 계산 방법은 아랍 상인들에게 채택되었고, 13세기 초에 아랍 상인들은 이것을 다시 유럽으로 전해 주었다. 이 시기에 "수학에서 최초의 주목할 만한 업적"은 레오나르도 피보나치(Leonardo Fibonacci)의 것이었는데, 피보나치는 "본업이 상인"으로 "서아시아 지방으로 자주 여행을 하면서 그 시기 아랍의 지식을 흡수한 인물이었다."[131)]

엘리트 수학자들은 이러한 결정적 혁신을 **창조해 내지 못한** 데서 그치지 않았다. 그들 중 상당수는 — 이것이 비밀스러운 지식의 수호자인 자신들의 지위를 위협한다고 생각해서 — 여기에 **저항했고** 여러 세기 동안 이 혁신이 유럽에 수용되는 것을 지연시켰다.

오랜 전통을 지키려는 **애버시스트**(Abacists, '주판을 사용해 계산하는 사람'이라는 뜻 — 옮긴이)와 개혁을 옹호하는 **앨고리스트**(Algorists, '기수를 써서 계산하는 사람'이라는 뜻 — 옮긴이) 사이의 투쟁은 11세기부터 15세기에 걸쳐 계속되었고, 개화 반대론과 그에 대한 반작용이 흔히 겪는 모든 단계들을 거쳤다. 일부 지역들에서는 아라비아 숫자들이 공식 문서에서 금지되었고, 이를 이용한 숫자 계산 자체가 아예 금지된 지역도 있었다. 으레 그렇듯, **금지 조치는** 그런 계산을 없애는 데 성공을 거두기는 커녕 이를 **몰래 이용하는** 것을 널리 퍼뜨렸을 뿐이었다. 이를 보여 주는 폭넓은 증거를 13세기 이탈리아의 문서들에서 찾아볼 수 있다. 이런 문서들에서 상인들은 아라비아 숫자를 일종의 암호로 사용하고 있었던 것으로 보인다.[132)]

신흥 상인 계층이 이를 이용하기 시작하면서 위치값 체계의 승리는 더욱 공고해졌고 수학이 더욱 발전하는 길이 활짝 열리게 되었다.

애초의 창안자가 누구였는가 하는 문제의 답은 분명한 확인이 불가능하다. 랜슬롯 호그벤(Lancelot Hogben)은 이를 창안한 사람이 아마 "인도의 회계실에서" 일하던 서기 노동자였을 거라고 추측했다.[133] 위치값 체계와 0이 실제로 사용된 것을 볼 수 있는 최초의 **문서화된 기록**은 기원후 458년경에 만들어진 것으로 확인된 『로카비바가(*Lokavibbâga*)』라는 제목의 책으로, 그보다 1세기 혹은 좀 더 이전에 살았던 인도의 성자 사르바난딘(Sarvanandin)이 썼다고 알려져 있다.[134] 그러나 조지 이프라(Georges Ifrah)가 말했던 것처럼, "발명가 자신의" 이름은 "영영 잊혀졌다. 그 이유는 아마도 …… 이처럼 훌륭한 발명을 해낸 사람이, 이름을 기록해 둘 가치도 없다고 여겨진 상대적으로 비천한 인물이었기 때문일 것이다."[135]

알파벳 쓰기

수를 표시하는 새로운 방식이 산수를 민주화한 것과 꼭 마찬가지로, 알파벳의 도입은 문자 이용을 민주화했다. 쐐기 문자, 이집트 문자, 중국의 한자 등은 수백 가지의 상형 문자, 표의 문자, 그 외 추상적인 기호들로 이뤄져 있다. 이 문자들은 여러 해에 걸친 교육을 통해서만 비로소 숙달될 수 있었다. 결국 초기 문명에서 문자 이용은 궁정 관리, 사제, 전문 서기의 전유물이었다. 그러나 수십 개 정도의 알파벳으로 글을 쓰는 것은 훨씬 쉽고 빠르게 배울 수 있었고, 따라서 대중이 글을 읽고 쓸 줄 아는 능력을 갖출 가능성도 커졌다.

이 중대한 혁신 또한 사회적 위계의 상층부가 아닌 하층부에서 나왔다. 고고학적 증거로 남아 있는 최초의 알파벳(기원전 1800년경)은 셈 언어였지만, 이것의 요소들 — 최초의 "글자들" — 은 이집트 상형 문자에서 가져온 것이었다. 이러한 사례들은 시나이 반도의 광산에서 발견되었기 때문에, 최초의 알파벳을 창안한 사람은 셈 족 노예였을 수 있다. 셈 족 노예가 "주인이나 감독자들의 언어와는 이질적인 혀의 발음을 나타내기 위해 이집트 상형 문자 중 일부를 고쳐 사용하기 시작했다."는 것이다.[136)]

또 다른 면에서도 문자 이용의 민주화는 산수의 민주화와 닮아 있다. 새로운 셈 알파벳이 식자층의 담화가 아닌 페니키아 선원과 상인들에 의해 지중해 세계 전역으로 확산되었다는 점이 그렇다. 문자는 여러 장소에서 독립적으로 발명되었지만, **알파벳** 문자는 단 한번 발명되었다. 오늘날 전 세계에서 쓰이는 모든 현존하는 알파벳들은 이집트 광산에서 발견된 최초의 셈 문서에서 유래한 것이다.

문자 이용과 산수가 민주화되기 이전의 초기 문명에서는 사제 계급이 이 둘을 독점했기 때문에 천문학은 과학 엘리트의 수중에 들어 있었다. 그러나 천문학이 신석기 시대 후반에 발전한 유일한 과학은 아니었다. 최초의 장인과 농부들이 자연적 과정에 대한 지식에 기여하고 있었다는 점이 더 중요하다. 물론 고고학적 증거만 가지고는 우리가 다루는 민중이 구체적으로 어떤 지식을 가졌고 어떤 과학 실천을 했는지에 대해 많은 정보를 얻을 수는 없다. 여기서는 이런 한계를 인정한 연후에, 재료 과학(요업과 야금술 포함)과 농경 과학(식물 재배와 동물 사육)이라는 신석기 시대의 두 가지 중요한 지식 영역에 대해 가능한 대로 알아보도록 하자.

돌, 진흙, 금속, 불

석기가 고고학적 기록에 모습을 드러내는 것은 대략 200만 년 전인데,

이때는 해부학적으로 오늘날의 인간 종이 등장하기 전이다. 따라서 호모 사피엔스는 재료 과학의 기초를 선조 격인 원인들로부터 물려받은 셈이다. 돌로 만든 도구가 지금까지 남아 있는 것 중 가장 오래되었기는 하지만, 그렇다고 돌이 구석기 도구 제작자들이 선택한 최초의 혹은 유일한 재료였다는 사실이 입증되지는 않았다. 좀 더 썩기 쉬운 재료 — 나무, 조개껍질, 뼈, 뿔, 가지 모양의 뿔, 가죽 등 — 로 만든 도구들은 시간이 흐르면서 부패해 사라져 버렸을 수도 있다.

비어 고든 차일드에 따르면 "완성된 도구는 그것을 만든 사람이 갖고 있던 과학을 — 다소 불완전한 방식이긴 하지만 — 실제로 반영한다." 석기를 제작하려면 다양한 종류의 돌의 성질뿐 아니라 그 도구를 사용하려고 하는 대상 재료의 성질에 대해서도 일정한 지식을 갖고 있어야 한다. 초기 원인들은 "실험을 통해 어떤 돌이 도구를 만들기에 가장 좋은지, 또 어디에서 그런 돌을 구할 수 있는지를 알아내야 했"고, 그 결과 지질학 및 다른 종류의 지식이 "상당한 정도로" 축적되었다. "이런 지식을 얻어 내고 전달하는 과정에서 우리 조상들은 과학의 토대를 놓고 있었다."[137]

고고학적 증거에 따르면 원인들은 지금으로부터 100만 년 전쯤에는 불을 다루는 법을 이미 알고 있었다. 이것은 재료를 이용한 실험 중에 열을 가해 변형시키는 것 — 예컨대 요리 — 도 포함되어 있었을 것임을 시사하지만, 언제 그런 일이 처음 일어났는지는 오직 추측만이 가능하다. 그러나 아마 동물 지방을 연료로 태웠던 것으로 보이는 작은 석등을 보면, 기원전 1만 5000년경에는 인간이 불을 이용한 화학 과정에 대해 경험적 지식이 있었음을 알 수 있다. 불을 의식적으로 이용해 진흙의 성질을 바꾸는 도기 제조는 "인간의 사고와 과학의 시작에 엄청난 중요성을 가진" 혁신이었다.[138]

고고학자들이 발견한 최초의 도기(기원전 8000년경)는 이전에도 오랜 기간 동안 발전이 이뤄져 왔다는 증거이다.

> 대규모로 흙을 구워 질그릇, 접합제, 유리, 금속 가공의 목적으로 쓰기 시작한 8,000년에서 1만 년 전, 장인들은 이미 재료의 화학과 물리학에 전면적으로 뛰어들었다. …… 이들은 물질의 녹는점, 산화물의 환원 형태, 원소들의 화학 결합(산화철과 규소의 결합, 철과 황의 결합 등), 특정 원소들의 전기적 성질, 탄소와 철, 혹은 석회 및 소다와 진흙의 복잡한 관계 등에 대해 알게 되었다.[139)]

한 기술사학자는 다음과 같이 기술한다. "초기의 수많은 발명들이 그렇듯이, 도기가 세상에 등장한 과정을 추적하는 것은 불가능해 보인다. 그 발명이 이루어지기 전 불에 굽지 않은 진흙으로 만든 그릇으로 오랫동안 실험이 있었으리라는 정도만 추측할 수 있다."[140)] 그러나 누가 도기를 발명했는가에 관해서는 두 가지 중요한 추론이 가능하다. 먼저 그릇을 굽는 가마가 고고학적 기록에 나타난 것은 훨씬 뒤의 일(기원전 6000년경)이기 때문에, 알려져 있는 가장 초기의 그릇들은 집에 있는 화덕에서 구운 것이 분명하다. 여성이 집에 있는 불을 지키면서 요리를 하고 식품을 저장(도기가 사용된 용도)했던 신석기 시대의 성별 노동 분업을 감안하면, 구운 진흙의 성질을 알아낸 중대 발견을 이룬 선구적 옹기장이는 여성이었음이 틀림없다.[141)] 둘째로 발견의 주체는 "고독한 천재" 여성이 아니라 여성들의 공동체였을 가능성이 높다. "장인 전통은 개인이 아닌 집단적 특징을 지닌다. 모든 공동체 구성원들의 경험과 지혜가 지속적으로 한곳에 모여 만들어 낸 것이다."[142)]

직조는 신석기 시대의 또 다른 주목할 만한 기술이다. "직기의 발명은 인간의 창의성이 이룩한 위대한 성취 중 하나이다. 비록 발명한 사람의 이름은 알려져 있지 않지만, 이 발명은 인간 지식에 대한 중대한 기여이다. 과학을 응용한 이 발명이 너무나 시시한 것이어서 발명자의 이름을 기억해 둘 만한 가치가 없다고 생각한다면 그야말로 경솔한 일이다."[143] 직조는 도기와 마찬가지로 집에서 하는 일이었기 때문에 혁신을 이룬 주체는 역시 여성 공동체였을 가능성이 높다.[144]

사람들이 금속 도구를 대규모로 사용하기 시작하면서 신석기 시대는 정의상 종언을 고했다. 그러나 사람들이 금속의 성질에 대한 지식을 축적하기 시작한 것은 훨씬 이전의 일이었다. 불행히도 이 부분은 과학사에서 공백으로 남아 있다. 최초의 야금술사가 누구였는지 이름이 알려져 있지 않을 뿐 아니라, 그들이 금속 가공에 요구되는 정교한 제련 과정의 뿌리를 이루는 지식을 어떤 경험적 과정에 의해 얻었는지에 대해서도 거의 알려지지 않았다.

다양한 종류의 암석으로 실험을 하던 구석기 시대의 도구 제작자들은 분명 금속 광석을 포함한 색깔 있는 암석에 이끌렸을 것이다. 실제로 라스코와 알타미라의 유명한 선사 시대 동굴 벽화 속 색깔은 금속 광석으로 만든 염료를 써서 만들어진 것이다. 그러나 광석으로부터 금속을 뽑아내는 것은 매우 복잡한 일이다.

대부분의 금속은 자연 상태에서 다른 원소들과 화학 결합을 이룬 상태로 존재한다. 가령 흔히 볼 수 있는 구리 광석은 구리, 산소, 탄소가 강한 화학 결합을 이루는 공작석의 형태로 존재한다. 그러나 어떤 금속들(구리와 철을 포함해)은 "천연 그대로의" 결합을 이루지 않은 상태로 발견되기도 한다.[145] 선사 시대의 사람들은 소량의 천연 구리와 철을 직접 찾아 사용했는데, 이러한 경험을 통해 그들은 나중에 그런 금속을 해당 광석으로부터 분리해 냈을 때 이를 알아볼 수 있게 되었다. 이런 제련 과정이 등장하면서 금속의 시대가 진정한 출발점을 맞았다.

제련이 어떻게 발견되었는지에 대한 직접적인 증거가 없기 때문에, 이는 오랫동안 학자들의 여러 추측이 무성한 주제였다. 제련을 위해서는 무엇보다 금속 광석을 높은 온도로 가열해야 한다. 여기에 따른 손쉬운 추측 하나는, 누군가 무심결에 구리 광석 조각을 불 속에 떨어뜨린 후 어떤 결과가 나타났는지를 알게 된 것이 제련의 시작이라는 것이다. 그러나 이러한 모닥불 이론이 그리 설득력이 있는 건 아니다. 트인 공간에서 나무나 숯을 태워서는 섭씨 700도를 좀처럼 넘기기 힘든데 구리의 제련을 위해서는 녹는점인 섭씨 1084도에 도달해야 하기 때문이다. 뿐만 아니라 공작석을 단순히 섭씨 1084도까지 가열하는 것만으로는 금속 구리를 얻을 수 없다. 이를 위해서는 "환원 환경(산소가 부족하고 탄소가 풍부한 환경)"에서 오랜 시간 가열해야만 하는데 트인 공간에 피워 놓은 불은 이것을 제공하지 못한다.

좀 더 설득력이 있는 것은 도기 가마 이론이다. 이에 따르면 야금술은 옹기장이가 그릇에 색깔을 입히려고 공작석을 사용하다가 소량의 제련된 구리가 가마에 남은 것을 발견하고 의도적인 실험에 나섰을 때 시작되었다. 후자의 이론은 몇 가지 이유에서 좀 더 그럴 법하다. 첫째, 닫힌 가마에서 불을 피우면 제련에 필요한 온도에 도달할 수 있다. 둘째, 가마 속은 환원 환경을 제공한다. 셋째, 구리 제련과 고온의 가마가 고고학적 기록에 처음 등장한 시점이 대략 일치한다. 여기서 모닥불 이론과 도기 가마 이론이 모두 선구적인 야금술사가 여성이었을 가능성을 시사한다는 점도 언급해 두자.

가마에서 소량의 금속 구리가 우연히 만들어졌을 수는 있지만, 가마가 제련 작업을 하기에 이상적인 곳은 아니다. 즉 구리 제련이 그 자체로 존립 가능한 기술이 되기까지는 대단히 많은 실험이 필요했을 것이다. 이후에도 구리를 도구와 무기 생산의 재료로 더욱 향상시키기 위한 실험은 계속해서 진행되었다.

청동, "검댕을 묻힌 광부", "땀 흘리며 일하는 대장장이"

구리 광석은 대개 납, 은, 철과 같은 다른 금속들을 소량 함유한다. 제련 기술자들은 시행착오를 거쳐 이러한 "불순물"들의 비율을 변화시킴으로써 금속을 더 단단하게 혹은 무르게, 두드려 펴기 좋게 혹은 나쁘게 등으로 금속의 성질을 바꿀 수 있다는 사실을 발견했다. 그들이 얻어 낸 가장 중요한 결과는 88퍼센트의 구리와 12퍼센트의 주석을 섞으면 순수한 구리보다 내구성이 있으면서도 사용하기 쉬운 합금인 청동을 만들 수 있다는 깨달음이었다. 이 발견(기원전 3300년경에 서아시아 어딘가에서 일어난)은 오늘날 청동기 시대라고 불리는 심대한 기술 혁명의 시대를 열었다.

청동의 발견이 운 좋은 우연의 산물이 아니라 의도적인 실험의 결과였음은 구리 광석이 주석을 함유하는 일이 매우 드물다는 사실로부터 알 수 있다. 구리와 주석은 자연계에서 같이 붙어 존재하는 일이 거의 없기 때문에, 이 합금을 처음 시도했던 익명의 야금술사는 아마 가설을 시험해 보기 위해 의도적으로 이 둘을 합쳤을 것이다. 그러나 이러한 실험가들은 실험실에서 작업하는 직업적 전문가들이 아니었다. 야금술의 역사를 쓴 한 학자가 말했던 것처럼, "우리는 1만 년에 걸친 광석 채굴과 금속 가공에서 나온 먼지와 매연과 연기를 뚫고, 검댕을 묻힌 광부와 땀 흘리며 일하는 대장장이가 인간의 안락과 물질적 진보에 어떤 기여를 했는지를 어렴풋이 보기 시작하고 있다."[146]

서아시아에서 가장 먼저 청동을 만들어 낸 사람들이 지리적으로 정확히 어디에 위치해 있었는지 역시 베일에 가려 있다. 그러나 그들이 어디 있었는지에 관한 몇몇 그럴 법한 추론들은 그들이 누구였는지에 대한 더 많은 단서를 제공해 준다.

> 이 발견이 메소포타미아에서 먼저 이뤄졌을 가능성은 매우 낮다. 모든 가능성을 고려했을 때 청동이 가장 먼저 만들어진 곳은 금속의 산지와 훨씬 더 가까운 곳, 예컨대 시리아나 터키 동부의 산악 지대였을 것이다. 그러나 메소포타미아인들은 새로운 금속을 사들이고 기술자를 고용해 이를 세공할 수 있는 부를 갖고 있었다. 청동이 대량으로 사용된 최초의 사례를 초기 수메르 왕의 무덤에서 찾을 수 있는 건 바로 그 때문이다.[147)]

이는 혁신가들이 산악 지역의 "검댕을 묻힌 광부"였으며, 그들이 가진 지식이 수메르의 제정주의자들에 의해 사들여지거나 다른 방식으로 활용되었음을 시사한다.

전통적인 가정 — "확산" 모형 — 에서는 청동 제조의 지식이 서아시아의 단일한 기원점에서 시작해 고대 세계의 다른 모든 지역으로 퍼져 갔다고 생각했다. 이러한 가정은 구리를 제련하고 청동을 만들어 내는 데 필요한 높은 수준의 과학 지식이 보기 드문 창조적 재능의 산물이며, 따라서 한 번 이상 일어났을 가능성이 낮다는 생각에 근거한다. 그러나 고고학자들은 구리와 청동 기술이 여러 다른 장소들에서 독립적으로 등장한 것이 분명하다는 증거를 발굴해 내었다. 발칸 반도, 중국, 인도, 나이지리아, 페루, 그리고 가장 놀라운 곳으로 동남아시아가 그런 장소들이다.[148)] 기원전 3000년경 타이 북부에서 독자적인 청동 제조 전통이 존재했다는 증거가 남아 있다. 이것은 청동을 제조하는 데 필요한 창조적 재능이 당시 동남아시아 전역에 퍼져 있었던 "호아빈(Hoabinhian) 문화로 불리는 수렵-채집인 석기 시대 문화"의 역량 안에 있었을지 모른다는 추측을 가능케 한다.[149] 대체적으로 기술 전달의 확산 모형을 옹호하는 사람들은 집단 작업을 하는 보통 사람들의 창조적인 지적 능력을 과소평가하는 경향이 있다.

청동에서 철로

청동의 발견이 중요한 기술적 진보이긴 했지만, 이 금속은 "대단히 엘리트적이어서 지배 계층이 전쟁이나 장식을 위한 용도로 주로 썼고 농업이나 농부들의 삶에는 거의 응용되지 않았다. 일명 청동기 시대는 사실 돌, 나무, 뼈가 여전히 지배하고 있는 시대에 조금 접붙여진 것에 불과했다." 철은 "칼이나 도끼, 쟁기 등에 응용됨으로써 …… 농부와 가정주부의 세계에 영향을 미친" 진정한 최초의 금속이었다.[150]

지중해 세계에서 청동기 시대는 갑작스럽게 막을 내렸고 기원전 1000년경에 철기 시대가 시작되었다. 이런 변화는 철 제련이 발견된 결과로 나타났다고 생각하기 쉽다. 철은 청동보다 더 풍부하고 도구나 무기를 만드는 재료로서도 더 우수하기 때문이다. 그러나 실은 그렇지 않다. 청동기 시대가 중단된 이유는 청동을 만들기 위해서는 주석이 필요한데, 널리 퍼진 정치적 소요로 인해 이전까지 잘 이뤄지던 주석의 공급이 갑자기 끊어졌기 때문이다. 주석이 어디서 처음 나왔는지는 고고학의 최대 수수께끼 가운데 하나이다. 우리가 아는 것이라고는 기원전 3000년에서 1000년 사이에 엄청난 양의 주석이 서아시아와 지중해 동부로 수입되고 있었다는 사실뿐이다.

고대 세계에는 광범위하고 상당히 안정된 무역 계약의 망이 확립돼 있었다.

서쪽으로는 스페인과 아마도 콘월 지방까지, 동쪽으로는 인도(어쩌면 더 멀리)까지 펼쳐진 이러한 경로들은 초기의 문명 중심지들에서 많이 필요했던 주석을 공급하는 주요 동맥이었다.[151]

청동기 시대가 이러한 상업 활동에 입각해 있었다는 사실은 과학사의 사회적·집단적 성격을 시사하는 또 하나의 근거이다. 무거운 주석 화물을 먼 거리에서 실어 나른 수많은 무역상들의 고된 노동이 없었다면 실험적으로 만들어진 청동은 진기한 흥밋거리 이상이 되지 못했을 것이다.

철광석에서 철을 만들어 내는 기법은 청동기 시대가 갑작스럽게 종말을 고하기 훨씬 전부터 이미 알려져 있었으나, 아직 방법이 조악했고 만들어진 철도 분명 청동보다 질이 떨어졌다. 철은 이류의 재료로 여겨졌다. 그러나 청동을 구할 수 없게 되자 금속 노동자들은 철을 이용할 수밖에 없게 되었고, 그래서 철의 품질을 향상시키는 방법을 찾으려는 실험이 이루어졌다. 철기 시대로 가는 길을 이끌었던 실험가들의 직업적 정체성은 확실하다. 그들은 "땀 흘리며 일하는 대장장이"들이었다.

제련된 철은 철광석을 촉매로 써서 구리 제련을 하다가 우연히 발견되었을 가능성이 가장 높다. 기록에 남아 있는 한 사례에서는 공작석과 산화철을 섞어 함께 가열했다. 공작석에는 "규사(硅砂)가 포함되어 있다. 철은 규소와 결합해 슬래그(slag, 광석을 제련해 금속을 뽑아낼 때 나오는 찌꺼기 — 옮긴이)를 형성하기 때문에 금속 구리를 얻을 수 있다." 동시에 "용광로의 가장 뜨거운 부분에 있는 철의 일부가 구리와 함께 환원되는 일도 간혹 생긴다."[152] 이러한 발견이 우연의 산물이었다고 말하는 것은 발견자들의 지식을 과소평가하는 것이다. 이런 발견이 계획적인 야금 과정에서 얻어졌다면 우연의 산물이라기보다는 뜻하지 않은 발견이라고 보는 게 온당할 것이다.

이렇게 얻은 철이 청동보다 질이 떨어진 이유는 철의 녹는점(섭씨 1537도)이 훨씬 높기 때문이었다. 청동기 시대의 용광로는 이 정도 온도에 도달할 수 없었다. 그 결과 "철이 철광석으로부터 환원될 수는 있었지만 슬래그와 뒤섞인 스펀지 같은 형태 — '괴철(bloom)'이라고 불리는 — 만이 얻어졌다. 이 괴철은 대장장이가 작업하는 원재료가 되었다." 대장장이는 반복적인 망치질을 통해 괴철에서 슬래그를 빼내어 연철(鍊鐵)을 만들었다. 연철로 만든 도구와 무기는 청동으로 만든 것보다 물렀고, 이 때문에 계속 사용하면 날이 빨리 무뎌졌다. 여기에 대해 로버트 레이먼드(Robert Raymond)는 이런 질문을 던진다.

> 그러나 철이 청동보다 그렇게 질이 떨어졌다면 고대 세계가 어떻게 그토록 광범위하고 단호하게 철로 전환할 수 있었겠는가? 어떻게 불과 몇 세기 만에 철이 일상생활의 사실상 모든 측면에서 청동을 대체하는 정도까지 갈 수 있었겠는가? 여기에 대한 답은 대장장이들이 철을 취급하면서 새로운 발견을 해냈고 그 결과 철의 성질 그 자체를 변화시켰기 때문이다.[153)]

고대로부터 전해 내려오는 진술에 따르면, 이 혁신가들은 오늘날 터키 남부와 시리아 북부에서 살고 있는 히타이트 족이었다고 한다. 그것이 사실이건 아니건 간에, 이 지역 전반에 걸친 대장장이들이 기원전 2000년기 말에 세 가지의 중요한 발견을 해낸 것은 분명하다. 첫째, 이들은 숯 용광로 안에서 괴철을 가열하는 특정 방법이 양질의 철을 만든다는 사실을 경험적으로 알아냈다. 사실 그들이 한 일은 철의 일부를 우리가 강철이라고 부르는 철과 탄소의 합금으로 만든 것이었다. 둘째, 대장장이들은 철을 불에서 곧장 꺼내 찬물에 집어넣으면 철의 질이 더욱 향상된다는 사실을 알아냈다. 그리고 셋째, 이들은 철을 찬물에 넣은 다음 잠깐 다시 가열했다가 식히면 — 흔히 담금질이라고 부르는 과정이다. — 철의 부서지기 쉬운 성질이 감소한다는 사실을 발견했다.

대장장이들은 불과 구전된 "비방" — 이를 통해 뒷 세대의 도제들에게 자신의 기술 비법들을 전수해 주었다. — 의 도움을 얻어 금속을 변형하고 향상시키는 절차를 실험적으로 이끌어 냈다. 이러한 절차에는 재료의 성질에 대한 풍부한 지식이 담겨 있었고 재료 과학에서 이후 일어난 모든 진보의 기반이 되었다. 연금술과 이후 화학의 뿌리가 초기의 금속 기술에 있었다는 데는 의문의 여지가 없다. 한 역사학자에 따르면, "현존하는 증거로 볼 때" 연금술은 "서아시아, 아마도 메소포타미아에 있던 숙달된 야금술사와 금속 노동자들 사이에서 등장했으며, 서쪽으로는 이집트와 그리스, 동쪽으로는 인도와 중국에 이르는 대상(隊商) 여행로를 따라 퍼져 나갔다." 이러한 전파의 세부 사항은 거의 기록으로 남아 있지 않기 때문에, 하나의 사례를 가지고 전체 과정을 유추해 볼 수밖에 없다.

> 기원전 6세기경부터 시리아에 있는 고대의 잊혀진 도시 하란에서 페르시아, 시리아, 그리스의 자연 철학은 서로 엄청나게 뒤섞이고 있었다. 하란의 사비교도 기술자는 야금술뿐 아니라 화학 물질들에 대한 초보적인 지식을 요구하는 다른 많은 활동들에도 숙달되어 있었다.[154]

농업

문자 이용, 숫자 이용, 도시, 금속 이용의 출현도 중요한 사건이긴 했지만, 이것들은 신석기 혁명의 부수적인 측면들이었다. 가장 혁명적인 혁신 — 그로부터 다른 모든 것들이 따라 나온 — 은 동식물을 길들인 것이었다. 체계적인 식량 생산은 잉여 식량을 낳았고, 이는 새로운 기술 및 관련 과학을 만들어 낸 기술 전문화의 경제적 토대가 되었다. 아울러 잉여 식량은 사회적·과학적 엘리트의 부상을 가능케 했다.

농업은 단지 자연 상태에서 발견되는 식물을 키워 수확하는 일이 아니다. 농업은 야생 식물 종을 길들여서 이를 인간의 필요에 맞게 설계된 **작물**로 변형시키는 과정을 필요로 한다. 요즘 슈퍼마켓에 가 보면 "천연 식품" 같은 선전 문구들을 흔히 볼 수 있지만, 우리가 먹는 식품 중 진짜로 천연 상태 그대로인 것은 거의 없다. 길들여진 작물들은 인간에 의해 만들어졌고 인간으로부터 벗어나서는 존재할 수 없다. 이런 작물들에는 "유전자 조작"이 너무나 많이 이뤄져 자기 힘으로는 번식도 할 수 없다. 옥수수 알갱이는 **인공물**이다. "옥수수는 인간이 그 낟알을 떼어 내어 다시 심어 주어야만 살아갈 수 있다."[155]

채식에서 농업으로의 전환은 인간의 사회생활에 극적인 변화를 가져왔다는 점에서 "혁명"으로 불린다. 그러나 이를 갑작스럽게 터진 변화로 생각하는 것은 오직 지질학적 시간 척도로 보았을 때만 가능할 터이다. 인간의 수명이라는 척도로 본다면, 이것은 수천 년까지는 아니더라도 수백 년에 걸쳐 점진적으로 일어난 과정이었음에 틀림없다. 변화의 첫발을 내디딘 시점은 채식인들이 야생 식물의 환경을 관리하기 시작했을 때였다. 이 시기는 식물을 길들이는 과도기적 단계였다. 수렵-채집인들을 "엄격하고 완고한 자연 환경에 자신들의 생활을 단지 맞추기만 하는 생태계의 수동적 참여자로 보아서는 안 된다. 이러한 사회들은 동식물 군락을 조작하는 실험을 적극적으로 끊임없이 수행해 왔다."[156]

농업 이전의 부족들이 어떻게 경관을 "길들일" 수 있었는지를 보여 주는 사례로 캘리포니아의 쿠메야이 원주민의 예를 보도록 하자.

해안의 모래톱과 늪지에서 범람원(강이 범람하면 물에 잠기는 땅 — 옮긴이), 계곡, 구릉 지대를 거쳐, 고산 지역의 사막에 이르기까지, 쿠메야이 족은 다양한 식용, 약용 식물들을 실험적으로 재배해 왔다. 이들은 고지대에 먹을 수 있는 견과류가 달리는 야생 떡갈나무와 소나무 숲을 만들었고, 사막 야자나무와 메스키트(콩과 관목 식물 — 옮긴이)처럼 사막에서 잘 견디는 종들을 해안에 심었다. 또 다양한 소규모 서식지에 용설란속, 유카속 식물, 야생 포도를 심었으며, 마을 주변에는 선인장 같은 다육 식물들을 잘라내 심었다. 수확을 늘리기 위해 작은 숲이나 다른 야생 종의 군락을 조심스럽게 불태우기도 했고, 키 작은 떡갈나무 덤불을 정기적으로 불태워 사슴이 먹을 수 있는 연한 잎을 얻었다. 초여름에는 오늘날 멸종된 야생 곡물의 씨를 줄기에서 손으로 떼어 내는 방식으로 많이 수확했으며, 이어 남아 있는 줄기들을 불태우고 수확한 씨 일부를 불탄 지역에 널리 뿌렸다.[157]

동식물을 길들이기 시작한 이후에도 초창기의 농부들은 오랫동안 야생 식물을 채집하고 야생 동물을 사냥하는 데 계속 의존했다. 따라서 동식물을 길들이는 데 기초를 제공한 지식은 채식인들이 익숙한 야생 종들에 대한 경험에서 유래한 것이 분명하다. 재러드 다이아몬드에 따르면 "그런 사람들은 자연사 분야의 만물박사였다. …… 그들은 (자신의 지역 언어로) 1,000여 종에 달하는 동식물 종의 명칭을 알고 있었고, 이런 종들의 생물학적 특성, 분포, 가능한 쓰임새에 대한 상세한 지식도 갖고 있었다."[158] 자연에 대해 그들이 축적한 깊이 있는 지식 — "채집인 여성"을 전면에 내세운 — 은 현대 농업 과학의 직접적인 선조였다.

그런 지식은 하나의 우수한 선사 시대 부족에게 국한된 것이 아니었다. 농업은 어느 한 곳에서 유래해서 이후 전 세계 다른 곳으로 퍼져 나간 것이 아니다. 고고학적 기록에 따르면 식물을 길들인 것은 1만 년 전쯤 서

아시아 지역에서 처음 일어난 일이었고, 동물을 길들인 것(개는 특별한 경우로 보아 제외한다.)은 그보다 1,000년쯤 뒤에 일어났다. 그러나 유사한 과정은 중국, 아메리카 대륙, 사하라 이남 아프리카에서도 독립적으로 일어났고, 모두 합치면 그런 장소가 적어도 일곱 군데는 되었다. 최근 뉴기니의 고지대에서도 1만 년 전쯤에 작물을 재배한 증거가 발견되어 이 목록에 추가되었다.[159]

앞에서 "유전자 조작"이라는 어구에 인용 부호를 달았던 이유는, 유전자가 생물의 유전 단위로 밝혀지기 전에는 이런 단어가 사용되지 않았기 때문이다. 그러나 식물과 동물을 길들이는 것은 본질적으로 유전 물질을 조작하는 일이다. 그런 의미에서 보면 농업을 시작한 채식인들이 사실상 유전 공학을 실행하고 있었다는 말이 썩 부당해 보이지는 않는다.

이것은 얼마나 의식적인 과정이었을까? 사람들은 밀이나 옥수수 같은 작물을 의도적으로 만들어 냈을까, 아니면 일련의 우연한 발견들이 빚어낸 결과일까? 최초의 단계들은 식물들이 다윈의 자연 선택의 원리에 따라 인간과 공생 관계로 진화해 나가면서 스스로 이뤄 낸 것이 분명하다. 그러나 식물이 야생에서 살아남을 수 있는 능력을 박탈하는 과정은 자연적으로 이뤄졌을 리가 없다. 이것을 위해서는 **인공적인** 선택이 필요했다. "인간이 미리 마련해 둔 땅에서 종자를 수확, 저장, 파종하는 식으로 특정한 종 일부 개체들의 생식 주기를 통제했을 때, 그들은 이런 식물이 분리되어 사는 평행 세계를 만들어 낸 셈이었다."[160]

동물을 길들인 것은 처음부터 훨씬 더 의식적인 과정이었다. 인간들은 야생 식물 종에 둘러싸여 있어 "의도치 않게 이런 식물들과의 장기적 관계에 끌려들어 갔지만 …… 야생 포유류는 인간의 존재를 참아 내지 못한다. 다 자란 야생 동물이 정상적으로 보이는 회피 행동을 변화시키기 위해서는 (어린 동물을 잡아 가둬 놓고 키우는 것 같은) 계획적이고 의도적인 인간 행동이 필요하다."[161] 과거에는 인간이 동물을 죽이는 데 집중했다면, 이들을 길들이는 것은 정반대로 동물을 살려 둘 것을 요구했다. 이것은 "복잡하고 새로운 지식의 영역 …… 동물들을 어떻게 유지 및 관리하고 번식시킬 것인가 하는 지식"을 창출해 냈다.[162]

인간이 식물을 길들인 것이 처음에는 매일매일의 생계 활동을 하다가 우연히 일어난 일이었다는 사실은, 태초에 있었던 것이 (말이 아니라) **행위**임을 다시 한번 보여 준다. 그러나 채식인들은 점차 자신들이 이용할 수 있는 모든 종들로 의도적인 실험을 해서 식물 재배의 길을 닦았다. 이 과정에서 채식인들은 꽃을 피우는 수십만 종의 야생 식물 가운데 자신의 목적을 더 잘 충족시키도록 변화시킬 수 있는 극소수의 종들을 발견했다. 그들은 이 작업을 놀라우리만치 훌륭하게 해냈다. 재러드 다이아몬드가 지적했듯이, 최초의 농부들은 "지역 식물들에 대해서는 몇 안 되는 오늘날의 전문 식물학자들을 뺀 그 누구보다도 훨씬 더 잘 알고 있었고 …… 유용한 야생 식물 종을 재배하는 데도 거의 실패하지 않았다." 뿐만 아니라 "근대 이후에 우리가 새로운 주요 식량 작물을 단 하나도 길들이지 못했음을 보면, 고대인들이 유용한 야생 식물들을 거의 모두 다 조사했고 길들일 만한 것들은 이미 모두 길들인 것이 아닌가 생각을 하게 된다."[163] 또 다른 저자는 아메리카 대륙의 토착 채식인들이 (농부로 변신하는 과정에서) 길들인 식량 작물의 목록을 이렇게 적고 있다.

> 토마토와 감자, 모든 호박 종자, 거의 모든 품종의 콩, 땅콩, 피칸, 히코리넛, 검은호두, 해바라기씨, 넌출월귤, 블루베리, 딸기, 단풍나무 시럽, 돼지감자(뚱딴지), 모든 후추, 선인장, 초콜렛, 바닐라, 올스파이스, 사사프라스나무, 아보카도, 야생 쌀, 고구마

이어 그는 “유럽 정착민들이 북아메리카로 오기 시작한 이후 400년 동안, 그들은 인디언들이 이미 재배하고 있지 않은 아메리카의 식물 가운데 길들이기에 적합한 것을 단 하나도 찾아내지 못했다.”고 썼다.[164] 식량은 아니지만 식물에서 난 중요한 산물로 고무, 면화, 담배를 목록에 덧붙일 수 있다.

아메리카 원주민들은 일단 이러한 식물들을 파악해 낸 뒤 이것을 “개량하는” 일에 착수했다. “원주민들이 세계 최대의 식물 품종 개량자였다는 사실에는 의심의 여지가 없다.”고 잭 웨더포드(Jack Weatherford)는 단언했다.[165] 그들이 옥수수를 개발해 낸 것은 “인간의 가장 놀라운 식물 품종 개량으로 남아 있다.” 콜럼버스 도착 이전에 부족들은 “오늘날 존재하는 주요 옥수수 품종 대부분을 길러 냈다. 적옥수수, 황옥수수, 사료용 옥수수, 감미종 옥수수, 마치종 옥수수, 경립종 옥수수, 연립종 옥수수, 유부종 옥수수, 폭립종 옥수수 등이 여기에 포함된다.”[166]

아메리카 원주민들의 유전 공학은 선사 시대의 서아시아나 그 외 다른 지역에서 이뤄진 것과 중요한 점에서 차이를 보인다.

> 전통적인 유럽의 작물들은 대부분 씨앗이 매우 작아서 농부가 미리 마련해 둔 땅에 손으로 한 움큼씩 쥐고 뿌리면 되었다. 반면 아메리카 원주민들은 옥수수의 경우 낟알을 땅에 박아 넣는 식으로만 파종할 수 있다는 사실을 알고 있었다. 원주민들은 자루에서 씨앗을 아무렇게나 한 움큼씩 꺼내 쥐고 뿌리는 대신 파종할 씨앗 하나하나를 선별했다. 이러한 씨앗의 선별 과정을 통해 원주민들은 자신들이 재배하는 각각의 작물에 대해 품종들을 수백 가지 개발할 수 있었다. …… 이러한 다양성은 원주민 농부들이 지닌 실용 유전학의 심오한 이해를 통해 발전했다. 옥수수를 키우려면 농부들은 꽃가루를 옥수수 수염 위에 떨어뜨리는 방식으로 각각의 식물을 수정시켜야 했다. 그들

은 한 옥수수 품종에서 꽃가루를 얻어 다른 품종의 수염에 수정시켜 부모 품종의 특성을 결합한 옥수수를 만들 수 있음을 알고 있었다. 오늘날 이 과정은 이종 교배라고 불리며, 과학자들은 이 과정이 작동하는 대체적인 이유를 이해하고 있다. 원주민 농부들은 여러 세대에 걸친 시행착오를 통해 이것을 발전시켰다.

"초기 원주민 농부들이 시행착오의 방법으로 만들어 놓은 다양성의 보고가 없다면 현대 과학은 출발할 수 있는 밑천을 갖지 못했을 것"이라고 웨더포드는 결론지었다.[167]

이보다 더욱 중요했던 것은 아메리카 원주민들의 식물 재배가 세계의 인구 성장에 미친 영향이다. "콜럼버스 이후 유럽 인구가 폭발한 데에는 신대륙에서 건너온 두 가지 작물, 즉 감자와 옥수수의 도입이 커다란 원동력이 되었다."[168] 유럽 식민지 개척자들이 아메리카 원주민의 식량에 얼마나 의존하게 되었는지는 "유럽인들의 북아메리카 정착을 기념하는 부활절 전통 만찬인 옥수수-콩-호박-넌출월귤-칠면조"가 상징적으로 보여 준다.[169] 뿐만 아니라 아메리카 원주민들이 재배하던 품종들은 "중국의 인구 폭발에도 상당 부분 기여했다. 오늘날 중국에 공급되는 식량의 3분의 1 이상이 신대륙에 기원을 둔 작물에서 나오기 때문이다."[170] 당신이 먹는 식품에 더 중요한 영향을 미친 것이 어느 쪽인지 한번 자문해 보라. 현대의 식물 유전학자들인가, 아니면 작물을 길들인 아메리카 원주민 같은 익명의 채식인들인가? 이건 경쟁이 되지 않는다. 한마디로 채식인들의 압승이다.[171]

아메리카 원주민들이 구아노(바닷새의 똥) 같은 비료를 이용해 지력을 회복시키려 했다는 점도 눈여겨볼 만하다. 유럽의 정복자들이 비료의 가치를 깨닫는 데는 그로부터 수백 년이 걸렸지만, 결국 이들도 비료를 사용하기 시작했다. "19세기 들어 유럽 농업이 구아노를 '발견'하면서 유럽에서는 현대적 농경이 시작되었다. …… 구아노의 시대는 현대 농업의 시발점이 되었고 이후 다른 자원들로 만들어진 인공 비료로 이어지는 길을 열었다."[172)]

아프리카의 농경: 노예화에 의한 "지식 이전"

아프리카는 아메리카 대륙의 유럽 식민지 개척자들에게 결정적으로 중요한 농경 지식을 제공한 또 다른 원천이었다. 이 과정은 종종 노예제를 매개로 "지식 이전"이 성취되었다는 식으로 점잖게 기술되고는 한다. "농장주들은 아프리카의 작물을 수입하지는 않았지만, 종종 노예들의 정원에서 탐나는 작물들을 발견했다. 흑인들은 이 작물에 대해 진정한 실험가들이었다."

> 대서양 노예 무역을 통해 흑인들은 아프리카의 식물들(참깨, 팥수수, 오크라 등)과 아프리카에 옮겨 심어진 아메리카 작물들(땅콩, 매운고추)을 그들이 노예로 일하던 땅으로 점차 이전시켰다. 노예들이 키우던 작물의 경우 백인들은 이를 판매할 수 있는 시장을 발견하기 전까지 그것의 용도를 찾아내지 못했다. 땅콩의 경우를 보면 이는 분명해진다. 흑인들은 종종 땅콩을 재배해 내다 팔았지만, 백인들은 유럽의 초콜렛 제조업자들이 자극성이 적은 기름을 얻기 위해 땅콩을 수입하기 전까지는 땅콩을 거의 주목하지 않았다.[173)]

아메리카 대륙에서 아프리카 작물의 존재는 흔히 "종자 이전"의 문제로 설명되어 왔다. 마치 땅에 있는 밭고랑 사이에 씨앗을 떨어뜨린 후 생산된 작물을 수확하기만 하면 되는 것처럼 말이다. 이런 구도가 적절치 못하다는 것은 미국에서 쌀 생산의 역사를 예로 들면 분명히 알 수 있다. 주디스 앤 카니(Judith Ann Carney)는 "벼농사에 대해 아프리카인들이 가진 지식이 캐롤라이나 경제의 근간을 …… 확립했다."고 설명했다.

> 벼 재배의 지식을 가진 노예들은 근본적인 역설을 경험해야 했다. 자신들의 전통적인 농업이 자본가들에 의해 대양을 가로질러 대규모로 거래되는 최초의 식량 상품으로 부상했는데도, 캐롤라이나와 조지아 범람원에서 그처럼 "창의적인" 작물을 찾아낸 데 대한 공로는 자본가들이 모조리 차지하는 광경을 목도했기 때문이다.[174)]

쌀은 아프리카 기원이 아니라 아시아의 작물로 흔히 생각되지만, 실은 양 대륙에서 독자적으로 생겨났다. 자연에 존재하는 스무 가지가 넘는 쌀의 종 가운데 오직 두 가지만이 길들여졌다. 아시아의 오리자 사티바(*Oryza sativa*)와 아프리카의 오리자 글라베리마(*Oryza glaberrima*)가 그것이다. 수천 년 전에 사하라 사막 주변 사바나에 사는 부족들이 후자를 발견했고, 이 종이 습지에서도 잘 자란다는 사실을 알아내 "세계에서 가장 창의적인 경작 체계 중 하나"를 만들어 냈다. 오리자 글라베리마는 "세네갈에서 남쪽으로는 라이베리아, 내륙 쪽으로는 1,600킬로미터 이상 떨어진 차드 호숫가에 이르는 광대한 지역에서" 재배되었다.[175)]

아메리카 대륙에서 아프리카 쌀을 재배하는 핵심은 종자가 아니라 "완성된 습식 벼 재배의 특징을 이루는 정교한 지식"이었다. 미국 혁명 전후로 매년 2만 7000톤이 넘는 쌀을 수출하고 있었던 사우스캐롤라이나에서는 "서부 아프리카의 벼 재배 지역 출신 노예들이 농장주들에게 곡물을 재배하는 법을 가르쳤다." 그러나 이는 노예 소유주들이 아프리카

인들로부터 손쉽게 배워 스스로 응용할 수 있는 그런 지식이 아니었다. 이것은 "토착 지식 체계"로

> 벼 재배에 이미 익숙한 사람들이 있어야 했으며, 습지 환경에서 이 작물을 키우는 지식, 쌀을 수확한 뒤에 가루로 만드는 방법 등도 알아야 했다. 사우스캐롤라이나에서 이런 지식에 정통한 사람들은 서부 아프리카의 벼 재배 지역 출신인 캐롤라이나의 노예들뿐이었다. 따라서 쌀 경작의 기원을 찾으려면 아프리카인들에게 눈을 돌리지 않으면 안 된다.[176]

쌀의 경작에 필요한 자연에 대한 이해는 "여러 세대에 걸친 관찰과 시행착오를 거쳐 만들어진 문화적 지식의 보고였다." 서부 아프리카의 벼 재배자들은

> 토지의 경사도, 토양의 주성분, 토양 내 수분상(moisture regime), 수경 농법, 수문학, 조수 간만의 변동, 물을 관개용으로 모으고 그 흐름을 통제하는 기작 등에 대한 정확한 지식이 있었다. 그 결과 아시아에서 이뤄지는 것에 비해 좀 더 다양한 관리 방식과, 미세 환경의 토양과 물 변수에서 좀 더 세밀하고 미묘한 차이를 지닌 다양한 쌀 생산 지대가 나타났다.[177]

사우스캐롤라이나의 플랜테이션 농장주들은 성공적인 쌀 플랜테이션을 이뤄 내기 위해서는 아프리카 노예면 아무나 되는 게 아니라는 사실을 알고 있었다. 농장주들은 벼 재배 지식을 갖춘 특정 부족 집단의 노예들을 적극적으로 사들였다. 이를 말해 주는 풍부한 문서 증거들이 신문 광고의 형태로 남아 있다.

찰스턴의 신문에 실린 한 광고는 "벼 재배에 대한 지식으로 높은 평가를 받는 윈드워드 해안(Windward Coast)과 쌀 해안(Rice Coast) 출신의" 노예 250명을 자랑스럽게 내세웠고, 1785년 7월 11일자에 실린 또 다른 광고는 "쌀을 경작하는 데 익숙한 윈드워드 해안과 황금 해안(Gold Coast)의 흑인들을 선별해 화물로 실은" 덴마크 선박의 도착을 알리고 있었다.[178]

따라서 사우스캐롤라이나로 수입된 노예들의 비율에서 이런 변화가 나타난 것은 우연의 일치가 아니었다.

세네갈, 감비아, 시에라리온의 쌀 경작 지역에서 (수입된 노예의 비율은) 1730년대의 12퍼센트에서 1749년에서 1765년 사이에는 54퍼센트로, 그리고 다시 1769년에서 1774년 사이에는 64퍼센트로 증가했다. 미국 혁명 즈음이 되면 이들 지역에서 온 노예들이 사우스캐롤라이나로 강제 이주된 이들의 대부분을 차지하게 되었다.[179]

서부 아프리카의 벼 재배는 "성별화된" 실천이었다. "대서양 노예 무역 초창기부터 유럽인들은 아프리카의 쌀 경작에서 여성이 결정적인 역할을 한다는 사실을 알고 있었다." 종자의 선별은 "여성들의 책임"이었는데, 이것은 다음과 같은 사실을 시사한다. "쌀을 길들이는 과정을 시작한 것은 아마도 여성들이었을 것이다. 단지 가루를 만들고 요리하는 데 적합하다는 이유로 수많은 품종들이 선별되었다는 점은 여성들이 전통적으로 식물 품종 개량자의 역할을 도맡았음을 입증한다." 뿐만 아니라 쌀가루를 만드는 과정은 "여성적 지식 체계"로 "캐롤라이나 쌀 경제 전체가 발전하는 데 없어서는 안 될 구실을 했다. 쌀을 가루로 만들지 못하면 작물을 수출할 수 없기 때문이었다." 노예 소유주들은 여성이 결정적인 지식을 지녔음을 알고 있었기 때문에, 사우스캐롤라이나에는 카리브해에 비해 실려 오는 노예들 중 여성의 비율이 높았고, "사우스캐롤라이나로 가는 여자 노예들은 다른 플랜테이션 경제들보다 더 높은 가격을 받았다."[180]

역사학자들은 전통적으로 아프리카인들이 자연에 대해 지닌 이 중요한 지식을 무시해 왔다. 카니는 이렇게 썼다.

> 시간이 흐르면서 캐롤라이나의 쌀 경작에서 아프리카인들의 창의성은 유럽인들의 것으로 돌려졌다. 아프리카인들이 다양한 습지 환경 하에서 독창적인 관개 쌀 경작 체계를 발전시킨 공로는 아프리카에서 그들을 노예로 삼았던 포르투갈인들과 캐롤라이나의 쌀 경작지를 만들면서 그들에게 의지했던 영국인과 프랑스인 노예 소유주들에게 돌아갔다. 농장주들의 회고록은 선조들이 발명해 낸 훌륭한 경작 체계를 찬양했다. 그리고 기니 해안(Guinea Coast)에서 온 "야만인"들은 빛나는 지식을 가지고도 단순한 하인으로 격하되었다.[181]

카니는 다음과 같이 결론짓는다. "과학적 인종주의와 식민주의의 시대에 아프리카인들이 쌀 경작 체계에서 이룬 업적을 부인한 것은 권력 관계가 역사의 생산에 어떻게 개입하는지를 보여 주는 놀라운 사례를 제공한다."[182]

캐롤라이나의 벼 재배자들이 처음에 노예들의 지식에 의지했음에도, "18세기 중엽이 되면 쌀 농장은 점차 가혹한 노동 착취를 강요하는 사탕수수 농장을 닮게 되었다."[183] 그 결과 노예들이 지녔던 자연에 대한 지식은 도둑맞았고, 그들을 노예로 삼은 사회 체계를 유지하는 하나의 수단이 되어 그들에게 적대적으로 변했다.

의료, 약물, 민속 식물학

초기 인류가 식물학적 지식을 축적하도록 한 일차적인 동기는 식량 탐색이기는 했지만, 그것이 유일한 동기는 아니었다. 자연 선택의 결과 식물들은 동물을 끌어들이거나 쫓아 버리는 강력한 화학 물질들을 폭넓게 갖추게 되었는데, 채식인들은 이러한 화학 물질 중 일부가 몸의 병을 고치거나 완화시켜 준다는 점을 알게 되었다. 그들이 얻어 낸 지식은 오늘날까지도 우리에게 혜택을 주고 있다. "현대 의학은 전통적으로 쓰이던 약초에서 살리실산, 토근, 키니네, 코카인, 콜히친, 에페드린, 디기탈리스, 맥각, 그 외 다른 약물 같은 물질들을 얻었다."[184] 오늘날의 처방 의약품 중 4분의 1가량이 식물에서 유래했는데, 이들 대부분은 "원래 토착 부족들의 전통적 치료법과 민속 지식을 연구해 발견된 것이다."[185]

토착 부족들의 의료 지식 중 많은 부분은 스스로 민속 식물학자(ethnobotanist)라고 부르는 인류학 전문가들에 의해 기록되었다. 그들은 일차적으로 "치료사, 직조공, 조선공, 그 외 식물 이용의 다른 토착 전문가들을 인터뷰하는" 방법을 써서 자료를 수집한다. 가령 리처드 에반스 슐츠(Richard Evans Schultes)는 1940년대와 1950년대에 아마존 열대 우림에서 14년을 보내면서 "수많은 아마존 부족들과 함께 일을 했고, 그들이 사용하는 수십 종의 환각제와 수백 종의 의료용 식물 및 독성 식물들을 파악했다."[186] 오늘날 민속 식물학자들의 작업은 민중의 의학사에서 없어서는 안 되는 구실을 하고 있다. 그렇지만 문제의 과학 지식의 기원은 그들의 연구 대상인 토착 민속 치료사들이었음을 강조해 둘 필요가 있다.

과학사의 영웅 서사는 전통적으로 기원후 1세기에 살았던 두 명의 로마 저술가 플리니우스(Plinius)와 디오스코리데스(Dioscorides)를 고대 식물학의 "아버지"로, 18세기 스위스에 살았던 칼 폰 린네(Carl von Linné)를 근대 식물학의 "아버지"로 그려 냈다. 그러나 플리니우스와 디오스코리데스는 지식의 많은 부분을 리조토미(rhizotomi)에 기대고 있었다. 리조토미는 "의료에서 이름난 뿌리와 약초를 준비해 파는 것으로" 생계를 유지하는 부족을 가리킨다."[187] 린네 또한 북극권 위에 있는 라플란드로 여행해서 사미 족의 순록 치는 사람들이 식물에 대해 가진 지식을 얻어 내어 민속 식물학의 기반 위에 자신의 체계를 세웠다.[188] 여기서의 논점은 플리니우스, 디오스코리데스, 린네의 과학적 공헌을 깎아내리자는 것이 아니라, 그들의 업적이 다른 이들의 지식 위에 세워진 것임을 지적하고 그러한 다른 이들이 누구였는지를 최대한 파악해 보자는 것이다.

민속 식물학자들에 의하면 "토착 부족들은 종종 수백 세대에 걸쳐 주변 환경에 있는 식물들로 실험을 해서 생물학적 활성을 지닌 것들을 찾아냈다." 예를 들어 사모아 섬의 치료사들(대부분이 여성인)이 가진 식물학의 지식은 "놀라운 수준이다. 전형적인 치료사는 200종이 넘는 식물의 이름을 알고 있고, 180가지 이상의 질병 범주들을 파악하고 있으며, 100가지가 넘는 약을 조제할 수 있다."[189]

아메리카 원주민들의 기여는 이 분야에서도 눈여겨볼 만하다.[190] 그들이 식물에서 뽑아낸 "새로운 약제들의 풍부함은 현대 의학과 약학의 기초가 되었다." 콜럼버스 이후 시대의 초기에 "유럽 의사들은 아메리카 원주민들이 세계에서 가장 정교한 제약 기술의 열쇠를 쥐고 있음을 깨달았다."[191] 세비야에서 활동한 16세기의 의사 니콜라스 모나르데스(Nicholas Monardes)는 "그들이 인도(콜럼버스는 자신이 발견한 것이 새로운 대륙이 아니라 인도라고 믿었음을 상기하라. — 옮긴이)에서 가지고 들어온 모든 것이 의료의 기술과 효용에 도움을 주었다."면서 "그것이 없었다면 아무런 대책도 없었을 수많은 질병들을 치료해 주었다."는 찬사를 보냈다.[192]

그러나 대체로 아메리카 원주민들의 의료 지식은 서구의 주류 의료 속으로 곧장 들어가지는 못했다. 지식의 이전을 매개한 것은 백인 민속 치료사들이었다. 엘리트 의사들이 초기에 토착 의료를 거부했던 반면, 일반인 민속 치료사들은 이것을 이용해 그 치료 가치를 입증해 보였고 결국 토착 의료가 이후 점차 받아들여지는 계기를 마련했다. 순회 "인디언" 의료가 인기를 누렸다는 사실은 아메리카의 초기 대중문화에서 원주민들의 치료법을 높이 평가했음을 보여 준다.[193]

키니네의 역사

일찍이 이뤄진 중요한 발견 중 하나는 케추아 족(페루 인디언)이 열병을 치료할 때 쓰는 전통적인 치료법이 말라리아 치료에 효과가 있다는 것이었다. 말라리아는 유럽인들이 신대륙으로 가지고 들어온 질병이었다. 키니네라는 이 치료제는 페루의 산악 우림 지역에서 자라는 기나나무 껍질로 만든 것이었다. 키니네는 매우 쓰기 때문에 갈아서 가루로 만든 껍질을 설탕물에 녹여 "토닉 워터"를 만들어 먹을 때가 많았다.

웨더포드에 따르면 "키니네의 도입은 근대 약학의 출발점을 의미한다."[194] 이것은 또한 지식 약탈의 패턴을 보여 주는 사례이기도 하다. "키니네는 유럽인들에게 너무나 귀중한 것이 되었기 때문에 원주민들이 사용하도록 내버려 두어서는 안 되었다. 백인들은 키니네를 독점해 유럽에서 말라리아를 근절하는 데 이용했던 반면 원주민들은 이 질병으로 죽어가도록 내버려 두었고, 이 병은 곧 아메리카 대륙 열대 지방의 새로운 풍토병으로 자리 잡았다."[195]

나중에 "아프리카가 더 이상 백인들의 무덤이 되지 않게 해 준 으뜸가는 이유"가 된 키니네는 유럽인들이 아프리카 대륙을 식민화하는 수단이 되기도 했다. "가령 1874년에 키니네 처방을 받은 2,500명의 영국 군인들은 대서양으로부터 서부 아프리카의 아산테 제국에 이르는 먼 길을 심각한 인명 손실 없이 진군할 수 있었다. 키니네로 무장한 프랑스인들은 알제리에 대규모로 정착하기 시작했다." 키니네의 효능 덕분에 "식민지 개척자들은 황금 해안, 나이지리아, 그 외 서부 아프리카의 다른 지역들에 몰려들어 비옥한 농토를 차지하고 새로운 가축과 작물을 도입했으며, 도로와 철도를 건설하고, 원주민들을 광산으로 몰아넣고, 화폐 경제를 도입해서 전통적 생활 양식을 혼란으로 몰아넣을 새로운 기회를 잡았다."[196]

키니네가 가진 중요성은 그것의 원천을 장악하려는 국제적인 노력의 역사에 반영되어 있다.[197] 17세기에 페루의 예수회 성직자들은 "페루 나무껍질"이라고 부르던 것의 치료 효능을 알게 되어 이것을 로마로 가져갔고, 이로부터 키니네의 명성이 전 유럽으로 퍼졌다. 19세기에는 매년 수백 톤의 기나나무 껍질이 유럽으로 수송되었다. 페루와 이웃 국가의 정부들은 이 귀중한 자원을 계속 독점하려 애썼다. 그들은 기나나무 종자나 묘목의 수출을 법으로 금지했는데, 이러한 조치가 기나나무의 밀수출을 더욱 자극했음은 두말할 나위도 없다. 1852년에는 자바 섬의 한 네덜란드인 식민지 개척자가 남아메리카로 비밀리에 여행을 떠나 부패한 관리에게 뇌물을 먹이고 기나나무 종자를 다량으로 얻어 냈다. 이 도둑질을 한 사람에게 네덜란드 정부는 기사 작위를 수여했다. 그러나 그가 빼내 온 종자에서 자란 나무들은 키니네를 생산하는 능력이 떨어지는 품종인 것으로 드러났고, 이 때문에 밀수출 노력은 계속되었다.

1861년에 한 오스트레일리아 사람이 효능이 뛰어난 기나나무 종자를 마누엘 잉크라라는 이름의 아이마라 족 원주민에게서 사들인 후 볼리비아 바깥으로 반출했다. 이 범죄가 밝혀지자 볼리비아 정부는 잉크라를 체포했고, 그는 고문을 받다가 죽었다. 하지만 오스트레일리아 밀수꾼은 불행히도 잠재적 구매자들에게 자신의 밀수품이 진짜임을 설득하는 데 실패했고, 결국 종자 1파운드(약 450그램)를 네덜란드 정부에 단돈 20달러(!)를 받고 팔아넘겼다. 네덜란드에게 "이것은 역사상 가장 가치 있는 20달러어치 투자였다고 할 만하다. …… 1930년에 이르면 자바 섬의 네덜란드 플랜테이션은 기나나무 껍질 1만 톤을 생산해 전 세계 키니네 생산량의 97퍼센트를 차지했다."[198]

제2차 세계 대전 초기에 독일이 네덜란드를 침략하고 일본이 인도네시아와 필리핀을 점령하면서 연합국들은 키니네 공급선을 잃었다. 그러나 필리핀이 함락당하기 전에 미국은 400만 개의 기나나무 씨앗을 메릴랜드로 수송할 수 있었고 그곳에서 싹이 튼 씨앗들은 다시 코스타리카로 옮겨 심어졌다. 그러나 이것은 때늦은 조처였다.

> 아프리카와 남태평양에서 미군 60만 명 이상이 말라리아에 걸렸고 평균 사망률은 10퍼센트였다. 일본군의 총탄에 죽은 것보다 더 많은 미군 병사가 말라리아로 사망하면서 **기나나무** 껍질의 부족은 즉각 심각한 국가 안보상의 문제가 되었다.[199]

전시의 비상 사태는 미국이 암시장에서 키니네를 사들이면서 부분적으로 해소되었고, 1937년에 처음 합성된 클로로키니네 같은 합성약이 개발되면서 다시 부분적으로 해소되었다. 합성약은 말라리아 치료에 쓸모가 있는 것으로 밝혀졌지만, "특정한 심장 부정맥을 치료하는 데 키니네가 갖는 효용 때문에 …… 이 나무껍질은 …… 이후로도 오랫동안 중요한 필수품 식물로 남게 되었다."[200]

종기, 괴혈병, 변비, 그 외 다른 증상들

키니네는 세상의 약학 지식을 풍부하게 만들어 준 아메리카 원주민의 수많은 중요 발견들 가운데 하나에 불과했다. 잉카인들은 코카인의 원료인 코카 잎을 마취제로 사용하기도 했고, 요오드가 풍부한 말린 해초를 종기를 방지하는 예방약으로 쓰기도 했다.[201] 유럽인들과 접촉했을 무렵 잉카 사회는 정교한 문명을 발전시켜 놓고 있었지만, 잉카인들이 지닌 의료 지식은 훨씬 오래된 전통에서 유래한 것이었다. 이 지식은 "국가가 지정한 약초 수집가들"과 "광물 약제와 말린 약초 꾸러미를 가지고 나라 전체를 다니는" 떠돌이 약종상의 영역으로 계속 남아 있었다.[202]

잉카 문명이 "아메리카 원주민 문명 중에서 의료가 가장 고도로 발달"했다고 여겨지기는 했지만, 아즈텍인들과 그 외 다른 멕시코 원주민들도 1,200여 종의 의료용 약초를 이용한 것으로 알려져 있으며, "북아메리카의 원주민 부족들 역시 이와 유사하지만 가짓수가 다소 적은 약물을 보유하고 있었다."[203]

> 캘리포니아 북부와 오리건의 원주민들은 현대 의학에서 가장 널리 쓰이는 하제(下劑, 설사제)를 제공했다. 그들은 람누스 푸르스히아나(갈매나무류의 일종으로 설사약인 카스카라사그라다의 원료가 된다. — 옮긴이) 관목의 껍질을 변비 치료제로 썼는데, …… 이것은 1878년에 미국의 제약 산업이 처음 출시한 이후 전 세계로 퍼져 세계적으로 가장 널리 쓰이는 하제가 되었다.[204]

괴혈병에 대한 치료법을 서로 다른 문화들 간에 비교해 보면 흥미로운 시사점을 얻을 수 있다. 괴혈병은 비타민 C의 부족 때문에 일어나는 치명적인 질병이다. 이 병은 흔히 "선원병"으로 불리곤 했는데, 과일과 야채가 부족한 식사 때문에 뱃사람들이 이 질병에 특히 취약했기 때문이다. 1535년에 캐나다 탐험에 나선 자크 카르티에 원정대가 괴혈병의 공격을 받았을 때 선원 중 25명이 사망했고 또 다른 40명은 죽음 일보 직전까지 몰렸다. 카르티에는 불과 10~12일 전만 해도 동일한 증상으로 매우 아프던 휴런 족 원주민 한 명이 완전히 건강을 회복한 것을 보았고, 돔 아가야라는 이름의 그 남자(이전에 카르티에가 납치해 길잡이 노릇을 강요했던 원주민 중 한 명)에게 어떻게 나았는지를 물었다. 카르티에의 일기 — 그는 자신을 "선장"이라 부르는 3인칭 호칭을 썼다. — 는 이렇게 적고 있다.

> 돔 아가야는 자신이 나뭇잎을 짜서 나온 즙과 여기서 남은 찌꺼기를 먹고 나았으며, 이것이 병을 고치는 유일한 방법이라고 답했다. 그러자 선장은 그에게 나뭇잎이 남은 게 있으면 보여 달라고 했다. …… 그래서 돔 아가야는 선장과 함께 두 명의 여자들을 보내 나뭇잎을 모아 오게 했고, 그들은 9~10개가량의 나뭇가지를 가지고 돌아왔다. 그들은 나무껍질과 잎을 갈아 물속에서 끓이는 방법을 보여 주었다. …… 선장은 즉시 병든 사람들을 위한 음용약을 준비하라고 지시했다. …… 병든 사람들은 이것을 마시자마자 몸이 좋아지는 것을 느꼈고 …… 두세 번 마신 후에는 건강과 활력을 회복해 이전에 걸렸던 모든 질병이 치유되었다. …… (이것)이 얻어 낸 결과는 정말 대단해서, 설사 루뱅과 몽펠리에의 모든 의사들이 알렉산드리아의 약을 모조리 챙겨 거기 있었다고 해도 이 나무가 8일 만에 해낸 일을 1년 걸려도 해내지 못했을 것이다. 이 나무는 우리에게 너무나도 큰 이득을 안겨 주었고 그것을 기꺼이 이용한 사람들은 모두 건강과 활력을 되찾았다.[205]

유럽 중심적인 의학사 기록에서는 괴혈병 치료법을 발견한 사람이 18세기 스코틀랜드의 해군 외과 의사 제임스 린드(James Lind)라고 적고 있다. 그러나 린드는 2세기 전 카르티에가 기록한 휴런 족 원주민의 치료법을 잘 알고 있었다. 그는 이렇게 썼다.

> 나는 카르티에가 남긴 아메다나무에 대한 설명에서 그 나무껍질과 잎사귀를 달여 만든 약을 먹고 선원들이 빠르게 회복되었다는 내용을 보고, 그 나무는 크고 습지에서 자라는 미국가문비나무였다고 믿게 되었다. …… 소나무와 전나무의 다양한 품종들도 …… 모두 유사한 의료상의 효과를 갖고 있으며 이 질병에 크게 효능을 보이는 듯하다.[206)]

이어 린드는 "당시 이 나라를 책임지고 있던 챔플레인 씨가 원주민들 사이에서 (아메다나무를) 찾아내라는 명령을 내렸고, 식민지 보호를 위해 이 나무를 준비하도록 했다."라고 덧붙였다.[207)]

민속 치료사의 과학

민속 전통이 의학 지식에 기여한 것은 아메리카 원주민 문화에만 고유한 현상이 아니다. 아스피린은 살리실산이라는 화학 물질에 바탕을 두고 있는데, 서로 떨어져 있는 전 세계 여러 지역의 민속 치료사들은 이 물질을 생산하는 식물들을 독립적으로 발견해 통증과 열을 치료하는 데 사용했다. 북아메리카 원주민들은 버드나무 껍질에서 이 약제를 찾아냈지만, 유럽인들은 목초지에서 자라는 약초에서 이것을 발견했다. 아마존 강 유역의 원주민과 아프리카의 사냥꾼들이 화살촉에 바르는 독에도 중요한 약물이 들어 있었다(근육이완제로 쓰이는 큐라레와 심장병 치료에 쓰이는 스트로판틴이 그것이다.).[208)]

또 다른 사례는 인도의 지역 주민들이 약으로 쓰던 식물에서 진정제인 레서핀이 유래한 것이다. 손꼽히는 민속 식물학자 두 명은 "레서핀의 발견을 어떻게 설명해야 할까?"라는 질문을 던졌다.

> 이 중요한 약물의 발견은 구조 화학이나 약학 같은 "견고한" 과학에 근거한 것인가, 아니면 전승과 전설에서 기원한 것인가? 실험실 과학자들은 레서핀이 뜻하지 않은 발견이라며 환호할지 모르지만, 한 가지 사실을 피해 갈 수는 없다. 토착 부족들이 사용하던 식물이 결국 세상에서 가장 중요한 약제 중 하나의 원천이 되었다는 사실 말이다.[209]

뿐만 아니라 아마존 열대 우림의 "시피보 족 사냥꾼이 동물에 독 묻은 화살을 쏘거나 타히티의 치료사가 아픈 아이에게 약초를 먹일 때마다 토착 전통의 유효성은 경험적 검증을 받고 있다. 토착 전통과 과학은 서구인들이 생각하는 것보다 인식론적으로 서로 더 가까운 것처럼 보인다."[210]

역사적으로 대단히 중요한 심장약 디기탈리스는 18세기의 영국인 의사 윌리엄 위더링(William Withering)이 발견한 것으로 흔히 알려져 있다. 그러나 1785년에 자신의 발견을 보고한 글에서 위더링은 "애초 내가 폭스글러브(디기탈리스류 식물)에 주목하게 만들었던" 사람은 민속 치료사였다고 언급하고 있다.

> 1775년에 수종(부종) 치료에 쓰이는 어떤 가족 처방에 대해 내 의견을 물어본 사람이 있었다. 내가 들은 바로는 슈롭셔의 한 나이 든 여자가 이 처방을 비밀로 해 왔는데, 그녀는 의사들이 대부분 치료에 실패했을 때도 때때로 병을 고쳤다는 것이었다.[211]

그 여성과 대화를 나누면서 그녀의 "처방"을 알아낸 후 위더링은 다음과 같이 적었다. "20여 가지에 달하는 성분들 중에서 효력을 가진 약초가 다름 아닌 폭스글러브라는 사실을 알아채는 것은, 이 주제에 밝은 사람이라면 그리 어렵지 않은 일이었다."[212] 위더링이 폭스글러브에 대해 이전에 알고 있던 지식 역시 민속 의료에 근거한 것이었다. 그는 거의 200년 전인 1597년에 존 제라드(John Gerard)가 출간한 영국의 민속 지식 일람을 보고 이 식물의 효능에 처음 주목하게 되었다.[213] 제라드가 쓴 식물지에 따르면 폭스글러브에서 수종을 치료하는 데 유용한 약제를 뽑아낼 수 있었다.

아울러 "영국에서 위더링이 디기탈리스를 발견하기 수백 년 전에 (아메리카 원주민들이) 아메리카 대륙에 자생하는 폭스글러브 품종을 강심제로 이미 사용해 왔다."는 점도 주목할 만하다.[214] 폭스글러브에서 뽑아낸 약물과 20세기에 그로부터 추출한 강심 배당체는 울혈성 심부전증 치료에 여전히 쓰이고 있다.

> 말린 폭스글러브 잎에서 디기톡신과 디곡신을 포함한 30종 이상의 강심 배당체가 분리되었다. 이러한 약물 중에서 상업적으로 합성된 것은 하나도 없다. 디기톡신과 디곡신은 지금도 말린 폭스글러브 잎에서 추출되고 있다. 전 세계적으로 매년 1,500킬로그램의 순수한 디곡신과 200킬로그램의 디기톡신이 수십만 명의 심장병 환자들에게 처방되고 있다.[215]

의도적 천연두 감염, 병원체 주입, 백신 접종

위더링과 동시대 인물인 에드워드 제너는 백신 접종을 통해 인류를 천연두라는 재앙으로부터 구한 위대한 의사라는 찬사를 줄곧 받아 왔다. 그러나 천연두 예방의 역사 — "질병 정복의 초기에 있었던 놀라운 사례" — 에는 특히 민속 전통이 풍부하다.[216] 18세기의 한 평자의 말을 빌면, "이 멋진 발명품이 처음 …… 발견된 것은 박식한 **학자들**에 의해서가 아니라 비천하고 거칠고 교양 없는 부류의 사람들에 의해서였다. …… 이 방법은 금세기 초 이전에는 **상류층** 사이에서 거의 쓰이지 않았다."[217]

아프리카와 아시아의 수많은 지역의 치료사들은 수 세기 동안 의도적 천연두 감염(variolation)이나 병원체 주입(inoculation)의 시술을 해 왔다. 다시 말해 이들은 천연두 환자의 종기에서 고름을 짜내 건강한 사람의 몸속에 집어넣었다.[218] 약하게 만든 천연두 바이러스를 맞은 사람은 보통 상대적으로 증상이 가볍고 치명적이지 않은 천연두에 걸렸고 이로써 이 병에 대해 평생 동안 면역을 얻었다. 제너가 도입했다고 하는 혁신은 우두에 감염된 사람으로부터 뽑아낸 체액을 주입하는 것이었다. 우두는 천연두와 연관된 질병으로 인간에게 훨씬 약한 증상을 일으키지만 역시 천연두에 대한 면역을 줄 수 있다(백신 접종[vaccination]이라는 단어의 어원은 *vacca*인데, 이 말은 라틴 어로 소를 뜻한다.).

천연두 예방법을 창안한 사람의 이름은 알 수 없지만, 이것을 북아메리카에 들여온 아프리카인의 이름은 알려져 있다. 유명한 청교도 전도사인 코튼 매서는 자신이 소유한 오네시무스라는 이름의 노예로부터 병원체 주입 기법을 배웠다(『코튼 매서: 미국 의료사상 최초의 중요 인물』이라는 책 제목은 오네시무스의 기여를 정당하게 인정해 주고 있지 않다.).[219] 1716년 7월 12일자 편지에서 매서는 잉글랜드에 있는 친구에게 이렇게 썼다.

> 확언하건대, 몇 달 전에 난 **유럽** 어딘가에서 병원체 주입의 방법으로 **천연두**를 치료했다는 말을 들었습니다. 내가 소유한 노예는 아프리카에서 그 방법을

시행하고 있다고 말해 주더군요. **오네시무스**라는 이름의 내 흑인 노예는 제법 똑똑한 친구인데, 이전에 **천연두**에 걸린 적이 있냐고 묻자 **맞기**도 하고 **틀리기**도 하다고 답했습니다. 그가 말하길, 자신은 어떤 시술을 받아 **천연두** 비슷한 것에 걸린 적이 있고 그래서 영원히 그 병에는 걸리지 않는다고 했습니다. 그는 이 방법이 **가라만테스**(아프리카 북부의 주민들 — 옮긴이) 사이에서 종종 쓰이고 있으며, 시술을 받을 용기가 있는 사람이면 전염의 공포에서 영영 자유로워진다고 덧붙였습니다. 그는 자신의 팔에 남아 있는 흉터를 보이면서 시술 방법을 내게 설명해 주었습니다.[220]

나중에 쓴 글에서 매서는 (글 여기저기에 자기식의 아프리카 방언을 섞어 가며) 이렇게 덧붙였다.

이후 나는 상당히 많은 **아프리카인**들이 어떤 한 가지 이야기에 모두 동의하는 것을 볼 수 있었다. 자기네 나라에서 **매우 많은** 사람들이 **천연두**로 죽었다는 것이었다. 그러나 이제 그들은 치료법을 배웠다고 했다. 천연두 액을 짜내어 피부에 상처를 내고 액을 떨어뜨리는 것이다. 그러면 곧 가볍게 **앓게** 되지만 천연두에 걸리는 사람은 아주 드물어졌고 아무도 천연두로 죽지 않게 되었다. 결국 불쌍한 사람들이 병든 양처럼 천연두로 죽어 나가던 **아프리카**에 자비로우신 하느님이 **확실한 예방책**을 가르쳐 주신 것이었다. 이것은 **널리 쓰이는 시술**이고, **계속해서 성공**을 거두고 있다.[221]

매서는 동료 시민들에게 병원체 주입의 이점을 설득하기 위한 선전에 나섰지만, 그의 노력은 격렬한 반대에 부딪쳤다. 이러한 저항이 완전히 불합리하지는 않았지만, 매서의 가장 노골적인 반대자들은 그가 아프리카인으로부터 아이디어를 얻었다고 조롱하면서 인종주의에 호소했다. "흑인들만큼 **거짓말을 밥 먹듯 하는** 인종은 지구상에서 찾아볼 수 없다."[222]
매서는 비판자들에게 토착 의료 지식의 입증된 가치를 상기시키는 방식으로 맞대응했다. "**아프리카 사람들**로부터 **천연두** 치료법을 배우는 것이 **인디언**들로부터 **방울뱀 독**의 해독법을 배우는 것보다 더 비난받아야 할 이유가 있는가?"[223]

병원체 주입 방법을 북아메리카에 들여오는 과정에서 아프리카 사람들에게 진 빚은 이내 잊혀졌지만, 1753년에 캐드왈라더 콜든(Cadwallader Colden)이라는 이름의 과학 애호가에 의해 다시 발견되었다. "이 시술은 …… 애초에 아프리카에서 유래했을 가능성이 높다." 당시 매서가 앞서 밝혔던 사실을 모르던 콜든은 계속 쓰기를,

> 나는 최근에 흑인들로부터 이것이 그들 나라에서는 흔한 시술이며, 그래서 노인이 이 병으로 죽는 일은 드물다는 말을 전해 들었다. …… 그렇게 많은 흑인들이 거의 100년 전부터 식민지 전역에서 살고 있었는데 이 사실이 어떻게 더 일찍 발견되지 못했는가 하는 반론도 나올 수 있을 것이다. 그러나 우리가 흑인들과 거의 대화를 나누지 않으며, 특히 이곳에서 태어나지 않은 흑인들과의 대화 빈도는 더욱 더 떨어진다는 점을 감안해 본다면, 이것은 썩 놀랄 만한 일은 못 된다.[224]

아프리카 노예들로부터 그렇게 얻어진 지식은 이내 그들에게 불리한 방향으로 전환되었다. 영국에서는 병원체 주입의 안전성을 시험하기 위한 소규모의 실험적 시도가 유죄 판결을 받은 죄수들에게 행해졌지만, 노예 무역은 훨씬 더 큰 비자발적 실험 대상들을 제공해 주었다. 그렇게 해서 병원체 주입의 효과가 확인되자 노예 무역상들은 이윤 극대화를 위해 노예들에게 정기적으로 접종을 했다. 면역을 가진 노예들은 좀 더 안

전한 투자로 여겨졌기 때문에 더 높은 값을 받을 수 있었다.[225)]

천연두 병원체 주입에 대한 지식은 또 다른 경로를 거쳐 유럽으로 전달되었다. 이번에는 아프리카 노예가 아니라 터키 출신의 농부 여인이었다. 전통적인 설명에서는 유럽의 귀족 여성인 메리 워틀리 몬태규(Mary Wortley Montagu)를 이야기의 주인공으로 만든다. 그렇지만 그녀가 1717년에 콘스탄티노플에서 보낸 편지를 보면 정당한 공로를 인정받아야 하는 인물이 누구인지를 알 수 있다.

> 우리들 사이에서 너무나 치명적이면서도 널리 퍼져 있는 **천연두**가 이곳에서는 그들이 **주입**(engrafting)이라고 부르는 것이 발명되면서 완전히 무해하게 되었습니다. 이곳에는 매년 가을 큰 더위가 지나가고 난 9월에 이 시술을 맡아서 해 주는 나이 든 여자들이 있습니다. …… 그들은 이 목적을 위해 모임을 엽니다. …… 그녀는 최상급 천연두 고름으로 가득 찬 그릇을 들고 와서 어느 쪽 정맥을 쨀 것인지 물어봅니다. 그리고는 즉시 정맥을 절개하고 바늘 끝에 올려놓을 수 있는 만큼의 (천연두) 고름을 정맥에 집어넣습니다.[226)]

병원체 주입은 노예와 유죄 판결을 받은 죄수들의 생명을 지켜 주었고, 이런 증거로부터 이것이 정당한 의료 절차로 널리 받아들여졌음을 알 수 있다. 그러나 의료 엘리트의 수중에 들어가자 병원체 주입은 오직 부유층만이 비용을 감당할 수 있는 값비싼 치료가 되어 버렸다. 소수의 사람들만이 병원체 주입을 받게 되면서 면역이 없는 대다수 사람들은 천연두에 감염될 위험이 사실상 더 커졌다(병원체를 주입받은 적이 있는 사람도 전염성 천연두에 감염되기는 한다. 하지만 그들 자신에게는 증상이 상대적으로 약하게 나타나는 데 비해, 그들이 다른 사람들에게 전파시킨 천연두는 독성이 강한 통상의 형태로 나타난다.). 이를 감안하면 아메리카에서 병원체 주입법이 계급에 기반을 둔 논쟁을 야기했다는 사실은 그리 놀랄 일이 못 된다. 부유층은 병원체 주입을 지지하는 경향을 보였던 반면, 덜 유복한 계층은 여기에 반대했다. 벤저민 프랭클린은 과학적 근거에서 병원체 주입을 옹호했지만, 그것이 수반하는 사회적 불공평을 알아차렸다. "**아메리카** 일부 지역에서 외과 의사를 통해 이 시술을 받는 데 드는 **비용**은 상당히 높다." 전형적인 노동자 가족에게 예방 접종을 하는 데는 "그 노동자가 감당할 수 있는 것보다 더 많은 돈이 든다." 1774년 필라델피아에서 천연두가 돌아 300명이 사망했을 때, 프랭클린은 "그들 대부분이 가난한 사람들의 자식이었다."라는 것을 알고서도 놀라지 않았다.[227)]

예방 접종이 노동 계급에까지 처음 확대된 것은 1777년에서 1778년 즈음이었다. 이 해에 조지 워싱턴(George Washington)은 "미국 역사상 최초의 대규모 국가 후원 예방 접종 캠페인"을 통해 대륙군(Continental Army, 미국 독립 전쟁 중 영국군에 대항하기 위해 만들어진, 미국 13개 식민지의 통일된 명령 체계를 가진 군대 — 옮긴이) 병사들에게 병원체 주입을 실시했다.[228)] 역사학자 엘리자베스 펜(Elizabeth Fenn)은 휘하 군대에 천연두 예방 접종을 시킨 워싱턴의 결정이 미국 혁명의 승리에 결정적인 역할을 했다는 설득력 있는 주장을 펼쳤다. 이것이 진실인 한 미국은 존재 자체를 오네시무스와 그 외 다른 아프리카인들이 전달해 준 의료 지식에 빚지고 있는 셈이다.

북아메리카에 주둔한 영국군에게 천연두는 대단한 위협이 못 되었다. 영국에서는 병원체 주입이 이전부터 광범위하게 실시되었기 때문이다. 몬태규 부인이 터키 농부들이 쓰던 방법에 대해 처음 보고했을 때의 반응은 신통치 않았다. "엘리트 의사들이 복잡하고 비용이 많이 드는 기법들을 개발했으리라는 점은 불 보듯 뻔하다." 그러나 1750년경에 결정적인 전기가 찾아왔다. "출신이 미천한 외과 의사" 가족인 로버트 서튼(Robert Sutton)과 그의 아들들이 "손쉽고 안전하며 값싼 방법을 고안해 내어 일반 대중에게도 병원체 주입을 할 수 있도록" 했기 때문이다.[229] 서튼이 도입한 주된 혁신은 병원체 주입 전에 방혈을 시키고 하제를 쓰던 부수 절차(의료적으로 아무 가치도 없는)를 그냥 없애 버린 것이었다. 상류층 의사들은 높은 시술비를 정당화하기 위해 이런 절차를 사용하고 있었다.

나중에 나온 백신 접종 기법은 병원체 주입보다 더 우수한 것으로 판명되었다. 대다수의 의학사학자들이 에드워드 제너가 이를 발명했다고 쓰고 있지만, 백신 접종의 원리는 사실 민속 의료 속에 깊숙이 뿌리를 두고 있었다. 무엇보다도 백신 접종은 병원체 주입의 절차를 약간 변형시킨 것에 불과한데, 지금까지 보았다시피 이 과정은 "박식한 **학자들**에 의해서가 아니라 비천하고 거칠고 교양 없는 사람들에 의해서" 창안되었다. 둘째로 영국의 농촌 사람들은 소젖 짜는 여자가 천연두에 좀처럼 걸리지 않는다는 사실을 오래전부터 알고 있었다. 제너 자신의 설명에 따르면, 그가 이 주제에 대해 가진 관심이

> **처음 생겨난** 것은 내가 시골에서 병원체 주입을 하러 왕진을 다닐 때 많은 사람들이 천연두 주입을 거부하는 것을 종종 보면서부터였다. 내가 알아낸 바로 이 환자들은 우두라는 병에 걸린 적이 있었다. 우두는 젖꼭지에 특정한 발진이 있는 소들의 젖을 짤 때 감염되었다. 사람들에게 물어본 결과 우두가 천연두를 예방해 준다는 막연한 견해는 **낙농업에 종사하는 사람들 사이에 아주 오래전부터** 널리 퍼져 있는 듯 보였다.[230]

병원체 주입 과정을 천연두 농포에서 추출한 것이 아니라 우두의 종기에서 뽑아낸 액을 주입하는 것으로 바꾸는 실험은 분명 시도해 볼 만했다. 그런 실험을 시도한 것은 제너가 처음이 아니었다. 사실 기록으로 남아 있는 최초의 백신 접종 사례는 의사가 아닌 평생을 소와 가까이 지냈

던 어떤 사람에 의해 이뤄졌다. 1774년에 도셋 북부의 예트민스터에 사는 벤저민 제스티라는 농부는 우두 고름을 부인인 엘리자베스와 두 아이에게 주입했다. 엘리자베스는 심하게 병을 앓았지만 살아남았고, 아이들은 아무런 나쁜 영향도 받지 않았다.[231] 제너가 처음으로 백신 접종을 한 것은 그로부터 20년 이상이 지난 1796년의 일이었다.

제너의 신화는 그가 우두 고름을 채취하고 있다고 생각했던 사람들 중 몇몇이 실제로는 천연두에 감염되어 있었는지도 모른다는 증거가 나오면서 또 한 번 치명타를 얻어맞았다. 만약 이것이 사실이라면 제너가 만든 백신은 부지불식간에 천연두 바이러스에 오염되어 있었는지도 모르며, 따라서 제너의 환자들은 우두에 의해 면역을 얻은 것이 아니라 약화된 형태의 천연두에 의해 면역을 얻었다는 말이 된다.[232] 이 사실은 결정적으로 입증할 수도 없지만, 동시에 확실하게 반박할 수도 없다. 이것은 곧 병원체 주입의 역사와 백신 접종의 역사 사이에 예리한 경계선을 그을 수 없다는 것을 의미한다.

기성 의료 체제가 우두와 천연두에 대한 제너의 생각에 퍼부은 경멸과 조롱은, 과학 엘리트가 보통 사람들의 지식에 마음을 닫음으로써 과학을 지체시키는 방식을 전형적으로 보여 준다. 제너는 농부들이나 소젖 짜는 여자들로부터 기꺼이 이야기를 듣고 배우려 했다는 점에서 동료들로부터 동떨어져 있었다. 1798년에 제너가 런던 왕립 학회에서 자신의 발견에 대해 발표할 기회를 달라고 요청하자, 왕립 학회 회장은 그에게 주의를 주었다. "학자 집단 앞에서 기존 지식과 너무나도 차이가 나는, 너무나 믿기 어려워 보이는 내용을 발표함으로써 자신의 명성을 위험에 빠뜨려서는 안 된다."는 것이었다.[233] 공로를 인정받기 위해 제너는 이런 위험을 감수했다.

결론

이 장에서 다룬 내용은 선사 시대 민중의 과학에 대한 포괄적인 서술이 못 된다. 이것을 위해서는 수많은 책들과 많은 학자들의 평생에 걸친 연구가 필요하다. 예를 들어 슈롭셔의 치료사가 부종에 처방한 20여 가지 성분 가운데 폭스글러브는 단지 하나에 불과하다. 다른 19가지는 무슨 작용을 하는 것일까?

이 장에서 나는 "시간의 시험을 견뎌 온" 지식에 초점을 맞춤으로써 선사 시대 사람들의 과학이 지닌 합리적 측면을 조명했지만, 그러한 과학의 일부를 이루는 미신적, 제의적, 우연적 측면들은 희생시켜야 했다. 그런 만큼, 이 주제에 대해 최종적인 결론을 내릴 생각은 없다. 내 좀 더 소박한 목표는 선사 시대의 지식과 근대 과학 사이 연속성이 존재하는 지점을 보여 주는 것이었다. 수렵-채집인이 주위의 자연 환경을 숙달한 것은 이후에 오래도록 영향을 남겼다. 그들의 관찰과 실험은 천문학, 식물학, 동물학, 광물학, 지리학, 해양학, 그 외 많은 다른 과학 분야들의 토대가 되었다.

마지막으로 과학의 선사 시대에 대한 탐구를 마무리지으면서, 인류학자 두 명의 말을 빌어 이 장의 제목에서 던진 질문에 대한 직접적인 답을 제시하고자 한다.

> 우리는 석기 시대 이후 능력이나 지적 탁월성에서 거의 혹은 전혀 얻은 것이 없다. 우리가 얻은 것은 모두 우리 지적 성취의 기록들이 축적된 결과이다. 우리는 서로의 등에 올라타 더 많이 알고 더 많이 이해하게 되었지만, 우리의 지능이 더 향상되지는 않았다. …… 더 이상 원시 시대의 삶이 더럽고, 야만적이고, 짧았다고 설명할 수 없는 것과 마찬가지로, 그 시대의 삶이 어리석고, 무지하고, 미신에 지배받았다고 설명할 수도 없다.[234)]

3장
그리스의 기적은 없었다

기원전 6세기에 그리스의 이오니아 식민지에서 합리적이면서 놀라울 정도로 세속적인 성격의 자연 철학 내지 과학이 일견 갑작스럽게 등장한 것을 두고 그동안 수많은 논의가 있었다. 역사학자들은 …… 이 현상을 "그리스의 기적"이라고 불러 왔다.

—마셜 클라겟(Marshall Clagett),

『고대 그리스 과학(*Greek Science in Antiquity*)』

우리가 알고 있는 과학을 발명한 것은 그리스인들이다.

—앨리스터 캐머런 크롬비(Alistair Cameron Crombie),

『아우구스티누스에서 갈릴레오까지(*Augustine to Galileo*)』

과학은 궁극적으로 그리스 철학의 유산에서 비롯된 것이다.

—찰스 길리스피(Charles Gillispie),

『객관성의 칼날(*The Edge of Objectivity*)』

고대의 물리 과학은 (기원전 600년경) 밀레토스의 탈레스에서 시작한다.

— 에두아르트 얀 데익스터하위스(Eduard Jan Dijksterhuis),

『세계상의 기계화(*The Mechanization of the World Picture*)』

우주의 무한성이라는 개념은, 다른 모든 것 혹은 다른 거의 모든 것과 마찬가지로, 물론 그리스인들에게서 유래했다.

— 알렉상드르 쿠아레(Alexandre Koyré),

『닫힌 세계에서 무한한 우주로(*From the Closed World to the Infinite Universe*)』

1957년에 알렉상드르 쿠아레는 확신에 차 단언하기를, "물론" "거의 모든 것"이 그리스인들에게서 유래했다고 썼다. 마치 어느 누구도 감히 의견을 달리하지 못하리라는 투였다. '그리스의 기적'이라는 교의에 따르면 고대의 그리스인들은 철학, 과학, 수학, 의료, 정치, 신학의 창조자이다. 요컨대 지적 가치가 있는 모든 것들의 창조자인 것이다. 그들은 이 일을 어떤 중요한 외부로부터의 영향 없이 스스로의 힘으로 해냈다. 고대를 연구하는 과학사학자 데이비드 핀그리(David Pingree)는 이런 태도에 "그리스 애호증(Hellenophilia)"이라는 딱지를 붙이면서, 이 개념의 정의 속에 다음과 같은 믿음을 포함시켰다.

다음 몇 가지 그릇된 가정들 중 하나가 참이라고 보는 것이다. 첫째는 그리스인들이 과학을 발명했다는 것이고, 둘째는 그들이 진리로 가는 길인 과학적 방법을 발견했으며 우리는 지금 그 길을 성공적으로 따라가고 있다는 것이다. 그리고 셋째는 진정한 과학은 오직 그리스에서 시작된 것뿐이라는 것이다.[1)]

핀그리는 1990년 이 글을 쓸 때, 이처럼 "전적으로 유해한" 해석이 그 시기를 다루는 과학사학자들 사이에서 부상하고 있다고 믿고 있었다. 내가 판단컨대 이것은 더 이상 사실이 아니다. 핀그리와 비슷한 생각을 가진 학자들의 노력에 힘입어, 오늘날에는 그리스 과학이 메소포타미아와 이집트에서 이전에 이뤄진 성취들에 입각한 것이며, 중국과 인도의 다른 고대 문화들도 과학 지식의 발달에 역시 중요한 기여를 했다는 점이 의심의 여지없이 받아들여지고 있다. 지금에 와서는 전문적인 과학사학자가 이 장의 첫머리에 나온 인용문들에서 보이는 노골적인 그리스 애호증을 드러낸다면 곧바로 조롱의 대상이 될 것이다.

"그러나 이런 소식이 아직 많은 분야들에 도달하지는 못했다."라고 한 논평가는 탄식했다. "학문적 업적과 대중의 의식 사이에는 괴리가 적나라하다."[2] 수많은 대중 과학 저술들은 계속해서 그리스 애호증을 전파하고 있다. 그러나 이것 역시 좀 더 나은 방향으로 변화하고 있는 것 같다. 주요 출판사들이 그리스의 기적이라는 관념에 도전하는 대중용 도서들을 펴내기 시작했기 때문이다.[3]

그리스의 기적이라는 그릇된 믿음을 폭로하는 데 특별한 공로를 인정받을 만한 저자를 한 사람 꼽는다면 마틴 버널(Martin Bernal)이 있다. 버널의 저작 『블랙 아테나(*Black Athena*)』는 그리스 문화의 아프리카·아시아 기원을 뒷받침하는 강력한 논거를 제시한다.[4] 이 책은 그리스 애호증에 사로잡힌 학자들 사이에서 그리 좋게 받아들여지지 않았지만,[5] 버널의 연구가 지닌 유효성은 비판자 중 한 사람이 마지못해 인정한 말에서도 엿볼 수 있다. "『블랙 아테나』는 성서 이래로 지중해 동부 세계를 다룬 고대사 책 가운데 가장 많은 논의가 이뤄진 책임에 분명하다."[6]

그리스의 기적은 과학의 민중사와 양립할 수 없다. 탈레스나 피타고라스 ― 그리고 누구보다도 플라톤과 아리스토텔레스 ― 같은 그리스의 개별 천재들을 떠받들면서 과학을 창조해 낸 공로를 그들에게 몽땅 넘겨줘 버리기 때문이다. 그러나 이 말은 새롭게 파악된 그리스 과학의 선조들 모두가 민중의 과학으로 간주될 수 있다는 의미는 아니다. 메소포타미아와 이집트의 초기 과학 발전 — 특히 천문학과 수학에서 — 을 조명한 학자들은 거의 예외 없이 그 공로를 지적 엘리트에게 돌렸다. 많은 이들이 "고대 수학과 천문학을 다룬 모든 역사학자들 중 가장 위대한 인물"이라고 생각하는 오토 노이게바우어(Otto Neugebauer)는 단언하기를, "고대 과학은 **극히 소수의 사람들**이 만들어 낸 산물이다."라고 했다.[7]

만약 미래의 연구자들이 노이게바우어의 단언을 이론의 여지가 없는 진실로 간주한다면 이것은 부끄러운 일일 것이다. 초창기 메소포타미아와 이집트의 천문학자 및 수학자들은 이름이 알려져 있지 않으며, 고고학적 증거는 그들이 어떤 사회 계급에 속했는지에 대해 막연한 통찰만을 제공할 뿐이다. 그들은 극히 소수였는가? 그들은 모두 남성들이었는가? 핀그리가 지적했듯이, "우리는 바빌론 사람들이 가졌던 달이나 행성 이론이 누구에 의해서, 언제, 어디서 발명되었는지 모르고 있다. 어떤 관찰이 사용되었는지, 또 어디서, 왜 기록이 이뤄졌는지도 알지 못한다."[8] 시간이 흐르면서 교육받은 엘리트가 바빌론의 수학과 천문학을 주도하게 된 것은 분명하지만, 앞으로 연구가 더 이뤄지면 고대 세계의 "정밀 과학"의 사회적 뿌리가 노이게바우어나 다른 이들이 지금까지 상상해 왔던 것보다 훨씬 더 복잡하다는 사실이 밝혀질 수도 있다.

그 이야기는 이정도로 접어 두고 이제 앞 장에서 지적했던 두 가지를 되짚어 보도록 하자. 첫째, 천문학과 수학의 기원은 메소포타미아, 이집트, 그 외 다른 곳의 문명이 시작된 시기보다 앞선다. 둘째, 좀 더 중요한 것으로, 자연에 대한 지식은 천문학과 수학보다 훨씬 많은 것을 의미한다. 한 역사학자는 이 두 과학 분야가 "메소포타미아와 이집트의 사제 서기들"에 의해 창조되었다고 가정하면서, 아울러 그 서기들은 "화학 기술, 야금술, 염색 등에 관한 지식은 거의 기록하지 않았다."고 썼다. "이것은 구전으로 자신들의 경험을 전수한 기술자들의 전통이라는 또 다른 흐름에 속한다."[9] 그러나

> 고대의 화학 이론을 다룬 저작이 전혀 남아 있지 않다고 해서 그런 이론이 존재하지 않았다는 결론을 끌어낼 수 있는 건 아니다. 공식적으로는 표현되지 않았을지 모르지만, 고대 화학자들은 자신들이 산화와 환원의 일반적인 원리들에 정통했고 황이나 염소 같은 비금속을 첨가하거나 제거할 수 있었음을 스스로 만들어 낸 산물을 통해 보여 주었다.[10]

다른 시기와 마찬가지로 고대 이전에도 글을 읽고 쓸 줄 모르는 장인들이 의심의 여지없이 자연 지식에 기여했지만, 문서로 기록되어 있지는 않다. "기술은 과학의 비옥한 토양이다."라고 벤저민 패링턴은 설명했다. "순수한 경험주의에서 과학적 경험주의로의 진보는 대단히 점진적이어서 거의 지각하기 힘들 정도이다." 거대한 피라미드가 건설되고 있던 기원전 3000년에서 2500년 사이에

> 이집트인들은 또한 농업, 목축업, 도기 제조, 유리 제조, 직조, 선박 건조, 그리고 온갖 종류의 목공 등으로 바쁜 시간을 보냈다. 이러한 기술 활동은 경험적 지식의 기반 위에 놓여 있었다. …… 이런 활동이 책으로 씌어지지 않고 전통에 따라 도제에게 전수되었다는 이유로 과학의 이름을 허락하지 않는 것은 전적으로 정당하지 못하다. 또한 금 세공, 직조, 도기 제조, 사냥, 어업, 항해, 바구니 제조, 곡물 경작, 아마 경작, 제빵과 맥주 제조, 포도 재배와 포도주 제조, 암석 절단과 연마, 목공, 가구 제조, 선박 제조, 그 외 사카라 귀족묘(기원전

2680년에서 2540년경)의 벽에 그토록 정확하게 묘사된 많은 다른 과정들과 관련된 기술적 문제들도 해결책을 필요로 했을 것임이 분명하다. 이 모든 기술들에는 과학의 맹아가 들어 있었다.[11]

고대 이집트 과학의 한 가지 중요한 측면에 관해서는 문서화된 증거도 존재한다. 외과 수술법에 관한 문헌의 일부 — 발견자의 이름을 따 '에드윈 스미스 파피루스'라고 불리는 — 가 우연히 남아 있어 우리에게 "(기원전) 4000년기까지 거슬러 올라가는 전통적인 지식 분야"를 어렴풋이나마 엿볼 수 있게 해 준다. 이 문서는 "정확하고 양도 상당한" 해부학 지식과 함께 "생리학 지식의 시초"를 보여 준다. 모든 점을 감안했을 때 이 문헌은 "오랜 관찰과 숙고의 전통이 빚어낸 결과로 볼 수밖에 없는 지식들"을 담고 있다. "그런 점에서 이것은 현대적 의미의 과학 문헌이다."[12]

그리스 과학을 직접 다루기 전에 그리스의 기적이라는 교의 자체의 역사를 먼저 살펴보도록 하자. 어떤 현상에 대해 가장 비과학적인 설명은 기적에 대한 믿음에 호소하는 것일 터이다. 고전기 그리스인들이 기원전 6세기에 난데없이 갑자기 등장했다는 명제를 받아들이려면, 이집트와 메소포타미아의 수준 높은 문명이 앞선 수천 년 동안 이미 존재했음에도, 그리스 문화는 이전 문명에 전혀 빚진 바가 없이 독자적으로 발전했다는 주장을 믿어야만 한다. 이처럼 그럴듯하지 않은 주장은 어디서, 왜 등장하게 되었고, 어떻게 유지되어 올 수 있었던 것일까?

코카서스인과 아리아인

언어학적 증거는 역사 시대에 유럽에 정주한 밝은 피부를 가진 사람들이 흑해와 카스피해 사이에 있는 코카서스 산맥에 살던 부족들에서 유래했음을 말해 준다. 백인들을 가리키는 "코카서스인"이라는 단어도 여기서 나온 것이다. 오늘날 언어학자들이 원시 인도-유럽 어라고 부르는 언어를 말했던 이 사람들은 선사 시대에 코카서스 산맥으로부터 사방으로 이주해 나갔다. 이들이 쓰던 언어는 오늘날 인도, 이란, 유럽에서 쓰이는 많은 언어들의 조상으로 간주된다.

고대의 코카서스인들을 가리키는 또 다른 이름은 아리아인이었다. 백인의 우월성을 뒷받침하는 일종의 기원 신화로서 그 이름을 둘러싸고 조성된 신비감은 나치 이데올로그들이 지배 인종의 관념을 그 위에서 발전시킨 기반이 되었다. 그러나 히틀러의 추종자들이 이 관념에 엄청난 불명예를 안겨 주기 이전에도 수백 년 동안이나 유럽의 학계는 인류의 과거에서 가치 있는 거의 모든 것들이 아리아인의 천재성의 산물이라는 주장을 당연하게 받아들이고 있었다. 이집트학의 선구자 중 한 사람인 제임스 헨리 브레스테드(James Henry Breasted)는 1926년까지도 이런 주장을 펼쳤다. "문명의 진화는 이 위대한 백인 인종이 성취해 낸 결과물이다."[13]

고대 이집트인이나 수메르인들이 아리아인이었다는 생각은 언어학적 분석의 결과 그들의 언어가 인도-유럽 어족의 일원이 아님이 밝혀지면서 모두 부정되었다. 심지어 그 이전에도 고대의 예술 작품을 통해 고대 이집트인이나 수메르인들의 피부가 유럽인들의 피부보다 더 검다는 사실은 분명히 밝혀져 있었다. 오늘날의 기준에 따르면 그들은 "유색 인종"으로 간주되었을 터였다. 이 사실을 설명하기 위한 한 가지 시도는 "그을음 명제"였는데, 그들은 사실 백인이었지만 햇빛에 자주 노출되어 검게 보이게 되었다는 주장이다.[14]

그러나 19세기 유럽 학자들이 문명의 뿌리가 아프리카-아시아에 있음을 부정하기 위해 고안했던 가장 중요한 책략은 이집트, 수메르, 셈 족의 기여를 최소화하고, 대신 그리스인들에게만 거의 전적으로 초점을 맞추는 것이었다. 이러한 생각에 따르면, 이집트, 수메르, 셈 족은 다분히 정적이고 따분한 문화를 이룬 반면, 문명의 융성에서 진정으로 가치 있는 발전들은 역동적이고 정교한 그리스인들의 작품이었다. 여기서 그리스인들은 인도-유럽 어족에 속하는 언어를 사용한다는 점에서 아리아인의 혈통을 물려받았다고 간주되었다. 여기에 더해 — 이것이 결정적으로 중요한 점인데 — 그리스인들은 자신들의 문화를 모두 스스로의 힘으로 발전시켰고 이전의 문명들로부터는 거의 아무런 도움을 받지 않았다는 주장이 제기되었다.

그리스인들은 그리스의 기적을 믿었는가?

그리스의 기적이라는 관념은 그리스인들 자신에게서 유래한 것이 아니다. 그와는 정반대로, 고대 그리스의 저자들은 거의 모두가 자신들의 문화는 이전 문명들(그중에서도 특히 이집트 문명)의 지혜와 성취에 뿌리를 두고 있다는 것을 당연하게 받아들였다. 이것은 흔한 생각이었고 전혀 논쟁적이지 않았다. "역사학의 아버지"로 불리는 기원전 5세기의 저자 헤로도토스(Herodotos)나 "의학의 아버지"로 불리는 히포크라테스(Hippocrates)도 이를 인정했고, 심지어는 플라톤이나 아리스토텔레스도 그러했다. 그리스인의 종교적 사고의 기원에 관해 헤로도토스는 다음과 같이 보았다.

> 신들의 이름은 거의 전부가 이집트에서 그리스로 전해졌다. 내가 조사한 바로는 그런 이름 모두가 외국에서 유래한 것임이 입증되었고, 판단컨대 이집트

가 가장 많은 수의 이름을 제공한 것 같다. (대부분의 이름들은) 이집트에서 태곳적부터 알려져 있던 것이다. …… 여기서 언급된 것들 외에도 그리스인들이 이집트에서 빌려 온 …… 수많은 다른 습속들이 있다.[15]

철학에서 플라톤의 라이벌이었던 웅변가 이소크라테스(Isocrates)는 피타고라스가 이집트에 갔다가 돌아오면서 "그리스인들에게 모든 철학을 가져다준 최초의 인물이 되었다."고 썼다.[16] 곧 살펴보겠지만 피타고라스가 그런 역할을 했다는 말을 문자 그대로 받아들여서는 안 된다. 여기에서 중요한 점은 그가 고전 고대 시기에 철학의 창조자가 아니라 전달자로 인식되었다는 사실이다.

그리스 애호가들이 과학의 창조자로 떠받드는 밀레토스의 탈레스(이 장 서두의 인용문을 보라.)는 해외에서 여러 해를 보내면서 고대 이집트인, 바빌로니아인, 페니키아인들의 지혜를 공부한 것으로 널리 알려져 있다. 일각에서는 그 자신이 페니키아 혈통을 물려받은 인물이라고 말하기도 한다.[17] 아리스토텔레스 같은 권위자의 말에 따르더라도 "산술의 기초는 이집트에서 만들어졌다."[18] 플라톤은 "산수, 계산, 기하, 천문학"의 발명뿐 아니라 "문자 사용의 발견"까지도 이집트인들의 지혜에 돌렸다.[19]

"기하학은 이집트에서 먼저 알려졌고 그곳에서 그리스로 전달되었다."고 헤로도토스는 단언했다.[20] 여기에 대해 기원후 1세기에 스트라본은 이렇게 논평했다.

기하학은 나일 강이 범람하면서 토지의 경계가 혼란스러워질 때 필요해진 토지 측량으로부터 발명되었다고들 한다. 이 과학은 이후 이집트인들로부터 그리스인들로 전달되었고, 천문학과 산수는 페니키아인들로부터 전달된 것으로 믿어지고 있다. 요즈음에는 철학의 모든 다른 분야들에서 가장 위대한 지

식의 보고는 이러한 (페니키아) 도시들(시돈과 티루스)에서 찾아야 한다.[21]

이러한 전통은 1,000년이 넘게 고대 저자들의 지지를 받았다. 기원후 5세기에 프로클루스(Proclus)는 "일반적으로 기하학의 발견지로 믿어지는 곳은 이집트"라는 주장을 반복했다.[22]

그럼 정치는 어떨까? 그리스 정치 사상에서 가장 잘 알려진 사례는 아마도 플라톤의 『국가론(*Republic*)』일 것이다. 기원전 4세기 말의 논평가 크란토르(Krantor)는 이렇게 기록하고 있다. "플라톤의 동시대 사람들은 그가 자신이 내세운 국가 정체를 발명한 것이 아니라 이집트의 제도를 베꼈을 뿐이라고 조롱했다."[23]

이상에서 제시한 인용문들이 고대 그리스가 신학, 철학, 수학, 과학, 정치를 이집트에서 배워 왔다는 사실을 입증해 주지는 못하지만, 적어도 그리스인들 자신이 그렇게 생각했다는 점은 분명하게 보여 준다. 이처럼 고대 그리스인들이 선조들에게 진 빚을 무시하거나 부인하지 않았다면, 그리스의 기적이라는 관념은 대체 어디에서 유래한 것일까?

그리스의 기적과 인종주의 이데올로기

그런 변화는 그로부터 2,000년이 넘게 흐른 뒤인 19세기에 나타났다. 카를 오트프리트 뮐러(Karl Otfried Müller)가 이끄는, 수는 적지만 영향력 있는 독일인 학자들은 고대 그리스의 저자들이 스스로 무슨 말을 하는지 몰랐다고 결론 내렸다. 그들이 외부로부터 영향을 받았다고 생각했던 전통은 단지 "신화"에 불과했다는 것이었다. 이런 사상은 괴팅겐 대학교에서 시작되었고, 그곳으로부터 독일 전역으로, 이어 영국, 프랑스, 미국으로 빠르게 확산되었다.[24] 이 19세기의 사례에서 우리는 나중에 유익한 것으로 판명된 과학이 아니라, 한때 과학으로 생각되었다가 이후 신용을 잃은 일단의 사상들을 보게 된다. 이것은 과학 민중사와 극히 관련이 높은데, 이런 그릇된 사상이 유색 인종에 속하는 사람들의 삶에 미친 엄청나게 부정적인 영향 때문에 그렇다.

그리스와 이전 문명들 간의 관계에 대한 괴팅겐 학자들의 사상을 이해하는 핵심은 그들의 "과학적 역사" 개념이다. 그들은 역사적 설명에서 으뜸가는 과학적 원리가 인종이라고 확신했고, 자신들이 "인종에 대한 과학적 법칙"을 찾았다고 믿었다. 이 법칙에 따르면, 오직 아리아인의 후손인 백인종만이 선진 문명을 만들어 낼 타고난 능력을 갖춘 존재였다. 흑인종은 인종의 등급에서 최하층에 위치하며 어떠한 문명도 만들어 낼 소질이 없었다. 이것은 다분히 다윈 이전 시기의 발상이었다. 백인들이 진화에서 좀 더 높은 단계를 나타냈다는 것이 아니라, 신이 창조한 원래의 인종은 순수한 코카서스인이었으며 다른 인종들은 퇴화한 형태라고 주장했다는 점에서 그렇다.

이러한 "인종 과학"은 승리감에 도취된 유럽 제국주의의 산물이었고, 유럽인들이 세계의 피부색이 짙은 민족들을 지배할 수 있는 "자연권"을 가졌음을 설명하는 유용한 이데올로기 구실을 했다. 아울러 강조해 두어야 할 것은 괴팅겐의 학자들이 과학을 그토록 찬양하고 자신들은 역사 탐구에서 순수한 과학성을 견지한다고 끊임없이 주장하면서도, 흑인들이 열등한 인종임을 뒷받침하는 과학적 증거를 제시하는 것은 불필요하다고 보았다는 사실이다. 흑인의 열등함은 그냥 자명한 것이었다.

더 나아가 아프리카 흑인들이 문명의 건설자였음을 보여 주는 증거들은 모두 거짓으로 취급되었고 다른 방식으로 설명되어야 했다. 흑인종의 열등함이라는 기본 공리에 반하는 것이었기 때문이다. 예를 들어 독일 탐험가들이 1871년에 대(大)짐바브웨(Great Zimbabwe)의 인상적인 유적에 도착했을 때, 처음에는 솔로몬 왕의 잃어버린 보고를 찾았다고 믿었다. 나중에 그런 설명을 더 이상 지탱할 수 없게 되자, 그들은 자신들이 목격한 것을 다른 외부인들이 목격한 것으로 돌려 버렸다. 가장 명백한 설명, 즉 이 정교한 구조물이 원주민 부족의 조상들에 의해 건설된 것이라는 설명은 우스꽝스러운 것으로 배제되었다. 유럽인들은 아프리카 흑인들이 그런 업적을 전혀 이뤄 낼 수 없다고 확신했기 때문이다.

이러한 이데올로기 속에서 인종적 순수성은 매우 중요한 개념이었다. 그리스인들은 가장 순수한 아리아인으로 생각되었고, 따라서 독일 민족의 직계 조상이었다. 그리스인들의 진취적이고 창의적이고 역동적이고 재기 넘치는 본질은 아리아 혈통의 순수한 성질 덕분으로 돌려졌다. 반면 고대 이집트인들은 흑인의 피가 상당히 섞인 잡종 인종으로 인식되었다. 이러한 전제로부터 이집트인들은 그리스 문명에 대해 어떤 가치 있는 기여도 할 수 없었다는 "과학적" 결론이 도출되었다. 이에 반대되는 증거는 모두 단숨에 기각되었다. "인종 과학"의 불가침 공리에 위배된다는 이유에서였다.

이러한 19세기 말~20세기 초 학자들의 인종주의 이데올로기가 지닌 또 다른 측면은 이 시기를 특징짓는 격렬한 반유대주의였다. 페니키아인들은 유대인과 마찬가지로 셈 족에 속했다(헤브루 어와 페니키아 어는 사실상 같은 언어의 두 가지 방언이다.). 고대 그리스인의 인종적 순수성이라는 지배적 이데올로기는 페니키아의 영향도 이집트의 영향만큼 단호하게 부인해 버렸다. 그리스인들이 페니키아 어의 알파벳을 받아들였다는 부인할 수 없는 사실을 다른 식으로 설명하기 위해서는 엄청난 재주가 동원되어야 했다.

마틴 버널의 설명에 따르면 괴팅겐 대학교에서,

> 1775년에서 1800년 사이는 이후 대학이 갖춰야 할 제도적 형태가 많은 부분 확립된 시기였다. 이때 대학의 교수들은 나중에 새로운 전문 분야의 연구와 논문 발표가 이뤄질 제도적 틀을 상당 부분 만들어 냈다. …… 지적 흥분의 중심지는 고전 문헌학(Classical Philology)이었는데, 이 분야는 나중에 좀 더 인상적이면서 현대적인 "고대의 과학(Science of Antiquity)"이라는 이름을 부여받게 된다.

이 고대의 과학은 "이후 '고전학(Classics)'이라는 새로운 분야로 영국과 미국에 이식되었다." 이러한 새로운 학문 분야의 "주된 통합 원리"는 "민족성(ethnicity)과 인종주의였다."[25]

18세기 말에 괴팅겐 대학교의 교수였던 요한 프리드리히 블루멘바흐(Johann Friedrich Blumenbach)는 1775년 인종 분류라는 주제로 최초의 학술 저작(『인류의 자연적 다양성에 관하여(*De Generis Humani Varietate Nativa*)』)을 내놓았다.[26] 블루멘바흐는 1795년에 백인종을 가리키는 말인 "코카서스인"이라는 용어를 만들어 냈고, 백인이 다른 모든 인종들보다 아름다움과 지능을 더 우월하게 타고났다고 생각했다. 그리고 다른 인종들은 인류의 기원을 이룬 코카서스 인종에서 퇴화해 만들어졌다고 믿었다.[27]

괴팅겐 대학교의 또 다른 교수인 크리스토프 마이네르스(Christoph Meiners)는 새롭고 자칭 과학적인 역사 방법론을 개발하는 데 중요한 역할을 했다. 마이네르스는 역사 연구가 개인이 아니라 "민족"에 초점을 맞추어야 한다고 주장했고, 다양한 민족들을 위계에 따라 등급을 매겼다. 여기에 따르면 독일인과 켈트인이 가장 상위였고, 호텐토트인(아프리카 흑인 부족)과 침팬지가 바닥이었다.[28]

그리스인들이 이집트에 많은 것을 문화적으로 빚지고 있다는 전통에 대한 최초의 중대한 공격은 괴팅겐 대학교의 학자 카를 오트프리트 뮐러에게서 나왔다. 버널은 그를 두고 "인종주의와 반유대주의의 강도에 있어 시대를 앞지른 인물"이었다는 평가를 내렸다.[29] 이들을 비롯한 독일인 학자들은 — 바르트홀트 니부어(Barthold Niebuhr), 크리스티안 고틀로브 하이네(Christian Gottlob Heyne), 프리드리히 슐레겔(Friedrich Schlegel), 프리드리히 아우구스트 볼프(Friedrich August Wolf)를 포함해서 — 그리스의 기적이라는 교의를 만들어 낸 사람들이었다. 문명의 기원에서 유색인종들은 그에 필요한 정신 능력의 결여로 인해 어떠한 창조적인 역할도 할 수 없었다며 체계적인 부정을 시도한 것이다.

"인종 과학"의 과학적 맥락

이러한 "인종 과학"의 공리는 주변적인 관념이 아니었고, 역사학자나 문헌학자들에게 국한된 것도 아니었다. 이는 19세기의 지도적 과학자들이 공개적으로 되풀이해서 진술한 내용이었다. 19세기 초에 유럽 과학의 중심지는 파리였고, 으뜸가는 과학 기관은 파리 과학 아카데미(Académie des Sciences)였다. 아카데미의 지도적 대변인은 비교 해부학의 창시자이자 당대의 가장 명망 높은 과학자였던 조르주 퀴비에(Georges Cuvier)였다. 퀴비에는 흑인이 "인종 중에서 가장 퇴화된 것"이라고 보았으며, 그들의 "모습은 짐승과 닮았고 (그들의) 지능은 통상적인 정부를 이루기에 충분한 수준에 전혀 도달하지 못했다."라고 단언했다.[30] "흑인종"에 대한 철저하게 과학적인 묘사라고 자부했던 글에서 퀴비에는 이렇게 썼다. "얼굴 아랫부분이 앞으로 돌출한 것과 두꺼운 입술은 분명히 원숭이 종에 근접한다. 흑인종을 구성한 무리들은 언제나 가장 완벽한 야만의 상태에 머물러 있다."[31]

19세기의 또 다른 주요 과학자인 찰스 라이엘(Charles Lyell)은 종종 오늘날의 지질학 분야를 창시한 인물로 인정받고는 한다. 라이엘은 아프리카인에 대해 다음과 같이 기술했다. "부시먼의 뇌는 …… 시미아데(원숭이)의 뇌와 서로 통한다. 이것은 지능의 결핍과 구조적 동질성 사이의 연결을 암시한다. 각각의 인종은 열등한 동물들과 마찬가지로 그에 걸맞은 자리가 있다."[32]

19세기의 모든 과학자를 통틀어 가장 많은 찬사를 받은 인물인 찰스 다윈은 노예제를 공공연하게 반대한 인물이었지만, 그럼에도 인종에 대한 위계적 개념에 집착했고 아프리카 흑인과 오스트레일리아의 원주민들을 코카서스인과 침팬지의 중간 지위에 놓았다. 다윈은 자신의 책 『인간의 유래』에서 인간을 유인원과 갈라놓는 차이의 크기가 "흑인 혹은 오스트레일리아 원주민과 고릴라 사이의" 거리와 같다고 보았다.[33]

퀴비에의 제자였던 장 루이 로돌프 아가시(Jean Louis Rodolphe Agassiz)는 1840년대에 미국으로 건너 와서 당대의 저명한 미국 과학자가 되었다. 아가시는 미국에 와서 아프리카 출신의 사람들을 처음 만났는데, 그 경험으로부터 강한 혐오감을 느꼈다. 1846년 아가시는 유럽에 있는 어머니에게 쓴 편지에서 흑인 하인에게서 자신이 느끼는 극도의 불편함을 언급했다. 여기서도 흑인들을 "퇴화하고 타락한 인종"의 일원으로 인식하고 있었다.

> 하인들이 시중을 들기 위해 제 접시로 소름끼치는 손을 뻗을 때, 저는 그런 대접을 받으며 식사를 하느니 자리를 박차고 일어나 다른 곳에서 빵 한 조각이라도 먹는 편이 낫겠다는 생각을 합니다. 백인종에게는 얼마나 불행한 일인가요. — 어떤 나라들에서는 흑인들과 그토록 가까이 묶여 있어야 한다니 말입니다! 신께서 그런 접촉으로부터 우릴 보호해 주시기를![34]

아가시가 흑인들에 대해 느낀 혐오감은 흑인과 코카서스인이 단순히 다른 인종이 아니라 완전히 별개의 종이라는 "과학적" 결론으로 이어졌다. 아프리카인들과 문명에 관한 아가시의 과학적 결론은 이렇다.

> 이처럼 인구가 밀집한 아프리카 대륙 사람들은 백인종과 지속적으로 상호 교류 관계에 있었고, 이집트 문명, 페니키아 문명, 아랍 문명의 전례를 보고 배울 수 있는 혜택을 누려 왔다. …… 그럼에도 이 대륙에서는 흑인들이 만든 질서 잡힌 사회가 단 한번도 모습을 드러내지 못했다. 이것이야말로 이 인종이 문명사회가 제공하는 이득에 대해 유독 냉담함과 무관심을 보였음을 말해 주는 증거가 아니겠는가?[35)]

19세기의 저명한 과학자들 가운데에는 파리 대학교의 의학 교수였던 폴 브로카(Paul Broca)가 있었다. 브로카는 인종 간의 비교를 정량화를 통해 더 높은 과학적 수준까지 올려놓는 일을 자신의 사명으로 여겼다. 인종 과학이 진정한 과학이 되려면 수치에 기반해야 한다는 것이 그의 믿음이었다. 그 이전의 다른 학자들은 다양한 인종의 두개골 용적을 측정해서 비교하는 방식으로 이런 목표를 달성하려 했다. 브로카도 동일한 방식을 따랐지만, 측정을 좀 더 정교하게 해서 더 높은 수준의 정확도를 기하려 했다. 앞선 연구자들과 마찬가지로 브로카는 자신이 코카서스 인종의 우월성과 아프리카 흑인의 열등성을 증명하는 순수하게 객관적인 방법을 개발했다고 믿었다. 브로카의 결론은 다음과 같았다. "지능의 발전과 뇌의 크기 사이에는 두드러진 상관관계가 있다." 그는 자신의 연구가 대체로 "여성보다 남성에서, 열등한 인종보다 우월한 인종에서 뇌가 더 크다."라는 것을 보여 주었다고 주장했다.[36)]

브로카에 따르면 핵심은 이런 것이었다. "검은 피부, 양털 같은 머리카락, 턱이 나온 얼굴을 가진 집단은 절대로 자생적으로 문명의 단계에 도달할 수가 없다."[37] 19세기 엘리트 과학에 따르면, 아프리카 문명이라는 개념 그 자체가 일종의 모순이었다. 즉 결코 일어날 수가 없는 일이었다.

동시대 사람들 몇몇이 흑인의 열등성에 관한 그의 주장에 이의를 제기하자, 브로카는 반대자들이 인간의 평등을 주창하는 정치적 편향 때문에 객관적인 과학적 진리로 가는 길을 흐려 놓고 있다고 공격했다. "정치적·사회적 고려의 개입은 종교만큼이나 인류학에 해를 끼쳐 왔다."[38] 그러나 돌이켜 보면, 사회적 편견을 개입시켜 뇌의 크기, 인종, 지능에 관해 아무짝에도 쓸모가 없는 결론을 이끌어 냈던 것은 분명 브로카 그 자신이었다.

19세기의 고대사학자들이 주장한 과학적 방법이라는 것은 바로 이런 맥락에서 평가되어야 한다. 공평하게 말하자면, 이 학자들이 고대 이집트나 메소포타미아 과학의 문헌 증거를 거의 참고할 수 없었다는 점은 인정해 주어야 한다. "이집트의 과학에 대해 우리가 가진 문서화된 모든 지식은" 19세기 중반에 이뤄진 "단 하나의 발견에 의존하고 있고",[39] 메소포타미아의 진흙 판에 수록된 내용은 20세기 들어서야 비로소 알려졌으니 말이다. 그러나 그런 식의 변명은 이 장 첫머리의 인용문들을 쓴 사람들에게는 해당되지 않는다.

19세기의 과학적 담론에는 브로카를 비판한 학자들에서 볼 수 있는 것처럼 비인종주의적 요소들도 포함되어 있었지만, 주류 과학의 이데올로기는 뼛속까지 인종주의적이었다. 그러나 앞에서 인용된 사람들에 대해 우리가 현대적인 자부심과 지적 우월성을 느끼며 우쭐대서는 안 될 것이다. 그들 중에는 다윈, 라이엘, 퀴비에 같은 과학계의 위인들도 들어 있지 않은가! 그들이 저지른 심대한 오류가 그들 자신의 지적 능력 결핍에서 도출된 것이 아님은 분명하다. 대신 우리는 사회적 편견이 얼마나 손쉽게 "과학" 속으로 스며들 수 있는지를 보면서 겸양의 마음을 가져야 한다. 그리고 우리가 가진 관념 가운데 비슷한 방식으로 왜곡된 것은 없는지 곰곰이 생각해 보아야 할 것이다.

뿐만 아니라 노골적인 인종주의가 과학으로부터 축출된 것이 과학 그 자체에 내재한 절차에 힘입은 결과가 아니었다는 사실에도 주목해야 한다. 이것은 더 큰 사회적 맥락이 변화하면서 과학자들에게 그들의 인종주의적 전제를 재검토하도록 압박해 나온 결과였다. 시간이 흐르면서 등장한 새로운 과학적 증거들이 인종주의 이론들을 논박하는 데 도움을 주기는 했지만, 인종 과학의 최종적인 몰락은 제2차 세계 대전 이후 전 세계를 휩쓴 반식민주의의 강력한 물결 속에서 비로소 나타났다. 식민지에서 탈피한 아프리카, 아시아, 서아시아 국가들이 자신들의 대학을 세우면서 처음으로 유럽의 지배에서 벗어난 비백인 학자들이 식민주의 학문의 인종주의적 토대에 도전하기 시작했고, 이것은 빠른 속도로 무너져 내렸다.

마지막으로 과학의 민중사가 사하라 이남 아프리카의 흑인들은 문명을 창조할 능력이 없었다는 19세기 "인종 과학"을 명시적으로 반박하지 않는다면 제 구실을 다했다고 할 수 없을 것이다. 쿰비 살레(아프리카 최초의 토착 왕국으로 7~13세기경 서부 사하라 지방에서 번성했던 가나 왕국의 수도이다. — 옮긴이)의 역사만 보더라도 — 가오, 젠네, 팀북투(이 셋은 모두 아프리카 서부 내륙의 말리에 있는 도시들로 과거 송가이 제국에서 번성했던 곳이다. 가오에는 유네스코 세계 문화유산으로 지정된 아스키아 무덤이 있고, 젠네에는 세계 최대의 진흙 건축물이자 역시 유네스코 세계 문화유산으로 지정된 젠네 대사원이 있다. — 옮긴이), 그 외 다른 아프리카 도시들은 말할 것도 없고 — 그런 거짓 주장을 반박하기에는 충분하다. 1,000여 년 전에 쿰비 살레는 서아프리카에서 번성한 가나 왕국의 상업 도시였고, 인구도 1만 5000에서 2만 명에 달했다. 런던이나 파리는 그로부터 수백 년이 지난 뒤까지도 그 정도 규모에 도달하지 못했다.

아울러 강조해 두어야 할 점은 초기 이집트의 역사와 사하라 이남 아프리카의 역사를 선명하게 구분하는 것이 불가능하다는 사실이다. 버널은 "이집트 문명은 북부 이집트와 누비아의 풍부한 왕조 이전 문화들에 기반하고 있는 것이 분명한데, 그 문화들이 아프리카에 기원을 두고 있다는 사실에는 전혀 이론의 여지가 없다."라고 단언했다.[40] 이집트 문명의 선사 시대 기원은 나일 강을 따라 훨씬 남쪽에서 나타났는데, 이것은 곧 아프리카 대륙의 중심부에서 유래했다는 말이다. 사하라 이남의 아프리카인들은 파라오의 시대에 이집트 인구의 상당 부분을 차지했고, 종종 정치 권력의 정점까지 올랐다. 조상(彫像), 벽화, 문서들은 아프리카 흑인 파라오들 — 가령 기원전 2360년경의 페피 1세 — 이 존재했음을 분명하게 보여 주며, 이집트 전체가 나일 강을 따라 남쪽에 있는 지역의 지배를 받았던 시기도 있었음을 말해 준다.

기원전 5세기에 이집트를 두루 여행했던 헤로도토스는 이집트 사람들이 "검은 피부를 가졌고 머리는 양털처럼 곱슬곱슬하다."라고 기록했다.[41] 일부 학자들은 이집트에 관한 헤로도토스의 서술을 믿을 수 없다고 주장한다. 헤로도토스는 이집트 어를 말하거나 읽을 줄 몰랐고, 따라서 그곳에서 얻은 정보를 비판적으로 평가할 수 없었기 때문이라는 것이다.[42] 그러나 이 경우에는 이런 주장이 성립하지 않는다. 이집트 사람들의 신체적 특징을 묘사하는 대목에서, 헤로도토스는 자신이 직접 두 눈으로 목격한 것을 보고하고 있기 때문이다.[43]

"그리스 과학"이란 정확히 무엇을 말하는가?

이제 그리스 애호증에 대한 예방 주사를 맞았으니 고대 과학을 직접 다루는 문제로 넘어가 보도록 하자. 과학이 그리스에서 기원한 것은 아니었지만, 그리스인들은 과학 발전에 상당한 기여를 했다. 모지스 이스라엘 핀리(Moses Israel Finley)에 따르면,

> 고대가 종말을 고할 때까지 그리스인들은 농작물 재배, 인간 해부학과 생리학, 엔지니어링, 야금술, 광물학, 천문학, 항해에서 대단히 많은 경험적 지식을 축적했다. 우리는 관찰을 하고 정보를 전달한 사람들이나 그들이 일했던 방식에 대해서 거의 알지 못한다. 추측컨대 그 이유는 그들이 읽고 쓰기를 통해서가 아니라, 옛날부터 해 오던 방식에 따라 실제로 일을 해 보면서 배우고 가르쳤던 기술자들이었기 때문일 것이다. 그러나 그것이 낳은 실용적 귀결에 대해서는 폭넓은 증거 — 도기, 건물, 조각, 식품 종류의 다양성, 항해술의 발달 — 가 있으며, 이중 많은 것들이 이전 문명들에서 물려받은 것이긴 했지만 그리스인들이 새롭게 덧붙인 것들도 분명 많이 있었다.[44]

그리스 과학을 앞선 시기의 과학과 비교할 때는 그 저변에 깔린 물질적 발달의 수준을 반드시 고려에 넣어야 한다. 이전 시기의 문명들은 청동기 시대였던 반면, 기원전 8세기의 그리스인들은 철기 시대의 이익을 크게 누렸다. 여기에 수반된 문화적 진전은 무엇보다도 기원전 6세기부터 과학적 탐구에 대해 기록이 훨씬 더 철저하게 이뤄졌다는 것이다. 그 결과 나타난 역사적 기록의 불균형은 그리스 과학이 실제보다 훨씬 더 거대한 도약이었던 것 같은 인상을 주게 되었다.

그리스 과학은 단일한 주제가 아니다. 그래서 미분화된 하나의 역사적

주제로 간주할 수 없다. 그리스 과학은 복잡하고 다면적인 데다가 1,000년이 넘는 기간 동안 진화해 왔다. 임의적인 시기 구분 틀은 언제나 논란의 여지가 있지만, 분석의 목적을 위해서는 그리스 과학을 몇몇 시기로 나누어 생각하는 것이 유용하다. 그중 가장 중요한 분기점은 소크라테스 이전과 이후 시기를 구분하는 것이다.

소크라테스 이전 과학의 시기는 거칠게 말해 기원전 6세기와 5세기 대부분을 차지하며, 명칭이 말해 주듯 소크라테스의 영향력이 커진 4세기 초를 전후해 끝이 난다. 이 전환점은 종종 "소크라테스 혁명"으로 불려 왔는데, 그 이유는 소크라테스 이후에 기본적인 철학적 전망이 유물론에서 관념론으로 크게 변화를 겪었기 때문이다. 소크라테스 이전 사상의 중심 줄기가 물질의 선차성에 기반하고 있었다면, 소크라테스 이후에는 정신을 물질에 우선하는 자연 해석이 지배하게 되었다. 이러한 차이는 과학의 발전에 엄청난 영향을 주었다.

소크라테스 이전 시기는 과학 민중사에 특히 중요하다. 이 시기는 흔히 소수의 위대한 사상가들이 위대한 착상들을 연이어 내놓은 시기라는 영웅서사의 형태로 제시되고는 한다. 그러나 이 시기가 갖는 진정한 중요성은 지적 엘리트의 과학 통제라는 경향에 반대되는 흐름을 보여 주었다는 점이다. 벤저민 패링턴의 말을 빌면, "이집트와 바빌론의 조직된 지식은 사제 집단에 의해 한 세대에서 다음 세대로 전해 내려온 전통이었다. 그러나 그리스에서 6세기에 시작된 과학 운동은 전적으로 속인들의 운동이었다."[45]

소크라테스 이전 과학의 전통적 서사를 지배한 사상가들[46]에는 탈레스, 아낙시메네스(Anaximenes), 아낙시만드로스(Anaximandros), 헤라클레이토스(Heracleitos)가 있다. 이들은 모두 그리스 본토가 아니라 오늘날 터키의 일부인 소아시아 반도의 이오니아 연안에 있는 그리스 식민지에 살았다. 앞의 세 인물은 이오니아의 같은 도시인 밀레토스 출신이며, 네 번째 헤라클레이토스는 또 다른 이오니아 도시인 에페수스 출신이다. 여기서는 이러한 개인들에게 초점을 맞추는 대신, 그들이 대변한 유물론적 과학 전통을 만들어 낸 사회적 맥락을 생각해 보도록 하자. 탈레스는 이오니아 연안에서 "많은 선배들을 두었다."라고 하지 않았던가.[47]

이오니아의 사회적 맥락

이오니아 그리스인들의 사회적 환경은 이집트나 바빌론의 조상들이 처했던 환경과 근본적으로 달랐다. 이전 시기의 농업 기반 문명들은 전체주의적인 사회 조직 형태로 특징지어지며, 그 속에서 과학을 포함한 학문은 보수적인 사제 계급 — 이들은 다시 절대 군주에 예속되어 있었다. — 에 의해 독점되었다. 그러한 사회 분위기는 전통주의를 부추겨서 독창적이고 창의적인 사고를 방해했다.

그러나 기원전 8세기경 그리스 세계, 그중에서도 특히 이오니아 연안에서 발달하기 시작한 사회 조직은 매우 달랐다. 그곳에서 경제는 농업에 완전히 의존하지 않았고, 페니키아의 전례를 따라 상업이 활발하게 발달했다. 상업의 역할이 커지면서 상인, 제조업자, 장인, 선박 제조공, 선원 같은 비농업 사회 계층들이 성장했다. 이러한 사회 계층들은 도시에서도 "인구의 작은 일부분에 불과했지만, 그들의 존재 그 자체는 공동체의 성질과 구조에 새로운 차원을 도입했다."[48] 플루타르코스(Ploutarchos)에 따르면 기원전 6세기 초의 그리스 세계에서 "노동은 결코 불명예스러운 일이 아니었"고, "생업에 종사하는 것이 사회적 열등함을 암시하는 것도 아니었다."[49]

이오니아 연안에 성장한 새로운 그리스 정착지들은 무역의 중심지였다. 여기에서는 기름, 포도주, 무기, 도기, 보석류, 옷감을 수출했고 곡물, 생선, 목재, 금속, 노예를 수입했다. 이러한 항구 도시들은 소아시아 반도의 토착민들뿐 아니라 그리스 세계 전역과 그 너머에서 온 이민자들로 북적였다. 이들은 자신이 속했던 환경에서 벗어나 "외국의" 갖가지 관점과 풍습들을 접해 본, 다양한 배경을 가진 사람들이었다. 이처럼 호황기의 상업 경제에서 여러 가지 언어를 말하는 여러 민족의 존재는 지적 흥분으로 이어지기 쉬운 상황을 만들어 냈다.

상인과 장인 계층의 힘이 세어지면서 새로운 형태의 정부가 발달했다. 먼저 원래 이오니아의 독립 도시 국가들을 지배하던 세습적 왕들이 귀족 가문들로 이뤄진 귀족정의 지배로 대체되었다. 이후 기원전 7세기 중엽이 되자 귀족정은 상인과 제조업자의 연합에 의해 전복되었다. 이어 기원전 6세기에는 이들 상인 과두정이 최초의 "참주정(tyranny)"으로 대체되었다.

"참주(tyrant)"나 "참주정"은 오늘날 매우 나쁜 의미를 담은 단어로 간주되지만(오늘날 'tyrant'나 'tyranny'가 '독재자', '독재 체제'와 같은 의미로 쓰이는 것을 염두에 둔 지적이다. — 옮긴이), 처음부터 그랬던 것은 아니었다. 참주정은 부유한 상인들과 일반 평민들 사이에 발달한 계급 갈등을 반영한 새로운 정부 형태였다. 이 속에서 평민들은 유력한 정치 세력이 되었다. 그들은 파업을 일으키는 등 사회 혼란을 야기하는 방식으로 자신들의 이해관계를 위해 싸울 때가 많았다. 이처럼 혼란이 진행되는 와중에 흔히 있었던 일은, 저명한 정치가가 등장해 "민중"의 이해관계를 대변하겠다고 선언하는 것이었다. 만약 그가 평민층의 지도자들을 자기 편으로 끌어들이는 데 성공하면, 이 정치가는 권력을 장악해 참주정을 확립할 수 있었다. 최초의 참주들은 오늘날의 세계에서 낯익은 인민주의적 선동 정치가들, 가령 아르헨티나의 후안 도밍고 페론(Juan Domingo Perón)이나 이집트의 가말 압델 나세르(Gamal Abdel Nasser) 같은 인물의 정신적 선조였다. 그러나 한두 세대가 지나자 참주들은 그 단어가 오늘날 의미하는 바 — 억압적이고 평판이 나쁜 — 가 되어 버렸고, 그들 역시도 전복되고 대체되었다. 일부에서는 민주적 공화정이 이를 대체했다.

이오니아 연안에서는 특히 하나의 도시가 역동성에서 가장 두드러졌다. 바로 밀레토스였다. 이 도시는 전례를 찾기 힘들 정도로 해상 무역을 확장시켰다. 이 도시 하나에서 흑해 전역에 90개의 식민지를 건설했고, 이 중요한 지역에서 사실상의 무역 독점을 이룩했다. 밀레토스의 흑해 지역 식민화는 기원전 650년경에 시작되었다. 이름을 널리 알린 최초의 철학자인 탈레스가 밀레토스에 나타나기 겨우 50여년 전의 일이다.

리디아의 왕 크로이소스(Croesus)는 고대 세계의 엄청난 부를 한몸에 거머쥔 인물이었다. 밀레토스의 번성하는 경제는 상인 계층을 부유하게 만들어 주었고, 결국 크로이소스 왕은 돈이 필요할 때 직접 밀레토스의 은행가들에게 가서 돈을 빌리는 지경까지 이르렀다. 그러나 밀레토스의 상인들이 점점 더 부유해짐에 따라 평민들도 정치적으로 힘이 세어졌다. 기원전 604년에 참주정이 성립되었다가 몇 년 후에 다시 전복되었고, 정치적 혼란은 이후 두 세대에 걸쳐 이어졌다. 뒤이어 입헌 체제가 권력을 잡았다가 다시 새로운 참주정이 이어졌고, 기원전 546년에는 결국 민주 정부가 성립되어 페르시아의 수중에 떨어질 때까지 밀레토스를 다스렸다. 이와 같은 정부 형태의 빠른 변화는 정치적으로 적극적이고, 억압하거나 협박하기 어려운 주민들의 존재를 보여 준다. 사회적 분위기는 사고와 발언이 상대적으로 억압에서 자유로운 모습이었다. 소란스러운 "사상의 시장"이 존재했던 것이다. 우리는 탈레스, 아낙시만드로스, 아낙시메네스, 헤라클레이토스를 고립된 천재들로 볼 것이 아니라, 고대 세계의 계급 투쟁에서 비롯된 규모가 크고 정력적인 "민중의 과학" 운동의 지도자들로 보아야 할 것이다.

찬사를 받은 이오니아의 철학자-과학자들은 그들 자신이 상인이거나 상인들로부터 매우 큰 영향을 받았다. 다시 말해 그들은 사회로부터 동떨어진 상아탑의 사상가들이 아니라 걸출하고 적극적인 시민들이었다는 것이다. 예를 들어 탈레스는 영리한 사업가였다. 아리스토텔레스가 쓰기를, "전해지는 이야기에 따르면" 탈레스는

> 별에 대한 지식을 이용해 아직 겨울인데도 다음 해에 올리브 농사가 대풍년일 것임을 알 수 있었다. 그래서 그는 자신이 가진 약간의 돈을 키오스와 밀레토스에 있는 모든 올리브 압착기 사용을 위한 공탁금으로 넣어 두었다. 그에 맞서 가격을 올리는 사람이 아무도 없었기 때문에 탈레스는 낮은 가격에 올리브 압착기들을 대여할 수 있었다. 수확철에 …… (그는) 큰돈을 벌었다.[50]

사실에 근거한 것이건 아니건 간에, 이 일화는 이오니아에서 상업과 과학의 기원이 서로 연결되어 있음을 보여 준다.

이오니아 사상가들의 유물론적 자연 해석은 과학적 이해에 새롭고 가치 있는 기여를 남겼다. 이들의 착상은 그들이 처한 사회적 환경에서의 경제 활동과 직접 연관지을 수 있다. 대체로 보아 이오니아 그리스인들이 자연의 작동을 이해하려 애쓴 방식은 그들의 상업 경제에 의해 형성되었다. 상업 활동에 대한 참여는 세상과 그 속의 사물들을 보는 방식에 영향을 미치기 때문이다. 카우츠키가 말했듯이, 모든 상품들을 추상적인 가격 관계로 환산해서 바라보는 습관은 상인에게 "어떤 것을 비교하게 하고, 특정한 세부 사항들의 더미 속에서 일반적인 요소를, 우발적 사물들의 더미 속에서 필수적인 요소를, 특정한 조건에서 계속 되풀이해 나타

나는 요소들을 찾아낼 수 있도록 해 준다."[51] 탈레스, 아낙시메네스, 헤라클레이토스가 세상은 무엇으로 이뤄져 있는가 하는 질문에 대해 모든 물질은 물, 공기, 불에서 나온다는 제안을 제각기 내놓을 때도 정확히 이런 접근법이 쓰였다.

아낙시메네스는 물질세계의 시초로 공기를 지목함으로써 자연 현상에 대한 유물론적 설명을 제시하려 했다. 그는 "펠팅(felting)"이라는 과정에 의해 구름이 공기에서 만들어진다고 추측했다.[52] 펠팅은 직조된 재료에 높은 압력을 가하는 중요한 공예 기법에 대한 단어였다. 아낙시메네스는 당대의 제조업 공정에서 끌어낸 유비로 자연에 대한 착상을 얻었음이 분명하다.

헤라클레이토스 역시 자연에 대한 유물론적 이해를 추구했지만, 시초의 물질 원소로는 불을 선택했다. 자신의 논거를 표현하기 위해 헤라클레이토스가 사용한 은유는 시사하는 바가 크다. "모든 사물은 불과 동등하게 교환되며 불은 모든 사물과 동등하게 교환된다. 이것은 상품들이 금과 동등하게 서로 교환되는 것과 같다."[53] 헤라클레이토스는 귀족이었지만 — 심지어는 왕족이었을 수도 있다. — 상업 거래와 화학 반응은 그의 사고에 분명하게 영향을 미쳤다.

다른 한편 아낙시메네스, 헤라클레이토스, 그 외 다른 이오니아 철학자들이 장인이 아니라 사상가였다는 사실은 그들이 과학에 기여할 수 있는 능력을 제약했다.

> 자연이 어떻게 작동하는가에 관한 사상을 끌어내면서 기술자들의 작업에 의지하긴 했지만, 그들은 기술자들이 하는 일에 대한 직접적인 지식이 거의 없었고 그것을 향상시켜 달라는 요청을 받지도 않았다. 따라서 르네상스 시기에 근대 과학의 기틀을 만들어 낸 풍부한 문제와 제안들을 그로부터 끌어낼

수는 없었다.[54)]

피타고라스와 피타고라스 정리

소크라테스 이전 과학의 모든 갈래들이 이오니아에서 나온 것은 아니었다. 피타고라스와 그 추종자들은 남부 이탈리아에 기반을 두고 있었다. 그리스의 기적을 주창하는 사람들은 탈레스를 수학의 창안자로 추어올리지만, 초기 수학 발전의 많은 부분을 피타고라스의 공헌으로 돌리고 있기도 하다. 피타고라스의 이름은 직각 삼각형에서 빗변의 제곱은 다른 두 변의 제곱의 합과 같다는 정리와 영원히 연결되어 있다.

이 정리에 피타고라스의 이름을 붙이는 데는 두 가지 중요한 문제가 있다. 먼저 "'피타고라스' 정리는 피타고라스보다 적어도 1,000년 이전에 (바빌론 수학자들에게) 이미 알려져 있었다."[55)]

이러한 수학적 개념이 바빌론에서 그리스로 전달되었다는 것은 거의 확실해 보이며, 설사 그리스인들이 독립적으로 재발견했다고 하더라도 이것이 일차적으로 그리스의 혁신이라고 생각할 수 없음이 분명하다.

좀 더 심각한 것은, "피타고라스 종파의 반(半)신화적 창시자"가 수학과 어떤 식으로건 연관이 있었음을 입증해 주는 견고한 증거가 사실상 존재하지 않는다는 점이다. 피타고라스가 수학자라는 생각이 처음 등장한 것은 기원전 4세기 말경으로 보인다.[56)] "피타고라스와 그 제자들이 수학의 토대를 놓는 데 중요한 역할을 했다는, 고대에 기록된 것으로 보이는 진술들은 조금만 건드리면 산산히 무너지고 만다."라고 발터 부르케르트는 단언했다. 피타고라스와 수학을 연결시킨 최초의 저자들은 압데라의 헤카타이우스(Hecataeus)와 안티클리데스(Anticlides)였는데, 두 사람

바빌론의 진흙 판은 바빌론 수학자들이 정사각형의 변의 길이에서 대각선 길이를 알아낼 수 있었음을 보여 준다. 이는 그들이 피타고라스 정리를 알고 있었음을 입증한다.

모두 글을 쓴 시점은 기원전 300년경이었다. 다시 말해 피타고라스의 시대로부터 2세기 이상이 지난 다음이다. 피타고라스의 수학적 명성이 굳어진 것은 이암블리쿠스(Iamblichus, 기원후 3세기 말에서 4세기 초)나 프로클루스(Proclus, 기원후 5세기) 같은 훨씬 뒷 시기의 저술가들에 의해서였다. 부르케르트는 이렇게 결론짓고 있다. "그리스 수학은 현자의 계시로부터 모습을 드러낸 것이 아니며, 그런 목적을 위해 설립된 종파의 비밀 구역 내에서 생겨난 것도 아니다."[57] 피타고라스가 의학의 선구자였다는 주장의 근거는 이보다 더 취약하다.[58]

피타고라스학파는 나중에 일명 소크라테스 혁명에서 정점을 이루는 자연에 대한 비유물론적 견해의 씨앗을 뿌렸다. 그러나 민중의 역사라는 관점에서 보면 소크라테스 혁명은 일종의 **반**혁명으로 이해하는 것이 더 적절하다. 그들이 남긴 유산은 자연에 대한 지식이 관찰에 의해서가 아니라 **선험적**인 논증에 의해서 얻어질 수 있다는 주장이었다. 패링턴에 따르면, "그 결과 피타고라스의 방법은 재난에 가까운 결과로 이어졌다. 자연이 피타고라스의 수학과 무관한 것으로 보이기 시작하자 …… 피타고라스 전통을 따르던 이들은 자연을 내던져 버리고 수학에 집착했다. 수학이 하인 대신 주인이 되어 버린 것이다." 소크라테스 사상의 으뜸가는 해설자였던 플라톤은 이러한 "수학의 우상 숭배"를 공고화시킨 데 일차적인 책임이 있다. 이런 성향은 "수 세기 동안 유럽의 사상을 지배하면서" 인류에 값비싼 대가를 강요하게 된다.[59]

한 논평가는 이런 주장을 폈다. "피타고라스의 견해가 가져온 이러한 결과들이 분명 반동적"이기는 하지만, "그것이 등장한 것은 피타고라스 자신의 시기보다 더 뒤의 일"이라는 것이다. 애초에 피타고라스학파는 "**민주적** 사상, 즉 토지 귀족의 전통주의에 맞서는 상인 **중간** 계급의 합리주의를 최초로 표현했"고, 그 결과 박해를 받았다는 주장이다.[60] 만약 이것이 사실이라면 후기 피타고라스학파는 지배 권력을 달래기 위해 자신들의 이데올로기를 변화시켜 살아남은 정치 운동의 가장 초기 사례에 해당할지도 모른다.

소크라테스 이전 시기에 남부 이탈리아에서 부상한 또 다른 학파는 피타고라스학파에서 볼 수 있는 이성과 자연의 분리를 논리적 극단까지 밀어붙였다. 엘레아학파의 창시자 파르메니데스(Parmenides)는 "감각으로 경험되는 세계 전체의 실재성(reality)을 (이성의 이름으로) 부인하는 새로운 철학"을 제안했다.[61] 파르메니데스의 제자인 엘레아의 제논(Zenon)은 자명한 수학적 진리들이 우리가 감각으로 지각하는 물질세계와 어떻게 양립 불가능한지를 보여 주기 위해 네 개의 유명한 역설을 고안해 냈다. 파르메니데스와 제논은 모두 그들이 살았던 도시에서 귀족 내지는 보수 정파에 속해 있었다. 그들이 실험 과학에 가했던 공격과 순수 수학의 절대 진리에 대해 품었던 열망은, "혼란의 시대면 — 특히 몰락의 시대에 — 언제나 되풀이해 나타나는 고정불변성에 대한 뿌리 깊은 욕구를 표현하고 있다."[62]

가장 잘 알려진 제논의 역설은 아킬레스와 거북이 사이의 경주를 다룬다. 먼저 거북이가 일정한 거리를 앞서서 출발하게 한다. 그러면 아킬레스가 거북이의 출발 지점에 도착할 때 거북이는 X 지점까지 전진해 있고, 아킬레스가 X 지점에 도착할 때 거북이는 Y 지점까지 가 있으며, 아킬레스가 Y 지점까지 도착할 때 거북이는 Z 지점에 이른다. 이런 절차를 무한히 반복해 보면 아킬레스는 영원히 거북이를 따라잡을 수 없게 된다. 물론 현실 세계에서는 훨씬 빨리 달리는 아킬레스가 순식간에 거북이를 앞질러 가 버릴 것이다. 수학적 "진리"와 물질세계 사이의 이러한 불일치를 어떻게 화해시킬 것인가? 제논과 그 추종자들은 피타고라스학파와 마찬가지로 수학을 취하고 물질세계를 버리는 결정을 내렸다. 우리가 감각을 통해 알고 있는 세계, 우리가 보고 느낄 수 있는 모든 것은 환영에 불과하다고 그들은 선언했다. 따라서 지식 추구자들은 자연을 탐구하는 대신 그것을 경멸하도록 훈계를 받았다.

제논의 역설들이 수학 영역에 미친 영향은 "기하학에서 숫자를 추방하는" 것으로 나타났다. 나중에 플라톤학파에 합류한 수학자 에우독소스(Eudoxos)는 "공간적 관계를 숫자와는 완전히 독립적으로 기호화해 실제 측정과는 상관없이 연구할 수 있는" 기하학을 고안해 냈다. 플라톤은 이런 유형의 기하학을 "순수한 지성으로부터 창조된 독자적 세계"의 기반으로 받아들였다.[63] 이것은 자연에 대한 지식을 얻는 데 관찰과 경험을 통한 감각을 활용하는 이오니아의 과학 전통을 전복시킨 반혁명의 정점이었다. 패링턴의 표현에 따르면, 플라톤은 "노예를 소유하고 계급으로 분열된 국수주의적 도시 국가라는, 이미 시대착오적인 것이 되어 버린 이상의 편에 서서 이오니아 계몽주의에 맞선 정치적 반동을 대변한다."[64)]

그렇다면 일상적인 숫자와 계산을 다루는 산수는 어떻게 되었을까? "실용적 사용에 오염된" 것이면 뭐든 경멸했던 플라톤의 영향을 받아, 산수는 그리스 세계의 엘리트 지식인 사회에서 관심 밖으로 멀어졌다. 산수는 "그리스 사람이 아닌 페니키아 상인들에게나 어울리는 연구"로 폄하되었다.[65)]

플라톤이 산수보다 기하를 선호했던 사회적·정치적 동기는 플루타르코스가 쓴 플라톤에 관한 대화에서 엿볼 수 있다. 대화 참여자 중 한 사람인 플로루스(Florus)는 플라톤이 종종 소크라테스를 스파르타의 입법자였던 리쿠르고스(Lycourgos)에 비교했다고 지적하면서 이렇게 말한다.

> 리쿠르고스는 민주적이고 대중의 지지를 받는 산수학을 스파르타에서 추방하고, 온건한 과두정과 입헌 군주정에 좀 더 잘 부합하는 기하학을 도입했다고 한다. 숫자를 이용하는 산수는 사물을 평등하게 분배하는 반면, 비율을 이용하는 기하학은 사물을 능력에 따라 분배한다.

"신은 언제나 기하학으로 바쁘다."는 유명한 경구에서 플라톤이 말하려는 바가 무엇이었는지를 설명하기 위해, 플로루스는 기하학은 우리에게 사회적 평등의 부당성을 가르쳐 준다고 선언한다.

> 다수가 목표로 하는 것은 모든 부당 행위 중에서 가장 부당한 것이며, 신은 이를 도달할 수 없는 목표로 간주해 세상에서 제거했다. 반면 신은 능력에 따

른 사물의 분배는 보호하고 유지시켜 주었다. 기하학적으로, 즉 비율과 법률에 따라 결정하는 분배 말이다.[66)]

이에 따르면 산수는 오늘날 우리가 "적극적 차별 시정 조치(affirmative action)"라고 부르는 것을 다루는 수학인 데 비해, 기하학은 "능력"의 이름으로 특권을 지탱해 준다. "비율에 따라 …… 사물을" 분배하는 것은 이미 부유한 사람들이 그에 비례해 사회의 자원 중 많은 몫을 가져갈 자격이 있음을 시사한다. 만약 플로루스가 구사하는 논리가 잘 이해되지 않는다 해도 절망할 필요는 없다. 그건 독자들의 잘못이 아니니까. 그러나 이것은 플라톤의 과학적 이데올로기가 그의 극단적 엘리트주의 및 "다수"에 대한 경멸이 낳은 정치 철학으로부터 분리될 수 없음을 설득력 있게 보여 준다.

플라톤의 엘리트주의

과학의 민중사에서 되풀이해 나타나는 주제 가운데 하나는 지적 엘리트가 지식을 지배함으로써 과학 발전이 저해되는 현상이다. 그리스 과학의 몰락은 일차적으로 노예 기반 사회의 구조 때문이었지, 플라톤의 사상 때문은 아니었다. 플라톤이 살았던 아테네는 생산 활동에 아무런 기여도 하지 않는 "과학"이라는 사치를 누릴 만한 여유가 있었다. 도시에 살면서 농촌에 있는 땅에서 노예 노동을 이용해 부를 끌어내는 유복한 노예 소유주 계층은 여가 활동(추상적 이론화를 포함해서)에 쏟을 풍족한 시간을 갖고 있었다. 뿐만 아니라 "그들이 소유한 노예는 기계나 마찬가지"였기 때문에 특권 계층은 기술 진보를 촉진할 아무런 경제적 동기도 없었고 오히려 실용성에 물든 모든 지식을 경멸했다.[67] 그러나 플라톤의 이데올로기가 더 깊은 사회적 힘을 반영했다 하더라도, 이것이 2,000년에 걸쳐 과학적 사고를 저해하는 데 중요한 역할을 한 것은 틀림없다. 인류 역사를 통틀어 과학 엘리트가 과학에 가장 심대한 해악을 미친 사례라 해도 무방할 것이다.

플라톤은 모든 시대를 통틀어 가장 솔직한 엘리트주의자 중 한 사람이었다. 그가 아테네 민주주의가 낳은 가장 위대한 사상가로 종종 칭송받는다는 사실은 다분히 역설적이다. 민주주의에 대해 그보다 더 격렬한 증오심을 품었던 인물도 찾아보기 어렵기 때문이다. 저명한 과학사학자인 조지 사턴(George Sarton)은 플라톤을 "정치적 원한으로 가득 차 군중을 두려워하고 미워하는 심술난 노인"으로 그렸는데, 이런 묘사에는 그럴 만한 이유가 있다. 사턴은 플라톤이 전제적인 스파르타의 미덕을 칭찬했다며 비난했고, 그를 "자기 나라의 정부를 증오한 나머지 파시스트와 나치를 기꺼이 숭배하려 했던" 제2차 세계 대전기의 미국 우익 인사들에 비유했다.[68]

플라톤의 엘리트주의는 적어도 두 가지 중요한 방식으로 과학에 영향을 미쳤다. 먼저 플라톤은 완전히 무르익은 과학 엘리트주의 이데올로기를 발전시켰다. 그속에서 유용성은 과학의 목표에서 빠져 버렸고, 직접 손을 써서 일하는 사람들은 과학의 실천에서 배제되었다. 둘째로 플라톤은 아카데미(Academy)라는 학교를 설립함으로써 자신의 기획에 견고한 제도적 기반을 마련했다. 아카데미는 9세기 넘게 맥이 끊기지 않고 엘리트 과학의 가치를 확산시켰다. 그리스 세계에는 다른 중요한 과학 기관들도 생겨났지만, 그중 가장 영향력이 컸던 것들 — 아리스토텔레스의 리케이온(Lyceum)과 알렉산드리아의 무세이온(Museum) — 은 아카데미의 엘리트적 관점을 채택했고 그런 측면에서 계속 아카데미의 전례를 따랐다.

플라톤의 과학 엘리트주의에서 또 다른 핵심 요소는 그가 『국가론』에서 했던 주장이다. "어떤 사물에 대해 진정한 과학 지식을 가진 사람은 그것을 **만들어 낸** 사람이 아니라 그것을 **사용하는** 사람이다." 이러한 교의가 내포하는 정치적 의미와 쓰임새를 알아내기란 그리 어렵지 않다. "물건을 만드는 노예는 그것을 사용하는 주인보다 우월한 과학의 소유자가 될 수 없다." 플라톤은 "고대 후반에 통용된 괴상할 정도로 비역사적인 견해, 즉 기술을 발명해 낸 것은 철학자들이었고 그들이 이것을 노예들에게 전해 주었다는 생각"을 창시하여 과학사를 엘리트주의적 경로 위에 올려놓았다.[69]

플라톤이 소피스트들 — 그가 경쟁 상대로 여겼던 선생들 — 에게 퍼부은 엘리트주의적 주장은 주목해 볼 가치가 있다. 이후 오랫동안 지속된 부당한 역사적 평가로 귀결되었기 때문이다. 소피스트들에 대한 플라톤의 공격은 대단히 효과적이어서, "소피스트"라는 단어는 정직하지 못한 논증으로 진실을 왜곡시키는 지식인이라는 의미를 갖게 되었다. 그들 중 많은 수 — 예컨대 엘리스의 히피아스(Hippias), 레온티니의 고르기아스(Gorgias), 압데라의 프로타고라스(Protagoras) — 는 "지식에 중요한 기여를 했"지만, "돈을 받고 학생들을 가르친다는 이유로 플라톤(그는 별도의 수입을 갖고 있었다.)의 조롱을 받았다."[70] 돈벌이로 생계를 유지하는 사람은 공정한 지식의 중재자가 될 수 없다는 귀족적 관념은 불행히도 과학혁명기 학자들의 이데올로기 가운데 일부가 되었다.[71]

"고상한 거짓말"

플라톤이 내세웠던 철학자의 이미지 — 지고의 미덕인 진실성과 정직성이라는 이상을 체현한 인물 — 역시 역설적이긴 매한가지다. 실상 플라톤은 정부가 거짓의 기반 위에서만 가능하다고 믿었고, 그런 거짓을 "정교하게 만드는 데 평생을 바쳤"기 때문이다.[72] 그런 허위를 지탱하기 위해 플라톤은 이오니아 유물론자들의 책을 파기해 버리고 "허구로 가득 찬 그 자신의 책(『법률론(*Laws*)』)을 오직 하나뿐인 필수 정전으로 국가가 강제해야 한다."고 주장했다.[73] 플라톤은 자신의 계획에 반대하는 이의 제기자들은 사형에 처할 것을 주장했다. 이것이 플라톤이 『국가론』에서 제창한 정치적 유토피아의 사상이었다. 패링턴은 이렇게 묻는다. "플라톤과 우리를 갈라놓은 23세기 동안 벌어진 인류의 비극에 대해 조금이라도 생각을 가진 사람이라면 그의 제안에 누군들 소름이 끼치지 않겠는가?"[74]

플라톤이 국가의 공식 교의로 강제하기를 원했던 그 유명한 "고상한 거짓말(noble lie)"은 어떤 것이었는가? 그 자신의 설명에 따르면 이렇다. 대화체로 씌어진 책에서 플라톤은 대담자 중 한 사람이 이런 질문을 던지도록 했다. "그러면 우리가 방금 말한 그토록 필요한 허위 — 고귀한 거짓말 — 를 어떻게 지어낼 수 있나요?" 그는 이렇게 답한다.

> 나는 (대담한 허구를) 점진적으로 전달할 것을 제안합니다. 먼저 통치자에게, 이어 군인들에게, 마지막으로 민중에게 말입니다. …… 우리는 이런 식으로 이야기할 것입니다. 시민들이여, 여러분은 형제입니다. 그러나 신은 여러분을 다르게 지어냈습니다. 여러분 중 몇몇은 지휘의 능력을 갖고 있는데, 이들이 최고의 영예를 누리는 것은 이런 사람들을 지으실 때 신이 금을 섞어 넣었기 때문입니다. 신이 은을 섞어 지은 사람들은 보조적인 역할을 하도록 만들어졌습니다. 그리고 신은 농부나 기술자가 될 또 다른 사람들은 황동과 철로 지어 냈습니다. 이런 종들은 자식들에게도 대체로 보존될 것입니다.[75]

결국 플라톤의 "고상한 거짓말"은 궁극적으로 엘리트주의에 대한 이데올로기적 정당화였다. 사회적 위계는 신에 의해 창조되었기 때문에 좀처럼 변하지 않으며, 지배 계급은 신이 그들을 우수한 물질로 만들었기 때문에 지배할 자격이 있다는 것이다. 여기서 귀족들은 금으로 만들어진 인간인 반면, 농부와 장인들은 황동과 철로 만들어진 인간이다. 이러한 이데올로기적 기획의 일환으로, 플라톤은 서로 별개인 두 개의 종교를 장려했다. 하나는 지식인층을 위한 정교하고 추상적인 종교이고, 다른 하나는 대중을 위해 전통적인 모습의 의인화된 신과 여신들을 내세운 좀 더 조악한 종교이다. 사람들이 후자를 계속 신봉하도록 만들기 위해, 플라톤은 불신자들에 대해 초범의 경우 징역 5년, 재범의 경우 사형을 선고할 것을 제안했다. 패링턴은 "(종교적) 박해를 옹호하는 태도가 유럽에 처음 등장한 것이 이때"였다고 논평했다.[76] 플라톤의 후계자인 아리스토텔레스 역시 종교적 전통이 갖는 정치적 유용성을 이해하고 있었다. 아리스토텔레스는 이것이 "군중에 대한 설득과 법률적·실용적 방편을 얻으려는 목적으로" 전파되는 "신화"라고 했다.[77]

불행하게도 플라톤의 엘리트주의는 단지 고대사의 문제에 그치지 않는다. 이것은 심지어 21세기에 접어든 지금도 여전히 인류를 심각하게 괴롭히고 있다. 아프가니스탄과 이라크에 대한 제국주의적 공격을 감행한 미국 외교 정책의 입안자들은 플라톤을 숭배하는 정치 철학자 레오 스트라우스(Leo Strauss)의 열광적인 추종자로 알려져 있다. "스트라우스의 가르침이 미친 영향은 추종자들에게 자신들이 타고난 지배 엘리트라는 확신을 심어 준 데 있다." 스트라우스의 사상과 그것이 미친 결과에 대해 폭넓게 글을 써 온 샤디아 드루리(Shadia Drury)의 말이다.[78] "레오 스트라우스는 정치에서 거짓말의 효과와 유용성을 매우 신봉한 인물"로 "플라톤의 고상한 거짓말의 개념에 호소해 자신의 입장을 정당화했다."라고 드루리는 덧붙였다. 조지 워커 부시(George Walker Bush) 행정부가 미국 대중에게 이라크와 전쟁을 벌일 필요성을 설득하기 위해 사용한 기만과 노골적인 거짓말을 보면 스트라우스의 영향은 너무나도 명백해 보인다. "스트라우스가 가장 아꼈던 고대의 철학자들은 하층 대중이 진리나 자유 어느 것도 누릴 자격이 없다고 믿었으며, 그들에게 이처럼 숭고한 보물을 주는 것은 돼지 목에 진주를 다는 것이나 마찬가지라고 생각했다."[79)]

과학에 대한 플라톤의 기여

플라톤 그 자신은 어떻게 보아도 창의적인 수학자가 못 되었지만, 지식의 흥행사로서 그의 역할은 과학의 수학화에 부인할 수 없는 귀중한 기여를 했다. 그러나 플라톤이 실용적 노동을 경멸했음에도 불구하고, 이후 그리스인들이 과학에 수학을 적용한 사례들은 장인들의 지식에 기반한 경우가 많았다. 예를 들어 기원전 3세기에 아르키메데스가 유체 정역학의 수학적 기초를 제공했을 때는 "흡수관, 물시계, 부양 장치 같은 것에 대해 수많은 실용적 응용이 여러 해 동안 진행되고 있었다."[80)]

몇몇 역사학자들은 수학을 제외하고 플라톤이 과학에 미친 전반적 영향은 철저하게 파괴적이었다고 비난해 왔다. 패링턴은 플라톤과 소크라테스가 "물질세계를 경멸한 것"은 그리스 세계에서 "과학의 죽음을 가져온 주된 이유 가운데 하나였다."라고 공격했다. 그것은 "일방적이고 반동적이며 나쁜 결과를 초래한" "물리적 탐구로부터의 완벽한 반란"이었다. "수학, 윤리학, 신학이 경험과 무관한 선험적 과학과 돌이킬 수 없이 뒤섞인" 것이 바로 이때부터였다.[81)]

앞서 언급했던 것처럼, 플라톤의 관념론은 이오니아의 유물론에 맞서는 귀족 정치적 대응이다. 이오니아인들은 자연을 직접 관찰해 감각 증거로부터 결론을 끌어내는 방식으로 지식을 추구했다. 플라톤은 그와는 정반대 방향을 택했고, 지식 탐색의 기반을 전적으로 선험적인 진리에 두어 자연에 대한 과학적 탐구를 마비시켰다. 사턴의 설명에 따르면,

> 플라톤의 관점은 시인과 형이상학자들을 매혹시켰다. 그들은 플라톤의 관점이 신성한 지식을 가능하게 한다고 믿었기 때문이다. 불행히도 이러한 관점은 좀 더 현실적인 과학 지식을 불가능하게 만들었다. 일반적인 것에서 특수한 것으로, 추상적인 것에서 구체적인 것으로 나아가는 플라톤의 방법은 직관적이고 신속했지만 아무런 쓸모도 없었다. …… 정반대의 방법 …… 즉 알려진 특정 사실로부터 좀 더 일반적인 추상적 관념으로 나아가는 방법은 느리지만 풍족한 결실을 맺었다. 이런 방법은 점차적으로 근대 과학으로 가는 길을 닦았다.[82)]

자연의 지식에 대한 플라톤의 반경험주의적 접근은 그리스 세계의 과학을 지배했고 뒤이어 중세 유럽으로 전해졌다. 오늘날에는 플라톤이 『국가론』과 『법률론』을 포함한 다수의 저작을 남긴 저자로 알려져 있지만, 12세기 중엽 이전까지 유럽 학자들에게는 그의 작품 중 『티마이오스(*Timaeus*)』라는 제목의 독특한 대화편 하나만이 알려져 있었다. 『티마이오스』가 초기 유럽에 미친 영향은 "엄청났고 궁극적으로 나쁜 결과를 가져왔다." 그 책은 "현재까지도 불명료함과 미신의 원천"이자 "어리석음과 무분별함의 기념비로 남아 있다."[83)]

『티마이오스』는 『국가론』에서 표현된 정치 사상을 정당화하기 위한 우주의 이론을 제공했다. 이 책에서 플라톤은 경솔한 학자들에 의해 정당한 천문학으로 오인되어 온 사이비 수학적 추론을 이용해 별에 관한 신

앙을 전개했다.

> 플라톤 천문학의 성공은 그의 수학이 성공한 것과 마찬가지로 일련의 오해에 기인했다. 철학자들은 플라톤이 수학적 천재성의 도움을 얻어 결과를 얻어냈다고 믿었다. …… 그는 수수께끼 같은 말을 남겼고, 후대 사람들은 형편없는 수학자로 간주될까 두려워 플라톤이 무슨 소리를 하는지 모르겠다는 말을 감히 입 밖에 내지 못했다. …… 거의 모든 사람들이 스스로의 무지와 자만에 의해, 혹은 실체 없는 권위에 굴종함으로써 기만을 당했다. 플라톤의 전통은 대부분 기나긴 거짓의 연쇄로 유지된 것이다.[84]

그리스 의학과 히포크라테스 전통

플라톤의 유산 때문에 역사학자들은 종종 자연 탐구에 대한 그리스인들의 접근법은 순전히 이론적이었으며, 경험적 방법과 실험은 그리스 과학에 완전히 이질적이었다고 단언하고는 했다. 그러한 일반화에 반박하는 수많은 예외들 중 단연 돋보이는 것은 의료 과학이다. 히포크라테스 전통의 중심지였던 코스의 유명한 의학교는 "우리에게 관련 논문 전체가 전해 내려오는 최초의 과학 기관"이다.[85] 일명 히포크라테스 전서(Hippocratic corpus)를 구성하는 60여 편의 논문들에는 여러 세대에 걸쳐 의료 시술가들이 주의 깊게 기록한 관찰, 연구, 실험들로부터 끌어낸 폭넓은 지식이 담겨 있다. 그 논문들에서 "우리는 관찰과 실험에 근거한 과학이 철학자들의 월권에 맞서 옹호되는 것을 볼 수 있다. 철학자들은 우주에 대한 억측에서 끌어낸 인간 본성에 대한 기성의 관점을 들고 나타나 의료 실천도 이런 관점에 바탕을 두게 만들려고 하고 있었다."[86]

히포크라테스 전서의 내용은 "과학의 이름을 받을 만한 자격을 온전히 갖추었다." 이 저술들은 "건강할 때와 아플 때의 인체의 행동에 대한 관찰, 실험, 그리고 결과에 기반을 둔 의학의 개념을 명료하게" 보여 준다.[87] 저자들은 스스로를 많은 세대의 연구자와 시술가들의 협동 작업에 의지하는 집단적 노력의 일부로 보고 있었다. 그들은 이러한 깨달음을 *vita brevis est, ars longa* — "인생은 짧고 기예는 길다."(흔히 '인생은 짧고 예술은 길다.'로 번역되는 문장이다. 그러나 여기에서 'art'는 예술이 아니라 기술 혹은 기예[이 경우에는 의술]로 번역되어야 한다. — 옮긴이) — 는 유명한 경구로 표현했다.[88]

이러한 과학적 전통을 히포크라테스라는 단 한 사람과 "의학의 아버지"라는 그의 명성에 돌리는 것은 신화이지 역사적 기술은 아니다. 코스의 학교(전문 의학부라기보다는 공유된 원리들을 따르는 학파)는 히포크라테스가 태어나기 1세기도 더 전인 기원전 6세기 초에 이미 존재했고, 히포크라테스 전서로 알려진 집단 창작물의 초기 일부는 그가 살았던 시기보다 더 오래된 것이다. 심지어 유명한 히포크라테스 선서 — 아직까지도 의료 전문직 종사자들이 성실하게 준수할 것을 맹세하고 있는 윤리적 원칙들 — 는 "히포크라테스학파의 의사에 의해 씌어진 것이 아니라" 기원전 4세기에 살았던 "고대 피타고라스주의 종파의 의학 신봉자에 의해 씌어진 것으로 오늘날 알려져 있다."[89] 뿐만 아니라 히포크라테스 전서는 그 자체가 더 앞선 시기에 의학이 존재했음을 보여 주는 증거이다. 「고대의 의술에 관하여(On Ancient Medicine)」라는 논문의 저자는 "오랜 기간에 걸쳐 이뤄진" 발견들을 보면 "의료가 과학에 필요한 자질들을 오래전부터 이미 갖고 있었"음을 알 수 있다고 단언했다.[90] 사실 이집트 의료의 기원과 히포크라테스 사이의 시간적 거리는 히포크라테스와 우리 사이의 거리와 비슷한 정도이다.

코스학파의 가장 중대한 경쟁 상대는 인근의 크니도스에 있었다. 코스와 크니도스는 모두 밀레토스로부터 멀지 않았다. 그곳에서 기원전 6세기와 5세기에 발달한 의료 실천들은 이오니아 계몽주의의 일부로 분명 간주되어야 할 것이다. 어떤 종류의 사람들이 의학 지식을 만들어 냈는가 하는 질문에 대해 저명한 의학사학자인 에르빈 아커크네히트(Erwin Ackerknecht)는 "아무런 보호도 받지 못하는 그리스 의사들의 독특한 사회적 지위"에 대해 설명했다. 그들은 생계유지에 필요한 돈을 긁어모으기 위해 "이 도시에서 저 도시로 유랑해야" 하는 "떠돌이 기술자"였다. "그가 의지하는 상류 사회는 대체로 하나의 주어진 지역에서 영구적으로 생계를 유지하기에는 층이 너무 얇았다." 이는 코스의 시민들이 왜 코스"학파"가 기록한 증례에서 환자로 거의 등장하지 않는가에 대한 해답도 된다. 그리스 의사들은 다른 장인들과 마찬가지로 "학교에서 훈련받은 것이 아니라 개별 마스터 아래에서 도제 생활을 거치면서 훈련을 받았다."[91] 이러한 떠돌이 의사들은 엘리트가 아니었지만 엘리트가 되려는 열망을 갖고 있었다. 이것은 그들이 "상류 사회"를 위해 일하는 것을 지향했다는 데서 알 수 있다. 그래서 그들의 저작은 자신들의 의술이 전통적인 치료사들의 방식보다 우월하다는 것을 부유층과 권력층에게 설득하려는 목표를 갖고 있었다.

의료 시술가들에 더해 또 다른 직업 집단들 — 체조 선생, 신체 훈련 지도사, 연무장 관리자 — 도 히포크라테스 전통에 특히 주목할 만한 기여를 했다. 그들은

> 골절과 탈구를 치료하는 법을 배웠고, 히포크라테스 선집에서 외과 논문들이 그토록 높은 수준에 도달한 것이 대체로 그들의 축적된 경험의 결과였음은 의심의 여지가 없다. …… 이런 방향의 실험과 연구가 히포크라테스학파

의학의 발전에 가진 중요성은 아무리 강조해도 지나치지 않을 것이다.[92)]

결국 그리스의 의학은 실용적인 기술에서 지식을 축적했다. 이러한 주된 발전 방향은 적어도 기원전 3세기까지 계속되었다. 이 시기를 전후해 알렉산드리아의 무세이온에 있던 헤로필루스(Herophilus)와 에라시스트라투스(Erasistratus)는 해부학과 생리학을 엘리트 과학의 영역으로 가져왔다. 이들의 연구는 인간 시체의 체계적인 해부에 기반한 것이었다(알렉산드리아의 해부학자들이 유죄 판결을 받은 범죄자들을 대상으로 생체 해부를 했다는 말도 있지만, 이런 주장이 처음 나온 것은 그로부터 수 세기가 흐른 뒤였다.).

고대 후기의 의료 전통은 페르가몬 출신의 갈레노스(Galenos)의 권위에 의해 지배되었다. 갈레노스는 기원후 161년에서 180년 사이 로마 황제 마르쿠스 아우렐리우스 안토니누스(Marcus Aurelius Antoninus)의 주치의로 활동했다. 갈레노스가 개인적으로 의학 지식에 기여한 바가 대단했다는 데는 토를 달기 어렵지만, 그의 영향력이 가진 무게의 압박은 이후의 진보에 장애가 되었다. 아커크네히트는 "갈레노스의 저작이 중세와 근대 초기 의학을 마비시키는 역할"을 했다는 점을 강조했다.[93)]

갈레노스가 초기에 인간의 해부학과 생리학에서 이뤄 낸 진전은 "죽은 사람과 살아 있는 동물을 해부하는 가차 없고 비위를 상하게 하는 개인적 노고를 거치고 나서야 얻어졌다."[94)] 그러나 로마로 가서 제국 황실에 자리를 얻게 되면서, 갈레노스의 사회적 지위 상승은 연구 방식에서의 변화를 가져왔다.

갈레노스가 로마에 온 후에 더 이상 외과술을 많이 실행에 옮기지 않았다는 사실은, 외과술과 의학 사이에 분열이 시작되었음을 시사한다. 노예 소유에 기반한 로마 사회에서 손노동은 신사의 품위에 못 미치는 것으로 여겨졌고,

외과술은 손노동의 한 형태로 간주되었다.[95]

외과술이 의학에서 단절된 것 — 양쪽 모두에게 대단히 큰 타격을 입힌 — 의 책임을 갈레노스 혼자에게만 물을 수는 없다. 사회적 맥락이 이것을 강제한 측면도 있기 때문이다. 의학은 엘리트 전문직으로 간주된 반면, 외과술은 수백 년 동안 "이발사, 목욕탕 주인, 교수형 집행인, 암퇘지 난소 제거꾼, 온갖 종류의 약장수와 돌팔이 의사들에게 넘겨졌"다. 그러나 "일정한 수준의 외과술은 16세기까지 계속해서 살아남았고, 이 시기에 이르면 지위가 낮은 이발사들이 스스로 충분한 힘과 교양을 쌓아 역사상 가장 위대한 외과 의사 중 몇몇을 배출할 능력을 갖추게 되었다."[96] 이 중요한 분야를 2세기부터 16세기까지 유지시켜 준 이들이 "지위가 낮은 이발사들"이었다는 사실을 간과해서는 안 될 것이다.

16세기 들어 엘리트 의학의 마비가 어떻게 극복되기 시작했는지에 대해서는 5장에서 좀 더 자세히 다룰 것이다.[97] 한편 갈레노스의 권위라는 죽은 손이 의학을 무겁게 짓누르긴 했지만, 과학을 저해하는 힘으로서는 중세의 학자들에게 "우리의 철학자(The Philosopher)"로 친숙하게 알려져 있었던 인물의 권위만큼 막강하지는 못했음을 기억해 둘 필요가 있다. 그 인물의 이름은 바로 아리스토텔레스이다.

아리스토텔레스

플라톤의 반경험주의 유산은 그의 가장 중요한 학생이었던 아리스토텔레스에 의해 다소간 완화되었다. 아리스토텔레스가 이후의 유럽과 이슬람 학문에 미친 영향은 플라톤보다 훨씬 크다. 아리스토텔레스는 십대였을 때 플라톤의 아카데미에 합류해 이후 20년 동안을 스승의 그늘 속에서 지냈다. 플라톤이 죽은 후 아리스토텔레스는 아카데미를 떠나 경쟁 학교인 리케이온을 세웠고, 그곳에서 플라톤의 과학적 견해 가운데 해악이 큰 몇몇 측면들을 비판했다. 아리스토텔레스는 직접 수행한 폭넓은 생물학 연구에서 플라톤이 매우 싫어했을 현실적(doun-to-earth) 접근법 — 자연의 탐구에서 오감에 의지하는 것 — 을 활용했다.

다른 한편으로 아리스토텔레스는 두 가지 중요한 측면에서 플라톤의 진정한 계승자였다. 먼저 아리스토텔레스는 과학 엘리트주의의 지도적 주창자의 역할을 물려받았고, 이는 리케이온의 조직에도 반영되었다. 패링턴에 따르면, 아리스토텔레스의 영향력은 과학을 "농노와 노예의 노동에 의해 유지되는 엘리트 시민들의 문화적 영역"으로 보는 생각을 강화시켰다. 이후 과학은 "순수하게 이론적인 학문이 되어 실용적 응용을 포함하지 않게 되었다."[98)]

아리스토텔레스의 견해에 따르면 생활의 필수품을 생산하는 손노동자들은 시민권을 받을 만한 자격이 없었다.

> 아리스토텔레스는 생산자들을 시민 집단에서 제외하면서 놀라운 주장을 펼쳤다. 생산자들은 국가에 필요하지만 그것의 일부를 이루지는 않는데, 이것은 마치 들판이 소를 키우는 데 필요하지만 소의 일부는 아닌 것과 같다는 것이었다. 그런 논증이 무게를 갖는 사회에서 과학은 경제적으로 독립적인 이들의 영역이자 특권이었다. 과학은 어떤 사회적 기능을 갖기보다는, 날 때부터 사상가로 키워진 사람들의 개별적 영혼을 위한 분야로서 가치가 있다고 여겨졌다.[99)]

둘째로 아리스토텔레스는 이오니아의 유물론적 자연 철학에 맞섰던 소크라테스 혁명의 주된 계승자였다. 비록 궁극의 실재는 추상적인 수학적 관계에 있다는 플라톤의 관점과 단절하긴 했지만, 아리스토텔레스는 목적론적 자연관을 옹호했고 이것은 그 철학적 귀결에서 플라톤에 못지않게 관념론적이었다. 목적론적 개념은 생물학적 관찰에서 도출되었다. 도토리가 예외 없이 떡갈나무가 되고 달걀이 예외 없이 병아리가 되는 것을 보면서 아리스토텔레스는 그 발달이 그 속에 내재한 계획에 의해 조절되고 있음이 분명하다고 추론했다. 이어 아리스토텔레스는 이런 추측의 연장으로 **모든 자연**이 그 속에 내재한 계획에 의해 인도된다는 주장을 펼쳤다. 자연에서 일어나는 모든 일은 미리 정해진 목적을 달성하려 한다는 것이다. 이러한 계획의 존재는 우주적 계획가 — 모든 것을 통제하는 보편적 지성 — 의 존재를 암시하는가? 아리스토텔레스는 자신의 철학이 의식을 지닌 초월적 존재를 필요로 하지 않는다고 주장했지만, 내적인 논리에 따라 펼쳐지는 그의 자연 개념은 자연 현상을 설명할 때 정신적 과정과의 유비를 주로 이용했다. 따라서 아리스토텔레스의 자연 철학은 플라톤 못지않게 정신을 물질보다 우위에 두었다.

아리스토텔레스의 과학적 유산은 장단점이 뒤섞여 있지만 그의 스승보다는 훨씬 더 건설적인 잠재력을 갖고 있었다. 부정적인 측면을 보면, 아리스토텔레스의 물리학은 플라톤의 지식 추구가 결실을 맺지 못했던 것과 동일한 종류의 선험적 방법에 기반을 두었다. 그러나 플라톤과 달리 아리스토텔레스는 생물학과 사회학 지식의 추구에서 자신의 눈과 손, 다른 감각 기관들로 얻은 증거를 기꺼이 인정했다. 하지만 궁극적으로 아리스토텔레스의 생물학과 사회학적 저작들은 "모든 농부, 어부, 정치가들이 알던 내용을 질서정연한 방식으로 식자층에게 설명해 주는 것에 불과했다."[100]

아리스토텔레스가 물음을 구하고는 했던 어부들은 때때로 그를 오도

했다. 더운물이 찬물보다 더 빨리 언다는 그의 결론은 "폰투스의 주민들"에게서 얻은 것이었는데, 그들은 "낚시질을 위해 얼음 위에서 야영할 때 (그들은 얼음에 구멍을 뚫고 낚시를 했다.) 더운물을 찌 주위에 부어 더 빠른 속도로 얼게끔 했다. 얼음을 찌를 고정하기 위한 추로 이용한 것이었다."[101)]

알렉산드리아의 과학 엘리트 중에 있던 아리스토텔레스의 몇몇 후계자들은 그의 경험적 접근법을 훌륭하게 사용했고, 이것은 특히 의학에서 두드러졌다. 그러나 아리스토텔레스 과학은 비잔틴 제국과 이슬람 세계로, 그리고 나중에 다시 중세 유럽으로 넘어오는 역사적 경로를 밟으면서 경직된 정통 교의로 굳어졌고, 이것은 자연의 작동에 대한 탐구를 사실상 마비시켰다. 중세 유럽의 지적 엘리트는 아리스토텔레스를 자연 지식의 모든 측면에서 궁극적 권위자로 간주했다. 과학적 문제들에 관한 논쟁은 관찰이나 실험에 의해서가 아니라 '우리의 철학자'의 신성한 텍스트를 열심히 연구함으로써 해결되었다.

이러한 잘못은 아리스토텔레스가 아니라 그의 뒤를 이은 중세 유럽 스콜라 학자들의 억압적 보수주의에 기인한 것이다. 그러나 아리스토텔레스주의가 과학사에서 아주 먼 우회로를 제공한 것은 분명하다. 아리스토텔레스는 과학의 모든 전반적 문제들을 해결했다고 여겨졌지만, "르네상스 이후 근대 과학이 떠맡은 첫 번째 과업은 이러한 해답들 대부분이 무의미하거나 틀렸음을 보이는 것이었다. 이 과정에 거의 1,400년이 걸렸음을 감안해 보면 그리스 과학은 과학 발전에 도움이 되었다기보다 오히려 방해가 되었다고 주장할 수도 있다."[102)]

견유학파, 스토아학파, 에피쿠로스학파

아리스토텔레스는 자신의 리케이온을 플라톤의 아카데미에 맞서는 경쟁 학교로 설립했지만, 이 역시 특권층 자제들에게만 개방된 엘리트 기관이었다. 양쪽 모두에 반대해 세 개의 반엘리트주의 학파가 생겨나 아테네의 평민층 사이에서 지지를 구했다. 견유(犬儒)학파, 스토아학파, 에피쿠로스학파가 그것이었다. 견유학파는 특히 학대받고 억압받은 계층에 호소했다. 그들이 내세운 교의는 "그리스 프롤레타리아의 철학"이라고 불려 왔다.[103)]

견유학파는 1950년대와 1960년대 비트족과 히피의 정신적 선조였다. 그들의 사회적 주장은 지배적인 사회 규범에 대한 요란한 거부의 형태를 띠었다. 그들은 마치 히피들처럼, 견실한 시민들에게 충격을 주기 위한 방편으로 도발적인 반체제 생활 양식을 받아들인 비순응주의자들이었다. 또한 그들은 많은 주목을 끌었지만 지나가는 유행이었다는 점에서도 히피와 비슷했다. 견유학파의 선생들은 적어도 기원후 2세기까지 계속해서 자신들의 믿음을 설파했고, 견유학파에서 가장 유명한 시노페의 디오게네스(Diogenes)는 그보다 더 오랜 기간 동안 민중의 우상으로 남아 있었다. 그러나 디오게네스의 사망(기원전 320년경) 직후 운동의 동력은 스토아학파로 넘어갔다. 스토아주의의 창시자인 키티온의 제논은 디오게네스의 수제자였던 크라테스(Crates)의 제자였다.

자연에 대한 스토아학파의 관심은 그들의 사회적 기원과 긴밀하게 연결되어 있었다. 학파에서 두 번째로 저명한 지도자였던 아소스의 클레안테스(Cleanthes)는 "프롤레타리아였으며 이 점을 자랑스럽게 여겼다."[104)] 스토아학파의 선생들 대부분은 아시아인, 즉 플라톤이나 아리스토텔레스의 학교가 보여 준 극단적 배타주의에 의해 자연히 배제된 비그리스인이었다. 윌리엄 우드트로프 탄(William Woodthrope Tarn)은 이것을 다음과 같이 간명하게 요약하고 있다.

> 플라톤은 모든 야만인들이 **그 본성상** 적이라고 말했다. 그들을 상대로 전쟁을 일으키는 것은 정당한 일이며, 심지어 그들을 노예로 삼거나 씨를 말려도 상관없었다. 아리스토텔레스 역시 모든 야만인들, 특히 아시아인들이 **그 본성상** 노예라고 말했다. 그들은 자유인의 자격을 얻을 만한 수준에 오르지 못했기 때문에 그들을 노예로 다루는 것은 정당했다.[105]

스토아학파의 답변은 자연에 대한 상반되는 관점에 호소했다. 인류의 단합이라는 이상을 지지하기 위해 모든 인간들의 본질적 유사성을 강조하는 관점이었다.

그러나 안타깝게도 스토아학파는 자신들이 얻어 낸 교훈에 충실하지 못했다. 그들은 기존 체제에 대한 전투적인 반항으로 시작했지만, 운동이 커지고 자리를 잡게 되면서 지배 권력의 존중과 동조를 구하기 시작했다. 결국 "스토아학파의 운명은 이후 기독교의 운명과 마찬가지로 애초 그것이 공격했던 사회 유형의 버팀목으로 귀결되었다."[106]

세 번째로 에피쿠로스학파는 "민중을 위한 과학" 운동이 되겠다는 뜻을 품었다. 에피쿠로스학파는 과학을 이데올로기적 무기로 선택해 "힘없는 민중들, 보통 사람의 용기와 자기 존중을 회복하는 운동"을 일구어 내고자 했다.[107]

에피쿠로스학파는 고대 말기에 소크라테스 혁명에 도전한 주요 세력이었다. 학파의 창시자인 에피쿠로스(Epicouros)는 플라톤이 종교적 미신을 정치적 도구로 사용하는 것에 질색했다. 에피쿠로스는 조롱섞인 어조로 플라톤을 "금으로 만들어진 인간(Golden Man)"이라고 불렀다. 금으로 만들어진 인간의 고상한 거짓말을 암시한 표현이다.[108] 조지 사턴의 지적에 따르면, "플라톤과 에피쿠로스의 거대한 차이"는 "전자가 남의 말을 잘 믿는 대중의 무지를 곧잘 이용했던 반면, 후자는 그것을 근절하기 위해 최선의 노력을 기울였다는 것이다."[109]

에피쿠로스는 "인류 전체를 미신에서 해방시키려는 운동을 조직했던 역사상 최초의 인물이다."[110] 나중에 기원전 2세기에 역사학자 폴리비우스(Polybius)는 종교가 다루기 힘든 대중을 길들이기 위한 의도적 속임수에서 시작되었다고 주장했다.

> 모든 군중들이 변덕스럽고, 무법천지인 욕망, 이치에 닿지 않는 분노, 격렬한 열정으로 가득 차 있음을 감안할 때, 유일하게 의지할 것은 신비스러운 공포로 그들을 제지하는 것뿐이다. …… 그런고로 내 생각에, 고대인들이 신들에 관한 세속적인 견해와 하데스의 징벌에 대한 믿음을 끌어들였을 때 그들이 아무런 목적 없이 내키는 대로 그렇게 했던 것은 아니다.[111]

그렇지만 이것은 순진한 생각이다. 종교는 단순한 지배 계급의 음모가 아니었다. 그럼에도 종교를 사회 통제의 수단으로 이용한 것은 기원전 4세기 말의 정치적 현실이었다. 알렉산드로스(Alexandros) 대왕이 기원전 323년 사망한 이후 그가 세운 제국이 붕괴하며 나타난 내전과 혼란 속에서, 지배 계층은 국가가 동원하는 도구로서의 종교에 더 많이 의존하게 되었다.

에피쿠로스학파는 이런 경향에 도전했지만, 그들은 정치적 혁명가가 아니었다. 그들은 미신을 폭로했지만 권력자들과의 심각한 갈등은 피했고, 그럼으로써 7세기 이상에 걸쳐 살아남을 수 있었다. 에피쿠로스주의의 정치적 수동성과 다소 비관적인 전망은 그것이 갖는 호소력을 제약했고 진정한 대중 운동이 되는 것을 가로막았다. 아테네에 있던 대다수의 다른 학교들과 달리 여자와 노예도 회원으로 받아들이긴 했지만, 에피쿠로스학파의 사회적 기반은 평민도 귀족도 아니었고, "알렉산드로스 제국과 로마 제국 하의 몰락하는 도시 국가에서 지배 권력과 하층 계급 사이에 끼어 있던 사람들로, 시대의 무질서와 위험으로부터 도덕적 피신처를 찾던 이들"이었다.[112)]

스토아학파와는 달리 에피쿠로스학파는 자신들의 원칙에 태만하지 않았다. 그들의 교의가 700년이 넘는 기간 동안 일관되게 유지되었다는 것은 놀라운 일이다. 그들이 옹호했던 종류의 과학은 이오니아의 유물론자 레우키포스(Leucippos)와 데모크리토스(Democritos)의 과학이었다. 그들은 플라톤과 아리스토텔레스가 질색했던 물질의 원자 이론을 창시한 인물이었다.[113)] 에피쿠로스학파는 실제로 활동한 과학자들이 아니었고 자연에 대한 지식에 직접 기여한 바가 알려져 있지도 않지만, 플라톤과 아리스토텔레스의 과학적 권위에 도전한 것은 의미가 컸다. 그런 도전은 1,000년 이상 동안 엘리트 과학계에 거의 아무런 영향도 미치지 못했지만, 에피쿠로스학파의 유산은 결국 17세기의 "기계적 철학자들"에 의해 인정받아 영예로운 지위에 올랐다.

아리스토텔레스 이후의 엘리트 과학

아리스토텔레스가 기원전 322년에 사망한 후 리케이온은 아리스토텔레스의 유능한 제자 테오프라스토스(Theophrastos)의 지도 하에 그리스 과학의 제도적 중심의 자리를 지켜 나갔다. 그러나 테오프라스토스가 죽은 후 학교는 오래 이어지지 못했고, 엘리트 과학의 주도권은 알렉산드리아의 무세이온으로 넘어갔다. 무세이온은 그리스 세계에 국가가 대규모로 후원하는 과학이 등장했음을 의미했다. 알렉산드로스의 제국 붕괴에서 로마의 융성에 이르는 거의 3세기 동안(기원전 305~30년) 이집트를 지배한 마케도니아 왕국의 프톨레마이오스 왕조는 "최고의 두뇌들"을 무세이온으로 끌어오기 위해 아낌없이 돈을 썼다. "왕조에서 후원한 100여 명의 칙임 교수들 중 정말 많은 수가 인류에게 도움이 된 인물로 후대에 이름을 남겼다."[114)]

> 무세이온의 과학 연구는 …… 이전까지 이뤄진 그 어떤 연구보다도 훨씬 더 전문화되어 있었는데 이러한 방식은 그 이후에도 2,000년 동안 나타나지 않았다. 이것은 그리스 시민들이 (과학으로부터) 더욱 더 유리된 현실을 반영했다. 과학계는 이제 충분히 규모가 커져서 아주 전문화된 천문학과 수학 연구에도 그 수는 적지만 감식안과 이해력을 갖춘 엘리트를 투입할 수 있게 되었다. 이런 연구 결과는 평균적인 교육을 받은 시민이라 하더라도 읽을 수가 없었고, 하층 계급은 경외감과 의심이 뒤섞인 시선으로 바라볼 뿐이었다.[115)]

국가는 무세이온의 자매 기관인 알렉산드리아의 유명한 도서관도 재정적으로 후원했다. 도서관에 소장된 지식의 많은 부분은 훔친 것이었다. 프톨레마이오스 왕조는 "알렉산드리아에서 하역 중인 배에서 발견된 책은 무조건 압수했다. 원 소유자에게는 사본을 주었고 …… 원본은 도서관으로 갔다." 이러한 엘리트 과학의 양대 요새에서 실무를 맡아 계속 운영했던 사람들의 사회적 지위도 주목할 만하다. "그리스 세계에서 화이트칼라 노동은 많은 다른 형태의 노동과 마찬가지로 노예들이 담당했다."[116)]

과학은 실용성이 없어야 한다는 플라톤의 금언과는 정반대로, 프톨레마이오스 왕조는 자신들이 후원한 연구에서 실용적인 결과를 기대했다. 그러나 그들의 관심은 노동 절약 기법을 찾아내거나 전반적인 생활 수준을 증진시킬 방법을 찾는 것이 아니라 군사 무기나 토목과 관련된 기술을 향상시키는 데 초점이 맞춰져 있었다. 그런 이유 때문에 무세이온 시대의 공식적인 그리스 과학은 전혀 쓸모가 없는 것은 아니었지만, 일차적으로 제국주의적 지배 계급의 이해관계에 봉사하도록 맞춰진 협소한 경로에 국한되어 있었다. 이러한 성격은 로마 시대에 접어들어서도 대체로 계속 유지되었다. 기원후 2세기에 클라우디오스 프톨레마이오스(Claudios Ptolemaeos, 이전 시기의 이집트 왕조와는 무관한 인물)가 천문학과 지리학 분야에서, 갈레노스가 해부학과 생리학 분야에서 주목할 만한 기여를 했음에도, 이 시기에 이르면

> 과학은 사회생활에서 실질적인 힘으로서의 지위를 잃었다. 대신 특권층의 소수를 위한 교양 학문으로서 과학의 개념이 부상했다. 과학은 기분 전환이자 장식으로, 또 명상의 주제로 자리를 잡았다. 과학은 더 이상 생활의 조건을 바꿔 놓는 수단이 아니었다.[117]

다른 한편으로, 알렉산드리아에서 자연에 대한 모든 지식이 무세이온과 도서관에 국한된 것은 아니었다.

> 헬레니즘 시대가 물리 과학에 가장 크게 기여한 분야는 기계학이었다. 최초의 추동력은 기술 쪽에서 나왔을 것이다. 특히 금속 분야에서 그리스의 기술은 알렉산드로스 대왕 이전에 높은 수준에 도달해 있었다. …… 우리는 대단히 많은 일견 새로운 장치들이 (기원전) 3세기경에 등장했다는 사실을 알고 있지만 그 기원은 여전히 오리무중이다. 아마도 지역 기술자들이 전통적으로

개발해 온 기계들을 침략자들이 알게 되었고, 이후 글을 읽고 쓸 줄 아는 그리스 기술자들이 이것을 기록하고 추가로 개량했을 가능성이 있다.[118]

재료 과학에서는 알렉산드리아의 학자들이 "손을 더럽히는 어떤 일에도 관심을 갖지 않으려 했기 때문에 중대한 진전이 이뤄지지 못했다."[119] 반면 헬레니즘 시대의 장인들은 이 분야에서 중요한 기여를 하고 있었다. 그들이 가진 화학 지식 중 일부는 파피루스에 기록되었는데, 이것은 "숙련 노동자들이 사용할 수 있도록 만들어진 것임이 분명"했다.[120] 이러한 문서들은 기원후 3세기에 작성되었지만, 여기에 기록된 연금술 활동은 멀게는 2세기 전에 이뤄진 것들이다.

전체적으로 보면 "알렉산드리아의 화학자들은 증류기, 화덕, 열중탕, 비커, 필터, 그 외 오늘날에도 유사한 대응품이 여전히 쓰이고 있는 화학 장치들의 발명에서 놀라운 창의성을 보여 주었다." "이러한 연금술사들 중에서 여성들의 이름이 눈에 띄는 것"은 주목할 만한 일이다. 특히 유대인 메리(Mary the Jewess)는 "수많은 기구들을 발명한 것으로 알려져 있다." 그녀의 이름은 '*bain-marie*(프랑스어로 이중 냄비를 가리키는 말이며, 원래 연금술의 도구로 쓰였다. — 옮긴이)'라는 단어 속에 영원히 남게 되었다. "연금술을 창시하고 1,500년 동안 화학 변화를 연구하는 모든 사람들의 생각에 영향을 준 알렉산드리아 사람들"은 분명 과학의 연대기에서 중요한 자리를 차지할 자격이 있다.[121] 알렉산드리아의 연금술사와 근대 과학을 연결해 주는 연속성의 끈은 근대 초기 유럽으로 전달되었다. 이곳에서 연금술은 "우리가 오늘날 야금술, 화학, 혹은 재료 과학이라고 부르는 것과 구분되지 않았다."[122]

이 주제를 벗어나기 전에 연금술의 "어두운 일면" — 신비주의적 측면 — 에 관해 말해 둘 필요가 있다. 연금술은 여러 시대를 거치면서 시종 일관 신비주의와 긴밀하게 연관되어 있었고, 이러한 연관은 특히 헬레니즘 시대의 알렉산드리아에서 강했다. 장인들이 불타는 화덕에서 만들어냈던 일견 기적과도 같은 변화들은 신플라톤주의 철학자들의 상상력에 강한 영향을 미쳤고, 그들로 하여금 연금술의 은유로부터 공상적인 형이상학 체계를 지어내게 했다. 그 결과 "이미 혼란스러운 연금술 용어들에 더해, 화학 용어를 썼지만 화학 관련 내용은 거의 없는 엄청난 양의 철학적 억측이 덧붙여졌다." 신비주의 철학자들은 실용적 연금술사들이 단지 "부는 사람(puffer)"에 불과하다며 조롱을 퍼부었다(연금술사들이 불을 돋우기 위해 풀무를 사용한 것을 가리키는 표현이다.). 그러나 "나중에 화학으로 발전하기까지 과학으로서의 연금술을 보존하고 발전시킨 것"은 실용적 연금술사들이었다. "다른 이들은 애매모호한 명명법과 억측의 안개 속에서 길을 잃어 화학에는 아무런 기여도 하지 못했다."[123]

로마 과학?

역사학자들은 대체로 "로마 과학"이라는 말 자체가 일종의 모순 어법이라고 생각하지만, 로마의 인상적인 기술적 성취는 자연의 과정에 대한 많은 양의 지식을 보여 준다. 비트루비우스(Vitruvius)나 프론티누스(Frontinus) 같은 몇몇 저명한 건축가 및 엔지니어들을 예외로 한다면, 그러한 지식을 가진 사람들 대부분은 사회적으로 피지배 계층이었고 그들의 기여는 기록으로 남아 있지 않다.

고대 로마 시기에 기록으로 남아 있는 중요한 과학 업적으로 플리니우스의 『자연사(*Natural History*)』가 있다. 과학사학자들은 어떤 과학적 주제에 관해 기원후 1세기에 어떤 것이 알려져 있었는지를 알아보려 할 때 플리니우스의 방대한 저서를 수시로 참고한다. 그러나 플리니우스, 디오도루스 시쿨루스(Diodorus Siculus), 그 외 로마의 백과사전 편찬자들은 노동 대중이 자신들에게 제공하는 정보에 의지했다. 존 데즈먼드 버널은 그들의 저작이 "대장장이, 요리사, 농부, 어부, 의사들의 공통된 관찰을 모아 놓은, 여러 주제에 걸친 안내서 이상은 아니었다."라고 썼다.[124] 대부분 "이러한 저자들은 자신들이 읽었거나 들은 내용을 단지 베껴 썼을 뿐이며, 자신들이 기술하고 있는 업적을 제대로 이해하지도 못한 경우가 흔했다."[125] 그러나 백과사전 전통의 문제는 그것이 단지 과학 지식을 새롭게 **창출해** 내지 못했다는 것만은 아니다. 그런 전통은 "과학 지식을 **빈약하게** 만든 후, 아무런 방법론도 첨부하지 않은 채 그것을 불가침의 사실로 전수하는 경향을 보였다."[126]

그리스-로마의 학자들인 프톨레마이오스와 갈레노스는 후기 고전 고대의 엘리트 과학이 다다른 정점이었다. 그때 이후 과학은 내리막을 걸었다. 과학은 "거의 전적으로 상류층의 영역이 되었고 그에 따라 추상적이고 문학적인 성격을 갖게 되었다. 뿌리 깊은 지적 속물 근성 탓에 식자층이 실용적 지식의 엄청난 보고에 접근하는 것이 가로막혀 있었기 때문이다. 그런 실용적 지식은 문맹에 가까운 기술자들의 전통 속에 갇혀 있었다."[127]

기원후 5세기에 로마 제국주의의 희생자들이 봉기해 로마를 파괴하면서, 과학을 포함해 글을 읽고 쓸 줄 아는 문화는 서구 세계에서 거의 사라져 버렸다. 그러나 고대의 기술은 "과학과는 달리 훨씬 더 많이 살아남았고 상실된 것도 적었다. 기술은 도로나 수로의 건설처럼 규모가 거대한 경우를 제외하면 본질적 요소는 바뀌지 않은 채 전수되었다."[128] 결국 글을 읽고 쓸 줄 모르는 장인들의 구전 전통이 학자들의 책보다 더 내구성이 컸고, 과학의 연속성은 후자보다 전자에 더 많은 것을 빚지고 있는 셈이다. 서구 제국을 정복한 "야만인들"의 농업 기술은 그들이 몰아낸 로마인들의 그것보다 우수한 것처럼 보였다.[129)]

학문적인 과학은 그리스 어를 말하는 동로마 제국에서 계속 살아남았지만, 플라톤과 아리스토텔레스의 정통 교의의 중압감 아래에서 정체를 겪었다. 비잔티움의 학자들은 7세기에 이슬람의 폭발적 부상이 전통의 부흥에 비옥한 토양을 제공하기 전까지 그리스 과학의 전통을 보존했다.

이슬람 세계의 과학

그리스의 기적이라는 교의에 따라오는 명제 중 하나는 이른바 "암흑기" 내지 "중세" — 기원후 6~7세기경부터 11~12세기까지를 포괄하는 유럽 중심적 용어 — 동안 과학사에서 중요한 일은 아무것도 일어나지 않았다는 것이다. 전통적 설명에 따르면 그리스의 유산은 이슬람 세계의 비(非)아리아인들에 의해 보존되었고, 그들은 그리스의 유산이 다시금 아리아인의 유럽으로 전달되기까지 그것의 후견인으로서의 역할에만 머물렀다. 유럽에서 다시 한번 그리스 과학은 뿌리를 내리고 그것을 이해하기에 충분한 천재성을 가진 사람들 사이에서 성장할 수 있었다.

이것은 현실을 완전히 오도하는 그림이다. 아랍-이슬람의 학문은 이전 시기에 있었던 그리스의 성취를 단지 수동적으로 반영한 데 그치지 않았다. 페르시아, 인도, 중국에서도 많은 것을 받아들였고, 그 자신이 과학 문화에 독창적인 기여를 하는 원천으로서의 역할도 했다. 이것은 (여러 분야들 중에서) 수학 분야에서 가장 분명하다. 그리스의 수학자들은 거의 전적으로 기하학에 몰두하면서 산수는 수준 낮은 실용적 목적에만 적합한 도구로 깔보았던 반면, 이슬람 수학자들은 인도에서 10진법의 자릿값 숫자 체계를 받아들여 그리스의 선배 수학자들은 결코 상상해 보지 못했을 방식으로 수학 지식을 발전시켰다. 그 증거는 우리가 쓰는 영어 단어 속에 남아 있다. "알고리듬(algorithm, 근대 초기 유럽에서 "산수"를 뜻하는 말이었던)"과 "대수학(algebra)"은 아랍 어에서 유래한 말이다. 삼각법의 발전에 대한 이슬람 학자들의 기여는 역시 아랍 어에서 유래한 "사인(sine)", "코사인(cosine)" 같은 단어들에 남아 있다.

이슬람 세계의 엘리트 과학이 그리스의 토대 위에 만들어진 것은 사실이다. 이것은 그리스 과학의 고전 저작들을 아랍 어로 번역하는 노력에서 시작되었다. 이슬람 제국이 이집트, 시리아, 그 외 다른 헬레니즘 제국의 영토로 뻗어 나가면서 그리스 학문의 주요 저작을 직접 접하는 것이 가능해졌다. 7세기에 우마이야 왕조에서 시작된 번역 운동은 8세기 중엽 아바스 왕조가 권력을 잡으면서 가속되었다. 832년에 아바스 통치자들은 바그다드에 지혜의 집(Bayt al-Hikma)이라는 대규모 연구 시설을 세웠고, 이곳으로 이슬람 세계 전역의 일류 학자들을 모아들여 그리스의 의학, 수학, 천문학 저작들을 번역하게 했다.

아바스 왕조는 1258년에 이슬람교를 믿지 않는 몽고인들이 바그다드를 점령하면서 종말을 고했지만, 아랍-이슬람 과학에 대한 후원은 계속되었다. 몽골의 지도자 훌라구(Hulagu)는 이란의 마라가에 이슬람 학자들이 운영하는 관측소를 세웠는데, "이것은 아랍 과학의 역사에서 오래도록 지속된 중요한 일화 가운데 하나의 시작이었다."[130] 후원자들의 동기는 수 세기 전 알렉산드리아 프톨레마이오스 왕조의 동기와 같았다. 국가 통치의 수단을 향상시킬 수 있는 실용적 응용을 기대했던 것이다.

그러나 이슬람 학자들은 단순한 번역가나 모방자가 아니었다. 그들은 그리스 과학의 정전에 대해 폭넓은 비판적 논평들을 덧붙였고, 때로는 자신의 독창적인 과학 연구에 기반해 그렇게 했다. 12세기에 유럽의 학문이 부흥하기 시작했을 때 아랍에서 구해 온 아리스토텔레스와 갈레노스의 저작들은 이븐 루슈드(Ibn Rushd, 아베로에스), 이븐 시나(Ibn Sina, 아비세나), 알 라지(al-Razi, 라제스) 외 많은 사람들의 해석적 렌즈를 통해 굴절된 것이었다. 그러나 새로운 학문은 재빨리 정통으로 굳어졌고, 이는 자연에 대한 지식을 추가로 얻어 내는 것을 방해했다. 몇몇 이슬람 학자들은 아리스토텔레스나 갈레노스가 그랬던 것처럼 유럽 학자들의 존경을 받았고 신성불가침의 권위자로 떠받들어졌다. 예를 들어 근대 초 유럽에서 의대 교수들과 엘리트 의사들은 이븐 시나와 알 라지의 저작을 사실상 감히 도전할 수 없는 것으로 간주했다.

이슬람 과학이 서구로 전달된 것은 보통 평화로운 학자 번역가의 업적으로 그려지고는 한다. 그러나 이 과정은 부분적으로 스페인에서 이슬람 세력의 몰락을 야기한 전쟁에 뒤따른 폭력적인 약탈의 결과이기도 했다. "고대 철학의 유혹은 서구가 알 안달루스(al-Andalus, 이슬람 세력이 지배하던 시기의 이베리아 반도를 일컫는 말 — 옮긴이)에 대해 펼친 십자군 전쟁 배후의 주된 동기는 아니었지만 — 광란에 가까운 십자군 열풍과 전리품에 대한 욕망이 좀 더 효과적인 유인이었다. — 아랍의 학문을 얻은 것은 레콩키스타(reconquista, 이베리아 반도를 점령한 이슬람교도들로부터 영토를 되찾기 위해 중세 스페인과 포르투갈의 기독교 국가들이 벌인 일련의 전투 — 옮긴이)로 인해 나타난 가장 중요한 결과 중 하나였다."[131]

지금까지의 이슬람 과학에 대한 개요는 이것이 단순히 후견인의 기능만 했다는 그리스 애호증의 주장을 반박하는 데 도움을 주지만, 과학의 민중사에 대해서는 간접적인 연관성만을 가진다. 문서로 남아 있는 이슬람 세계의 과학 대부분은 권력을 가진 지배 계층에 봉사하는, 글을 읽고 쓸 줄 아는 지적 엘리트의 작업이었고, 몇 안 되는 위대한 사상가들의 저작이 기록을 지배하고 있다. 그러나 (하나의 예를 들자면) 이슬람의 의학 지식은 이븐 시나 혹은 알 라지와 함께 시작된 것도, 갈레노스의 저술이 아랍 어로 번역되면서 시작된 것도 아니었다.

> 이슬람 지배 이전의 서아시아는 지중해 지역과 흡사한 민중 의료를 보유하고 있었다. …… 방혈을 위해 흡각, 뜸, 거머리가 쓰였고, 알칼리가 풍부한 솔장다리라는 식물로 상처를 소독했으며, 지혈에는 나뭇재가 사용되었다. …… 실용 의료는 누구나 할 수 있었지만, 방혈사나 흡각사처럼 특별한 기술을 가진 사람들은 치료를 해 주고 돈을 받았다. …… 아랍-이슬람에서 학문적인 의학이 형성된 것은 9세기 초가 되고 나서였다.[132]

연금술(alchemy) — 아랍 어 기원을 가진 또 하나의 단어이면서 "화학"의 뿌리가 된[133] — 은 주로 이름 모를 장인들이 수행하는 과학이었다. 연금술은 그리스인들 사이에서 "비밀리에 유지되어 왔는데, 그것을 행했던 자들 — 직물 마무리공, 염색공, 유리 제조공, 도기 제조공, 제약사 등 — 이 사회에서 추방된 사람들이기 때문이었다."[134] 그러나 이슬람 세계에서는 그들이 지닌 지식 중 많은 것들이 기록으로 남겨졌다. 8세기에 자비르 이븐 하이얀(Jabir Ibn Haiyan)이라는 연금술사가 썼다고 하는 책들이 그 시발점이었다.[135]

자비르가 실존 인물이었는지 아니면 수많은 연금술사들의 집단적인 필명이었는지는 확실히 알 수 없다.[136] 어느 쪽이건 간에, 이 "아랍 화학의 아버지"가 썼다는 2,000권이 넘는 책들은 여러 세기에 걸친 수많은 연금술사들의 협력 작업을 보여 준다.[137] 그중에는 다양한 금속들이 그 속에 포함된 수은과 황의 비율에 따라 성질이 달라진다는 이론도 있었는데, 이 가설은 이후 재료 과학의 역사에서 엄청난 영향력을 발휘했다.[138] 뿐만 아니라 화학 반응에 대한 지식도 기록되어 있었다. 이러한 지식은 연금술사들이 비소와 안티몬을 황화물에서 분리하고 탄산납과 같은 물질을 조제할 수 있게 해 주었다.

아랍-이슬람 화학에 담긴 지식은 페르시아의 의사였던 알 라지와 다른 엘리트 학자들에 의해서도 기록되었다. 가장 잘 알려진 알 라지의 책 『기탑 시르 알 아스라(*Kitab Sirr al Asrar*)』("비밀들의 비밀에 관한 책")는 수많은 장인들의 작업장에서 유래했음이 분명한 여러 화학 처방들을 모은 책이다. 기술자들의 지식을 끌어다 쓰려는 이슬람 학자들의 욕구는 나중에 과학 혁명의 중심이 된 베이컨주의 기획의 전조를 보여 준다.

화학의 부상은 그 실용적 응용과 밀접하게 관련된다. 과학은 "이슬람 국가들에 지역별로 존재했던 화학 산업의 최초 대규모 생산"과 함께 발전했다. "소다, 명반, 녹반(황화철), 질산칼륨, 그 외의 다른 염들처럼 전 세계에 수출되어 (특히 직물 산업에) 쓰일 수 있는 제품들이 다량으로 제조되었다."[139] 연금술사들은 "염화암모니아를 발견했고, 가성알칼리를 조제했다." (알칼리라는 단어는 아랍 어로 탄산나트륨을 가리키는 al-qili를 고쳐 쓴 표현이다.) 뿐만 아니라

> 그들은 동물성 물질들의 성질과 그것이 화학에 갖는 중요성을 인식했고, 그러한 물질들을 "궁극의 구성 요소"까지 분석하는 수단으로 분해 증류의 방법을 대거 도입했다. 그들의 광물질 분류는 나중에 서구에서 사용된 체계들 대부분의 기초가 되었다. 화학은 아랍의 연금술사들에게 흔히 인정되는 것 이상으로 훨씬 더 많은 내용을 빚졌고, 과학 발전에 대한 그들의 기여는 중차대했다.[140]

"이슬람의 의사, 향수 제조자, 야금술사들이 과학의 전반적 진보에 가장 거대한 기여를 한 것은 화학에서였다."라고 존 데즈먼드 버널은 결론

내렸다. "이 분야에서 그들이 성공을 거둔 것은 그리스인들을 손기술과 분리시켰던 계급적 편견으로부터 상당 부분 자유로웠기 때문이었다."[141]

전통 시기 중국의 과학

이슬람 연금술사들은 헬레니즘 시대의 선배들이 가진 지식뿐 아니라 중국에서 전해진 지식에도 의지했다. 좀 더 일반적으로 말해, 과학사에서 기술의 창조적 역할에 대한 정당한 이해가 이뤄지면, "중국 과학이라는 강이 근대 과학의 바다로 흘러 들어간" 사실이 분명해진다.[142] 이 강의 중요성은 아무리 강조해도 지나치지 않다. 중국은 대단히 중요한 수많은 기술 혁신들의 원천이었고, 이것은 결국 유럽으로 흘러가 과학 혁명을 촉진했다.

> 베이컨 경이 열거한 세 가지(인쇄술, 화약, 자기 나침반)뿐 아니라 다른 100여 가지 — 기계 시계 장치, 철의 주조, 등자와 효율적인 마구, 카르다노 현가 장치와 파스칼의 삼각형, 활 모양 아치교, 운하에 쓰는 파쇄석, 선미의 방향타, 이물-고물 방향 돛 달기, 정량적 지도학 — 모두가 유럽을 사회적으로 좀 더 불안정하게 하는 데 영향을 미쳤고, 이 영향은 때때로 지축을 흔들어 놓을 정도였다.[143]

유럽의 상대적인 사회적 불안정은 중국에서 유래한 기술 혁신이 과학에 혁명을 일으킬 수 있게 해 주었지만, 중국에서는(그것이 통과했던 이슬람 세계에서도) 그렇지 않았다. 어떻게 그럴 수 있었는지는 아래에서 자세히 설명할 것이다. 지금 당장은 전통 시기 중국에서의 과학 발전이 "학문을 독점하고 또 학문의 많은 부분을 불모로 만들어 버린 관료제 봉건 계급"에 의해 심각한 제약을 받았다는 것만 기억해 두도록 하자.[144] 제국의 관료제를 지배하던 지적 엘리트인 관리들은 수공업이나 기술을 장려하는 데 거의 관심을 보이지 않았고 상인의 사회적 지위를 높이는 데는 전혀 관심이 없었다. "상류 사회의 학자들은 상업 자본이 이따금씩 싹을 틔우는 것을 체계적으로 억눌렀다."[145] 그런 맥락에서 기술의 진보는 그것이 혁명적인 어떤 사회적 결과도 가져오지 않음을 **확실하게 하기** 위해 용의주도하게 통제되었다.

이에 따라 "특정한 과학들은 상류 사회 학자들의 관점에서 정통으로 인정받은 반면 다른 과학들은 그렇지 못했다." 정통 과학에는 천문학과 수학이 들어가며 물리학도 "어느 정도는" 해당되었다. 의학에 대한 태도는 분열증적이었다. 유학자 의사들은 명성을 누렸지만, "다른 한편으로 의학은 조제술과 연관될 수밖에 없어서, 결국 도교, 연금술, 약초상과도 연결되었다." 하지만 연금술은 의심의 여지가 없는 비정통 학문이었고, 손노동을 필요로 하는 다른 활동들 역시 마찬가지였다.[146]

그러나 과학 민중사에서 중심 무대는 앞서 언급한 중대한 기술 진보에 깃든 자연 지식을 보유했던 중국의 장인들이 차지하고 있다. 중국 과학을 선구적으로 연구한 서구 역사학자인 조지프 니덤은 "중국 문명은 자연에 관해 알아내고 자연 지식을 인류의 이득을 위해 사용하는 데 과학 혁명 이전의 14세기 유럽인들보다 훨씬 더 효과적이었다."라고 단언했다.[147] 앞서 헬레니즘 시기에 물리 과학에 가장 큰 기여가 있었던 분야는 기계학이었다. 그러나 "세상은 알렉산드리아의 기계공 — 정교한 이론가이긴 했지만 — 보다는 고대와 중세 중국의 상대적으로 조용했던 기술자들에게 훨씬 더 많은 것을 빚졌다."[148]

니덤은 설명하기를,

우리가 여기서 다루고 있는 것은 철학자, 군주, 천문학자, 수학자 등 중국 인구의 교육받은 일부분이 아니라 상업과 농업의 영역과 관련된 잘 알려지지 않은 사람들이다. …… 우리는 더 이상 다수 노동자들과 그들이 노동했던 조건을 논의에서 배제할 수 없게 되었다. 인적 자원인 그들 없이 관개 시설이나 다리, 탈것 제작소, 천문학 장치의 설계자들은 아무 일도 할 수 없었다. 그리고 그들 중에서 나타난 창의적인 발명가나 능력 있는 엔지니어들이 역사 속에 이름을 남길 만큼 출세한 경우도 드물지 않았다.[149)]

중국의 장인들은 고대 세계의 다른 지역들보다 국가 관료제의 직접 통제 하에 놓인 정도가 훨씬 더 컸다.

그 이유는 거의 모든 왕조들에 정교한 작업장과 병기창이 있었기 때문이기도 하고, 전한(前漢) 시대의 염철(소금과 철) 전매소에서 볼 수 있듯 특정 시기에 적어도 가장 발달된 기술을 보유한 직종들은 "국유화"되었기 때문이기도 하다. …… 이와 동시에 시대를 막론하고 언제나 보통 사람들이 보통 사람들을 위해 독립적으로 수행하는 수공업 생산의 영역이 크게 존재했다는 데는 의문의 여지가 없다.[150)]

니덤은 특히 중국의 업적이 **순전히 기술적**이며 따라서 과학적으로 간주될 만한 가치가 없다는 관념에 도전했다. "그와는 정반대로 고대와 중세 중국에서는 많은 자연주의적 이론들이 있었고, 체계적으로 기록된 실험이 있었으며, 그 정확도에서 종종 놀라움을 안겨 주는 수많은 측정 자료들이 있었다."[151)]

9세기에 화약을 발견한 것은 불로불사의 영약을 찾던 도교 연금술사들이 "매우 다양한 물질들의 화학적, 약학적 성질을 체계적으로 탐구하는 과정에서 나왔다."라고 니덤은 지적했다. 자기 나침반의 바늘이 정확히 지구의 천문 극점을 가리키는 게 아니라는 인식은 "흙점(흙모래를 땅에 뿌려 그 모양으로 치던 점 — 옮긴이)을 보던 점쟁이들이 바늘의 위치에 대해 아주 세밀하게 주의를 기울이지 않았다면 결코 나타나지 못했을 것이다." 중국 도자기의 승리는 "상당히 정확한 형태의 온도 측정과 조절이 없었다면, 또 가마 안에서 산화 조건과 환원 조건을 자유자재로 재현하지 못했다면 결코 달성될 수 없었을 것이다."[152] 다른 사례들도 많다.

> 갈홍(葛洪)에서 진치허(陳致虛)에 이르는 연금술사들이 동물을 대상으로 오랫동안 계속해 온 약물 실험, 음향학 전문가들이 종과 현의 공명 현상에 관해 수행한 수많은 시험, 복건(福建)성의 강어귀를 가로질러 긴 형교를 건설하기 전에 이뤄졌다는 내부 증거가 있는 체계적인 물질 강도 시험 등등. 수차와 연동된 탈진 시계나 수많은 직물 기계와 같은 복잡한 장치들이 과연 오랜 기간에 걸친 작업장에서의 실험을 거치지 않고 고안될 수 있었을까?[153]

세계 다른 지역들에서 그랬듯이, 이처럼 역사적으로 중요한 혁신들은 제대로 기록에 남겨지지 못했다. 이러한 혁신을 이뤄 낸 사람들이 대부분 문맹이었고 서기의 도움을 얻어야만 자신들의 활동을 기록할 수 있었기 때문이다.

> 이러한 기술적 세부 사항 중 우리에게 전해진 것이 상대적으로 얼마 되지 않는다는 사실은 지위가 높은 장인들이 분명 보존해 두었을 기록들의 발표를 막은 사회적 요인들 때문이다. 그럼에도 우리는 그런 기록들의 사례를 때때로 볼 수 있다. 예를 들어 1102년(경)에 씌어진 건축술의 위대한 고전 『영조법식(營造法式)』의 기반이 된 『목경(木經)』을 들 수 있다. 『목경』은 유명한 탑 건

축가인 유호(喩皓)의 저작이지만, 이 책은 그가 구술한 내용을 받아쓴 것임이 분명하다. 글을 읽고 쓸 줄 몰랐던 것이 분명함에도 자신이 가진 정보를 후대에 전해 줄 수 있었다는 점을 보면 이를 알 수 있다. 또 다른 사례는 유명한 『복건조선교본』(정식 명칭은 『민성수사각표진협영전초선집도설(閩省水師各標鎮協營戰哨船集圖說)』이라는 긴 이름을 가진 18세기 말의 저작으로 현재는 마르부르크 도서관에 소장되어 있다. — 옮긴이)이라는 희귀한 원고로, 글을 쓸 줄 알고 기술 용어를 사용할 줄 아는 장인의 친구들이 장인이 말해 준 내용을 책으로 남겼음을 보여 준다.[154]

그러나 중국의 선구적인 장인들은 세계 다른 곳의 장인들에 비해 이름이 알려진 경우가 더 많다. "그 어떤 문명의 고전 문화를 보더라도 발명가와 혁신가들의 업적을 기록하고 예우하는 데 중국만큼 많은 주의를 기울인 곳은 없었다." 중국에서는 이런 예우가 거의 신격화의 경지에 이르기도 했다. 이렇게 기록된 업적 중 많은 것들은 순전히 신화의 영역이지만, 크게 예우를 받은 이들 중 일부는 "의심의 여지없는 역사적 실존 인물이었다."[155] 여기서는 그들의 이름을 다시금 새겨 보려 하지만, 이때 한 가지를 유의해야 한다. 위대한 발견을 특정 개인의 공로로 돌리는 것은 그들이 어떤 사회적 지위를 가진 인물인가와 별개로, 그들 주변의 수많은 선배와 협력자들의 공로를 제대로 인정하지 않는 부당한 결과를 초래할 수 있다는 점이다.

중국의 연대기 작가들이 창의적 업적을 기렸던 "역사적 실존 인물"들은 왕족에서 노비에 이르는 사회적 연속체 전체에 걸쳐 있지만, "발명가들 중 그 수가 가장 많은 집단은 관리(심지어 하급 관리)도, 반(半)노비 계층도 아닌 평민, 마스터 기술자, 장인들이었다." 갈아 끼울 수 있는 활자를 이용한 인쇄술의 발명은 기원후 1045년경에 살았던 필승(畢昇)이라는 평민("삼베옷을 입은 사람", 즉 비단옷을 입지 않은 사람)의 업적으로 돌려지고 있다. 군대의 하급 장교이면서 검을 만드는 기술자였던 기모회문(綦毋懷文)은 "강철 제작의 동시 용융(co-fusion, 서로 다른 탄소 함량을 지닌 철을 한데 녹여 중간 정도의 탄소 함량을 가진 철을 얻는 방법 — 옮긴이) 과정의 발명자는 아닐지 몰라도 초기의 주창자들 중 한 사람이었다." 세 번째 사례인 유호는 앞서 언급한, 글을 읽고 쓸 줄 몰랐던 마스터 건축가이다.

> 유호는 (기원후) 10세기 사람이었지만, 우리는 매 왕조마다 그와 같은 인물을 찾아볼 수 있다. 2세기에는 카르다노 현가 장치를 선구적으로 개발한 것으로 유명한 정완(丁緩)이 있었고, 7세기는 활 모양 아치교의 건설자인 이춘(李春)의 시대였다. …… 그리고 12세기는 중국 역사상 가장 위대한 전함 설계자인 고선(高宣)의 시대였다. 고선은 여러 개의 외륜을 갖춘 전함을 전문적으로 건조했다.[156)]

때로 연대기 작가들은 발명가의 성(姓)을 기록하지 않은 채 그가 남긴 업적을 후대를 위해 기술하기도 했다.

> 이처럼 성을 생략한 것은 그 사람들이 반노비 집단 속에서 살았던 것이 아닌가 하는 궁금증을 불러일으킨다. 당시 반노비 집단 사람들은 성을 쓰지 않았기 때문이다. 예를 들어 (기원전) 1세기에 천문학 장치를 만들었던 나이 든 기술자(老公)나 (기원후) 692년에 황후에게 정교한 별자리 시계를 선물한 것으로 보이는 "해주(海州) 출신의 장인"이 그런 사례이다.[157)]

심지어 "역사적으로 탁월한 과학 기술자로 전해져 내려오지만 그가 살았던 시대에서 사회적 지위는 매우 낮았던" 몇몇 개인들도 있다. 그중

한 사람이 신도방(信都芳)이다. 신도방은 6세기에 살았던 반노비 계층 출신이었지만 "그럼에도 중국 과학사에서 대단히 높은 명성을 남겼다." 또 다른 인물은 6세기에 살았던 경순(耿詢)인데 그 역시 노비였다. "경순은 물의 힘으로 계속해서 돌아가는 천구의를 만들었다. 황제는 포상으로 그를 관노비로 만들어 주고 천문역법청에 배속시켰다."[158]

엔지니어 마균(馬鈞)의 경력을 보면 엘리트 학자들이 과학 기술의 발전을 저해하는 효과를 내었음을 엿볼 수 있다. 니덤에 따르면, 마균은 "걸출한 창의성의 소유자"였다. 마균은 "무늬 직기를 개량하"고 "이후 중국 문화가 전파된 지역에서 널리 쓰인 네모판 사슬 펌프를 발명하는" 등 수많은 업적을 남겼다. 그러나 그가 지닌 예리한 지적 능력에도 불구하고, 마균은 전통적인 유학의 세목을 교육받은 적은 없었다. 이 때문에

> 마균은 고전 문학 전통에서 양성된 노회한 학자들과 논의를 할 수 없었다. 뿐만 아니라 그를 찬양하는 이들의 숱한 노력에도 불구하고 관직에서 중요한 자리에 한번도 오르지 못했고, 심지어는 자신이 만든 발명품의 가치를 실제 시험을 통해 입증할 수 있는 수단조차 얻지 못했다.[159]

"명나라 이전 시기에는(즉 기원후 1368년 이전에는) 명성 있는 엔지니어라도 공부(工部)에서 어떤 식으로든 고위 관직에 오르는" 일은 거의 없었다. "이것은 아마도 문맹이거나 반(半)문맹인 장인과 마스터 기술자들이 실제적인 일을 모두 도맡았기 때문일 것이다. 그들은 결코 자신들과 상부 관청에 있는 '화이트칼라' 지식인들을 분리시키는 첨예한 간극을 넘어 위로 올라갈 수 없었다."[160]

고대와 중세 중국에서 자연 지식을 만들어 낸 주된 생산자는 장인들이었지만, 그것을 전파시키는 것은 대체로 상인들의 일이었다. 가령 중국

의 연금술은 기원후 7세기부터 9세기까지 당나라 때 오랑캐(胡) 상인들의 중개를 통해 이슬람 세계로 전달되었다. 오랑캐 상인들은 페르시아와 아랍의 무역상들로 유명한 비단길을 가로질러 자신들의 고향과 중국을 왕래했다. 니덤의 설명에 따르면

> 당나라 때 이후로 외국인과 외국 문물에 대한 열풍이 불었다. 오랑캐 상인들을 접해 보지 못한 중국 도시는 거의 없을 정도였다. …… 장안에 오래 머무르다 보면 당시 알려진 모든 나라들의 사절을 만날 수 있다고들 했다. 파르티아 사람, 메데아 사람, 엘람 사람, 메소포타미아 사람뿐 아니라, 한국 사람, 일본 사람, 베트남 사람, 티벳 사람, 인도 사람, 버마 사람, 신할라 사람 등과 어깨를 부딪칠 수도 있었다. 이들은 모두 세상의 본질과 그것의 경이에 대해 무엇인가 기여할 바를 갖고 있었다.[161)]

당나라 시대의 중국인에게 "알려진 세상"에 분명 유럽이라는 미개한 지역은 포함되지 않았다. 그러나 시간이 흘러 몇 세기가 지나자, 오랑캐 상인들이 고향으로 가지고 돌아간 연금술 지식은 또 다른 상인들에 의해 서구까지 전해졌다.

그러나 상인들이 중국의 과학 기술을 서구에 가져다준 유일한 전달자였던 것은 아니다. 수출된 노예들 역시 중요한 역할을 했을지 모른다. 니덤은 유럽에 중국의 여러 기술 혁신들이 거의 동시에 출현한 것을 "전파 군집(transmission clusters)"이라고 부르면서, 14세기와 15세기의 군집들이 "노예 무역과 모종의 연관이 있다."라고 주장했다. 노예 무역은 "중세에 수천 명의 타르타르(몽골) 가사 노예들을 이탈리아로 보냈고, 이런 경향은 15세기 전반에 절정에 달했다. 이들이 온갖 종류의 진기한 비법들을 함께 가져갔을 수도 있다."[162)]

근대 과학에 대한 중국 장인들의 기여

앞서 서술한 대로 16~17세기 유럽의 과학 혁명을 자극했던 기술 진보의 대부분은 고대와 중세의 중국 장인들이 이룩한 것이었다. 로버트 템플(Robert Temple)은 니덤의 연구에 근거해 "'근대 세계'가 의존하고 있는 기본적인 발명과 발견 가운데 절반 이상이 중국에서 왔을 것"이라고 추정했다. 그러한 성취들 중 많은 것들 — 그리고 그런 성취들이 암시하는 과학 지식 — 은 서구인들의 공로로 돌려질 때가 많았다. 그렇지만

> 갈아 끼울 수 있는 활자의 발명자는 요하네스 구텐베르크(Johannes Gutenberg)가 아니다. 활자는 중국에서 발명되었다. 윌리엄 하비(William Harvey)는 인체의 혈액 순환을 발견하지 않았다. 이 사실은 중국에서 발견되었다. — 아니, 항상 그렇게 가정되어 왔다. 아이작 뉴턴은 운동 제1법칙의 최초 발견자가 아니었다. 이 법칙은 중국에서 발견되었다.[163]

11세기에 "미천한 평민" 필승[164]이 갈아 끼울 수 있는 활자를 발명한 것은 분명 과학사에서 분수령을 이루는 사건이다. 존 데즈먼드 버널의 설명에 따르면 16세기 유럽에서는

> 인쇄술이 위대한 기술적·과학적 변화를 위한 매체로 자리를 잡고 있었다. 인쇄술은 글을 읽고 이해할 수 있는 모든 사람들에게 자연 세계에 대한 상세한 설명 — 특히 새로 발견된 지역에 대한 — 을 제시해 주었고, 아울러 기예와 상업에 대한 설명도 처음으로 제공해 주었다. 이전까지 기술자가 가진 기술은 전통에 따른 것이었고 한번도 기록이 된 적이 없었다. 기술은 마스터에서 도제에게로 직접 경험에 의해서 전수되었다. 인쇄된 책 덕분에 처음으로 기술

자들이 글을 읽고 쓸 수 있게 되었으며, 이내 이런 능력은 필수적인 것이 되었다. 인쇄된 책들에 묘사된 기술적 과정과 책에 실린 삽화들은 역사상 처음으로 수공업, 기술, 식자층 사이의 긴밀한 관계를 만들어 냈다.[165]

초기에 중국에서 인쇄에 쓰인 것은 금속판이 아닌 목판이었다. 그러나 목판이 많은 양의 책을 찍어 내는 능력이 더 떨어졌다고 생각하는 것은 잘못이다. 필승의 발명이 있기 오래전부터 중국의 인쇄공들은 "생산량 면에서 오늘날의 가장 현대적인 과정에 버금갈 만한 목판 인쇄 산업을" 확립했다.

> 유교 경전들은 953년에 간행되었다. 전체 130권으로 된 이 책은 세계 최초의 공식 인쇄 출판물이었으며 한림원(翰林院)에 의해 일반인에게도 판매되었다. 이 시기를 즈음하여 인쇄는 전성기를 맞았다. 특정한 책들은 대량으로 계속 발행되었고 그 부수는 수백만 부에 달했다. 10세기의 어떤 불교 저작은 현재 40만 부 이상이 남아 있다. 그렇다면 처음에 인쇄한 부수는 얼마나 많았겠는가![166]

목판 인쇄가 14세기의 유럽에 어떻게 전파되었는지 정확한 경로는 불분명하지만, "정황 증거는 충분해서" 그것이 중국에서 기원했음을 확신하게 해 준다.[167]

아래에 제시할 몇 가지 사례들 — 생물학, 기계학, 지질학, 야금술, 화학, 농업, 항해술 같은 제목으로 묶여 있는 — 은 중국의 장인들이 만들어 낸 자연 지식의 작은 일부에 불과하지만, 그 범위와 역사를 엿보는 데 좋은 길잡이가 되어 줄 것이다. 니덤과 템플이 어떤 주어진 과학적 개념이나 기술이 중국에서 유럽으로 전파된 정확한 경로를 항상 구체적으로 제시했던 것은 아니다. 그러나 그들은 그런 전파가 실제로 일어났다는 가정을 뒷받침하는 설득력 있는 논증을 제시하고 있다.

생물학

초기의 중국 인쇄공과 조판공들은 경험적 방법을 사용해 자신들의 기술과 관련된 식물학 지식을 얻었다.

> 중국인들은 인쇄용 목판으로 유실수를 사용했다. 그들은 침엽수가 인쇄에 부적합하다는 것을 알았다. 침엽수에 스며든 수지(樹脂)가 먹이 균일하게 칠해지는 것을 방해했기 때문이다. 섬세한 선과 도판을 조각하기에 적합한 목재는 아주 단단한 아까시나무였다. 보통 책에는 부드럽고 세공하기 쉬운 회양목을 많이 사용했다. 그러나 전반적으로 목판 인쇄에 최상인 목재는 배나무였다. 이 목재는 부드럽고 결이 균일하며 굳기가 중간 정도였다.[168)]

초기 중국인들의 섬세한 자연 관찰은 지리 식물학 탐광(geobotanical prospecting)으로 알려진 광물학과 식물학 지식의 유용한 상관관계를 만들어 냈다. 그들은 어떤 지역에 특정 식물이 서식하면 그 아래에서 아연, 셀레늄, 니켈, 구리의 광상을 찾는 데 도움이 된다는 사실을 발견했다.[169)]

고대 중국의 생물학 지식의 폭은 대략 3,500년 전에 견직 산업이 부상한 데에서도 엿볼 수 있다. 여기에는 누에의 생물학에 대한 상세한 지식이 필요하기 때문이다. 생물학적 해충 방제 방식에서도 추가적인 증거를 찾을 수 있다. 기원후 3세기에 감귤나무를 해충으로부터 보호하기 위해 노랑감귤개미를 체계적으로 사용한 사실은 이 점을 잘 보여 준다.[170)]

기계학

견직 산업은 긴 명주실을 다룰 수 있는 기계를 필요로 했고, 이 과정은 기계적 사고를 자극하고 기계학의 발전을 촉진했다. 기원후 13세기 후반이 되자 2세기에 중국에서 존재했던 것과 같은 물레 및 다른 직물 기계들이 별안간 루카 같은 이탈리아 도시들에 등장했다. 니덤은 이름이 알려지지 않은 이탈리아의 상인이 "설계도를 안장 주머니에 넣어 가져왔"음이 분명하다고 결론지었다.[171]

기계식 시계와 현수교도 기계학에 중대한 영향을 미친 발명들이다. 기계식 시계는 8세기 중국에서 처음 발명되었으나 유럽에는 14세기 초가 되어서야 모습을 드러냈다. "중국의 기계식 시계에 대한 와전된 설명이 상인들에 의해 서구로 전해진 것"이 자극제가 된 듯하다.[172] 시계 장치의 바퀴가 회전하는 속도를 정확하게 조절해 주는 기작인 탈진 장치가 핵심적인 발명이었다. 최초의 탈진 장치는 수차에 응용하기 위해 개발되었기 때문에 "기계식 시계는 중국의 물방아 목수들이 지닌 기술에 크게 힘입어 만들어졌다고 말할 수 있다."[173]

현수교에 대해서는 다음 기록을 참고할 수 있다.

> 이 발명의 경우 그 전래의 경위를 상당히 자세하게 추적할 수 있다. 귀주(貴州)의 현수교들은 …… 17세기에 중국을 방문한 예수회 신부를 비롯한 서구인들의 주의를 끌었다. 1655년에 마르틴 마르티니(Martin Martini)가 귀주의 강에 놓인 쇠사슬 다리를 묘사했고, 그것은 같은 해에 간행된 요안 블라외(Joan Blaeu)의 『신중국지도(*New Chines Atlas*)』에 수록되었다. …… 마르티니의 기록은 …… 유럽이 현수교에 널리 주목하도록 했다.[174]

지질학

지질학 지식은 중국인들이 (초기에) 지하자원을 채굴하는 과정에서 얻어지고 확장되었다. 중요한 소금의 공급원인 염수를 퍼 올리기 위해 굴착을 하는 과정에서 중국의 기술자들은 천연가스(메탄)와 석유가 매장된 곳을 발견했다. 템플의 기록에 따르면, "보수적인 추정에 따르더라도 중국인들은 (기원전) 4세기쯤이 되면 천연가스를 태워 연료와 조명에 사용하고 있었다. 대나무로 된 도관은 염수와 천연가스를 몇십 킬로미터나 운반했으며, 때로는 도로 밑으로 때로는 버팀다리를 놓아 머리 위로 수송하기도 했다."[175] 기원전 1세기에 중국의 굴착자들은 땅 속에 깊이가 1440미터에 달하는 시추공을 팠다. 깊이가 900미터쯤 되는 시추공은 흔히 볼 수 있었다.

17세기에 네덜란드 여행자들이 중국의 심층 굴착에 대해 처음 알게 되었던 것 같다. "그러나 중국의 체계에 대해 유럽으로 전해진 최초의 완전한 설명은 프랑스 선교사였던 앵베르가 1828년에 적어 보낸 편지에 들어 있었다." 그로부터 얼마 안 되어 조바르라는 프랑스 엔지니어가 중국인들의 방법을 시험해 보았고, 그로부터 15년도 채 안 되어 "중국의 굴착 기법은 유럽에서 확고하게 자리를 잡았다." 중국에서 미국으로의 전달 경로는 유럽을 거치지 않았을 가능성도 있다.

> 1859년에 에드윈 로런틴 드레이크(Edwin Laurentine Drake) 대령이 펜실베이니아 주 오일 크리크에서 중국의 밧줄 방식으로 오직 석유 채굴만을 목표로 유정을 팠다. …… 드레이크나 그 밖의 미국 석유 채굴자들은 중국의 체계에 대한 지식을 프랑스로부터가 아니라 19세기의 미국 철도 건설에 고용되었던 다수의 중국인 노동자들로부터 얻었다.

지식이 어떤 식으로 전달이 되었건 간에, 미국의 유정 굴착 방법은 "중국의 기법과 완전히 동일했"고 따라서 서구의 심층 굴착은 "기본적으로 중국에서 수입된 것"이었음이 분명하다.[176]

자기(瓷器)는 중국의 기술에 대한 인식이 어떻게 유럽의 과학 — 이 사례에서는 지질학 이론 — 을 자극했는가에 대해 특히 설득력 있는 사례를 제공해 준다. 늦게 잡아도 기원후 3세기경이 되면 중국의 도공들은 일반적인 토기보다 훨씬 우수한 유리화된(vitrified) 도기를 발명했다. 그로부터 1,000년이 지나자 중국의 자기는 유럽에서 높은 가치를 지닌 상품이 되었지만, 유럽의 상인들은 자기 제조와 관련해 조심스럽게 숨겨져 온 비밀을 알아낼 수가 없었다. 유럽의 장인들은

> 노 속에서 다양한 흙이나 고형 물질을 가지고 무수히 많은 실험을 했고, 결국 전혀 예상하지 못했던 결론에 도달했다. 과학자와 기술자들이 재냉각을 시키면 용융되었던 광물이 결정화된다는 사실을 깨닫기 시작한 것이다. 이 사실이 관찰되기 전까지 서구의 과학자들은 결정이 오직 액체 상태로부터만 형성된다고 확신하고 있었다. 18세기 중엽의 유럽에서는 암석이 용융한 용암이 냉각되어 형성된 것일지도 모른다는 생각이 지지를 얻기 시작했다.[177]

1776년에 제임스 키어(James Keir)는 "유리가 결정화하는 성질"로 보아 "현무암의 커다란 천연 결정은 …… 화산의 열에 의해서 액상화된 유리질의 용암이 결정화하면서 생겨난 것"임을 알 수 있다는 학설을 세웠다.[178] 이후 이뤄진 실험들은 키어의 추측을 뒷받침했다. 템플은 이렇게 결론지었다. "결국 서구 세계에서 가장 위대한 과학의 진보 가운데 하나는 유럽인들이 자기 제조의 비밀을 찾아내려 시도했던 것의 직접적인 결과였다."[179]

야금술

주철에서 강철을 만들어 내는 중국인들의 방법은 기원전 2세기에 유래했는데

> 이것은 결국 서구에서 1856년에 베세머 제강법의 발명으로 이어졌다. 그러나 1852년에 헨리 베세머(Henry Bessemer)보다 한발 앞서 제강법을 발견한 사람이 있었다. 바로 켄터키 주 에디빌 근교의 작은 마을에 살았던 윌리엄 켈리(William Kelly)였다. 1845년에 켈리는 중국인 철강 전문가 네 명을 켄터키로 불러 중국에서 2,000년 전부터 이용된 강철 제조의 원리를 배웠다.[180]

화학

역사적으로 가장 중요한 중국의 화학적 발견은 화약이다. 기원후 850년경에 도교 연금술사들은 체계적인 탐구를 통해 초석(질산칼륨), 황, 그리고 숯에 있는 탄소를 결합시켰다. 혼합물이 지닌 휘발성을 본 연금술사들은 추가적인 실험을 진행했고, 이것은 먼저 중국에서, 뒤이어 전 세계에서 전쟁의 기술을 바꿔 놓은 무기의 발명과 대량 생산으로 귀결되었다.

화약의 주성분인 초석은 "그냥 아무 데서나 주워 쓸 수 있는 물질이 아니었다. 먼저 그 특성이 무엇인지 밝혀져야 했으며, 다른 모든 유사하게 생긴 화학염들로부터 분리되고 정제되어야 했다."

> 중국인들은 다른 유사한 화학 물질들 가운데에서 어떻게 진짜 초석을 알아볼 수 있었을까? 칼륨은 보라색 불꽃을 내며 탔으므로 불꽃 검사는 초석을 찾는 데 중요한 단서이다. 이 방법은 적어도 (기원후) 3세기부터 초석의 검사법

으로 중국에서 쓰이고 있었다. …… 1150년에 승요자(昇幺子)가 쓴 『복홍도(伏汞圖)』에는 그 후에 개발된 좀 더 중요한 검사법이 기록되어 있다. "백수정의 조각을 가열하여 그 위에 초석을 조금 떨어뜨리면 백수정 조각이 가라앉는다."[181]

생물에서 유래한 화학 물질인 옻 — 인간에게 알려진 가장 오래된 산업용 합성수지 — 역시 3,000여 년 전 중국에서 발견되었다.[182] "(기원전) 2세기에 중국인들은 이미 옻에 대해 중요한 화학적 발견을 했다."[183] 장인들은 옻 속에 게를 넣으면 옻이 증발하거나 굳어지는 것을 막을 수 있다는 사실을 알게 되었다. 그들은 갑각류의 조직 속에 있는 무엇인가가 옻이 굳는 것을 방해한다는 경험적 발견을 해냈다.

아울러 기원전 2세기에 중국인들은 "사람의 소변에서 성호르몬과 뇌하수체 호르몬을 분리해 의료 목적으로 사용하고 있었다." 이 과정은 소규모의 실험이 아니었다. 몇 그램의 침전물을 얻기 위해 수백 리터에 달하는 오줌을 증발시켜야 했던 것이다.[184]

"유황을 묻힌 작은 소나무 막대를 고안하여 언제라도 사용할 수 있게 한" 성냥의 발명은 중국인들의 초기 화학 지식을 보여 주는 또 하나의 인상적인 사례이다.[185] 발명자는 군대의 포위 공격으로 곤란을 겪고 있어 해결책을 짜내야 했던 "(기원후) 6세기 중국의 이름 없는 여인들"이었다.[186]

농업

유럽의 산업 혁명은 농업 생산성의 극적인 증가에 힘입은 것이었다. 전통적으로 역사학자들은 그 공로를 작물과 가축을 키우는 데 실험적 방

법을 적용했던 "혁신적 지주들"의 과학 정신에 돌려 왔다. 그러나 이처럼 엄청난 도약은

> 중국에서 온 개념과 발명품을 도입함으로써 가능했다. 이랑을 만들어서 작물을 키우는 것, 괭이를 이용한 집약적 잡초 제거, "근대적인" 파종기, 철 쟁기, 흙을 뒤집는 발토판(撥土板)과 효율적인 마구 등은 모두 중국에서 전래되었다. 봇줄 마구와 쇄골걸이 마구가 전해지기 전까지 서구인들은 말의 목에 가죽끈을 감았고 말은 금방 숨이 찼다.[187)]

"유럽의 농업 혁명에서 발토판이 부착된 중국의 쟁기보다 더 중요한 요소는 없었다." 이 발명품은 17세기에 네덜란드 선원들이 모국에 들여오면서 처음 유럽에 소개되었다.

> 그 당시 네덜란드인들은 영국인에게 고용되어 잉글랜드 동부의 늪지나 서머셋의 습지를 간척하면서 중국의 쟁기를 가져가 사용했다. 그래서 이 쟁기는 "로더럼(잉글랜드 동부의 지명 — 옮긴이) 쟁기"라고 불리게 되었다. 이렇게 해서 네덜란드인과 영국인들은 유럽에서 처음으로 능률적인 쟁기를 손에 넣게 되었다. …… 중국식 쟁기는 잉글랜드에서 스코틀랜드로, 네덜란드에서 아메리카 대륙과 프랑스로 전파되었다.[188)]

결정적으로 중요했던 또 하나의 혁신은 파종기였다. 16세기에 파종기가 도입되기 전까지 유럽의 경작자들이 사용하던 표준 절차는 손으로 씨를 흩어 뿌리는 것이었다. 템플은 "파종기라는 중국의 발명품이 유럽인들의 관심의 대상이 되기까지 유럽에서는 매년 씨앗의 절반 이상이 낭비되었을 것"이라고 추정했다.[189)]

항해술

항해의 과학과 그것이 과학사 전반에서 점하는 위치는 4장의 주제이지만, 그보다 앞서 중국의 기여를 지적해 둘 필요가 있다. "배의 키, 나침반, 여러 개의 돛대 같은 선박과 항해의 기술이 중국으로부터 수입되지 않았다면, 유럽인들의 대항해는 결코 이뤄지지 못했을 것이다."[190)]

자기 나침반의 원리는 늦어도 기원전 4세기에 중국에서 발견되었다. 중국의 선원들이 자기 나침반을 사용했다는 문서 증거는 기원후 1117년까지 거슬러 올라갈 수 있는 반면, 유럽에서 여기에 비견할 만한 증거는 그로부터 70여 년이 지나서야 처음 나온다.[191)] 키는 기원후 1세기 무렵 중국에서 사용되고 있었으나, 12세기에 중국으로부터 키가 도입될 때까지 "서구의 배는 조타용 노를 사용할 수밖에 없었다."[192)] 중국에서 측판(바람이 불어 오는 쪽을 향해 갈지자로 나아가는 배가 바람이 불어 가는 쪽으로 흘러가지 않게 막아 똑바로 전진할 수 있게 해 주는 널빤지)이 처음 사용된 기록은 기원후 759년의 책에 나와 있다. 측판은 1570년이 되어서야 유럽에 알려졌고, 중국 무역에 종사하던 네덜란드인과 포르투갈인이 처음으로 이것을 받아들였다.[193)]

선박 설계에서 나타난 또 하나의 결정적인 혁신 — 기원후 2세기 중국에서 유래한 — 은 선체를 여러 개의 방수 구획으로 나눈 것이었다. 그럼으로써 설사 배에 구멍이 뚫리더라도 단 하나의 구획만 침수되어 배 전체는 계속 떠 있기에 충분한 부력을 유지할 수 있었다. 이런 혁신은 13세기 말에 마르코 폴로(Marco Polo)에 의해 중국으로부터 전파되었으나, 유럽인들은 거의 500년 가까이 이 방식을 사용하지 않았다. 1787년에 이르러서야 벤저민 프랭클린은 미국의 우편선 설계에 대해 "중국식으로 선창을 독립된 구획으로 나누더라도 불편이 없을 것이며, 각 구획에 물이

들어가지 않도록 틈새를 잘 막으면 될 것입니다."라고 권고했다.[194)]

왜 유럽인가?

중국에서 등장해 그중 다수가 이슬람 세계를 통해 전파되었던 기술 혁신들은 왜 문화적으로 가장 앞섰던 중국과 이슬람 땅이 아닌, 후진적인 유럽에서 과학 혁명을 자극했는가?[195)] 역설적인 것은, 유럽인들이 오래전에 확립된 문명들보다 우위를 점한 것이 그들의 후진성 때문이었다는 사실이다. 15세기 무렵 오래전에 확립된 문명들에서는 문화적 정교함이 전통에 얽매인 지적 엘리트들의 지배로 오랫동안 굳어져, 자연에 대한 새로운 개념에 저항하게 되었다. 그러나 학자들의 편협함은 과학의 지체를 낳은 원인이 아니라 그것의 징후였다. 좀 더 중요했던 것은 유럽 정치 제도의 상대적 취약성이었다.

유럽의 봉건제는 극단적인 정치적 분권화가 이뤄진 체제였다. 정치 권력의 파편화는 유럽의 상인 계층에게 세계의 다른 어떤 지역에서도 상인들이 누리지 못했던 정도의 자유를 허용했다. 유럽에서 명목뿐인 제국 권력은 거의 두려움을 자아내지 못했다. "신성 로마 제국은 신성하지도 않고, 로마에 있지도 않으며, 제국도 아니다."라는 볼테르(Voltaire)의 유명한 재담은 이 점을 잘 보여 준다. 중세 말 유럽에서 군주, 토지 귀족, 가톨릭교회는 모두 상당한 정도의 정치 권력을 휘둘렀지만, 이들 3자 간의 투쟁이 지속되면서 상인들은 상대적으로 자유로운 도시에서 번성할 수 있는 충분한 여지를 얻게 되었다.

유럽의 전통적 지배 계층에게는 엄청난 부를 창출하고 새로운 항해와 군사 기술의 개발을 촉진해 유럽인들이 전 세계 무역을 지배할 수 있게 한 사회 계층의 성장을 억누를 힘이 없었다. 시장을 위한 생산에 기반한 유럽의 새로운 경제 체제는 15세기 이후 점차 지구의 모든 곳으로 스며들어 힘을 발휘했고, 전통적 경제 체제를 쓸어버리면서 새롭고 통합된 전세계적 체제를 창출해 냈다. 유럽인들과 유럽 출신 사람들은 계속해서 새로운 제국주의적 세계 체제에서 핵심적인 지위의 대부분을 차지했다.

동시에 자본주의의 부상은 과학 혁명을 위한 사회적 전제 조건을 만들어 냈다. 제조업 상품 시장의 엄청난 확대는 장인들의 창의성을 자극했고 자연에 대한 지식을 얻어 내는 경험적 방법을 촉진했다. 이윤 동기로 인해 서로 경쟁하는 상인-제조업자들은 노동 절약형 기술 혁신을 찾아 나섰고, 이것을 위해서는 자연의 과정을 더 잘 지배하게 해 줄 지식이 필요했다.

과학사에서 상인들이 했던 창조적 역할에 대해서는 자주 언급되어 왔지만, 그들이 집단적으로 가장 중요한 기여를 했던 것은 근대 초기 유럽에서였다. 상인들은 새로운 경제 체제를 전면으로 끌어냄으로써 실험하는 장인들에게 자유로운 권한을 주었다. 장인들이 자연에 대한 새롭고 유용한 지식을 창출하는 데 성공을 거두자 몇몇 명민한 학자들은 혁신을 질식시키는 전통과 단절하고 세상을 인식하는 새로운 방법을 고안해 냈다. 그래서 태어난 것이 "기계적 철학"이고 "실험 철학"이며, 과학 혁명이다.

상인들이 발전시킨 장거리 해상 무역은 과학사에서 특히 중요했다. 대양을 가로지르는 상인들의 모험은 유럽에서 과학 혁명으로 가는 길을 닦은 "(지리상) 발견의 시대"를 열었다. 불행히도 이 얘기는 "항해왕" 엔리케나 크리스토퍼 콜럼버스 같은 인물들에만 초점을 맞추는 전통적 역사관에 의해 종종 왜곡되어 왔다. 이러한 영웅 서사에 대해서는 좀 더 자세히 살펴볼 필요가 있다.

4장
대양 항해자들과 항해학

엔리케 왕자의 이야기는 …… 서사시의 웅장하고 극적인 측면을 모두 가지고 있다. 우리는 이 영웅이 참을성 있게 그의 과업에 필요한 조건들을 채워 나가, 아프리카의 남쪽 끝을 돌아 인도로 가는 길을 발견하는 데 일생을 헌신했음을 안다. …… 우리는 그가 과학을 육성하고 정보를 모으며 선원들을 훈련시키고 그가 만난 모든 이들을 고무했음을 안다.

—클레멘츠 로버트 마크햄(Clements Robert Markham),

『바다의 아버지들(*The Sea Fathers*)』

처음부터 항해왕 엔리케 왕자는 수학자들과 천문학자들에게 그 문제들에 대한 답을 구했으며, 이후 3세기 동안 항해자들을 가르친 이들은 그와 같은 집단, 즉 평선원으로 일했던 실용적 뱃사람들이 아니라 언제나 천문학자와 수학자들이었다.

—리처드 웨스트폴,

「과학 혁명기의 과학과 기술(Science and Technology during the Scientific Revolution)」

과학사에서 가장 생명력 있는 영웅 서사 가운데 하나는 포르투갈의 엔리케 왕자(1394~1460년)의 이야기이다. "항해왕 엔리케"로 널리 알려진 그는 대양 항해를 가능하게 해 주는 지식인 대양 항해술을 창시하여 뱃사람들에게 육지가 시야에 들어오지 않는 상태에서 항해하는 방법을 가르쳤다. 이 전통은 엔리케 자신으로부터 출발했다. 엔리케 왕자의 홍보 담당 고용인인 고메즈 이아네스 드 주라라(Gomes Eanes de Zurara)가 쓴 과장된 이야기로부터 전설은 점점 커져 나갔다.[1] 주라라는 왕자에 대한 찬가를 생산하는 것으로 그저 자신이 할 일을 했을 뿐이지만, 리처드 해클루트(Richard Hakluyt), 새뮤얼 퍼차스(Samuel Purchas), 리처드 헨리 메이저(Richard Henry Major)와 찰스 비슬리(Charles Beasley) 등 후대의 전기 작가들과 역사학자들은 그의 주장을 액면 그대로 받아들이지 말고 내용을 더 잘 파악했어야 했다. 그러나 주라라의 기록은 500년 동안 엔리케의 위업에 대한 거의 모든 글의 기반이 되었다. 엔리케의 활동과 소문 속의 성취들이 비판적인 분석의 대상이 된 것은 20세기부터였다.

주라라에게 책임을 물을 수 없는 한 가지는 바로 엔리케의 유명한 별명, "항해왕(the Navigator, 그는 왕위에 오른 적이 없는 왕자 신분이었다는 점에서 오해의 여지가 있으나 통상의 번역어를 따라 항해왕으로 옮겼다. — 옮긴이)"으로, 19세기 독일 지리학자가 붙여 준 것이다.[2] 그러나 이것은 그와는 너무나 어울리지 않는 별명이다. 엔리케는 항해자가 아니었을 뿐더러 배에 오른 적도 거의 없었다. 드물게 승선할 때에도 그는 익숙하지 않은 물길의 안내자가 아니라 정해진 항해의 왕실 승객이었을 뿐이다.

영어권에서 엔리케를 찬미하는 이들은 그의 신화에 가까운 과학적 무용담을 최근까지 널리 보급했다. 다행스럽게도 20세기 들어 피터 러셀(Peter Russell)이 펴낸 전기는 엔리케의 삶에 대해 보다 신뢰할 만한 이야기를 전해 주고 있으며, 그의 전설이 어떻게 정교하게 만들어졌는지 서술하고 있다. 러셀은 "엔리케 왕자의 너무나도 신화적인 면모에 대한 숭배는 수 세기를 걸쳐 지속적으로 재구성되어 포르투갈의 후대 지배 엘리트의 목적에 복무했다."라고 보았다.

그 시작은 주라라가 엔리케의 제국주의적 업적들을 당시 국익의 근원으로 칭송하면서부터였다. 이후 16세기에 주앙 드 바후스(João de Barros)는 엔리케를 "지리학과 항해학에 박학한 연구자"라 보는 시각을 도입했다. 또한 바후스는 엔리케가 "세인트 빈센트 곶 근처의 사그레스에 거처를 정하여 …… 세상사와 거리를 두고 우주론과 천측 항해술 연구에 종사했다."라는 "낭만적인 뜬소문"에도 책임이 있다. 이후 저술가들은 이 설화를 손질해 다음과 같은 최종본으로 만들었다. "왕자는 사그레스 곶에 정식 학교를 설립하고 여기서 목회자로 활동하면서 개인적으로 선장과 도선사들에게 대양 항해술을 가르쳤다."[3] 몇몇은 또한 근거 없이 엔리케가 해양학을 진흥하기 위해 리스본 대학교에 수학 교수 자리를 설립했다고 주장했다.[4]

엔리케의 유언에는 종교 기관들에 많은 유산을 남기고 대학에 신학 교수 자리를 설립하는 내용도 포함되어 있었지만, 과학적 노력에 대해서는 어떤 언급도 없었다.[5] 만약 엔리케가 사그레스에 항해 학교를 설립했다는 이야기에 약간의 진실이 있다면, 그것은 그가 아마 선구적인 뱃사람들이 모여 정보를 교환하고 항해 지식을 축적하도록 자금과 장소를 제공했으리라는 데 있을 것이다. 그러나 그곳에서 어떤 가르침이 있었다면, 엔리케가 선원들을 가르친 것이 아니라 선원들이 그를 가르치거나 엔리케가 찾던 정보를 제공해 주는 쪽이었다. 해양학에 대한 엔리케의 기여는 항해자, 지도 제작자, 수학자 및 천문학자들을 후원해 주는 역할에 그쳤다.

메디치 가문이 미켈란젤로를 재정적으로 지원했다 해서 그들이 예술가가 될 수 없듯 엔리케가 후원자라 해서 과학자라고 할 수는 없다. 더구나 예술가들을 재정적으로 지원한 이들은 어떤 경우 미학적 아름다움의 창조를 위한 비용을 기꺼이 부담하려 하지만, 엔리케의 후원은 추상적인 과학적 진리를 향한 열정에서 비롯되지 않았다. 그에게는 숨은 동기가 있었다. 비록 이슬람 세계를 적대하는 성전(聖戰)이라는 십자군의 이데올로기로 인해 변형되긴 했지만, 그의 동기는 식민지 정복과 제국의 영광이었다. 엔리케가 후원한 대양 원정은 포르투갈 제국주의의 진흥을 위해 계획된 것이며, 그가 추구한 과학은 대서양의 섬들 및 아프리카의 지배라는 목적을 위한 수단에 불과했다. 엔리케의 후계자들은 "서인도 제도"로까지 포르투갈의 야심을 확장했다.

엔리케는 중요한 과학 지식을 **창조**했다고 칭송받곤 했으나 실제로는 그렇지 않았다. 그는 그것을 **샀다**. 그러나 그저 샀다는 말만 한다면 그에게 너무 많은 공을 돌리는 셈이다. 사실 엔리케는 그 전부에 대한 대가를 제대로 지불하지 않고 그중 일부를 가장 잔인한 방식으로 훔쳤기 때문이다. 엔리케는 탐나는 지식을 가진 이들을 납치하라고 명령했고, 그들이 지닌 가치 있는 정보를 빼내기 위해 심문했다.

가장 널리 이야기되는 엔리케의 성취는 아프리카 해변의 보자도르 곶을 통과한 것이다. 엔리케 전설에 따르면, 엔리케가 선원들의 무지와 공포를 압도하고 그들에게 계속 전진할 것을 명령해 결국 그들이 해낼 수 있다는 사실을 증명하기 전까지, 선원들은 이 곶의 남쪽으로 항해하려 하지 않았다. 그러나 사실 엔리케가 1443년 공포한 헌장에서는 **그의 허가를 얻지 못한** 어떤 선원도 보자도르 곶을 통과하지 못하게 **금지**하고 있다. 이것은 "항해자의 일부가 엔리케 왕자에게 보고하지 않고 독자적으로 약간의 탐험을 하고자 하는 욕구가 있었음을 의미한다. 그들은 왕국의 이익에 따라 **제지**되어야 했던 것이다."[6] 이 헌장은 선원들이 획득한 지식을 독점하려는 엔리케의 의도를 보여 준다.

엔리케의 일생을 주의 깊게 연구한 이들에게 위의 이야기들은 새롭지 않을 것이다. 19세기 말 몇몇 학자들은 포르투갈 탐험 시대의 방대한 문서들을 수집해 출간하기 시작했는데 이로써 마침내 엔리케에 대해 그때까지 이루어지지 않았던 현실적인 평가가 가능하게 되었다.[7] 그럼에도 엔리케에 대한 "전통적인 찬양"은 20세기에도 끈질기게 계속되어 대부분의 저자들이 "무조건 엔리케를 …… 지적 성취의 모범으로 계속해서 소개했다."[8]

엔리케 왕자는 역사학자들이 전통적으로 항해학을 창시했다고 인정해 주는 소수의 위인 중 한 명이다. 이 위인의 목록에서 가장 유명한 이는 물론 크리스토퍼 콜럼버스다. 엔리케와 달리 콜럼버스는 유능한 항해자였고 그의 선구적인 대서양 횡단 항해는 가치를 인정할 만한 중요한 공적이다. 그러나 지식이나 능력 면에서 콜럼버스가 동시대인을 압도할 만큼 탁월한 천재는 아니었다. 콜럼버스의 업적은 수천의 항해 동료들과 선배들이 창안해 낸 항해법의 일반적 맥락과 동떨어져 있지 않았다. 그의 동료들과 선배들은 소수의 예외를 제외하고는 사회에서 특권층 출신이 아니었으며 민중사의 대상으로 적합한 사람들이다. 젠틀맨 계급에 속한 이들은 때로 배 주인, 투자 대상에서 눈을 떼지 않는 부유한 상인, 혹은 주요한 정부 관리 등으로 큰 배의 선장이 되기도 했지만 항해 활동에는 직접적으로 참여하지 않았다. 항해를 담당한 이들은 바다 위의 장인들이라 할 수 있는 배의 도선사와 항해사들이었다. 그리고 일하는 선원 중 가장 많은 수는 반숙련 노동자라 볼 수 있는 평선원들이었다.

연안 항해

엔리케 전설의 핵심적인 부분은 왕자가 "언제나 육지가 보이는 연안에서만 항해했으며 미지의 바다로의 진입을 두려워하던" 선원들을 계몽했다는 내용이다.[9] 여기에 따르면 뱃사람들은 보통 무지하고, 겁이 많으며 천성적으로 보수적으로 보이나, 이것은 콜럼버스의 선원들이 지구의 끄트머리를 넘어선 항해를 두려워했다는 엉터리 같은 이야기와 마찬가지로 잘못되었다.[10] 선원을 책상머리 앞 학자들의 상상력 넘치는 계획에 저항하는 완고한 보수주의자로 폄하하는 습관이야말로 부당하다. 선원들은 자신의 생명을 잃을 수도 있는 잠재적인 위험을 고려하여 새로운 계획들을 스스로 평가해야만 했다. 그들의 작업 환경은 이미 충분히 위험했으므로, 전통에서 벗어날 때 조심스러워지는 그들의 경향은 매우 합리적이었다.

영국 해군의 콜린스 제독(Commodore Collins)은 "최초의 선원들이 '해안선을 따라' 항해했다는 끈질긴 신화"는 바다에 대한 무지가 실제 어떠한지 보여 준다고 평했다.

> 선원이라면 결코 이런 말을 쓰지 않았을 것이다. 해안선을 따라 항해하는 것이야말로 실제로 매우 위험하며, 따라서 덜 알려진 연안이라면 정말로 주의해 피해야 한다. 이 신화는 선원들이 육지를 시야 안에 두지 않으면 해로를 발견할 수단도 능력도 없다는 가정에 바탕하고 있다. 이 가정은 근거 없는 것으로 보인다. …… 무엇보다 확실한 사실은, 선원들이 어떠한 수단을 써서 성취했건 간에, 모든 선원들은 먼 바다를 항해해 왔다는 점이다.[11]

엔리케를 떠받드는 아첨꾼 중 하나는 "왕자는 죽어 가면서 그의 부하들에게 2~3일 동안만이라도 카나리아 제도에서 아프리카 해변까지 육지가 안 보이는 곳으로 위험을 무릅쓰고 나아가 보라고 설득했다."라고 기술했다.[12] 그러나 사실은 엔리케가 태어나기 훨씬 전부터 카나리아 제도를 오가는 항해는 흔한 일이었다. 페니키아 선원들은 2,000년도 전에 이미 그곳에 도달했으며, 기원후 2세기경 클라우디우스 프톨레마이오스는 카나리아 제도의 위치는 "항해자들이 그 거리를 꾸준히 측정"한 덕분에 알 수 있었다고 보았다.[13] 그 후 카나리아 제도는 유럽인들의 기억 속에서 잊혔으나 1270년경 제노바인 뱃사람이 재발견했는데, 그는 아조레스 제도와 마데이라 제도 또한 여행했다. 뿐만 아니라 1336년에서 1393년 사이에 카나리아 제도로의 왕복 여행은 최소한 아홉 번 이루어졌다.[14] 이와 같은 항해를 통해 이베리아인 항해자들은 대서양을 횡단할 수 있는 결정적인 지식과 기술을 마침내 발전시킬 수 있었음이 분명하다. 한편 북대서양의 경우 바이킹 배들이 그보다 훨씬 이른 기원후 1000년 이전부터 이미 횡단을 되풀이했다. 놀랍게도 "옛 북유럽인들은 사분의나 천문 관측의, 자기 나침반, 해도도 없이 이 대양을 통행했다."[15]

고고학적 증거들을 보면 뱃사람들은 약 4,000년 전에 홍해에서 육지가 보이지 않을 정도로 먼 바다를 항해했다. 기원전 2000년경에 크레타 섬의 미노아인들은 지중해를 정기적으로 가로질렀다. 호메로스(Homeros)의 『오디세이아(*Odyssey*)』는 문학적으로 이 사실을 확인해 주고 있다. 오디세우스는 신화적 인물이었지만, 그가 어떻게 17일 동안 별을 이용해 배의 방향을 잡아 바다를 가로질렀는지에 대한 호메로스의 구체적인 묘사는 당시 확립된 항해의 전통을 증명하고 있다. 기원전 600년경, 카르타고의 선장인 하밀카르는 브르타뉴 주민들이 자신의 배보다 훨씬 조악한 배를 타고 500킬로미터 거리의 너른 바다를 가로질러 빈번하게 아일랜드로 건너다닌다고 보고했다.[16] 페니키아의 선원들은 지중해와 흑해를 가로지르는 정규적인 무역로를 정기적으로 항해했고 인도양 및 대서양을 탐험했으며, 일설에 따르면 아프리카를 일주하기도 했다.[17] 한편 2장에서 언급했듯 지구의 반대편인 태평양의 섬들에는 선사 시대에 정착이 이뤄졌는데 이것은 문자 언어와 금속이 없었던 시기에도 세련된 항해 기법이 존재했음을 입증한다. 쿡 선장이 하와이 제도를 "발견"하기 훨씬 이전에 폴리네시아인들은 타히티, 마키저스로부터 하와이까지 항해를 했으며, 이는 무려 2,000해리(약 3,700킬로미터)가량에 달하는 거리다.

기니(사하라 이남 서아프리카)로 가는 항로를 찾으라는 엔리케의 명을 받은 포르투갈 선원들이 대륙의 해안선을 따라 계획적으로 남하했다는 사실에서 연안 항해의 신화는 생겨났지만, 그들은 결코 땅이 보이는 곳에서만 머무르지 않았다. "연안 항해"를 할 때 배의 위치를 재확인하기 위해 주기적으로 육지를 시야 내에 두지만 계속해서 해안 가까이 머무르지는 않는다.[18] 도선사들은 익숙한 곳이나 특징적인 육상의 표지들 사이를 이동하는 바닷길을 찾기 위해 자기 나침반을 이용했으며 측연(測鉛, 수심 측정 등을 위한 납 ― 옮긴이)을 던져 빈번하게 수심을 측정했다.

엔리케 시대 이전의 선원들이 육지가 보이지 않으면 항해할 수 없었다는 주장을 들으면 당시 포르투갈 경제의 한 축을 담당하던 산업이던 원양 어업에 종사하던 어부들은 코웃음쳤을 것이다. 그들의 생계는 그들이 사냥해야 할 대상을 좇아 ― "어부는 고기를 따라간다." ― 대양으로 멀리 나가는 능력에 달려 있었다. 그리고 그런 만큼 이들은 북동부 대서양 해역에 대해 매우 잘 알고 있었다.[19]

바람과 해류

대양의 바람과 해류의 규칙성에 대한 이해는 대양 항해를 활성화한 가장 귀중한 지식 중 하나이다. 바람과 해류의 반복적인 특성이 상당히 예측 가능하다는 사실을 알고는 선원들은 해도에 이들을 기록해서 가고자 하는 곳에 갈 때 사용할 수 있었다. 홍해에 부는 바람이 "방향 및 특성의 두 가지"에서 신뢰할 수 있었다는 사실은 홍해에서의 외양 항해가 어떻게 일찍부터 출현했는지 설명하는 데 도움이 된다.[20]

육지에 있는 학자들이 이러한 종류의 정보를 모을 수 없었으리라는 점은 명확하다. 아마도 바다에서 노동해 온 이들이 최초로 이 정보들을 모아서 해석했을 것이다.

> 증기력이 도래하기 전 세계의 무역로를 규정짓던 바람에 대한 탐구는 새로운 육지 탐험만큼이나 중요했다. 그리고 이 탐구는 선원들이 바다에서 끊임없이 배우고 그들의 관찰을 기록하며 이를 다른 이들에게 전달함으로써만 가능했다. …… 방법은 매우 기초적이었으나 그 성과는 참으로 거대했던 탐구를 행했던 이 선원들에 대해 너무나 아는 것이 없다는 점은 유감스럽다.[21]

몇 세기 전까지만 해도 이 지식은 구전으로만 전승, 유지되었는데, "선원들은 젊은 시절 스승 곁에서 일하며 배를 조타하는 방법을 배운 기술자였다. 아무것도 문자로 기록되지 않았다."[22] 이것 때문에 문서상의 증거를 찾는 역사학자들은 어려움을 겪게 된다. 지도학을 연구하는 역사학자들이 발견한 바,

> 전문적인 범죄자들 다음으로 인류 역사상 전문적인 선원들만큼이나 기록을

남기기를 꺼리는 집단도 없었다. 그들은 학벌의 혜택을 받지 못한 철학자들이었고, 신념보다는 필요에 의한 수학자들이었으며, 배의 갑판 외에는 관측소가 없었던 천문학자들이었다. 그들은 지식을 누설하지 않고 비밀로 간직했다.[23]

실제 항해의 경험을 해 본 이들이 아니고서야, 카나리아 제도에서 이베리아 연안으로 돌아오는 가장 빠른 최적의 항로가 북동 항로로 출발해 포르투갈로 똑바로 직진하는 것이 아니라 북서 항로를 타고 바다로 더 멀리 나가는 쪽이라는 사실을 어찌 알아낼 수 있었겠는가(지도상 이베리아 반도는 카나리아 제도의 북동쪽에 위치하고 있다. — 옮긴이)? 똑바로 직진하는 항로는 그 항해 기간 내내 북동 무역풍과 해류의 흐름에 맞서야 하기 때문에 고된 갈지자형 항법을 택해야만 가능한 길이었다. 하지만 북서쪽으로의 항해는 포르투갈 선원들이 **볼타 두 마르**(*volta do mar*, 바다의 회전, 혹은 바다로부터의 귀환)라 부르는 방법으로, 이를 통해 탁월풍인 편서풍을 타고 상대적으로 빠르고 편하게 귀향할 수 있었다. 이렇게 직관에 반하는 항로를 발견한 이들이 누구인지는 알려져 있지 않지만 그들이 수학자나 천문학자가 아니라 일하는 선원들이었음은 분명하다.

북대서양에서 부는 바람의 거대한 시계 방향 순환의 확장(해양학자들은 환류라고 부름)과 볼타 두 마르에 대한 지식 덕분에 콜럼버스와 그의 후계자들은 서반구에서 출발하는, 그리고 서반구로 향하는 항해를 할 수 있었다. 또 "탁월풍의 특성에 대한 파악을 보다 넓게 응용할 수 있다는 생각이 전파되어, 이베리아인 선원들은 아시아, 아메리카, 그리고 전 세계로 향하는 항로를 계획할 때 볼타 두 마르를 그 본으로 삼았다."[24] 적도 남쪽, 남대서양에서 그들은 북쪽의 환류와는 반대인 반시계 방향의 환류를 발견했으며 그 다음 세대에는 북태평양과 남태평양의 환류가 대서양의 환류와 유사하다는 사실을 알게 되었다.

포르투갈에서 아프리카의 남쪽 끝을 돌아 인도로 가기 위해 노력하는 선원들을 상상해 보라. 그리고 그들이 예기치 않게도 브라질과 마주치게 되는 장면을 떠올려 보라! (많은 역사학자들이 그러했듯) 그들이 경로에서 이탈해 잘못된 방향으로 나아갔으리라고 추측했다면, 당신은 틀렸다. 1500년에 알바레스 카브랄(Alvares Cabral)과 그의 선원들은 3년 전에 이미 성공적인 것으로 판명이 난 방향을 따라, 아프리카 주변을 돌며 인도양으로 향하는 남대서양 환류를 타기 위해 서쪽으로 수백 킬로미터를 항해했다. 그 여정의 중간 즈음에서 이들은 뭍새가 머리 위를 나는 것을 보고 놀라 새들의 뒤를 좇았다. 그래서 브라질은 포르투갈 제국주의의 예기치 않은 은혜 덕분에 유럽인에게 "발견"되었다. 당시 카브랄의 선원들이 브라질을 우연히 맞닥뜨리지 않았다 해도 누군가 다른 선원들이 곧 그러했을 것이었다.[25)]

인도에 도달하는 데 남대서양 환류를 이용한 최초의 이베리아인 선원들은 1497년 바스코 다가마(Vasco da Gama)의 지휘 아래 있었던 이들이었다. 전통적으로 다가마는 선구적으로 대담한 함대 운용을 선보인 항해의 천재로 묘사되곤 하지만, 그 자신이 그러한 시도에 필요한 지식을 제공했다는 증거는 없다. 왕실의 고용인이었으며 항해 경험이 많지 않았던 다가마는 처음으로 함대를 책임지는 자리에 임명되었다. 연대기 편찬자인 카스탄헤다(Castanheda)는 다가마가 이 임무 수행에 발탁된 이유가 "'그가 바다와 관련된 일에서 주앙 2세(João II)를 위해 상당한 수고를 했던 경험 덕분'이라고 주장했지만, 우리는 연대기 혹은 문서에서 언급할 만한 '수고' 혹은 그러한 경험은 전혀 찾아볼 수 없다."라고 한 포르투갈 역사학자는 기록하고 있다.[26)] 다가마가 포르투갈 왕에게 추천된 것은 선박 조종술 실력이 아니라 가신으로서의 충직함과 약탈 및 정복에 있어서의 무자비함 때문이었다.

최초의 답사 항해 이후 다가마는 1502년 식민지 개척의 임무를 띠고 인도로 재파견되었다. 이때의 선원 중 한 명은 메카로 순례 여행을 다녀오는 이슬람교도로 가득찬 배와 조우한 사건을 다음과 같이 보고하고 있다. "우리는 380명의 남자와 많은 여자 및 어린이가 탄 메카 선박을 포획해서 최소한 1만 2000두카트와 1만 두카트 이상의 가치가 있는 상품들을 빼앗고는 화약으로 배 안의 모든 사람과 함께 배를 불태웠다." 현지의 통치자들을 위협하기 위해 다가마는 비무장의 어부를 생포해 토막 낸 후 저항은 무의미하다는 선언을 담은 서신과 함께 머리, 손, 그리고 다리를 보냈다.[27] 포르투갈의 인도양 지배는, 오늘날 일컫는 "국가가 후원하는 테러리즘"으로 성취되었다.

페르디난드 마젤란 휘하의 선원들은 태평양 환류를 계획적으로 이용한 최초의 유럽인들이었다. 마젤란은 세계를 일주한 최초의 항해자라고 관습적으로 인정받고 있지만 이것은 사실상 마젤란의 바스크인 도선사 후안 세바스티안 델카노(Juan Sebastián Del Cano)의 위업으로, 그는 "뒷받침이 될 재산이나 특출한 재능이 없는 평범한 사람"이었다.[28] 마젤란은 여행이 끝나기 한참 전에 필리핀에서 피살되었다. 델카노는 "대서양 지중해의 익명의 선원들, …… 그리고 아시아의 바다를 최초로 항해한 이름 모를 선조들이 배운 바람에 대한 교훈들을 십분 활용했다."[29] 앞 장에서 살펴보았듯이, 유럽인들이 아시아인의 지식을 "얻어" 내기 위한 가장 주요한 방법은 바로 납치였다.

델카노는 세계 일주를 완료한 최초의 항해자였으나, 실제로 지구를 돌고는 자신의 출신지로 돌아온 최초의 인물은 아마도 마젤란의 노예였던 엔리케(Enrique)였을 것이다. 엔리케가 여행한 출발점과 도착점은 유럽이 아니었다. 이후 유명해진 원정을 시작하기 10년 전 마젤란은 말레이시아의 노예 시장에서 엔리케를 사서 아프리카를 거쳐 포르투갈로 데려간 후 마지막으로 스페인으로 가서 세계 일주 항해를 위해 서쪽으로 향했다. 필리핀에 도달했을 때 엔리케의 주인은 그가 토착 언어에 능숙한 데 놀랐다. 엔리케는 오랫동안 강제적으로 떠나 있다가 고향으로 돌아온 것으로 보였다.[30)]

마젤란의 죽음은 그의 제국주의적인 호전성 때문이었다. 필리핀 섬들 중 하나인 막탄을 정복하려 할 때 그는 "포를 쏘는 순간 도망갈, 스페인의 갑옷을 뚫기에는 쓸모없을 보잘것없는 죽창을 가지고 거의 헐벗어 누더기를 걸친 한 무리를 만나리라 예상했다." 그러나 섬 주민들은 그를 놀라게 했다. 그들의 지도자 라푸 라푸(Lapu Lapu)는 50여 명의 유럽 군대에 맞서 1,500명의 전사를 보냈다. 결국 마젤란은 전투 중 토막 살해당했다.

> 오늘날 필리핀에서는 …… 마젤란을 용기 있는 탐험가로 보지 않는다. 대신 침략자이자 살인자로 그리고 있다. 그리고 라푸 라푸는 원래 모습 이상으로 낭만화되었다. 오늘날 막탄 항에서 가장 인상적인 풍경은 바로 죽창을 갖추고 수호하듯 태평양 너머를 응시하고 있는 거대한 라푸 라푸 상이다.[31)]

엔리케는 마젤란이 사망한 후 그의 유언에 명시된 대로 자유인이 되었음을 선언했다. 그러나 마젤란의 후계자가 그는 여전히 속박된 노예라고 주장하자 엔리케는 화가 나 원정에서 이탈했으며 그 후 역사 기록에서 완전히 그 자취를 감추었다.

최초의 세계 일주가 남긴 과학적 결과는 대양 위 바람의 특성에 대한 지식 증가를 훨씬 넘어선 것이었다. 비록 마젤란과 그의 선원들은

> 자신들이 경험한 내용을 이해하지는 못했지만, 다른 이들이 연구할 만한 기

> 록을 남김으로써 세계에 대한 유럽인의 지식을 증대시켰다. 그들의 세계 일주는 세계가 이전에 생각했던 것보다 작지 않고 더 큰 곳이라는 사실을 증명했다. 지구 둘레는 1만 킬로미터 넘게 늘어났고, 엄청난 양의 바다, 즉 태평양도 추가되었다. 그들은 유럽 너머에는 파타고니아의 거인들처럼 크거나 필리핀의 피그미처럼 작은 이들처럼, 놀라울 정도로 다양하고 또 많은 사람들이 산다는 사실을 알게 되었다.[32)]

이 원정은 새로운 지식을 추가함은 물론 기존 지식을 수정함으로써 자연 세계에 대한 지식을 향상시켰다. 이 보고들은 이전에 광범위하게 받아들여졌던 수많은 잘못된 생각들을 바로잡았다. "인어, 적도의 끓는 물, 통과하는 배들의 못을 뽑아낼 수 있는 자석으로 된 섬과 같은 현상들이 부정되었다." 무엇보다 중요한 것은 아리스토텔레스 자연 철학에서 볼 수 있는 수많은 뻔한 오류들과 생략들이 밝혀지면서 당대 엘리트 과학이 종언을 고하기 시작했다는 점이다. 한 저술가가 일깨우듯, "이 모든 발견들은 200명이 넘는 생명의 희생으로 이루어졌다."[33)] 하지만 이것은 그저 마젤란과 그의 선원들만을 계산한 것이다. 얼마나 많은 비유럽인들이 비명 속에 죽었는지 누가 알겠는가?

히팔로스와 인도양의 몬순 풍

대양 위 바람의 특성에 대한 발견 사례들은 대부분 기록되지 않았지만, 가장 오래되었으면서 또 중요한 기록 중 하나는 알렉산드리아 출신 그리스 선원 히팔로스(Hippalos)에게로 거슬러 올라간다. 기원후 1세기 문서인 『에리트레아 항해지(*Periplus Maris Erythraei*)』[34)]에 따르면 히팔로스는 인도양의 몬순 풍을 이용해 1년 안에 아프리카 동해안에서 인도로 왕복할 수 있는 방법을 발견했는데, 이것은 예전 그리스 상인들에게는 3년이 걸리는 여정이었다. 히팔로스가 발견한 것은 대륙의 외곽을 따라가는 대신 몬순 풍을 적기에 이용해 인도양을 바로 가로지를 수 있다는 사실이었다. 여름철에는 몬순 풍이 남서쪽에서 북동쪽으로 불기 때문에 아프리카에서 인도로 순풍을 타고 달릴 수 있는 반면, 겨울철에는 반대 방향으로 불어서 귀환하는 항해를 돕는다.『에리트레아 항해지』를 쓴 익명의 저술가의 설명에 따르면,

예전에는 작은 배를 타고 만의 굴곡을 따라 항해했다. 히팔로스 선장은 무역항의 위치와 바다의 형태를 지도 위에 기입하여 너른 바다 위의 항로를 최초로 발견했다. …… "에테시아"라고 부르는 이곳의 바람은 계절적으로 대양 쪽에서 불어온다. 즉 남서쪽에서 오는 바람이 인도양에서 그 모습을 드러낸다.[35]

히팔로스는 수 세기가 지난 후 콜럼버스가 대서양을 최초로 횡단할 때 했던 일을 인도양에서 해냈다. 인도양의 무역로를 유럽인들에게 열어 보였던 것이다. 히팔로스가 그 실현 가능성을 보여 주자마자 다른 그리스 및 로마 선원들은 재빨리 그의 행로를 따랐다. 이 혁명적인 성공이 정확히 언제 이루어졌는지는 불확실하지만『에리트레아 항해지』 집필 시기보다 150여 년 앞서 있었음은 분명하다. 그리스 지리학자 스트라본에 따르면 기원전 116년경 키지쿠스의 에우독소스는 인도를 오가는 데 몬순 풍을 이용한 바 있다.[36] 아마도 히팔로스는 이 여행의 선장 혹은 항해사였을 텐데 — 스트라본이 그를 거명하지는 않았지만 — 이 항로에서 정기 왕복 운항이 시작된 시기를 볼 때, 히팔로스가 인도양을 횡단한 최

초의 그리스인이라면 그는 에우독소스가 살던 시대에 이것을 해냈어야만 한다.[37] 곧 다른 그리스 뱃사람들은 몬순 풍과 항해에 대한 새로운 지식을 그들이 이미 탐험한 곳을 넘어 동아프리카 해안의 훨씬 아래까지 외삽하기 시작했다. 기원후 1세기 중반이면 "그들은 남쪽 무역 범위를 랍타, 즉 다르에스살람(동아프리카에 위치한 탄자니아의 수도 — 옮긴이) 근방에 이르기까지 확장했다."[38]

히팔로스가 인도양의 기상 특성을 이해한 최초의 그리스인이건 아니건 간에 그가 이 지식을 창안한 이가 아니라는 점은 분명하다. 그는 몬순 풍을 2,000여 년 전의 전통으로부터 배워 이용해 온 무명의 아랍인 그리고 인도인 항해자들에게서 그 지식을 받아들였다. 인도양에서 무역을 시작한 그리스 선박은 이미 그곳에 있던 이들에게 경쟁자로 인식되었다. 아랍과 인도의 뱃사람들은 바람에 대한 자신들의 지식을 그리스인 경쟁자들에게 비밀로 간직했다. 히팔로스 혹은 에우독소스가 그들 무역의 비밀을 배우기 전까지 이는 유지되었다. 포세이도니우스(Poseidonius)와 스트라본에 따르면 비밀이 알려진 경위는 이러하다.

> 아라비아 만(즉 홍해)의 경비대는 좌초된 배에 홀로 반죽음 상태로 있던 인도인을 발견해 왕 앞으로 데리고 갔다. …… 친절에 대한 보답으로 그는 왕이 지명한 사람들에게 인도로 가는 해로를 알려 주겠다고 자청하고 나섰으며, 그 지명 받은 이들 중에는 에우독소스도 포함되어 있었다.[39]

서로마 제국의 쇠망과 함께 몬순 풍에 대한 지식은 수 세기 동안 유럽인들에게는 잊혀진 채 남아 있었다.[40] 바스코 다가마는 1497년에 낯선 인도양으로 들어섰을 때, 이전 그리스인들이 경험했던 것처럼 자신의 비밀을 밝히고 싶어 하지 않는 발달된 항해의 전통과 맞닥뜨리게 되었다.

그러나 다가마 측에서 무력을 앞세웠던 까닭에 필요한 지식을 강탈할 수 있었는데, 여기서 납치법이 또 한 번 활용되었다. 다가마는 아랍 선박을 공격해 도선사 하나를 붙잡아 와서 포르투갈 배를 북쪽으로 안내하도록 강요했다. 메린디(현재의 케냐)에서 다가마는 몬순 풍을 잘 아는 다른 항해사를 고용하거나 혹은 협조를 강요할 수 있었다.[41] 이 전문가 뱃사람은 "인도의 부에 도달하고자 노력했던 포르투갈인들의 노력을 좌절시켜 온, 바람과 해류에 대한 무지를 극복할 수 있는 수단"을 다가마에게 제공했다.[42] 마침내 그들은 인도의 부에 도달했다. 일설에 따르면 다가마는 인도에서 포르투갈로 상품을 운송해 1만 퍼센트의 수익을 올렸다고 한다.[43] 이 사업의 과학적 중요성에 대해 보자면, "포르투갈인이 인도양으로 진입한 것은 탐험보다는 점령에 가깝다. 그들은 **기존의 지식을 양도받았지** 확장하지는 않았다."[44]

멕시코 만류의 해도 작성

선원들은 대양 위 바람뿐만 아니라 해류의 규칙성 또한 알아야 했다. 바람은 대양 표면의 해류를 일으키는 일차적인 원인이기는 하지만 유일한 원인은 아니며 바람과 해류의 관계는 그렇게 단순하지도, 직접적이지도 않다. 예를 들어 주변의 대륙 등과 같은 여타의 요소들로 인해 해류와 바람은 서로 충돌할 수 있다.

해류에 대한 지식이 만들어진 방식에 대해서는 벤저민 프랭클린의 책에 실린 멕시코 만류(Gulf Stream)에 대한 최초의 해도를 보면 잘 알 수 있다. 플로리다와 바하마 군도 사이의 좁은 해협에서 분출해 나오는 이 강력한 해류는 미국의 해안선과 평행하게 북쪽 방향으로 진행한다. 아일랜

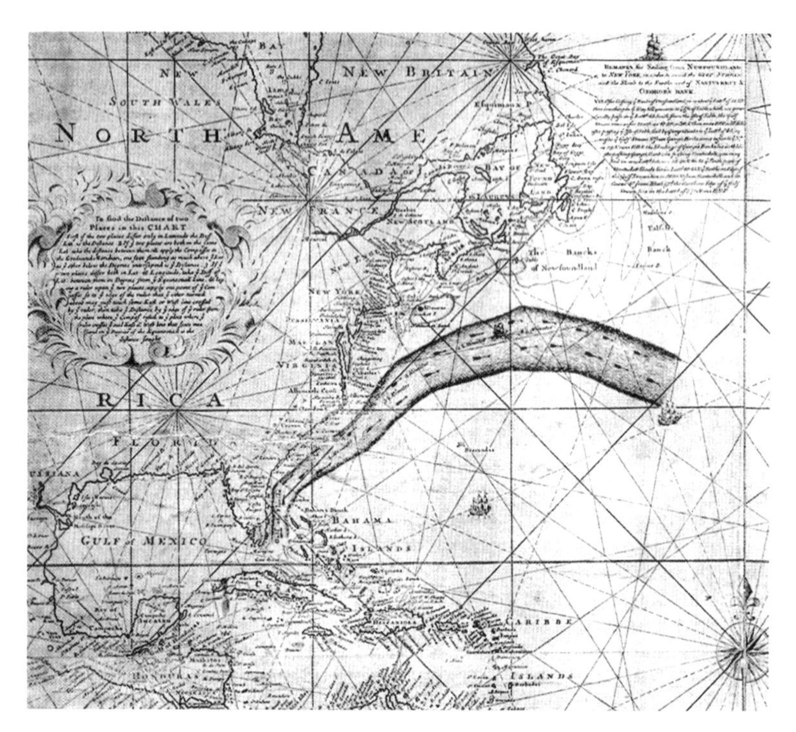

벤저민 프랭클린의 멕시코 만류 해도

드와 영국의 해안까지 바람의 힘으로 흘러가 온기를 전하는 이 난류는 북대서양에서 가라앉는다. 항해자들은 16세기 초 이전에 멕시코 만류를 이용하는 방법을 발견했지만 그 후 2세기 반이 지나 프랭클린이 해도를 출판하기 전까지 이 방법은 그들의 직업상 비밀로 남겨져 있었다. 과학사에서 가장 잘 알려진 위인 중 하나인 프랭클린은 자기 책의 해도에 구현된 지식을 어떻게 얻게 되었는지 정직하게 밝히는 정도의 예의는 갖추고 있었다.

아메리카 식민지 우정 공사의 총재였던 프랭클린은 1769년, 어떤 불평 하나에 관심을 가지게 되었다. 바로 우편물용 선박인 "우편선"이 팰머스(영국 남서부의 항구 도시 — 옮긴이)에서 뉴욕까지 운항하는 데 걸리는 시일이

상선이 런던에서 출발해 로드아일랜드에 도착하는 것보다 2주일이나 더 걸린다는 사실이었다. 프랭클린이 당혹스러워했던 이유는 다음과 같다.

> 두 장소 사이란 기껏해야 하루 걸리는 거리 정도만 떨어져 있을 뿐이었다. 특히 상선은 보통 짐을 더 많이 싣는 데다 우편선보다는 더 적은 인력으로 항해하며, 런던으로부터 출발하면 영국 땅을 벗어나기 전에 강과 수로 전체를 통과해야 한다. 하지만 우편선은 그저 팰머스에서 출발하면 될 뿐이다.[45]

프랭클린은 "오해이거나 잘못 전달되었다고밖에는 생각할 수 없었다."라고 생각했지만, 조사해 보니 놀랍게도 그것은 사실이었다. 프랭클린에게는 다행히도 티모시 폴저(Timothy Folger)라는 낸터킷의 고래잡이선 선장인 사촌이 있었다. 폴저는 멕시코 만류의 특성을 프랭클린에게 설명해 주었다.

> 폴저는 말했다. "우리는 그 해류에 대해 잘 알고 있다. 해류의 가장자리에서 벗어나지 않지만 해류 안에서는 만날 수 없는 고래를 쫓을 때 우리는 해류 가장자리를 바싹 따라가다가 다른 쪽 가장자리로 가기 위해 종종 해류를 가로지른다. 그럴 때 가끔 우편선을 만나 교신을 나누기도 했는데 그들은 해류의 중간에서 해류를 거스르고 있었다. 우리는 그들이 해류를 거슬러 가고 있으며, 해류 때문에 시간당 5킬로미터가량 손해를 보고 있다고 알려 주고는 해류를 가로질러 빠져 나오라고 충고했다. **그러나 그들은 너무 똑똑해서 무지한 미국 어부들의 조언을 받으려 하지 않았다.** 바람이 약할 때면 바람 덕분에 나아간 것보다 더 많은 거리를 해류 때문에 뒤로 가게 되고 만약 바람이 괜찮다 해도 하루에 120킬로미터를 손해 보는 것은 꽤 크다."[46]

프랭클린은 폴저에게 이 해류가 어떤 해도에도 나와 있지 않다는 점이 문제라며, "그에게 나를 위해 해류를 표시해 달라고 요청했고 그는 즉시 응해 주었다."[47] 폴저는 프랭클린에게 "해류가 만에서 처음 분출해 가장 폭이 좁고 강할 때부터, 서부 제도(Western Islands, 아조레스 제도의 다른 이름으로, 북아메리카 대륙에서는 약 3,900킬로미터, 포르투갈에서는 약 1,500킬로미터 떨어져 있다. — 옮긴이)의 남쪽을 향하며 폭이 넓어지고 속도가 느려질 때까지의 만류의 방향, 진로와 속력을" 알려 주었다. 그리고 "앞서 설명한 만류를 피하도록 뉴펀들랜드 퇴에서부터 뉴욕까지 배들이 향하는 방향도" 덧붙였다.[48] 프랭클린은 이 정보를 "항해자들의 편익을 위해" 출판했으며, 여기서 자신이 "그들의 섬에서부터 저 아래 바하마 군도에 이르기까지, 해류의 가장자리에서 고래잡이를 계속한 덕에 멕시코 만류의 진로, 강도 및 폭에 대해 너무나 정통한," 바로 "낸터킷 섬의 고래잡이들"에게 진 빚을 충분히 밝히고 있다.[49]

이 자연 지식이 경제적 가치가 있음은 명백하다. 즉 "유럽에서부터 북아메리카로 향하는 배는 해류를 거스르지 않으면 항해 기간을 단축시킬 수 있다. …… 반대로 미국에서 유럽으로 향하는 배는 …… 해류 안에 계속 머무르면 마찬가지로 이익을 얻을 것이다."[50] 상대적으로 최근(18세기 후반)의 경우인 위의 사례는 중요한 대양 해류의 해도 제작이 어떻게 "무지한 어부들"의 정보에 의존하는지 보여 준다. 따라서 이는 그저 일화로 치부되어서는 안 되며, 문제가 되는 핵심 지식이 어디서 유래했는지 기록이 남아 있는 드문 한 사례로 인정되어야 한다.

조석

대양 항해자들이 대양으로의 항해라는 모험을 떠날 수 있게 해 준 바람과 해류에 대한 지식은, 만약 그들이 좌초 혹은 암초와의 충돌을 피해 항구로 무사히 돌아올 수 있었을 경우에나 그 가치가 빛나게 된다. 그런 만큼 조수(潮水)가 정확히 언제, 어디에서, 얼마나 빨리, 그리고 얼마나 높게 들고 나는지 완벽하게 알 필요가 있었다. 일찍이 선원들과 항구의 주민들은 하루 두 차례라는 주기적 특성과 같이 조석의 일정한 규칙성들을 잘 알고 있었음이 분명하다. 선사 시대 뉴질랜드의 마오리인들은 달의 영향을 알고 있었다. 그들은 달에 있는 여성인 '로나(Rona)'를 "조석의 주관자"라고 불렀다.[51] 이와 유사하게, 지금부터 4,000년보다도 더 전의 바빌로니아인들은 조석을 지배하는 힘이 달의 여신 이슈타르(Ishtar)에게 있다고 보았다.

그러나 조석과 달의 위치 사이의 상관관계를 정확히 이해해야 쓸모 있는 예측이 가능했다. 고대 각지의 뱃사람들이 독자적으로 그 관계를 이해했음이 분명하지만, 그에 대해 최초로 언급한 기록은 기원전 4세기경 아리스토텔레스의 제자인 디카이아르쿠스(Dicaiarchus)가 남겼으며 그는 이를 마살리아의 피테아스(Pytheas)라는 이름의 항해자로부터 배웠다.[52] 그로부터 2세기 후 스토아학파 철학자인 포세이도니우스와 바빌로니아인 천문학자인 셀레우쿠스(Seleucus)는 그 관계에 대해 더 풍부한 설명을 남겼다.[53] 셀레우쿠스는 인도양의 조석 현상을 달의 차고 기움과 연관시켰는데, 정보를 제공한 뱃사람들의 광범위한 항해의, 혹은 항구에서의 경험이 없었다면 이러한 추론은 불가능했을 것이다. 포세이도니우스는 가데스(현재 스페인의 카디스)의 조석 현상에 대한 달의 영향을 체계적으로 관찰했지만 이것은 지역 주민들로부터 배운 뒤의 일이었다. 스트라본은 포세이도니우스의 결론을 다음과 같이 전하고 있다.

> 포세이도니우스는 대양의 움직임은 달과 연동되어 움직여서 우선은 하루, 둘째로는 한 달, 그리고 셋째로 한 해 주기로 운동하므로 마치 천체들의 운동과 같은 주기를 따르고 있다고 말한다. 달이 지평선으로 황도대만큼 (30도) 떠오르면, 밀물이 차기 시작하며 달이 중천에 있을 때면 바닷물은 눈에 띄게 땅 쪽으로 밀려든다. 그러나 이 천체가 기울기 시작하면 바다는 다시 조금씩 조금씩 물러가게 된다.[54]

뱃사람 피테아스는 달이 조석에 영향을 미친다고 진지하게 생각한 최초의 그리스인들 중 하나였다. 그 계기는 아마도 그가 대서양을 선구적으로 항해한 경험을 했기 때문일 것이다. 지중해에서 "조석은 주의를 끌기에는 너무 소규모였"지만, 대서양 연안의 "조석은 워낙 대단하여 고대인들이(교육받은 이들뿐만 아니라 농부나 양치는 사람들 또한) 달을 주의 깊게 관찰했다면 달과 조석의 주기 사이에 어떤 관계가 있으리라는 사실을 알아차리지 않을 도리가 없었을 것이다."[55]

북유럽 대서양 쪽 해안가의 조석이 컸기 때문에 이곳 뱃사람들이 항구를 오갈 때 조석의 특성을 이해하는 것은 특히 중요했다. 근대 초기 대서양 뱃사람들은 달의 상태와 만조 시기를 연관시켜서 음력의 날짜에 따른 조석의 정확한 특성을 계산할 수 있었다. 이 뱃사람들은 대부분 글을 읽고 쓸 줄 몰랐으며 시간을 알 수 있는 시계가 없었지만, 이러한 어려움에도 불구하고 그들은 자신들의 목적에 부합하는 기법들을 개발했다. 조수가 최고점에 도달하는 때가 언제인지 시각을 알 수 있는 수단이 없었으므로 월령(月齡)과 나침반의 방위각에 따라 그 순간을 기록했다. 항해의 역사를 연구하는 존 호러스 패리(John Horace Parry)는 그들의 방법을 이렇게 묘사했다.

> 바다의 표면에 반사되는 달은 극적이면서도 두드러진 흔적을 남겼으며, 그 방위는 관찰하기 수월했다. 최대의 만조, 혹은 대조(spring tide, 한사리라고도 하며 만조와 다음 간조 때의 해면의 높이 차인 조차가 최대가 되는 때를 의미한다. — 옮긴이)는 보름달과 초승달이 뜬 밤에 일어나며 — "차고 기움" — 이때 달이 움직이는 방향은 그 항구에서 조석의 만조 시기와 연결되었다. 일례로, 디에프 항에서 특히 조차가 최대인 만조 시기는 다음과 같이 표시된다. "디에프, 달 북북서 그리고 남남동, 만조". 이는 "디에프의 만조는 보름달 그리고 초승달인 날에 달이 북북서 혹은 남남동의 방향을 가리킬 때 일어난다."라는 사실을 의미한다.

이러한 지식으로 무장한 뱃사람은 어떤 날 어떤 항구에서 정확히 언제 만조가 되는지에 대해서 알려면 "지연" 요소, 즉 보름달 혹은 초승달 이후 며칠이나 지났는지를 계산하면 되었다. 다행스럽게도 북대서양에 맞는 지연 요소는 "편리하게도 자기 나침반의 한 눈금에 해당한다. …… 항구의 최대 만조 시기는 나침반의 방위로 보자면, 월령이 하루 지날 때마다 한 눈금씩을 더하면 된다."[56] 위의 조석 계산법은 자기 나침반이 뱃사람들에게 단순한 방향 찾기용 도구 정도가 아니었음을 잘 보여 준다.

기원후 12세기 이전에 작성된 문서에 조석표가 포함된 기록은 없지만, 그 기원은 그보다 훨씬 이전이었음이 분명하다. 『카탈로니아 도감(*Catalan Atlas*)』(1375년경)에는 아브라함 크레스케스(Abraham Cresques)라는 숙련된 해도 및 기구 제조공의 작품인 듯한 복잡한 조석표가 포함되어 있다. 크레스케스는 "기회가 닿을 때마다 뱃사람들로부터 그들이 방문했던 다양한 항구들의 조석에 대한 정확한 정보를 얻어 냈다." 이렇게 광범위한 선원들의 관찰 결과에 기반한 조석표는 당시 수학적 태도를 견

지한 학자들이 "단일 관찰 결과로부터 역학적으로 만들어 낸" 표보다 우수했다.[57)]

달과 조석 현상 간의 인과 관계를 완강하게 부정했던 갈릴레오는 오랜 세기 동안 그 둘을 연관시킨 선원들의 관찰의 정확성을 의심했다. 지구의 운행이 조석의 유일한 원인이라는 갈릴레오의 잘못된 이론은 코페르니쿠스 천문학에 대한 그의 방어에서 핵심이었다. 그리고 이 주제에 대한 갈릴레오의 주요 저작인 『두 우주 체계에 대한 대화(*Dialogue concerning the two chief world systems*)』의 원래 제목은 『조석에 대한 대화(*Dialogue on the Tides*)』일 정도였다.[58)] 갈릴레오는 이 책의 대화편에서 "조석을 달과 관련시키는 많은 이들을" 심플리치오(Simplicio, 바보라는 뜻)라고 이름 붙인 인물로 표현해 조소했으며, 갈릴레오 자신의 시각을 대변하는 인물인 살비아티(Salviati)를 통해 이렇게 밝혔다. "그 개념은 내 생각과 완전히 반대된다."[59)]

"조석의 간만"을 오로지 "전체 지구 수준에서의 연간 및 일간 운행"에만 기인한다고 보려는 열망으로 갈릴레오는 조석표가 암시하는 달과의 연관을 무시하는 내용을 길게 집필했다. 갈릴레오는 왜 달이 조석과 연관 있어 **보이는지**에 대해 지구와 달의 연계된 궤도 운행에서의 "불규칙성"이 가능한 설명이라고 제시한 후, 대화에 등장하는 또 다른 인물을 통해 "그러한 불규칙성은 이미 천문학자들에 의해 관찰되고 인지되었어야 했지만, 그런 일이 있었는지 나는 모른다."라고 반박하게 했다. 여기에 대한 그의 빈약한 답변은 "비록 천문학이 오랜 시간을 거쳐 크게 발전했지만" 여전히 "많은 사안들이 분명치 않은 상태로 남아 있다."는 것이었다. 동시에 그는 거만한 태도로 뱃사람들이 한 기여의 가치를 폄하했다. 갈릴레오는 "나는 우연적인 원인들이 자연에 존재한다는 점을 알게 되었다는 정도로 만족한다."며 콧방귀를 뀌고는, "나는 그 우연적 원인들에 대한

상세한 관찰은 다양한 바다에 빈번히 나가는 이들에게 맡기고자 한다."라고 썼다.[60)]

지리학과 지도학: 항해지에서 포르톨라니 해도까지

"그리스의 기적" 전통의 영향을 받은 한 역사학자들은 기원전 6세기 밀레토스의 아낙시만드로스와 헤카타이우스(Hecataeus)가 "지도학과 지리학이라는 쌍둥이 과학을 출범시켰다."라고 주장한다. 그들은 항구의 "부산한 부두를 누벼서," "귀환한 뱃사람들의 보고를 청취"한 후, 모은 "자료들을 대조해서" 새로운 과학을 시작할 수 있었다고 한다.[61)] 선원들의 기여에 대한 인정은 주목할 만한 일이지만, 과학의 기원에 대한 대부분의 이야기들이 그러하듯 이 이야기 또한 그렇게 간단하지는 않다.

한 저명한 지도학 분야의 역사학자는 다음과 같이 지적했다. "지도학은 과학으로서는 완전한 상태로 태어나지 않았다. 그것은 모호한 기원으로부터 느리고도 힘들게 진화했다."[62)] 어부들과 또 다른 뱃사람들은 조석 간만표와 해류도 작성뿐만이 아니라 지도학의 발전에 필수적인 요소인 해도 작성을 위한 정보도 제공했다. 이것은 극지방처럼 그 역사가 명확한 편이며 가장 최근에 지도가 제작된 지역을 포함한 경우들에서 분명하다. 멕시코 만류 사례처럼, 고래잡이선 선장들은 제라드 반 쾰른(Gerard van Keulen)이 1714년 제작한 북극의 무인도 스피츠베르겐 지도에 필요한 원자료를 제공해 주었다. 이후 이 지역의 지도를 작성한 스웨덴 지도 제작자는 러시아 덫 사냥꾼, 해마 사냥꾼 및 노르웨이 바다표범 사냥꾼들이 가진 그 지방에 대한 지식에 크게 의존했다. 19세기 후반 들어서도 선장들의 전문적인 지식은 정확한 지도를 만드는 데 필요한 측지

학 및 천문학적 측정법을 고안한 전문 북극 지리학자들의 작업에 길잡이 역할을 했다.[63)]

그러나 지도학의 기원들은 과학의 전문화보다 수천 년 앞서며, 거슬러 올라가 창시자를 조사해 보면 뱃사람과 해양 상인들의 기여가 더 중요했다는 점을 알 수 있다. 앞서 언급한 『에리트레아 항해지』는 초기 순회 상인들이 과학사에 기여한 방식 중 하나를 보여 준다. 『에리트레아 항해지』는 이집트, 동아프리카, 인도, 그리고 아라비아 간의 해상 무역에 종사하던 익명의 저자가 남긴 상인용 안내서로, 가치 있는 지리학적, 민속적 정보를 해상 무역에 참여하는 다른 이들에게도 알려 주기 위해 작성되었다. 『에리트레아 항해지』는 여행자 서사의 초기 사례로, 베네치아 상인 마르코 폴로의 유명한 저술들이 이와 유사한 예이다.

이것보다 더욱 앞선 책으로, 실명의 저자가 남긴 유명한 책 『대양에 관하여(*On the Ocean*)』가 있다. 기원전 4세기 그리스의 해상 상인이었던 마살리아의 피테아스가 바로 그 저자다.[64)] 달이 조석에 미치는 영향에 대한 지식과 관련해 앞에서 피테아스를 언급했지만, 지리 지식의 확산이야말로 그의 가장 중요한 공헌이었다. 피테아스는 북대서양으로 가서 이후 "영국 제도"로 알려진 곳으로의 항해, 그리고 아마도 아이슬란드였을 "세계의 끝"으로의 항해에 대해 썼다. 피테아스의 설명은 한편으로는 선원으로서의 직접 경험에 기초하고 있지만, 동시에 그의 관찰은 자신보다 대서양의 바다를 훨씬 잘 알고 있는 지역 뱃사람들의 집합적인 경험을 반영할 수밖에 없었다. 피테아스의 책은 지중해 세계의 사람들에게 최초로 유럽 대륙의 해안 너머에 무엇이 있는지를 보여 주었고, 주석과 호박(琥珀)처럼 중요한 물자들이 어디서부터 오는지에 대한 궁금증을 풀어 주었다. 유감스럽게도 『대양에 관하여』 원문은 소실되어 전해지지 않지만 수많은 고대의 저술가들이 광범위하게 이 책을 직간접적으로 인용했다.[65)]

피테아스를 읽은 모든 이들이 그가 보인 증거를 인정하지는 않았다. 피테아스가 모든 학자들이 인간의 거주가 불가능하다고 여겨 온 아(亞)북극 지방에도 사람이 살고 있다고 보고했기 때문이었다. 오늘날의 한 해양사학자는 "멕시코 만류와 습기 찬 대서양 바람이 기후에 미치는 영향에 대해 전혀 알지 못한 채 탁상공론을 일삼던 지리학자들은, 그[피테아스]가 보고한 사실들을 믿을 수가 없었다."라고 논평했다.[66]

피테아스의 저작을 인용한 최초의 주요 저술가인 히파르쿠스(Hipparchus)와 에라토스테네스(Eratosthenes)는 피테아스에 찬성하는 입장을 보였지만, 역사학자 폴리비우스는 그의 평판을 깎아내렸다. 폴리비우스는 피테아스가 그저 "평민이고 가난한 사람"이었다는 이유로 그의 진실성을 매우 의심했다.[67] 이것은 폴리비우스 자신처럼 주요 인사들이 후원을 베풀어 줄 만큼의 엘리트 저자들만이 신뢰할 만하다는 주장을 내포하고 있다. 폴리비우스의 관점에서 보았을 때 더 나쁜 것은 피테아스가 그가 태생상 본래 부정직하리라고 생각하던 상인 계급이라는 사실이었다.

"다른 이들의 작업을 상당히 받아들인" 『지리학(*Geography*)』에서 저자 스트라본은 로마 황제들이 그들의 지배를 유지 및 확장하는 데 사용할 수 있도록 지식을 모아 정리했는데, 여기에서 그는 피테아스에 대한 폴리비우스의 부정적인 평가를 그대로 채택해 그를 더욱 비방했다. 그럼에도 피테아스의 관찰과 서술은 고고학적 증거로 대부분 실증되었으며, "현대의 학자들은 만장일치로 그의 진실성과 정확성을 인정하고 있다."[68]

피테아스, 히팔로스, 마르코 폴로는 머나먼 곳에 대한 지식을 모아서 전해 줌으로써 여타의 과학 분야에는 물론이고 지리학 및 지도학을 위한 원자료를 제공했던 수천에 달하는 선원과 상인들을 대표하는 몇몇 개인들에 불과하다. 프톨레마이오스는 자신의 『지리학(*Geography*)』에서 이 과학에서 "가장 본질적인 요소는" 바로 "여행의 역사, 그리고 특정 지역들을 애써 탐험해 온 이들의 보고 덕분에 얻게 된 거대한 지식의 보고를 참조하는 것"이라고 밝혔다.[69] 프톨레마이오스는 종종 다음과 같이 상인과 항해자들의 이름을 거명하며 인용했다. "마인(Maen)이라는 한 마케도니아인은 상인의 아들로 티티안(Titian)이라고도 불렸으며 자신도 상인이었는데, 그는 이 여행의 일정을 기록했다.", "히베르니아 섬(아일랜드의 라틴어 이름 — 옮긴이)의 동쪽에서 서쪽 사이의 길이를 20일간의 여행 거리로 셈한 상인 필레몬(Philemon)", "이 지역을 항해한 모두가 만장일치로 동의하는 ……".[70]

『에리트레아 항해지』가 전형적인 항해지는 아니다. 대부분의 항해지들은 상인들이 아니라 선원들이 저술했으며, 항구나 항해에 대한 안내서, 다시 말해 업무 중인 선원들에게 구체적인 항해술의 지침들을 제공하는 교본이었다. 극소수만이 전해 내려오고 있는 고대에 출간된 항해지들은 문서로 남겨진 증거라는 점에서 과학 민중사를 위한 희귀한 자원이다. 이것들은 특정한 시대, 어떤 지역에 축적된 항해 및 지리학 지식을 드러내는 한편, 그러한 지식 구축에서의 선원들의 역할을 입증하고 있다. 히파르쿠스처럼 자료의 많은 부분에서 "뱃사람들을 신뢰"[71]했던 고대 지리학자들은 원자료로 대량의 문서를 사용했는데, 현재 남아 있는 소수의 항해지는 분명 이 문서들을 대표하고 있다. 스트라본, 티루스(레바논 남부, 고대 페니키아의 항구 도시 — 옮긴이)의 마리누스(Marinus), 프톨레마이오스는 모두 기원전 3세기경 뱃사람인 티모스테네스(Timosthenes)의 것으로 추정되는 항해지에 의존하고 있다.[72]

이들 중 알려진 가장 최초의 사례는 겉보기에는 카리안다의 스키락스(Scylax)가 저자인 기원전 4세기의 저술이다.[73] 이 저술보다 1세기 전에 이루어진 항해로 유명한 선장 스키락스였지만, 그의 지중해 일주 항해에 대한 이 보고는 익명인 많은 선원들이 협력한 결과였다. 항해지에서는 북아프리카 해안을 따라 나일 강 어귀에서부터 대서양으로 가는 입구에 있는 헤라클레스의 기둥(현재 지브롤터 해협)에 이르기까지의 바다와 항구에 대한 자료를 소개하고 있다. 일례로, "헤르마이아부터 카르타고까지의 항해에는 하루 반이 걸린다. 헤르마이아 곶의 앞바다에는 폰티아 섬과 코시러스가 있다. 헤르마이아에서 코시러스까지는 배를 타고 하루 거리다."[74]

스키락스의 『항해지』와는 적어도 5세기, 그리고 아마도 그보다 더 시간이 흐른 후에 출간된 『지중해의 규모(*Stadiasmus of the Great Sea*)』는 희귀하게 남아 있는 이 분야의 저술 중 하나이다. 이 책은 (그 제목이 말해 주듯) 좀 더 상세한 정보를 담고 있으며 항구 간 거리도 '스타디아(고대 그리스의 길이 단위로 당시 국가들마다 조금씩 달랐는데 대략 150미터에서 200미터가량이다. — 옮긴이)' 단위로 표기하고 있다.

> 헤르마이아에서 레우케 악테까지는 20스타디아이다. 인근 육지에서 2스타디아 거리에는 작은 섬이 있다. 이곳에는 서풍을 타고 입항할 수 있는 화물선 계류장이 있는데 곶 아래 해안에는 모든 종류의 선박을 위한 너른 정박로도 있다.[75]

『선생님(*Mu'allim*)』 혹은 "아라비아 해의 도선사"라는 기원후 434년의 산스크리트 어 문서는 그리스-로마 이외의 문화에서 초기 선원들이 광범위한 자연 지식을 축적했음을 보여 준다. 여기에 따르면 항해자는,

> 별들의 행로를 알고 있으며, 언제나 자신의 방위를 바르게 맞출 수 있다. 뿐만 아니라 기후가 좋고 나쁨에 대한 규칙적인, 혹은 우발적이거나 비정상적인 신호들의 가치도 알고 있다. 그리고 물고기의 종류, 물의 색깔, 바닥의 특성, 새,

산, 그리고 여타의 징후를 통해 대양의 구역을 구분할 수도 있다.[76)]

현재 전해져 오는 항해지들에는 지도나 해도가 포함되어 있지 않지만, 도선사의 책들에 일종의 도해를 통한 설명이 곁들여 있었으리라는 점에는 의심의 여지가 없다. 잊지 말아야 할 것은, 고대 문서들은 본래의 형태가 온전하게 남아 있기보다는 여러 세기에 걸쳐 만들어진 사본의 사본, 또 그것에 대한 사본으로 현재까지 전해지고 있다는 점이다. 필사하는 이들 중 숙련된 삽화가는 드물었던 관계로 고대 원고에 포함되어 있던 지도 등 대부분의 그림과 도표들은 없어지고 오로지 문자만 살아남았다.

왜 남아 있는 항해지가 희귀하며 또 왜 그것에 추가되어 있던 도해는 완전히 소실되었는지 설명하기는 어렵지 않다. 항해지들이 포함하고 있던 정보는 "고대에는 소중한 자산"이어서, 지도를 연구하는 역사학자의 설명에 따르면,

> 애초에 선원들은 목숨을 건 고단한 노동을 통해 자신의 해도를 만들었다. 해도가 담고 있는 직업적 비밀은 주의 깊게 보호되었고, 초기 해도는 계속 사용해 닳아 없어지거나 혹은 계획적으로, 즉 고의적으로 파기되었다. 왜 그러지 않았겠는가?[77)]

이것이 바로 포르투갈의 항해왕 엔리케가 자신의 부와 왕실의 힘으로 징발하려 했던 직업상의 비밀이다. 그리고 한번 해도가 정부의 통제 아래 놓이게 되자 이것은 국가의 비밀이라는 아우라를 풍기게 되었다.

> 그것들은 항해의 보조물 그 이상으로, 요컨대 제국으로 가는 비결이자 부를 얻는 방법이었다. 그에 따라, 이들의 초창기 발전은 신비에 싸여 있었다. 부를

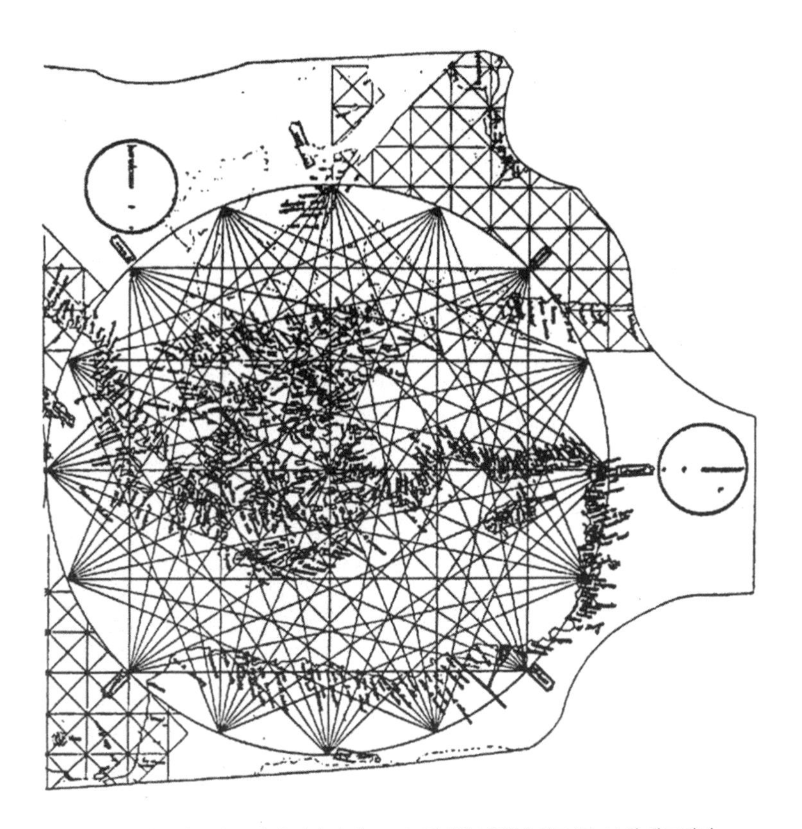

뚜렷하게 보이도록 보정된 피사의 해도. 1275년경 제작된 최고(最古)의 해도이다.

> 얻는 방법도 좀처럼 공유되지 않기 마련이다. 가장 초창기의 모든 해도가 완전히 소실된 것은 그 비밀스러운 본성과 최상류층의 정치·경제적 무기로서의 그 중요성 때문임이 분명하다.[78]

16세기에 지도학 지식을 향한 국제적 경쟁은 극심했으며, "약탈이야말로 그것을 획득하기 위해 사용된 방법을 묘사하는 데 가장 적절한 용어"이다. 민간 무장선에게 아메리카 대륙의 일부를 포함하는 "스페인 해도 진본은 해운 분야의 실질적인 귀중품으로, 프랑스나 영국에서는 이들

선박의 금고실에 있는 금괴 마냥 높게 평가되었다."[79]

1503년 군주 국가 스페인은 인도 무역관(Casa de la Contratación de la Indias)이라는 특수 기관을 창설함으로써 선원들의 지식을 약탈하려는 계획을 제도화하는 데 중요한 한 걸음을 내딛었다. 모든 항해 활동을 엄격하게 통제함으로써 스페인의 아메리카 내 식민지의 상업 활동을 규제하는 것이 이 기관의 임무였다. 기관의 주요한 관심사 중 하나는 해도가 담고 있는 귀중한 지식에 대한 독점권의 행사였다. 법에 따라 항해자들은 무역관이 발행하는 허가증 없이는 스페인에서 출항할 수 없었고, 공식적으로 제공된 해도가 아닌 다른 해도를 사용하다 발각되면 벌금이 부과되었다. 해외에서 귀국하는 경우 해도는 반납해야 했으며, 그 해도에는 "모든 땅, 섬, 만, 항구 및 여타의 새롭고 주목할 가치가 있는 것들"을 기록하도록 강제되었다.[80] 무역관은 이 수집된 정보를 자물쇠로 채워 보관하였으며 무역관의 상급 도선사와 상급 우주 지리학자(cosmographer)만이 열쇠를 가지고 있었다. 그러나 선원들이 규제를 피한 까닭에 의도와는 반대되는 효과가 나타났다.

> 항해자들은 그들이 발견한 것을 문서에 기록하기를 꺼려했는데 그 결과 인쇄된 지도 및 해도들은 언제나 부족했고, 새로운 발견이 이루어진 후에 그 발견이 지도 위에 편입되기까지는 거의 2년에서 12년까지의 시간이 걸리고는 했다.[81]

지도학과 제국주의 간의 관계는 포르투갈인 혹은 스페인인들로부터 시작되지는 않았다. 점토판에 새겨져 있는 최초의 지도들은 기원전 2300년경 메소포타미아 독립 도시 국가들을 정복한 "최초의 제국주의자"인 사르곤(Sargon)과 관련되어 있다. 사르곤은 셈 족의 지도자로, 아카드 제국의 창건자였다. 알렉산드로스 대왕이 세계 정복을 위해 출정했을 때 "전체 원정은 현존하는 지리 지식을 확장하려는 계획적인 목표를 포함해 입안되었다."[82] 이런 종류의 지식은 로마 제국에서도 꼭 필요했는데, 스트라본에게는 운 좋게도 통상적인 군사 비밀주의를 우회할 수 있도록 해 준 연줄이 있었다.

> 로마인들은 최근 내 친구이자 동료인 아일리우스 갈루스(Aelius Gallus)를 사령관으로 해서 행복의 아라비아(Arabia Felix, 현재의 예멘 — 옮긴이)를 침략했고 또한 알렉산드리아의 상인 선단들이 이미 나일 강과 아라비아 만을 거쳐 인도까지 항해를 했기 때문에, 이 지역들은 우리 선조들보다 오늘날 우리들에게 훨씬 더 잘 알려지게 되었다.[83]

십중팔구 3,000년 전의 페니키아 선원들은 대양 항해의 길잡이용으로 일종의 지도를 사용했을 테지만, 현존하는 가장 오래된 해도가 제작된 시기는 700여 년 전에 불과하다. 가장 오래된 해도인 피사의 해도(Carta Pisana)는 기원후 1275년에 제작되었다. 1300년경에는 지중해와 흑해에 대한 해도 하나의 여러 사본이 문서 기록에 갑자기 등장했는데, 그 정교함의 수준은 많은 이들이 여러 해에 걸쳐 협력한 결과물임을 잘 보여 준다. "그것은 어느 개인, 혹은 한 항해자 단체의 작업이라고 보기에는 너무나 상세하고 정교했으며, 어느 한 세대의 조사를 대표한다고 볼 수도 없었다. 대상 지역은 너무나 넓고, 내용은 너무나 구체적이었다." 증거에 따르면 이 지도는 "해안선의 일부가 포함된 여러 작은 해도들을 제노바에서 모아 편집한 데서 유래했는데, 이 작은 해도들은 지역의 어부와 소규모 연안 무역상들의 선장들이 항해해 그려 낸 것들이다."[84]

제노바, 베네치아 및 포르톨라니 해도

14세기가 저물어 갈 무렵, 세계에서 가장 뛰어난 뱃사람들은 중국인들이었다. 이 시대 중국 선단의 규모에 필적할 만한 곳은 20세기까지 그 어디에서도 찾을 수 없었다. 이들의 활동 범위는 대만에서 중국해를 거쳐 인도양으로 들어갔고, 홍해를 지나 아프리카의 동쪽 해안까지 내려갔다. 중국 선박 중에서는 길이가 120미터 이상인 배도 있었는데, 그 크기는 콜럼버스의 니냐 호, 핀타 호, 그리고 산타마리아 호를 모두 싣고도 자리가 남을 정도였다. 3장에서 중국 선원들과 조선공들이 유럽의 항해 지식에 기여한 바를 이미 언급했다. 하지만 1435년 명나라의 제국 관료들은 "야만인들(즉 중국 밖의 세계)"과 무역하여 얻을 것이 없다고 결론내리고 선단을 귀환시키라고 명령했다. 이로 인해 중국인들은 대양에서 대부분 물러났고, 이후 해도학 발전은 다른 곳에서 진행되었다.[85]

한편 14세기 지중해에서 손꼽히는 뱃사람들은 제노바와 베네치아 출신들이었다. 1317년 엔리케 왕자가 태어나기 훨씬 전에 포르투갈의 왕은 제노바의 항해자와 선원들을 고용하여 해군을 창설했고, 덕분에 그들의 바다에 관한 지식도 얻게 되었다. 그리고 얼마 지나지 않아, "포르투갈의 항해학(또한 스페인의 소유이기도 했는데)이 발전한 것은 수많은 포르투갈 도선사들과 선장들이 경쟁국의 왕에게 복무했기 때문이었다."[86] 그것은 책이나 대학의 교과 과정을 통해서가 아니라 선원들의 일상 작업을 통해서 전달되는 과학이었다.

근대 초기 유럽 학계의 지리학자들은 — 그들은 스스로를 "우주 지리학자" 혹은 "우주론자"라 불렀다. — 고대의 학자들보다 "뱃사람들에 대한 믿음"이 부족한 경향이 있었다. 그 결과 "우주 지리학자들의 지도는 기만적인 공론으로 가득 차 있어서 실제 항해에서는 거의 쓸모가 없었다."

> 도선사들은 우주론자들과 밀접한 관계를 맺고 일했으리라고 생각할 수 있지만, 이것은 사실과 거리가 멀다. 사회적 지위가 낮은 일손들이 도선사로 고용되었다. 그들 중 많은 이들이 문맹이었으며 잘 알려진 해안선과 항구를 그려 놓은 단순한 해도와 함께, 바람과 물에 대한 자신의 본능에 의존했다. 우주학자들은 도선사들을 "이해력이 낮은 열등한 인간들"이라 낮춰 보았다. 한편 바다에서 생명의 위험을 무릅썼던 도선사들은 우주론자들을 비현실적인 몽상가들로 취급하는 경향이 있었다.[87]

초기의 도선사들의 책인 포르톨라니(*portolani*, 단수형은 포르톨라노[*portolano*]로, 유럽에서 발전한 초창기 해도를 지칭한다. — 옮긴이)는 우주론자들의 지식보다 뱃사람들의 지식이 우월했음을 보여 준다. "글자를 읽고 쓸 수 있는 선장의 공책에 축적되고 있거나, 지역 도선사들의 기억 속에 저장되어 있었던 풍부한 세부 사항 및 정밀한 방위"[88]에서 유래된 포르톨라니는 바다에서 목표 항구를 찾고 입항하는 동안 암초나 모래톱을 피하는 데 사용하도록 제작되었다.

이탈리아 항구들에서 중상주의가 강해지며 "항해를 엄밀한 수학적 기반에 올려놓으려는 일군의 사람들을 찾는 것"이 용이해지는 사회적 분위기가 형성되었다. 그리고

> 그러한 사람들의 이름에 대해서는 단서가 남아 있지 않지만, 우연히 일어났다고 보기 힘들게도 세 가지 점에서 진전이 있었다. 첫째, 산재되어 있었던 지중해 및 흑해 전역에 걸친 수로지(sailing directions)가 수집되어 하나로 통합되었다. 둘째, 이와 상응하는 지역의 축척 해도가 당시의 첨단 자기 나침반을 사용해 제작되었다. 셋째, 이러한 지침, 해도 및 나침반과 함께 선장이 활용하면 산술적으로 좋은 항로를 만들어 낼 수 있는 방법이 고안되었다. 이 셋은 모두

이탈리아에서 기원한 것으로 보인다.[89)]

포르톨라니에 첨부된 해도는 해안선을 거리의 축척과 방위선(나침 방위선 혹은 항정선)을 포함해 매우 정확하게 표시하고 있으며 이것을 보고 도선사는 원하는 목적지를 향한 항로를 정할 때 방위를 결정할 수 있었다. 해도들을 이렇게 사용하려면 선원들은 어느 정도의 수학적 능력이 있어야 했다. 즉 그들은 항로를 도면에 표기하기 위해 "지금까지는 건축가나 명인 석수, 그리고 측량사들처럼 실용적 기하학자들이 언제나 붙잡고 있는 두 기구들, 즉 자와 양각기 혹은 제도용 컴퍼스"에 능숙해져야 했다.[90)]

항해자들의 수학적 지식은 종종 가정되는 것처럼 그저 아래로의 파급효과에 의한, 대학 수학의 상급 문화로부터 파생된 하급 문화가 아니었다. 그와 반대로 실용 수학의 초기 발전에서 학자들이 기여한 바는 상대적으로 적었다.[91)] "항해와 군사 기술 등의 큰 일"에서 수학의 사용에 관해 17세기 후반의 한 평론가는 이렇게 썼다. "우리는 위대한 수학자들이 아닌 이들, 즉 뱃사람, 엔지니어, 측량사, 검사원, 시계 제조공, 유리 연마공 등이 이들 업무를 수행하고 관리한다는 사실을 안다." 반면 "수학자들은 보통 사변적인 은둔형이며 학문을 좋아하는 사람들로, 활동적인 삶이나 사업이 아니라 자신의 연구를 하며 도표나 계산을 들여다보는 데 만족한다."[92)]

포르톨라니 해도는 "배타는 사람들이 고안했으며, 지역 현장의 경험에 철저하게 기반해 있어서 항해를 통해 한 장소에서 다른 곳으로 이동할 때 실제로 활용되는 해안가 및 항구들이 포함되어 있었다."[93)] 이 해도들은 "수십 년간, 어떤 경우는 수 세기 동안 이루어진 뱃사람들의 경험적 관찰의 집적에 해당한다."[94)] 16세기가 되자 드디어 숙련된 제도공들(draftmen)이 해도를 상업적으로 그려 내기 시작했지만, "이들은 작업하

포르투갈, 아프리카 서부, 대서양 섬의 해안을 묘사한 포르톨라니 해도(1462년)

기 위한 정확한 자료를 바로 무역선들에게 의존했다."[95] 최초로 지중해와 흑해의 해안을 주의 깊게 도면으로 그려 낸 이들은 이탈리아 뱃사람들이었다. 이후 "네덜란드 소규모 선박의 선장들은 전에는 전혀 알려져 있지 않았던 서유럽의 해안과 항구, 탁월풍과 해류, 암초와 모래톱에 대해 알아냈"으며, 그래서 "네덜란드가 최초로 항해 해도를 체계적으로 수집해

서적의 형태로 묶어 낼 수 있었던 것은 당연"했다.[96)]

포르톨라니 해도는 광대한 대륙의 진정한 모습을 밝히기 위해 필요한 기초적인 요소였으며, 이는 정확한 세계 지도를 위한 선결 조건이었다. 그러나 지도학에 대한 뱃사람들의 기여는 엘리트 우주론자들, 즉 대서양 건너 새로운 대륙이 발견된 이후에도 여전히 고대 권위에 대한 충성을 철회하지 않으려 했던 이들로부터의 저항에 부딪혔다. "15, 16세기 지리학자들은 [프톨레마이오스의 『지리학』에] 너무 의존한 나머지 해양 탐험가들의 발견을 무시했는데, 그 결과 지도학의 진보는 상당히 지연되었다."[97)] 과학적 지도 제작이 대학이 아니라 새로운 정보의 흡수를 어려워하지 않았던 숙련 장인들의 작업장을 통해 발전한 까닭은 이 때문이다. 게르하르두스 메르카토르(Gerardus Mercator)와 아브라함 오르텔리우스(Abraham Ortelius)와 같이 "걸출한 손노동자" 중 일부는 지배 계급들에게 대단한 경제적, 군사적 가치를 지닌 지리 지식을 뱃사람들로부터 모아 정리했으며 덕분에 후원과 부, 그리고 명성을 획득했다.

그러나 지도학자로서 16세기의 메르카토르와 오르텔리우스는 많은 선배들의 노고에 혜택을 받았다. 그렇다면 14, 15세기에 잘 알려지지 않은 해도 제작자들은 누구였는가? 우리가 현재 이름을 알고 있는 46명 가운데 적어도 한 명, 그라지오소 베닌카사(Grazioso Benincasa)는 귀족이었고 피에트로 베스콘테(Pietro Vesconte)는 제노바 지배 가문 출신이었다. 하지만 "당시 다른 이름난 혹은 이름 없는 해도 제작자들이 좋은 가문 출신으로 사회적 신분이 높은 이들이라" 가정하는 것은 "완전히 잘못된 것"이다.

역사에 기록되는 것은 분명 베닌카사와 같은 귀족인 쪽이다. 베닌카사의 변변찮은 신분의 동료들은 해도 이외에는 아무런 기록도 남기지 못했다. 해도 제작자들의 진정한 사회적 지위에 대한 보다 온당한 묘사는 아마도 아고스티노 놀리(Agostino Noli)가 1438년에 제출한 청원서의 내용일 것이다. 놀리는 자신을 "매우 가난하다."라고 말하며, 제노바 관청에 10년간 세금 면제 혜택을 달라고 설득하고 있는데, 그의 직업이 걸리는 시간에 비해 그리 돈이 되지는 않는다는 점이 관청이 이를 받아들인 여러 이유 중 하나였다.[98]

뱃사람들은 메르카토르와 오르텔리우스 이후 적어도 2세기 동안은 지도학의 발전에서 핵심적인 역할을 계속했다. 데이비드 랜디스(David Landes)는 "지도 제작에서의 오류는" 제작자들의 각고의 노력에도 불구하고 "19세기까지 계속되었다."라고 지적했다. "항해자들만이 이 만연한 오류를 고칠 수 있었다. 능력 있는 천문학자들은 적었고, 그중에서도 머나먼 미지의 장소를 장기간 항해하는 데 자신의 안락을 희생하고 생명의 위험을 무릅쓸 준비가 된 이들은 더욱 적었다."[99]

그러나 오로지 뱃사람들의 노력만으로 해도의 개선이 이루어진 것은 아니다. 1403년 프란체스코 베카리(Francesco Beccari)라는 해도 제작자는 "발견된 진실의 정수"가 "스페인 해 근처 바다에서 일하는 많은 이들, 즉 장인, 선주, 선장 및 도선사, 그리고 해외 임무를 받아 그 지역 및 바다들을 장기간에 걸쳐 빈번히 항해하는 노련한 많은 해군들의 유효한 경험과 매우 믿을 만한 보고" 덕분이라고 뚜렷이 밝혔다.[100]

지도학에 대한 논의를 마치기 전에 항해와 무관한 평민 직업 집단의 기여에 대해서도 알아볼 필요가 있다. 뱃사람들이 육지의 윤곽을 정확히 그릴 수 있도록 하는 자료를 제공했다면, 내륙의 지도는 어떻게 작성되었을까? 공백을 채운 이는 누구일까? 지역의 포괄적인 지도를 가능하게 한 상세한 지식을 생산한 이들은 수많은 익명의 측량사들이었다. 로마제국의 건설에 수반된 "거대한 식민화 계획"은 토지 측량 전문가들의 등장을 촉진했고, 제국의 확장은 "마을과 토목 사업에서 대규모 지도를 이용하는 측량사의 역할뿐만 아니라 로마를 위해 일하는 **토지 측량사**의 역할의 승격을 이끌었다." 부유한 귀족들 또한 **토지 측량사** 집단을 동원해 자신의 토지 지도를 작성하도록 했다. "사유지에 대한 그러한 구체적인 평면도로부터 마을 전체에 대한 대규모 묘사로의 진전은 필연적인 단계였다."[101]

이보다 훨씬 나중의 일이지만 문서로 잘 남아 있는 또 다른 사례는 바로 북아메리카 대륙의 지도 제작과 관련되어 있다. "미국이 다른 나라들보다 얼마나 측량사들의 작업에 많은 빚을 지고 있는가를 알려면, 미국 지도 전체에 있는 주의 경계들뿐만 아니라 도로들을 표현한 유별난 직선들을 보면 된다."[102] 2장에서 지적했듯 최초 정보들의 많은 부분은 아메리카 원주민들이 제공했지만 제작 작업은 "다양한 과학적 활동에 참여하는 독학자"가 맡아 완수했다. 식민지 미국 지도 제작자들과 측량사들은 당시 제대로 평가받지 못했는데 왜냐하면 "실용적 과학들은 학술적인 관심을 받기에는 부족한 일상적인 노력들로 여겨졌기" 때문이었다.

> 그럼에도 황무지를 지도에 표시하고, 내륙에 있는 미지의 물길을 탐험하며 해안선을 따라 항해하고, 개인 소유지의 경계와 지방의 경계를 확정지으며, 이들 작업들에 필요한 도구들을 제작하고, 이러한 기술들을 다른 이들에게 가르친 사람은 바로 그들이다. …… 이 모든 "평범한 사람들"의 노력들은 초기 정착민들의 형성과 함께 최초에는 식민지(영국 식민지였던 미국 동부의 주들)로, 나중에는 국가로의 통합에 심대한 영향을 미쳤으며, 게다가 그들이 다양한 과학 공동체에 실제로 참여했다는 점을 볼 때 그들은 역사에서 각주 이상의 대우를 받을 자격이 있다.[103]

뱃사람들과 천문학

천문학은 그 기원에 있어 가장 순수한 민중의 과학 중 하나였다. 엘리트와 평민 간의 차별이 등장하기 훨씬 전에 이미 그 초기 자료가 수집되기 시작했기 때문이다.[104] 그러나 천문학은 가장 엘리트적인 과학이라고들 많이 생각하는데, 왜냐하면 과학 혁명기에 천문학은 실험적 조작을 할 수 없는 몇 안 되는 비경험적인 과학이었기 때문이다. 따라서 그 주요한 진보는 수학 쪽으로 경도된 학자들이 이루어 냈다. 그러나 코페르니쿠스 이전, 그리고 심지어는 프톨레마이오스와 아리스토텔레스 이전 천문학의 긴 선사 시대의 상당 부분은 선원들의 일상적인 활동이 만들어 낸 것이다.

고대의 뱃사람들은 당시 그 누구보다도 여기저기 옮겨 다니며 살았다. 직업상 그들은 엄청난 거리를 움직여야 했으며 — 그것도 상대적으로 빨리 — 덕분에 그들은 지구상에서 자신들이 어디에 있는지 알려 주는 밤하늘의 체계적인 변화를 알아차리게 되었다. 4,000년 전 홍해의 뱃사람들은 "천문학의 지식 증진에 중요한 역할을 했음이 분명한데," 왜냐하면 그들의 남북 항해는 "적어도 위도 20도의 변화, 그리고 그에 따른 태양과 별의 변화를 수반했으며, 매우 오래전부터 시리아의 비블로스와 거래해 온 것으로 알려진 이집트 뱃사람들의 북쪽으로의 항해에는 여기에 5도 내지 6도를 추가해야 했다."[105] 로마의 백과사전 편찬자 플리니우스는 하늘의 움직임을 "가장 분명하게 알아챈 사람도 바다에서 항해하던 이들이었다."라고 지적하며, 밤 시간을 지나는 동안 "지구 뒤편에 숨겨져 있던 별들이 마치 바다 위로 솟아오른 것처럼 갑자기 보이게 된다."라고 기술하고 있다.[106]

이러한 관찰들 덕분에 지구가 평평하기보다는 둥글다는 주장이 제기되었다. 많은 이들이 어린 시절 학교에서, "콜럼버스가 1492년 대양을 항해하면서" 지구가 둥글다고 처음으로 주장했다고 배웠다. 이제 표준적인 역사 교과서라면 워싱턴 어빙(Washington Irving)이 쓴 콜럼버스 전기에서 시작된 이 신화가 사실이 아님을 밝히고 있지만 또 다른 잘못된 이야기가 이것을 대신하고 있다. 현재 학생들은 콜럼버스가 지구가 둥근 모양에 대해 당시 대학의 학자들로부터 배웠으며, 그 학자들은 아리스토텔레스와 다른 고대 저술가들로부터 그 사실을 알게 되었다고 배우고 있다. 한편 그 시기의 뱃사람들은 학자들만큼 계몽되지 못했기 때문에 콜럼버스의 선원들은 지구의 가장자리를 넘어서는 항해에 공포를 느꼈다고 전해지고 있다.

그러나 고대 저술가들의 주장을 보면 지구가 둥글다는 그들의 지식은 뱃사람들의 경험으로부터 나왔다는 점이 명확하며, 그 이후 세대의 뱃사람들이 여기에 대해 잘 알지 못했으리라고 믿을 만한 아무런 이유가 없다. 스트라본은 "지구의 둥근 형태는 바다와 하늘의 현상들에서 보여진다."라고 썼다.

> 예를 들면, 바다의 만곡 때문에 뱃사람들이 시선과 같은 높이에 있는 먼 곳의 불빛을 볼 수 없다는 점은 분명하다. 그러나 먼 곳의 불빛이 시선보다 높은 곳에 있다면 더 먼 곳에 있다 하더라도 볼 수 있게 된다. 그리고 이와 유사하게 만약 더 높은 곳에서 보게 되면 이전에 보이지 않았던 것을 볼 수 있게 된다. …… 또한 뱃사람들이 육지에 접근하면 해안의 서로 다른 부분들이 점점 더 드러나는데, 처음에는 땅이 낮게 깔려 보이다가 점차 높아진다.[107]

아리스토텔레스 또한 마찬가지로 뱃사람들의 경험에 의존하여, "우리 머리 위의 별들은 위치를 많이 바꾸며, 우리가 북쪽 혹은 남쪽으로 움직이면 같은 별들을 볼 수가 없다."라는 사실로부터 지구가 둥근 모양임을 추론했다.[108] 그렇다면 콜럼버스 시대의 뱃사람들이 평평한 지구라는 무지함 속에 있었는지는 의심스러운 일이다. 콜럼버스의 경우, 글을 읽는 법을 배우기 전에 이미 성공한 항해가여서 아마도 학자들이 쓴 책이 아니라 주변의 항해 관련 스승들로부터 지식을 배웠을 것이다.

콜럼버스가 서쪽으로 항해하여 아시아에 도달할 수 있다는 생각을 설득하는 데 어려움을 겪은 것도 사실이지만 그 이유가 사람들이 세계가 평평하다고 생각해서는 아니었다. 문제는 대부분의 사람들이 세계는 콜럼버스가 생각한 정도보다 훨씬 크다고 생각했다는 데 있었다. 뱃사람들은 평평한 지구에서 떨어지는 것을 두려워한 것이 아니라, 육지를 발견하기 한참 전에 보급품이 떨어질 정도로 지구가 크다고 생각했기 때문에 출항을 꺼렸다. 그리고 실제로 콜럼버스는 틀렸고, 세계는 그보다 훨씬 크다고 말한 모든 이들이 옳았다. 그러나 콜럼버스는 물론 당대의 누구도 유럽과 아시아 사이에 또 다른 대륙이 있다는 사실은 몰랐다.

방위와 위도

천문학적 지식이 초기 유럽의 항해자들에게 가져다준 가장 기본적인 선물은 광활한 바다의 한복판에서 자신의 방위를 아는 능력이었다. 방향을 잡을 수 있는 육상의 어떤 표지도 없는 상황에서 그들은 해와 별을 이용했다. 낮 동안에는 동쪽에서 서쪽으로 가는 태양의 움직임이 있었고, 밤에는 북쪽 하늘에 언제나 자리하고 있는 특정 별자리들에 익숙하게 되었다. 이들 별자리를 향한 항해는 곧 북쪽을 향함을 의미했고, 이들을 오른편으로 두고 진행한다면 서쪽을 향함을 의미했으며, 왼편으로 두고 진행한다면 동쪽을 향함을 의미했다. 호메로스의 이야기에서 오디세우스는 "눈을 결코 감지 않고, 플레이아데스 성단과 늦게 지는 목동자리, 그리고 (큰)곰자리에 시선을 고정"했는데, 왜냐하면 바다를 건널 때 이들 별들을 왼편에 두라고 칼립소가 그에게 말해 주었기 때문이었다.[109)]

그러나 큰곰자리보다 방향을 정하는 데 더 나은 지침은 바로 작은곰자리로, 스트라본은 "페니키아인들이 항해에 이용하기 전에는 그리스에 알려지지 않았던" 별자리였다고 기록했다.[110)] 시인 칼리마쿠스(Callimachus)에 따르면 "페니키아인들은 북두칠성을 보며 항해했는데, 이 작은 별들을 구분해 낸 사람은 바로 탈레스였다."[111)] 여기에는 약간의 혼선이 있는데, 북두칠성이 보통 큰곰자리의 또 다른 이름으로 쓰이기 때문이다. 그러나 그 "작은 별들"은 분명 작은곰자리를 구성하고 있으며 탈레스는 그리스인들에게 그 구분을 알렸다는 점을 인정받고 있다. 여하튼 이러한 이야기들은 페니키아의 뱃사람들이 그리스 천문학에 생산적인 영향을 주었다는 강력한 증거들이다. 밤 근무를 서는 선원들은 또한 이 두 곰자리들이 중앙의 고정된 한 점 둘레를 돌고 있다는 규칙성에 주목하여, 이 별자리들을 시간을 알기 위한 천체 시계로 활용했다.

두 번째의 중요한 발견은 머리 위 별들의 육안상의 패턴이 항해 기간 동안 얼마나 많이 변화했는지 측정함으로써 배가 원래의 항구에서 얼마나 멀리 북쪽 혹은 남쪽으로 여행해 왔는지를 어림잡을 수 있게 되었다는 점이다. 이로써 천문학적 관측 수단을 사용하여 위도를 측정할 수 있다는 사실을 알아차리게 되었다. 이 점은 단순히 배의 현재 위치를 알 수 있게 되었다는 것 이상으로 중요한데, 왜냐하면 이것이 "위도 의존 항해"라는 대양 횡단 항해의 새로운 주요 기법에서 핵심을 이루기 때문이다. 이 기법은 우선 이미 알고 있는 목적지 항구의 위도로 가기 위해 북쪽 혹은 남쪽으로 항해하고, 그 위도에 도달하면 동쪽 혹은 서쪽으로 방향을 틀어 육지를 만날 때까지 위도를 유지하며 계속 나아가는 방식이다. 예를 들면 이베리아 반도에서 출발해 산토도밍고로 가는 길은 북위 18도 정도에 도달할 때까지 남쪽 방향으로 항해한 후 정서쪽을 향해 나아가면 된다.

자신의 위도를 확인할 수 있는 가장 간단한 방법은 북극성의 고도를 측정하는 것이다. 지평선에서 북극성까지의 각도가 클수록 북극에 더 가까워진 것이며, 이 변화의 비례는 정확하다. 다른 별들이나 태양 또한 위도를 측정하는 데 활용될 수 있지만(남반구의 경우는 그럴 수밖에 없다.) 또 다른 요소들이 개입하는 까닭에 관측과 계산이 좀 더 어려워진다.

바다와 관련이 있다는 이유로 그리스인들이 "페니키아의 별"이라 부른 북극성은 밤하늘에 거의 붙박이인 듯 보였으므로 준거점으로 선택되었다. 지구가 자전함에 따라 모든 다른 별들은 북극성 주위를 운행하는 것처럼 보인다. 북극성이 지구의 자전축과 거의 일렬에 위치하고 있기 때문이다. 하지만 **거의** 그럴 뿐이고 완전히 그렇지는 않다는 사실 때문에, 항해자들이 자신들의 정확한 위도를 알아내고자 한다면 천문학 실력을 갈고 닦아 자전축을 중심으로 한 북극성의 작지만 중요한 시운동(視運動)을 보정하기 위한 지식을 발전시킬 필요가 있었다.[112] 그리고 정밀성을 높이기 위해서는 측정 기구 및 수학적 표의 도입이 요구되었다. 뱃사람들이 천문학에 최초로 기여한 바는 이후 오랫동안 영향을 미쳤다. "이 주제에 대하여 향후 2,000년간 이루어진 유일한 과학적 성취는" 기구와 표의 "개량"이었다.[113] 이 점은 "항해왕" 엔리케가 천문학적 항해를 창시했으며 선원들에게 바다에서 위도를 알아내도록 가르쳤다는 주장을 바로잡고 있다는 점에서 중요하다. 엔리케의 사그레스 본부에서 이루어진 체계적인 관측이 표의 정확성을 높이긴 했지만, 기본적인 기법들은 오래전에 이미 알려져 있었다.

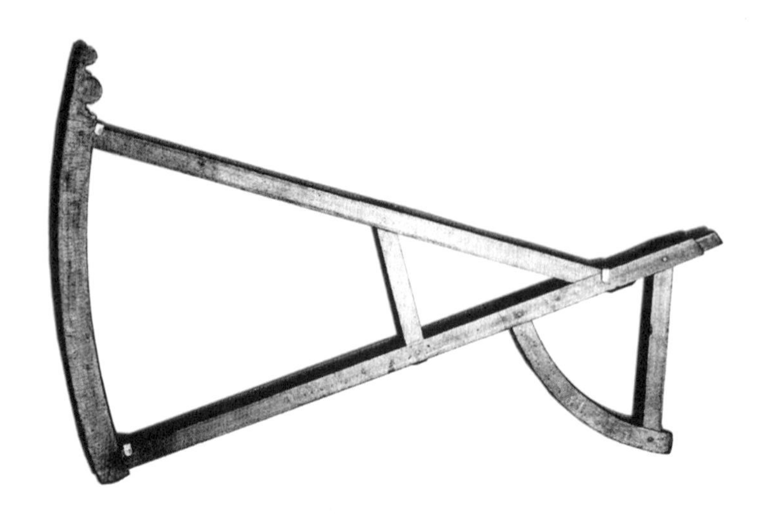

아메리카 식민지의 후측의(1676년)

18세기의 복잡한 사분의, 육분의, 그리고 팔분의는 고대의 천문 관측의와 원시적인 직각기로부터 진화했으며, 이 사실은 수많은 뱃사람들과 장인들의 집합적 창조성을 웅변한다. 비록 거의 그 대부분이 익명으로 남아 있지만, 혁신 중 하나는 존 데이비스(John Davis)라는 영국 뱃사람의 공으로 확인되었다. 데이비스는 "위도를 알아내기 위해 태양을 육안으로 응시하는 데 지친, 실용적인 정신을 보유한 독창적인 선원"이었다.[114] 1607년 데이비스는 항해자들이 태양을 관측할 때 시력에 손상을 입는 수 세기 동안 지속된 문제를 해결하는 자신의 발명품인 후측의에 대한 글을 출판했다.[115]

또 다른 주요한 진전인 반사식 사분의는 적어도 세 명이 독립적으로 발명했다. 그 가운데 한 명은 토머스 고드프리(Thomas Godfrey)라는 "필라델피아의 가난한 유리 직공"이었다.[116]

경도 문제

뱃사람들은 별을 보고 자신이 남북 자오선 어디에 위치하고 있는지 알 수 있지만 얼마나 동쪽 혹은 서쪽으로 와 있는지는 알 수 없다. 대양 횡단 항해 동안 정확히 어디에 자신들이 위치하는지 알아내려면 위도뿐만 아니라 경도에 대해서도 알아야 했다. 항해자들은 추측 기법, 즉 배의 평균 속도에 그들이 바다를 항해한 기간을 곱하는 방식을 통해 거리를 추정하려고 시도했다. 그러나 움직이는 물 위에서 이동하는 배의 속도를 측정할 수 있는 신뢰할 만한 방법이 없었다는 점이 문제였다. 노련한 도선사들은 바다에 침을 뱉고는 (성모 마리아 송을 외면서) 얼마나 빨리 침이 물에 휩쓸려 가 버리는지 시간을 재서 속도에 대한 꽤 쓸 만한 추정을 했다고 하지만, 고도로 정확한 방법은 분명 없었다.

보다 세련된 추측 기법들이 여러 세기에 걸쳐 고안되었지만, 바다 위의 경도에 대한 진정으로 정확한 측정은 사실상 불가능했다. 이것은 소위 탐험의 세기 동안 가장 중요한 과학적 난제였다. 그래서 스페인, 프랑스, 네덜란드, 영국 정부는 문제 해결을 위한 노력에 자원을 제공했고(한 예로, 영국 의회는 1714년 '경도 상'을 제정, 최대 2만 파운드의 상금을 걸었고 당대 석학들로 구성된 위원회가 이 상을 관장했다. — 옮긴이), 과학 혁명의 주요 인물들도 최선의 노력을 다했다. 그러나 갈릴레오, 뉴턴, 윌리엄 길버트, 크리스티안 하위헌스(Christian Huygens), 그리고 에드먼드 핼리(Edmund Halley)[117] 같은 두뇌들의 노력이 누적되었음에도, 18세기에 들어서 마침내 경도 문제의 해결책을 제시한 사람은 과학 엘리트의 구성원이 아니라 숙련된 장인이자 시계 제조공인 존 해리슨(John Harrison)이었다.[118]

16세기와 17세기를 걸쳐 수많은 방법들이 제안되고 광범위하게 시험되었다. 원칙적으로 실현 가능하다고 입증된 한 방법은 갈릴레오의 제안으로, 그가 망원경으로 발견한 목성의 위성 네 개를 활용하는 것이었다. 이 위성들이 목성 뒤에 가려 보이지 않게 되는 식(蝕) 현상의 예측 가능성 및 빈도를 표로 만들 수 있고, 이 표를 통해 망원경을 지닌 관측자는 어떤 다른 장소의 정확한 시각을 알 수 있다. 이때 그 장소는 본초 자오선 혹은 경도의 "영점"으로 활용될 수 있게 된다. 그리고 천체 관측으로 그 관측자는 어떤 위치에서도, (설사 대양 한가운데에서라도) 자신이 있는 지역의 정확한 시각을 알 수 있다. 이제 한 시각에서 다른 시각을 빼면, 드디어 경도가 계산되어 나온다. 왜냐하면 시각은 지구 자전의 작용이며, 시차는 특정한 동서 간 거리와 동등하기 때문이다. 지구의 둘레는 관례적으로 경도 360도로 나누어지는데, 지구는 360도를 24시간 동안 한 번 자전하므로 1시간의 시차는 경도 15도에 상응한다. 만약 본초 자오선의 시각이 정오이고 당신의 지역 시각이 오후 3시라면 당신이 있는 곳의 경도는 본초 자오선에서 동쪽으로 45도이다.

그러나 갈릴레오의 방법은 결국 육상에서는 사용할 수 있지만 바다 위에서는 그렇지 않음이 밝혀졌다. 목성의 위성에 대한 정확한 망원경 관측은 이리저리 흔들리는 배 위에서는 불가능했기 때문이다. 아이작 뉴턴은 이와 유사하게 달의 위치 측정에 기반하는 방법을 면밀하게 조사했다. "달의 거리"에 대한 뉴턴의 집중적인 분석은 뜻밖의 방식으로 과학적인 결실을 맺었다. 이 분석 덕분에 뉴턴은 만유인력의 법칙을 공식으로 만들 수 있었으며 또한 미적분학을 발전시키는 데도 도움이 되었다. 하지만 그는 달의 불규칙한 운동에 대해서는 제대로 예측하지 못했으며, 뉴턴은 이 문제가 자신의 유일한 골칫거리라고 밝혔다.[119] 달의 위치에 대한 유용한 표들은 18세기 중반에 개발되었지만 바다에서의 경도 계산에 기반이 되기에는 완전히 만족스럽지 못하다고 간주되었다.

세 번째 방법은 에드먼드 핼리(유명한 혜성이 그의 이름을 따라 명명되었다.)가지지했는데, 이것은 천문학과는 무관했으며 지구의 자기장의 특성에 기댄 방식이었다. 항해자들은 그들의 나침반 바늘이 별들을 통해 측정된 정북을 가리키지 않는다는 사실을 오래전부터 인지하고 있었다(중국에서는 기원후 9세기경에 편각[偏角, angle of declination]이라고 불리는 이 차이가 알려져 있었다. 유럽에서 이 차이를 알게 된 가장 빠른 시기는 명확한 증거에 따르면 약 1450년이다. 그러므로 콜럼버스가 이것을 발견했다는 주장은 확실히 거짓이다.).[120] 한편 뱃사람들은 대서양 횡단 시 그들이 얼마나 멀리 와 있느냐에 따라 편각이 변화한다는 사실을 깨닫고 있었다. 이 관측은 나침반 자침이 벗어난 정도와 경도를 관련시키는 수학적 공식이 발견될 수 있으리라는 점을 암시했다. 핼리는 분석을 위한 자료를 수집하려는 목적으로 선원들로부터 도움을 받았는데, 이를 위해 선원들은 나침반을 읽고 주의 깊게 기록하는 노력을 기울였다. 핼리의 접근은 분명 논리적이며 추구할 가치가 있었으나 기대한 답을 주지는 못했다. 지구 자기장은 충분히 균일하지 않아 예측 불가능한 가변성을 띠고 있는 것으로 밝혀졌기 때문이다. 이 결론은 로버트 노먼(Robert Norman)이라는 장인의 관측에 기반하고 있다.

기구 제작자인 노먼은 또한 나침반의 자침이 단 하나가 아니라 두 개의 축을 가지고 있다는 사실을 발견했다.[121] 자침은 근사적으로 북쪽을 가리킴과 동시에 "기울어서" 약간 아래를 가리키고 있다. 이러한 자침의 복각(伏角, dip) 현상은 경도에 따라 다양하며, 따라서 바다에서의 경도 측정에 도움이 될 또 다른 측정 가능한 변수를 암시한다. 윌리엄 길버트는 과학 엘리트들이 노먼의 제안에 주목하도록 하고는,[122] 역시 뱃사람들과의 협력을 통해 이 현상을 체계적으로 연구했다. 그러나 다시 한번 지구 자기장의 불안정성으로 인해 이 시도 역시 무위로 돌아갔다. 비록 나침반의 자침을 통해 경도를 측정하려는 위의 두 시도는 성공하지 못했지만 덕분에 지자기학 지식은 증진되었다.

이론적으로 보아 바다에서 경도를 측정하는 가장 직접적인 방식은 배에 본초 자오선의 정확한 시간을 가리키는 시계를 싣는 것이다. 지역에서 해시계로 측정한 시각과 이것을 그저 비교하기만 하면 경도를 알 수 있게 된다. 그러나 "정확한"이란 말이 여기서 문제가 되었다. 당시에는 이러한 목적에 걸맞을 만큼 대략이나마 정확한 시계조차 없었다. 육상에서도 가장 훌륭한 휴대용 시계가 하루에 몇 분 빠르거나 느리게 갔으며 배의 움직임과 변화무쌍한 온도, 그리고 바다의 습도는 정확한 계시(計時)를 더욱 어렵게 하는 요인이 되었다. 하루에 단 1분의 오차가 나는 시계라 해도 바다 위에서 며칠만 지나면 수백 킬로미터의 오차를 낳으며, 대서양 횡단에는 보통 두 달이 걸리는 터였다.

이 난제에 크리스티안 하위헌스를 비롯한 여러 석학이 자극받아 시계를 위한 이론적 역학을 연구하게 되었으며, 그 결과 진자 시계가 개발되었다.[123] 그러나 안타깝게도, 진자는 바다의 흔들리는 배 위라는 조건에 적합하지 않았으며 학자들은 경도 문제의 해결책을 다른 곳에서 찾게 되었다. 뉴턴이 오만하게 말했듯, 답은 아마도 "시계 제작자 혹은 항해술 선생들이 아니라 …… 매우 유능한 천문학자들이" 발견할 것이었다.[124] 그러나 뉴턴은 틀렸다. 1760년대에 마침내 성공한 이는 끈질긴 "시계 제작자"였던 존 해리슨이었다. 사실 해리슨의 직업은 시계 제작자가 아니라 목수였고, 그는 부업으로 시계 제작법을 독학했다. 해리슨이 만든 초기의 정밀 시계들은 금속이 아니라 목수의 재료인 나무로 제작되었다.

하위헌스 같은 엘리트 과학자들의 이론적인 성향은 보다 정확한 시계를 설계하는 데 방해가 되었다. "우선 그들은 온도가 고체에 영향을 준다는 사실을 항상 인정할 준비가 되어 있지 않았다. …… 이론에 구애받지 않는 장인들은 더 잘 알고 있었다. 다수의 산업 분야들이 가열된 금속은 냉각 시 수축한다는 경험적 관찰에 기반하고 있었다." 시계의 정확도가

존 해리슨의 4번 크로노미터(1760년)

높아지면서 "휴대용 및 탁상용 시계 제작자들은 온도가 차이를 만든다는 사실을 재빨리 알아차렸다."[125)]

문제 해결에 적합한 정밀 시계를 개발한 후 (자메이카로의 81일간의 시험 항해 중 고작 5초만 느려졌을 뿐이었다!) 해리슨은 자신의 성취를 인정하고 싫어하지 않는 젠틀맨 과학자들의 거센 저항에 직면했다. 반복된 시연 끝에 해리슨의 승리는 부정할 수 없는 사실이 되었으며 마침내 그는 약 반세기 동안 영국 의회가 바다에서 경도를 정확하게 측정하는 방법을 발견해 낸 이에게 약속했던 상금을 수여받았다. 그러나 해리슨의 크로노미터는 너무나 값비싼 기구여서, 인정을 받은 이후에도 정확한 위도 측정이 바다 위에서 일상화되는 데는 오랜 시간이 걸렸다. 20세기 초반까지도 손이 많이 가고 신뢰성은 떨어지는 달의 위치 관측법이 계속 이용되었다.

한편 해상에서 경도를 찾으려는 노력은 육상에서의 경도 측정을 가능하게 하는 연구를 촉진했으며 이는 다시 지도 제작의 진전에 커다란 자극제가 되었다. 지구 표면의 특정한 위치를 위도와 경도로 정확히 나타낼 수 있게 되면서 옛날 프톨레마이오스가 꿈꾸었던 과학적 지도학은 마침내 현실이 되었다. 그러나 이것은 장인들이 고안한 두 가지 장치에 의존했는데, 하나는 충분히 정확한 시계이고 다른 하나는 망원경이다. 망원경을 발명한 공로는 종종 갈릴레오에게 돌아가고는 하지만, 갈릴레오는 그것이 자신의 공이 아님을 알고 있었다.

> 사실 우리는 망원경을 최초로 발명한 네덜란드인이 다양한 종류의 렌즈를 다루다 우연히 눈에서 서로 다른 거리에 있는 볼록 렌즈와 오목 렌즈의 두 렌즈를 동시에 사용해 사물을 보게 된, 보통의 안경을 만드는 평범한 제작자라는 사실을 알고 있다. 그는 이로 인해 생긴 효과를 관찰하여 그 기구를 발견하였다.[126]

한편 멀리 있는 사물을 보기 위해 두 렌즈를 하나의 기구로 발전시키려는 원래의 동기는 천문학이 아니라 항해 쪽에서 비롯되었다는 점, 즉 천체를 보기 위해서가 아니라 바다 위 멀리 있는 배를 탐지해 확인하기 위해서였음을 지적하고 넘어갈 필요가 있다. 이러한 능력이 상업 및 군사적 측면에서 대단한 장점이 되리라는 점은 명확하다. 애초에 갈릴레오도 자신이 개량한 망원경을 후원자에게 홍보할 때 그 유용성을 강조했다. 1609년 8월 29일의 서한에서 갈릴레오는 망원경을 베네치아의 "원로원 전체" 앞에서 시연해 보였다고 기록했다.

> 수많은 젠틀맨과 원로원 의원들이, 연로함에도 불구하고 한 번 이상은 베네치아의 가장 높은 종탑의 계단을 올라가 멀리서 돛을 활짝 펴고 항구로 향하는 선박들을 관찰했다. 내 망원경이 없었다면 두 시간 이상은 더 기다려야 볼

수 있을 배들이었다.[127]

망원경이 안경 제작자의 렌즈에서 발명되었다는 사실은 또 다른 궁금증을 낳는다. 볼록 렌즈 안경은 그보다 3세기 전인 1280년대에 발명되었다고 알려져 있다. 어떻게 해서 이때 발명될 수 있었을까? 어떤 학자들은 옥스퍼드 대학교의 로버트 그로스테스트(Robert Grosseteste)와 로저 베이컨(Roger Bacon)이 정리한 과학적 원리를 잘 알고 응용한 결과로 볼록 렌즈 안경이 탄생했다고 추측했다. 그러나 드러난 증거를 보면 "안경은 과학적 영감에 의해서가 아니라 안경 제작자와 유리, 보석 및 수정 절단공의 세계로부터 탄생했다(즉 학자의 **이론적** 과학이 아닌 장인의 **경험적** 과학에서 탄생했다.)."[128]

자기 나침반

항해 도구라고 하면 제일 먼저 뇌리에 떠오르는 것이 자기 나침반이다. 앞서 살펴보았듯 뱃사람들은 수천 년간 너른 바다 위를 나침반 없이 성공적으로 횡단했지만, 그럼에도 나침반의 도입은 항해에서 주요한 기술 혁명으로 자리매김하여 전 지구적 무역의 획기적인 팽창을 이끌어 내는 한편 유럽이 세계를 지배하는 길을 닦았다. 13세기에 지중해 뱃사람들이 방위를 찾기 위해 자기화된 침을 일상적으로 활용하기 시작한 뒤부터 그들은 "통행을 위해 겨울이 지나가기를 기다리며 해변에서 시간을 낭비하지 않아도 되었다." 구름이 걷히지 않는 지중해의 겨울 하늘 때문에 별에 의존한 항해법은 사용할 수 없었지만, 베네치아 선단은 나침반을 사용해 "일 년 동안 한 차례가 아니라 두 차례의 왕복 여행을 할 수 있었고, 해외에서 겨울을 나지 않아도 되었다."[129)]

자기 나침반의 기원은 불분명하다. 그렇지만 새삼스러울 것도 없이, 한 명의 천재에게 그 공을 돌리는 영웅 서사가 여기에도 있다. 이탈리아의 아말피로 여행을 가게 되면 마을의 중심지에 플라비오 지오이아(Flavio Gioia)의 거대한 청동상을 볼 수 있는데, 설명판에 따르면 그는 1302년 나침반을 발명했다고 한다. 그러나 1세기도 전에 한 이탈리아 역사학자가 썼듯, "플라비오 지오이아는 존재한 적이 없다. 지오이아는 일종의 신화, 그것도 그가 살았다고 하는 시기 이후에 만들어진 신화를 대변하고 있으며, 따라서 의심스럽다. 지오이아는 창의력 풍부한 남쪽 지방에서 아말피 및 주변 지역 사람들의 상상력이 빚어낸 환상이다."[130)]

어떤 길쭉한 돌("천연 자석")에는 남북 방향을 가리키는 특성이 있다는 사실은 2,000년 전부터 이미 중국인들이 발견했다. 자기 나침반은 중국에서 점과 종교적 의식에 최초로 사용되었으며, 문헌 자료에 따르면 중국 뱃사람들은 기원후 1117년 이전에 "남쪽-지시침"을 사용해 배를 운항하기 시작했다.[131)] 겉보기에 초자연적인 힘을 가진 듯 보이는 이 기묘한 도구들에 대한 지식은 중국에서 지중해 세계로 마르코 폴로의 선배격인 익명의 상인들에 의해 전파된 것으로 보인다. 유럽에서 자기화된 침을 방위 탐지용으로 사용했다는 최초의 기록은 알렉산더 넥컴(Alexander Neckam)이라는 영국인이 1187년에 쓴 책에 등장하지만, 그 언급 시의 무심함으로 미루어 볼 때 자기화된 침의 사용은 이미 보편화된 일상적 활동이었던 듯하다.[132)]

초창기 항해용 나침반은 대략적인 방위의 추정을 위해 그저 자침을 물 위에 띄워 놓거나 실에 매단 것이었다. 시간이 지남에 따라 이 원시적 수단은 우리에게 친숙한 기구로 발전해서, 추축 위에 올린 자기화된 침을 360도로 나뉜 "바람 장미(wind rose, 특정 장소와 시기 동안 풍향의 빈도를 그린 원형 도표로, 모양이 장미와 비슷하다. — 옮긴이)"가 그려진 인쇄판 위에 부착했다. 이러한 변화는 시간에 따른 일련의 혁신을 보여 주며, 따라서 자기 나침반의 "발명"은 수 세대에 걸친 뱃사람들 및 기구 제작자들의 집단적인 업적이라고 볼 수 있다.

해양학: 저 깊은 바닷속에는 무엇이 있나?

지구의 모든 장소 중 일상적인 인간의 경험과 가장 동떨어진 곳은 바로 해면 아래 놓인 광대한 3차원 공간이다. 대양의 깊이와 그 밑바닥에 무엇이 있는지는 누구보다 어부들과 선원들이 먼저 탐구하고 있었다. 뱃사람들에게 이것은 한가로운 호기심 차원의 문제가 아니라 그들이 알아야 할 가장 중요한 사안이었다. 육지에 접근할 때 정확한 물의 깊이를 알아야 배의 바닥 부분이 단단한 땅바닥과 부딪히지 않기 때문이다. 또 해저를 구성하는 물질이 지역마다 매우 다양하기 때문에 그 장소에 대한 유용한 단서를 가진 숙련된 도선사들만이 이를 판별할 수 있었다.

뱃사람들은 줄에 매단 납으로 측심을 해 이런 지식을 얻을 수 있었다. 영국 해군의 수로학자는 1955년에 다음과 같이 기록하고 있다.

> "항해는 해도와 (자기) 나침반이 아니라 수심을 재는 측연에 의거한다!"라는 수백 년 전의 말을 부정할 항해자는 없다. 비록 당직 선원이 오늘날의 여러 과학적 장비들에 둘러싸여 있다 해도 이 말은 여전히 기본적인 사실로 남아 있으며, 배의 흘수(吃水, 선체가 물에 잠길 수 있는 정도)가 수심을 넘어선다면 배는 거의 반드시 좌초한다는 사실을 한순간도 잊지 않도록 주의해야 할 것이다![133]

헤로도토스가 이러한 활동에 대해 최초로 언급한 때인 기원전 5세기경과 그에 쓰인 장비에 대한 최초의 서술 시기가 2,000년이나 떨어져 있다는 사실을 보면, 이러한 과학적 정보의 기원과 발전 단계를 상세히 살펴보는 것이 불가능하다는 점은 분명하다. 헤로도토스는 바다를 통해 이집트로 가는 길에 대해, "육지로부터 하루 항해 거리에 있을 때 측연선(線)을 내려 보면 진흙을 끌어올리게 될 것이며, 수심은 11길(fathom, 1길은 약 1.83미터 — 옮긴이)일 것"이라고 썼다.[134] 헤로도토스가 살던 시기의 그리스 뱃사람들이 측연을 통한 수심 측정을 최초로 시작했다고 볼 이유는 없다. 페니키아인들은 분명히 측심을 했고, 그 미노아 후손들도 마찬가지였을 것이다.

한편 뱃사람들이 측심을 했다는 또 다른 고대 문헌 기록도 있으나 — 이를테면 신약 성서가 있다.[135] — 16세기 후반 이전에 작성된, 지금까지 발견된 문헌들은 측심에 쓰인 납과 줄이 구체적으로 어떠했는지에 대해서는 설명하고 있지 않다. 표준적인 장비는 매우 간단하며 오랫동안 거의 변하지 않았다. 바로 200길(360미터) 길이의 줄에 묶은 무게 6킬로그램의 납이다.[136] 깊이를 측정하기 위해 줄에는 10길, 그리고 20길마다 표시를 했다. 이 방법 덕분에 대륙붕의 존재 및 그 규모가 알려지게 되었다. 도선사가 "측심이 가능한 곳에 있을" 때 측연은 바닥에 닿게 되나 대륙붕 가장자리 너머의 원양에서는 그렇지 않다. 측심을 통한 지식이 쌓이면서 대양의 표면 아래에 밝혀지지 않은 채 있던 많은 부분의 지형을 지도로 만들 수 있게 되었다.

측연은 해저에 있는 물질의 견본을 가져오도록 설계되었다. 덕분에 헤로도토스가 쓴 글에서 뱃사람들은 측연에 붙은 진흙을 발견했던 것이다. 측연이 진흙, 모래, 침니, 산호, 해초, 조개껍질 조각, 다양한 조성의 암석 등 무엇을 끌어올렸건 간에, 오랜 기간 동안 특정 지역에서 발견되는 물질은 일정한 경향이 있었다. 따라서 도선사들은 해저에서 끌어올린 견본 물질을 보고 자신들이 어디 있는지 알아낼 수 있게 되었다. 그들은 다른 방식으로는 결코 얻을 수 없었을 이러한 정보를 수집해서 항해 안내서에 실었다.

납치와 민족학의 기원

지구의 물리적 특성에 대한 지식과 함께, 여행자들과 항해자들은 머나먼 곳에서 그들이 마주친 인간 사회들에 대한 정보도 전파했다. 외국 문화의 낯선 관습에 대한 그들의 관찰은 민족학(ethnology)과 민속지학(ethnography, 인간 집단 간 문화적 차이에 대한 기술을 중심으로 한다는 점에서 민속지학, 혹은 문화 기술지학으로 번역할 수 있다. — 옮긴이)의 기원이 되었다. 그들이 목격한 새로운 사실들은 매우 흥미로웠으나, 그들이 민족학적 자료를 모은 근본적인 이유는 바로 장사를 하기 위해서였다. 상인들은 무엇보다도 외국인들이 어떤 상품을 좋아할지, 그리고 교환 시 그들이 어떤 가치 있는 물건들을 내놓을지에 대해 알고자 했다.

"항해왕" 엔리케 시절 유럽인들은 아랍 상인들이 황금을 얻었다고 알려진 기니의 흑인들에 대해 너무나 알고 싶어 했다. 엔리케 왕자가 지식을 강제로 얻어 내기 위한 방법으로 납치를 동원한 최초의 인물은 아니었지만, 이것을 가장 가차 없이 실행에 옮긴 인물이 그였음은 분명하다. 피터 러셀에 따르면 엔리케는 기니에 대한 "경제적, 민족학적, 그리고 정치적 상황에 대해 그의 부하들이 입수할 수 있는 어떤 정보라도 얻기를 간절히 바랐"으며, 엔리케는 또한 "포르투갈인이 보고 증언하는 것보다 이들에 대해 더 나은 정보를 제공해 줄 수 있는 공급원은 …… 그 지역의 거주민들이라는 사실을 일찍이 깨달았다." 이러한 이유로, 엔리케가 자신의 선원들에게 내린 명령에는 "새로운 나라를 발견하면 강제력이나 속임수를 써서 한두 명의 지역 주민을 붙잡아 포르투갈로 보내어, 자기 또는 다른 관리가 시간을 두고 그 나라에 대해 심문할 수 있도록 하라는 지침도 포함되어 있었다."[137)]

그러한 사례 중 하나로, 포로들이 세네갈 강의 어귀를 자세히 묘사한 덕분에 포르투갈 선원들은 그곳을 처음 보았을 때 그곳이 어디인지 알 수 있었을 정도였다. 뿐만 아니라 엔리케는 아프리카인들을 납치해 다른 아프리카인들을 다룰 때 포르투갈 어를 통역하도록 강제로 시킴으로써 그들의 언어에 접근할 수 있었다.

정보를 빼내기 위해 평화적인 원주민들을 납치하는 방법과 함께 포르투갈인들은 자신들의 불운한 시민들, 즉 사형 혹은 추방을 선고받은 죄수들을 평화적이지 않은 주민들에 맞서는 방패막이로 활용했다. "카브랄은 그의 함대에 20명을, 다가마는 10~12명을 데리고 갔다. 그들은 기니피그로서 잠재적으로 적대적인 주민들의 기분을 시험해 보거나, 혹은 배가 그곳에 다시 들어가야 한다면 물이나 식량을 발견하기 위해 육지로 올려 보내는 용도로 이용되었다."[138)]

엔리케에게 고용되었던 베네치아의 뱃사람인 알비즈 다 카다모스토(Alvise da Cá da Mosto, 줄여서 카다모스토)는 그가 엔리케의 후원 아래 1455년과 1456년에 실행했던 기니로의 두 차례 항해에 대한 보고를 남겼다. 카다모스토의 『항해(*Navigazioni*)』에는 식물학 및 동물학에서의 가치 있는 자료들이 기록되어 있다. 여기에는 코끼리와 하마의 습성에 대한 저자 자신의 관찰도 포함되어 있는데 이것은 "위의 동물들과 함께 그 지역에서 볼 수 있는 여타의 동물 및 새들에 대한 육안 관찰의 정확성과 완벽함 때문에 특히 주목할 만"하다. 그러나 엔리케가 진정 관심이 있었던 부분은 무슬림 금 상인들과 금을 채굴하는 흑인들 사이에 이루어지는 독특한 거래 방식에 대한 카다모스토의 탐구였다. 그가 묘사한 야간의 침묵 물물 교환 체계를 통해 금 광부들과 상인들은 언어는 물론 어떤 직접적 소통 형식도 사용하지 않고 교환을 수행할 수 있었다. 카다모스토는 유목 부족민 및 포르투갈에 노예로 끌려 온 이들을 심문해서 자신의 직접적인 경험을 보강했다.[139)]

아프리카인 노예 해상 무역에 대한 개척을 포함한 엔리케의 제국주의적 모험 사업은 교회의 이데올로기적 지원을 등에 업고 있었다. 지식이 권력의 핵심 요소이며 흑인들이 이 지식을 백인들만큼 이용할 능력이 있다는 인식은, 교황의 교서 중 "포르투갈인이 아프리카인에게 항해에 대해 가르치는 것을 특히 금한다. 그럴 경우 교황청은 유럽인의 지위가 훼손될지도 모른다는 점을 우려한다."라는 내용에서 은근히 드러난다.[140)]

납치는 엔리케가 지식을 획득하기 위해 사용한 유일한 방법이 아니었다. 엔리케 휘하의 지주 중 하나인 주앙 페르난데스(João Fernandes)에게는 보다 우아한 방식을 통해 민족학적 자료를 모으는 재능이 있었다. 아랍 어가 가능했고 이슬람 관습에 얼마간 익숙했던 덕분에 페르난데스는 사하라 내부로 직접 가서 주민들 속에서 생활할 수 있었다. 일곱 달 동안 이 "분별력 있고 객관적인 관찰자"는 사하라 서쪽 주변을 여행하며 마주치는 사람들에게 질문을 해서 엔리케를 위한 첩보들을 수집했다. 페르난데스는 낙타 대상이 사하라를 횡단하는 데 필요한 길잡이용으로 자기 나침반을 사용한다는 사실을 배웠다. 그는 유목민들의 주요 식량은 낙타 젖이지만, 그들은 또한 포르투갈이 상당한 이익을 보고 공급할 수 있는 밀의 가치를 높게 평가한다고 보고했다. 이 사실은 엔리케가 특히 관심이 많았던 종류의 정보였다.[141)]

1460년 엔리케가 사망한 이후에도 포르투갈의 지배자들은 엔리케의 첩보 수집 계획을 이어 나갔다. 1461년 혹은 1462년의 시에라리온 원정에서 알폰소 5세(Alfonso V)는 "(포르투갈에 있는 다른 흑인 통역가를 붙이거나, 또는 시간을 들여 [포르투갈 어를] 익히게 해서 그 흑인 스스로가) 자신의 나라에 대한 설명을 제공해 줄 수 있는 그곳의 흑인 한 명"을, 필요하다면 무력을 써서 데리고 오라고 명했다.[142)]

카다모스토의 보고 덕분에 이 명령의 결과도 알려져 있다. 한 아프리카인이 납치되었고, 광범위한 탐색 끝에 그와 의사소통을 할 수 있는 리스본에 있는 여자 노예 하나를 찾았던 것이다. 이것은 현실에서 어떻게 "지식 이전"이 실제로 일어나는지를 보여 주는 명확한 사례이다.

몽테뉴의 하인

민족학적 정보가 유럽의 지식 엘리트들에게 퍼져 나가 영향을 주게 된 방식은, 아메리카 원주민들 및 그들의 삶의 방식이 인간 본성에 대해 밝히는 바가 무엇인지에 대한 미셸 에켐 드 몽테뉴(Michel Eyquem de Montaigne)의 영향력 있는 회고에서 아름답게 그려지고 있다. 몽테뉴는 자신의 하인 중 하나로부터 전해들은 바에 대해 매우 자세하게 이야기했다. 그 하인은 전직 뱃사람으로, 현재 브라질 지역에서 아메리카 원주민들과 "우리 세기에 발견된 또 다른 세상에서 10년 혹은 12년간 살았던 이"였다. 자신이 왜 그토록 낮은 사회 계층 출신 남자의 증언을 받아들였는지 동료들에게 설명하기 위해 몽테뉴는 신뢰성과 신분의 고귀함 사이의 통상적 상관관계를 뒤집었다. 몽테뉴의 주장에 따르면 그의 정보원을 믿을 만한 이유는 바로 그가 "단순하고 무식한 사람"이기 때문이었다. 그는 "진정한 증거를 제공하는 데 더욱 적합하다. 세련된 사람들은 …… 이야기를 조금이라도 바꾸기 마련이다. 그래서 결코 사물을 그 실제대로 서술하지 않는다."[143]

몽테뉴는 계속해, 그의 하인이 "소설을 지어내어 있음직하게 말하는 재주가 없을 만큼 순박하며, 이론과도 전혀 거리가 멀다."라고 보았다. 게다가 하인의 묘사는 같은 항해를 했던 "여러 뱃사람들과 상인들"을 통해 재확인되었다.

하인에 대한 설명에서 은연중에 우월 의식을 드러낸 것만 빼면, 몽테뉴가 이 "무식한" 뱃사람의 지식이 학자들의 지식보다 우월하다고 보았다는 점은 의미심장하다. "나는 우주 지리학자들이 이런 나에 대해 무어라 말하건 개의치 않고 그의 정보에 만족할 것이다."[144]

이 이야기는 항해자들의 지식이 근대 과학의 역사적인 선행 조건으로 일반적인 중요성을 띤다는 점을 보여 주는 작은 사례이다. 콜럼버스가 그의 선원들과 인도로 가는 데 성공했다는 소식을 가지고 유럽으로 돌아오자 그들의 이야기는 열풍을 불러일으켰으며, 그 후 몇 년이 지나자 대서양 횡단 항해는 보편화되었다. 아리스토텔레스나 프톨레마이오스는 몰랐던 사람, 장소, 식물과 동물들에 대한 발견 덕분에 자연 지식은 폭발적으로 성장했다. 유럽의 학자들은,

> 존재하지 않기 때문에 관찰할 수 없다고 고대인들이 확신했던 수많은 현상들을 사실로 직시해야만 했다. 아리스토텔레스가 열대 지방에는 사람이 살 수 없다고 보았다든가 프톨레마이오스가 모든 육지는 북반구 쪽에만 존재한다고 수학적으로 확신한 것 등이 그 예이다.[145]

"모든 면에서 합리적인 고찰에" 기반했던 고대 자연 철학자들의 "좁은 세상"은 "이제 산산히 부서졌다. 이것은 동료 자연 철학자들이 스스로 바

꿔서가 아니라, 거의 문맹인 뱃사람들의 주장에 의해 일어났다!"[146] 이 뱃사람들은 "의도치 않게 과학적 권위자들의 믿음을 손상시키고 경험적, 즉 자연사적 방법에 대한 확신을 강화함으로써 근대 과학의 탄생에 크게 기여했다."[147]

> (천문학이나 물리학만이 아니라 모든 과학적 학문 분야에서) 거대한 변화는 과학자들이 경험의 우선성을 부차적으로가 아니라 원칙과 실행에서 명확히 인지했을 때 발생했다. 발견의 항해로 인한 태도의 변화는 지리학이나 지도학뿐 아니라 "자연사" 전체에 심대한 영향을 주었다.[148]

그러나 비록 고대 학자들이 지녔던, 과학 지식에 대한 심판자로서의 권위가 상당히 약화되었음은 분명하지만 그 즉시 사라진 것은 아니었다. 고투 없이 간단히 사라지기에는 너무나 많은 전문직, 의학, 교회, 그리고 법학 분야의 직업들이 그 권위에 기반하고 있었다. 과학 엘리트들은 새로운 자연 지식의 주입에 전력을 다해 저항했으나, 장기적으로 봤을 때 그 시도는 무의미했다. 결국 몽테뉴의 하인은 우주 지리학자들보다 더욱 신뢰를 얻었다. 그리고 노동 대중의 상식이 널리 인정받아, 과학 혁명이라고 알려진 세계관의 변화가 일어나게 되었다.

5장
누가 과학 혁명의 혁명가들인가?: 15~17세기

과학 혁명은 서구 역사상 가장 중요한 "사건"이었다.

— 리처드 웨스트폴, 「과학 혁명(The Scientific Revolution)」

그것은 기독교의 발흥 이후에 일어난 모든 것을 무색하게 만들었고, 르네상스와 종교 개혁을 중세 기독교 사회의 체계 내에서 벌어진 한낱 일화, 내부적인 변화 수준으로 격하시켰다.

— 허버트 버터필드(Herbert Butterfield),
『근대 과학의 기원들(*The Origins of Modern Science*)』

새로운 지식을 획득하는 방법이야말로 서구가 세상에 선보인 모든 지식 중 가장 귀중하다. 대략 1550년에서 1700년 사이에 일련의 유럽 사상가들이 이 "과학적 방법"을 창안해 냈다.

— 찰스 반 도렌(Charles Van Doren), 『지식의 역사(*A History of Knowledge*)』

역사학자들이 과학 혁명에 대해 동의하는 점은 — 과학 혁명의 존재 자체를 포함해 — 단 한 가지뿐인 것 같다. 과학 혁명이 무엇이었건 간에 그것은 굉장히 중요했다는 사실이다. 과학 혁명에 대한 책을 쓰면서 "그런 것은 없었다."라며 역설적으로 이야기하는 학자들마저도,[1] 근대 과학의 출현으로 귀결된 중대한 **무언가**가, 이를테면 1450년에서 1700년 사이에 유럽에서 발생했다는 점은 분명히 하고 있다. 아마 그 과정이 너무 늘어져서 혁명이라고 하기에는 어색할 수 있지만, 그것은 인류가 우리 주변을 둘러싼 세계를 이해하는 방식을 완전히 바꾸었다.[2]

이 장의 앞머리를 장식하고 있는 찰스 반 도렌의 주장은 과학 혁명에서 중요한 것이 무엇인지에 대한 보통의 교과서적 설명을 잘 보여 준다. 그에게 "일련의 유럽 사상가들"은 프랜시스 베이컨, 니콜라우스 코페르니쿠스, 튀코 브라헤, 윌리엄 길버트, 요하네스 케플러(Johannes Kepler), 갈릴레오 갈릴레이, 르네 데카르트(René Descartes), 그리고 아이작 뉴턴이다.[3] 이들의 활동과 사상은 전통적인 (과학 혁명에 대한) 이야기를 주름잡고 있지만, 거기서 수많은 익명의 장인과 수공업자들의 더욱 근원적인 기여는 간과되고 있다.

그러나 더 너른 시야를 가진 역사학자들은 과학 혁명의 문제와 씨름하기 위해서 "우리는 모든 위인들에 대한 신화를 떨쳐 버려야 한다."라며,[4] "과학 혁명의 '기반들'에 대한 모든 토론에서 그간 과학사학자들이 보았던 것보다 더욱 폭넓은 토대를 고려해야 한다."라고 주장한다.[5] 이 장의 목적은 바로 이 폭넓은 토대를 고찰하는 것이다. 이것을 통해 "철학자로 불리는 위인들의 오류를 단순한 기술자들이 판별할 능력이 있는" 시대에 자신이 살고 있다는 블레즈 파스칼(Blaise Pascal)의 말이 무슨 의미인지 제대로 알 수 있게 될 것이다.[6]

그 **개념**은 17세기 이래로 존재했지만, "과학 혁명"이란 용어 자체는 상대적으로 최근에 등장했다. 1930년대에 알렉상드르 쿠아레가 이 말을 만들어 냈다. 쿠아레의 업적은 매우 훌륭하지만, 민중사의 관점에서 보았을 때 그가 이후 세대의 역사학자들에게 깊은 영향을 끼쳤다는 점은 유감스러운 일이다. 쿠아레의 연구는 순수하게 그 이론적인 측면에만 초점을 맞춘 좁은 의미의 과학 개념에 기반한다. 쿠아레에게 과학 혁명은 "자연의 수학화"의 출현과 승리였다. 또한 쿠아레는 실험주의(experimentalism)는 새로운 과학에서 상대적으로 덜 중요한 측면이라고 낮춰 보았다.

그러나 과학 혁명에서의 "플라톤 및 피타고라스적" 요소를 특히 강조한 쿠아레의 입장은 갈릴레오가 자신의 결론에 도달한 방법에 대한 명백한 오해에 기반하고 있다. 갈릴레오에게 실험은 그저 수학적 추론을 통해 구축한 이론을 확인하는 용도였을 뿐이라고 쿠아레는 주장했다. 그러나 이후 연구들은 갈릴레오의 실험이 그 결과들을 수학적으로 기술하려는 노력보다 **앞서 있었음**을 입증했다.[7] 쿠아레는 갈릴레오가 먼저 머리를 쓰고 난 다음 손과 눈은 부차적으로 사용했다고 보았지만 실은 그렇지 않았다는 사실이 밝혀진 것이다. 따라서 과학 혁명에서 경험적인 측면의 우선성을 부정한 쿠아레의 입장은, 이론적인 노력만이 "과학"이라는 칭호를 부여받을 자격이 있다고 보는 이들을 제외한 모두에게 불만족스러운 것이었다.

과학 혁명에 대한 쿠아레의 그림에는 또 하나의 큰 허점이 있다. 플로리스 코헨(Floris Cohen)은 이 주제에 대해 광범위한 내용을 다루는 그의 저서 『과학 혁명 — 역사 기술적 연구(*The Scientific Revolution: A Historiographical Inquiry*)』에서 다음과 같이 설명하고 있다. "근대 초기 과학의 기원에 대한 수학적 관점에 따라 불가피하게 천문학과 역학에 압도적인 분량이 할애됨에 따라, 비수학적 물리학, 화학, 그리고 생명 과학이 초기 근대 과학의 탄생에 역할을 했는지, 했다면 어떤 역할을 했는지에 대한 질문은 해결되지 않은 채 남겨져 있다." 또한 코헨은 쿠아레가 "이 주제를 회피했다."라고 지적했다.[8] 비수학적 과학을 고려하지 않음으로서 쿠아레는 과학 혁명을 코페르니쿠스, 케플러, 갈릴레오, 뉴턴의 생각들로 축소시켰다. 이 난제를 풀기 위해 토머스 쿤(Thomas Kuhn)은 이중적인 해석을 제안했다. 즉 과학 혁명을 "베이컨식" 과학, 그리고 "고전 물리학적" 과학이라는 두 종류의 서로 다른 과학 이야기로 묘사하는 것이다.[9] 그러나 쿤 또한 쿠아레와 마찬가지로 수학화된 분야에 우월한 지위를 부여했다.

"베이컨식" 과학들은 프랜시스 베이컨이 자연에 대한 장인들의 지식에 기초해 과학을 부흥시키자고 제안했을 때 염두에 두고 있던 종류의 과학이다. 베이컨은 당대 엘리트 기관들이 보급한 전통적인 학문에 대해 가장 효과적인 비판을 제기한 이로 기억되고 있다. 대학 기반의 과학이 "조각상처럼 서서 숭배와 찬양을 받고 있지만 정작 움직이거나 진보하지는 않는" 반면, "생명의 숨결을 소유한 …… 실용 기예는 계속 성장하고 있다."라고 베이컨은 생각했다.[10]

따라서 베이컨은 "기예의 역사" 혹은 기술 지식의 백과사전을 편찬해야 한다고 주창했다. 그는 이러한 편찬 사업에서 "특히 선호되는 기예들이 자연적인 물질들 및 사물의 질료들을 보여 주고, 바꾸고, 조제하는 농업, 요리, 화학, 염색 및 유리, 에나멜, 설탕, 화약, 인공적인 불꽃, 종이 등의 제조"라고 단언했다. 그는 또한 덜 중요한, 그러나 결코 무시해서는 안 될 것들로 "직조, 목공, 건축, 풍차나 시계 등의 제작"을 꼽았다.[11] 후대의 걸출한 베이컨식 과학자인 로버트 훅(Robert Hooke)은 장인들이 과학에 굉장한 기여를 할 수 있다며 이 "역사들"의 목록을 열정적으로 확장했다. 훅이 열거한 수백 가지 기술자 유형의 일부를 보면 다음과 같다.

측량사, 광부, 도공, 담배 파이프 제조공, 유리 제조공, 유리 직공, 유리 연마공, 거울 제조공, 안경 제조공, 광학 유리 제조공, 모조 진주 및 보석 제조공, 나팔 제조공, 램프 유리 부분을 불어 만드는 직공, 안료 제조공, 색조 연마공, 유리 도장공, 법랑 세공인, 장식공, 색 배합인, 도장공, 초상화가, 화공(畵工), 볼링용 공 혹은 공깃돌 제조공, 벽돌공, 타일 제조공, 석회 제조공, 석고 기술자, 용광로 제조공, 도공, 도가니 제조공, 석수, 조각가, 건축가, 수정 절단공, 석재 조각가, 보석 세공인, 자물쇠 제조공, 총기 제조공, 칼붙이 제조공, 연삭 및 단조공, 갑주 제조공, 바늘 제조공, 공구 제조공, 용수철 제조공, 활 제조공, 배관공, 활자 주물공, 인쇄공, 구리 대장장이 및 주물공, 시계 제조공, 수학 기구 제조공, 제련 및 정련공, 설탕 제조공, 담배 경작자, 아마 제조공, 레이스 제조공, 방직공, 맥아 제조공, 제분업자, 양조업자, 제빵사, 포도주 양조업자, 증류주 제조업자.[12]

한편 프랑스의 르네 데카르트 또한 기술적 지식의 체계화를 요청했다. 데카르트가 무엇보다 먼저 조사해야 한다고 제안한 것은 "덜 중요한 기예들"이었다. 즉 "가장 쉽고 단순하며, 무엇보다 그 규칙이 확실히 자리 잡힌 것들이다. 이를테면 직포나 융단을 짜는 장인의 기예나, 자수를 놓는다든지 이와 같은 방식으로 직물에 끝없는 변화를 주는 기예들이 있다."[13]

모든 경험적 지식의 목록을 작성하는 베이컨식 기획은 이후 1세기도 더 지나 프랑스 계몽 철학자들의 백과전서에서 정점에 달했다. 그러나 과학의 토대를 장인적 지식 위에 세우려는 운동은 베이컨 이전에 이미 만개해 있었다. "실은 수십 년 전부터 성장하고 있던 방법에 대한 가장 유명한 전도사가 그일 따름이었다."[14] 한 예로 런던의 휴 플랫(Hugh Plat)이라는 이는 1570년대에 열정적으로 기술자들로부터 지식을 수집했으며 그들로부터 배운 것에 기초해 책을 출판했다.[15] 이러한 플랫의 노력을 베이컨이 모르지는 않았을 것이다.

베이컨은 또한 코르넬리위스 드레벨(Cornelius Drebbel)이 런던에 있었다는 사실에 분명 영향을 받았다. 네덜란드 출신 이민자인 드레벨은 실험적인 활동으로 굉장한 주목을 받았던 기계공이자 연금술사였다. 드레벨이 대중 앞에서 해 보인 가장 유명한 실험은 1620년 템스 강에 세 시간 동안 자신이 발명한 잠수함을 가라앉혀 보인 것이었다. 필요한 만큼 열 수 있는 병에 산소를 담아 둔 덕분에 배에 승선한 사람들은 숨을 쉴 수 있었다. 산소를 가리키는 개념은 물론 "산소"라는 말이 만들어지기 200년도 전에 드레벨은 초석을 가열하면 산소를 발생시킬 수 있다는 사실을 경험을 통해 알고 있었다.[16] 나중에 로버트 보일은 우리가 숨 쉬는 공기가 다양한 "공기들"의 혼합물이며 그중 하나가 생명의 유지에 필수적이라는 사실을 드레벨이 알고 있었다고 인정했다.[17]

드레벨은 또한 광학, 기계 장치 체계, 열, 폭약 등과 관련된 물리 및 화학적 지식에도 기여했다. 조판공 도제 경력을 가지고 있으며 대학 교육을 받지 못한 그는 중요한 사회적 변화를 보여 주는 한 전형이었다. 윌리엄 이먼이 간추린 바에 따르면,

> 학자가 아닌 이들, 비전문가, 그리고 기술자들은 베이컨식 과학의 발전에 크게 기여했다. …… 로버트 보일은 화학적 실험을 고안하는 과정에서 야금, 염색, 증류주 제조업자들이 축적한 경험적 정보로부터 많은 것을 배웠다. 이러한 과학의 발전은 학계의 과학자들과 무관하거나 학계에 활동이 알려져 있지 않았던 직업적 집단이 생산한 정보의 확산에 직접적으로 의존했다.[18]

쿠아레의 자연의 수학화 개념은 과학 혁명기의 과학에는 잘 들어맞지

않는다. 당연히 고려되어야 하는 비수학적인 "베이컨식" 과학들뿐만 아니라, "고전 물리" 과학에 대해서도 쿠아레의 해석은 받아들이기 어렵다. 기술적 지식 및 실천은 그 분야의 과학 발전에도 마찬가지로 중요한 역할을 수행했다. 예컨대 갈릴레오는 역학에 대한 그의 연구에 베네치아 병기창의 노동자들이 영감을 주었다고 인정한 바 있다.[19] 레오나르도 올슈키(Leonardo Olschki)의 관찰에 따르면,

> 갈릴레오가 과학 분야의 선배들이 쌓은 학식을 능가할 수 있었던 이유는 **수학적 개념을 기술적 자연의 실제 물질에 적용하는 새롭게 출현한 전통** 덕분이었으며, 이 전통은 자국어로 된 문헌에서 그가 받아들인 것이다. 즉 원근법 문제, 채굴, 축성법, 탄도학 등이 **경험적인 것을 향한 전환**으로의 추진력을 제공했는데, **이 경험적인 것이 없었다면 17세기 과학의 결정적인 부흥은 상상도 할 수 없었을 것이**다.[20]

올슈키가 언급한 자국어로 된 문헌은 기술자들의 기록들이었다.[21]

자연은 어떻게 "수학화"되었나?

갈릴레오의 수학에 대한 쿠아레의 찬미는 과학 혁명의 한쪽 면만을 보여 줄 뿐 아니라 수학의 역사 또한 이상적으로만 그린다. 그러나 갈릴레오가 자연 철학에 적용한 수학적 절차들은 관조적인 사상가들의 티끌 하나 없는 창안물이 아니라, 다양한 직업 및 업무의 수행에 도움이 되는 정량적이고 기하학적인 기법들을 발견한 사람들이 수 세기 동안 발전시켜 온 결과물이었다. 일반적으로,

> 르네상스 시기 **실용** 수학의 발전은 자연 철학의 지적인 전환(즉 코페르니쿠스, 케플러, 그리고 갈릴레오 등의 이론적 기여)에 **선행**한다. …… (실용 수학자들이 거둔) 항해술, 지도학 및 측량에서의 성공에 기대어, 그들은 그것(실용 수학)의 중요성 및 광범위한 타당성을 주장했다. 이러한 그들의 주장은 자연 철학과 충돌했고, 결국 개혁된 자연 철학은 새로운 방법론으로 실용적 수학 기법들을 받아들였다.[22]

수학의 발전을 북돋운 직업 집단은 단연 상인, 기구 제조공, 선원, 광부, 측량사, 엔지니어, 건축가, 그리고 시각 예술가들이었다. 우선 상업 덕분에 "시간, 거리, 그리고 용적 측정의 정확성과 엄밀함에 대한 관심이 촉발되었다."

> (상인들이) 수량적 자료에서 나오는 문제들에 대한 답을 찾기를 바라면서 단순한 계산은 경험 과학의 지위로 승격하게 되었다. 따라서 이러한 전통들은 갈릴레오, 코페르니쿠스, 데카르트, 그리고 그들의 기계론적 세계관의 시대 한참 전에 비과학자들이 구축했던 것이다. 게다가 새로운 시장의 등장 및 더 큰 이윤을 추구하려는 동기는 지리학 및 천문학 연구를 일으켰으며 지도학, 항해술, 그리고 조선술 등의 발전도 이끌었다.[23]

비록 "중세 및 초기 르네상스 사회에서 과학 혁명의 …… 선동가로서 상인들의 역할은 거의 올바르게 인식되지 못하고" 있지만, 수학적 진보에서 그들의 실질적 기여는 부정할 수 없다.[24] 이전 장에서 근대적 숫자의 채택은 이후 수학적 진보의 필수적인 전제였음을 지적한 바 있다. "힌두-아라비아 수 체계 지식을 유럽에 앞장서 전달한 이들 중 하나인 피보나치 역시 상인이었다는 사실은 결코 우연이 아니다."[25]

지중해 및 바르바리 해안(이집트를 제외한 북아프리카 지역 — 옮긴이) 근방의 무역 계약에서 이탈리아 상인들은 힌두-아라비아 수 체계 및 그 계산법을 접하게 되었다. 현재는 (북아프리카) 알제리에 위치한, 당시 피사의 무역 식민지였던 부기아(Bugia, 혹은 Bougie)에서 자란 레오나르도 피보나치(피사의 레오나르도라고 알려진)는 아랍 스승의 지도 하에 이 새로운 셈 체계를 공부했다. 그는 새로운 숫자 및 그 셈법이 당시 유럽에서 일반적으로 통용되고 있던 로마 숫자보다 훨씬 뛰어나다고 확신하게 되었다. 피보나치는 …… 새로운 지식의 전도사가 되어 1202년 저술한 『산반서(*Liber abaci*)』(혹은 계산판에 대한 책)에 자신이 받은 감명을 담아냈다. …… 이 책과 그 메시지는 …… 피사, 제노바, 베네치아의 상인 가문들에게 쉽게 받아들여졌고, 곧 힌두-아라비아 기호는 회계 장부에서 로마 숫자를 대체했으며 주판은 펜과 잉크를 사용한 계산에 자리를 내주었다.[26)]

표준적인 수학의 역사에서는 종종 르네상스 초기를 몇몇 천재들의 개별적인 기여를 제외하고는 정체된 시기였다는 식으로 묘사한다. 폴 로즈(Paul Rose)의 서술에 따르면 "지롤라모 카르다노(Girolamo Cardano), 코페르니쿠스, 갈릴레오와 같은 특별한 봉우리들이 갑자기 솟아 있는 특색 없는 거대한 평원"이라는 식이다.[27)] 다른 역사학자들은 "중요한 수학은 1250년 피보나치의 사망 후 16세기가 시작될 때까지 유럽에서 나타나지 않았다."라고 주장했다. 그러나 명민한 비판자들은 이렇게 묻는다. 여기서 "중요한"은 무엇을 의미하는가?

무엇을 위한, 그리고 **누구를 위한** 중요함인가? …… 수학에는 이론 이상의 것이 있으며, 표현 양식이 없는 이론 그 자체로는 무력한 채로 남는다. 새로운 이론이라는 측면에서는 극적이지 않았으나 14세기, 그리고 15세기 동안 일어난

수학적인 것은 미묘한 점에서 심원한 성취를 이루었다.[28)]

13세기 중반 피보나치가 사망할 때까지 "유럽 대학에서는 과학으로서의 산수를 가르쳤"지만, "이 가르침은 거의 이론적이었고 실용적인 응용 부분은 빠져 있었다." 이러한 이유로 실용 수학에 관심이 많은 학생은 "공부를 위해 대학으로 가는 대신 계산의 대가, 즉 상업 계산의 기예에 능숙한 사람을 찾았다." 유럽 상업의 폭발적인 성장으로 계산의 대가들 — 이탈리아에서는 이 대가들을 마에스트리 다바코(*maestri d'abbaco*), 프랑스에서는 마이스트레 달고리슴(*maistres d'algorisme*), 그리고 독일에서는 레켄마이스터(*Rechenmeister*)라 불렀다. — 및 이들의 주산 학교 또한 급격히 늘어났다.[29)]

피보나치의 『산반서』에 포함된 상업 예제는 "상인의 수학적 필요에 부합하는 양식(genre) 전체의 기반이 되었다." 이 양식의 활용은 "13세기에서 16세기까지 계속되었다."[30)] 15세기 인쇄술의 출현과 함께 각 지방마다 산수 교본이 확산되었는데 덕분에 확실히 "이 지식은 '평민들'에게까지 확산되었다."[31)] 유럽에서 최초로 인쇄된 수학책이라고 알려진 『트레비소 산수(*Treviso Arithmetic*)』는 유클리드(Euclid)의 『기하학원론(*Elements*)』 초판이 인쇄되기 4년 전인 1478년에 출간되었다. 이 사실은 "당시 수학의 분위기가 실제로 어떠했는지에 대해서 많은 것을 이야기한다." 이 책을 지은 익명의 저자는 마에스트로 다바코로, "많은 청중들에게 지식을 전달하기 위한 평등주의적 사명"의 반영으로 이 책을 베네치아 어로 집필했다. 다른 곳에서도 유사한 사례들이 이어졌다. "최초로 인쇄된 날짜가 기입되어 있는 산수 책은 독일에서는 1482년에, 프랑스와 스페인에서는 1512년에, 포르투갈에서는 1519년에, 그리고 영국에서는 1527년에 각각 출간되었다. 이 모든 산수 책들은 상업적인 인쇄물로 계산의 대가들이 집필한 경우가 많았다."[32] 이 책들에 포함된 지식은 대학으로부터 나오지 않았고, 오히려 그 반대였다.

> 16세기에 **대수학(algebra)이 학문적인 수학의 일부로 부상한 과정을 규명하려면 주산 학교의 기초 교본으로 거슬러 올라가야만 한다.** 게다가 기술 분야에서 수학의 사용은 거의 모든 유클리드 공리를 특징짓는 2차원적 용어가 아니라 3차원적으로 사고하도록 고무했는데, 이것은 바로 많은 실용적 문제 해결을 위해 요구되는 방식이었다. 이러한 습관은 결국 기하학의 학문 전통 내에 중요한 변화를 일으켰다.[33]

광산업의 성장은 실용 수학에 대한 수요 또한 늘렸다. "혼합법", 즉 합금의 과정은,

> 수학적으로 중요한 주제로서 15세기에 처음으로 야금술과 관련해 산수 책에 등장했다. …… 종과 대포 주물 및 주조 수요로 활기를 띠게 된 야금술이 과학으로 인식되기 시작함에 따라, 야금술의 정량적 기법 연구는 연금술사의 교범에서 계산의 대가들의 교범으로 이동했다.[34]

기구 제작자와 실용 수학

16세기에 "수학자-기술자"는, 전통의 직선적인 대지 측정 과정을 각도 측정 및 삼각법 원칙의 적용을 필요로 하는 삼각 측량(triangularization) 방식으로 대체함으로써 측량에 혁명을 일으켰다. 실용 수학의 중심지였던 루뱅에서 작업장을 설립한 겜마 프리시우스(Gemma Frisius)는 선도적인

혁신가 중 한 명이었다. "루뱅 작업장을 20년 넘게 담당한 사람은 기구 제작자이자 지도 제작자인 메르카토르였다. …… 겜마의 사촌이 그 자리를 계승하게 되는데, 바로 유명한 기구 제작자인 발터 아르세니우스(Walter Arsenius)가 그다."[35] 이들의 작업장은 실용 수학을 깊고 넓게 발전시켜 국제적인 명성을 얻게 되었다.

> 존 디(John Dee)가 불평하길 1540년대 영국에서는 적당한 전문가를 찾을 수가 없어서 대륙에서, 특히 겜마 프리시우스와 게르하르두스 메르카토르에게서 수학을 배워야만 했다고 한다. 16세기 말에 이르러 많은 수의 책이 라틴 어가 아니라 자국어인 영어로 출판되었다. 런던에 설립된 새로운 기구 제작소가 운영되면서 영국의 수리 과학이 번영할 수 있었던 것은 일정 부분 그의 열정적인 노력 덕분이었다.[36]

존 디가 발견한 것처럼, "영국은 과학 지식의 측면에서 대륙의 경쟁자들에게 한참이나 뒤처져 있었"으며, 특히 수학적 기예 부문에서 그러했다. "이유는 간단하다." 에바 저메인 리밍턴 테일러(Eva Germaine Rimington Taylor)는 이렇게 설명한다. "이탈리아, 프랑스, 그리고 독일인들은 모국어에 과학 용어가 있었지만, 영국 소년은 알파벳 ABC를 배우자마자 곧바로 라틴 문법으로 넘어가 그저 고전만을 읽었기 때문이다." 16세기 중반 "대학들은 대개 빈약한 중세 교과 과정을 넘어서는 어떤 수학에도 무관심하거나 적대적이었던 것으로 보이는데, 케임브리지 대학교에서 수학 강좌가 단 하나 개설되었을 정도였다." 그럼에도 "영국에서 토목, 군사, 혹은 항해를 위해 수학을 응용한다는 증거는 여전히 부족했다."[37]

그러나 "항해, 측량, 시간 측정, 지도 제작, 포술 및 축성술에 쓰이는 기법을 향상시키기 위해 필수적인 기하학과 천문학의 교육" 수요가 점차 높아짐에 따라 몇몇 기술자들은 그들 자신을 "교수"로 자리매김하게 되었다.

> 그들 중 몇몇은 대학 교육을 받았지만 대다수는 아니었다. 그들은 달력 제작자, 점성가, 은퇴한 선원, 측량사, 포수, 측정인 등으로, 사실 그들은 자신들의 기예를 후세에 그저 전해 줄 뿐인 수학적 실천가들이었다. 그러나 또한 그들은 기구 제작자들과 긴밀하게 협력했으며 …… 기구의 운용은 이 새로운 전문직의 상징이었다.[38]

어떤 "교수"들은 교과서를 집필했다. 레너드 디기스(Leonard Digges)는 "평민들을 위한 기하학 연습의 선구적인 저술가로 유명해졌다." 그 "스스로가 밝힌 목적은 장인 및 마스터 기술자들이 수학적 기예의 지식을 얻을 수 있도록 하는 것이었다." 1571년경 윌리엄 번(William Bourne)은 『대양을 향한 연대(聯隊)(*A Regiment for the Sea*)』라는 항해 교범을 출간했다. "학자의 영역에 침범한 까닭에 그가 받은 경멸어린 비판"에 대해 번은 자신이 "배운 것 하나 없는 사람이지만 식자가 아닌 단순하고 무식한 이들을 위해 책을 썼다."라고 답했다. 천문학자의 천문 관측의를 기술한 존 블래그레이브(John Blagrave)의 1585년 저서 『수학의 보석(*Mathematical Jewell*)』은 수학적 지식을 "모든 재능 있는 실행자에게" 널리 알림으로써 "보통의 수공예업자와 기술자들로부터 많은 미래의 발명들이 움터 나올 수 있도록 했다."[39]

천문 관측의는 "그 자체로는 결국 단지 회전하는 별자리표일 뿐으로 그다지 중요한 기구는 아니"었지만, 그로 인해 기구를 제작하는 "장인들이 수두룩하게 태어났다. 그것은 과학적 조판(彫版, engraving)처럼 매우 복잡한 기술들을 보존해 온 지속적인 전통을 위한 작업에서 중요한 훈련

1603년경의 천문 관측의(프랑스 탐험가 사무엘 드 샹플랑의 것으로 알려져 있음)

장이자 중요한 성과, 걸작품이었다."[40]

정밀한 금속 가공이 특징인 기술자들은 새로운 직종의 중요한 선조들이다. "기계 도구 제조공이 처음 등장한 것은 '머리카락 굵기로'라는 말의 뜻을 아는 조판공들로부터였다." 여기에 "대장장이와 자물쇠 제조공들로부터 나타난 시계 제조공"이 추가되었으며, "유리 연마공 및 안경 제조공들로부터 탄생한 광학 도구 제조공들이 마지막으로" 등장했다.[41]

조판공 토머스 램브리트(Thomas Lambritt), 일명 제미니(Gemini)가 1552년 제작한 천문 관측의는 "런던의 기구 제조공 작업장의 첫 번째 확고한 징표를 제공"했다.[42] 벨기에 출신 이민자인 제미니는 영국 출신 기구 제조공들의 제1세대를 양성했던 것으로 보인다. 아마도 제미니의 도제였던 험프리 콜(Humphrey Cole, 그 또한 조판공이다)은 "최초의 위대한 기구 제조공"으로 보통 인정받고 있다.[43]

존 오브리(John Aubrey)는 1690년의 저술에서, 에드먼드 군터(Edmund

Gunter)라는 "수학적 도구 제조공"이 17세기 초반에 영어로 쓴 책이 영국에서 "수학"이 계속 전파되는 데 중요한 역할을 했다고 지적했다. 오브리에 따르면 군터는,

> 최초로 수학적 도구를 완벽하게 개량한 인물이었다. 그의 『사분의, 톱니바퀴, 그리고 직각기에 대한 책(*Booke of the Quadrant, Sector and Crosse-staffe*)』 덕에 사람들은 이들 도구를 이해할 수 있는 기회를 얻었고, 젊은이들은 연구에 빠질 수 있게 되었다. 그 전에는 수리 과학이 그리스 어와 라틴 어로만 되어 있었고, 손대지 않은 상태로 몇몇 도서관에 안전하게 보관되어 있었다. 군터 씨가 그의 책을 출간한 이후 이 과학은 순식간에 성큼성큼 솟아올라 지금의 높이에 이르게 되었다.[44]

루뱅에서 런던에 이르기까지 기구 제조공들이 "자연의 수학화"[45]의 최전방에 서 있었다는 점은 명확하다. 수학화된 과학들은 측정에서의 정확도 및 치밀함에 크게 좌우되며, 측정은 또한 측정 수단의 수준에 좌우된다. 수학적 실천가들 — "초기의 과학 대중 운동" — 은 그들이 기여한 만큼 보상받지는 못했다. "기록에 따르면 그들 대부분이 매우 빈곤하게 살았으며 굶어 죽을 지경이었다."[46]

그들 스스로 기구를 제작했다는 갈릴레오와 뉴턴조차도 장인들에게 배우지 않았다면 그럴 수 없었을 것이다. 데이비드 랜디스에 따르면, "별과 바다를 측정하기 위한 정확한 시계"는 "가장 위대한 과학자들"과 "최고의 기술자들" 사이의 협력으로 탄생했다. "그리고 (그 작업의) 막바지에서 과학자들이 그들이 할 수 있는 일을 다했다고 생각했을 때 끝까지 그 작업을 마무리한 이들은 바로 기술자들이었다." 그리고 랜디스에 따르면 이들 장인은 "놀라운 이론적 지식 및 개념적 역량을 보유하고 있었다."[47]

전통적인 과학 혁명의 역사에서 핵심에 자리하고 있는 수리 과학은 바로 천문학으로, 종종 수학적 추상의 한 가지 체계(코페르니쿠스)가 다른 체계(프톨레마이오스)를 대체한 이야기를 통해 소개되고는 한다. 그러나 코페르니쿠스로 가는 길은 게오르그 포이르바흐(Georg Peurbach)와 요한 레기오몬타누스(Johann Regiomontanus)와 같은 르네상스 천문학자들이 닦아 놓았다.

> 수리 과학들의 실용적인 측면은 초기부터 르네상스 운동의 일부분을 형성했다. 포이르바흐와 레기오몬타누스는 기구의 설계에 참여했는데 …… 사실 레기오몬타누스는 제조공이었고, 기구의 제작을 위해 인쇄기가 있는 작업장을 설립했다. 그는 유럽에서 금속 가공 및 여타 기술이 가장 발전한 곳인 뉘렘베르크에 자연스레 매료되었으며, 자신이 1471년에 그곳에 정착하게 된 이유가 기구들을 쉽게 구할 수 있어서라고 말했다.[48]

천문 관측에서 성과를 축적해 온 "망원경 이전"의 전통은 바로 튀코 브라헤의 이름과 관련되어 있다. 역사학자들은 브라헤 작업의 "독창성은 거의 기적적"이라고 묘사하고는 하지만 이것은 "이전 시기의 실용적 천문학자들의 활동이라는 배경 속에서 보아야 한다. 특히 헤센의 영주 빌헬름 4세(Wilhelm IV)는 카셀에 장비를 잘 갖춘 관측소를 건립했는데 이것은 새로운 별 목록을 작성하기 위해서였다. 빌헬름 4세는 이곳에 기구 제조공이자 설계자인 유스트 뷔르기(Joost Bürgi)를 고용했다."[49] 튀코 브라헤의 기획과, 과학 민중사 사이의 관련성에 대해서는 뒤에서 더 자세히 살펴볼 것이다. 그 전에 "자연의 수학화"에 크게 기여한 또 다른 뛰어난 장인 집단을 살펴보자.

원근법의 발견

우리는 르네상스 화가, 조각가, 그리고 건축가들이 생계를 꾸려 나가기 위해 기술 활동을 하는 손노동자들보다는 "고급 문화"를 대변한다고 보통 생각한다. 그리고 그들의 활동에 대한 연구는 과학사학자보다는 미술사학자들의 영역이라고 간주된다. 이 두 가지 생각은 바뀔 필요가 있다. 우선 이 미술가들은 손노동자들로부터 출현했다는 점을 인식해야 한다. "15세기 동안 이탈리아의 화가, 조각가, 건축가들은 회칠장이나 석공, 벽돌공들로부터 천천히 분리되었다. 분업이 그다지 발전하지 않았을 때 한 미술가는 보통 여러 분야의 미술 분야에서, 그리고 때로는 엔지니어링 분야에서도 작업했다."[50]

이 당시 건축가들이 역학(mechanics)을 상당히 발전시키기는 했지만, 보통 숙련된 장인들보다 높은 사회적 지위를 인정받지는 못했다는 사실을 짚어 둘 필요가 있다.

> 오늘날 우리는 건축과 건축가들을 존경하지 않은 시기를 상상하기란 쉽지 않을 정도로 미켈란젤로, 안드레아 팔라디오(Andrea Palladio), 그리고 크리스토퍼 렌 경(Sir Christopher Wren)과 같은 건축가들의 훌륭함을 찬양한다. 그러나 중세의 가장 위대한 건축가들은 사실 익명의 존재들이나 다름없었다. …… 이러한 익명성의 한 가지 이유는 고대 및 중세 저술가들의 일부가 보인 손노동에 대한 편견 탓인데, 이들은 건축을 교육받은 이들에게는 어울리지 않는 직업으로 간주하고 인류의 성취에서 낮은 지위를 부여했다. 키케로(Cicero, 로마의 정치가, 철학자 — 옮긴이)는 건축은 농업, 재단, 금속 가공 등과 같은 수준의 손 기술이라고 주장했으며, 루키우스 세네카(Lucius Seneca)는 자신의 『도덕 서한(*Moral Letters*)』에서 건축을 기예의 네 범주 중 가장 낮은 범주인

> "평범하고 천한" 것으로 분류했다. 그러한 기예는 단순한 수작업일 뿐 아름다움이나 영예로움이 없다고 세네카는 주장했다.[51]

중세 후기 대학에서 확립된 교과 과정에서 "회화나 조각은 어디에도 없었다. 조형 미술은 완전히 노예와 같은 지위로 하락했다. 이 예술은 자유인의 활동이 아니라고 여겨졌다." 15세기 초반 "우리가 과학이라고 부르는 것은 여전히 그 고유의 특징이 없는 남몰래 하는 행위였고," 화가와 조각가는 "대학과 아무런 연계가 없고, 책을 접하기 어려운 이들의 집단으로, 중산 계급 시민(burgher)처럼 옷을 갖춰 입지도 않고 그들의 작업 시 사용하는 가죽 앞치마를 두르고 다니는 이들"이었다.[52]

오늘날 레오나르도 다빈치는 다양한 지식 영역에 통달하고 미술 및 과학 모두에서 전무후무한 수준의 성취를 이룬 최고의 르네상스인으로 칭송받고 있다. 그러나 얄궂게도 생전의 다빈치는 학식 높은 이로서의 명성을 인정받지 못했는데 왜냐하면 그가 고전적인 교육을 받지 못했고 라틴어를 읽고 쓸 줄 몰랐기 때문이었다. 한 뛰어난 과학사학자에 따르면 다빈치의 독창성은 "그에게는 학계에서의 금제가 없었고, 그가 이에 대해 무지한 덕분도 있었다."[53]

다빈치는 "나를 발명가라고 경멸"하고 "나는 학자가 아니라고 단언"한 "어떤 주제넘은 사람들"을 아래와 같이 호되게 비판했다.

> 진정 내가 그들처럼 학자들을 인용할 수 없다 해도, 경험에 비추어 읽는 것은 훨씬 더 중요하고 가치롭다. 왜냐하면 경험은 그들의 스승을 가르쳤기 때문이다. 그들은 그들 자신의 것이 아니라 다른 이들의 노동으로 꾸미고 과시하며, 거드름 피우고 활보한다.[54]

사회적 열등인이라고 낮춰진 장인들의 분개는, 다빈치 자신과 같은 화가들을 손노동자로 분류한 대학 학자들에 대한 그의 성난 항변에서 뚜렷이 드러난다.

> 당신들은 회화를 실용 기예들 사이에 두었다! 진정으로 화가들이 자신의 작업을 찬양하는 글을 쓸 정도의 소양을 당신들처럼 갖추었다면, 참으로 미천하다는 비난을 견뎌야 하지는 않을 것이다. 만약 당신이 그것을 손노동이기 때문에, 즉 상상력이 창조한 것을 손이 재현하는 작업이기 때문에 기계적이라고 한다면, 당신네 저술가들은 마음에서 비롯된 것을 수작업을 통해 펜으로 적어 내고 있는 것이다. 만약 당신이 그것이 돈을 위해 만들어졌기 때문에 기계적이라고 한다면, 누가 이러한 과실 — 만약 그것을 과실이라고 부를 수 있다면 — 을 당신네들 자신보다 더 많이 범한단 말인가? 만약 당신이 강의실에서 강연을 한다면 당신은 가장 보수를 후하게 쳐주는 이에게 가지 않는단 말인가?[55)]

화가, 조각가, 건축가의 장인적 지위는 1550년에 처음 출간되어 오랫동안 르네상스 예술사학자들에게 1차 사료의 역할을 해 온 조르지오 바사리(Georgio Vasari)의 『예술가들의 삶(*Lives of the Artists*)』이 명확하게 보여 주고 있다. 인물에 대한 개략적인 이야기들의 연속으로 이루어진 이 책에서 바사리는 도나텔로(Donatello)와 브루넬레스키를 "뛰어난 두 장인들"로 꼽고, 미켈란젤로를 "모든 장인들 중 가장 현명한 이"로 묘사했다.[56)] 일반적으로 예술가들은 고객들이 상품을 주문할 수 있는 장소인 작업장에서 작업을 수행했다. 그리고 예술가들은 그들의 장인 지식을 도제 제도를 통해서 다음 세대로 전수했다. 미켈란젤로의 아버지는 그를 "살아 있는 가장 훌륭한 대가 중 한 명인" 도메니코 기를란다요(Domenico

Ghirlandaio)의 도제로 3년간 지내게 했으며, 이후 바사리는 미켈란젤로의 도제가 되었다.[57)]

뛰어난 예술가 중에는 금 세공인의 도제로 경력을 시작한 사람들이 많은데, 그중에는 산드로 보티첼리(Sandro Botticelli), 로렌초 기베르티(Lorenzo Ghiberti), 필리포 브루넬레스키, 파올로 우첼로(Paolo Uccello), 안드레아 델 베로키오(Andrea del Verrocchio), 레오나르도 다빈치 등이 있다. 보티첼리는 그의 이 유명한 성을 아버지가 아니라 스승이었던 마스터 기술자의 성에서 따왔다. 보티첼리의 아버지인 마리아노 필리페피(Mariano Filipepi)는,

> 그를 보티첼리라는 매우 뛰어난 장인이자 가까운 동료에게 금 세공인으로 도제를 보냈다. 당시 금 세공인과 화가 사이는 매우 가까워서 — 거의 일상적으로 교제가 이루어졌다! — 산드로는 마침내 …… 회화에 입문하게 되었고 그것에 전념하기로 결정했다.[58)]

금 세공인은 때로 그들의 예술적 명성을 획득할 수 있었으나, 보통 작업 조건이 열악하여 좋은 가문의 계층들과는 거리가 있었다. 그들이 금이나 다른 금속을 녹이는 데 쓰던 용광로는

> 한여름이라 해도 며칠간 계속 불을 때야 했고 매연으로 공기가 더러웠으며 폭발이나 화재의 위험도 따랐다. 은에 어떤 것을 새기기 위해 황이나 납 같은 유독한 물질들을 썼으며 금속이 주조되는 진흙 거푸집을 만들기 위해 소똥과 태운 황소 뿔이 필요했다.

따라서 놀랍지 않게도,

> 피렌체에 위치한 금 세공인의 작업장 대부분은 가장 불결한 곳으로 악명 높은, 아르노 북쪽 언덕의 습하고 홍수가 잦은 산타크로체에 위치했다. 이 지역은 노동자들의 구역으로, 염색공, 양모 빗질공과 창녀들의 집이 있었고, 모두들 쓰러질 듯한 나무집들이 어지러이 널린 곳에서 살며 일했다.[59]

브루넬레스키의 아버지 역시 그의 아들이 "도안을 연구할 수 있도록 친구 한 명과 함께 금 세공인에게 보냈다. …… 이 기예를 배운 지 몇 해 되지 않아 그는 노련한 장인들보다 보석을 더 잘 다루게 되었다." 이후 브루넬레스키는 때때로 "돈이 부족할 때마다 금 세공인 친구들을 위해 보석을 연마하여 적자를 메웠다."[60]

다른 많은 동시대인들처럼 브루넬레스키는 "여러 가지 숙련직에 도전했다." 그중 하나는 실용 수학의 잘 발전된 부문 중 하나인 측량이었으며, 이것을 통해 원근에 대한 그의 사고가 발전할 수 있었다. "원근 화법은 결국 측량과 비슷한데, 왜냐하면 이 둘 모두 종이와 화폭에 3차원적 대상을 제도하기 위한 목적으로 그들의 상대적 위치를 결정해야 하기 때문이다."[61] 그가 했던 일 가운데 하나로 브루넬레스키는 "매우 근사하고 아름다운 시계를 직접 제작"하여 시계 제조공으로 15년간 생계를 꾸렸다.[62] 이후 걸출한 건축가 및 엔지니어로서 알려지며 힘 있는 후원자를 얻고 상류 사회 집단으로 이동할 수도 있었지만, 브루넬레스키는 본질적으로 "우수한 손노동자"로 남아 있었다.[63]

여타 인류의 도전 분야들에서 그러하듯 몇몇 유명한 화가, 조각가 그리고 건축가들의 삶은 잘 기록되어 있는 반면 수천에 달할 그들의 동료들은 알려지지 않은 채 남아 있다. 그러나 르네상스 미술가-기술자들은 집단적으로 작업하고는 했다. 그들의 작업 중 많은 부분은 어느 한 명이 아니라 한 "유파" 전체에 그 공을 돌려야 한다. 유명한 한 개인에게 그 명예가 돌아간 작품의 경우에도 종종 다른 많은 이들의 작업이 그것에 포함되어 있다. 미켈란젤로가 "천국의 문"이라고 명명했고 바사리가 "고금을 막론하고 창작품 중 가장 훌륭한 걸작"이라고 칭한 바 있는 피렌체 침례교회의 훌륭한 문들은 설계자인 로렌초 기베르티에게 언제나 그 칭찬이 돌아가지만, 그 상당 부분은 협력적인 작업이었다. 바사리에 따르면,

> 그것이 주조된 후 로렌초는 나중에 완숙한 미술가가 될 많은 젊은이들의 도움을 받아 끝손질 및 윤내기 작업을 했다. …… 문을 위한 **긴밀한 협력 작업**과 **팀으로서 서로 간의 협의**는 로렌초만큼이나 그들 자신에게도 도움이 되었다.[64]

특히 기베르티의 손자인 보나코르소(Bonaccorso)는 "매우 부지런히 소벽(小壁, 프리즈) 및 장식을 마무리 했는데, 나에게 이것은 우리가 볼 수 있는 청동으로 만든 물건 중 가장 드물고, 또한 가장 경이로운 작품이다."[65]

또 다른 예로, 라파엘이 바티칸에서 자신의 대작에 몰두하고 있을 때 교황 레오 10세(Leo X)는

> 라파엘에게 치장 벽토 장식과 그 위에 그릴 장면, 그리고 다양한 칸막이를 디자인해 달라고 요청했다. 라파엘은 지오반니 다 우디네(Giovanni da Udine)에게 치장 벽토와 그로테스크풍의 장식, 그리고 (비록 그가 거기에서 잠시 일했음에도) 인물상의 책임을 맡겼다. …… 또한 많은 화가들이 고용되어 의뢰받은 장면, 인물, 그리고 여타 세부 묘사를 담당해 주었다.[66]

뿐만 아니라 라파엘은 "그의 제자 지오반니 다 우디네 ― 동물화로는 최고의 화가 ― 에게 교황 레오가 소유한 모든 동물들을 그리도록 했다."[67]

바사리는 라파엘이 다른 미술가들의 디자인에서 계획적으로 착상을

빌려 온 행위를 비윤리적이라고 생각하지 않았음이 분명하다. 무심코 말하길, "라파엘의 위세는 대단해서, 자신을 위해 초벌 그림을 그려 줄 이들을 이탈리아 전역, 포추올로, 심지어는 그리스에서도 둘 수 있었다. 라파엘은 자신의 작업에 사용할 수 있는 좋은 디자인을 계속 탐색했다."[68]

첫 번째 사례의 기베르티나 두 번째의 라파엘 모두 그들이 도안하고 조직, 감독한 작업에 대해 분명 많은 부분 공을 인정받을 만하다. 그러나 그들은 단독으로 창작하지 않았다. 이것은 또한 수학적 원근법을 발명한 르네상스 미술가들의 경우에도 마찬가지다. 자연에 대한 지식의 탐구에서 그들이 전위에 설 수 있었던 까닭은 바로 자연을 사실적으로 묘사하기 위한 그들의 집단적인 결단 덕분이었다.

> **우리**가 과학이라는 표현으로 의미하는 바가 여전히 뚜렷한 모습을 갖추고 있지 못했을 때, 그리고 수학이 물리적 현실과 관련이 있다는 점을 공식적으로 부정하는 현학적인 학자들이 과학이라는 **이름**을 독점하고 있을 때, 이들은 수학에 기반한 과학의 고유한 원형을 착상했고 그 덕분에 실재에 대한 창의적인 지식을 획득할 수 있었다.[69]

르네상스 미술가들의 선배라고 할 수 있는 중세의 후기 고전 시대 미술가들은 사실성보다는 종교적 상징성에 더 관심이 많았기 때문에 그들의 작품에 3차원성을 도입할 필요를 크게 느끼지 못했다. 그러나 15세기에 이르러 미술가들은 물리적 공간의 3차원적 대상을 평면, 2차원적 표면으로 옮기기 위한 방법을 적극적으로 찾게 되었다. 그럼으로써 미술가들은 직선 원근법(linear perspective)의 수학을 발전시켰다. 다빈치는 뜻을 품은 젊은 화가와 제도공을 위한 논저에서 "직선 원근법"은 "시야의 선(lines of sight)이 갖는 기능과 관련되어 있으며, 이것은 두 번째 대상이 첫 번째 것보다 얼마나 작은지, 그리고 세 번째 대상이 두 번째보다 얼마나 작은지 측정하여 보일 수 있고 이 과정을 한계에 도달할 때까지 계속해 나가는 것"이라고 설명했다. 그리고 대상들의 모습은 "피라미드식 선들"로 눈까지 와 닿아야 하지만 이 시야의 선들은 "그림을 그리고 있는 (화폭의) 표면에 도달했을 때 일정한 경계에서 모두 교차한다."라고 덧붙였다.[70]

이론 지향적 수학자들은 미술가들의 혁신에 느리게 반응했다. 화가인 루도비코 치골리(Ludovico Cigoli)는 "그림을 이해하지 못하는 수학자는 훌륭하다 해도 …… 반쪽 수학자이며 시각을 잃은 사람"이라고 단언했다.[71] 학계의 수학자들은 16세기 중반이 되어서야 원근법에 관심을 기울이기 시작했고, 17세기 후반에서야 이것은 "수학자들에게 수학의 일부가 되었다."[72](이런 맥락에서 존 월리스의 논평을 상기해 보면, 17세기 들어 한참이 지나서까지도 "수학은 …… **학술적**인 연구라기보다는 **실용적**인 것으로 보였다.")[73]

유럽에서 수학적인 원근법의 발전은 광범위한 미술적 **운동**들 덕분이었지만 — "14세기 피렌체의 미술가들, 그리고 이보다는 적은 플랑드르 및 독일의 미술가들" — 명성과 부를 얻은 소수의 사람에게 그 발명의 공이 돌아가는 일이 잦다. 이탈리아인 중 필리포 브루넬레스키는 "최초로 원근법에 대한 체계적인 연구를 수행한 사람으로 일컬어지고," 레온 바티스타 알베르티(Leon Battista Alberti), 파올로 우첼로, 그리고 피에로 델라 프란체스카(Piero della Francesca)가 이 주제에 대해 쓴 논설은 널리 읽히고 있으며, 레오나르도 다빈치는 "이 관념을 극단으로 밀어붙였다."라고 인정받는다. 알브레히트 뒤러(Albrecht Dürer)는 수학적 원근법의 창안에 기여한 많은 북부 미술가들을 — 피렌체와는 무관하게 대부분 독자적으로 그러했다는 점에 유념할 필요가 있다. — 대표한다.[74] 수천 명에 이르는 익명의 화가, 조각가, 건축가들의 집합적인 기여에 직접 초점을 맞출 수 있다면 훨씬 공정할 것이지만, 우리가 의존하는 문서 기록은 잘 알려지지 않은 이들의 가장 잘 알려진 동료들이 남긴 것들이다.

레온 바티스타 알베르티와 피에로 델라 프란체스카의 저술들은 원근법의 기술적 기원을 웅변적으로 증명하고 있다. 알베르티는 그가 지식을 얻은 일반적인 접근 방법을 다음과 같이 밝혔다. "누구도 그가 지닌 기술에 포함된 특이하고 비밀스러운 지식을 따라오지 못하도록, 그는 모두로부터, 대장장이, 목수, 조선공, 심지어는 구두 만드는 이들에게도 물어서 배우고자 했다. 그리고 다른 이들이 탁월함을 드러내게 하기 위해 종종 스스로 무지한 척 가장했다."[75] 피에로의 경우, 그의 "화가로서의 작업은 기술자의 영역에 놓여 있다(그리고 그가 쓰는 수학의 양식은 장인과 관련되어 있다.)." 그의 논문「회화에서의 원근법에 대하여(De prospettiva pingendi)」는

> 도제들을 위한 교육용으로 의도되었다. 독자는 너(tu)라고 불렸으며 도형을 그리는 방법에 대한 자세한 가르침이 실려 있다. 전체적으로 이 (교육) 양식은 주산 학교에서 사용하던 자국어로 된 교본과 거의 동일했다. …… 유사한 방식이 미술가의 작업장에서 이루어지는 도제의 훈련에도 채택되었다. …… 화가들을 위한 원근법에 대한 이후의 모든 논저들은 얼마간 피에로가 만든 본보기를 충실히 따랐다.[76]

한편 이전에도 잠시 언급되었듯 브루넬레스키가 시계 제조공이었다는 점도 그가 원근법 이론에 기여한 바와 무관하지 않다. 원근법 이론은 그가 설계하고 만들어 낸 기구들로 실행한 실험들에 기반했다. 그는 "안경을 제외한 가장 초기의 광학 도구"를 발명했다고 인정받았는데, 이것은 카메라 옵스큐라(camera obscura, 그 자체가 카메라 역할을 하는 일종의 암실 공간 — 옮긴이)의 선조격인 원근 장치이다.[77] 차양에 나 있는 작은 구멍 하나

를 통해 들어오는 빛을 제외하고는 밀폐되어 완전히 암흑 공간인 카메라 옵스큐라는 극적인 광학 효과를 일으킨다. 만약 태양이 밖에서 환하게 빛나고 있다면, 위아래가 거꾸로 된 창밖의 풍경이 구멍 맞은편의 벽에 투사된다. 어느 한 명의 미술가가 이것을 발명하지는 않았지만, 다빈치와 알베르티는 카메라 옵스큐라의 잠재력을 개발한 일단의 선구자에 속한다.

카메라 옵스큐라는 이후 실험을 통해 더욱 개량되었다. 빛이 들어오는 차양의 구멍에 작은 볼록 유리 렌즈를 끼워서 투사된 상을 보다 또렷하게 볼 수 있게 한 것이다. 이탈리아에서 카메라 옵스큐라가 선보인 지 2세기도 지난 17세기에 요하네스 베르메르(Johannes Vermeer)는 그의 걸작을 제작하는 데 카메라 옵스큐라를 이용했다.[78)]

"과학적 기구라기보다는 기술자들의 도구로 1413년경 개발된 브루넬레스키의 원근 장치와 1430년경 개발된 알베르티의 카메라 옵스큐라는 빛과 시각의 본질에 대한 새로운 과학적 고찰을 이끌었다."[79)] 이 도구는 과학으로서의 광학에 "모든 면에서 망원경의 공적만큼이나 중요"한 영향을 주었다. 카메라 옵스큐라로 인한 광학 현상은,

> 자연 철학에서 빛의 본질에 대한 새로운 관념을 구축하는 데 크게 도움이 되었다. …… 시각의 수동적인 특성을 보여 줌으로써 초보적인 이론들과 플라톤에서 기원한 이론들, 즉 시각은 영혼이 뻗어 나가는 "능동적 기능"이라고 가정한 많은 이론들을 뒤엎은 것이다.[80)]

요컨대 르네상스 미술가들이 발명한 원근법은 곧 "빛과 공간에 대한 새로운 과학"[81)]이 되었다. 수학이 물리적 공간 자체에 유용하게 적용될 수 있다는 사실을 보여 줌으로써 수학적 용어로 물리 현상을 진술하는 데 중대한 진전이 이루어졌다. 전통적으로 이 운동의 위대한 선구자로

갈릴레오를 꼽지만, 그의 수학적 지식의 원천은 무엇이었던가?

> 그가 학생일 때 피사에는 수학 교육이 전무했다. 갈릴레오는 수학을 개인적으로 배웠는데 그의 개인 교사 오스틸로 리치(Ostilio Ricci)는 화가 바사리가 1562년 창립했으며 근대적 예술 학교이자 기술 학교였던 아카데미아 델 디세뇨(Accademia del disegno)의 건축가이자 선생이었다. 따라서 바로 미술가-엔지니어인 사람들이 갈릴레오의 첫 번째 수학 교육을 이끌었다.[82]

알렉상드르 쿠아레의 주장과는 달리 "자연의 수학화"가 "순수하고 더럽혀지지 않은 사고"[83]의 산물이 아니라는 점은 명확하다. "고전 물리" 과학은 상업과 기술자들의 실용 수학에 힘입은 바가 매우 크다.

쿠아레와 그의 후학들이 그간 건성으로 다뤄 온 비수학적인 "베이컨식" 과학에서는 과학적 혁신의 수학적 측면보다는 경험적인 면이 두드러진다. 자연을 정확하게 묘사하려는 르네상스 미술가들의 성향 덕분에 수학적 지식뿐만 아니라 의학과 식물학 지식의 성장도 아울러 촉진되었다. "시연(試演)보다는 탐색을 목적으로" 인간의 시체를 해부하여 해부학을 발전시킨 이들은 "의사들이 아니라 바로 폴라이우올로(Pollaiuolo)를 필두로 한 화가들이었다."[84] 미켈란젤로는 "완벽을 기할 목적으로 인체의 구성, 뼈, 근육, 신경, 혈관의 연결, 그리고 인체의 다양한 운동 및 자세의 원칙들을 발견하기 위해 시체를 해부하여 끝없이 해부학 연구를 진행"[85]하며 이전 세대 미술가들이 구축한 전통을 따랐다.

1543년 출간된 안드레아스 베살리우스(Andreas Vesalius)의 해부학 걸작 『인체의 구조(*De humani corporis fabrica*)』는 종종 과학 혁명의 상징적 사건으로 언급되고는 한다. 이 책이 준 충격은 베살리우스가 라틴 어로 쓴 본문 내용보다는, 티티안(Titian)의 작업실과 아마도 관계가 있었을 한

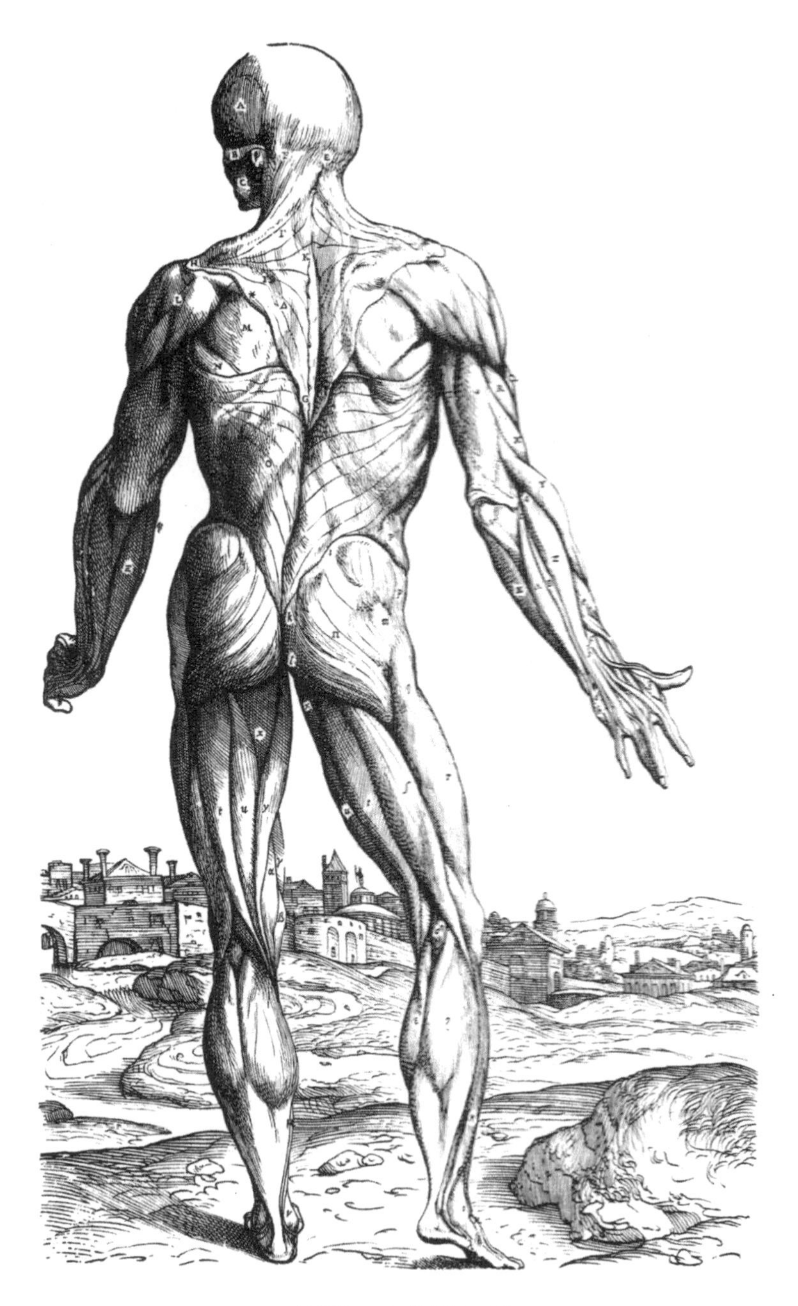

베살리우스의 해부학적 삽화

명 혹은 그 이상의 익명의 삽화가들[86]이 그려 낸 인상적인 해부학적 삽화들 덕이 크다. 이 책에 포함된 420개의 삽화에 대해 역사학자 비비언 너튼(Vivian Nutton)은 "그것들은 너무나 『인체의 구조』의 정수로 보여서 그 주위에 있는 본문에 대한 주의를 흩뜨렸고, 따라서 이 책이 미지의 문서로 남는 데 한몫했다."라고 보았다. 4세기가 넘는 기간 동안 이 삽화들은 인쇄되어 남아 있었으나 베살리우스의 본문은 "결국 근대 서구 사회의 언어로 완전히 번역되지 않았다." 그러나 베살리우스가 공로를 언급하지 않았으므로 이 삽화를 그린 미술가들은 익명인 채로 남아 있다.

> 베살리우스는 그가 목판을 꾸릴 수 있게 도운 봄베르크 상가의 베네치아 지점 관리인인 니콜라스 스토피누스(Nicolaus Stopius)의 이름과, 목판을 가지고 알프스를 넘은 밀라노 상인의 이름인 다노니(Danoni)를 밝히지만 삽화 제작에 참여한 미술가나 목판 제조공에 대해서는 침묵하고 있다.

너튼의 결론은, "그가 누구건 간에," 이 익명의 미술가는 "3차원적 현실을 대신하는 2차원 이미지를 인쇄 종이 위에 만드는 작업에 포함된 대부분의 기술적 문제들을 거의 일거에 해결해 버린 걸작을 제작했다."[87] 그러나 해부학적 삽화들은 그것을 동판으로 옮길 수 있을 정도로 매우 숙련된 조판공 없이는 인쇄가 불가능했다. 그러한 기술자 중 한 명이 바로 벨기에인 조판공 토머스 제미니였는데, 영국의 기구 제작 역사에서 그가 해낸 역할은 이 장의 앞부분('기구 제작자와 실용 수학')에서 이미 설명한 바 있다.[88]

식물학의 경우, 조지 사턴은 미술가들이 주의 깊은 관찰을 통해 정교하고 세밀한 사실적인 식물화를 그려 내기 시작했을 때가 "과학사에서 가장 흥분을 자아내는 장면 중 하나"라고 보았다. "몇몇 자연주의자들이 자연을 직접 본 딴 삽화의 필요성을 깨닫게 되면서 이것을 배워 잘 해내기 위한 삽화가와 목판 제조공들의 집단이 성장하게 되었다. 예술과 과학이 함께한 결과는 훌륭했다." 1530년의 『식물의 생생한 모습(*Herbarum vivae eicones*)』은 "자연을 본 따 제작된 삽화가 포함된 최초의 초본서"로, 자연주의자 오토 브룬펠스(Otto Brunfels)와 삽화가이자 목판 제조공인 한스 바이디츠(Hans Weiditz)의 협동 작업의 결과물이었다.[89] 바이디츠는 알브레히트 뒤러의 제자로 그의 "약초에 대한 세밀한 관찰 기록과 실감나는 목판 제작은 고전의 권위에 기댄 학자 오토 브룬펠스의 본문에 비해 자연에 대한 완전히 새로운 태도를 잘 보여 준다."[90]

레온하르트 푹스(Leonhard Fuchs)의 1542년 저작인 『식물의 역사에 관하여(*De Historia stirpium*)』 또한 고전의 내용에 기반하고 있으나 400여 종의 야생 식물, 그리고 100여 종의 재배 식물의 생생한 삽화를 포함하고 있다. 이 책의 경우 삽화가 하인리히 휠마우어(Heinrich Füllmauer)와 알베르트 마이어(Albert Meyer), 목판 제조공 바이트 루돌프 슈페클(Veit Rudolf Speckle)은 그 공로를 인정받을 수 있었다.

일반적으로 초기 약초 책은 라틴 어로 기술되어 있어서 "배운 의사들을 제외한 모두에게 접근이 어려웠으나" 삽화 덕분에 더 많은 독자들이 책을 활용할 수 있었다. "학자들만이 식물에 대한 사랑과 약초 및 뿌리에 대한 관심을 보인 것은 아니었다. 심지어 여성들도 약초들을 더 잘 알고 들판에서 이들을 골라낼 수 있기를 원했을 것이다."[91]

"심지어 여성들도"라고? 사실 여성들은 식물학의 초창기에 중추적인 역할을 담당했다. 그러나 패멀라 스미스가 지적한 바처럼 "거의 모든 초기 근대적 식물학자들이 그의 표본 및 지방 각지의 식물에 대한 지식의 원천이라고 언급하고 있는 …… '나이 든 여성'과 '약초상'의 이야기는 아직 씌어지지 않았다."[92] 17세기 의사인 토머스 시든햄(Thomas Sydenham)은

PICTORES OPERIS,

Heinricus Füllmaurer. Albertus Meyer.

SCVLPTOR

Vitus Rodolph. Speckle.

레온하르트 푹스의 『식물의 역사에 관하여』에 실린 삽화가 하인리히 휠마우어, 알베르트 마이어, 목판 제조공 루돌프 슈페클의 초상화

"영국의 히포크라테스"라고 불리는데, 그는 학술적 식물학에 대해 이렇게 말했다. "말도 안 돼요! 저는 코번트 가든에 사는 한 할머니를 아는데 그녀가 식물학을 더 잘 이해하고 있습니다."(또한 "해부학이라면, 푸줏간 주인이 관절을 완전히 그리고 훌륭하게 해부할 줄 압니다."라고 덧붙이고 있다.)[93]

비록 해부학과 식물학 모두 경험 과학이지만 그 방법론은 기본적으로 관찰이어서, "자연이라는 책"을 그것이 우리 감각에 직접 나타나는 바 그대로 고찰하는 식이다. 반면 실험은 수동적이라기보다는 능동적이므로 더 높은 수준의 경험적 실천을 의미한다. 일상적인 환경에서는 드러나지 않는 자연 현상을 관찰하기 위해 인공적인 환경을 창조하는 것이 실험의 수행에 포함되어 있다. 근대 과학의 기원을 이해하기 위해서는 이 실험하는 습관이 어디에서 비롯되었는지 알아야 한다.

"실험 철학"의 기원

역사학자 코헨 램푼드(Cohen Lampooned)는 다음과 같은 이야기를 "과학 혁명에 대한 순진한 묘사"라고 불렀다.

> 갈릴레오 이전에, 어떤 이가 자연을 이해하기를 원할 경우 최선의 방책은 이 문제에 대한 단 하나의 권위, 즉 아리스토텔레스를 따르는 것이었다. 그리고 갈릴레오가 와서 우리에게 어떻게 우리 스스로 사고할 수 있는지 가르쳤고, 이에 따라 초기 근대 과학이 시작되었으며 그 이상의 진전을 향한 길도 명확해졌다.[94]

이것은 모든 점에서 의도적인 풍자이긴 하지만, 르네상스 이전에 유럽

학계에서는 아리스토텔레스의 연구를 통해 자연에 대한 지식을 얻는 것이 최선이라는 믿음이 지배적이었다. 또한 갈릴레오의 시대에 몇몇 엘리트 지식인 집단이 실험이라는 수단을 통한 지식 추구의 새로운 방식에 우호적이 되었다는 주장 또한 정당하다. 갈릴레오가 이 중대한 변화의 선도적인 전도자이기는 했으나 그로 인해 이 변화가 야기되지는 않았음은 분명하다.

"순진한 묘사"에서 비롯된, 널리 알려진 교훈적 이야기에 따르면 피사의 사탑 꼭대기에서 갈릴레오는 무게가 다른 물체 두 개를 떨어뜨렸다. 이야기를 따라가 보면, 갈릴레오의 학문적 반대파들은 무거운 물체가 더 빨리 떨어져야 한다고 주장했는데 그것은 아리스토텔레스가 그렇다고 했기 때문이었다. 무거운 공이 실제로 먼저 땅에 닿는지 보기 위해 갈릴레오는 아마도 탑 꼭대기에서 두 공을 동시에 떨어뜨려 보자고 제안했을 것이다. 철학 교수들은 이 제안이 시간 낭비라며 일축했다. 그러나 갈릴레오는 강행했고, 아리스토텔레스가 틀렸음을 증명했다. 두 공은 동시에 지면에 닿았고 이것은 두 물체가 같은 속도로 떨어졌다는 점을 의미했다.

"아마도 모든 주요한 내용이 거짓일" 이 출처가 의심스러운 이야기는 근대 과학의 창건 신화 중 하나이다.[95] 이 이야기는 17세기 과학에서 실험주의의 등장을 보여 주는 역할을 하지만, 또한 실험주의가 "일련의 유럽 사상가들에 의해 창안되었다."라는 잘못된 견해를 옹호하고 있다. 갈릴레오를 비롯하여 과학에서 경험주의적 실천을 시작했다고 관례적으로 인정받는 이들로 프랜시스 베이컨(아리스토텔레스식의 연역적 논리에 반대되는 귀납적 논리의 옹호), 그리고 윌리엄 길버트(실험적 물리학에 대한 최초의 학술 서적인 『자석에 관하여(*De Magnete*)』를 1600년에 출간, 자석에 대한 실험을 라틴 어로 상세히 기술함)가 있다.

과학 혁명에 대한 대부분의 논의들이 "위대한 사상가들" 이야기들을 계속해 퍼뜨리고 있기는 하지만 여기에 대한 도전이 없지는 않았다. 지금으로부터 반세기도 더 전에 역사학자 에드거 질셀은 대안적인 견해를 제출했다. "실험적 방법은 자연 철학자들의 형이상학적 관념의 뒤를 잇지도 않았고, 그럴 수도 없었다. 다른 곳에서, 그리고 다른 사회적 계급에서 실험적 방법의 직접적인 선구자들을 찾아야 한다."[96] 질셀은 실험주의가 몇몇 학자들의 주목을 끌어 자신들의 목적에 맞게 차용하기 오래전에 이미 발전하고 있었다고 설명했다. 갈릴레오, 베이컨, 그리고 길버트의 저술들은 그들이 광부, 선원, 대장장이, 주물공, 기계공, 렌즈 연마공, 유리 부는 직공, 시계 제조공, 조선공 등, 당대의 손노동자들로부터 영감을 얻었다는 사실을 뚜렷하게 밝히고 있다.

이 모든 기술 분야에서 선구적인 실천가들은 오랜 경험을 통해 숙련의 깊이를 더했으며, 많은 경우 생산 활동의 지침을 마련하기 위해 반복적인 측정에 기반하여 수치 규칙(numerical rules)을 마련했다. "초기 자본주의 장인들의 정량적인 규칙은(그들은 그렇게 부르지는 않았지만), 근대적 물리 법칙의 전조였다."라고 질셀은 지적했다.[97] 윌리엄 길버트의 업적은 실험적 방법을 창안했다는 데 있다기보다는, 그가 "우수한 장인들의 실험적 방법을 받아들이는 데 도전한, 최초의 학술적으로 훈련받은 학자로서, 그 결과를 책을 통해 …… 학식 있는 대중들에게 알렸다는 점"에 있다.[98]

학자 대 기술자?

질셀의 도전은 예기되었던 바대로 거센 반대에 직면했다. "과학자 및 과학사학자들 중 많은 이들이, 무례한 짓을 당한 처녀가 떨면서 입을 다물듯 사회가 기술을 통해 과학의 모습을 규정했다는 개념에 대해 뒷걸

음질쳤다." 그리고 "순수주의자들의 반(反)혁명"이 알렉상드르 쿠아레의 깃발 아래 모여들었다.[99] 그 결과는 "너무나 크게 유행해서 과학사학자들, 특히 미국에 있는 과학사학자들 사이에서 …… 정통으로 굳어졌다."

쿠아레식 유행은 일시적인 변덕이 아니었다. 1950년대 후반 "과학사의 주요 문제들"을 토론하기 위해 개최된 한 학회의 첫 번째 의제는 바로 "학자 대 기술자"였다.[100] 비록 근대 과학의 성립에서 학자들과 장인들의 상대적인 비중이 논쟁적인 문제로 간주되기는 했으나, 위의 학회에서 이 문제는 일방적인 관점에서만 다루어졌다. 루퍼트 홀은 자신의 평가를 아래와 같이 요약했다.

> 과학 혁명에서 학자와 기술자의 역할은 상보적이었다. …… (학자는) 이 이야기에서 가장 중요한 자리를 차지한다. …… 학자의 역할은 능동적으로 과학을 변형하는 것이었으며, 기술자는 수동적으로 이 전환에 영향을 미칠 몇몇 원료들을 제공했다.[101]

홀의 의견은 인간의 생식에 대한 아리스토텔레스의 시각과도 공명한다. 아리스토텔레스는 이때 여성의 역할은 수동적이어서 단순히 "원료를 제공"할 뿐이며, 이 원료를 살아 있는 유기체로 "전환"하는 능동적이고 진정 창조적인 기여는 바로 남성 쪽에서 나온다고 보았다. 아리스토텔레스의 견해가 남성 편향적인 것처럼, 그 자신이 학자인 탓에 홀은 학술적 선조들 쪽으로 치우치는 경향을 보였다. 관조적인 인물들을 능동적으로, 그리고 생산적인 노동자들을 수동적으로 묘사한다면 대부분의 사람들은 역설적이라 여기겠지만, "과학 혁명의 기원은 마음속에 있다."[102]라고 믿는 전문적인 지식인들에게는 그렇지 않은 듯하다.

크롬비는 홀의 논문에 전적으로 동의하며 이렇게 논평했다.

> 내가 보기엔 올바르게도, 홀 박사는 과학 혁명의 고도로 지적이며 이론적인 특성을 강력하게 역설했다. 놀랍지 않게도 홀 박사는 "학자들", 즉 그 수준에서 사고가 가능한 유일한 이들이자, 기술자들의 문제들과 임시변통적 기법들을 자신의 고도로 복잡한 과학적 사고 체계로 끌어들인 이들을 혁명의 기획자로 꼽았다.[103)]

크롬비가 달았던 유일한 단서는 바로 시기에 대한 내용이었다. 그는 13~14세기의 어떤 학자들은 16~17세기의 잘 알려진 학자들만큼이나 그 과정에서 중요하다고 믿었다.[104)] 또 다른 참가자인 프랜시스 존슨(Francis Johnson)은 홀의 발표 내용이 학자들 편을 **충분히** 들고 있지 않다고 느꼈다. 존슨은 홀이 "'학자'와 그를 대표하는 기관, 즉 대학에 대해 종종 덜 공평했다."라고 지적했다.[105)] 반면 장인들의 우선권을 편드는 주장은 전혀 제기되지 않았다.

친(親)학자적인 모든 주장들에 전혀 반론이 없었다니, 아마도 외부인들은 그렇다면 어떻게 이 문제가 애초에 논쟁거리가 될 수 있었는지 의아할 것이다. 이 토론의 말미에 크롬비는 드디어 과학 혁명에서 장인이 수행한 본질적으로 중요한 역할에 주목한 역사학자의 이름, 에드거 질셀을 언급했다.[106)] 질셀의 주장은 전통주의자들이 무시하기에는 너무나 강력했지만, 그가 1944년 갑자기 사망한 탓에 그들이 질셀을 실제로 대면할 필요는 없게 되었다. 이 (1957년의) '주요 문제들' 학회에서 질셀 측의 의견을 들을 수는 없었다.

질셀의 사후 그가 남긴 과학 혁명에 대한 선구적인 분석을 계속 이어 진전시킬 역사학자는 곧바로 나타나지 않았다. 질셀은 정치적 급진주의의 시대인 1930년대에 전통적인 과학사에 도전했는데, 이때는 급진적으로 새로운 생각들이 미국의 대학교에서 발언 기회를 얻을 수 있었던 시기였다. 그러나 질셀이 사망한 직후 시작된 냉전으로 인해 마르크스주의와 관련된 어떤 생각도 허용하지 않는 정치적 분위기가 학계에도 나타났다. 나치의 박해를 피해 망명한 질셀은 스스로 마르크스주의 역사학자라고 밝혔으며, 노동 대중이 과학에 기여했음에 대한 강조는 그러한 유래를 가지고 있다.

조지프 매카시(Joseph McCarthy)의 마녀사냥이 끝나고 나서야 비로소 질셀의 의견에 대한 동조의 목소리를 다시 들을 수 있게 되었다.[107] '주요 문제들' 학회는 완전히 "학자들"의 편에 기울어 있었지만 질셀의 결론을 반박하기 위해 기울인 이들의 노력은 그의 도전이 지닌 위력에 대한 간접적인 찬사였다. 이 심포지엄은 "과학 혁명의 주요 요소로 기술자들과 기술의 사회적 중요성을 강조하는 방향으로 사회적 환경의 변화를 일으킨 해석"에 맞서기 위해 기획되었다.[108] 그러나 로이 포터는 "그들(보수적인 역사학자들)은 과학의 지성사를 '위대한 정신들'이 발견한 객관적이고 합리적인 진리라고 보는 경향이 있다."라며, 이 심포지엄이 "이 과학의 지성사가 '외부적 영향'으로 형성되었다는 마르크스주의와 사회학의 주장에 맞서 그것을 전투적으로 부정"하는 행사였다고 묘사했다.[109]

보수적인 역사학자들은 과학 혁명을 쿠아레식으로 "일차적으로 이론에서의 혁명"이라고 보고 학자들을 과학 혁명의 선봉에 세웠다. 홀은 "학술적 과학, 즉 천문학, 물리학, 해부학에서의 혁신과 비판"으로 그 범위를 한정했다.[110] **학술적** 과학만을 고려한다면, 장인들의 공헌을 최소화할 수 있었다. 그러나 토론의 와중에 홀과 크롬비 모두 기술자들의 과학적 기여에 대해 중요한 양보를 할 수밖에 없었다.

홀의 경우 **비학술적인** 과학의 존재를 인정했다. 바로 화학, 야금술, 식물학, 동물학, 그리고 (이론 물리학과는 반대인) 실험 물리학 등의 사례에서 보듯 "학술적 연구에서는 정규적인 위치를 차지하지 못한" "베이컨식" 과

학들이다. 화학의 경우,

> 기술자-경험주의(craft-empiricism)의 영향력이 강했다. 1550년경 기술자들이 알고 있었던 화학적 현상의 범위가 학자들의 지식보다 훨씬 넓었다는 점을 부정하기란 어렵다. …… 기술자들은 정밀한 과학으로서의 화학의 성장에 핵심적으로 필요한 요소인 정량적, 정성적인 기법 양쪽 모두를 발전시켰다.[111)]

일반적으로 보아, "중세 시대 유럽의 기술적 진보는 기술의 전달(transmission) 덕분"이었는데, 이것은 "학문보다는 장인적 숙련의 수준에서 발생했다."라고 홀은 주장한다. 만약 이 시대의 자연 철학자가 "스스로의 의식이나 제한된 학문적 지평보다는" 장인들의 작업 공정에 보다 주의를 기울였다면, "그는 세계가 어떠한지에 대해 더 많이 배울 수 있었을 것이다. 르네상스 시대가 다가올수록, 풍성한 기술적 경험의 증가 덕분에 연구 문제가 넘쳐 나는 한편 사실과 기법에 대한 풍부한 지식도 아울러 나타났다."[112)]

대부분이 궁극적으로는 중국에서 유래된 많은 주요 기술적 진보로 "사람을 태우는 말과 견인용 말 모두에서 마구를 채우는 방법의 개선, 물방아, 풍차, 기계식 톱, 유리를 끼운 창문, 안경, 바퀴를 단 쟁기, 정확한 방향타, 갑문, 괘종시계, 그리고 마지막으로 인쇄술" 등이 있다.[113)] 이러한 신기술들은 과학 혁명을 특징짓는 "기계적 철학(mechanical philosophy)"을 위한 필수 불가결한 자극제였다.[114)] 예컨대,

> 제분을 위한 풍차와 물방아를 만들 필요가 있었고 이들의 관리 또한 필요했는데 이 작업은 대부분의 마을 대장장이의 능력을 벗어나 있었다. 따라서 전국을 돌아다니며 제분기를 만들고 수리할 제분기 제작자라는 직업이 성장했

다. 이들은 근대적 의미로 최초의 기계공이었다. …… 그들은 르네상스, 산업 혁명에 앞선 창조적 역량의 보고였으며, 홀로 새로운 철학의 관념들에 실천을 접목시킬 수 있었던 기술자들을 끌어들였다.[115]

14세기부터 전문적 휴대용 및 비휴대용 시계 제조공들은 "산업에서 제분기 제조공들의 존재와 비슷하게 과학을 위한, 창조력과 (장인적) 기량의 풍부한 원천이 되었다." 이와 유사하게, "나침반 및 여타 항해 도구들이 필요해짐에 따라 방위 지시반 및 (나침반 등의) 지침면 제조공들의 새로운 숙련 산업이 나타났으며 이 제조공들은 과학, 특히 정밀한 측정을 위한 더욱 고도의 표준 마련에 지대한 영향을 미쳤다."[116]

과학적 방법론의 경우, 홀은 "과학적 연구 방법으로서의 관찰 및 실험의 초기 활용은 단순한 작업장의 관습에 크게 의존했다."라고 인정했다. 그럼에도 홀은 "장인보다는 학자들이 이러한 차용의 주도권을 쥐고 있었던 것처럼 보인다."[117]라는 근거로 실험적 방법의 고안을 학자들의 공으로 돌리고 있다. 빌렸는지 훔쳤는지 그 시기에 대한 논의는 남겨 두고, 어떤 경우이건 그것은 분명 장인들로부터 비롯되었다. 이 사실은 15세기 이후 출간된 장인 저술가들의 저작들이 충분히 증명하고 있다.[118] 그리고 학자들이 원하고 또 필요로 하는 지식을 장인들이 보유하고 있었기 때문에 학자들이 주도적으로 장인들의 작업장으로 갈 수밖에 없었다는 점 또한 분명하다.

질셀 명제

에드거 질셀은 과학 민중사에 개인으로서는 가장 크게 이바지했다. 근대 과학의 탄생에서 장인들의 역할을 빼놓을 수 없다는 점을 최초로 지적한 이론, 즉 "질셀 명제(Zilsel thesis)"를 공식화한 이가 바로 그다. 질셀이 쓴 논문들을 한데 모으고 그의 전기를 쓴 학자들에 따르면, "질셀 연구의 선구적인 작업은," "그가 살았던 때보다 오늘날에 더욱 쉽게 그 진가를 인정받을 수 있다. 과학사학자, 과학 사회학자, 그리고 과학 철학자들은 실험, 개입, 기구 사용, 혹은 한마디로 실천이 과학 지식의 형성에 미치는 영향을 광범위하게 보여 주었다."[119] 불운하게도 질셀은 이 주제에 대한 저술을 끝마치지 못하고 사망했다. 자신이 착수할 작업의 개요 및 몇 편의 짧은 논문만을 남겼을 뿐이다.

질셀 명제는 학자들을 깎아내림으로써 기술자들을 드높이지 않는다. 이 명제는 "학자 **대** 기술자"의 대립을 유발하지 않는다. 질셀은 이 둘의 역할이 상보적이라는 점에서는 홀에게 동감했을 테지만, 장인들이 그저 수동적인 참여자였을 뿐이라는 의견에는 그렇지 않았을 것이다. 질셀 명제에 따르면 근대 과학은 근대 초 유럽에서 장인과 엘리트 지식인의 상호작용을 통해 탄생했다. 두 요소 모두 그 과정에서 필수적이었다. 이 책에서는 학자들의 역할에 상대적으로 덜 주목하는데 왜냐하면 전통적인 과학사에서 이미 도를 넘는 수준으로 학자들의 역할을 다루기 때문이다. 과학 민중사의 목적은 보통 저평가되고 있는 장인들에게 초점을 맞추는 일이다. 변화를 위해서 말이다.

기술자들은 "원재료", 즉 과학 지식을 쌓아 나가기 위한 기본적인 건축자재를 구성하는 실제 정보를 제공했지만, 질셀은 그것이 전부가 아니었다고 주장했다. "장인, 선원, 조선 기술자, 목수, 주물공, 광부들은" 또한 "경험적 관찰, 실험, 인과적 연구의 진정한 개척자들"이었다. 다른 한편 체계적이고 논리적이며 수학적인 사고는 "상류층의 배운 자들, 대학의 학자들, 그리고 인문주의자들의 몫이었다." 그러나 "결국 이와 같은 과학적 방법의 두 요소를 나누고 있던 사회적 장벽은 무너졌고 학술적으로 훈련된 학자들은 탁월한 장인들이 발전시킨 방법을 받아들였다." 이때가 바로 "진정한 과학이 탄생"한 순간이다.[120)]

최근에는 패멀라 스미스가 질셀 명제를 매우 설득력 있게 방어하는 동시에 정교화했다. 스미스의 연구는 과학 혁명을 "아래로부터의 지적 혁명"으로 보고, 여기서 장인들이 "새로운 인식론, 자연에 기반한 새로운 지식(scientia, '과학[science]'의 라틴 어 어원 — 옮긴이)의 기초를 마련했다."라고 보는 시각을 뒷받침한다. "장인적 인식론"의 핵심 전제는 바로 "특정한 대상을 직접 관찰함으로써 자연에 대한 지식을 얻을 수 있으며, 자연은 글이나 정신보다는 손과 감각을 통해서 알 수 있다."라는 점이다.[121)] 자연에 대한 새로운 앎의 방식을 가장 잘 보여 준 이는 바로 파라셀수스다. 그의 글과 생애에 대해서는 이후 본격적으로 다루도록 하겠다.

한편 교육받은 엘리트인 근대 초기 학자들 중에서는 장인들의 지식을 찾아 구하려 했던 이들이 소수에 불과했다는 점을 기억해야 한다. 훨씬 많은 수가 프랜시스 베이컨과 몇몇 학자들이 노력한 "학문의 개혁"에 맹렬하게 저항했다. 홀이 인정한 바처럼 "소수의 개혁가들은 외부의 사려 깊은 이들이 널리 각 과학 분야에서 일어난 혁명의 승리에 박수갈채를 보낼 때까지 이 사실을 인정하거나 실행하는 것을 방해한"[122)] 대학의 보수주의에 좌절감을 느껴야 했다.

요컨대 근대 과학의 특징인 실험적 방법은 대학에 속한 소수 엘리트 학자들의 마음속에서가 아니라 수천에 달할 익명의 기술자들의 일상적 실천 속에서, 즉 그들이 기술을 완벽히 하려는 탐구 속에서 끊임없이 거쳐야 했던, 재료와 도구를 동원한 시행착오의 과정 속에서 탄생했다. 베이컨주의 철학자인 조지프 글랜빌(Joseph Glanvil)이 1668년에 선언한 바처럼, "실험 철학"은 "글자도 모르는 수공업자들이 발견한 이러한 것들"

위에서 건설되었다.[123)]

거리와 작업장에서 지혜 구하기

진정한 지식, 즉 자연의 "정언"은 장인들의 작업장에서 찾을 수 있다는 점을 깨달은 최초의 인물은 베이컨이라는 견해가 일반적이다. 하지만 그는 이러한 생각을 하게 된 근대 초기 철학자 여럿 중 하나일 뿐이었다. 1450년경 독일 철학자인 쿠사의 니콜라스(Nicolas of Cusa)는 그의 책에서 강연을 통한 학습 대신 "거리, 시장과 같이 일상적으로 무게를 달고 측정하는 일이 벌어지는 곳에서 지혜를 구할 수 있다."라고 제안했다.[124)] 1531년 후안 루이스 비베스(Juan Luis Vives)는 "상점이나 공장에 들어가 기술자들에게 질문을 던져 그들의 작업의 상세한 점들을 알게 되는 것을 부끄러워해서는 안 된다."라고 동료들에게 말했다.[125)] 마르틴 루터(Martin Luther)는 "도공들이 자연에 대해 더 많은 지식을 가지고 있다."라고 볼 정도로 아리스토텔레스의 저작이 지닌 가치를 대체로 박하게 평가했다.[126)] 베이컨이 이러한 전통의 정점을 대표하기는 하지만 그 자신이 과학 지식을 얻는 새로운 접근 방식을 최초로 소개하지는 않았다. 수 세기 전에 출현한 사회적 현상을 서술했으며 그것이 체계적으로 활용될 수 있도록 지지했을 뿐이었다.

크롬비는 풍성한 성과를 낳은 "기술과 학문의 연합"이 르네상스 훨씬 전인 12, 13세기에 이미 시작되었다고 지적했다. 12세기 생 빅토르의 위그(Hugh of St. Victor)와 도밍고 군디살보(Domingo Gundisalvo)의 저작들은 "자연을 통제하는 기술적 주제의 연구", 특히 "대지 측량사, 목수, 석공 및 대장장이의 작업 등과 연관된 실용 기하학"을 발전시켰다. 또한 "알베르투스 마그누스(Albertus Magnus), 보베의 뱅상(Vincent of Beauvais), 레이몽 루르(Raymond Lulle) 등의 13세기 학자들은 농부, 어부 및 광부들과 같은 장인들의 활동에 대한 관심"이 매우 컸다. 결국 "학자와 기술자들 간의 접촉은 13세기 중반에 이미 결실을 맺기 시작했다."[127]

그리고 크롬비는 "앞선 베이컨"인 13세기의 프란체스코회 수도사이자 옥스퍼드 대학교의 학자 로저 베이컨을 주의 깊게 살펴보았다. 로저는 "실험과 수학의 필요성을 강력하게 주장했는데, 그가 이해한 바에 따르면 이 둘은 자연에 대한 유용한 힘을 얻을 수 있는 수단이었다."[128] 로저는 프랜시스 베이컨보다 300년이나 앞서서 기술적 실천(craft practices)이 갖는 과학적 가치를 알아보았다고 하는데, 이것은 그의 저서 『소서(小書, *Opus majus*)』 속의 다음과 같은 선언 때문이다.

> 지식의 비밀을 더 많이 발견한 이들은 명성 드높은 자들보다는 평범하고 무시당하는 사람들 쪽이었으며, 나는 내 모든 유명한 선생들보다는 이름이 알려지지 않은 매우 평범한 이들로부터 더욱 유용하고 훌륭한 것들을 압도적으로 많이 배웠다.[129]

거의 같은 시기에, 대학 교육을 받은 도미니크회 수도사인 폴란드의 니콜라스(Nicholas of Poland)는 의학 지식에 대해 비슷한 감상을 토로했다.

> 신은 보잘것없는 이들을 사랑한다고 니콜라스는 선언했다. 가장 놀라운 의학적 효능을 자연에서 가장 비천한 존재들에게 내린 것처럼, 신은 자신의 가장 심원한 비밀을 평범한 사람들에게 밝히는 쪽을 택하셨다. 마을에 사는 평민들이 학식 있는 의사들보다 자연의 비밀에 대해 더 깊은 식견을 가지고 있다. "민중은 경험적인 것들을 사랑한다."라고 니콜라스는 선언하는데, "왜냐하

면 그 어느 것도 해롭지 않기 때문이다. 의사들에게는 부끄러운 일이지만 대단한 업적은 마을에서 일어났으며, 그곳의 시장에서는 경험적인 치료에 대한 칭찬이 자자하다."[130]

크롬비의 전반적 논점은 괜찮지만, 그의 관심은 거의 전부 지식 엘리트층에 쏠려 있었다. 크롬비 및 그와 유사한 역사학자들은 로저 베이컨, 로버트 그로스테스트, 토머스 브래드워딘(Thomas Bradwardine), 장 뷔리당(Jean Buridan) 등의 중세 자연 철학자들의 작업에서 과학 혁명의 기원을 찾고자 했다.[131] 이 학자들은 이론 물리학의 영역에서 아리스토텔레스의 교조적 견해에 의문을 제기했으나 그들의 과학은 "그저 탁상공론이었고 …… 그 과학의 향기는 잉크와 양피지 속에 남아 있을 뿐이었다."[132] 그들의 도전은 물리학이라기보다는 형이상학적인 스콜라 철학의 전통 속에 견고하게 자리한 지적 연습이어서 자연의 실제적 작용을 이해하려는 진지한 노력이라고 보기 어렵다. 자연에 대한 지식의 진정한 진보는, 15세기까지 아는 것을 글로 옮길 줄 모르는 것이 일반적이었던 노동 대중들의 몫으로 남겨져 있었다.

갈릴레오와 장인들

베이컨의 저작들 없이도 갈릴레오는 장인들과의 교류로 대단한 도움을 얻을 수 있다는 점을 알고 있었다. 갈릴레오의 가장 영향력 있는 작품인 『두 새로운 과학에 관한 대화(*Dialogues Concerning Two New Sciences*)』에서 그는 "유명한 병기창"인 베네치아 병기 공장에서의 "꾸준한 활동"에 대해 쓰고 있다.

(이곳은) 공부하기 좋아하는 사람에게 광범위한 연구 현장을 제공하는데, **특히 기계학이 포함된 작업 부분**이 그러하다오. 이 분야에서는 많은 장인들이 모든 유형의 도구 및 기계들을 끊임없이 만들어 내며, 이들 가운데에는 한편으로는 물려받은 경험으로, 다른 한편으로는 스스로의 관찰 덕분에 매우 요령 있게 잘 설명해 주는 이들이 꼭 있답니다.[133)]

이에 대해 대화 상대편은 이렇게 응답한다.

맞습니다. 사실 나도 자연에 호기심이 많아서, 다른 이들보다 탁월해서 우리가 "일급 기술자"라고 부르는 장인들의 작업을 관찰하는 즐거움 때문에 그곳에 자주 갑니다. 어떤 효과들, 그러니까 현저한 효과들뿐만 아니라 알기 어렵고 거의 믿을 수 없는 것들까지 연구할 때 그들과 의논을 하면서 종종 도움을 받곤 합니다.[134)]

갈릴레오를 "계산을 치러야 하는 바깥세상에서 동떨어져, 실용적인 사고로 …… 오염되지 않은 순수한 관념의 영역에서 뛰놀던 대단한 지성"이라고 보는 이들이 주장하듯, 이 모든 이야기들이 "단지 수사적인 장치"일 뿐일까? 이러한 해석이 틀렸음을 보여 주는 기록에 따르면, 갈릴레오의 경력 초반부에 그의 "환경과 관심은 대체로 기술적이었다." 피렌체에서 그는 엔지니어링을 공부했고, "기계 설계, 운하 건설, 제방 쌓기 및 축성술을 숙달했다." 파도바에서의 교수직은 귀도발도 델 몬테(Guidobaldo del Monte)라는 군사 엔지니어의 후원 덕분이었다. 베네치아에서 갈릴레오는 물을 길어 올리는 기계적 장치를 고안해 특허권을 획득하기도 했다.[135)]

지루한 예배 시간 동안 교회 천장에서 진동하는 샹들리에를 보고 진자의 등시성(isochronism, 길이가 같은 진자의 주기는 추의 질량이나 진폭에 관계없이 일정함 — 옮긴이)을 발견했다는 유명한 이야기는 갈릴레오를 따라다니는 또 하나의 신화이다. "갈릴레오가 살던 시대의 빠르게 팽창하고 있던 실용 기예"를 고려해야만 그의 과학적 기여를 "역사적으로 이해할 수" 있다. 한 기술사학자에 따르면, 갈릴레오를 둘러싼 "흡입 펌프나 진자와 같은 기술 혁신의 환경"은 "새로운 통제된 상황, 즉 거의 실험실적 상황을 제공했으며, 여기서 갈릴레오는 등시성이나 (기압 측정 실험을 위한 — 옮긴이) 물기둥의 단절처럼 순수한 자연 상태에서는 쉽게 감지할 수 없는 자연 현상을 관찰하는 최초의 사람들에 포함될 수 있었다."[136)]

또한 갈릴레오는 중요한 잠재적 군사 응용 분야에 속하는 주제인 투사체 운동에 대한 연구로 과학적 명성을 쌓았다. 그는 "모두 같은 속도로, 그러나 각기 다른 각도로 …… 물체를 발사하면 최대 사거리는 …… 발사각 45도인 경우가 될 것이며, 이보다 높거나 낮은 발사각에서 그 도달 거리는 짧을 것"이라는 점을 수학적으로 보여 주었다. 그러나 이 결론에 어떻게 도달하게 되었는지 되짚어 보면서 갈릴레오는 병기창에서의 대화에서 처음으로 영감을 얻었다고 밝혔다. "포수의 설명 덕분에, 나는 이미 대포와 박격포의 사용 시 포탄이 가장 멀리 날아가게 되는 거리는 발사각 45도일 때라는 점을 알고 있었다."[137)] 이 문제에 대한 갈릴레오의 수학적 분석은 독창적인 기여라는 점에서 가치가 있으나 이로 인해 병기창의 노동자들이 이전의 경험적 시험을 통해 배우지 못했던 무엇인가를 더 알게 되지는 않았고, 실용적인 포술에도 거의 영향을 미치지 못했다.[138)]

윌리엄 길버트와 자석

몇몇 과학사학자들은 경솔하게도 윌리엄 길버트를 베이컨의 "문하생"으로 간주하거나[139] 혹은 그의 실험적인 작업을 "프랜시스 베이컨의 지도 아래" 이루어졌다고 보았다.[140] 그러나 사실 길버트가 실험을 수행했을 때 베이컨은 어린아이였다. "근대 과학 분야에서 영국 최초의 위대한 저술,"[141] "과학 혁명의 이정표,"[142] "형식과 내용에서 …… 지성사의 분기점처럼 서 있다."[143]는 등 최초의 실험 과학자로서 길버트에 대한 오늘날의 평판은 그가 1600년에 펴낸『자석에 관하여(*De Magnete*)』덕분이다.

엘리자베스 1세(Elizabeth I)의 주치의 중 하나였던 길버트는 접촉 없이도 철로 된 물체를 움직이는 천연 자석의 초자연적으로 보이는 힘을 연구해 그 신비성을 벗겨 냈다.『자석에 관하여』는 그 결과의 보고서로, 독자들이 되풀이할 수 있을 정도로 자신이 수행한 실험을 매우 꼼꼼하고 정확하게 보여 주고 있다. 라틴 어로 쓰지 않았다면 이 책은 대중용 과학 저술로 오해받았을 정도이다. 최초의 영어 판본은 3세기나 지난 후인 1893년에 출간되었다. 길버트는 기술자들이나 손노동자들을 위해서가 아니라, 그들로부터 배운 정보, 방법, 그리고 기법들을 국제적인 학문의 영역, 즉 "학자들의 세계(Republic of Letters)"[144]에 전달하기 위해 이 책을 썼다.

16세기 후반의 지식과 기구 사용의 수준을 고려할 때, 길버트가 그의 실험을 개선하기 위해 더 할 수 있는 일을 찾아내기란 어렵다. 다시 말해『자석에 관하여』에서 활용된 실험은 초급이나 중급 단계를 뛰어넘어 완전히 발전된 형태를 띠고 있다. 길버트의 방식은 "당대의 관점에서는 너무나 예외적이라 그것이 어디에서 비롯되었는지 의문스러울 정도이다."[145] 이 질문에 대한 답은『자석에 관하여』를 꼼꼼히 읽으면 나온다. 책에

윌리엄 길버트의 『자석에 관하여』 중 한 삽화. 길버트는 대장장이들에게서 주로 정보를 얻었다.

서 길버트는 자신이 얼마나 대장장이, 광부, 선원 그리고 기구 제작자들의 지식에 크게 의존했는지 잘 보여 주고 있다. 질셀은 그의 실험이 종종 "당대의 철 제조 과정을 단순히 반복했을 뿐"이라고 지적했다. 요컨대 길버트는 "학자들이 아니라 손노동자들로부터 관찰하고 실험하는 정신을 전수받았다."[146)]

지구의 남북 축과 동조되어 있는 자기적 암석의 배치 경향과 관련된 한 중요한 실험에 대해 길버트는 아래와 같이 밝히고 있다.

> 우리가 끌을 사용해 광맥에서 천연 자석 9킬로그램을 채굴했을 때, 우선 각 끝 부분에 표기를 하고는 땅에서 끄집어낸 다음에 물 위에 띄워 자유로이 회전할 수 있도록 했다. 그 즉시 천연 자석의 북쪽으로 보이는 끝 부분이 물에

서 북쪽으로 회전했다.[147]

길버트는 이 실험을 위하여 세상으로부터 은둔한 자신의 서재에서 뛰쳐나온 것이 분명했다. 그가 실제로 천연 자석의 출처인 철광산으로 내려갔으며 광부들과 가까이 했다는 점에는 의심의 여지가 없다.

남북 축으로 배열된 철에 대한 대장장이의 작업에서 유도된 자성 현상을 논한 것을 보면, 그가 대장간에서 관찰하는 데 시간을 들였으며 대장장이로부터 정보를 얻었다는 점은 명확하다. 길버트는 관련 실험의 일부를 서술한 글에 대장장이의 작업장 및 도구를 그린 목판 삽화를 곁들였다.[148] 과학사에서 중요한데도 불구하고, "당시 광부들과 주물공들은 사회에서 낮은 계층에 속했으며 교육을 받지 못했기 때문에 그들의 생각은 물론 그들의 이름도 현재 우리는 모른다."[149]

"『자석에 관하여』에서 채굴 및 야금술보다 더 중요한 역할을 한 것은 항법 및 항해용 도구들이다."[150] 지구 표면에 불규칙적으로 분포된 천연 자석의 엄청난 매장량 때문에 자기를 띤 나침반이 다르게 움직인다는 가설을 반박할 때 길버트가 인용한 증거는 선원들이 제시한 내용으로, 이들은 강력한 천연 자석의 산지로 유명한 엘바 섬 근처를 지날 때 나침반 바늘이 섬을 향해 편향되지 않았다고 보고했다.[151] 과학적으로 정확하다는 명성을 얻을 만큼 길버트가 철저한 측정을 할 수 있었던 이유는, 질셀에 따르면 "그의 모든 물리학적 도구들은 실제로 항해용 도구이거나 혹은 선원용 나침반과 어떻게든 관련되어 있었"기 때문이었다. "16세기에 바다로 나간 뱃사람들은 대영 제국의 기초를 닦았으며, 뱃일에서 은퇴하고 나침반을 만들면서는 근대 실험 과학의 초석을 놓았다."[152]

길버트의 책에는 그가 손노동자들에게 빚지고 있다는 풍부한 증거가 남아 있지만 이 노동 계층 출신 협력자들의 이름은 거의 수록되어 있지 않다. 예컨대 자성을 띤 나침반이 작동하는 위도의 범위에 대한 논의에서 길버트는 "가장 유명한 선장들 및 매우 지적인 많은 선원들"을 인용의 출처로 언급하고 있지만 기록으로 남긴 이름은 두 명의 젠틀맨 선원인 토머스 캐번디시(Thomas Cavendish)와 프랜시스 드레이크 경뿐으로, 나머지 평민 뱃사람들은 따로 밝히지 않았다.

아마도 단지 그의 독자들이 알 만한 "유명한 선장들"의 이름만을 넣었으리라고 이해할 수는 있지만, 그가 어떤 장인 한 명의 공헌을 명백히 하지 않았다는 점은 납득하기 어렵다. 바로 로버트 노먼(Robert Norman)이라는 이름의 이 장인은 뱃사람이었다가 나침반 제조공으로 전직한 이로, 『새로운 끌림(*The Newe Attractive*)』이라는 자성에 대한 저술을 남겼다. 이 책은 1581년 영어로 출간되었으며 — 이 저자는 라틴 어를 쓸 줄 몰랐다. — 다른 장인들에게 실용적인 정보를 제공하는 것이 주요한 목적이었다. 앞서 언급한 바 있듯, 가장 중요한 새로운 사실은 바로 나침반 바늘의 "복각"에 대한 발견이었다. 이 책에서 노먼은 스스로를 "교육받지 않은 기계공"이고, "18년에서 20년가량 바다를 떠다녔다."면서 스스로의 "부족한 글재주"를 미안해 했다. 그러나 동시에 노먼은 자신과 같이 "기예의 활용에 정통한" 장인들이 "과학을 책을 통해 연구하는 학자들"보다 수학에 더 많이 기여할 수 있다는 의견을 피력했다.[153)]

길버트는 노먼의 이름을 여러 차례 언급했고 "숙련된 항해자이자 재능 있는 기술자"라고 썼다.[154)] 그러나 노먼이 길버트의 연구에 중요한 영향을 주었음에도 "길버트 스스로는 이를 전혀 강조하지 않았으며, 오히려 숨기고자 했다. …… 만약 길버트가 그에게 실제로 무엇을 빚지고 있는지 알고자 한다면 우리는 노먼의 저술을 직접 검토해야만 한다."[155)]

자성에 대한 길버트의 가장 중요한 결론 중 많은 부분과 이 결론을 입증하는 증거들 중 많은 내용, 그리고 이를 위해 길버트가 사용한 방법은

『자석에 관하여』가 출간되기 19년 전에 이미 『새로운 끌림』에 나와 있었다. 노먼은 자석을 물 위에 떠 있는 코르크 조각과 실에 매달아 실험했다고 보고했다. 이러한 "새로운 실험 장치들을 길버트는 그냥 빌려다 썼다." 질셀에 따르면 "한 실험은 모든 상세한 항목을" 길버트가 "노먼의 책에서 빌려서" 진행했으며, 또 다른 두 개의 "두드러진, 그리고 가장 조심스레 수행된 실험" 또한 노먼이 창안했다.[156] 그리고 길버트가 수행한 "가장 수량적인 실험(자성의 무중력성 확립)"은 아무런 출처 표시 없이 노먼으로부터 직접 가져온 것이다.[157]

"지자기(地磁氣) 문제를 실험적이고 도구적으로 접근한" 길버트의 책에 앞선 저작에는 노먼의 책뿐만 아니라 윌리엄 보로(William Borough)의 『나침반 혹은 자성 침의 편차론(*A discours of the variation of the cumpas, or magneticall needle*)』(1581년), 토머스 브룬데빌(Thomas Blundeville)의 『연습(*Exercises*)』(1594년), 그리고 윌리엄 바로(William Barlow)의 『항해자 보급(*Navigator's supply*)』(1597년) 등이 있었다. 그러나 노먼의 책이 자국어로 되어 있었기에 길버트가 자유롭게 차용할 수 있었다.[158] "라틴 어에 대한 학식, 인용과 논증법, 그리고 자연에 대한 형이상학적 철학"을 제외한다면, 노먼의 책은 길버트 책에 있는 모든 내용을 포함하고 있다.[159] 그렇다면 "노먼은 오늘날 사실상 무명인 데 비해 길버트는 자연 과학의 선구자 중 하나로 간주되고 있다."는 사실은 다소 불공평한 셈이다.[160]

장인 저술가들

학자들이 장인들로부터 배우기 위해 "작업장으로 갔다."라는 말은 비유적인 표현이다. 갈릴레오나 길버트는 말 그대로 장인들에게로 가서 그들의 작업을 직접 관찰했으나 보통은 인쇄물을 통해서 소통이 이루어졌다.

로버트 노먼은 이미 살펴보았듯 장인 저술가로서 전혀 독특한 사례가 아니었다. 노먼이 자성에 대한 책을 출간할 당시까지 유럽의 장인들은 수백 년 동안 과학 기술적 정보를 기록하여 배포하고 있었다. 앞서 논의한 계산의 대가들의 산수 교본이나 미술가들의 원근에 대한 논저는 이러한 경향을 대변한다. 윌리엄 이먼에 따르면 "[1646년] 이전의 150년 동안 유럽에서는 '자연의 비밀들'을 밝혀 읽을 줄 아는 이라면 누구나 알 수 있도록 하겠다는 수많은 논저들이 홍수를 이루었다."[161] 또 다른 역사학자 패멀라 롱(Pamela Long)은 "15세기 초반 수십 년 동안," 즉 유럽에서 인쇄술이 미처 도입되기도 전에 실용 기예에 관한 장인들의 책이 필사본 형태로 많이 유통되었다는 사실을 밝혀냈다.[162] 질셀이 "우리가 보통 '베이컨식'이라고 부르는 과학 개념"의 시작은 "15세기 장인들의 논저에서 처음으로 나타났다."[163]라고 지적하긴 했지만, 이먼과 롱이 관심의 방향을 그쪽으로 돌리기 전까지 역사학자들은 장인들의 저술을 대부분 무시했다.[164]

"자연스레 가장 숙련 정도가 높은 장인들만이 논저를 썼다."라고 질셀은 평한 바 있다. "16세기에도 상당수의 손노동자들이, 특히 이탈리아 외부의 경우, 문맹자들이었다."[165] 그러나 "자기 나라 말"로 글을 쓸 줄 아는 이들이 왕성한 저술 활동을 하고, "약제사, 도공, 선원, 증류주 제조업자, 산파 등이 학자, 인문주의자, 성직자들과 함께 저술을 출판하게 되면서 '학계'는 영구히 변화하게 되었다."[166] 이러한 변화는 특히 과학의 민중사 측면에서 중요한데 왜냐하면 이것은 과학의 민중사가 마침내 견실한 문서 자료에 기댈 수 있게 되었음을 의미하기 때문이다.[167]

"어머니의 입술로부터 배워 완전히 순수하면서도 자유로이 활용할 수 있는" 자국어(특히 라틴 어와 대비되는 의미 — 옮긴이)라는 "활기 넘치는 도구"

가 없었다면, 존 오브리가 말했듯 "그리스 어와 라틴 어에 갇혀서"[168] 소멸해 가던 상태의 과학이라 해도 (새로운 과학으로 — 옮긴이) 대체되어 사라질 수 없었을 것이다. 위에서 언급한 어머니는 그저 뜻 없이 해 본 말이 아니다. "어떤 언어도 여성이 사용하지 않는다면 사실상 살아 있는 언어라고 할 수 없다." 그러나 여성들은 고등 교육을 받지 못했기 때문에 "오로지 남성들만이 라틴 어로 말할 수 있었고, 이것을 사용하는 남성의 수는 자연스레 점차 줄어들었다."[169] 새로운 과학은 문화적 전달의 기본적 요소에 의존하게 되었는데, 여기에서 여성의 역할은 핵심적이었다.

로버트 노먼의 책이 윌리엄 길버트에게 영감을 주기 전에, 장인의 저술은 당시 대학에서 훈련받은 학자들에게 대부분 무시되었고 엘리트 과학 교육과정에 직접적인 영향을 거의 미치지 못했다.[170] 그러나 과학 지식의 창출에서 이들의 숨은 기여는 결정적이었다. 패멀라 롱은 "실용 기예들을 글과 그림으로 구체화한 덕분에, 세상의 사물들을 만드는 데 쓸모 있는 '비법'이 합리적, 혹은 수학적 원칙을 포함한 '지식'으로 변환될 수 있었다."라고 설명했다.[171] 즉 장인들의 저술 노력은 보통 "단순 기술"이라 치부되는 과학적 내용을 밝혀냈다. 이렇게 장인들의 저술은 "몇몇 기예가 숙련된 요령의 영역에서 담화적 지식의 영역으로 변모하는 데 도움은 되었으나, 그렇다고 장인을 학자로 바꾸지는 못했다. 더욱 정확하게 말하자면 그들의 저술은 실용 기예의 특정 부분을 학문적 문화가 전유할 수 있도록 준비했다."[172]

갈릴레오도 "전유자" 중 하나였다. 갈릴레오는 자국어로 쓰인 과학 문헌의 가치를 길버트만큼 잘 인식하고 있었다. 특히 이 문헌들이 제기한 문제들에서 갈릴레오는 연구 주제를 도출해 냈다. "힘의 효율 문제, 기계가 얼마나 큰 힘을 낼 수 있는지, 대공의 정확성이나 성채의 방어력 문제 등은 기술 문헌들에서 2세기 동안이나 답을 제시해 왔던 바로 그 문제들이다."[173] 장인들의 "비밀의 책들"에 대한 연구를 통해 이먼은 이 책들이 "'대중 과학'을 위한 작업들"이라며, 엘리트 **학자**에게 "장인들의 정보를 보급하는 도구적인 역할을 했다."라고 설명했다. 이들의 작업은 "실험이라는 새로운 개념을 명료화"했고 이후 베이컨주의는 이를 포착할 수 있었다.

> (장인들의 책들은) 대지 위에 기반을 내리고 실험적인 면모를 보였다. …… 그들이 밝힌 것은 한 기술 혹은 의학과 관련된 제조법, 공식, 그리고 "실험들"이었다. 예컨대 철과 강철을 단련하기 위해 물로 식히는 방법, 염료와 색소를 혼합하는 방식, "경험에 입각한" 치료 요법, 요리법, 보석 세공인이나 양철공들을 대상으로 한 실용적인 연금술 공식에 대한 가르침 등이 있다.[174]

여기서 짚고 넘어가야 할 부분은, 제조법이란 곧 "실험상 시행착오의 기록들이라는 점이다. 이것들은 실천가들의 축적된 경험들에서 결국에는 규칙이 되었다."[175]

"인쇄술 혁명"과 근대 과학

인쇄술의 등장과 함께 "그때까지 소수 특권층의 영역이었던 학문의 세계가 보통 사람들에게도 급작스레 개방되었다."[176] 질셀이 근대 과학의 탄생에 핵심적인 요소라고 간주했던 학자와 장인 간의 협력이 급속히 촉진되었다. 인쇄술의 역사적 영향을 누구보다 폭넓고 깊게 연구한 엘리자베스 에이젠슈테인(Elizabeth Eisenstein)은 기술자와 학자의 협력이 지속적이고도 누적적이지 못했다면 그토록 영구적인 결실을 맺지 못했으리라고 지적했다. 그리고 그 협력은 엄청난 수의 표준화된 인쇄본이 복제되어 안정화시킨 전 협력의 기록에 의존하게 되었다. 에이젠슈테인의 논문에 따르면 "인쇄 혁명"은 과학적 진보의 필수 조건이었다.[177)]

그러나 다른 한편으로 또 다른 많은 장인들이 과학사에서 핵심적인 역할을 했음을 기억해야 한다. 우선 혁신의 직접적인 원인이 되었던 한 명 이상의 기계공이 있다. 불운하게도 "이 엄청난 성취가 생산해 낸 결과물이 아니라 그 기원과 발전에 대해서는 거의 기록이 남아 있지 않으며," "인쇄술을 발명해 낸 위대한 기계공의 정체는 알 수 없는 신비 속에 가려져 있다. …… 그의 이름이 구텐베르크, 푸스트(Fust), 쇠퍼(Schöffer), 코스터(Coster)였는지, 아니면 또 다른 이름이었는지도 아직 확인되지 않고 있다."[178)] 종종 구텐베르크가 단독으로 인쇄술을 발명했다고 인정받지만, 그보다는 집단적인 성취로 바라보는 편이 더 낫지 않을까?

더구나 인쇄 산업의 빠른 성장에 따라 "인쇄업자, 활자주조공, 조판공, 식자공, 목판 제작공, 교정자, 책 판매상, 그리고 심지어는 행상인들"을 포함한 관련 직종의 장인 집단도 나타나게 되었다. 더욱이 "학자, 장인, 상인, 인문주의자들이 공통의 목표에 함께 매진하는" **새로운 문화**도 창출되었다.[179)] 교정자, 저자, 그리고 교정자인 동시에 저자인 이들이 의견을 교환하고 서로의 작업을 비평하는 초기 인쇄소의 교정실은 16세기 유럽에서 과학이나 여타 창의적인 지적 활동의 중심지로서 대학들보다 훨씬 중요한 공간으로 자리 잡았다.

그러나 "한편으로는 인쇄술이 학자, 장인, 그리고 일반 대중 사이의 새로운 소통 수단을 열었지만" 그렇다 해도 "학자와 대중 사이의 틈"을 완전히 메우지는 못했다. 손노동에 대한 학계의 경멸은 여전히 강했지만 "각 나라의 자국어로 된 출판물이 폭발적으로 늘어나 …… 라틴 어는 더 이상 문자 해독 능력의 장벽에 포함되지 않게 되었고," 과학을 지체시켜

온 고대의 편견이 가진 힘은 점차 사라져 갔다.[180]

앞서 보았듯 장인 저술가들의 논저는 인쇄 혁명 이전 시기에도 필사본 형태로 유통되고 있었는데 이제 그들이 써낸 문헌들은 인쇄된 형태로 대량 생산되면서 다른 면모를 띄게 되었다. "평민들"을 위한 과학 문헌이 일반화되면서 "학계의 과학과 함께 또 다른 과학적 전통이 출현했다." "16세기 '대중 과학'의 현실화에는 경쟁이 심하고 불확실한 자국어 서적 시장과 관련된 위험을 기꺼이 무릅쓰고자 했던 인쇄업자들이 큰 몫을 했다." "르네상스 소시민 계급(petit bourgeoisie)의 다양성"이 바로 이 새로운 직업 범주의 사회적 배경이었다. 많은 선구적인 인쇄업자들이 "인쇄공, 활자 주조공, 그리고 교정자로 임금을 받으며 수년을 일했던 경력이 있다. …… 몇몇은 이전에 금 세공인이나 목판 제조공이었고 어떤 이들은 화가, 제본공, 이발사, 심지어는 여인숙 관리인이었다."[181]

낮은 신분 출신의 초기 인쇄업자들은 장인들 간의 사회적 관계를 계속 유지했는데, 이로부터 그들은 출판할 글을 공급받는 한편 출판물의 소비자 집단도 함께 얻을 수 있었다. 이들은 "실용적 입문서 및 기술적 논저들을 총알처럼" 수만 부씩 퍼부었다.

> 이들 실용적 입문서 중 가장 널리 유통된 책은 통칭 『작은 기술 책(*Kunstbüchlien*)』이라고 알려진 기술 입문서였는데, 1530년대 초반 여러 독일 도시에서 발행되었다. 애초에는 4권짜리 팸플릿으로 출간된 이 소책자는 순식간에 베스트셀러가 되었다. …… 익명의 저자들이 쓴 이 『작은 기술 책』은 인쇄업자들의 편집본이었다. 크리스티안 에게놀프(Christian Egenolff)처럼 유명한 인쇄업자는 작업장 일지, 구전된 이야기, 그리고 다양한 "실험적" 논저들을 편집해 펴냈다.[182]

발터 헤르만 리프

이러한 변화와 거의 동시에 발터 헤르만 리프(Walther Herman Ryff)와 같은 새로운 저자 계층이 "새로운 유형의 과학 문헌을 창작했다." 약제사로 훈련받았던 리프는 "독일에서 가장 왕성한 저술 활동을 한, 가장 유명한 과학 저술가"였다. 비록 엘리트 학자는 아니었지만 라틴 어를 읽을 줄 알았던 그는 고전 과학 저작들을 독일어로 번역하기도 했다. 리프가 자신의 저술을 위해 활용한 출처는 "경험주의 의사와 기술자-외과 의사, 증류업자, 안과 의사, 그리고 계산의 대가들"이었다.[183)]

리프의 책은 "과학 정보를 독일인들에게 퍼뜨리는 데 핵심적인 역할"을 했지만 기성 학계에서는 이것을 "통속화"라고 비난했다.[184)] 하지만 리프는 굴하지 않았다. "평민들을 위해 독일어로 인쇄한 이 책과 내 다른 작품들 덕에 배운 이들의 노여움과 경멸을 받게 되었다."라는 사실을 "나도 잘 안다."고 리프는 쓰고 있다.[185)]

리프가 의도적으로 민중의 과학 문헌을 만들어 내려고 노력했다는 점은 그가 염두에 둔 독자를 서술한 대목을 보면 명백하다.

> 나는 이미 이 기예에 대해 알고 있는 교육받은 이들을 위해 이 작은 책을 쓰지 않았다. 또한 돼지 여물통으로나 쓰일 법한 머리를 가진 무식한 멍청이들을 위해서도 아니다. 나는 오로지, 신을 통해, 지금까지 내 조언과 도움을 바라 왔던, 소박하고 존경할 만한 그리고 독실한 믿음을 가진 보통 사람을 위해 이 책을 썼다. 이들 중 몇몇은 그저 너무 멀리 떨어져 있기 때문에, 혹은 가난해서 도움을 얻거나 최소한 안식을 얻기도 너무나 힘들기 때문에 내게 이르지 못했다.[186)]

리프는 되풀이해서 보통 사람을 위해 책을 쓴다고 말했는데, 이먼에 따르면 이때 그가 의미한 대상은 "수공업의 직인과 마스터들, 상인들, 가게 주인들, 그리고 점차 늘어나는 여성 독자들이었다. 리프는 보통 사람은 글을 읽고 쓸 줄은 알지만 그렇다고 해서 학자는 아니다 — 즉 독일어는 읽어도 라틴 어는 못 읽는다. — 라고 가정했다." 그러나 리프는 사회경제적으로 최하 수준에 처한 이들을 직접적인 대상으로 하지 않았다. 비록 그가 가난한 이들의 의학적 치료에 대해 광범위하게 충고를 했지만 "그는 책을 살 여유가 거의 없는 그들이 자신의 책을 읽을 주요한 독자들이라고 상상하지는 않았다. 그는 빈자들이 아마도 치료를 위해 알아서 찾을 …… 약제사, 외과 의사, 경험적 치료자들에게 의학적 조언을 제공하는 데 더 관심이 많았다."[187)]

도기공 팔리시

조지 사턴의 평가에 따르면, 베르나르 팔리시(Bernard Palissy)는 르네상스 지질학의 양대 산맥 중 하나이다.[188)] 사턴은 "다빈치 다음으로" 팔리시의 이름을 들며 그가 "학자가 아니며, 책이 아니라 자연의 가슴 한복판에서 지식을 찾은 과학자(man of science)를 대표하는 최고의 전형"이라고 덧붙였다.[189)] 팔리시의 과학 저술 두 편은 장인 저술가의 작품 중 가장 가치 있는 책들 사이에 자리하고 있다.

팔리시는 1510년경 프랑스 농가에서 태어났다.[190)] 그러나 팔리시는 젊은 시절 유리장인의 도제로 들어가 스테인드글라스 제작업에 종사하게 된다. 1539년에 그는 직업을 바꿔 토지 측량 기사가 되었다. 거의 동시에 자기로 된 찻잔을 보고 영감을 받아 정교한 도자기 제품을 만드는 법

베르나르 팔리시가 제작한 도자기

을 배워야겠다는 야망을 품게 되었다. 사실상 도자기 제조에 대한 지식이 전무한 상태였던 팔리시는 다양한 재료들로 실험을 시작했고, 16년이 지난 뒤에는 이 기술을 숙달했을 뿐만 아니라 르네상스 최고의 도자기 예술가로까지 인정받게 되었다. 팔리시가 제작한 러스틱 도기(Rustiques figulines, 동물, 곤충 등을 도기에 부조 및 색채로 표현한 독특한 형태의 도자기 — 옮긴이)는 프랑스의 카트린 드 메디치(Catherine de Medici) 대비(大妃)의 눈에 띄었고, 팔리시는 왕이 사용하는 도자기의 공식 디자이너가 되었다.

"완벽한 법랑"을 찾기 위한 실험 덕분에 그는 경험에서 비롯된 상당한 화학 지식을 갖추게 되었다.

> 그는 다양한 진흙과 모래를 주석, 납, 철, 강철, 안티몬, 황화구리, 주석의 재, 일산화납, 페리고드(Périgord)의 돌(망간) 등과 뒤섞은 300여 가지 혼합물을 시험했다. 도자기 제조에는 물리적 실험이 필요했다. 가마에는 어느 정도의

열이 필요한지, 재료를 가열하는 속도와 냉각시키는 속도를 어떻게 조절할지를 알아야 했다. 팔리시는 다양한 염류(salts)들을 알고 있었고 용액 속의 염은 고형일 때와는 매우 다르다는 점도 알고 있었다.[191]

팔리시의 부와 명성은 도예가로서의 숙련 덕분에 가능했지만 그의 과학적 관심 분야는 더욱 광범위했다. 팔리시는 "작업장에 있는 도시의 장인들뿐만 아니라 너른 들판의 농부들도 관찰했다. 들, 숲, 산, 그리고 계곡, 샘, 강 등 자연의 모든 측면에 주의를 기울였다." 첫 번째 책인 『진실의 수용(*Recepte véritable*)』(1563년)은 "농학과 지리학, 광물학과 화학, 철학, 신학 등에 대한 사실과 생각을 엮은 것으로, 그가 정규 교육을 받지 못했지만 방대한 경험을 쌓았음을 보여 주었다."[192] 두 번째로 출간한 『놀라운 이야기(*Discours admirables*)』(1580년)는 아래에서 보듯 포괄하고 있는 과학적 주제의 다양성이 무척 인상적이다. "철학, 지질학, 고생물학, 식물학, 동물학, 엔지니어링, 수문학, 화학, 물리학, 의학, 연금술, 야금술, 농학, 광물학, 방부 보존, 독물학, 기상학, 그리고 요업."[193]

팔리시가 지닌 지식의 폭보다 더 주목할 만한 내용은 기성의 과학적 권위에 대한 거리낌 없는 도전이었다.

누군가는 라틴 어 없이 대자연에 대한 지식을 얻는 것은 불가능하다고 말하며 비웃으리라는 점을 나는 잘 안다. 자연적인 것에 대해 저술한 많은 유명한 고대 철학자들의 의견에 반하는 글을 쓴다며 나를 되바라졌다고 그들은 말할 것이다. …… 또한 다른 이들은 외양만 보고 평하기를 저 사람은 하찮은 직공이라고 말할 것이며 그런 말들 때문에 내 저술이 해로운 것처럼 보이기도 할 것이다.[194]

이 점에서 팔리시는 확실히 옳았다. 그의 책을 번역한 이가 썼듯,

> 중세 과학의 권위에 대한 조심스러운 의문이 막 제기되기 시작했을 당시, 이러한 태도는 파리의 대학 박사들에게 벼락같은 충격을 주었다. 많은 현인들이 불손함에 분개하여 고개를 가로 흔들었고 많은 철학 교수들은 이 불경하고 교양 없는 성상 파괴주의자를 위엄 있게 꾸짖었다.[195]

팔리시는 여기에 굴하지 않고 "아무것도 실천하지 않고 상상만으로 쓴" 책에 대한 비난을 계속했으며, 이론에 대한 실천의 우위를 주장했다. 그는 이렇게 경고했다.

> 이론이 실천을 낳는다고 계속 주장하는 이의 입장을 믿는 데 신중하라. 이들은 실행하기를 원하는 무언가가 있다면 우리가 그 일에 손대기 전에 이미 상상하여 마음속에 그리고 있어야만 한다는 잘못된 주장을 한다. …… 만약 전쟁 지도자가 상상한 이론이 그대로 실행될 수 있다면 전투에서 패배란 없을 것이다. 이런 의견을 가진 이들의 지리멸렬함에 대해 감히 말하건대, 그들이 세상의 모든 이론을 가졌다 해도 구두 한 켤레, 심지어는 부츠의 뒤축 하나 만들 수 없다.[196]

하지만 불행히도 팔리시가 치러야 했던 대가는 과학이 아닌 종교적 이단의 차원에서였다. 위그노교도(프랑스의 칼뱅파 신교도. 16세기에 등장했으며 18세기 후반 프랑스 대혁명 전까지 오랜 기간 간헐적으로 계속된 종교 전쟁에서 심하게 박해받았다. ― 옮긴이)였던 그는 1588년 프랑스에서 내전이 발생했을 때 패배한 진영에 끼어 있었다. 결국 팔리시는 뷔시 지역의 바스티유(프랑스 대혁명 당시 여러 곳을 이렇게 불렀다. ― 옮긴이)에 갇혀 있다가 1590년에 그곳에서 사

망했다.

팔리시의 과학적인 착상과 개념은 프랑스에서조차도 학계에 곧바로 영향을 미치지는 못했는데 "왜냐하면 학술 문헌으로 출판되지 않았기 때문이다."[197] 100년이 넘는 세월이 지나 18세기에 들어서야 앙투안 드 쥐시외(Antoine de Jussiue), 베르나르 드 퐁타넬(Bernard de Fontanelle), 그리고 르네 앙투안 드 레무(René Antoine de Réamur) 등과 같은 과학자들에 의해 그 가치가 제대로 인식되어 평가되었다.[198] 팔리시의 생애는 기술자의 과학적 활력이 다음 세대의 프랜시스 베이컨에게 대단한 영향을 주었다는 점을 예증하고 있다.[199]

휴 플랫

휴 플랫(Hugh Plat)은 런던의 유복한 양조업자의 아들로 태어나 케임브리지 대학교에서 수학한 도시 엘리트의 일원이었다. 그러나 플랫은 순수한 장인 저술가와 베이컨식 과학의 젠틀맨 사이를 잇는 과도기적 유형을 대변한다. 베이컨과 그의 후예들은 정보 제공자인 장인들과 자신들 사이의 계급적 구분을 유지하면서 그들의 지식을 얻으려고 노력했던 반면 플랫은 장인적 활동에 개인적으로 참여하며 궂은일을 마다하지 않았다.

플랫은 법률가 교육을 받았으나 자연 철학에 대한 열렬한 관심을 키워 나갔다. 당시의 학계, 대학 기반의 과학에 별 가치가 없다고 파악한 플랫은 — 그는 베이컨보다 10년가량 선배이다. — "농업, 원예, 그리고 화학에서 실험하고 발명하는 데 여가 시간 전부를 바쳤다." 그러나 고군분투의 한계를 알고는 노동하는 이들과 협력하는 방법을 부지런히 모색했다. 그는 대장장이에게 야금술을 배웠고 "정원사 및 농부와의 서신 왕래를 통해 영국 각지로부터 실제 농업과 원예에 대한 정보를 얻었다."[200]

플랫은 장인들 및 그 자신의 실험적 실천을 통해 얻은 지식으로 10권의 책을 출간했다. 그러나 출판된 저술 외에도 플랫은 엄청난 분량의 육필 원고를 남겼다. 영국 국립 도서관(British Library)에 보관되어 있는 그의 원고는 사회사학자들에게 각별한 사료로 가치가 있다. 길버트나 여타 젠틀맨 저술가와는 달리 플랫은 그의 노동 계층 정보 제공자들의 공적을 인정해 그 이름들을 기록해 놓았기 때문이다. 역사학자 데버러 하크니스는 이 원고에 플랫이 정보를 얻었던 1,700여 명의 직업인(practitioner)의 이름이 수록되어 있다는 사실을 밝혀냈다.[201]

플랫의 저술은 베이컨 등장의 희미한 전조 정도로 해석해서는 안 되며, 오히려 베이컨의 과학 철학에 강력한 자극을 주었다고 보아야 한다. 베이컨의 저술은 플랫과 같은 저자에 대한 대응으로 일부 의도되었다고 하크니스는 추론했다. 베이컨은 플랫 등이 수집한 장인적 지식의 잠재적 힘을 감지하고는, 그것이 초래할 정치적인 영향에 상관하지 않고 그 힘을 해방시키기보다는 자신이 대표하는 지배 계급의 이해를 위해 이를 통제하는 데 관심이 있었다.[202] 플랫이 출간한 책 제목이 보여 주듯, 그 책들은 학계보다는 대중 독자들을 겨냥했다(가장 많이 팔린 책 두 권의 제목은 각각 『예술과 자연의 보석 전시관(*Jewell House of Art and Nature*)』과 『용모, 식탁, 찬장, 그리고 증류소를 꾸미는 숙녀들의 즐거움(*Delights for Ladies, to Adorn Their Persons, Tables, Closets, and Distillatories*)』이다.). 베이컨은 이 새로운 지식을 엘리트 지식인들의 통제 아래 두어 그 힘을 제어하기 위해 노력했다.

베이컨 대 파라셀수스

독자적인 지식 탐구에 대한 베이컨의 반감은 파라셀수스가 시작한, 화학 및 의학 분야에서 혁명적 변화를 유발한 운동에 대한 그의 태도에서 잘 드러난다. 지식인들, 성직에 종사하지 않는 상업적 엘리트들 중 누구를 자기편으로 끌어들이는가를 놓고 파라셀수스와 베이컨의 영향은 서로 경쟁 관계에 있었다. 결국 베이컨주의가 과학 혁명의 주류 이데올로기로 부상하기는 했으나, 파라셀수스적 도전은 — 여러 측면에서 "민중의 과학" 운동이었던 — 주요한 반대 세력을 대표했다.

이 운동의 대표자인 파라셀수스[203]는 실제보다 과장된 인물로 극적인 성향 때문에 가는 곳 어디에나 논쟁을 일으켰으며 그래서 의학 전통에 대한 그의 도전 또한 무시할 수 없을 만큼 커졌다. 이 "의학계의 루터(종교개혁가로 파라셀수스와 동시대 인물 — 옮긴이)"는 오랜 기간 정체되어 있었던 이론의 웅덩이를 휘저었고 치유법에 대한 연구 및 실천에 활기를 불어넣는 한편 분열시키기도 했다.

베이컨과 파라셀수스 모두 지식의 개혁을 추구했으나, 그들이 문제에 대해 접근하는 방식은 서로 다른 동기와 이데올로기에서 비롯되었다. 베이컨이 학자들이 빼앗아 쓰기 위한 원료로서 장인의 지식을 탐냈다면, 파라셀수스는

> 자연적 대상에 직접 작업하는 장인들의 방법이 모든 지식을 획득하는 데 이상적이라고 보았다. 파라셀수스는 이렇게 자연에 대한 무매개적인 노동과 경험 덕분에 장인이 영적으로나 지적으로 학자들보다 우월하게 되었다고 생각했다.[204]

파라셀수스

패멀라 스미스는 파라셀수스가 비록 학자는 아니었지만, 그가 "유럽 문화에서 최초로 물질세계에 대한 장인들의 깨달음을 학문적으로 이야기했다."라고 주장했다. "베이컨의 기여는 이미 장인들이 구축하여 자신의 주변에 존재하고 있던 지식을 성문화한 것이다." 그러나 "개선된 철학에 대한 장인과 기계공들의 기여를 무시했다는 점에서 베이컨은 자칭 새로운 철학자들의 모범을 제공했다."[205]

"치료적 지식이 학문적으로 훈련된 의사들이나 성직자들이 아니라 자연에 대한 무매개적인 경험에서 비롯된다고 주장하는 파라셀수스주의 의학 문헌"에 감화된 "(칼뱅파) 청교도 젠트리, 자작농(yeoman), 장인의 하위문화"의 정치적 위험을 베이컨은 감지하고 있었다. "베이컨은 이 위험이 파괴적이라는 점을 발견하고는, 부분적으로는 여기에 대응하기 위해 스스로의 자연 철학을 구성하기에 이르렀다."[206]

> 파라셀수스의 사고와 급진적 종교 개혁 사이의 공명은 특히 강하다. 급진적 개혁가들은 자칭 성자들로 종종 재세례파(Anabaptist)로 알려져 있는데, 이들은 그들의 구원을 확신하며 신께서 그들을 선택했으므로 …… 속세의 해석자는 필요치 않다고 주장했다. 이러한 근거 위에서 그들은 종종 기존의 권위를 사회 정의와 평등이란 이름으로 공격하기에 …… 이르렀다. 따라서 이러한 급진적 사상에 감화된 독일 농민들은 그곳의 성직자들과 지주들에게 맞서 1525년 대농민 봉기를 일으켰다.[207]

파라셀수스는 이 중요한 투쟁에서 농민 측에 섰다. 자연 철학 연구에서 파라셀수스의 급진성은 성직자 및 의학 엘리트에 대한 그의 거친 비난에서 뚜렷이 드러난다.

> (그들은) 허영심 강하고 탐욕스러우며, 이성과 감정 모두 파산한 이들이다. 그들은 가지고 있지도 않은 지식을 마치 가진 체하며 가난한 자들을 착취한다. 평민들이 상류층들보다 영적으로나 지적으로 더 우월하다. 만약 사회의 명사들이 스스로를 개혁한다면, 그들은 기꺼이 농민과 장인들에게로 가서 …… 자연에 대한 진정한 지식을 흡수하게 될 것이다.[208]

파라셀수스와 파라셀수스주의자들

파라셀수스는 자신을 대중들을 속여 온, 부유하고 재물을 숭상하는 의사들의 아성을 무너뜨리는 민중의 대변자라고 생각했다. 허풍스럽고[209] 대결적인 태도로 인해 많은 영향력 있는 과학계 엘리트들이 그의 적이 되었으나, 파라셀수스가 유발한 격렬한 적대는 기본적으로 그의 비정통적인 생각이나 나쁜 태도에 대한 혐오 때문에 발생한 것이 아니었다. 그의 활동이 기득권을 지닌 의학자 및 의료업 종사자들의 사회 경제적 지위에 분명한 위협을 의미했기 때문이었다.

잠깐이었지만 파라셀수스는 기성의 의료계와 내부로부터 전쟁을 일으킬 수 있는 지위에 몸담은 적이 있다. 널리 알려진 성공적인 치료 덕택에(유명한 인쇄업자이자 출판인인 요한 프로빈[Johann Frobin]을 치료) 그는 1526년 바젤의 시 의사(city physician)이자 대학 교수로 초빙되었다. 파라셀수스는 이러한 지위를 활용해 학계의 의학을 거세게 공격하기 시작했는데, 이것은 1527년 사도 요한의 날(St. John's Day)에 갈레노스 파의 주요 교과서인 이븐 시나의 『의학 전범(*Canon*)』 한 부를 불 속으로 던져 버리며 전통적인 의학의 권위에 대한 그의 경멸을 공개적으로 과시함으로써 절정에 달했다. 파라셀수스는 이 행동으로 악명을 떨치게 되었고, 그다지 놀랍지 않게도 그 직후에 학계에서의 경력을 마감하게 되었다. 이후 파라셀수스는 여생을 이곳저곳 떠돌며 자신의 반체제적인 시각을 널리 전파하는 가난한 치료자로 살았다.

의학부의 엘리트 의사들은 정치적인 힘을 동원해 파라셀수스를 학문의 광장에서 격리시키고 저작의 출판을 막음으로써 그의 영향력을 제한하는 데 성공했다. 지배적인 갈레노스 파 의학 전통을 전복하려는 시도는 생전에 그리 성공적이지는 못했으나 파라셀수스의 카리스마적인 개혁 운동은 소수의 헌신적인 제자를 남겼으며 이들은 그의 사후에도 그가 남긴 메시지를 전파했다.

만약 세대를 이어 그의 주장을 계승한 사람들의 집단적인 노력이 지속되지 못했다면 파라셀수스가 역사에 남긴 영향은 보잘것없었을 것이다. 파라셀수스주의자들의 역사는 과학 — 대안적인 과학 혹은 "민중의 과학"을 포함해 — 이 천재 혼자 이룩한 성과가 아니라 사회적으로 발전하는 것이라는 또 다른 증거를 보여 준다.

파라셀수스주의는 가난한 이들의 운동에서 시작되었으나 학식과 영향력을 갖춘 신봉자들이 여기에 매력을 느껴 참여하게 되면서 변모하게 된다. 1541년 파라셀수스가 사망하고 난 뒤 20~30년 사이에 그의 추종자들은 급격히 늘어났다. 여러 지역을 순회하는 연금술적 치료자들이 운동의 대오를 구축했는데 여기에 더해 아담 폰 보덴슈타인(Adam von Bodenstein)이나 요하네스 후서(Johannes Huser) 등과 같은 저명한 의사들도 이 깃발 아래 모였다. 폰 보덴슈타인은 자신을 "유익하면서도 믿음직한 테오프라스투스(Theophrastus, 파라셀수스의 이름)의 학설을 계승하여 대중적으로 이것을 옹호한, 대학을 졸업한 최초의 의사"라고 묘사했다.[210] 덴마크 왕의 주치의인 저명한 페테르 세베리누스(Peter Severinus)는 파라셀수스의 가르침을 진심으로 받아들였는데, 이것은 1571년에 세베리누스가 자연에 대한 진정한 지식을 갈망하는 이들에게 준 조언에서 잘 드러난다.

> 당신의 땅을, 집을, 옷과 보석들을 파시오. **당신의 책들을 태워 버리시오**. 그리고 튼튼한 신발을 사서 산에 오르고 계곡과 사막, 해안, 그리고 지구의 가장 깊은 곳들을 탐색하시오. 동물들의 특징, 식물들 간의 차이, 다양한 광물의 종류들, 존재하는 모든 것들의 기원의 특성과 양태에 대해 주의 깊게 기록하시오. **농민들의 천문학과 지상의 철학을 부지런히 연구하는 것을 부끄러이 여기지 마시오**. 마지막으로, 석탄을 사고, 가마를 짓고, 참을성 있게 불을 관찰하고 움직여 보시오. **다름 아닌 이 방법으로** 당신은 사물들과 그 특징에 대한 지식에 도달

하게 될 것이오.[211]

파라셀수스와 광부들

파라셀수스주의의 의료적, 그리고 사회적 관점은 이것을 세운 영웅이 평생 관계를 유지한 탄광, 그리고 광부들에 크게 빚지고 있다. 이것은 쌍방향 관계였는데, 파라셀수스는 자연에 대한 지식의 상당 부분을 광부들에게서 배웠으며, 광부들은 몸이 안 좋을 때 그에게 도움을 받을 수 있었다. 특히 그의 『광부병 및 여타 광부들의 질환에 대하여(*Von der Bergucht und anderen Bergkrankheiten*)』는 광부들의 건강에 대한 파라셀수스의 관심을 잘 보여 준다. 이 책은 "직업병을 인식하고 체계적으로 다룬 최초의 의학 논저"[212]로서 이후 직업 의학(occupational medicine)이라고 불리게 될 분야의 첫 사례라는 점에서 중요하다.

파라셀수스는 스위스의 한 가난한 마을 의사였던 아버지 빌헬름 봄바스트 폰 호헨하임(Wilhelm Bombast von Hohenheim)으로부터 임상 의료 및 광업에 대해 처음 배웠다. 1502년 파라셀수스가 9살일 때 그의 가족은 오스트리아 카린티아 지방의 필라흐로 이사했다. 전하는 바에 따르면 이곳에서 파라셀수스의 아버지는 연금술을 수련하는 한편 후텐베르크의 푸거(Fugger, 독일 남부의 상업 도시 아우크스부르크를 거점으로 근대 초기에 번영하던 호상[豪商] 가문인 푸거 가 — 옮긴이)가 설립한 광산 학교에서 학생을 가르쳤다.

파라셀수스는 어렸을 때 이미 필라흐 근처의 광산에서 일을 시작했으며 청년 시절에는 슈바츠 근처의 푸거 광산에서 일했다.[213] 이후 떠돌이 의사로 사는 동안 파라셀수스는 이따금 탄광에서 일하기도 했다. 저서 『대 수술 책(*Von der Grossen Wundarzney*)』에서 그는 20살에서 25살 사이에 슈바츠의 제련 공장에서 일했다고 회고하고 있다. "덴마크와 스웨덴, 그리고 이후에는 마이센과 헝가리를 여행하는 동안 파라셀수스는 이 지역의 광업에 대해 배웠다." 1537년 "푸거 광산 경영진이 야금 작업 책임을 맡기기 위해 그를 필라흐로 부름에 따라 그는 다시 광업과 만나게 되었다."[214]

파라셀수스는 페라라 및 다른 곳에서 얼마간의 대학 교육을 받은 것으로 보인다. 그러나 그가 정규 교육을 어느 정도 받았는지는 정확히 알려져 있지 않다. "파라셀수스가 어디에서 의학을 공부했는지, 그리고 만약 의학 박사 학위를 받았다면 어디에서 받았는지는 분명하지 않다. 그는 아마도 기초적인 의학 훈련을 아버지로부터 받았을 것이다."[215] 또한 그가 라틴 어에 능통했는지 역시 알 수 없다. 파라셀수스는 "의료 기득권층이 사용하던 '라틴 어의 독재'에 대한 대대적인 정치적 공격의 일환으로 독일어를 활용했다."라고 알려져 있다.[216] 대학 교수로 있는 동안,

> 파라셀수스는 라틴 어가 아니라 독일어나 스위스 방언으로 강의했다. 그가 학구적인 분위기가 아닌 탄광촌에서 자라났기 때문에 가능했으며 그렇지 않았다면 불가능했을 테지만, 이것은 그의 동료들에게는 최후의 도발이었다. 이를테면 오늘날 의대 교수가 도둑들끼리 통하는 은어로 강의를 하는 것처럼 보였다. 더구나 이것은 직업적 비밀주의에 대한 배신이었다. 라틴 어는 난해한 언어였기 때문에 하찮은 이들이나 지식을 악용할 소지가 있는 이들에게 지식을 전파하지 않기 위해 사용되었다.[217]

파라셀수스가 광산에서 시간을 보낸 덕에 그는 당대 가장 최신의 야금술 지식을 접할 수 있었다. 이 경험이 그의 의학 이론 및 실천에 미친 영향은 명백하다. 파라셀수스주의 의학의 대표적인 특징은 바로 금속을 제

약의 원료로 쓴다는 데 있다. 정통적인 의료 행위는 거의 전적으로 식물에서 생산한 약품에 의존했다. 의학에 화학적 방식을 도입한, 혹은 약전(藥典)에 금속 물질을 추가한 최초의 인물이 파라셀수스는 아니지만, "약초학자"와 "금속 사용론자" 간 치료법을 둘러싼 논쟁에서 그는 후자의 집단을 대표하는 인물이다.

광산 및 제련소에서 배운 야금술 공정을 통해 파라셀수스는 자신의 의학 이론에 기반이 되는 연금술 지식의 토대를 마련할 수 있었다. 그에게 연금술의 목적은 열등한 금속을 금으로 바꾸는 게 아니라 금속을 유용한 약품으로 변형시키는 데 있었다. 전통적인 의사들이 수많은 생소한 재료를 섞어서 합성물을 만든 반면 파라셀수스는 정반대의 접근법을 주창했다. 즉 연금술을 통해 의료적으로 유효한 요소만 남도록 물질을 가장 단순한 수준 — 물질의 **정수**(quintessence) — 으로 환원하는 방식이다. "이열치열"식의 동종 요법(同種療法, 다량 복용할 경우 특정 질병과 유사한 증상을 일으키는 물질을 찾아, 그 질병에 걸렸을 때 이를 소량만 복용함으로써 인체의 자연 치유력을 자극, 질병을 치유하는 방법 — 옮긴이) 원리에 따르면, 납을 캐는 광부들을 괴롭히는 모든 질병 종류에 대한 효과적인 치료제는 납의 환원을 통해 얻을 수 있으며, 은이나 여타 광물을 캐는 광부의 질병도 마찬가지 방법으로 대처할 수 있다.

민속 치료가들이 창안한 동종 요법에 대한 파라셀수스의 지지는 기꺼이 그들로부터 배우는 동시에 그 지식의 중요한 부분을 자신의 체계와 통합시키고자 하는 의도를 잘 보여 준다. 갈레노스 의학은 정반대로 "상극으로 치료"한다는 원칙 위에 기반하고 있다. 발열로 "덥고 건조한" 증상을 보이는 환자에게 갈레노스 의학을 따르는 의사라면 "차갑고 습한" 요소로 구성된 약을 처방하는 식이다.

파라셀수스는 자신이 민속 의료에 빚지고 있다는 점을 분명히 밝히고 있다. 그는 "의사는 학교에서 가르치는 보잘것없는 지식에 안주해서는 안 되며, 할머니나 이집트인 등과 같은 이들에게서 배워야 한다. 그들은 이러한 일에 대해서는 어떤 학자보다도 더 대단한 경험을 가지고 있다."[218] 파라셀수스는 "의사뿐만 아니라 이발사, 목욕탕 시중꾼, 박식한 치료자, 할머니, 마술사(혹은 그들 스스로 붙인 이름으로는 **흑마술사**), 그리고 연금술사, 수도승들, 귀족들, 평민들, 지혜로운 이와 어리석은 이들"로부터 모두 정보를 얻었다.[219]

현대적 관점에서 보면 파라셀수스의 연금술 및 철학 관련 저술 중 많은 부분이 신비주의적이고 "비과학적"이다. 이것은 어느 정도는 그가 기술적인 비밀을 유지할 필요를 느낀 탓이라 할 수 있고, 또한 어느 정도는 16세기 스위스의 독일어에는 잘 발달된 과학 용어 자체가 부족해서 작업을 계속하기 위해 종종 새로운 용어를 창안해야만 했기 때문이라고도 볼 수 있다. 그러나 사실 이런 느낌은 주로 근대의 세계관과는 양립할 수 없는 그의 전근대적인 철학적 세계관에 기인한다. 파라셀수스의 목적이나 표현 양식은 현대의 독자들에게 이질적으로 보일 테지만, 그와 그의 계승자들이 자연에 대한 지식의 확장을 위한 탐험에 참여했던 것은 분명하다.

파라셀수스주의 의학 특유의 내용 대부분은 이미 오래전에 폐기되었지만 의학에서 화학의 중요성을 강조한 부분은 영속적인 기여로 남아 있다. 가장 중요한 점은 파라셀수스주의 의학이 갈레노스 전통을 앞장서 공격함으로써, 현대 의학이 탄생해 발전할 수 있는 대안적인 의학적 관점을 마련할 수 있도록 길을 닦는 데 없어서는 안 될 역할을 했다는 사실이다.

내과 의사, 외과 의사, 약제사, 그리고 "돌팔이들"

파라셀수스와 기성 의료인들 사이를 멀어지게 한 핵심 논점은 "내과 의사가 아닌 외과 의사는 있을 수 없다."라는 그의 주장이 내과 의사(physician)와 외과 의사(surgeon)를 구분한 중세 전문직의 관계를 공격한 데서 비롯되었다.[220] "중세 시대부터 의료인들은 자신들의 전문적인 위계를 조직할 때 내과 의사들을 가장 상위에, 외과 의사들과 약제사들은 그 아래에 두었으며 여타의 치료자들은 '돌팔이들'이라며 무시하고 얕잡아 보았다."라고 로이 포터는 설명하고 있다.[221]

갈레노스의 시대에 외과술은 일종의 손기술이라고 천시되었으며, 엘리트 의사들은 성직자들이고 교회의 말이 곧 법이었던 때인 1163년 개최된 투르 공의회에서 "**교회는 피를 흘리지 않는다**(*Ecclesia abhorret a sanguine*)."라는 말로 외과술과 의학의 구분을 공식화했다. 의료 행위와 외과술의 분리는 "양편 모두에게 큰 손실"이었으나 이후 7세기 동안이나 지속되었다.[222]

사회적으로 강제된 의료 노동의 구분을 비판한 16세기 인물은 파라셀수스 말고도 또 있었다. 그와 동시대 인물이자 저명인사인 안드레아스 베살리우스 또한 "치료의 기법들이 아주 형편없이 쪼개져 있다."라고 한탄하며 "'내과 의사'라는 이름을 악용하는 의사들"은 대부분의 의료적 절차를 "그들이 부르기로 '손기술 의사들(Chirurgians)'에게"로 넘기고는 "외과 의사들을 마치 하인인양 생각한다."라고 비난했다. 베살리우스가 보기에 "우아한 의사들은 손으로 일하는 것을 부끄러워하며," 따라서 "그들은 그저 옆에 서 있으면서 환자들에게 어떤 처치를 해야 할지를 그의 하인들에게 명한다."[223]

이러한 비판에도 불구하고 의학과 외과술 부문은 18세기 후반의 "혁명의 시대" 전까지는 계속 분리된 채로 남아 있었다. "프랑스 대혁명의 가장 큰 기여 중 하나는 내과 의사와 외과 의사의 구분을 없애서 결과적으로 통합된 의료 전문가를 만들어 냈다는 데 있다." 미국 혁명 또한 비슷한 효과를 낳았다. "내과 의사와 외과 의사 간의 잘못된 분리는 (미국에) 뿌리를 내리지 못했다. …… 이것은 말할 것도 없이 미국 외과 의사들이 일찍부터 탁월할 수 있었던 이유 중 하나이다."[224] 근대적인 의료 행위는 이렇게 사회 혁명의 시련 속에서 형성되었다.

그러나 외과 의사와 약제사들이 받은 교육이나 조직의 형태를 볼 때 과학 혁명 기간 동안 그들이 장인의 지위에 있었다는 점은 분명하다.

> 유럽 대부분에서 외과술은 계속해서 도제식으로 학습되었고 동업 조합(길드)에 의해 조직되었다. 런던의 마스터 외과 의사들의 동업 조합은 1368년 조직되었고, 런던 이발사 동업 조합 혹은 직업 조합은 1462년 에드워드 4세(Edward IV)로부터 설립 허가장을 받았다. 그리고 1540년 외과 의사 동업 조합은 의회법에 따라 이발사 조합과 합병되어 이발사-외과 의사 조합이 되었다.

한편 '영국의 약제사들(혹은 약종상)'은 식료품 상인 동업 조합의 하위 분과로 1607년 조직되었고 1617년에는 독립적인 조직을 만들 수 있었다.[225]

그리고 기성 의료계 질서에는 이발사 — 외과 의사나 식료품상 — 약제사 아래에 자리한 집단도 있었다.

> 매우 다양한 조직되지 않은 기술자들이 있었으며 그들은 조직된 직업인들이 보통 맡지 않는, 종종 고도의 숙련이 필요한 의료 절차를 수행했다. 이러한 집단의 구성원에는 안과 의사, 발치인, 방광 결석 제거인, 그리고 돌팔이 의사

(quack salver) 등이 있었는데, 이들은 의료 행위를 하기 위해 동업 조합에 신청하고 수수료를 내야 했다.[226)]

그러나 "경험에만 의존하는 이들"과 민간 치료자들이 지위는 낮았지만 치료의 효과라는 점에서 엘리트 내과 의사들만큼은 된다고 널리 알려져 있었다. 다음과 같은 토머스 홉스의 말은 일반적인 평가와 크게 다르지 않다. "나는 가장 많이 배운, 그러나 경험이 없는 내과 의사보다는 수많은 병자의 머리맡을 지켜 온 경험 많은 할머니의 치료를 받거나 조언을 듣는 편을 택하겠다."[227)] 헨리 8세(Henry VIII) 시대에 "신으로부터 특정한 약초, 뿌리, 물의 성질, 종류, 작용에 대한 지식을 부여받았으며, 통상적인 질병으로 고통을 겪는 이들에게 이것을 사용할 수 있도록 허락받은 몇몇 믿음직한 남성뿐만 아니라 여성 개인들"에게까지 법적 보호를 확장한다는 법률[228)]이 통과됨으로써 비정규 치료사들은 사회적으로 그 가치를 확실히 인정받았다. 심지어는 1784년까지도 존 버켄하우트(John Berkenhout)는 "수많은 명백한 사실을 볼 때 현재 영국에 확립된 의료 행위는 폐하의 백성들의 삶에 대단히 해를 끼치고 있다. 나는 나이 든 여성들의 수완을 선호하는데 왜냐하면 그들은 날카로운 도구들을 가지고 놀지도 않으며 『약물학(*Materia Medica*)』에 나오는 독한 약물에 대해서도 잘 모르기 때문"이라고 단언할 정도였다.[229)]

날카로운 도구들과 독한 약물에 대한 버켄하우트의 언급은 엘리트 내과 의사들이 "극단적인 개입", 즉 득보다는 실이 많은 충격 요법에 상당히 의존했다는 점을 시사한다. 대량의 피를 뽑아낸다거나(사혈 혹은 방혈 요법), 감홍(甘汞, 염화제일수은)을 다량 주사해 배변을 촉진하는 방법이 19세기 동안에도 정통적 치료를 위해 동원 가능한 무기로 최전방에 자리하고 있었다. 내과 의사들은 정맥 절개나 거머리를 활용하는 사혈을 **처방**했고,

이 처치는 이발사 혹은 이발사-외과 의사들이 수행했다. 그러나 이러한 거친 치료로 인해 환자가 겪게 되는 모든 고통과 엄청난 불편에도 불구하고, 이 요법들이 실제로 상처를 낫게 하거나 병을 고치는 능력은 사실상 없었다. 만약 정규 교육을 받지 않은 치료자들의 방식이 대학에서 훈련받은 의사들보다 뛰어났다면, 그것은 이 치료자들이 유해한 극단적 처치를 피하고 그저 자연스레 나을 수 있도록 했기 때문이었다. 그래서 어떤 사회 계급을 막론하고 아픈 이들은 종종 "할머니"들과 그들의 간호, 그리고 자극이 덜한 약초를 찾았다.

한편 외과 의사들, 특히 그중 지위 상승을 꿈꾸는 이들 또한 사혈 이외의 극단적인 방법을 동원했다. 16세기 프랑스에서 정통적인 외과적 치료법을 규정한 이들은 생콤 외과 의사 대학교(Surgeons' College of Saint Cosme) 소속 학자들이었다. 상처 치료의 표준적인 방식은 소작(燒灼, 뜸질 혹은 지지기)이었는데, 뜨겁게 달군 쇠를 상처 부분에 대는 방법이었다. 총상 환자들에게는 고통스럽기로 이와 다를 바 없는 끓는 기름을 썼다. 이런 끔찍한 방법을 정당화한 이론은 바로 이 방법들이 "독"을 제거하고 상처 주변이 곪는 것을 방지한다는 잘못된 믿음이었다. 다행스럽게도 프랑스 군의관 앙브루아즈 파레(Ambroise Paré)가 이 이론을 반증했다.

1510년생인 파레는 이발사 — 외과 의사의 아들로 도제가 되어 그 또한 이발사 — 외과 의사가 되기 위한 훈련을 받았다. 그러나 군의관으로서 전장에서 용맹을 떨친 덕에 그는 왕에게 상을 수여받았으며 1552년에 앙리 2세(Henri II)의 외과 의사가 되었다. 수년 후 "생콤 대학교의 엘리트 외과 의사들은 심지어 라틴 어도 모르는 이 이발사를 동료로 받아들여야만 했다."[230]

파레가 소작의 효과에 의문을 품게 된 행운의 사건은 그가 유명해지기 전인 1536년에 일어났다. 프랑스 군에 속해 참가한 첫 전쟁 중에 파레는 끓여야 할 기름을 다 써 버렸다. 대체할 무언가가 필요했고 그는 몇몇 병사의 상처를 "계란 노른자, 장미유, 그리고 테레빈유의 혼합제"로 치료했다. 다음날 그는 순한 연고를 바른 쪽이 끓는 기름을 부은 쪽보다 상태가 더 좋다는 사실을 발견하고는 깜짝 놀랐다. 그래서 파레는 "총상을 입은 불행한 이들을 더는 잔인하게 태우지 않겠다고 스스로에게 맹세했다."[231]

파레는 이 발견을 더 밀고 나아가, 절단 수술 후 지혈을 위해 그 부위를 달군 쇠로 지지던 정통적인 방식에도 이의를 제기했다. 현대인의 관점에서는 마취제의 도움 없이 사지를 절단당하는 고통을 생각하기조차 어려운데, 여기에 더해 절단 직후 달군 쇠를 대기까지 한다고 상상해 보라. 파레는 혈관을 잘 봉합하기만 한다면(혈관 결찰법) 이 과정을 거치지 않아도 된다는 점을 보여 주었다.

파라셀수스처럼 파레 역시 민간요법에서 배울 점이 많다고 느꼈다. 한 귀족의 주방에서 일하는 어린 하인 하나가 끓어 오르는 기름이 담긴 가마솥에 빠져서 화상을 입어 치료가 필요하자, 파레는 약종상에게 찾아갔는데 그곳에서 "한 시골 할머니"를 만났다. 이 할머니는 파레에게 양파와 소금으로 만들 수 있는 연고 제조법을 알려 주었고, 파레가 이를 만들어 환자에게 발라 보니 물집을 줄이는 데 굉장히 효능이 뛰어났다.[232]

한편 또 다른 주목할 만한 16세기 외과술의 혁신은 파레보다 그 사회 계급이 낮은 스위스의 한 치료자의 손에서 탄생했다. 생계를 위해 가축들을 거세하는 일을 한 덕분에 외과 수술용 칼을 잘 다루게 된 야코프 누페르는 1500년경에 살아 있는 산모를 개복해 분만하도록 했다. 이것은 기록으로 남아 있는 최초의 제왕 절개 수술이다. 옛날부터 이 수술은 사망한 산모에게 실시되고는 했는데 왜냐하면 로마법에서는 죽은 산모와 태아를 별도로 매장하도록 정했기 때문이었다. 그러나 스위스의 돼지 거세인이 배를 갈라 아기를 꺼낸 산모는 이후 아이를 더 낳은 것은 물론 77세까지 살았다고 전해진다.[233] 누페르의 성공은 그다지 자주 되풀이되지는 않았으며 20세기 들어 소독이 표준화되기 전까지는 대단한 운이 따라야만 성공할 수 있는 수술이었다. 그러나 이상적인 상황이라면 외과 의사들이 무엇을 이루어 낼 수 있는지 보여 주었다는 점에서 이 수술은 중요했다.

근 300년이 지난 후에도 외과적 지식의 주요한 진전은 가장 예기치 않았던 출처를 통해 이루어졌다. 1793년 3월 당시 영국의 식민지 인도의 푸나에 있던 영국인 외과 의사 토머스 크루소(Thomas Cruso)와 제임스 트린들리(James Trindlay)는, 카스트 상 낮은 지위에 있는 벽돌공이 코가 거의 떨어져 나간 불운한 소몰이꾼의 성형 수술을 성공적으로 해내는 장면을 목격했다. 크루소와 트린들리는 그림을 덧붙여 수술 과정을 기술한 문서를 출간했다. "영국인 외과 의사들이 보고한 미천한 벽돌공은 그들이 지금까지 본 어떤 기술보다 우월한 기술을 활용하여 피부 이식 및 코 재건 수술을 훌륭하게 실시했다. 이것은 '힌두식 방법'이라는 이름으로 유럽에 전파되었다." 그 벽돌공은 아마도 문맹이었을 것이므로, 그가 선보인 방법은 "교육받은 외과 의사들의 의료 행위와는 별개로 전해져 내려온 것으로 보인다."[234]

동종 요법, 수치료법, 그리고 톰슨식 치료법

기존의 의료 행위와 대안적 방식 간의 긴장은 과학 혁명기를 지나서도 여전히 남아 있었다. 18, 19세기 동안 정규적인 의료 전문가들은 과학적 의학에 대한 독점권을 주장하며 비정규적인 치료인들과 자신을 구분 지으려 더욱 노력했다. 그러나 "18세기의 과학적 진보는 환자를 직접적으로 치료하는 데 거의 도움이 되지 않았"으므로, "환자의 고통을 없애고 치료하는 데 내과 의사들이 기여한 바는 매우 제한적이었다." 19세기 말에는 과학이 질병의 원인을 밝혀내기 시작했지만 여전히 치료를 하지는 못했다. "1880년 이후 반세기 동안은 의사들이 질병을 과학적으로 진단은 할 수 있게 되었지만 치료에서는 여전히 무능력했다." 정통적인 내과 의사들이 스스로가 과학적인 척한 것은 치료자로서 그들의 무능함과 결합하여 "인민주의적이고 반엘리트적인 반발이라는 반대 경향을 초래했다."[235]

초기의 징후는 『가난한 자의 구급상자(*The Poor Man's Medicine Chest*)』(1791년)와 같이 가격 부담이 덜한 책들이 대중들에게 널리 보급되어 엘리트 의학의 원칙들이 일반인들에게도 알려지게 된 데서 나타난다. 영국에는 윌리엄 뷰칸(William Buchan)의 『가정 의학(*Domestic Medicine*)』(1769년), 프랑스에서는 사무엘 티소(Samuel Tissot)의 『보건에 대한 여론(*Avis au people sur la santé*)』(1761년), 그리고 북아메리카 식민지 지역에는 존 테넌트(John Tennent)의 『모든 이에게 주치의(*Every Man His Own Doctor*)』(1730년대) 등이 그러한 책들이다. "이러한 많은 저술들처럼, 뷰칸의 책은 급진적인 메시지를 전했다. 비록 그는 훈련된 내과 의사였지만, 의료 전문가들 소수가 권력을 독점하고 있다고 비난했다. 의학을 모두에게 열어 놓기 위해 뷰칸은 인권 실현으로서의 의료 민주주의를 지지했다."[236]

더욱 급진적인 발전은 이전 파라셀수스주의자들에서 잠시 보았듯 전통적인 의료 행위뿐만 아니라 그 이론적인 기반에 대해서도 도전하는 사회 운동의 고양에서 비롯되었다. 대안적인 치료 분야 중에서도 "탁월한 착상이자 선구자"는 바로 동종 요법이었다. 사무엘 하네만(Samuel Hahneman)이 라이프치히에서 새로운 의학 학설을 최초로 주장했을 때

"격분한 라이프치히의 대학 교수들 및 약제사들은 하네만이 의료 행위를 할 수 없도록 금지령을 내렸고 그는 엘리트에 저항하는 모임이 있는 곳이라면 어디든 참석했다."[237] 하네만은 파리에서 마침내 그의 진가를 알아보는 대중들을 만날 수 있었다. 19세기 말에서 20세기로 들어서며 동종 요법은 유럽과 미국에서 대중적인 인기를 얻었다. "중간 및 상류 계급들은 이 자극이 덜한 의학으로 몰려들었는데, 그들은 이 방식이 무지막지한 하제, 독성을 띤 광물성 혼합물, 과격한 방혈과 같은 정통 의료에서 잠시 벗어날 수 있는 길이라고 보았다."[238]

동종 요법의 성공에 힘입어 또 다른 대체 의료 운동들이 자연의 치유력에 기반한 온건한 치료를 제시하며 그 모습을 드러냈다. 그중 하나는 수치료법(水治療法)으로, 오스트리아 실레지아의 농부이자 민속 치료사였던 빈센트 프리스니츠(Vincent Priessnitz)가 1820년대 창안한 방식이다. 프라이스니츠는 온천을 개장하는 한편, 많은 양의 찬물을 마시고, 찬물에 몸을 담그고, 찬물로 관수욕(거센 물줄기를 맞는 목욕 방식 — 옮긴이)을 하는 것이 건강에 이롭다고 설파했다. 애초에 정통 의료에서는 수치료법을 비과학적이라고 무시하려 했으나 결국 찰스 다윈과 같이 유명한 과학자들의 호의와 내과 의사들의 지지를 얻게 되었다.

이러한 유럽의 의학 분파들은 미국에서 가장 큰 성공을 거두게 되는데 이에 따라 미국의 토착적인 변종들도 아울러 등장하게 되었다. 그중 첫 번째가 바로 "민중의 보건 운동"인 톰슨주의로, 제창자인 새뮤얼 톰슨(Samuel Thomson)은 "책 의사(book doctor)"들과 광물 성분 약품을 대량 투여하는 그들의 행태를 비난했다. "한 할머니"에게서 약초에 대해 배운 톰슨은 식물 기반 의료를 지지했다.[239] 미국에서 또 다른 매우 중요한 흐름은 접골 요법과 척추 교정 요법이었다. 이 둘은 각각 1874년 미주리 주의 앤드루 테일러 스틸(Andrew Taylor Still) 박사와 1895년 아이오와 주의 대니얼 데이비드 팔머(Daniel David Palmer)가 주창했다.

의료 과학에 대한 포괄적인 민중사에서는 이렇듯 정통 의학에 대한 도전으로 널리 알려진 주요 흐름들과 함께 지금은 잊혀진 수많은 소소한 흐름들도 살펴보아야 한다. 19세기 대체 의료 운동은 엘리트 "대증 요법적" 의료 행위를 변화시켰다. 대증 요법을 사용하는 측은 널리 보급된 경쟁 요법들을 그저 무시할 수만은 없게 되었고 이에 따라 수렴 현상이 일어났다. 많은 정통적인 내과 의사들이 개별적으로 새로운 학설에 설복되는 한편, 혁신가들 몇몇은 과학적 존중을 얻는 대신 기성 체제로 포섭되었다. "과학적 의료"는 마침내 오랫동안 사용해 온 유해한 극단적인 치료 방식을 포기했는데, 이러한 변화를 이끌어 낸 것은 새로운 과학적 증거가 아니라 바로 대체 의료 부문과의 경쟁이었다.

아그리콜라, 비링구치오, 그리고 광부들

한편 16세기를 다시 돌아보면, 파라셀수스 이외에도 몇몇이 자연에 대한 지식을 얻기 위해 광산에 주목했다. 게오르그 바우어(Georg Bauer)의 『광물에 관하여(*De re metallica*)』는 "가장 위대한 과학 고전 중 하나"라는 명성을 얻었다.[240] 라틴 이름인 아그리콜라(Agricola)로 역사에 기록되어 있는 바우어는 장인-저술가가 아니라 의사이자 대학에 소속된 학자로 라틴 어와 그리스 어를 가르쳤다.[241] 그러나 1556년 출간된 야금학에 대한 그의 유명한 저술은 라틴 어로 씌였는데, 이 책은 그가 광부들 및 금속 직공들과 직접 접촉하는 한편 학자가 아닌 이들이 쓴 지방의 문헌들로부터 정보를 얻은 덕분에 탄생할 수 있었다.

바노초 비링구치오(Vannoccio Biringuccio)가 쓴 『불꽃에 관하여(*De la*

A, B—TWO FURNACES. C—TAP-HOLES OF FURNACES. D—FOREHEARTHS. E—THEIR TAP-HOLES. F—DIPPING-POTS. G—AT THE ONE FURNACE STANDS THE SMELTER CARRYING A WICKER BASKET FULL OF CHARCOAL. AT THE OTHER FURNACE STANDS A SMELTER WHO WITH THE THIRD HOOKED BAR BREAKS AWAY THE MATERIAL WHICH HAS FROZEN THE TAP-HOLE OF THE FURNACE. H—HOOKED BAR. I—HEAP OF CHARCOAL. K—BARROW ON WHICH IS A BOX MADE OF WICKER WORK IN WHICH THE COALS ARE MEASURED. L—IRON SPADE.

제련법. 아그리콜라의 『광물에 관하여』에 실린 삽화

pirotechnia)』(1540년)는 아그리콜라가 정보를 얻은 중요한 책 중 하나로, 야금술에 대한 "최초의 포괄적인 교과서"였다. 한 과학사학자는 "야금술의 역사학이 매우 오래되었다는 점을 참작하건대," 비링구치오의 저술과 같은 책이 "1540년에서야 나타났다는 점"이 놀랍다며 다음과 같이 지적했다. "그 이유는 간단한데, 야금술사들은 노동자이거나 혹은 잘해야 기술자들로, 이들은 쓸 줄 모르거나 저술에 관심이 없었다. 반면 배운 이들은 야금술에 무관심했다."[242)]

비링구치오는 대학 교육을 받은 이가 아니라, "기술자이자 기업가였는데, 르네상스 시기에는 그와 같은 이들을 위한 공식 훈련 과정이 없었다. 그는 작업장에서 독학해야 했다."[243)] 그러나 비링구치오의 이탈리아 어로 된 논저들 또한 완전히 새로운 성과는 아니었다. 이전에도 이 주제에 관해 독일어로 쓰인 소책자가 적어도 두 편 출간된 바 있다. "광업 분야에서 최초로 발간된 책"인 『실용 광산 수첩(*Eyn Nützlich Bergbüchlein)*』은 1505년에서 1510년 사이에 출판되었다. "이 책은 광부들이 알아야 할 종류의 지식, 필요한 도구, 일곱 가지 금속의 광석과 그 조합 및 산출 등을 쉬운 표현으로 전하고 있다." 그리고 다른 한 편은 『탐사 수첩(*Probierbüchlein)*』(1524년)으로, "모든 주조 마스터, 분석 마스터, 금세공인, 광부 및 금속 상인들을 위해서" 집필되었다. 이름 없는 이 책의 편찬자는 "상당한 경험을 갖추었지만 거의 문맹이었음이 분명하다."[244)]

『광물에 관하여』의 집필에 영감을 준 것은 아그리콜라를 둘러싼 경제적 환경이었다. "요아힘스탈, 켐니츠, 프라이부르크 등 그가 생의 대부분을 머물렀던 독일 도시들은 모두 광업 중심지였다. 이 덕분에 그는 지질학, 광물학, 그리고 이와 관련된 물리, 화학적 주제들에 대해서 강한 호기심을 키워 나갈 수 있었다." 그러나 직접적인 야금술 경험이 없었던 아그리콜라는 책 집필을 위해 다른 이들의 지식에 의존했다.

사실 그는 자신이 살아 있는 동안 출판되었던 독일의 소책자들과 비링구치오의 책을 도용했다. 그가 불신하고 경멸했던 수많은 연금술 문헌들 또한 얼마간 사용했다. 그러나 아그리콜라의 주된 정보원은 독일과 이탈리아에서 그의 눈으로 직접 보았던 노동의 전통, 그리고 그가 귀로 직접 수집했던 구술 전통이었다.[245)]

아그리콜라는 "광산과 제련소를 방문하고 광부들 가운데 학식 있는 이들과 교류하는 데" 자신이 상당한 시간을 사용했음을 인정한 바 있다.[246)] 그는 "박식한 광부"인 로렌츠 베르만(Lorenz Berman)에게 1530년 그가 출판한 책『베르마누스(*Bermannus*)』속 대화의 주인공 역할을 맡겼다.[247)] 조지 사턴은 아그리콜라에 대해 이렇게 평했다. "노동자들과의 교제 덕분에 그는 경험주의자로서 당대의 광부들, 야금학자들, 대장장이들의 지식을 가능한 명확하게 서술하는 한편 그들이 사용하는 방법과 요령들을 묘사할 수 있었다."[248)]

"한 현대 야금학자는" 르네 데카르트와 그 추종자들이 금속에 대한 지식에 기여한 바에 대해 "선견지명"이라 평하고 있는데, 이 또한 장인들과의 직접적인 교류로부터 유래된 것이다. "1639년 1월 9일 데카르트가 마린 메르센느(Marin Mersenne)에게 보낸 편지에서 강철의 담금질을 토론한 내용을 보면 그는 대장간에서 얼마간의 시간을 보냈던 것으로 보인다."[249)] 또한 "그가 쓴『철학의 원리(*Principia philosophiae*)』(1644년)에서의 강철 제조에 대한 서술은, 용광로 바닥에 녹은 무쇠에서 환원되는 연철의 과립형 특성을 관찰한 사람만이 쓸 수 있는 내용이었다."[250)]

재료 과학의 발전에서 광부들의 역할은 16세기 및 17세기를 넘어서도 계속되었는데, 그들이 앙투안 로랑 라부아지에(Antoine Laurent Lavoisier)의 이름과 연관된 "새로운 화학"에 영향을 주었다는 점이 이 사실을 잘 보여 준다. 시어도어 포터(Theodore Porter)는 "18세기 화학의 가장 근본적인 성과 중 하나는 단일 물질(simple substance, 지금의 원소와 비슷한 개념 — 옮긴이)의 분석적 정의를 선언한 것"이었다며, 이것은 "광부와 광물 분석가들의 오래된 전통"으로부터 비롯되었다고 설명했다. 라부아지에와 그의 동료들은 "광부들의 실용적이고 분석적인 가정들을 실험적, 그리고 이론적 화학을 위해 사용 가능한 진술들의 집합으로" 변형시켰다. 이들은 "분석가들 및 광물학자들이 경험적 방법론으로 주창했던 단일 물질이라는 실용적 개념을 화학 이론의 확고한 기반을 구축하기 위해 그대로 받아들였다."[251]

근대 과학 문화의 기술적 기원

17세기 신과학을 대중에게 알린 주요한 인물 중 하나인 토머스 스프랫(Thomas Sprat)은 장인, 상인, 시골 사람들이 그들 자신을 표현하는 방식의 "수학적 평탄함", 즉 "정밀하고 꾸밈없으며 자연스러운 이야기 방식"을 과학자들에게 모방하라고 권했다.[252] 그러나 이들 직설가들이 말했던 내용은 그들이 이야기했던 방식보다 더 중요했다. 장인-저술가들이 쓴 책들은 "자연 철학자들에게 그저 '원자료'를 전달하는 수동적인 도구가 아니라, 근대 초기에 과학 문화를 형성하는 데 도움이 되는 것으로 입증된 가치와 태도를 운반하는 역할을 했다."[253] 실험적 실천에 대한 긍정적인 평가가 가장 뚜렷했지만, 이뿐만 아니라 다른 새로운 태도들도 있었다. 종종 프랜시스 베이컨에게 그 공이 잘못 돌려지고는 하는 그러한 태도들 중에는 과학이 **진보**를 구현하고 있다는 개념, 과학은 **유용**하며 **공익**에 이바지할 수 있다는 개념, 과학은 **집단적**, **협력적**, 그리고 **장기간에 걸친**

사업이라는 개념 등이 있다.

학자들이 장인과 "신분이 낮은 기계공"에게서 지식을 얻을 수 있다는 생각의 창안자가 베이컨이 아니었던 것처럼, 베이컨으로부터 유래되었다고 널리 알려진 철학적 혁신들 또한 실은 그렇지 않았다. 비록 그의 생각이 완전히 독창적이지는 않았지만 베이컨은 후대의 엘리트 과학자들에게 누구보다 성공적으로 이 생각들을 전파했으며 그에 따라 근대 과학의 강령적 기반을 마련할 수 있었다.

그러나 과학적 발견의 유용성이나 공공에 주는 이득과 같은, 오늘날 당연하게 받아들여지고 있는 이 가장 본질적인 "베이컨적인" 이상들은 베이컨 이전에 이미 존재하고 있었다. 그 이상들은

> 예술가, 기구 제작자, 그리고 대포 제조공 등과 같은 뛰어난 장인들이 저술한 여러 논저들에 표현되어 있었다. 때로 이 장인들은 논저를 통해 동료 장인들의 기술적 숙련을 진작하려는 의도를 드러내기도 했다. 이러한 진술들은 진보라는 근대적 이상의 사회적 뿌리를 보여 준다. 오늘날의 관점에서 이것은 아마 진부해 보일 것이다. 그러나 고전, 스콜라 철학, 그리고 인문주의 문헌들에는 …… 점진적으로 향상하는 지식의 필요성에 대한 진술이 없었다는 사실을 잊어서는 안 된다.[254)]

과학이 "개인적이지 않은 목적을 위한 협력의 산물이자, 과거와 현재 및 미래의 모든 과학자들의 협력의 산물"이라는 생각 또한 베이컨이 고안한 중요한 관념이라고 보통 인식되고 있다. 질셀에 따르면, 이 생각이 오늘날에는

> 거의 자명한 것으로 여겨지고 있다. 그러나 브라만교, 불교, 이슬람교, 가톨릭

> 스콜라 철학, 유교 학자들 혹은 르네상스 인문주의자, 철학자, 고전 고대의 웅변가 중 어느 누구도 이 이상에 대해 아는 바가 없었다. 이것은 근대 서양 문명, 그리고 과학적 정신의 뚜렷한 특징이다.[255]

그러나 과학적 협력을 위한 베이컨의 처방은 "(기술자들의) 실천의 일반화였을 따름이었다." 비록 이러한 생각이 "프랜시스 베이컨의 저작 속에서 최초로 완전히 발전되어 드러났다."라고 하지만, 이것은 궁극적으로 "근대 과학적 절차의 여러 다른 요소들처럼, 15세기와 16세기의 탁월한 장인들로부터" 유래되었다.[256] 베이컨은 여기에 엘리트적인 요소를 더했다. 유토피아적 논저인 『새로운 아틀란티스(*The New Atlantis*)』에서 베이컨은 미래의 이상적인 과학 기관을 그려 냈다. 이 상상 속 기관 "솔로몬의 집"을 살펴보면 베이컨이 과학의 집단적 속성을 명확히 이해하고 있다는 점을 알 수 있다. 그러나 그가 그린 협력은 계층화된 사회를 반영하고 있었는데, 베이컨은 이러한 사회 계층화가 불가피하다고 보았다.

> 자연 철학의 개혁을 위한 베이컨의 기획은 노동 분업과 책임의 위계를 강조했다. 베이컨은 많은 조력자들의 협력이 과업의 성공을 위해 필수적이라는 점을 잘 알고 있었지만, 여기서 조력자들은 서로 다른 두 종류로 나뉜다. 하나는 다수의 하급 노동자들이고, 다른 하나는 소수의 "자연의 해석자"들이다. …… "솔로몬의 집"의 노동 조직은 관료적 조직에 대한 베이컨의 확신을 잘 보여 준다. 여기서는 엘리트 "형제 회원(Brethren)"들이 많은 조수들의 작업을 지도하는데, 이 엘리트들은 홀로 "실험"을 고안하고 그 결과를 검토하며 대자연의 원리에 대한 지식을 밝혀내는 한편, 국가 (가장 우선적으로) 혹은 대중들을 위한 유용한 기술을 창안한다.[257]

베이컨의 새로운 과학 개념은 새로운 과학 엘리트의 존재를 포함하고 있다. 기본적인 지식을 생산했던 장인들은 과학의 창조와 통제를 수행하는 역할에서 배제되었다. 덴마크의 벤 섬에 있던 튀코 브라헤의 천문 관측소는, 베이컨이 그러한 주장을 하기 전에 이미 위계적 질서를 따르는 과학 연구 조직이 있었음을 보여 주는 증거이다. 이후 로버트 보일의 실험실은 베이컨식 처방에 맞춰 고상한 과학을 의식적으로 발전시킨 좋은 사례라 할 수 있다.

튀코 브라헤와 그의 "조수들"

과학 혁명의 정수가 수학적 합리성에 있다고 주장하는 이들은 천문학이야말로 과학 혁명에서 핵심적인 과학이라고 보았다. 지구 중심적인 수학적 체계에서 태양 중심적인 체계로의 전환이 천문학의 가장 두드러진 특징이기는 했지만, 코페르니쿠스적 관점의 궁극적인 승리는 견실한 경험적 기반, 즉 오랫동안 진행된 주의 깊은 천체 관찰에 근거하고 있다.

행성 궤도를 수학적으로 서술한 요하네스 케플러의 "법칙들"은 행성의 위치에 대한 수고로운 관찰에서 이끌어 낸 결과였다. 망원경 발명 이전에 가장 선진적인 천문 연구소를 설립한 튀코 브라헤는 보통 케플러가 사용한 자료를 만든 이라고 여겨진다. 하지만 사실 브라헤는 다른 이들에게 많은 도움을 받았다. 브라헤가 이 연구를 조직한 책임자이긴 했지만, 수십 명의 솜씨 좋은 장인들이 정밀 기구를 제작하고 케플러의 성공에 기반이 되는 측정에 참여했던 것이다. 비록 브라헤 자신은 "장인들의 이름은 물론 그들의 주요한 능력에 대해서도 전혀 언급하지 않았"지만,[258] 민중사 측면에서는 다행스럽게도 역사학자 존 로버트 크리스천슨

(John Robert Christianson)이 브라헤가 고용한 수많은 일꾼들의 공헌에 대해 기록을 남겼다. 크리스천슨은 "튀코 브라헤의 동료들의 삶에 초점을 맞춤으로써," "협력 작업이 …… 근대 과학의 탄생에 핵심적이었다."라는 사실을 보이려 했다고 말하고 있다.[259)]

브라헤가 역사적으로 특히 두드러져 보인 까닭의 한 일부는 그가 타고난 사회적 신분이 높았다는 데 있다.

> 튀코 브라헤의 과학적 성취에 배경이 되는 개인적, 사회적, 문화적, 그리고 지적 요소들을 구성하는 세부적인 점들 중 빼놓을 수 없는 사실 하나는 바로 그가 브라헤 집안에서 태어났다는 사실, 즉 평범한 덴마크 귀족 집안이 아니라 그 지역의 행정, 통치 및 국방에서 역사적으로 중요한 역할을 수행해 온 소수의 귀족 계급 집안에서 태어났다는 점이다.[260)]

브라헤의 연구소 설립은 그의 왕실 후원자인 덴마크 왕 프레데릭 2세(Frederick II)의 엄청난 선물 덕분에 가능했다. 1578년 5월 23일, 프레데릭 2세는 튀코 브라헤에게 영구히 "벤 섬 전체와 섬에 사는 모든 농부, 관리들, 왕실의 수입과 권리들에 대한 세습권 및 면역(免役) 특권"을 하사했고, 튀코는 7.48제곱킬로미터 규모 섬의 영주가 되었다.[261)] 게다가 왕은 관측소 건조를 위한 비용으로 상당한 현금도 주었다.

크리스천슨에 따르면, "튀코 브라헤"는 "높은 지위를 이용해 수백 명을 동원해서 자신이 중요하다고 생각한 목적을 달성하고자, 즉 우주에 대한 새로운 이해를 제시하고자 했다." 무엇보다 "그는 영주의 권한으로 벤 섬 농부의 노동력을 무상으로 활용할 수 있었다." 이것은 "스코네, 셸란 그리고 노르드피요르드에 있는 튀코의 또 다른 영지와 그가 세습받은 크누트스톱 영지에 있는 수백 명의 사람들과 함께 벤 섬에 사는 200

명의 농부들이 **과학에 복무하도록 강제되었음**을 의미한다." 벤 섬 거주인들은 "자유 보유농에서 소작인 및 농노로" 지위가 바뀌었으며, "자연스럽게도 그들은 가능한 모든 수단을 동원해 저항했다." "자신의 영지에 대저택, 정원, 마당, 헛간, 그리고 들판"을 마련하기 위해 "튀코 브라헤는 마을의 공유지를 징발하는 방법을 택했다." 이는 결코 작은 규모가 아니었다. 그 면적은 벤 섬의 3분의 2를 차지할 정도였다.[262)]

튀코 브라헤의 소유지가 문제없이 운영되는 데 어떤 사람들이 얼마나 많이 필요했을까? 정확한 인원 목록은 없지만, 규모가 유사한 그의 조카딸 소피 악셀스대터 브라헤(Sophie Axelsdatter Brahe) 가족의 경우를 보면,

> 저택 예배당 목사, 개인 교사, 사무원, 유모 하녀 및 하인, 요리사, 요리사 보조, 제빵사, 양조인, 정원사, 재단사, 단추 제조공, 경비원, 마부, 농장 관리인, 감독관, 소젖 짜는 여자, 어부, 홉 관리인, 대장장이, 그리고 기타 농부 및 노동자들이 그 소유지에 포함되어 있었다. 이에 더해, 소피 악셀스대터 브라헤와 그녀의 남편은 금세공인, 시계 제조공, 조판공, 제본공, 화공(畵工), 가구 제작자, 총포공, 약제사, 직조공, 구두 수선공, 마구 제조공, 그물 제조공, 밧줄 제조공, 수레 목수, 도공, 벽돌공, 지붕 이는 사람, 톱질꾼, 석회 제조인, 숯꾼 등등을 종종 고용했다.[263)]

브라헤는 관측소 및 연금술 실험실을 각각 우라니보르그와 슈테느보르그라 이름 붙인 두 곳의 성에 설치했는데, 그 구축 및 운영을 위해서 많은 수의 숙련 노동력이 필요했다. "석공, 유리 직공, 가구 제조공, 화공, 도금공 및 여타 분야의 마스터 기술자들이 그들 휘하의 직인들 및 도제들과 함께 브라헤의 섬으로 일하러 왔다."[264)]

브라헤의 과학적 명성이 높아진 이유는 많은 부분 그가 소장하고 있

었던 혁신적이고 전례 없이 거대한 천문학 기구들 덕분이었다.

> 첫 번째는 공 모양의 관절로 만든 회전 가능한 이음새로 연결된 (반경 155센티미터) 대형 사분의로, 이것은 최대 90도까지 서로 떨어져 있는 천체들 간 거리를 측정할 수 있다. 그 다음은 반지름 190센티미터가 넘고 놋쇠로 되어 호 모양의 부분이 붙어 있는, 강철로 만든 거대한 방위 상한의였다. …… 그리고 …… 규모는 크지만(반지름 155센티미터) 동시에 두 곳을 관찰하기 위해 성공적으로 나눠져 있지는 못한 육분의가 있었고, 이와 같은 규모인 빼어난 삼각형 육분의, 가까운 대상을 정밀하게 동시 관측할 수 있는 것으로 증명된 이등분된 호, 거대한 벽걸이 사분의(반지름 194센티미터) …… 그보다 더 거대한 삼각기(330센티미터 길이) …… 그리고 지도 제작을 위해 휴대 가능한 방위 사분의(반지름 58센티미터)도 있었다.[265]

이 모든 기구들은 숙련된 장인들이 브라헤를 위해 제작한 것이다. "스테판 브레너, 한스 크니퍼, 크리스토퍼 쉬슬러, 게오르그 라벤볼프 등의 마스터 기술자들이 계약을 맺고 코펜하겐, 엘시노어, 뉘른베르크와 아우크스부르크에 있는 그들의 일터에서 작업했다." 예컨대 쉬슬러가 브라헤에게 준 도움은 대단했다. "브라헤가 작업장을 구축하며 마련한 가장 중요한 기구는 …… 1.5미터 크기의 천구의였다. 쉬슬러는 아우크스부르크에서 1570년에 작업을 시작했는데, 1575년에 그곳에 재방문할 때까지 **튀코는** (제작을 감독하는 것은 물론이고) **물건을 보지도 못했다.**"[266)]

브라헤는 또한 "자신의 기구 제작소를 설립했는데, 여기에서 그는 숙련된 기술자들을 고용해 브라헤 자신의 연구에만 몰두하도록 함으로써 그들을 특화된 분야의 전문가로 바꿀 수 있었다."[267] 특히 독일의 한 금세공인이자 기구 제조공을 언급할 만하다.

한스 크롤(Hans Crol)은 튀코의 수석 기술자라 할 수 있는데, 그는 또한 가장 신뢰받는 관측인 중 하나이기도 했다. 설령 튀코가 그의 기구 중 어느 하나도 보완이나 수리가 필요 없다고 확신했다 하더라도 한스는 쉬지 않고 일했을 것이다. 게다가 튀코는 한번도 그러지 않았다. 크롤은 1591년 11월 벤 섬에서 사망했는데, 그해 이후로 튀코는 더 이상 새로운 기구를 제작했다고 등록하지 않았다.[268]

관측인으로서의 크롤의 역할에 대한 관련 문헌을 보면 브라헤의 업적이 또 다른 면에서 본래 협력적이었다는 사실이 드러난다. 관측소에서 대형 기구들을 사용하기 위해서는 "노련한 관측인, 관측 대상의 위치를 읽는 팀 책임자, 관측을 기록하는 서기, 그리고 때로는 시계 보는 사람도 필요했다."[269]

벤 섬에서의 과학적 작업은 브라헤의 "유능한 조수들"에 크게 의존했다. 처음에는 브라헤도 직접 참여했지만 그는 시간이 흐를수록 다른 해야 할 일들에 더 신경을 쓰게 되었다. 즉 브라헤는 과학자로서의 활동은 줄인 반면, 관측소를 위한 "지속적 재정 지원을 확보"하면서 "행정가, 연구 사업 기획자, 저술가, 그리고 감독자"로 더 많이 일하게 되었다. 그 결과 "그의 …… 학자들 및 장인들이 많은 일상적인 과학적 작업들을 담당하게 되었다."[270] 예컨대 브라헤 관측소의 주목할 만한 성과 중 하나인 "고대 이후 처음 독립적으로 만들어진 항성 목록인 777개 별의 목록"은 1592년 완성되었다. 이 목록은 "매우 초기 단계를 제외하고는 튀코의 감독이 거의 없이" 크리스티안 쇠렌슨 롱고몬타너스(Christian Sørensen Longomontanus)가 이끈 한 관측 팀이 제작했다.[271]

과학 혁명에서 튀코 브라헤의 역할이 가볍지 않았다는 점은 분명하다. 그는 단순한 과학의 후원자에서 훨씬 더 나아갔지만, 브라헤의 관측소에서 발표한 과학적 성취의 공을 모두 그에게만 돌릴 수는 없다. "후원 체계에 통달한 이로서, 사회적, 문화적 삶의 많은 갈래들을 통합하고, 웅장한 규모의 과학을 추구하기 위한 새로운 조직의 본보기를 창안했으며, 학자, 과학자, 그리고 기술자들을 그 과업 추구를 위한 거대한 팀들로 묶어낸 사람"[272]으로 기억하는 것이 아마도 브라헤에 대한 가장 공정한 평가일 것이다.

망원경과 현미경

브라헤의 팀은 확대 렌즈를 사용하지 않는 한 결코 능가할 수 없을 정도의 정확한 수준으로 관측 천문학을 올려놓았다. 맨눈으로는 보기 어려운 정도로 작거나 멀리 떨어진 자연 영역으로 인간의 시야를 넓힌 기구의 발명은 과학 연구에 매우 중요한 자극제가 되었다. 망원경과 현미경의 기원은 서로 긴밀하게 연관되어 있으며 둘 다 안경 제작인, 즉 생계를 위해 렌즈를 연마하는 기술자들의 창의성이 만들어 낸 결과물이다.

망원경을 발명한 개인을 실증적으로 알아내기란 불가능한데, "동시에 그 생각을 한 사람이 여러 명이었기" 때문이다. 그러나 그중 가장 유력한 후보는 한스 리페르셰이(Hans Lippershey)로, 네덜란드의 가장 유명한 과학자인 크리스티안 하위헌스는 냉정하게도 그를 "제일란트의 미델뷔르흐 출신 무명의 안경 제작인"이자 "문맹 기계공"이라 묘사했다.

> 여러 판본이 있지만, 이야기는 이렇다. 리페르셰이의 작업장에서 렌즈 몇 개와 놀고 있던 어린아이 둘이 어떤 위치에 서면 근처 교회의 풍향계가 더 크게 보인다는 걸 알아챘다. 리페르셰이는 혼자 이를 시험해 보고는 개선 작업을

통해 렌즈를 통에 장착했다. 어떤 설명에 따르면 한 도제가 렌즈를 들고 있었다고도 하고, 또 다른 설명에 따르면 리페르셰이가 혼자였다거나 혹은 다른 안경사의 생각을 모방했다고도 한다. 어떤 이는 그가 볼록 렌즈와 오목 렌즈를 함께 사용했다고 말하지만, 다른 이는 렌즈 둘 모두 볼록이었으며 교회 첨탑이 거꾸로 선 모습을 보았다고 했다. 리페르셰이가 망원경을 만들었으며, 때를 놓치지 않고 그 경제적 가능성을 현실화했다는 점만 짚어 두면 충분하겠다.[273]

제임스 메티우스(James Metius)라는 이름으로 알려져 있는 또 다른 네덜란드인 야코프 아드리안준(Jacob Adriaanzoon) 또한 자신이 망원경을 발명했다고 주장했지만 그가 리페르셰이의 선취권에 법적으로 도전했을 때 공식 판결은 리페르셰이의 손을 들어 주었다. 1608년 10월 2일 자 네덜란드 국회 기록소 문서는 다음과 같이 밝히고 있다.

> 베셀 출신의 미델뷔르흐 주민, 안경 제작인, 먼 곳을 볼 수 있는 기구의 발명자인 한스 리페르셰이의 청원에 대해, 위의 기구가 비밀로 유지되고 30년간 그에게 특권이 인정된다. 즉 그가 이 국가에서 사용되는 이 기구의 제작을 독점할 수 있도록 하기 위해 이 기구를 모방함이 금지되었고 그에게 매년 보상을 하도록 해야 한다는 탄원이 국가에 의해 인정되었다.[274]

미델뷔르흐의 또 다른 안경 제작인인 자카리아스 얀센(Zacharias Jansen) 또한 자신이 망원경의 발명자라고 주장했다. 얀센과 그의 아버지 한스 얀센(Hans Jansen)은 1590년 초부터 통에 렌즈를 설치해 실험을 한 것으로 알려져 있었다. 그러나 그들이 고안한 더 나은 광학 도구는 망원경이 아니라 현미경이었다. 얀센 가를 방문해 그들의 기구 중 하나를 시험해 본 윌리엄 보렐(William Boreel)은 "작은 물체들을 거의 기적처럼 확대된 크기로 위에서 내려다볼 수 있었다."라고 기록했다.[275)]

영국의 토머스 해리엇(Thomas Harriot)이나 베네치아의 갈릴레오와 같은 엘리트 과학자들은 망원경의 가치를 금방 알아보았다. 망원경 발명 후 1년이 채 지나기 전에 그들은 천문 연구에 그 극적인 효과를 활용했다. 달이 지구와 닮아 있고 목성 주위를 도는 위성이 존재한다는 사실을 갈릴레오가 발견하자 아리스토텔레스적인 세계상의 해체는 가속화되었으며, 코페르니쿠스의 가설은 **증명**되지는 않았지만 신빙성은 분명 더욱 높아졌다.

안톤 반 레벤후크

반면 현미경의 과학적 중요성이 알려지는 데는 좀 더 시간이 걸렸다. 초기 현미경은 배율이 제한적이어서 중요한 새로운 자연 지식의 생산 도구라기보다는 호기심 거리가 되었다. 엘리트 과학자들은 망원경의 경우처럼 현미경을 개선해 쓸모 있는 기구로 만들기 위해 노력했지만, 그다지 성공적이지 못했다.

현미경의 개발이 주요 과학적 기획으로 발전한 것은 17세기 후반 네덜란드의 한 아마포 판매상이 직물의 섬유를 검사하는 데 확대 렌즈를 사용하면서부터였다. 그 포목상의 이름은 안톤 반 레벤후크였는데, 그는 "철학자도, 의사도, 젠틀맨도 아니었다. …… 그는 대학을 나오지 않았고 라틴 어, 프랑스 어, 영어도 몰랐으며 자연사나 철학과 거의 관련이 없었다."[276)] 놀랍게도 이 "평범한 상점 주인은 스스로 독학 이외의 교육을 받지 못했음"[277)]에도 과학 혁명기의 자연 지식 발전에 크게 기여했다. 레벤후크의 성취에 대한 적당한 평은 다음과 같다. "살아 있는 원생동물과 박테리아를 렌즈로 본 최초의 인물로, 이 관찰을 올바로 해석하고 서술하여 근대적인 원생동물학과 세균학을 창시했다."[278)]

레벤후크는 "여가 시간, 즉 그가 단추나 리본을 판매하지 않을 때 상당한 배율의 렌즈를 연마하고 다듬으며 통에 고정시키는 방법을 독학했다."[279)] 그가 렌즈를 써서 온갖 종류의 극히 작은 자연 현상들을 체계적으로 탐구하기 시작한 때가 정확히 언제인지는 명확하지 않지만, 증거에 의하면 적어도 1668년 이전이었다. 렌즈를 통해 관찰을 했다는 명확한 문서 기록은 그 5년 후인 1673년 4월 28일 자로 그가 런던의 영국 왕립 학회에 보낸 서한이다.[280)] 그는 왕립 학회에서 우선적으로 서신을 교환하던 헨리 올덴버그(Henry Oldenburg)에게 자신의 과학적인 그리고 문장적인 세련미가 부족함을 사과하며 이렇게 썼다. "내게는 내 생각을 적절하게 표현할 만한 문장 혹은 문체가 없습니다. 왜냐하면 나는 언어나 예술이 아니라 상업을 하도록 키워졌기 때문입니다."[281)]

이렇게 스스로를 겸손하게 평가하고 있지만 레벤후크는 결국 과학자로서의 명성을 널리 떨치게 되었다. 학자들, 정치인들, 그리고 심지어는 델프트로 여행 온 왕족들까지 그의 렌즈를 관람했다. "보통 사람"인 그는 "영국 왕이나 왕비, 독일의 황제, 혹은 러시아의 차르가 자신을 방문했을 때 당연하게도 우쭐함을 느꼈다."[282)]

레벤후크가 왕립 학회에 보낸 첫 서한에는 저명한 해부학자 레히날트 데 흐라프(Reginald de Graaf)가 써 준 표지 서한(cover letter)이 첨부되어 있었는데, 일개 상인에 대한 이 추천장은 그의 투고가 별 생각 없이 기각당하는 일을 막기 위해 필요했다. 그 후 그가 생을 마감한 1723년까지 50년 이상 레벤후크는 왕립 학회에 계속해서 삽화 및 서술을 포함한 그의 관찰 보고서를 제출했다. 비록 그의 작업이 과학 연구의 새로운 영역을 열

어 보였음에도, 레벤후크가 창조한 분야들을 탐구한 것은 그 혼자뿐이었다. 17세기 말 당시,

> 레벤후크는 사실상 세계에서 유일하게 진정으로 현미경을 사용해 본 사람이었다. 놀랄 만한 일은, 그의 이후 생애 동안 경쟁자는 물론 단 하나의 모방자도 없었다는 사실이다. 레벤후크의 관찰은 대단히 흥미를 자극했지만, 그것이 전부였다. 아무도 이 관찰들을 반복하거나 확장해 보려는 시도를 하지 않았다. 렌즈의 엄청난 우수성과 놀랍도록 예리한 레벤후크의 관찰력은 타의 추종을 불허했다. 1692년 로버트 훅은 "현미경의 운명"에 대해 다음과 같이 평가했다. "거의 단 하나의 열성파, 레벤후크 씨만이 있을 뿐이며, 그 외에는 그 누구도 현미경을 오락이나 유희 이외의 용도로 사용했다는 이야기를 들어 보지 못했다."[283]

레벤후크의 성취가 더욱 놀라운 점은, 엄밀히 말해 그가 (정의상 복합 렌즈 기구인) 현미경이 아니라 매우 배율이 높은 단렌즈들을 사용했다는 데 있다. 따라서 수십 년도 전에 발명된 현미경은 "작업이나 발견들에 거의 어떤 영향도 주지 않았다."[284] 그러나 레벤후크의 놀라운 발견들은 그의 사후 그가 만든 렌즈의 능력과 같거나 그것을 상회하는 진정한 현미경의 개발에 자극제가 되었다.

첨부된 삽화들은 레벤후크의 관찰 보고서를 더욱 훌륭하게 만들었다. 레벤후크는 올덴버그에게 "내가 그림을 잘 그리지 못해서 다른 사람을 시켜 삽화를 그리게 했다."라고 인정했다.[285] 베살리우스가 그의 해부학적 예술가들을 익명으로 남겨 둔 것처럼, 레벤후크 역시 그의 삽화가들을 빈번하게 언급했으나 이름을 밝히지는 않았다. 많은 수의 제도공들이 반세기 동안의 관찰 작업에서 레벤후크와 협력했음은 분명하지만, 후기

에 그려진 많은 삽화들을 책임졌던 빌럼 반 데르 빌트(Willem van der Wilt) 만이 정당한 수준으로 인정받았다. 확실하지는 않지만 합리적으로 추론해 볼 때 초기의 삽화들은 빌렘의 아버지 토머스 반 데르 빌트가 담당했을 것으로 보인다.[286)]

누가 레벤후크의 삽화가였든, 이들의 협력 작업은 이미지의 단순한 기록 이상이었다. "이름이 전해지지 않는 델프트의 화가들은 레벤후크의 탐색적인 관찰에 참여해 그들이 서로 본 것에 대해 동의한 바를 종이에 기록하고 세부적 측면들을 구체화하여 명확히 하는 데 개입했으며, 또한 레벤후크가 현미경을 통한 이미지를 파악할 때 옆에서 비판적인 목소리를 냈다."[287)]

레벤후크의 경우를 통해 18세기 초반을 살펴볼 수 있었는데, 이제 과학사에서 또 다른 중요한 요소의 발전을 살펴보기 위해 17세기 중반으로 거슬러 가 보자. 고대에서 르네상스에 이르기까지 광부, 염색공 및 증류업자의 작업에서 드러나는 연금술의 기원을 앞에서 이미 논의했다. 그러나 과학 혁명기에 "화학"은 새로운 실험 과학의 필수적인 요소가 되었다.

로버트 보일: "타인의 손으로 실험하기"

과학 혁명에 대한 표준적인 문헌에서 로버트 보일(Robert Boyle)은 두 가지 점에서 "베이컨식" 과학의 으뜸가는 영웅 자리에 올라 있다.[288)] 먼저 보일은 베이컨이 주창한 실험적 방식을 가장 먼저 실천으로 옮긴 인물이었다. 또한 그는 연금술이 아닌 과학적인 화학에 뛰어든, 최초의 근대적 화학자로 인정받고 있다. 보일은 근대 과학의 상징적 존재로 보통 우상화되어 묘사되었다. 하지만 이 때문에 수많은 다른 이들의 중요한 공헌들은 무시되었다.

보일은 부유한 귀족이었다. 그의 아버지 리처드 보일(Richard Boyle)은 제1대 코크 백작으로, "지위를 이용해 아일랜드 지주들의 소유권을 터무니없이 싼 대가를 지불해서 …… 속여 빼앗아 자신에게 귀속시킨, 탁월한 능력의 남작(코크 백작 전의 작위 — 옮긴이)이자 도둑이었다. 나중에 그는 아일랜드 소작인들을 내쫓고 그들보다 온순하면서 자신에게 수익을 더 많이 가져다주는 영국인 이주민들을 들여왔다." 1630년대에 그는 소유지에서 연간 2만 파운드가량의 수입을 올렸는데, "이 지대 수입은 영국의 어떤 신민들보다 높았다."[289] 리처드 보일은 자신의 귀족 직위를 돈을 주고 샀지만 그의 자녀들에게는 신분 세습의 특권이 주어졌다.[290] 로버트 보일은 리처드의 장자가 아니었기 때문에 아버지가 죽고 난 뒤 남은 광대한 부동산을 관리할 책임은 지지 않았지만, 자연 철학에 대한 그의 관심을 계속 추구할 수 있는 여유와 자금은 가질 수 있었다.

보일은 기술자들로부터 과학 지식을 획득하는 베이컨식 기획에 전적으로 헌신했다. 보일은 "허심탄회하게 고백"한다며, "나는 돌의 종류, 차이, 성질, 따라서 돌의 본질에 대해 플리니우스나 아리스토텔레스, 그리고 이들의 주석가들보다, 두세 명의 석수와 벽돌공과의 교제를 통해 더 많이 배웠다."라고 기록했다. 그리고 보일은 "보통 사람들과 교류하는 것을 경멸하는 이는 자연에 대한 지식을 얻을 자격이 없다."라며, "정교한 언어도, 대단한 신분도 가지고 있지 못한 이들"에게서, "자연학자들은 종종 그의 계획에 매우 유용한 정보를 얻고는 한다."라고 지적했다.[291]

보일은 "한 점의 편견도 없이 봤을 때, 학식 있고 영리한 사람들이라도 작업장과 수공업자의 실천에 대해서는 완전히 무지한 채로 남아 있다."라고 한탄하며,

> 수공업이 만들어 낸 현상들은 (대부분) 자연사의 일부분이어서 자연학자의 호기심을 자극하는 동시에 그의 지식도 늘려 준다. 그리고 이 자연사의 일부를 얕보거나 무시하는 학자들이, 그것에 대해 가르침을 줄 수 있는 이들을 그저 문맹 기계공이라고 말하는 것은 정당하지 않다. …… 이것은 진지한 답이 아닐뿐더러, 참으로 유치하고 철학자답지 못하다.[292]

보일은 장인이 개입하여 체계적인 연구를 가능하게 하는 화학적, 식물학적인 방법의 사례를 나열하면서 그의 주장을 펼쳤다.

> 수공업자들은 매우 다양한 것들을 만들어 내는데, 자연은 그 과정에서 주요한 역할을 맡는다. 맥아 제조, 양조, 제빵, 건포도 및 기타 말린 과일, 벌꿀물, 식초, 석회 등을 만들 때, 수공업자들은 보이는 물질들을 대략 모아서 그들 각각의 특성에 따라 한 물질이 다른 물질에게 영향을 주도록 놔둔다. 녹색 유리를 만들 때 장인은 모래와 재를 함께 넣어 불로 가열해서 액화와 화합을 일으키며, 이 가열 중에 자연적으로 나무는 재가 되고 연기는 휘발성 염, 흙, 점액질과 결합해 검댕이 된다. 또한 서양배에 산사나무를 접붙여 생산한 과실을 두고, 비록 그것이 다른 특성을 지닌 두 가지를 합쳐서 인공적으로 만들어 낸 것이며 재배인의 조작 없이는 만들 수 없다고는 해도, 자연적인 것이 아니라고 생각할 사람은 드물 것이다.[293]

보일은 "장인 및 수공업자 계층과의 피할 수 없는 철학적 교류에 대해서는 극히 혐오했"지만,[294] 지혜를 열망하는 젠틀맨들은 비천한 사회적 배경을 가진 이들과의 교제에 대한 결벽증을 접어 두라고 되풀이해서 요청했다. "눈에 띄지 않는 진실에 대한 지식은 비천한 사람들과의 친교 없이는 얻을 수 없으며, 위인들에게 이러한 겸손은 다른 경우에서는 불명예스럽거나 마뜩치 않은 것이다."[295] 자연 철학자가 되기를 원하는 젠틀맨에게 보일은 "이토록 다양한 실용적 수공업자들(증류주 제조인, 약제사, 대장장이, 선반공 등)에게 가서, 기다리는 데 대단한 인내심과 많은 시간을 들여야" 한다고 주장했으며, "이것은 시도해 보지 않은 이들은 상상하지 못할 정도로 고되다."라고 덧붙였다.[296]

그러나 보일의 베이컨주의는 튀코 브라헤의 전범을 본뜬 것이다. 보일은 장인들의 작업장으로 직접 가기보다 작업장을 그가 있는 곳으로 옮겨 올 수 있었고, 여기서 그는 "다른 이들의 손으로 실험을 했다."[297] 보일은 자신의 실험실을 세워 숙련된 장인들(그중 특히 기계 기술자, 유리 부는 직공, 렌즈 연마공, 그리고 연금술 명인들)을 그 실험실에 기술자로 고용했다.[298] 이에 따라 과학 지식 연구는 더욱 체계적이고 효율적으로(과학적 작업 중 "고된" 부분은 고용된 기술자들이 맡아) 이루어졌다.

17세기 "실험 철학자"의 원형으로서의 보일에 대한 평판은 그가 자신의 실험실에서 수행된 작업의 과정 및 결과에 대해 출간한 방대한 보고서들에 근거하고 있다. 대부분의 역사학자들은 액면 그대로 보고서를 받아들여, 보일이 실험 과정을 서술했다면 이것은 곧 보일이 직접 실험을 수행했음을 의미한다고 가정했다. 그러나 스티븐 섀핀은 보일의 활동을 주의 깊게 재조사하여 이렇게 결론지었다. "보일의 실험들에서 보일 자신에 의해 수행된 조작적이며 재현적인 작업은 상대적으로 드물다고 여겨진다." 즉 "보일이 자신을 대신해 기술적인 작업에 보수를 주고 참여시킨 사람들"이 충분한 실험을 수행한 것으로 보인다.[299]

이러한 불일치의 원인은 사실 보일 쪽의 의도적인 부정행위가 아니라 보일과 그의 동료들이 가지고 있던 사회적 가정을 이제 우리는 더 이상 공유하지 않기 때문이다. 즉 보일이 고용한 기술자들이 수행한 실험 작업은 보일에게 "귀속"되며, 따라서 보일은 아무 문제없이 이것을 자기 것이라 주장할 수 있었다. 섀핀이 설명했듯, "실험에 의한 지식 창출의 집단적인 본성"은 "17세기 영국에서 과학이 연구되는 정치 및 도덕 경제"에서는 인식되지 않았다. 비록 보일의 실험실에서 "지식은 많은 이들에 의해 만들어졌지만," 이것은 "한 사람의 증언에 의해 확증되었다."[300)]

심지어 이 증언(즉 보일의 서명 하에 출간된 실험 보고서들)마저도 모두 보일이 쓴 것은 아니었다. 가장 놀라운 일은 그의 이름을 딴 유명한 과학적 명제와 관련되어 있는데, 역사적으로 봤을 때 "보일의 법칙(기체의 압력과 부피는 서로 반비례한다.)은 조수들의 지적 노동에 상당히 빚지고 있다. …… 당시 보일이 고용한 조수 데니스 파핀(Denis Papin)이 자료를 만들었음이 사실상 명백하다." 또한 "당시 보일의 고용인이었던 훅이 보일의 글에서 이 법칙이 어떤 방식으로 설명되어야 할지에 대해 실질적인 책임을 졌다."[301)]

섀핀에 따르면 아마도,

> 보일 자신은 "그의" 실험적 조작에 매우 제한적으로만 참여했던 것 같다. 마키나 보일라나(machina Bolyleana, 진공 공간 혹은 "진공 펌프")로 알려진 기구는 거의 확실히 조수인 랠프 그리토렉스(Ralph Greatorex)와 로버트 훅이 보일을 위해 제작했으며, 기구 설계의 개선 작업에서 보일의 역할이 어느 정도인지도 불명확하다. 압력과 부피에 대한 "그의" 법칙을 얻어 낼 수 있었던 J 모양의 유리관 또한 조수들이 보일을 위해 제작한 것이 거의 확실하며, 조수들 단독으로 이것을 조작하지는 않았지만 보일은 이들과의 협력을 통해서만 유리관을 다룰 수 있었다. 실험실에 있는 용광로들과 장기간의 증류 작업을 위한 증류기는 조수들이 관리했다.[302)]

가장 널리 알려진 보일의 연구는 기압, 혹은 그가 "공기의 탄성과 무게"라고 부른 것에 대한 일련의 조사였다. 보고서의 서문에서 보일은 기

술자 데니스 파핀이 이 실험들을 실제로 수행했음을 밝혔다.[303] 이에 더해 섀핀에 따르면,

> 실험 계획의 설계 또한 그중 최소한 얼마간은, 그리고 아마도 그 대부분은 기술자가 맡았다. …… 이 기술자는 실험적 현상을 산출하는 숙련된 조작들을 실행했고, 그의 능숙한 작업이 드러낸 현상들을 기록했으며, 이 기록들을 문서 형식으로 기입하는 한편, 또한 사고 결과인 추론 내용을 때때로 여기에 보탰다.[304]

파핀과 훅은 보일이 "1660년부터 그의 사후인 1692년의 출판물을 아우르는 자신의 실험 보고서 전체를 통틀어, …… 당시 고용된 조수들 중 그 이름을 명확히 밝힌 단 두 명이었다.[305] 일반적으로 "17세기에 기술자를 고용한 이가 그 기술자의 이름을 밝히는 경우는 매우 드물었다. 익명성은 그러한 환경에서 기술자를 정의하는 거의 결정적 특징이었다."

> 기술자들은 삼중의 의미에서 보이지 않는 존재이다. 첫째, 보통 과학사학자나 과학 사회학자들에게 기술자들은 보이지 않는 존재였다. …… 둘째, 전부는 아니라 해도 그들 대부분은 과학 실천가들이 만들어 내는 공식적인 문서 기록에서 보이지 않는다. 설사 누군가 이를 위해 노력한다 해도, 그들이 누구이며 무엇을 했는지에 대한 정보를 밝혀내기란 지극히 어렵다. 셋째, 기술자들은 과학 지식이 생산되는 작업장을 관장하는 사람들이라든지, 관련된 행위자들로는 보이지 않았다. …… 기술자들은 "그곳에 없었"는데, 이것은 빅토리아 시기 고용주들이 대화할 때 하인이 "그곳에 없"거나 없는 존재라 여겨졌던 것과 대략 같다.[306]

보일에 대한 전통적인 영웅적 묘사를 찬성하는 마리 보아스 홀(Marie Boas Hall)은 "보일의 조수들 대부분의 …… 이름이 잊힌 이유는 그들에게 독자적인 과학적 공로가 없었기 때문"이라고 주장했다.[307] 그러나 그들을 이렇게 거만하게 무시해 버릴 수는 없는데, 섀핀이 보여 주었듯 "**보일은 지식의 경험적 기초를 조수들에게 의존하고 있었**"기 때문이다. 보일의 실험 보고서들은 "대부분 다른 이들이 수행하고, 관찰하고, 기술한 것을 대변하고 보증했다."[308]

섀핀은 실험 기술자들로 연구를 한정했지만, 보일의 연구가 지닌 집단적 성격에 대해 더 많은 부분이 논의될 수 있다고 보았다. 예컨대 섀핀은 "기구 제조공들과 존 크로스(보일과 몇 년간 옥스퍼드에서 함께 살았음), 토머스 스미스(수년간 보일의 펠멜 집에서 살았으며 보일의 유산 일부를 상속받음)와 같은 약제사들이 제공한 중요한 도움들"에 대해서는 상세히 조사하지 않았다. 그럼에도, "그 모든 사람들의 작업이 없었다면 '보일의' 과학은 불가능했다."[309]

충분히 부유한 덕분에 보일은 그의 동료 학자들보다 많은 조수들을 고용하고 더 큰 실험실들을 설립할 수 있었다. 그러나 이것은 정도의 차이였다. 섀핀에 따르면, "보일의 펠멜 실험실이 전형적이지 않은 사례라고 할 수는 없다. 보일의 실험실에서 나온 증거와 (아마 덜 붐볐을) 다른 젠틀맨 실천가들의 작업장에서 나온 증거들 간에 심대한 차이는 없다."[310]

그간 계속된 과학의 전문화와 직업화의 양적 증대에도 불구하고, 섀핀이 서술한 실험실 내 관계는 20세기에 와서도 발견된다. 데릭 드 솔라 프라이스의 주장에 따르면 1920년대의 "실험 물리학의 황금시대 동안,"

> 모든 진보는 손끝의 재주가 비상한 일단의 창의적인 장인들과, 별로 알려지지 않은 물질의 성질에 대한 광범위한 목록 및 다른 직업상의 요령에 달려 있

는 것으로 보였다. 이러한 점들이 실험실에서 무엇이 가능하고 가능하지 않았는지를 결정하는 차이를 낳았으며, 그리고 무엇이 발견되는지를 상당 부분 결정했다.

"이런 기술자들 중에는 러더퍼드 경의 조수 조지 크로(George Crowe), 혹은 조지프 존 톰슨(Joseph John Thomson)의 조수 이브니저 에버렛(Ebeneezer Everett)과 윌리엄 조지 파이(William George Pye)처럼 거의 익명이며 언급되지 않는 실험실 조수들이 있다. 이들 세 명의 조수들은 영국 최초의 첨단 기술 회사 중 하나인 케임브리지 기구 회사를 설립했다."[311)]

이러한 평가의 취지는 가치 있는 결과를 생산한 실험들을 설계하고 연구를 조직한 로버트 보일, 러더퍼드 경, 혹은 조지프 존 톰슨의 공을 부정하기 위해서가 아니라, 이 책의 다음과 같은 주요 논지를 다시 한번 예증하는 데 있다. 즉 과학 지식의 생산은 **집단적인 사회적 활동**이고, 일용할 양식을 얻기 위해 참여한 노동하는 사람들이 여기에서 **핵심적인** 기여를 했으며, 많은 이들의 손과 머리로 생산한 지식에 대한 공로는 종종 부당하게도 엘리트 이론가들만이 독점하고 있다.

기술자와 수공업자 및 여타 보통 사람들도 과학 혁명의 혁명가들 — 즉 이 혁명을 작동시킨 이들 — 이다. 그러나 누구와 함께 혁명은 마무리되었는가? 먼지가 가라앉았을 때, 새로운 과학의 세계에서 누가 주인이고 누가 하인이었는가? **누가 승리했고 누가 패배했는가?**

6장 과학 혁명의 승자들은 누구였나? : 16~18세기

새로운 발견에서 얻어지는 이득은 인류 전체에게 돌아갈 것이다. …… 발견에는 축복이 담겨 있어서, 그 누구에게도 해를 끼치지 않고 이득을 가져다준다.

—프랜시스 베이컨, 『신기관』, 아포리즘 CXXIX

모든 혁명에는 승자와 패자가 있기 마련이고, 과학 혁명 역시 예외가 아니었다. 비록 베이컨은 자신의 학문 개혁 조치가 모두에게 이득이 될 것이라고 선전했지만, 결과적으로는 그렇지 못했다. 기술자들은 자신들의 지식과 방법론에 힘입어 초기 단계에서는 과학 혁명의 전위로 부상했다. 하지만 이들은 결국 새로운 과학의 지배자는 될 수 없었을 뿐만 아니라 수혜자조차 되지 못했다. 17세기 후반이 되자 베이컨, 보일, 그리고 갈릴레오 등을 우러러 보던 상류층 과학 엘리트들이 등장했는데, 이들은 장인적 지식을 바탕으로 전면으로 나서기 시작했다. 이와 같은 새로운 엘리트들은 나폴리, 스톡홀름, 런던, 상트페테르부르크 등 유럽 각지에서 나타나기 시작했고, 이들이 계몽주의 시대를 주도하게 되었다.

몇몇 예외적인 사례를 제외하면 과학에서의 혁명을 일으키는 데 주요한 역할을 담당했던 장인들과 수공업자들 대부분은 이전보다 열악한 상황에 놓였다. 은밀한 지식이 공개되고 기능은 공장제 속으로 흡수되면서, 그들은 경제적 독립성을 잃게 되었다. 몇몇은 다행히도 새로운 경제체제 하에서 직업을 구할 수는 있었지만 조립 라인에서 반복 작업을 수행하는 임금 노동자가 되어야만 했고, 나머지는 지나간 체제의 흔적으로 사라져 갈 수밖에 없었다.

과학 혁명의 가장 큰 승자들은 기계적 철학을 생산 과정의 "합리화"에 적용해 기계적 공장제를 통한 산업 혁명을 촉발시킨 상인과 산업가들이었다. 다른 주요 수혜자는 과학 혁명을 통해 새로운 과학 엘리트의 자리를 차지하게 된 젠틀맨 자연 철학자들이었다. 이 엘리트층의 등장으로 인해 민중은 과학사의 중심에서 점점 밀려났다. 하지만 이들의 급속한 성장 과정은 오늘날의 과학이 어떻게 형성되었는지를 이해하는 데 필수적인 요인이다.

과학의 체제 변화

과학 혁명은 "체제의 변화(regime change)"를 낳았다. 이전의 공식적인 과학 활동이 가톨릭 대학 학자들의 손아귀에 놓여 있었다면, 새로운 과학은 세속적이고 상업적인 엘리트들이 주도하게 되었다. 종교 개혁과 아메리카 대륙의 발견은 스콜라 철학자들의 지적 권위가 무너지는 데 중요한 계기가 되었다. 하지만 엘리트 과학의 대표 주자가 급속하게 변화했던 가장 중요한 요인은 유럽이 귀족주의에서 자본주의 사회로 전환했다는 점이었다.

패멀라 스미스는 "자연을 이해하는 새로운 방식의 등장은 교환 경제의 성장이라는 유럽의 거대한 경제적, 사회적 전환의 일부로 파악할 수 있다."라고 설명했다.[1] 자본주의의 등장이 근대 과학 발달의 핵심적인 요인이었다는 주장은 구 소련 물리학자 보리스 헤센(Boris Hessen)의 이름을 딴 "헤센 명제"로 알려져 있다. 헤센 명제는 나중에 아이작 뉴턴의 이력을 살펴보면서 다시 논의할 것이다.

자본주의는 수 세기에 걸친 지난한 과정을 거쳐 등장했지만, 새로운 과학 엘리트가 구 엘리트를 몰아내는 데는 1680년부터 1720년까지 40여 년밖에 걸리지 않았다. 이로써 과학은 "피렌체, 파리, 런던 등지에서 선택받은 소수에 의한 활동"으로부터 "교육받은 일반인들 사이에서 진보적인 사상의 토대"로 변화하게 되었다.[2]

새로운 엘리트 계층의 승리는 전통적으로 새로운 과학의 영웅으로 추앙받던 사람들이 1세기에 걸친 열성적인 선전 활동을 펼친 결과였다. 이들 중 가장 잘 알려진 인물들이 갈릴레오와 베이컨이었다. 그들의 가장 강력한 무기는 지난 수세대에 걸쳐 장인-저술가들이 발전시켜 온 토착 인쇄술이었다. 갈릴레오와 베이컨은 자국어 문헌들을 읽기만 했던 것이 아니라 쓰기도 했다. 1605년에는 새로운 과학을 주창한 베이컨의 『학문의 진보(*The Advancement of Learning*)』가 영어로 먼저 출간되었고, 나중에야 라틴 어로 번역되었다. 1610년에 갈릴레오는 자신이 성능을 향상시킨 망원경을 통해 하늘에서 무엇을 보았는지 서술한 책을 라틴 어로 출간했다. 하지만 갈릴레오는 1613년에 이탈리아 어로 개정판을 냈고, 이후의 작업은 모두 이탈리아 어로 발표했다.[3]

갈릴레오와 베이컨은 자신들의 발견과 제안을 일반인들이 일상적으로 사용하는 언어로 출간함으로써 과학이 보다 폭넓게 받아들여질 수 있게 하였다. 여기에는 또한 과학 담론이 사회 전반에 널리 퍼지도록 자극하는 효과가 있었다. 그들이 노리던 독자층은 고전 교육을 받은 사람들뿐만이 아니라 자본주의의 발달로 인해 당시 급속히 성장하고 있던 도시 "중간 계급들"까지 포함했다. 그 결과 과학이 부분적이나마 민주화되었는데, 이것은 과학의 민중사에서 높이 평가할 만한 일이다. 하지만 또 하나의 결과는 상공업 계층이라는, 사회의 새로운 주인들에게 복무하는 새로운 과학 엘리트가 형성되었다는 점이다. 베이컨과 갈릴레오는 자신들이 촉발한 체제 변화가 완성되는 것을 지켜볼 수 있을 정도로 오래 살지는 못했다. 하지만 바야흐로 17세기 말 무렵이 되자 그와 같은 체제 변화가 발생했다는 것은 명확해졌다.

브라헤, 보일, 그리고 새로운 과학 엘리트

벤 섬에 위치한 튀코 브라헤의 관측소는 "과학 엘리트의 훈련장" 역할을 담당했다.[4] 역사학자 존 크리스천슨은 그가 고용했던 학자들과 기술자들이 "튀코 브라헤의 관측소에서 경험을 쌓은 후 유럽 전역으로 퍼져 다양한 분야에서 일하게 되었다."라고 썼다. "17세기에 걸쳐 튀코의 섬에서 형성된 과학 문화는 그들에 의해 유럽 전체로 퍼졌다."[5]

1601년 브라헤가 죽고 난 후 그의 연구 팀원들이 각지로 퍼진 것은 중대한 사회학적 결과를 낳았다. 이로 인해 "귀족적 거대과학의 시대는 가고 중간 계급 출신의 학자들에 의한 개인적 과학의 시대가 열리기 시작"했던 것이다.[6] 그들은 유럽 전역에 걸쳐서 과학 지식의 공식적 중개자 역할을 담당했던 아리스토텔레스주의 학자들을 제치고 새로운 과학 엘리트 계층을 형성했다. 베이컨주의 이데올로기로 무장한 이들은 기예를 비

롯한 여러 손기술들이 과학 지식을 만드는 데 필수적인 요소라고 여겼다. 하지만 이들의 태도는,

> 근대 초기에 상류 계층의 취향과 잘 어울리는 "솜씨(virtuosity)"라는 이상에 치우치는 경향을 보였다. 그들은 즐거움을 위해서나 호기심을 충족시키기 위한 활동만이 고귀한 신분을 가진 사람에게 어울린다고 여겼다. 생계를 꾸리기 위해 하는 활동은 불결한 것이었다. 이들 학자들에게 기예란 스스로를 돋보이게 하는 취미 활동에 지나지 않았다.[7]

이것이 젠틀맨 과학자들이 장인과 기계공들로부터 자연에 대한 지식을 습득하려 했던 이유였다. 이런 과학자들의 대표는 로버트 보일이었다. 보일은 "신의 축복으로 많은 재산을 가지고 태어났다."라는 사실 때문에 "공평무사한 판단력"을 가질 수 있었다고 생각했다. 자신이 부유한 집안 출신이었기 때문에 돈보다는 깨달음을 추구할 수 있었다는 것이다.[8]

실험 아카데미

하지만 보일 이전부터, 심지어는 브라헤 사후 팀원들이 흩어지기 전부터, 자연 철학에 몰두하는 학자들의 모임이 이탈리아에 만들어지기 시작했다. 이들 "실험 아카데미"들 중 가장 먼저 설립된 것은 1560년대 귀족 출신 지암바티스타 델라 포르타(Giambattista Della Porta)가 세운 아카데미아 데이 세크레티(Accademia dei Secreti)였다. 델라 포르타는 16세기 말 "이탈리아 과학 분야를 장악했다." 신성 로마 제국의 황제 루돌프 2세(Rudolf II), 피렌체의 공작, 만토바의 공작 등을 비롯해 "유럽 전역의 왕자

들과 고위 성직자들"이 "그에게 엄청난 후원금을 쏟아 부었다."[9)]

델라 포르타 역시 기술적 지식을 엘리트 과학으로 흡수하는 것을 지지했다. "그의 실험실은 마치 장인의 작업장 같았다. 그곳에서 델라 포르타는 장비들을 직접 작동했고, 전승된 기술을 흡수했으며, 이를 통해 민간전승과 경험적으로 입증된 기술을 구분하려 노력했다." 그는 "장인들이 일하는 모습을 관찰하거나 직접 실험을 해 봄으로써 야금학을 습득했다."[10)] 델리 포르타는 비밀주의에 사로잡혀 있었기 때문에 아카데미아 데이 세크레티가 어떻게 운영되었는지에 대해서는 거의 기록이 남아 있지 않다. 하지만 그가 아카데미의 여러 가지 실험들을 수행하는 데 도움을 받기 위해 지오반니 바티스타 멜피(Giovanni Battista Melfi)라는 양조업자와 파비오 지오르다노(Favio Giordano)라는 약초상을 고용했다는 사실은 알려져 있다.[11)]

비록 델라 포르타는 아카데미아 데이 세크레티에 대한 정보를 남기지 않았지만, 대신 베네치아 인문학자 지롤라모 루첼리(Girolamo Ruscelli)가 나폴리 왕국의 "유명한 도시"에 자신이 설립했다고 주장하는 상당히 유사한 기관(이름까지 비슷한 아카데미아 세그레타[Accademia Segreta])의 "조직, 재정, 운영에 대한 구체적인 기록"을 남겼다. 루첼리의 기록은 비록 전부 혹은 일부 가상의 내용일 가능성도 있지만, "16세기 이탈리아 과학 단체에 대해 남아 있는 유일한 동시대의 기록"이라는 가치를 지니고 있다.[12)]

루첼리의 아카데미는 24명의 회원으로 구성되어 있었고, 어느 지역 귀족의 후원금으로 운영되었다. 이 귀족의 도움으로 아카데미아 세그레타는 회합을 가질 수 있는 강당, 실험을 수행하는 실험실, 그리고 약초를 재배하는 정원을 갖춘 본부 건물을 지을 수 있었다.

협회는 실험에 도움을 받기 위해 두 명의 약제사, 두 명의 금세공인, 두 명의 향료 제조자, 그리고 네 명의 약초상과 정원사를 고용했다. 이들을 제외하고 도 실험실 자체에 소속된 하인들과 "심부름꾼"들이 화덕을 관리하고, 용기를 세척하고, 약초와 화학 물질을 빻고, 증류 장치를 밀봉했다. 이들 일꾼들은 가지고 있는 특별한 재주에 따라 특정 작업에 배정되었으며, 아카데미 회원들은 이들에게 실험을 수행할 수 있도록 지시 사항을 주고 작업을 제대로 마쳤는지 감독했다. "그들은 약제사, 금세공인, 향료 제조자들에게 이것저것 명령을 내렸다."[13]

루첼리가 묘사하는 식의 분업은 반세기 후 베이컨 자신이 『새로운 아틀란티스』에서 그렸던 상상 속의 이상적인 과학 연구 기관인 솔로몬의 집과 대단히 유사하다.[14] 베이컨이 유럽 대륙의 실험 아카데미들로부터 얼마나 직접적인 영향을 받았는지는 알 수 없지만, 그가 과학 연구 기관은 엘리트주의적인 구조로 만들어져야 한다고 믿었던 것은 틀림없다.

아카데미아 데이 세크레티가 문을 닫고 나서 얼마 후, 델라 포르타는 아카데미아 데이 린체이(Accademia dei Lincei)라는 새로운 실험 협회가 설립되는 데 커다란 영감을 제공했다. 린체이는 '스라소니의 눈'이라는 뜻인데, 이것은 스라소니의 날카로운 시력 때문에 붙여진 이름이다. 아카데미아 데이 린체이는 1603년 몬티첼로 공작 페데리코 체시(Federico Cesi)에 의해 설립되기는 했지만, 델라 포르타로부터 영감을 받은 것이었다. 1610년에 델라 포르타는 아카데미아 데이 린체이의 정식 회원으로 선출되기도 했다. 하지만 1년 후, 변덕스러운 체시는 막 유명세를 타기 시작한 갈릴레오를 영입하는 데 성공했고, "아카데미 안에서 갈릴레오의 영향력은 델라 포르타를 뛰어 넘게 되었다." 1616년에 "체시는 협회의 새로운 비전을 제시"했는데, 여기에서 그는 학자들이 지켜야 할 원칙으로 공평무사를 강조했다. 체시는 자신의 아카데미가 "이익, 영예, 또는 평판"이라는 천박한 욕망에 더럽혀지지 않을 것이며, "지식을 위한 지식과 인류의 정신적, 물질적 조건을 개선시키기 위한" 활동을 전개할 것이라고 선언했다.[15)]

17세기 후반에 들어서자 과학의 제도화는 커다란 진전을 이루었다. 이탈리아에서는 1657년에 아카데미아 데이 린체이의 뒤를 이어 아카데미아 델 치멘토(Accademia del Cimento, 실험 아카데미)가 설립되었고,[16)] 1660년대 들어서는 런던에 왕립 학회, 파리에 왕립 과학 아카데미가 설립되는 등 중요한 기관들이 생겨났다. 과학사학자들은 이와 같은 과학 단체들에 대해 흔히 근대 과학의 전문화 경향으로, 즉 다시 말하면 점차 엘리트주의적으로 변해 가는 경향으로 설명한다.

아카데미아 델 치멘토는 실천 위주의 실험을 "지위가 낮은 기계공들"이나 하는 것이라고 천대하던 낡은 편견들이 상당 부분 사라졌다는 것을 보여 주었다. 아카데미아 델 치멘토를 후원했던 메디치 가문의 페르디난드 대공 2세(Ferdinand II)와 그의 남동생 레오폴드 왕자(Prince Leopold)는 새로운 협회에 물질적인 후원을 했을 뿐만이 아니라 그들 자신도 활발한 실험가들이었다. 그들의 아낌없는 후원으로 아카데미아 델 치멘토는 물질적인 부족함 없이 과학 활동을 벌이게 되었다. 이곳의 활동 내역을 기록한 보고서에 의하면, 연구자들은 어느 실험을 수행하면서 "금 쟁반 50개를 쌓아 놓고서, 가장 위 쟁반에 놓인 바늘이 가장 아래 놓인 쟁반 밑에서 움직이는 자석의 영향을 받는지 관찰"했을 정도였다.[17)]

아카데미아 델 치멘토는 설립된 지 겨우 10년 만에 문을 닫고 말았다. 하지만 영국과 프랑스의 과학 단체들은 훨씬 오랫동안 유지되었다. 이들 두 나라에서 과학 단체는 상당히 다른 모습을 띠었다. 우선 영국의 경우를 살펴보도록 하자.

왕립 학회

데릭 데 솔라 프라이스는 왕립 학회의 설립이 17세기 중반 무렵부터 수백 명에 달하게 된 런던 수학자들에 의한 것이라고 주장했다. 왕립 학회의 지지자들은 학회가 설립되기 이전부터 "보이지 않는 대학"이라는 비공식적인 회합을 갖고 있었다. 그들의 모임 장소는 "실험 기구 제조공들의 공방이나 단골 술집(나중에는 커피 하우스)이었다." 모임이 보다 정기적인 것으로 정착되기까지는 "실험 기구 제조공들의 우두머리였던 엘리아스 앨런(Elias Allen)이 주도적인 역할을 담당했다."[18]

하지만 1660년대 초가 되자, 이 회합은 일군의 학자들에 의해 장악되고 말았다. 이들은 새로 복위된 국왕의 지지를 등에 업고 자신들의 모임을 '자연 지식의 진흥을 위한 런던 왕립 학회(The Royal Society of London for Promoting Natural Knowledge)'라고 이름 붙였다. 새로운 학회는 그 내용에서 베이컨의 영향을 강하게 받았는데, 이것은 광업, 정련, 양조업 등 각종 산업 분야를 탐구하는 위원회를 둔 점에서도 쉽게 알 수 있다. 왕립 학회는 그 사회적 지위를 높이기 위해 "남작 이상의 지위를 가진 사람"이면 누구에게나 정회원 자격을 주었다. 그 결과 "많은 수의 궁정인들과 젠틀맨들이 정회원이 되었는데, 이들 중 상당수는 과학에 전혀 관심이 없었다."[19]

왕립 학회는 로버트 훅, 데니스 파핀, 프랜시스 헉스비(Francis Hauksbee), 장 데사귈리에(Jean Desaguliers), 대니얼 파렌하이트(Daniel Fahrenheit), 스티븐 그레이(Stephen Gray) 등 재능 있는 "시연자(demonstrator)"들을 고용해 실제 실험을 수행하게 하였다. 스티븐 펌프리가 잘 보였듯이 "학회 설립 초기에 평판을 올리는 데 공을 세웠던 것은 학회의 정회원들로부터 실험 철학자로 인정받지 못했던 '고용된 하인'들이었다."

기체 역학의 발전, 뉴턴의 역학 및 광학 이론의 통합, 전기에 대한 새로운 과학 등 왕립 학회의 "황금기"에 이루어진 수많은 유명한 실험적 성과들은 모두 그들의 노력과 천재성에 힘입은 것이었다. 비록 실험주의의 수사는 젠틀맨 철학자들이 만들어 냈지만, 실제의 실험은 낮은 신분의 장인들이 해냈다.[20)]

프랑스의 왕립 과학 아카데미와는 달리, 영국의 왕립 학회는 국가 기관이 아니었다. 영국 왕실은 새로운 "왕립" 과학 연구 기관에 아무런 재정적인 지원도 하지 않았다. 대신 로버트 보일의 물질적 지원이 결정적이었다. 보일의 아일랜드 땅에서 나오는 수입은 "왕립 학회를 유지하는 데 들어갔다. 또한 보일은 아일랜드 기술자들 사이에서 비밀스럽게 전해지던 기술을 왕립 학회의 실험에 이용하기도 했다."[21)] 학회 회원들은 보일의 후원에 대한 감사의 뜻으로 그의 책을 열성적으로 지지했으며 보일을 실험 과학자의 원형으로 내세웠다. 조지프 글렌빌(Joseph Glanvill)은 왕립 학회를 칭송하는 책 『그 이상(*Plus Ultra*)』에서 학회의 업적을 대표하는 인물로 보일을 꼽기도 했다.[22)]

왕립 학회는 베이컨을 지적인 영감의 원천으로 삼았다. 학회의 첫 역사학자인 토머스 스프랫은 "베이컨 공"이야말로 "우리 학회의 전반적인 모습을 머릿속에 그렸던 위대한 사람"이라고 지목했다.[23)] 시인 에이브러햄 카울리(Abraham Cowley)는 「왕립 학회 찬가」라는 시에서 "베이컨은 모세와 같이 마침내 우리를 인도하네."라고 노래했다. 그에 따르면 지식을 향한 "기계적 방식"이 있음을 진정으로 보여 준 사람은 베이컨이었다.[24)]

베이컨의 사상은 동시대인들의 인정을 받지는 못했다. 하지만 17세기 중반이 되자 베이컨주의는 근대 과학의 이데올로기로 강력한 힘을 발휘하기 시작했다. 그가 남긴 사상적 유산은 복잡다단했다. 영국 혁명의 몇몇 급진주의자들은 영감을 얻기 위해 파라셀수스와 베이컨의 저작을 동시에 읽었다. 이들 중 주목할 만한 이는 "혁명 중 급진주의자들을 이끌고 대학을 공격한 것으로 유명해진 목사이자 의사인" 존 웹스터(John Webster)였다.[25] 하지만 베이컨이 민중을 지지하고 엘리트를 공격한 몇몇 개혁가들 사이에서는 영웅이었을지 모르지만, 그의 정치적 보수주의는 후세의 학자들이 베이컨의 사상을 해석하는 데 영향을 미쳤다. 서구 사회에서 과학이 제도화되고 전문화되는 과정에서 베이컨의 철학은 그가 의도했듯이 권력 정치와 사회적 안정을 정당화해 주는 이데올로기 역할을 수행했다.

영국 혁명과 "가치가 개입되지 않은" 과학

왕립 학회는 과학의 의미를 둘러싼 이데올로기 투쟁의 와중에서 탄생했다. 이 시기는 "세상을 뒤집어 놓을 만큼" 치열하고 위대한 사회 혁명이 벌어지고 있던 1640년대에서 1650년대 사이 내전이 한창일 때였다.[26] 단체의 설립자들은 절대 왕정에 대항하는 혁명을 지지했던 상류층들이었다. 하지만 그들은 그 이상 나아가려는 생각은 가지고 있지 않았다. 여기에 비해 혁명이 한 발짝 더 나아가 부자와 빈자 사이의 차별을 없애야 한다고 생각하는 사람들도 있었다. 1650년대 "통제의 진공 상태"였던 영국에서

> 급진주의 분파들(종교인들의 소규모 집단)은 그 어느 때보다도 왕성하게 활동했다. 그들의 시각은 이전 세기 급진적 종교 개혁의 영향을 받은 것이었다. 이들 분파의 이름을 보면 그들의 생각을 알 수 있다. 평등파(The Levellers)라는 모임은 모든 남성들에게 투표권을 주어야 한다고 주장했으며 재산 유무에 따

른 투표권 부여 제도의 철폐를 요구했다. 독립파(The Independents)는 국교(國教, state church)라는 개념과 그것을 유지하기 위해 징수하는 세금을 공박했다. 구도파(The Seekers)는 성별에 관계없이 모든 사람들은 스스로 신으로 향하는 길을 찾을 능력이 있다고 주장했다. 소요파(The Ranters)는 절대적인 표현의 자유를 요구했다. 퀘이커(The Quakers)들은 우리 모두를 평등하게 만드는 신성한 빛을 찬미했고 그것을 모든 종류의 위계를 공격하는 데 사용했다. 이들 중 가장 급진적인 분파는 아마도 디거파(The Diggers)였을 것이다. 이 모임의 지도자 제라드 윈스탠리(Gerrard Winstanley)는 신과 자연은 하나이며, 모든 토지를 재분배해 모두의 이익을 위해 공동 경작해야 한다고 주장했다. 이처럼 다양한 분파들이 자신의 생각을 설파했고, 주장을 실천에 옮기기도 했다.[27]

구도파와 소요파, 디거파를 비롯한 여러 급진파들에게 과학은 사회적 문제에서 자유롭지 않았으며, 과학의 본질은 중립적이지도 않았다. 크리스토퍼 힐이 설명했듯이 "영국 혁명의 급진파들은 우주를 전체로, 과학과 사회를 하나로 보는 마지막 사상적 유파였다." "전문가와 일반인 사이의 구분을 철폐하는 것"이 그들 철학의 핵심이었다. "윈스탠리는 과학, 철학, 그리고 정치를 모든 교구에서 선출된 비전문가가 가르쳐야 한다고 주장했다. …… 그와 급진적 과학자들은 과학을 인간 생활의 문제에 적용하고 싶어 했다."[28]

윈스탠리는 지식과 교육이 엘리트 대학의 학자들에 의해 독점되어서는 안 된다고 강력하게 주장했다. 그는 "계급이나 성별에 관계없이 보편적인 교육 과정에 반드시 손노동을 포함시켜야 한다."라고 생각했다. 그래야만 "게으른 학자라는 특권 계급"이 생기지 않으리라는 것이었다.[29] 윈스탠리에 따르면,

왕정 하에서처럼 특정 아이들을 책을 통해서만 배우도록 하고 다른 직업 교육을 시키지 않아 이른바 학자로 훈련시켜서는 안 된다. 그렇게 하면 그들은 자신들의 이해관계에 맞는 정책만을 찾아내는 데 혈안이 되어 노동 계급 형제들 위에서 군림하는 주인 행세를 하려 들 것이다.[30]

힐은 윈스탠리에 대해 다음과 같이 논평했다.

윈스탠리가 모든 지식의 민주화와 폭넓은 확산의 비전을 세우고 있던 바로 그때 과학에서 전문화가 진행되기 시작했다는 것은 참으로 역설적이다. 윈스탠리가 각 지역 교구마다 박학다식한 만물박사를 한 명씩 두어야 한다고 주장할 무렵, 그런 사람들은 점점 사라져 가고 있었다. 그의 계획이 완전히 유토피아적인 것은 아니었다. …… 우리는 윈스탠리의 비전이 불가능했을 것이라고 말할 수는 없다. 다만 그것은 한번도 시도된 적이 없었다.[31]

한편, 파라셀수스주의 운동은 규모나 영향력 면에서 점점 커지고 있었고, 17세기 중반에는 절정에 다다랐다. 그 힘은 영국 혁명에 힘입어 더욱 강화되었다. 파라셀수스주의자들의 생기론적 세계관과 제도 권력에 대한 반감이 급진적 종교 분파들 사이에서 널리 받아들여졌던 것이다.[32] 그들의 분노의 초점은 왕립 내과 의사회(Royal College of Physicians)였다. 왕립 내과 의사회는 의료를 독점하며 "외과 의사와 약제사를 배제했는데, 이들은 대개 파라셀수스주의자들이었다. 1640년대와 1650년대의 고조된 분위기 속에서 이들은 왕립 내과 의사회가 시대에 뒤떨어지고 부패한 집단이라고 공격했고, 공중 보건을 위한 새롭고 민주적인 체계를 구축해야 한다고 주장했다."[33]

왕립 내과 의사회의 독점적 의료 행위에 대한 급진적 반대파의 일원이었던 약제사 니콜라스 컬페퍼(Nicholas Culpeper)는 "가난한 사람들도 처방약을 쉽게 구할 수 있도록 왕립 내과 의사회의 신성한 정전인 『런던 약전(*Pharmacoepia Londinensis*)』을 영어로 번역했다. 그는 성경의 번역이 모든 사람을 신학자로 만들어 주었듯이, 약전의 번역이 모든 사람들을 의사로 만들게 되기를 바랐다."[34] 대체로 영국 혁명의 경험은 베이컨의 후예들에게 파라셀수스식 "열정"이 과학에 침투할 때의 정치적 결과에 대한 두려움을 상기시켰다.

1660년 무렵이면 영국 혁명은 끝난 상태였다. 세습 왕정은 복권되었고, 급진파들은 참패했다. 그리고 시장 경제를 구축하기 위한 정책들이 차근차근 시행되기 시작했다. 파라셀수스주의자들로 대표되던 민중 과학 운동의 앞날은 어두웠다. 영국 혁명에서 급진적 분파들의 패배는 "점차 보수화하는 베이컨주의"가 "급진적인 파라셀수스주의와 거리를 둘 수 있게" 해 주었다. "베이컨주의는 향후 주류 과학 운동으로 나아갈 것이었고, 파라셀수스주의는 1650년대 후반 이후 역사의 그림자 속으로 사라져 버렸다."[35]

이것은 과학의 민중사에 있어서 중대한 분기점이었다. 힐은 급진파의 몰락에 대해 다음과 같이 설명했다.

> 그것은 또한 일반인들도 접근할 수 있는 포괄적 세계관(Weltanschauung)을 향한 꿈이 끝났음을 의미했다. 보통 기계공에게 뉴턴은 토마스 아퀴나스(Thomas Aquinas)만큼이나 이해할 수 없는 것이었다. 지식은 더 이상 신학자들이 해석해 주어야만 알 수 있는 라틴 어 성서에 갇혀 있지는 않았다. 하지만 이제는 새로운 전문가들이 해설해 주어야만 알 수 있는 과학 기술 용어 속에 점점 갇히게 되었다.[36]

또한 왕정복고는 대학이 존속될 수 있음을 의미했다.

> 대학들은 혁명 기간 동안 침투해 온 과학적 개념들에 거의 영향을 받지 않았다. …… 라틴 어는 더 이상 과학 정보를 담는 주요한 수단이 아니었고 국제 학계의 공용어도 아니었다. 하지만 대학들은 여전히 고전 교육을 강조했다. …… 결과적으로 옥스퍼드 대학교와 케임브리지 대학교는 영국에서, 나아가 세계에서 주류 학문으로부터 고립되어 버렸다.[37]

힐은 그것이 폭넓은 사회적 함의를 갖는다고 결론 내렸다.

> 영국은 과학에 무지한 지배 엘리트 계층과 함께 산업 혁명에 진입했다. 더구나 왕립 학회의 과학자들은 평등한 교육의 기회를 향한 급진파의 "열정적인" 계획을 폐기했다. 이것은 낮은 계급 출신의 과학적 재능이 발휘될 수 없음을 의미했다. 결국 "영국은 스스로의 자원을 최대한 이용하지 못한 채 기술 시대로 들어설 수밖에 없었다."[38]

비록 왕정복고 시대의 영국 지배 계급은 처음에 새로운 과학을 못마땅하게 생각했지만, 새로운 지적 엘리트가 떠오르고 있었다. 그 과정에서 중요한 이정표가 왕립 학회의 설립이었다. 왕립 학회는 새로운 과학 이데올로기의 제도적인 구현이었다. 혁명 시기의 불안과 분열에서 하루바삐 벗어나고 싶었던 학회 지도자들은 정치, 종교, 사회 문제에 대한 논쟁은 새로운 과학의 범주에 포함되지 않는다고 결정했다. 로버트 훅은 "신에 관한 문제, 형이상학, 윤리학, 정치, 문법, 수사학 또는 논리학 등은 왕립 학회의 관할"이 아니라고 선언했다.[39]

즉 "열정파, 광신자"들은 받아들여지지 않는다는 것이었다. 이로써 급진적인 생각을 가진 사람들은 왕립 학회에서 제외되었고, 전문가를 중심으로 한 과학 조직은 당시 영국에서 형성되고 있던 새로운 종류의 시민사회와 어울릴 수 있도록 의식적으로 설계되었다. 영국 혁명을 다루는 한 역사학자의 설명에 따르면, "왕립 학회는 앞으로의 과학이 비정치적이기를 바랐다. 그것은 과학이 (지금도 마찬가지지만) 보수적이기를 바랐다는 의미였다."[40)]

왕립 학회의 지도자들은 이데올로기에 대한 토론을 금지하면 과학에서 이데올로기를 축출할 수 있으리라고 믿었다. 하지만 그들은 단지 그들 자신의 엘리트주의적 이데올로기에 대한 독점을 확인했을 따름이었다. 그들이 장려했던, 중립성이라는 과학적 객관성의 이상은 이룰 수 없는 꿈이었다. 새로운 과학 엘리트에게 권위를 부여한다는 왕립 학회의 사회적 기능은 베이컨주의에 기반한 것이었다. 이 베이컨주의 이데올로기에 내재된 편향은 무엇이었을까?

베이컨과 "민중"

전기 작가에 의하면 베이컨은 "나는 민중이라는 단어를 좋아하지 않는다."라고 말했다. 이것은 베이컨이 "평민들" 또는 그가 했을 법한 말로 하면 "천한 것들"의 대변자가 아니라는 점을 보여 준다.[41)] 비록 베이컨은 철학자로서 자신의 제안이 인류 전체의 복지를 위한 것이라고 정당화하는 등 보편적인 원칙에 대해 말했지만, 정부 관료로서 그는 훨씬 협소한 사회적 의제에 깊은 관심을 가지고 있었다. 그것은 다름 아닌 특권 계급의 이해에 복무하는 것이었다. 이것이 꼭 위선이라고 말할 수만은 없었다. 베이컨에게는 귀족들과 젠틀맨 계층이 곧 인류였다. 대다수의 나머지

는 대개 사회를 불안정하게 만드는 근원인 "선동 대상"으로 여겨졌다.[42)]

흔히 베이컨이 17세기 초 자연에 대한 지식의 폭발적인 증가를 바라보면서 순수하게 즐거워했으리라고 생각하는데, 이것은 한쪽 면만을 본 편협한 시각에 불과하다. 베이컨은 전통적인 학문 체계가 무너지는 것이 가지는 사회적 함의에 대해 걱정을 금치 못했다.

> 중앙 집권적 통치자들이 흔히 비싼 값을 치르고 배웠듯 사회적 불안과 정치적 폭동의 가능성은 상존한다. 그들의 우려는 지식의 생산과 보급에 영향을 미쳤다. "진정한 지식"을 가지고 있다고 주장하는 사람들은 통치자의 권위와 체제의 정통성을 위협할 수 있는 잠재력을 가지고 있다. 그러므로 그런 사람들과 그들이 만들어 낸 지식을 통제할 필요가 있는 것이다.[43)]

베이컨의 정치적 행보는 결국 국가 최고위직에까지 이르렀다.[44)] 1612년에 베이컨은 영국 국왕 제임스 1세(James I)의 가장 중요한 고문이 되었다. 그리고 1613년에는 법무 장관이, 1616년에 최고 자문관이, 1617년에는 옥새관(玉璽官)이, 1617년에는 마침내 대법관이 되었다. 베이컨은 비록 귀족 가문 출신이 아니었지만, 1618년에 그는 베룰람 남작이라는 작위를 받았고 1621년에는 성 앨번스 자작으로 승급되었다. 베이컨은 "영국을 지배하는 엘리트 계층의 일원으로서 자신의 자연 철학이 왕권 강화라는 정치적 목적을 위한 도구로 사용될 수 있으리라고 믿었다." 베이컨이 제안한 과학 개혁 기획은 근본적으로 왕실의 통제 아래 놓이지 않는 독립적인 과학 활동을 확립하려는 노력에 대한 "왕정주의적 반동"이었다.[45)]

역사학자들은 전통적으로 베이컨을 계몽주의의 선각자로, 그의 철학을 근대적이고 인본주의적인 것이라고 평가해 왔다.[46)] 로렌 아이즐리(Loren Eisley)는 그를 "시대를 앞선 문명인"이라고 보았고, 벤저민 패링턴에게 그는 위대한 "산업 과학의 철학자"였다.[47] 하지만 베이컨은 공무를 수행하면서 평민 출신 폭도들을 억압하기 위해 고문도 서슴지 않았다. 1596년 엔슬로우 힐 반란이 발생하자, 베이컨은 사유지에 대한 공격을 반역죄로 규정하여 바르톨로뮤 스티어(Bartholomew Steere)라는 목수를 "런던의 브라이드웰 감옥에서 두 달 동안 심문하고 고문"했다. 또 이교도라는 의심을 받고 있던 재세례파에 대한 조사에서 "그는 새뮤얼 피콕(Samuel Peacock)이라는 교사를 기절할 때까지 매달아 두기도 했다."[48]

고문을 용인한 베이컨의 행동이 그의 시대적 맥락 속에서 얼마나 받아들여질 만한 것이었는지 아닌지 고려할 필요는 없다. 다만 베이컨이 지배 계층의 눈을 통해 "인류"를 바라보았다는 것만은 짚고 넘어가도록 하자. 자신의 새로운 과학이 "인류 전체"에게 이득이 될 것이라는 그의 주장은 다시 한번 눈여겨볼 필요가 있는 것이다.[49] 학자들도 기술자들에게서 배워야 한다는 베이컨의 가르침은 지식을 공유하자는 호의에서 나온 것이 아니라 지배 계층의 이득을 위해 노동 대중의 지식을 전유하고자 하는 의도였던 것이다.

어머니 자연을 강간하고 고문하다

베이컨의 저작에 나타난 가부장적 이미지는 17세기 초 영국 여성들의 사회적 지위를 반영했다. 베이컨은 언제나 자연을 비밀을 감추고 있는 여성으로 묘사했다. 그는 비밀들이 "자연의 젖가슴 속에 숨겨져 있다."라거나 "자연의 자궁 속에서 잠들어 있다."라고 썼으며 그것들을 내놓게 하기 위해서는 그녀를 강제로 꿰뚫고 들어가야 할 것이라고 말했다.[50]

베이컨은 "자연과 그녀의 자식들을 노예로 삼아 마음대로 부릴 수 있게 해야 할 것"이라고 선언했다. 더 나아가 베이컨은 우리가 "자연이 우리에게 알아서 올 것이라고 생각해서는 안 된다."라고 말했다. "우리는 자연의 머리채를 잡아채야 한다." "그녀를 손아귀에 넣고 감금하여, 그녀를 정복하고 복종시키며, 그녀를 근본부터 흔들어 놓아야 할" 필요가 있다. 그는 마법을 부린 것으로 의심받던 여인들의 자백을 이끌어 내기 위해 기계 장치들을 이용해 고문하는 방식을 예로 들어 자연으로부터 비밀을 뽑아내기 위한 방법을 설명했다.

> 비록 그와 같은 기술을 사용하는 것은 비난받을 일이기는 하지만 …… 보다 많은 자연의 비밀을 밝히고 …… 진실에 접근하기 위해서는 구멍과 모서리들을 통해 꿰뚫고 들어가는 것에 양심의 가책을 느껴서는 안 된다.[51]

베이컨에 따르면 자연은 "혼자 남겨져 있을 때보다 기계적 장치들의 괴롭힘에 시달릴 때 좀 더 명확하게 자신을 드러낸다."

어머니 자연을 꿰뚫고, 고문하고, 노예로 삼는 등의 성적 이미지는 17세기 영국 상류층 과학자들의 세계관과 무관한, 언어적 습관에 불과한 것이 아니다. 여성의 종속은 가부장적 사회에서 남성의 우월성을 유지하기 위한 그들의 세계관에서 필수적인 요소였다. 이들 초기 과학자들의 서술이 여성이나 다른 사회적 문제에 대해 "아무런 가치도 개입하고 있지 않다."라고 믿는 것은 너무나 순진한 생각이다.

유럽의 마녀사냥

과학 혁명기 여성의 지위는 동시대 유럽을 휩쓸던 마녀사냥 열풍에 잘 드러난다. 새로운 과학의 등장과 마녀 열풍은 모두, 앞선 16세기 동안 유럽 전역에 걸쳐서 일어나던 전통적인 봉건 사회의 붕괴라는 전반적인 사회 위기 상황에 대한 대응이었다.

휴 트레버로퍼(Hugh Trevor-Roper)는 "16세기와 17세기 동안" 마녀들에 대한 믿음은 "진보주의 예언자들이 생각했듯이 사라져 가는 고대 미신의 잔재가 아니었다. 그것은 시간이 지날수록 더욱 강력해지는 폭발력을 지닌 힘이었다."라고 평가했다.[51] 그와 같은 비합리적인 사고방식의 확산이 근대 과학의 탄생과 시공간적으로 일치했다는 사실은 역설적으로 보일 수도 있다. "갈릴레오가 『두 우주 체계에 대한 대화』를 출간했던 1630년대에, 이전 어느 시기보다도 많은 마녀들이 유럽 전역에서 불타 죽었다."[52]

> 고위층 사이에서도 신봉자들이 늘어갔고, 보다 많은 희생자들이 발생했다. 1550~1600년이 1500~1550년보다 심했고, 1600~1650년에는 더욱 심해졌다. …… 이 두 세기가 빛의 시기였다면, 우리는 적어도 한 가지 측면에서는 중세 암흑기가 더 문명적이었다는 것을 인정하지 않을 수 없다. 암흑기에는 적어도 광적인 마녀사냥은 없었다.[53]

마법에 대한 억압은 자연에 대한 지식을 독립적으로 만들어 내려는 이들을 몰아내려는 베이컨주의적 노력을 반영했다. 몇몇 학자들은 마법이 부분적으로는 "기독교 이전 자연 숭배의 잔재"이자 내륙 지방의 이교도 문화의 영향을 받은 것으로, 주류 유럽 문화와 충돌했고 사회 엘리트 계층에게 위협으로 인식되었다고 주장했다.[54] 하지만 권력자들은 이와 같은 끔찍한 대학살을 정당화하기 위해 정치적인 이유를 들지 않았다. 오히려 그들은 늙은 노파가 사탄과 손을 잡고 위험한 초자연적인 힘을 얻었다는 혐의를 뒤집어씌웠다.

이와 같은 말도 안 되는 공격을 무지하고 미신에 사로잡힌 대중들 탓으로 돌릴 수는 없다. 그것은 "사리사욕에 눈이 먼 성직자들과 종교 재판관들이 주도한 냉혹한 선전 운동의 결과였으며, 실재하는 사회적 요인에 뿌리를 두고 있던 것이 아니라 위에서부터 강요된 것이었다."[55] 엘리트 지식인들은 악마학이라는 새로운 "과학"을 만들어 냈다. "조제프 쥐스튀스 스칼리게르(Joseph Justus Scaliger)와 유스투스 립시우스(Justus Lipsius), 베이컨과 후고 그로티우스(Hugo Grotius), 피에르 드 베륄(Pierre de Bérulle)과 파스칼 시대의 학자, 변호사, 성직자"들이 그들이었다. "그 시대에서 가장 창의적이고 교육을 많이 받은 자들이 악마학을 퍼뜨리는 데 앞장섰다." 이들 중에서 가장 중요한 역할을 담당했던 것은 장 보댕(Jean Bodin)이었다. 보댕은 코페르니쿠스가 죽고 몇십 년이 지난 후 중요한 악마학 저작인 『악마 숭배자와 마법사(*De la démonomanie des sorciers*)』를 출판했다.

> 보댕은 16세기의 아리스토텔레스이자 몽테스키외였다. 그는 비교사, 정치 이론, 법철학, 화폐에 관한 계량 이론, 그리고 다른 수많은 학문 분야의 선구자였다. 하지만 보댕은 1580년 유럽 전역에 마녀사냥의 불을 댕긴 책을 한 권 저술했다. 16세기 후반 지식인들 사이에서 스승으로 공인받은 위대한 사람이 마녀들뿐만 아니라 단지 새로운 악마학의 세세한 부분을 믿지 않는다는 이유로 사람들을 화형시켜야 한다고 주장하는 것을 지켜보고 있노라면 정신이 번쩍 들게 된다.[56]

악마학의 이론가들 중에는 스코틀랜드 국왕 제임스 6세(James VI)가 있었는데, 그는 나중에 영국 국왕 제임스 1세가 되고 나서 프랜시스 베이컨의 강력한 후원자가 되었다.[57] 제임스 6세는 학자로서 자부심을 갖고 있었는데, 그의 저서 『악마학(*Daemonologie*)』은 비슷한 시기에 쏟아져 나오기 시작한 "마법 백과사전"의 일종이었다.

> 그것은 악마학이 세세한 부분까지 모조리 진실이라고 주장했다. 회의론은 억눌러야 했다. 마녀를 변론하는 회의론자들과 변호사들은 모조리 마녀였고, 모든 마녀들은 예외 없이 화형에 처해야 했다. 어떤 마녀의 입에서 이름이 언급되었다는 사실은 이름이 언급된 마녀를 화형에 처하기에 충분한 증거가 되었다.[58]

광기어린 마녀사냥의 피해자들 중 일부는 남성이었다. 하지만 전체적으로 이 현상은 확실히 반여성적이었다. 통계적 분석에 따르면 유럽 여러 나라에서 마법 혐의로 재판을 받은 10만여 명 가운데, 여성은 약 83퍼센트였다.[59] 이 운동의 선언문인 『마녀들의 망치(*Malleus maleficarum*)』는 "여성 혐오주의자의 교과서"였다.[60] 『마녀들의 망치』는 1486년 도미니크회 수도사들이었던 헨리 크레이머(Henry Kramer)와 제임스 스프렌저(James Sprenger)에 의해 출판되었다. 이들은 교황 이노센트 3세(Innocent III)의 명을 받아 마법에 대항한 특별 선전 운동을 이끌고 있었다. 크레이머와 스프렌저에 의하면, 마법사들이 대부분 여성인 이유는 그들이 남성들보다 유약한 정신을 가지고 있기 때문이었다. 가장 중요한 이유는 여성들의 왕성한 성욕에서 찾을 수 있었다. 크레이머와 스프렌저는 "모든 마법은 육체적인 정욕에서부터 나오는데, 여성들의 정욕은 만족시킬 수 없다."라고 선언했다. "여성들은 정욕을 채우기 위해서라면 악마와도 손을 잡는다."[61]

17세기 중반이 되자 마녀사냥의 광기는 더욱 드높아졌다. 열광적인 고발자들은 마녀라는 혐의를 무방비의 시골 아낙들뿐만 아니라 엘리트 성직자들과 사회 고위층 인사들에까지 뒤집어씌우기 시작했다. 마법에 대해 조금이라도 관용적인 태도를 보인다면, 사회적 위치에 관계없이 그 누구라도 탄압의 대상이 되었다. 사회적 영향력을 지닌 사람들이 심각한 위협을 느끼기 시작하자 마녀사냥도 잦아들었다. 한 독일 마을의 경험은 이 변화가 어떻게 찾아왔는지 잘 보여 준다.

> 1630년까지 마녀 재판이 횡행하던 뷔르츠부르크에서도 필립 아돌프 폰 아렌베르크(Philip Adolf von Ahrenberg) 주교와 휘하 법관이 마법을 사용했다는 혐의를 받게 되자 사람들은 생각을 고쳐 먹기 시작했다. 주교는 더 이상의 재판을 금했고 죄 없이 희생된 피해자들에 대해 정기적인 추모 예배를 개최했다. 이것은 독일 남서부 지역에 일반적으로 나타난 현상이었다.[62]

악마학의 주요 이론가들은 아리스토텔레스주의 학자들이었다. 하지만 베이컨과 데카르트를 비롯해 우리에게 낯익은 근대 과학의 영웅들은 효과적인 반대 논리를 제공하지 못했다. 그들은 대개 마법 문제에서 명확한 입장을 표명하지 않았다. 마법이 급속히 힘을 잃어 가던 1660년대에, 새로운 과학 엘리트 계층의 지도자들은 오히려 마법에 새로운 생명을 불어넣으려고까지 했다. 영국에서는 왕립 학회의 가장 저명한 지도자들인 로버트 보일, 조지프 글랜빌, 그리고 헨리 모어(Henry More) 등이 마법적 믿음을 옹호하는 활동을 전개하기도 했다.

찰스 웹스터(Charles Webster)에 따르면, "새로운 과학의 대표자 격인 왕립 학회의 회원들이 영국에서 마법을 신봉하는 경향을 쇠락하게 만드는 데 주요한 역할을 담당했다는 것은 끈질긴 전통으로 남아 있다." 하지만 그 끈질김에도 불구하고 그것은 진실과는 거리가 있었다. 사실, "마법에 호의적인 저서들의 상당 부분이 글랜빌과 오브리를 비롯해 왕립 학회와 밀접한 관련이 있는 저자들에 의해 씌였다."[63]

> 실험 철학자들의 마법과 마술에 대한 관심은 로버트 보일의 요청에 의해 1658년 출판된 『매스콘의 악마(*The Devil of Mascon*)』로부터 시작되었다. …… 『매스콘의 악마』는 그 이후 등장한 악마에 대한 논의의 근간이 되었다. 보일은 초자연적 현상을 확인하는 것이 무신론자들의 주장을 논파하는 가장 효과적인 방법이라고 믿었다. "회의적인 화학자(sceptical chymist, 로버트 보일의 저작 제목이다. ― 옮긴이)"와 그의 친구들은 마법에 대해 별다른 의구심을 나타내지 않았다.[64]

"조지프 글랜빌은 열성적으로 보일의 뜻에 따랐다. 그는 토머스 스프랫과 함께 왕립 학회의 가장 중요한 수호자였다."[65] 마녀사냥의 광기가 완전히 수그러들기 전인 1666년에 글랜빌은 『마녀와 유령의 존재를 변호하기 위한 철학적 노력(*A Philosophical Endeavor towards the Defence of the Being of Witches and Apparitions*)』을 출판했다. 이 저서에서 글랜빌은 보일의 논리에 따라 마법이 실재한다는 것을 부정하는 것은 자신의 무신론을 숨기기 위해서라고 주장했다. "앞에 나서서 신은 없다고 당당하게 말할 용기가 없는 자들이 정령이나 마녀의 존재를 부정하고는 한다." 1677년에 "어느 은퇴한 혁명가이자 광적인 파라셀수스 신봉자"가 글랜빌의 마녀에 대한 믿음을 공격하자, 로버트 보일과 헨리 모어는 글랜빌을 변호했다.[66]

보일과 그의 뜻에 따르는 왕립 학회 회원들은 17세기 중반의 내전 와중에도 새로운 기계적 철학의 사회적 지위를 유지하고 그것을 "무신론적인" 유물론으로부터 떨어뜨려 놓으려는 노력을 기울였다. 마법의 문제를 둘러싼 논쟁은 "왕립 학회가 스스로 종교적이고 사회적으로 주류 의견에 순응하며, 수상한 유물론적 경향으로부터 자유롭다는 것을 보여 줄 수 있는 기회였던 것이다."[67]

마녀사냥과 의료 과학

마녀사냥은 엘리트 의사들이 여성 민간 치료사들과 싸울 때 그들에게 힘을 실어 주는 효과가 있었다. 프랜시스 베이컨에 따르면, "마녀와 노파, 사기꾼들은 항상 의사들과 경쟁 관계에 있었다." 비록 베이컨은 의사들 편이었지만, 그는 "학식이 높은 의사들보다 경험 많은 노파들의 처방이 더 잘 듣는 경우도 많다."라고 인정할 수밖에 없었다.[68]

악마학 이론가들은 사악한 마녀들의 흑마술뿐만이 아니라 "백마녀들"의 유용한 마술 역시 억압할 필요가 있다고 강력하게 주장했다. 병을 낫게 하는 능력을 가지고 있다고 알려진 시골 아낙네들은 후자에 속했다.

> 물론 여성 치료사들이 대학에 입학하는 것은 불가능했기 때문에(학위를 받기 위해 공부하는 것은 성직자 교육의 일부였다.), 이들 여성들이 전문적인 지위를 획득할 수 있는 방법은 사실상 없었다. 게다가 의사들이 의학의 전문화를 요구하며 왕실과 의회에 인증받지 못한 의료 행위를 불법화해야 한다고 청원하기 시작하자, 여성 치료사들은 점점 설 자리를 잃어갈 수밖에 없었다.[69]

14세기의 유명한 외과 의사였던 기 드 숄리아크(Guy de Chauliac)는 대학의 의학 교과 과정의 일차적 기능은 학생들이 병을 고칠 수 있도록 가르치는 것이 아니라 어떻게 하면 스스로를 평민들로부터 구분 지을지를 습득하는 것이라는 점을 명확히 했다. "의사들이 기하학, 천문학, 변증론을 비롯한 여러 학문 분야를 섭렵하지 않는다면, 무두장이, 목수, 모피 수

선공들이 그들의 직업을 때려치우고 의사가 되려 할 것이다."[70]

영국의 의사들은 1421년 여성의 의료 행위를 금지할 뿐만 아니라, 남자들 중에서도 의사들이 세운 "의과 대학"을 다닌 자들에 한해 의사 자격을 인정해야 한다는 탄원서를 의회에 제출했다.[71] 의회는 1511년에 마침내 "수많은 무지한 자들"이 의료 행위를 할 수 없도록 하는 법을 제정했다. 이 법으로 의료 행위가 금지된 사람들 중에는 "마법을 이용해 고치기 어려운 병을 낫게" 할 수 있다고 알려진 "평민 출신 장인들 및 여성들"이 포함되어 있었다.[72]

문맹인 여성들을 비롯한 "평민 출신 장인들"의 우월한 치료법을 달리 어떻게 설명할 수 있겠는가? 정식 교육을 받은 의료인들은 그들이 초자연적인 힘에 대항해 불공정한 경쟁을 하고 있다고 느꼈고, 이것을 바로잡기 위해 마녀들의 의료 행위를 금지하는 법을 강력하게 시행해야 한다고 요구했다.

마녀들에 대한 박해는 의료 분야에서의 또 다른 사안과 연관이 있었다.

> 또한 이 시기에 남성들은 여성들로부터 생식에 대한 통제권을 빼앗아 오기 시작했다(남성 조산원은 1625년에, 외과용 겸자[forceps]는 그 직후에 등장했다.). 그 이전에는 "출산과 산후 몸조리는 여성들이 관리하고 통제하는 의식이었으며, 남성들은 대개 배제되었다." 지배 계급은 출산율을 높이는 것이 자신들에게 이득이 된다는 점을 인식하기 시작하자 "인구를 경제적, 정치적 분석의 근본적인 범주로써 관심의 초점에 두었다." 근대 산과학과 근대 인구학은 이와 같은 위기에 대응해서 동시에 탄생했다.[73]

객관성을 의심할 여지가 별로 없는 정량적 사회 과학인 인구학조차도 결코 "가치 개입에서 자유로울" 수 없다는 점은 명확하다.

결론적으로 말해서, 새로운 과학의 등장은 마녀사냥의 쇠퇴에 기여한 중요한 요소가 아니었다. 찰스 웹스터는 "마법 박해와 같은 문제들에 대한 일반적인 태도의 변화에 관한 한, 과학자들은 이리저리 휩쓸려 다니는 존재였다."라고 설명했다. "그와 같은 변화를 설명하기 위해 우리는 과학 이외의 설명 요인을 찾아야 할 것이다."[74)]

한 가지 중요한 요인은 17세기에 걸쳐 유럽이 겪고 있던 귀족주의 사회에서 시장 중심적 사회로 사회 경제적 맥락이 전환했다는 것이다. 1세기 이상 떨어져 있는 요한 루돌프 글라우베르(Johann Rudoph Glauber)와 요제프 폰 프라운호퍼(Joseph von Fraunhofer)의 일생을 살펴보면 이와 같은 거대한 사회적 변화가 과학적 실천에 어떤 영향을 미쳤는지 볼 수 있다.

요한 루돌프 글라우베르: 새로운 종류의 과학자?

1658년에 파라셀수스를 숭배하는 독일인 요한 루돌프 글라우베르는 치료 효과가 있는 것으로 알려진 샘물에서 불가사의한 물질을 추출해 내는 데 성공했다고 발표했다. 글라우베르는 그 물질을 "기적의 염"이라고 불렀으며 그것의 약효를 장황하게 설명했다.[75)] 그리고 파라셀수스와 아그리콜라는 이 염에 대해 알고 있었다고 밝혔다. 하지만 글라우베르는 자신이 그것의 조성을 알아냈다고 주장했는데, 이로써 그는 기적의 염을 대량으로 생산할 수 있게 되었다. 그리하여 글라우베르는 상업적 성공을 거두었다. 패멀라 스미스에 의하면 그 염(수화황산나트륨)은 독일에서 오늘날까지 "글라우베르살츠(Glaubersalz)" 즉 '글라우베르의 염'으로 알려져 있다.[76)]

글라우베르는 기적의 염을 비롯한 몇 개의 화학 제품을 팔아 생계를 꾸려 나갔다. 1640년 그는 암스테르담으로 이주함으로써 "시장에 물건을 내다 팔아서 부자가 될 수 있는 세계로 들어섰다."[77] 하지만 돈은 벌 수 있었어도 명성까지 얻을 수는 없었다. 글라우베르는 과학자로서의 명성을 얻기 위해 노력했고, 그 과정에서 자연에 대한 지식을 만들어 내는 데는 골방에 틀어박힌 학자들보다는 실제로 일을 하는 노동자들이 낫다고 주장했다.

> 그는 이발사의 아들로 태어나 약사의 도제 생활을 했으며 대학 문턱에도 가 보지 못한 초라한 집안 출신이었지만 장인으로서 자신의 능력을 자랑스럽게 여겼다. "어째서 경험 많은 장인이 (영에 관한 진실에) 보다 가까이 갈 수 없단 말인가? 학자는 설교에는 능할지 몰라도 그것 이외에는 잘하는 것이 거의 없다."[78]

글라우베르는 인생의 마지막 25년 동안 화학과 연금술에 대해 30여 권의 책을 저술했다. 그의 저서들은 "모두 실용적인 제조법, 비밀 약품 조제법, 그리고 그의 발명품 및 비법을 위한 이론적 구조 등을 담고 있었다." 이들 중 오직 한 권만이 특정한 개인에게 헌정되었다. 나머지는 모두 "농부나 정원사를 비롯한 일반인들에게, 또는 그의 '조국 독일'에 바치는" 것들이었다.[79] 하지만 글라우베르는 장인 계층과의 가까운 연관에도 불구하고 상류층 학자들의 엘리트주의적 기질에 깊은 영향을 받기도 했다.

> 그는 장인과 학자의 중간쯤 되는 위치에 놓인 인물이었다. 글라우베르는 학계에서 별다른 자격을 가지고 있었던 것도 아니고 재산이 많았던 것도 아니었기에 항상 기계공이나 장사치 취급을 받을 위험성을 안고 있었다. 그래서 그는 자신의 활동이 부를 축적하기 위해서만은 아니라는 것을 강조하곤 했

다. 글라우베르는 암스테르담의 이웃들이 자신을 연금술사라고 부르는 데 대해 특히 민감하게 반응했다.[80]

글라우베르와 레벤후크의 사례를 통해 우리는 보잘것없는 집안 출신의 상인들이나 장인들이 17세기 후반 이후 과학 발전에 중요한 기여를 계속해 왔다는 것을 알 수 있다. 그럼에도 상류층 학자들의 가치 체계는 광범위하게 퍼졌다. 글라우베르의 저서들은 그가 "불편부당한" 과학이라는 개념을 뼛속 깊이 받아들였다는 것을 보여 준다. 그것은 그가 사회적 존경을 얻어 내기 위한 하나의 방편이었다. 비록 자신은 실험실에서 화학 약품을 제조해 내다 팔아서 생계를 유지했지만, 글라우베르는 자신의 과학 연구 활동이 금전적이기보다는 이타적인 동기에 따른 것이라고 강력하게 공언했다.

요제프 폰 프라운호퍼

글라우베르의 일생을 특징짓는 모순들은 18세기 내내, 심지어 19세기 초까지도 지속되었다. 이것은 요제프 폰 프라운호퍼의 사례에서도 잘 드러난다. 프라운호퍼는 "과학 기술사에서 상당히 독특한 인물이었다. 그는 노동 계급 출신의 안경사로 색지움 유리(achromatic glass), 망원경, 태양의(太陽儀), 그리고 각종 측량 도구 등 물리 광학을 혁명적으로 변화시키는 수많은 업적을 남겼다."[81]

비록 의심의 여지없이 장인 집단에 속해 있었지만 프라운호퍼는 과학자들 사이에서 인정받기 위해 노력했다. 그가 과학 지식의 축적에 기여했다는 것은 확실했다. 프라운호퍼는 태양 스펙트럼에서 어두운 선이 나타나는 현상을 발견해 자신의 이름을 붙였다. 또한 회절 격자에 대한 그의 작업은 토머스 영(Thomas Young)과 오거스틴 프레스넬(Augustin Fresnel)이 제안했던 빛의 파동 이론을 지지하기 위한 것이었다. 프라운호퍼의 업적은 항성 및 행성 천문학은 물론이고 분광학, 광화학 등 19세기에 등장한 다양한 과학 분과의 주춧돌이 되었다.[82)]

프라운호퍼는 수많은 업적에도 불구하고 장인이라는 사회적 지위 때문에 독일의 엘리트 과학자들 사이에서 받아들여지지 못했다. 우선 그는 자신의 고용주인 광학 연구소(Optical Institute)의 요제프 폰 우츠슈나이더(Joseph von Utzschneider)가 소유한 상업적 비밀을 발설해서는 안 된다는 법적인 제한 때문에 새로운 발견을 모두 공개할 수가 없었다. 비록 "광학 유리 시장에서 광학 연구소의 독점적 지위를 유지하기 위해서는 비밀주의가 필요"했지만, 그것은 "자연학자(Naturwissenschaftler)로 인정받으려는 프라운호퍼의 노력에 커다란 장애물이 되었다." 더구나 "우츠슈나이더는 광학 연구소의 주인으로서 자신이 알고 있는 광학 유리 생산에 관한 실제적 지식"뿐만이 아니라 "연구소 피고용인들이 만들어 낸 모든 실용적, 장인적 지식 역시 자신의 소유라고 생각했다."[83)]

프라운호퍼는 과학 엘리트 계층의 주변부를 맴돌았지만 중심부의 실세 집단으로 파고들 수는 없었다. 뮌헨의 왕립 과학 아카데미(The Royal Academy of Science in Munich)는 1817년에 그를 통신 회원으로 받아들였다. 하지만 3년 후 그의 정회원 승격 심사를 둘러싸고 치열한 논쟁이 벌어졌다. 공식 추천장에 의하면 프라운호퍼는 "과학의 역사에 영원히 이름을 남길 만한" 업적을 이루었지만, 왕립 과학 아카데미의 영향력 있는 여러 회원들은 격렬하게 반대했다. 요제프 폰 바더(Joseph von Baader)는 "정회원 후보자 출판물의 가치에 대해 학계 전반에서 인정하는 경우에만 승격하도록 한다."라는 규정을 들어 반대 의견을 개진했다.

> 바더는 계속해서 프라운호퍼가 대학 교육을 받지 않았을 뿐만 아니라 심지어 고등학교도 다니지 않았다는 점을 강조했다. 비록 프라운호퍼는 오랜 시간에 걸친 유리 가공 훈련의 결과 실용적인 광학(기예)에 능하기는 했지만, 이와 같은 지식은 프라운호퍼를 수학자나 물리학자로 인정하기에는 턱도 없이 부족하다는 것이었다.

바더는 나아가 프라운호퍼와 같은 자들을 받아들이기 시작한다면 아카데미가 "미술가, 공장주, 그리고 장인들의 집단"이 되어 버릴 것이라고 경고했다.[84)]

이에 물리학자이자 화학자인 줄리우스 콘라트 리터 폰 옐린(Julius Konrad Ritter von Yelin)은 바더의 의견에 동의했다.

> 옐린은 바더와 마찬가지로 프라운호퍼가 독학했다는 사실에 우려를 표명했다. 그는 프라운호퍼가 공식적인 교육을 받지 못했기 때문에 아카데미의 수학 및 물리학 분과에서 종종 개최하는 복잡한 강의들을 따라가지 못할 것이라고 주장했다. 옐린의 분노는 그의 결론에서 명확하게 드러났다. 그는 프라운호퍼가 자신과 똑같은 분과에서 똑같은 지위를 얻게 되는 것을 개인적인 모욕이라고 여겼다.[85)]

물론 프라운호퍼의 승격을 지지하는 사람들도 있었다. 바바리아 왕실 천문학자인 요한 게오르그 폰 솔드너(Johann Georg von Soldner)는 다음과 같이 말했다. 프라운호퍼가 태양 스펙트럼의 어두운 선들을 정확하게 측정해 낸 사실에 대해 "나는 프라운호퍼의 발견이 광학 및 색채론 분야에서 뉴턴 이후로 가장 중요한 것이라고 생각한다."[86] 불행히도 프라운호퍼에 대한 폰 졸드너의 평가는 폭넓게 받아들여지지 않았다. "프라운호퍼 선"을 무시한 결과 사람들은 반세기 동안이나 그것이 태양과 별들의 화학적 조성을 알아내는 방법을 제공한다는 사실을 알아채지 못했다. 결국 프라운호퍼는 왕립 과학 아카데미의 정회원 자격을 얻어 낼 수 없었다. 그 대신 1821년에 이례적으로 통신 회원에서 "특별 방문 회원"으로 승격되었다.

프라운호퍼는 과학적 공헌을 충분히 인정받지 못한 수많은 장인들 가운데 잘 알려진 극소수의 사례일 뿐이다. 비록 아무도 (실험) 기구 제작자들이 "과학에 없어서는 안 된다."라는 사실을 부인하지는 않았지만, 그들은 지적인 과정을 거쳐 지식을 만들지 않았다는 이유로 엘리트 과학의 전당에서 제외되었다. 다시 말해, 그들의 지식은 창의적인 천재성이 아니라 "장인에게 요구되는 법칙과 기능을 따름으로써" 얻어졌다는 것이었다.[87] 하지만 스스로의 특권을 지키고자 하는 독일 엘리트 과학자들의 편견이 과학 지식을 만드는 데 적극적으로 참여했던 장인들의 역할을 흐려서는 안 될 것이다.

글라우베르와 프라운호퍼는 순수한 장인과 전문직 과학자 사이에 나타난 과도기적 유형의 사례들이다. 이들은 동업 조합의 규제와 후원자에 대한 의존에서 벗어났지만 상업적 명령에 묶여 있었다. 이들의 일생은 당시 유럽에서 일어났던, 자본주의로의 전환이라는 거대한 사회적 변화의 단계들을 반영했다. 이 거대한 사회적 전환의 과학사적 의미는 보리스 헤센이 아이작 뉴턴의 일생을 분석하면서 처음으로 탐구했다.[88]

아이작 뉴턴과 헤센 명제

과학사학자 베티 조 돕스(Betty Jo Dobbs)는 자신의 저서에서 다음과 같은 물음을 던졌다. "아이작 뉴턴으로 시작하거나 끝나는 책이 몇 권이나 되는지 세어 본 적이 있는가?" 돕스는 과학 혁명에 대한 일반적인 서술이 뉴턴을 "목적인(目的因)인 동시에 제1원인"으로 취급하고 있다고 평가했다.[89] 뉴턴은 이 책에서 지금까지 거의 언급되지 않았는데, 이것은 이 책의 초점이 위대한 과학자들에 있지 않기 때문이다. 뉴턴이 비범한 사람이었다는 것은 물론 부인할 수 없지만, 그가 이루어 낸 과학적 혁신들을 개괄하는 것은 역사학자보다는 전기 작가의 일이다. 그것은 근대 과학이 등장하게 된 근본 원인을 이해하는 데 별 도움을 주지 않는다.

과학사에서 동시 발견이 종종 일어난다는 것은 과학적 개념이 독립적이고 자율적이지 않다는 것을 보여 준다. 수많은 사례들 중에 가장 잘 알려진 두 경우는 뉴턴과 라이프니츠가 각자 미적분학을 발명했던 것과 다윈과 앨프리드 러셀 월리스(Alfred Russel Wallace)가 자연 선택에 의한 생물학적 진화 이론을 체계화했던 것이다. 두 가지 경우에서 위대한 과학적 혁신은 이미 존재하는 선행 요소들을 체계적으로 정리한 것에 불과했다. 만약 어느 비범한 사람이 퍼즐의 마지막 조각을 찾아내지 못했다면 또 다른 사람이 곧 찾아냈을 것이다.

이렇게 보았을 때, 일반적으로 뉴턴의 업적을 과도하게 찬양하는 것은 역사적 이해에 도움을 주지 않는다. 우리가 설명해야 하는 것은 어째서 그러한 생각들이 특정 시간과 장소에서 나타나는가 하는 문제이다. 그것들은 어떻게 "이미 존재"하게 되었는가? 뉴턴의 중력 이론은 어째서 14세기 중국이 아니라 17세기 후반 영국에서 모습을 드러냈는가? 보리스 헤센이 「뉴턴의 『프린키피아』의 사회 경제적 기원(The Social and Economic

Roots of Newton's Principia)』이라는 중대한 논문에서 대답하고자 했던 질문이 바로 이것이었다.[90)]

『프린키피아(*Principia*)』 또는 『자연 철학의 수학적 원리』에서 뉴턴은 물체가 지구로 떨어지게 만드는 힘과 달과 행성들의 궤도를 통제하는 힘이 같다는 것을 보였다. 뉴턴은 수학이나 광학에서의 중요한 혁신들로도 널리 알려져 있지만, 지상계의 중력과 천상계의 움직임을 통합한 "뉴턴 종합(Newtonian synthesis)"이야말로 그의 가장 눈부신 업적이다.

전통적인 과학사에서 『프린키피아』는 순수한 지적 활동의 결과물로 다루어졌다. 그것은 갈릴레오와 케플러를 비롯한 여러 선행 과학자들이 축적해 놓은 생각의 논리적 귀결이었다. 헤센은 뉴턴 이론의 필요조건이 "추상적인 사고"에 있던 것이 아니라 그가 처해 있던 사회적 환경에 있었다는 것을 보임으로써 기존의 생각을 송두리째 바꾸어 놓았다. 헤센은 전반적으로 보았을 때 "16세기와 17세기에 걸친 자연 과학의 눈부신 성공은 봉건 경제의 붕괴, 상업 자본의 발달, 항해 능력의 발전으로 인한 국제 관계의 변화, 그리고 광업을 비롯한 중공업의 등장 등의 조건들이 잘 맞아떨어진 결과"라고 주장했다.[91)]

헤센은 뉴턴이 한창 활동하던 시기를 특징지었던 "상업 자본의 등장과 발달에 따른 역사적 요구"와 "신흥 공업국이 답을 찾으려 한 기술적 문제들"에 주목했다. 이것은 그의 관심을 "이러한 기술적 문제들을 해결하는 데 필요한 물리적 문제들"로 돌리게 만들었다.[92)]

항해술에 의존하는 상업 국가에서 가장 중요한 문제는 바다 한가운데에서 경도를 측정하는 방법을 찾는 것이었다. 뉴턴이 태어나기 한참 전에는,

> 경도를 측정하기 위해 달과 항성 사이의 거리를 측정하는 방법이 쓰였다. 이

방법은 1498년 아메리고 베스푸치(Amerigo Vespucci)가 제안한 것이었는데, 달의 변칙적인 움직임에 대한 정확한 지식을 요구했다. 이것을 측정하기 위해서는 대단히 복잡한 과정을 거쳐야만 했다.[93)]

헤센은 나아가 "달의 움직임을 탐구하는 것은 경도를 알아낼 수 있는 정확한 표를 작성하는 데 필수적인 과제였다. 영국의 '경도 위원회(Council of Longitude)'는 달이 어떤 규칙성을 가지고 움직이는지를 파악하는 작업에 많은 포상금을 걸었다." 의회는 이 연구를 촉진시키기 위한 입법 활동을 벌였다. 이들은 "전반적으로 조화를 이루는 역학의 이론적 구조를 만든다면 지구와 천상계의 움직임을 파악할 수 있는 일반적인 방법론을 도출할 수 있을 것이라고 생각했다. 이 작업은 뉴턴에게 맡겨졌다."[94)] 『프린키피아』 3권은,

행성들의 움직임, 달의 움직임의 변칙성, 중력에 의한 가속과 그 편차 등과 같은 문제들에 할애되어 있다. 이 부분은 특히 항해 도중 크로노미터의 불균등한 움직임과 조수 간만의 차이 문제와의 연관성에 초점을 맞추었다.[95)]

앞서 4장에서도 보았듯이, 경도 문제를 해결해 낸 것은 뉴턴의 이론이 아니라 손재주 좋은 시계공이 만든 정밀한 시계였다. 하지만 달의 궤적을 연구하면서 뉴턴은 그것이 직선 운동을 하는 물체의 관성과 그 물체를 지구 중심으로 끌어당기는 중력이라는 두 기계적 요인의 결합으로 설명될 수 있음을 알아챘다. 이러한 우연적인 발견은 기계적 철학의 가장 빛나는 업적이자 새로운 과학의 최종 승리를 알리는 팡파르로 알려져 있다. 산업 자본이 그 중요성에서 상업 자본을 추월하게 되자, 기계 장치의 이용은 기하급수적으로 증가했고 그에 따라 기계적 철학 역시 위세를 부

리게 되었다. 그에 따라 『프린키피아』는 모든 분야의 과학자들이 본받아야 할 빛나는 이상으로 이후 여러 세기에 걸쳐 숭배의 대상이 되었다. 그리고 뉴턴의 작업은 과학 혁명을 완성시켰다는 찬사를 받게 되었다.

헤센은 역학, 유체 역학, 공기 역학, 탄도학, 광학, 그리고 야금술의 문제들을 포함해 당시 초기 자본주의 경제가 제기했던 다른 기술적 문제들을 열거했다. 뉴턴 역시 이러한 문제들에 관심을 가지고 있었다. 비록 『프린키피아』에서는 이들이 이론적인 차원에서 다루어질 뿐이었지만, 뉴턴이 지인들과 주고받은 편지들을 살펴보면 그의 관심은 실용적인 데 있었다는 것을 알 수 있다. 뉴턴의 생각은 1669년 5월 18일 케임브리지 대학교의 동료 프랜시스 애스턴(Francis Aston)에게 보낸 편지에 잘 나타나 있다. 애스턴은 뉴턴에게 외국을 여행하는 동안 무엇을 관찰하는 것이 좋을지에 대해 조언을 구했었다.[96]

뉴턴은 애스턴에게 외국인들로부터 그들의 "수공업과 기예"에 관한 정보를 뽑아내기 위해서는 우선 자기의 의도를 숨기는 기술을 익혀야 할 것이라고 조언했다. 뉴턴은 또한 그들이 "알고 있는 것을 …… 알려 줄 가능성을 높이기 위해"서 "그들이 좋아하는 것을 인정하고 칭찬함으로써 환심을 사야 할 것"이라고 충고하기도 했다. 뉴턴이 애스턴에게 알아보라고 권했던 분야들 중에는 "그들의 축성법의 특징과 장단점, 다른 군사적인 문제들," 그리고 "선박을 인도하는 방법" 등이 포함되어 있었다.[97]

뉴턴은 이어서 "더 구체적으로 이야기한다면,"

> 내가 생각해 낼 수 있는 것들은 다음과 같아. (금, 구리, 철, 황산, 안티몬 등의 광산이 있는) 헝가리의 켐니티움에서는 철을 황산 용액에 녹여서 금으로 바꾸어 낼 수 있다고 하네. 그들은 황산 용액을 광산 속 암석 공동에서 발견하는데, 철을 녹인 끈적끈적한 용액을 강한 불 속에서 녹인 다음 차갑게 식히지. 이와 같

은 방식은 다른 곳에서도 사용하고 있다고 들었는데 지금은 기억이 나지 않아. 어쩌면 이탈리아에서도 행하고 있을지 모르네.[98)]

뉴턴이 애스턴에게 부탁한 것은 이뿐만이 아니었다.

헝가리, 스클라보니아, 보헤미아, 에일라 마을 근처, 또는 실레시아에 가까운 보헤미아의 산 속에 금이 가득 차 있는 강물이 흐르고 있는지 알아보게. 어쩌면 왕수와 같은 부식성을 가진 물에 금이 녹아서 그 용액이 광산을 따라 흐르는 개울에 섞여 들었을지도 모르지. 그리고 금을 얻어 내기 위해 강물 속에 수은을 담가 두었다가 가죽 주머니로 짜내는 행위가 아직 비밀스럽게 행해지는지도 알아봐 주었으면 좋겠네.[99)]

뉴턴은 애스턴에게 자신이 네덜란드에서 들은 적이 있었던 "유리 연마 공장"에 가 보라고 권했다. 그리고 네덜란드에 머무는 동안 "의학 발전에는 물론이고 돈벌이까지 될 수 있는 몇 가지 비밀을 알고 있다고 전해지는" 보리라는 인물을 만나 보라고 하였다. 그는 또한 "네덜란드 사람들이 동인도 제도까지 항해하는 동안 배들이 벌레 먹는 것을 방지하기 위해 어떤 방법을 사용하고 있는지, 경도를 알아내는 데 진자 시계가 유용한지 등을 알아보는 것"도 좋을 것이라고 말했다.[100)]

헤센을 비판하는 학자들은 이 편지가 뉴턴의 전형적인 서간문이 아니며 그의 관심사를 균형 있게 보여 주지 않는다고 항의한다.[101)] 하지만 이 편지는 적어도 뉴턴이 과학적 탐구를 자극하고 있던 다양한 분야의 구체적인 기술적 문제들에 대해 **알고 있었다**는 것을 보여 준다. 그리고 헤센이 지적했듯이 그것들은 당시의 자본주의 발달 단계상 해결이 필요했던 기술적 문제들이었다.

요약하자면, 과학의 민중사에서 보리스 헤센의 기여는 17세기 후반 영국의 자본주의적 사회 경제적 맥락이 만유인력 이론의 등장에 결정적인 역할을 했음을 설득력 있게 보여 주었다는 점이다. 뉴턴이 그 이론을 정식화했다는 평가를 받는 것은 당연하지만, 그것이 싹트기 위한 사회적 토양이 되었던 수많은 사람들의 집단적 노력은 뉴턴 개인의 천재성보다 더 근본적인 원인으로 인정하지 않을 수 없다.

뉴턴주의: "자연에서 영혼을 뽑아내기"

뉴턴이 이룬 거대한 사회적 성공으로 인해 그의 자연 철학은 동시대인들 사이에서 엄청난 영향력을 가지게 되었다. 기계적 철학의 뉴턴식 해석에 따르면 모든 현상은 생명이 없는 입자들 사이의 규칙적인 상호 작용으로 설명할 수 있었다. 이와 같은 사고방식은 자기 일에만 신경 쓰고 기존의 사회 질서를 어지럽히지 않는 냉정한 과학을 원했던 과학계 엘리트들의 생각과 잘 맞아 떨어졌다. 마거릿 제이컵은 뉴턴주의가 17세기 영국에서 지배적인 과학적 패러다임이 될 수 있었던 것은 그 내용이 진실에 가까웠기 때문이 아니라, 뉴턴주의가 1640년대에 시작되어 1688년 명예혁명으로 이어진 기나긴 혁명 투쟁의 승리자가 된 사회 계급의 이데올로기의 중요한 한 부분이었기 때문이었음을 설득력 있게 주장했다.[102)]

뉴턴주의는 혁명 기간 동안 영국을 휩쓸던 "파라셀수스 유행"에 일격을 가했다.[103)] 파라셀수스주의자들은 모든 생물 종들이 생명의 영을 나누는 생기론적 자연 개념을 주장했다. 그 전제로부터 모든 인간의 근본적 동등함과 혈족 관계가 나왔는데, 이것은 사회적 불평등을 옹호하는 전통적인 논리에 도전했다.

뉴턴주의는 "자연에서 영혼을 뽑아"냄으로써 사회 전복을 노리는 급진 세력의 노력에 대항했다.[104] 대중적 열정에 대해 논리와 이성으로 맞섰고, 영감에 의한 지식에는 끈기 있는 실험으로 만들어 낸 지식으로 대항했으며, 만인에게 열린 지식에 대해서는 과학적 엘리트에 의해 통제되는 지식을 내세웠다. 뉴턴주의 세계관은 혁명 이후 새로운 지배 엘리트들의 등에 업혀 지배적인 과학 사상으로 떠올랐다. 제이컵이 설명했듯이 "근대 과학은 대중적 무질서와 하류 계층으로부터의 위협에 대한 엘리트들의 한 대응이었다."[105]

그리고 뉴턴식 사고 체계는 결국 **세계**관이 되었다. 비록 물리학 및 이데올로기를 포괄한 뉴턴주의는 여러 경로를 통해 수출되었지만, 그것이 계몽주의 사상의 대들보가 된 것은 볼테르의 강력한 지지가 있었기 때문이었다.[106] 18세기가 끝날 무렵, 피에르 시몽 라플라스(Pierre Simon Laplace)는 "뉴턴의 후계자"로 명성을 날렸고, 파리는 이미 오래전부터 런던을 대신해 엘리트 과학의 국제적 중심지가 되어 있었다.

과학과 프랑스 혁명

다른 한편, 프랑스 역시 거대한 사회적 혁명을 겪었다. 앞선 영국 혁명에서와 같이 과학적 엘리트와 평민 지식 추구자 사이의 갈등은 노골적인 대립으로까지 번지게 되었다. 프랑스 엘리트 과학의 본산인 왕립 과학 아카데미는 폐지되었다. 하지만 혼란이 가라앉자 과학 활동은 이전보다 훨씬 더 철저하게 전문직 엘리트들이 주도하게 되었다. "근대 문명의 전환점"인 프랑스 혁명은 과학 분야에서도 중대한 사건이었다.[107]

자코뱅주의의 파괴적 결과에 대한 보수파들의 한탄에도 불구하고, 과학에 대한 혁명의 영향은 전반적으로 긍정적이었다는 것이 전통적인 평가이다.[108] 왕립 동업 조합, 법인, (왕립 과학 아카데미를 포함한) 독점 기관들의 폐지는 "재능 있는 이들이 경력을 쌓을 수 있는 문호를 열어 주는" 효과가 있었고, 과학 분야 역시 구체제에서보다 훨씬 넓은 사회적 계층으로부터 인력을 받아들이게 되었다. 여기에서 주목할 점은 의료 과학 분야에서 낡은 제도가 마침내 깨졌다는 것이다. 내과 의사, 외과 의사, 그리고 약사들을 구분하는 카스트 제도의 폐지는 새롭고 진일보한 의학계로 발돋움하는 계기를 마련해 주었다.[109]

과학자가 될 수 있는 동등한 기회를 주는 제도가 만들어진 것은 중대한 사건이었다. 하지만 혁명 정부는 과학 인력의 공급을 늘리기 위해 새로운 교육 기관들을 설립했는데, 이것은 나폴레옹 체제에서도 계속되거나 더욱 확대된 정책이었다. 하지만 이와 같은 변화들의 민주화 효과와 균형을 이룬 것은, 각 과학 분야에서 급속한 전문화가 진행되었다는 것이었다. "만물박사의 시대는 18세기에 끝났다."[110]

과학 활동이 점점 더 전문가들에게 집중되어 가자, 장인들을 비롯한 외부인들이 과학에 중요한 기여를 할 수 있는 기회는 급격히 줄어들었고, 오늘날 과학계에서 볼 수 있는 전문직 과학자들에 의한 패권은 이때 완성되었다고 볼 수 있다. 전문화는 과학 활동이 대규모로 확대되면서 나타난 피할 수 없는 결과였다. 하지만 그것이 꼭 엘리트주의적인 형태로 나타날 필요는 없었다. 이와 같은 변화는 흔히 혁명의 결과라고 알려져 있다. 하지만 이것은 오히려 1792년 7월 27일 막시밀리앙 로베스피에르(Maximilien Robespierre)의 몰락 이후 혁명의 성과들을 송두리째 집어 삼킨 테르미도르 반동의 결과라고 보는 것이 더 정당할 것이다.[111]

이와 같은 변화들이 어떻게 생겨났는지 이해하기 위해서는 프랑스 엘리트 과학이 어떻게 만들어졌는지를 살펴볼 필요가 있다. 이 나라에서 과학의 제도화는 이탈리아나 영국과는 다른 방식으로 이루어졌다.

파리 과학 아카데미

비록 토스카나 대공이 적극적으로 참여하기는 했지만 아카데미아 델 치멘토는 공식적인 국가 기관이 아니었다. 왕립 학회 역시 (그 이름에도 불구하고) 마찬가지였다. 반면 파리 왕립 과학 아카데미(이후 '아카데미')는 그 출발부터 "정부의 새로운 기관"으로 "프랑스의 아마추어 학자들이 전문적인 과학자들로 변신하는 수단"을 제공했다.[112] 이 기관은 1666년 프랑스 국왕 루이 14세(Louis XIV)의 재무 장관인 장 바티스트 콜베르(Jean Baptiste Colbert)에 의해 설립되었고, 첫 회의도 국왕의 개인 서재에서 개최되었다.

이 기관의 본질은 "엘리트주의"였다. 과학 아카데미는 "내부적으로도 평등주의 원칙에 따르지 않았으며, 회원들은 당연히 보통 시민들보다 우월하다고 생각했다."[113] 엄선된 회원들에게는 국고에서 봉급이 나왔다. 영국의 왕립 학회처럼 프랑스의 과학 아카데미 역시 정치 사회적 문제에 대해서는 무관심한 태도를 취했다. 창립자들 중 한 명은 "이곳의 회합에서 종교의 신비나 국가 정세가 토론 의제로 오르지는 않을 것"이라고 선언했다.[114] 비록 회원을 선정하는 데 과거의 명성이 영향을 미치기는 했지만, 프랑스의 새로운 과학 엘리트는 근본적으로 위로부터 만들어진 것이라고 말해도 무리는 아닐 것이다.

왕립 과학 아카데미는 "계몽주의 시기 동안 과학의 복잡한 줄거리가 전개되었던 중앙 무대"였다.[115] 그 계급 구성은 명쾌하게 "장인들을 제외"시키는 방식으로 이루어졌다. 프랑스 구체제 하에서 "배움의 길은 주로 귀족 계층이나 부유한 집안 출신들에게 열려 있었다." 그리고 아카데미 회원 자격은 "훌륭한 교육을 받았을 것"을 요구했기 때문에 "정식 교육을 받을 수 없었던 낮은 사회 계층 출신의 사람들은 거의 제외될 수밖에 없었다."[116)]

1699년에 아베 비뇽(Abbé Bignon)은 노골적으로 "구체제 사회에서 광범위하게 퍼져 있던 예의범절, 지위, 계급, 재산 등의 개념들"을 아카데미에 도입했다. "이보다 더 엘리트주의적이고 권위적인 과학 활동 체계를 만들 수는 없었을 것이다." 아카데미 회원들은 "종종 오만함으로 이어지는 인자한 우월감"을 가지게 되었다.[117)]

> 아카데미 회원 자격은 곧 야심을 가진 학자들이 가장 열망하는 것이 되었다. **아카데미 회원**이라는 호칭을 얻게 되면 귀족 칭호를 얻은 것처럼 소중히 여겼다. 아카데미 회원이 되거나 의견이 아카데미에 의해 긍정적으로 평가받았다는 것은 "과학 공화국(Republic of Science)"이라고 알려진 과학자들의 느슨한 공동체로부터 최고의 찬사를 받는 것이었다.[118)]

비록 장인들은 과학 공화국에서 환영받지 못했지만, 그들의 지식은 과학의 진보에서 없어서는 안 될 것으로 인정받았다. 달랑베르는 자신의 유명한 『백과전서(*Encyclopédie*)』 서문에서 장인들의 "기민함, 끈기, 지적인 능력"에 찬사를 보냈다.[119)] 아카데미의 역사를 다룬 권위 있는 책의 저자인 로저 한이 언급했듯이

> 새로운 지식의 탐구자와 장인은 동지가 되었어야만 했다. 하지만 전형적인 지식인은 …… 수공업에 종사하는 장인을 사회의 하류 계층으로 취급하는 전통의 무게에 등을 돌릴 수가 없었다. 기술에 대한 경멸은 프랑스에서 유독 오

랫동안 지속되었다.[120]

한은 이어서 "엘리트주의는 절대 왕정의 중앙 집권화, 관료화 경향에서 강력한 동맹군을 얻었다."라고 주장했다.[121] 이와 같은 동맹으로 아카데미 회원들은 장인들의 지식에 대한 통제권을 얻어 냈다. 1675년에 콜베르는

> 아카데미로 하여금 실용 기예에 대한 묘사를 시작하도록 지시했다. 18세기 내내, 아카데미 회원들은 기술에 대한 정보를 수집하고 출판하는 작업을 계속해 나갔고, 결국 2절판으로 27권에 달하는 『기예 및 수공업 대사전(*Description des Arts et Métiers*)』을 완성했다.[122]

아카데미는 프랑스 과학의 공식적인 조정 기관으로서 무엇이 과학적이고 무엇이 그렇지 않은지를 결정하는 권한을 가지고 있었다. 1720년 유력한 아카데미 회원이 작성한 제안서는 아카데미가 "과학과 조금이라도 연관이 있는 기관들 모두에 대한 기술적인 지도를 해야 할 것"이라고 권고했다.[123] 18세기 동안 "(특허) 법률을 운영하는 방식은 아카데미나 그 회원들이 중심에서 그것을 통제하는 방식으로 진화했다." 장인, 기술자, 엔지니어 등의 창의적인 노력들에 대한 판단을 내리는 권리를 취득함으로써 "아카데미 회원들은 프랑스의 기술 활동을 주도하게 되었다."[124]

특허 제도는 어렵게 얻은 지식을 보호하고자 하는 장인의 욕구와, 지식을 공유하는 데서 오는 사회적 혜택 사이의 간극을 메우기 위해 이미 몇 세기 전에 등장했다. 만약 정부가 발명가들의 새로운 아이디어에서 나오는 수익을 그들이 독점할 수 있도록 법적으로 허용한다면, 그들은 자신의 발명품들을 공개하려 할 것이다. 유럽의 역사에서 처음으로 기록된

특허는 1421년 필리포 브루넬레스키가 피렌체 시 의회로부터 받은 것이었다. 이 제도는 다른 이탈리아 도시들로 퍼져 나갔고, 1474년에는 베네치아에서 처음으로 특허법 제도를 도입했다. 16세기가 되자 특허 제도는 유럽 전역에 걸쳐 일반적으로 볼 수 있게 되었다.

혁명 전 프랑스에서 특허를 둘러싼 투쟁은 누가 그 과정을 통제할 것인가가 핵심이었다. 아카데미 회원들은 특허에 대한 결정 권한을 가지고 있었으므로 이것을 이용해 장인들의 지식을 공공 영역으로 끌어낼 수 있었다. 그리고 그렇게 해야 사회 전체의 이해에 가장 잘 부합한다고 정당화시킬 수 있었다. 하지만 발명가들은 그것을 자신의 권리에 대한 침해라고 생각했고, 이로 인해 장인들과 아카데미는 상당한 갈등을 겪을 수밖에 없었다. 장인들은 당연하게도

> 자신의 발명품을 상업화할 수 있도록 그에 대한 소유권을 갖기를 바랐다. …… 기술적 세부 사항을 공개하는 것은 비밀을 드러내는 것이라고 여겼다. 이는 돈을 받고 팔거나 자본 투자를 받는 대가가 아니면 공개할 수 없는 내용이었다. 그러므로 발명가가 우호적인 결과가 나오리라는 것을 확신할 수 없는 상태에서 자신의 비밀을 아카데미 회원들에게 공개하는 것은 대단히 어려운 일이었다. 공공 기관에서 자신의 발명품에 대해 의논하는 것은 곧 소유권을 포기하는 것과 다름없었다.[125)]

이것은 아카데미 회원들이 장인들의 지식을 수집하고 편찬하는 엘리트 관료에 불과했다는 것은 아니다. 아카데미의 저명한 회원들이 수많은 과학적 업적을 남긴 것은 사실이지만, 18세기 과학 발전을 이끄는 기본적 자극은 기술 혁신이었고, 그에 대한 일차적인 공로는 지금은 잊혀진 장인, 기계공, 기술자, 그리고 엔지니어들에게 돌아가야 할 것이다.

자연에 대한 지식을 만드는 사람들과 그것을 통제하려는 사람들 사이의 갈등은 전통적인 과학사에서 두드러지게 다루어지지 않았다. 그것은 이와 같은 갈등이 프랑스 혁명 이전까지만 해도 표면 밑에 숨어 있었기 때문이었다. 혁명으로 인해 갈등은 폭발적으로 솟아올라 공개적으로 드러났다. "거대한 혁명의 여러 갈래 중에 하나였던 기술의 반란"이 분출했다. 장인들과 아카데미의 엘리트 과학자들 사이의 격렬한 갈등은 장인 과학이 그동안 프랑스에서 강력한 힘을 가지고 있었다는 사실을 보여 준다. 하지만 "그것을 파악하기 위해서는"

> 과거사가 알려져 있지 않은 사람들이 있는 후미진 곳으로 내려가야만 한다. 기술자, 엔지니어, 발명가, 소규모 제조업자 등 …… 그럼에도 그들이 자신의 이익을 수호하기 위해 만들었던 발명가 및 장인 협회에 대한 단편적인 흔적들은 남아 있다.[126]

장인들과 아카데미 회원들 사이의 대결

찰스 길리스피는 "장인들이 심판 역할을 맡은 아카데미에 대해 깊은 증오를 갖게 되었던 것도 놀라운 일이 아니다."라고 논평했다.

> 경험 많은 기계공, 프랑스의 소금과 같은 존재, 『백과전서』의 영웅. 하지만 예의범절을 잘 모르는 그가 자신이 만든 새로운 기계를 들고 과학자들로 이루어진 위원회 앞에 서 있다. 그는 몇 년 동안이나 이 기계에 공을 들이고 노력을 쏟아 부었다. 그는 정역학과 동역학 법칙들에 대한 이해할 수 없는 질문을 받고서는 모자를 비비 꼬며 대답을 짜내려 애쓴다. 장인들은 깊은 감정을 가

지고 스스로의 권리를 지키려 한다. 단지 스스로의 머릿속에서 나온 생각들을 사유 재산으로 인정받을 권리뿐만 아니라, 기계적인 문제들을 고차원적인 이론을 통해서가 아닌 자신과 같은 시선에서 바라보는 동료들에게서 평가받을 권리를 주장하고 있는 것이다.[127)]

장인들이 "고차원적인 이론"에 반대했던 이유는 그들이 그것을 이해할 만한 지능을 갖지 못해서가 아니라, 그것이 그들이 하고 싶은 일들과는 무관하다고 여겼기 때문이었다. 그리고 그들의 판단은 대개 옳았다. 18세기에 기술은 이론에 많은 기여를 했지만, 반대로 이론은 기술에 별로 제공할 만한 것이 없었다. 영웅적 과학사관을 강력하게 지지하는 사람들조차도 과학 혁명 시기의 이론적 혁신들이 산업 혁명을 이끌었던 기술적 진보에 미미한 기여밖에 하지 못했다는 사실을 인정할 수밖에 없을 것이다.[128)]

1789년 혁명의 발발은 장인들과 아카데미 회원들 사이의 힘의 균형에 중대한 변화를 가져왔다. 검열의 철폐로 언론의 자유가 보장되기 시작했고, "관료들에 의해 오랫동안 억압받아 왔다고 느낀 낮은 학력의 장인들은" 이런 상황을 최대한 이용했다.

혁명 세력이 발행한 팸플릿과 신문은 자기 표현과 광고의 새로운 수단을 제공했고, 자발적인 협회들이 등장하면서 장인들은 그동안의 부조리를 종식시킬 수 있는 정치적 기반을 마련할 수 있다는 희망을 갖게 되었다. …… 오만한 학자들의 지배라는 구체제는 이제 기존 학계에 대항해 비판적인 학문을 만들어 낼 수 있다는 자신감으로 바뀌게 되었다.[129)]

표현의 자유와 결사의 자유는 상보적인 관계를 가졌다. "당혹스러울 정도로 수많은 목소리들은 장인들이 아카데미의 손아귀에서 벗어나 자발적인 협회를 구성해야 한다고 외쳤다."[130] 독립 과학 학회들(société libres)의 숫자는 급속하게 불어났다. 이것은 "과학의 열매를 사회의 모든 구성원들이 이해할 수 있고 사용할 수 있도록 과학을 민주화해야 한다는 혁명가들의 요구"를 반영하는 것이었다. "그들은 아카데미에서 1세기에 걸쳐 만들어진 엘리트주의와 전문직 전통을 정면에서 반대하는 상징이 되었다."[131]

당시 만들어진 새로운 조직들 중 하나인 발명 및 발견 학회(Société des Inventions et Découvertes)는 새로운 발명품들에 대한 결정을 내릴 권한을 아카데미 회원들에게서 빼앗는 새로운 특허법을 추진했다. 그들이 원하던 법안은 1791년에 통과되었고, 이 원칙들은 오늘날까지 프랑스의 특허 제도의 근간을 이루고 있다. 또한 장인들의 로비 활동으로 "이전에는 아카데미에서 담당하던 기능들 중 일부를 떼어 내서 장인들의 이해를 보호하기 위해" 기예 및 수공업 자문국(Bureau de Consultation des Arts et Métiers)을 비롯한 두 개의 새로운 정부 기관을 설립하기도 했다.[132]

혁명이 급진화하면서 보다 많은 전투적 장인 조직들이 전위로 나서게 되었다. "모두 진정한 상퀼로트(sansculottes, 프랑스 혁명에 동참했던 민중 세력 — 옮긴이) 장인들"[133]이라고 자랑스럽게 내세웠던 기예 및 수공업 중앙 협회(Société du Point Central des Arts et Métiers)는 아카데미의 지도자 콩도르세가 국민 공회(National Convention)에 제출한 국가 교육 계획안에 대한 강력한 반대 운동을 전개했다. 이 계획안은 "구체제 프랑스에서보다 훨씬 더 강력한 권력을 가지고 과학과 기술을 통제할" 새로운 "슈퍼 아카데미"를 만들자고 제안했다. 하지만 "콩도르세가 1792년 4월 자신의 엘리트주의적 기획을 공개하자, 장인들은 이에 대해 반박 논리를 효과적으로 내세워 반대할 준비가 되어 있었다."[134]

콩도르세의 계획은 학계에 대한 여론을 두 갈래로 나누는 효과가 있었다. "한편에는 아카데미 체계의 지지자들이 있었고 …… 다른 한편에는 문화적 엘리트들의 관료화에 반대하는 반대파들이 있었다. …… 자연에 대한 지식과 진실의 탐구는 공개적으로 이루어져야 하며, 엘리트만의 배타적인 영역이 아니었다."[135] 기예 및 수공업 중앙 협회는 장인들을 대상으로 한 호소문에서

> 콩도르세의 계획은 장인들의 권리를 억압하고 자발적 협회들이 스스로의 미래를 결정할 기회를 박탈하는 등 대단히 해로운 결과를 가져올 것이라고 주장했다. 이 팸플릿은 과학적 프롤레타리아 계층에게 억압에 맞서 싸우고 콩도르세 계획안으로 대표되는 아카데미 회원들의 오만한 허식을 끝장내야 한다고 선동했다.

이것은 "아카데미의 지배라는 구체제에 대한 장인들의 선전 포고"였다.[136]

하지만 장인들의 투쟁이 전반적인 혁명의 흐름과 분리되어 나타났던 것은 아니었다. 그것은 전반적인 평등주의 운동과 흐름을 같이했다. 1793년 8월 8일 국민 공회가 아카데미 체계를 폐지하는 포고문을 발표하자 장인들은 완전한 승리를 쟁취했다고 생각했다. 하지만 2년 후 자코뱅 공화국이 무너지고 테르미도르 반동이 시작되자, 새로운 "슈퍼 아카데미"인 프랑스 학사원(Institut de France)이 결국 설립되고 말았다. 기존의 과학 아카데미는 새로운 학사원의 1부로 재구성되었다. 이것은 과학 엘리트주의의 최종적인 승리를 상징적으로 보여 주는 사건이었다.

비록 학사원의 창립자들은 그것이 기존의 아카데미와 같은 역할을 담당해 주기를 기대했지만, 실제로는 그럴 수가 없었다. 혁명이 일어나기 오

래전부터 이를 둘러싼 환경의 영속화 때문에 "기득권을 가진" 과학 아카데미는 점점 새로운 과학적 진보를 이끌어 나갈 능력을 상실한 "보수적인 기관"으로 전락해 버렸다. 프랑스 학사원은 바뀐 시대에 발맞추지 못하고 "과학 활동에 불필요한" 기관이 되어 버렸다. 전문가의 시대가 도래했지만 학사원은 만물박사식 운영 방식을 넘어서지 못했다. 프랑스 혁명은 유럽 대륙 전역에 걸쳐 강력한 영향을 끼쳤다. "17세기 중반 이래 유럽 각지에서 과학 활동을 주도했던 아카데미의 시대는 가고, 고등 교육 기관들과 특화된 실험실들을 무대로 전문화된 과학의 시대가 왔다."[137]

새로운 연구 시설들과 기술 학교들은 19세기 초 프랑스에서 재구성된 과학 엘리트들의 특징을 반영했다. 하지만 여전히 학사원이 맡을 역할은 남아 있었다. 그것은 나폴레옹 보나파르트(Napoléon Bonaparte)로 상징되는 "프랑스의 지배 엘리트와 지식 엘리트 사이의 강고한 연대를 이루는" 역할이었다. 1797년 나폴레옹은 "아무런 과학적 경력도 없이" 학사원 1부 회원으로 임명되었다. 이후 과학 아카데미는 "시대에 맞지 않는 기관"이 되고 말았다. "오늘날 그것은 올림픽 경기장이라기보다는 명예의 전당에 가까운, 과거의 영광을 보여 주는 유적이 되었다."[138]

프랑스에서의 경험으로부터 우리는 근대 과학의 의미에 질적이고 돌이킬 수 없는 변화가 일어났다는 것을 알 수 있다. "혁명과 제국 시대를 거치며 만들어진 여러 과학 기관들로 인해 프랑스 과학은 제도권 과학으로 탈바꿈되었다."[139] 다른 주요 국가들도 같은 길을 걷게 될 것이었다. 19세기의 과학은 18세기의 과학보다 모든 면에서 훨씬 더 엘리트주의적인 속성을 가지고 있었다.

삼류 작가의 과학: "체계의 정신" 대 "체계적인 정신"

아카데미에 대한 발명가-장인들의 불평도 심각했지만, 보다 철저한 이데올로기적 도전은 다양한 배경을 가진 대중 과학 저술가와 실천가들에 의해 이루어졌다. 이들 소외된 자연 철학자들은 로버트 단턴(Robert Darnton)이 묘사한 지하 문인 세계와 유사한 구체제 지하 과학자 세계를 이루고 있었다.[140] 사실 두 집단 사이에는 중복되는 부분이 있었다. 단턴이 "삼류 작가들"이라고 부르던 사람들 중 몇몇은 "삼류 과학자들"이라고도 부를 수 있었기 때문이었다.[141]

'삼류 과학'이란 혁명이 일어나기 약 10년 전부터 혁명 초기에 이르는 기간 동안 프랑스에서 놀라울 정도로 급성장한 자연 철학 붐을 일컫는 말이었다. 당시에는 "세계 체제(systems of the world)"라는 개념이 널리 퍼져 있었는데, 이것은 라플라스식의 기술적 천문학뿐만 아니라 자연 현상에 대한 통합된 과학적 설명을 약속했던 초창기의 의미까지 포괄하는 말이었다.[142] 이미 1781년 무렵 당시의 가장 중요한 과학 학술지는 다음과 같이 논평했다. "지난 몇 년 동안과 같이 수많은 체계들과 우주 이론들이 등장했던 때는 없었다."[143] 수많은 저자들이 자연 철학에 대한 방대한 저서들을 쏟아 냈고, 이들은 자연에 대한 지식을 향한 과학적 탐구에 중대한 기여를 하고 있다고 믿어 의심치 않았다. 하지만 이와 같은 "체계의 정신(spirit of system)"은 아카데미의 이데올로그들로부터 배척당했다.

아카데미의 주요 대변인들 중 한 명인 장 달랑베르는 일찍이 '체계의 정신'과 '체계적인 정신'을 구분했다.[144] 달랑베르에게 체계적인 정신은 진정한 과학자의 표상이었다. 그것은 끈기 있고, 엄밀하고, 이성적이고, 분석적이고, 정량적인 방법으로 자연의 작동 방식을 탐구하는 정신을 말했다. 여기에 비해 체계의 정신은 불충분한 증거에도 불구하고 성급하게 결론으로 건너뛰는 끈기 없는 습관을 나타냈다. 체계의 정신을 가진 사람들은 삼라만상에 대해 웅대하고 가설적인 설명들을 늘어놓는 것이 예사였다. 달랑베르가 보기에 이것은 좋은 과학이 아니었다.

달랑베르의 관점은 혁명 직전 몇 년 동안 과학 엘리트 사이에서 널리 받아들여졌다. 1769년에 놀레 신부(abbé Nollet)는 어느 공동 연구자에게 보내는 편지에서 사변적인 논문들에 대한 자신의 의견을 피력했다. 그는 "아카데미가 이와 같은 철학하는 방식에 대해 점점 더 엄격해지고 있다는 것을 당신에게 숨기지 않을 것"이라고 썼다.[145] 프랑스에서 정통 과학의 본질적인 특징은 체계 구축에 반대하는 것이 되었다.

정통 과학 활동에 대한 아카데미의 협소한 정의로 인해 삼류 과학자들은 설 땅을 잃었다. 그들은 근본적으로 다른 지식 탐구 방식을 대표했다. 이들은 스스로를 분석가라기보다는 통합자로, 사실 수집가라기보다는 대담한 가설을 세우는 사람으로 생각했다. 그들은 "거대한 질문들"에 대한 대답을 찾아 헤맸고, 정통 과학의 이상에 따라 협소한 주제를 파고드는 과학자들을 업신여겼다. 그들은 이미 알려진 사실들을 넘어 덜 알려진 주제들에 대해 새로운 질문을 던지는 것도 과학의 권리이자 의무라고 주장했다.

삼류 과학자들의 사고 체계는 서로 모순되는 여러 가지 개념들을 포괄했지만, 몇 가지 특징을 공유하기도 했다. 그들 중 다수는 통합된 전체로서의 자연이라는 유기적 개념을 가지고 있었고, 실재는 원자들로 이루어진 것이 아니라 연속체라고 여겼다. 그들은 일반적으로 자연 현상을 추상적인 수학 공식으로 환원하려는 경향에 저항했다. 가장 중요하게, 그들 대부분은 루소의 후예들로서 순수한 물리적 질문들을 초월하는 과학의 윤리적 요소에 천착해야 한다고 주장했다. 이렇게 해야만 사회를 개선하려는 목표를 가진 진정한 과학을 얻을 수 있다는 것이다. 우리의 도덕적, 정신적, 정치적, 사회적 환경에 대해 아무런 이해도 얻지 못한 채 완전히 "객관적인" 세계에서 완벽한 지식을 얻은들 그게 무슨 소용일 것인가?

찰스 길리스피는 삼류 과학자들의 세계관이 가장 근본적으로는 급진적 사회 사상과 연결되어 있다는 것을 파악했다. 그들의 초점은 "변신"에 있었고 "있음(being)보다는 됨(becoming)"에 관심을 두었다.[146] 이와는 반대로, 엘리트 과학자들은 자연을 근본적으로는 정적인 것으로 파악했다. 모든 움직임은 기계적인 이동으로, 즉 원자들이 빈 공간을 움직이는 것으로 환원시킬 수 있었다.

사회적 현상 유지를 바라는 사람들에게 엘리트 과학자들의 관점이 가지는 이데올로기적 효용은 명백하다. "존재 그 자체"만을 정통 과학의 초점으로 하는 것은 현재 존재하는 것 이외의 다른 실재가 불가능함을 의미한다. 보수적인 이데올로그들은 이러한 관점을 출발점으로 해서 혁명의 꿈은 어리석고, 불합리하며, 쓸데없는 것이라는 점을 보일 수 있었다. 하지만 과학을 "존재 그 자체"로 한정 짓고 "그렇게 되는 과정"을 배제하는 것이 유의미한 사회 과학의 가능성을 제거하는 효과가 있는 것만은 아니다. 그것은 또한 자연 과학의 진보를 가로막을 수도 있다. 가장 두드러진 사례로, "그렇게 되는 과정"을 배제하면 종의 진화를 살펴볼 수 없게 된다.

삼류 과학자들에 대한 아카데미의 최종적 승리는 그 이후 근대 과학의 특징이 된 보수적인 이데올로기를 강화하는 데 기여했다. 물리학과 수학이 여타 과학 분야들의 우위를 점하며 지배하는 현상 역시 이때 시작된 것이었다. 체계 구축가들과 정통 과학의 수호자들 사이의 갈등이 무엇을 둘러싼 것이었는지를 알기 위해서는 주도적인 참여자들의 생각과 행동을 살펴볼 필요가 있다. 아래에서 살펴볼 과학자들은 비엘리트 출신인 자크앙리 베르나르댕 드 생피에르(Jacque-Henri Bernardin de Saint-Pierre)와 니콜라스 베르가스(Nicolas Bergasse), 그리고 엘리트 과학자로 분류될 수 있는 조르주 퀴비에와 나폴레옹 보나파르트이다.

베르나르댕 드 생피에르와 자연의 상호 연관성

자크앙리 베르나르댕 드 생피에르는 이미 18세기에 자연에 대한 지식은 학자들로부터 나오는 것이 아니라 평범한 노동 대중들의 일상적인 생산 활동으로부터 만들어진다는 이 책의 주제를 명료하게 옹호했다. 생피에르는 "아카데미들에 기계, 체계, 책, 송덕문 등을 모으는 것을 허용하자"라고 주장했다. "그들의 업적은 결국 원재료를 제공한 무지한 사람들에게 돌아가야 할 것이다." 그는 마로니에 열매의 일화를 예로 들었다.[147] 오랜 심의 끝에 몇 개의 학술 아카데미들은 마로니에 열매가

> 그 본성상 영양학적 목적에 전혀 기여하지 못하므로, 초 내지는 화장용 분을 만드는 용도로나 사용해야 할 것이라고 결정했다. 하지만 완고한 아카데미 회원들과는 달리 생피에르는 마로니에 열매가 염소젖의 생산을 증진시키는 촉진제 역할을 한다는 것을 시골의 어린 염소치기로부터 배웠다.[148]

베르나르댕 드 생피에르는 오늘날 프랑스 문단의 거두로 알려져 있다. 그의 소설 『폴과 비르지니(*Paul et Virginie*)』는 프랑스 학생이라면 누구나 읽는 고전이다.[149] 하지만 동시대인들에게 그는 작가일 뿐만 아니라 과학자이기도 했다. 그의 자연 철학 저서인 『자연의 연구(*Etude de la nature*)』는 비엘리트 출신 과학자의 작업을 잘 보여 주는 사례였지만, 테르미도

르 반동 이후 사회 분위기에 묻혀 그 가치에도 불구하고 무시되어 버리고 말았다. 베르나르댕은 자연 탐구에 있어서 환원주의에 반대하고,[150] 분석보다는 통합을 중시하며, 강한 루소식 윤리학에 물들어 있었다는 점에서 오늘날의 정통 과학 방법론과는 거리가 있었다.

과학에 대한 루소식 접근이 혁명 당시에 존재했었다면, 그 가장 좋은 사례는 베르나르댕의 작업일 것이다. 베르나르댕은 장자크 루소의 가장 가까운 정신적 계승자였다. 두 사람은 루소가 60세가 되던 1772년에 처음 만났다. 그들은 파리 외곽으로 식물 채집을 다녔고, 그들의 친분은 1778년 루소가 세상을 뜰 때까지 계속되었다. 심지어 몇몇 역사학자들은 혁명 시기 베르나르댕의 말과 행동을 분석해 보면 루소가 만약 1789년과 1793년이라는 혼란스러운 시기까지 살아남았다면 어떻게 반응했을지에 대한 논쟁에서 한 가지 해답을 얻을 수 있으리라고 주장하기도 했다.[151]

베르나르댕의 『자연의 연구』는 1784년에 출간되자 폭넓은 찬사를 받았다. 혁명의 최고조기인 1792년, 그는 프랑스 과학계에서 가장 영광스럽고 중요한 직위인 파리 식물원(Jardin des Plantes) 원장에 임명되었다. 비록 베르나르댕은 별다른 업적을 남기지 못한 채 얼마 후 해임되었지만, 그의 조각상은 오늘날까지도 식물원에 남아 있다. 조각상에서 그는 폴과 비르지니가 전원 풍경 속에서 거니는 모습을 묘사한 단상 위에 앉아 깊은 생각에 잠겨 있다.

하지만 모두가 베르나르댕의 과학적 업적을 인정한 것은 아니었다. 누군가는 "그의 과학적 논증과 주장에 대한 평가에 관한 한 놀라울 정도로 의견 일치가 이루어졌다. 과학에 관한 그의 작업들은 단 하나의 예외도 없이 모조리 엉터리라는 것이다."라고 논평했다.[152] 하지만 이와 같은 평가는 사실이 아니다. 베르나르댕의 과학이 동시대인들의 인정을 전혀 받지 못했다는 평가는 엘리트 과학자들의 의견이 "보편적인 의견"이라고 생각해서 생긴 실수에 불과하다. 베르나르댕의 과학적 업적들이 고려할 가치가 없다고 "놀라울 정도로 의견 일치"를 이룬 것은 과학계 엘리트 계층뿐이었다.[153] 『자연의 연구』는 몇 가지 언어로 번역되었고 국제적으로 상당한 인기를 끌었다. 1893년 영국에서 어느 저자는 베르나르댕의 저서들은 비록 대부분 잊혀졌지만, "우리의 할아버지 세대들은 그것을 헨리 헌터(Henry Hunter) 박사의 훌륭한 번역본이나 원본을 통해 열심히 읽었다."라고 썼다.[154]

베르나르댕과 프랑스 과학 엘리트 사이의 관계는 유난히 좋지 않았다. 과학 아카데미의 회원들은 『자연의 연구』에 나타난 인간 중심주의를 받아들이지 못하고 그를 냉대했다. 베르나르댕 역시 아카데미 회원들을 겨냥해 비판적인 발언을 던졌다. 그의 저서들은 "아카데미 체제에 대한 가장 통렬한 비판"이었다.[155] 베르나르댕은 과학 아카데미가 구체제에서 전형적으로 볼 수 있었던 폐쇄적인 집단이며, 과학에 헌신하기보다는 회원들의 특권을 유지하는 데 더 열중하고 있다고 비난했다.

잘 알려진 한 일화에 의하면, 베르나르댕은 『폴과 비르지니』의 열광적인 팬이었던 나폴레옹 황제와의 면담 중에 왜 제도권 과학자들이 자신을 심각하게 받아들이지 않는지에 대해 물었다. 황제는 그에게 미분학에 능통하냐고 되물었다. 베르나르댕이 그렇지 않다고 순순히 인정하자 황제는 "가서 그것을 공부하게. 그러면 자네 질문에 대한 대답이 저절로 나타날 것이야."라고 대답했다.[156]

이 일화는 보통 베르나르댕의 무지함을 보이기 위해 쓰인다. 하지만 다른 한편으로 이 이야기는 정통 과학의 헤게모니를 만들어 내기 위해 나폴레옹식 국가의 영향력이 얼마나 많은 역할을 담당했는지를 잘 보여 준다. 베르나르댕을 심각하게 받아들이지 않았다는 것은, 보다 넓은 환경의 맥락 속에서 자연 현상을 탐구하는 그의 접근 방식을 거부했다는 것을 의미한다. 이것은 프랑스 과학이(그리고 나아가 근대 과학 전반이) 이후 오랫동안 대단히 협소한 범위의 활동만을 과학으로 인정했다는 것을 보여 준다. 나폴레옹이 베르나르댕을 비방했다는 것은 국가 권력의 최고위층이 수학을 지향하는 과학만을 과학으로 인정하겠다는 의지를 표명한 것이었다.

앞서 살펴보았듯이, 전통적인 과학사는 대개 아카데미 회원들의 관점을 무비판적으로 수용했다. 같은 시기에 등장했던 다른 자연 철학을 비롯한 비엘리트 과학과 마찬가지로 대부분의 역사학자들은 『자연의 연구』를 가혹하게 다뤘다. 예를 들어 아서 러브조이(Arthur Lovejoy)는 그것을 목적론적이고 인간 중심적인 장르의 걸작이라고 소개하며 "인간의 우둔함을 보여 주는 기념비적인 저작"이라고 평가했다.[157] 가스통 바슐라르(Gaston Bachelard)는 베르나르댕 드 생피에르가 "비과학적" 또는 "과학 이전의" 정신을 가진 사람이라고 지적했다.[158] 하지만 그럼에도, 베르나르댕의 작업을 과학적으로 무가치하다고 묵살하는 것은 정당하지 않다.

베르나르댕은 자연사에 대한 생태적 접근법을 통해 대규모 농경 활동과 산업 활동이 인류를 지탱하는 자연 환경에 치명적일 수도 있다는 결론에 도달했다.[159] 그는 "자만심과 탐욕이 자연에게 저지른 범죄가 얼마나 큰가!"라며 비탄에 잠겼다. "농업에 대한 논문들은 케레스의 들판에서 오직 곡물만 볼 뿐이다. 님프의 초원에서는 건초 더미만, 웅장한 숲에서는 통나무와 땔감 나무 묶음만을 본다."[160]

이것은 산업화를 추진하고자 하는 나폴레옹식 국가 및 과학 기관들과 마음이 맞을 만한 과학 이데올로기는 아니었다. 베르나르댕의 과학은 경제 성장과 모순된 것처럼 보였다. 하지만 정통 과학자들은 베르나르댕의 환경 윤리에 대해서는 공격하기보다는 무시하는 편을 택하는 한편,

그의 보다 취약한 입장들에 공세를 집중시키는 전략을 취했다.[161)]

클래런스 글락켄(Clarence Glacken)은 환경 사상사를 다룬 중요한 저작에서 역사학자들이 유럽 과학의 역사를 다룰 때 종종 빼놓은 부분을 지적했다. "서구의 전통이 인간과 자연 사이의 대조를 강조했다고 말하면서 그것이 또한 둘 사이의 통합을 강조했음을 빼먹는 것은 잘못이다."[162)] 글락켄은 베르나르댕 생피에르를 린네, 뷔퐁과 함께 18세기에 유기적인 자연관을 설파한 주목할 만한 자연학자로 취급했다.[163)]

글락켄의 평가는 베르나르댕이 관찰자로서 세심함과 꼼꼼함을 보였다는 것에 대한 것만은 아니었다. 오히려 그가 유기체와 그 환경 사이의 상호 연관성을 탐구하는 것이 자연을 제대로 이해할 수 있는 접근법을 제공한다고 주장했다는 사실에 주목했다. 베르나르댕은 『자연의 연구』 서두에서 자신이 몇 년 전부터 "아리스토텔레스, 플리니우스, 또는 베이컨의 방식에 따라 일반적인 자연의 역사"를 저술하기 시작했다고 설명했다.[164)] 하지만 그는 곧 "일반적인 자연의 역사는 물론이고, 가장 작은 식물의 역사조차 내 능력 밖의 일"이라는 것을 깨달았다.[165)]

베르나르댕은 자신의 창틀에서 자라는 딸기를 관찰하면서 이와 같은 결론에 이르렀다. 딸기의 종류에 따라 달려드는 초파리의 종류도 엄청나게 다양했다. 어떻게 어떤 식물 종을 그토록 수많은 측면에서 이해할 수 있으리라고 기대조차 할 수 있을 것인가? 우리는 어떻게 딸기 자체를 하나의 우주로 알고 있는 미세한 곤충들의 관점에서 자연을 바라볼 수 있으리라고 기대할 수 있을 것인가?

> 하지만 내가 그들의 관점에서 새로운 세계에 대한 깊이 있는 지식을 얻을 수 있다고 해도, 나는 여전히 그것의 역사를 알 수는 없을 것이다. 그렇게 하기 위해서는 그것과 그것을 둘러싼 환경, 즉 그것을 자라게 하는 태양, 그 씨앗

을 퍼뜨리는 바람, 둑을 예쁘게 꾸미는 개울 등과의 관계를 연구할 필요가 있다.[166]

베르나르댕은 또한 딸기의 주목할 만한 지리적 분포를 설명해 주는 환경적 요인들을 파악하지 않고서는 딸기에 대한 참다운 과학을 완성했다고 말할 수 없으리라는 것을 깨달았다.

그토록 허약한 덩굴 식물이 어떻게 북쪽에서 남쪽으로, 산을 넘어 퍼질 수 있었는지를 알아내는 것이 필요했다. …… 그것은 어떻게 카슈미르의 산맥으로부터 아크엔젤 제도를 거쳐, 노르웨이의 산 정상으로부터 캄차카까지 퍼졌을까. 그리고 수많은 짐승들이 그것을 먹어 치우고 정원사가 일부러 씨를 뿌리는 것도 아닌데 어떻게 아메리카 대륙 전역에서 찾아볼 수 있게 된 것일까.[167]

베르나르댕은 "자연의 삼라만상은 하나의 사슬로 연결되어 있다."라고 주장했다.[168] 그에 따르면 식물학이 추구해야 할 주요 목표는 "각 식물 종들이 태양과, 바람과, 물과, 토양과 나누는 멋진 상호 연관성을 이해함으로써" 각 식물의 형태를 다르게 만들고 "같은 속에 속하는 수많은 종들을 만들며, 같은 종 안에서도 다양한 형태를 만들게 되는" 이유가 무엇인지를 파악하는 것이었다.[169]

유기체의 환경 중에서 가장 중요한 것은 물론 그것을 둘러싸고 있는 다른 유기체들이었다.

이 다양한 생물 종들이 다른 생물 종들과 관계를 맺고 있고 우리는 그 관계들에 대해 완벽하게 무지하다면, 딸기 덩굴의 역사를 완전하게 파악하는 것만으로도 자연학자들은 바쁘게 지낼 수 있을 것이다.[170]

그는 우리가 식물을 이루는 모든 부분들에 대해 가장 자세한 부분까지 지식을 쌓는다고 해도 그것은 "쓸모없는 과학"일 것이라고 말했다. 정말로 중요한 것은 "그들이 이루는 조화"이다.[171] 베르나르댕이 분석적이고 환원론적인 과학에 대해 가혹한 평가를 내린 것만은 아니었다. 다른 한편으로 그는 "그와 같은 방법을 통해 나온 유용한 발견도 분명히 있을 것"이라고 인정했다. 하지만 베르나르댕은 모든 과학 활동을 그와 같은 방식으로 추진하고 "분석적인 방법을 통해 이해할 수 없는 것들을 모조리 쓰레기 취급하는 것"은 잘못이라고 믿었다.[172]

자연의 상호 연관성을 탐구해야 한다는 자신의 연구 프로그램에 대해 그는 "이와 같은 작업은 내가 아는 한도 내에서는 최초로 시도되는 것"이라고 말했다.[173] 베르나르댕은 이러한 연구 프로그램을 마무리 지을 수 없으리라는 것을 알고 있었지만, 적어도 시작하는 것이 중요하리라고 생각했다. 그의 『자연의 연구』는 훌륭한 출발선을 제공하는 작업이었다. 베르나르댕의 인상적인 학식과 환경의 상호 연관성에 대한 직관은 자연 과학에 혁신적이고 중요한 기여를 할 수도 있었다. 하지만 당시의 기성 과학은 그것의 가치를 알아채지 못하고 그를 놀림감으로 만들어 버렸다.

우선적으로 조소의 대상이 되었던 것은 『자연의 연구』의 전반적인 인간 중심적 구성이었다. 베르나르댕은 자연의 창조자는 쓸데없이 무언가를 만들지 않았을 것이며, 삼라만상은 어떤 식으로든 인류에게 유용하기 때문에 존재한다고 믿었다.

섭리론(providentialism)은 18세기 후반에 꽤 널리 퍼진 사상으로, 심지어 "어엿한" 정통 자연학자들의 저서에서도 찾아볼 수 있었다. 하지만 대개는 보리나 햇빛 또는 공기와 같이 인류에게 주어지는 주요한 혜택을 신의 개입으로 설명하는 등 기초적인 차원에서 섭리론을 받아들였을 따름이었다. 베르나르댕의 섭리론은 가차 없이 일관성을 유지했다는 점에서 눈에 띄었다. 그는 세상의 모든 것들은 자애로운 창조주가 우리에게 준 선물이라고 주장했다. 예를 들어 화산은 세상의 물을 정화하기 위한 것이었고, 지진은 대기를 정화하기 위한 것이었다. 전갈은 우리가 습하고 비위생적인 곳에 가까이 가지 못하게 하는 유용성을 가지고 있었다. 애완동물들의 죽음은 아이들이 슬픔에 대처하는 방법을 배울 수 있게 해 준다. 벼룩이 있기 때문에 부자들은 자신의 집과 옷을 깨끗하게 유지하기 위해 가난한 사람들을 하인으로 고용할 수밖에 없다. 베르나르댕의 자연에 쓸모없는 해충이나 유해한 잡초는 없다.

볼테르의 팡글로스 박사(Dr. Pangloss) 시대에 이와 같은 관점이 조소의 대상이 된 것도 당연했다. 하지만 글락켄이 지적했듯이 18세기의 자연학자들은 "목적론적 틀 안팎에서" 생산적인 작업을 해낼 수 있었다.[174] 베르나르댕은 신의 섭리가 작동하는 방식을 밝히려 노력하는 와중에 의태, 공생, 그리고 보호 의태 등 흥미로운 생물 현상들을 탐구할 수 있었는데, 나중에 다윈은 이들을 적응과 생존가(生存價)로 설명하게 된다.[175] 비록 베르나르댕의 과학 관련 저서들이 종종 그 목적론적 성격 때문에 조롱의 대상이 되기는 했지만, 정통 과학의 대들보인 퀴비에 역시 목적론적인 토대 위에 자신의 비교 해부학 이론을 만들어 나갔다는 점 역시 주목할 만하다.

베르나르댕의 『자연의 연구』는 지구 물리학적인 측면에서 몇 가지 오류를 포함하고 있었지만 그것이 그의 작업 전체를 무시해 버릴 충분한 이유가 되지는 않는다. 과학 엘리트들이 그 작업의 잠재적 가치를 알아보지 못했다는 것이 오히려 베르나르댕이 저지른 그 어떤 오류보다도 중대했다. 정통 과학의 수호자들은 정교하게 균형을 이루며 상호 작용하는 체계로서의 자연 개념을 주창한 베르나르댕을 무시함으로써, 생물학에서 생태학적이고 환경주의적인 연구가 제공할 새로운 혁신의 숨통을 틀어막는 결과를 낳았다. 이들 주제들은 한참 후에야 과학의 한 부분으로 인정받을 수 있었다.

베르나르댕의 과학이 무시당했던 것은 과학적 기준 때문이 아니라 보수적인 사회적 압력 때문이었다. 그것이 테르미도르 반동 이후에 묵살당했던 것은 무가치했기 때문이 아니라 정통이 아니었기 때문이었다. 비록 베르나르댕은 자코뱅 운동과는 정치적인 연계가 전혀 없었지만, 메마른 계몽적 합리주의에 대한 비판, 아카데미 과학에 대한 혐오, 그리고 과학의 궁극적인 목표가 사회 개혁이라는 생각 등은 루소와 여러 면에서 비슷했다. 즉 베르나르댕 드 생피에르는 "자코뱅 과학자"의 인상에 잘 맞는 사람이었고 결국 그에 따라 과학적 명성에도 타격을 입었던 것이다.

니콜라스 베르가스와 메스머주의 운동

니콜라스 베르가스는 프랑스 혁명을 이끈 중요한 정치적 인물인 동시에 메스머주의 자연 철학의 주요 해설자로 활약하기도 했다. 자연의 법칙들을 총정리한 그의 이론은 삼류 과학 체계 중에서 가장 영향력이 있었는데, 이것은 조직적인 지원이 있었기 때문이었다. 메스머주의는 1780년대 초 파리를 휩쓴 "민중의 과학" 운동의 한 사례였고 아카데미를 중심으로 한 정통 과학에 위협적으로 도전장을 내밀었다.[176)]

동물 자기(animal magnetism)의 이론과 실천을 만들어 낸 프란츠 안톤 메스머(Franz Anton Mesmer)는 자신과 대중 사이에 일정한 거리를 유지했다. 세속적인 문제를 초탈한 듯 보였던 것이 그의 개인적 신비성을 이루는 중요한 요소였다. 메스머의 추종자들은 메스머주의에 대한 문헌들을 쏟아 내기 시작했다. 그중에서도 중요한 시기에 가장 널리 알려진 인물이 베르가스였다. 베르가스는 1780년대 메스머주의 자연 철학을 가장 잘 반영하는 가장 권위 있는 저작들을 출판했다. 이 때문에 그는 메스머주의를 단지 전파했을 뿐만이 아니라 만들어 내는 역할을 하기도 했다고 평가할 수 있다. 예를 들어, 보편적인 생기력이라는 메스머의 원칙을 "체계화"한 것은 바로 베르가스였다.[177)]

베르가스가 메스머의 유일한 대변인인 것은 아니었다. 하지만 그는 운동의 초창기에 선두에 서서 중요한 역할을 담당했다.[178)] 베르가스는 1783년 자신의 가까운 친구이자 부유한 은행가인 기욤 코른만(Guillaume Kornmann)과 함께 보편적 조화 협회(Société de l'Harmonie Universelle)를 설립했고 자신이 주요 이론가이자 조직책을 맡았다. 보편적 조화 협회는 재정적으로 그리고 조직적으로 성공적이었다. 몇 년 안에 협회의 파리 본부만 해도 회원 수가 수백 명이 되었고, 스트라스부르, 리옹, 보르도, 몽펠리에, 낭트, 바욘, 그르노블, 디종, 마르세유, 카스트르, 두에, 님 등 프랑스 전역에 지부가 설립되었다.[179)]

하지만 1785년이 되자 내부적인 분열이 일어났고, 메스머는 베르가스와 코른만을 비롯한 협회의 주요 회원들을 제명하기에 이르렀다. 비록 베르가스는 메스머의 부하 노릇을 더 이상 할 생각은 없었지만 동물 자기 이론을 널리 알리려는 그의 헌신적인 노력은 계속되었다. 베르가스와 코른만은 지지자들을 모아 재빠르게 새로운 단체를 설립했다. 이 단체의 지도자는 베르가스였지만, 코른만의 집을 본부로 삼았기 때문에 "코른만 파"으로 알려지게 되었다.

메스머와 코른만 파의 분열은 혁명 전 프랑스 사회의 정치적 갈등상을 반영했다. 베르가스와 코른만은 "운동의 원래 목적인 '아카데미의 독재'에 대한 투쟁을 정치적 독재에 대한 싸움으로 확대시키려"고 노력했다.[180)] 하지만 메스머는 파리 상류 사회와 척을 질 생각이 전혀 없었다. 운동은 비정치적으로 남아 있어야 한다는 그의 고집 때문에라도 두 세력은 분열할 수밖에 없었다.

새로운 집단은 주류 메스머주의 운동에 심각한 조직적 위협을 가할 정도는 아니었다. 하지만 코른만 파는 보편적 조화 협회에서 가장 정치적인 분파들을 끌어들이는 데 성공했고 곧 혁명 활동의 중핵으로 성장했다. 단턴은 "코른만 파의 성장은 메스머주의 운동이 정치화했다는 것을 극명하게 보여 주는 사례"라고 평가했다. 이 집단에는 정부 반대파의 주요 인물들이 포함되어 있었다. "반정부 활동은 고등 법원에서 클레멘틴 데프레메스닐(Clémentine d'Eprémesnil)과 듀포르트(Duport), 명사회에서는 마리 조제프 라파예트(Marie Joseph Lafayette), 학계에서는 클라비에르(Claviére), 그리고 독서 대중 가운데는 자크피에르 브뤼소(Jacques-Pierre Brissot), 카라(Carra), 고르사스(Gorsas), 그리고 베르가스가 이끌었다."[181]

이어서 단턴은 코른만 파의 "전성기인 1787~1789년에 이르면 그들은 정치 활동에 집중하기 위해 메스머주의는 뒷전으로 미루게 된다."라고 설명했다.[182] 회원들은 "칼롱과 브리엔느 지역 재무 총감의 재정난 타개책을 거부하고 삼부회 소집을 요구한 고등 법원에 대한 대중적 지지"를 성공적으로 전달했다.[183]

1785년 여름에 코른만 파에 합류했던 브뤼소의 회고에 따르면, 베르가스가 동물 자기 이론을 주창했던 것은 **일차적으로** 자신의 급진적인 정치관을 위장하기 위해서였다. "베르가스는 메스머주의를 퍼트리는 동시에 자유의 깃발 역시 치켜들 것이라는 의도를 공공연하게 드러냈다." 브뤼소는 베르가스가 다음과 같이 말했다고 전했다. "물리학 실험을 핑계로 사람들을 단결시켰지만, 사실은 독재를 타도하기 위한 것이었다."[184]

브뤼소의 증언은 메스머주의에 대한 베르가스의 집착이 단지 전술에 불과했다는 것을 보여 준다. 하지만 베르가스는 메스머주의와 혁명을 위한 조직 활동을 분리된 것으로 보지 않았을 가능성이 더 높다. 그에게 자연 철학과 정치 활동은 하나의 결과를 이루기 위한 수단이었다. 메스머주의는 루소에게서 영감을 받은 자연 철학의 한 조류였고, 그것은 베르가스에게 이데올로기적 기반과 혁명 활동을 위한 사회 이론을 제공했다.

베르가스는 1787년 자신의 친구 코른만이 얽힌 상류 사회의 이혼 사건에서 변호를 맡게 되면서 전국적으로 유명한 정치인이 되었다. 널리 알려진 재판 과정에서 베르가스는 왕실 정부뿐만 아니라 루소처럼 구체제 사회 전반의 윤리적 문란을 고발했다. 베르가스는 결국 패소하기는 했지만 변호사로서의 능력을 보여 주는 계기가 되었고, 왕정 반대파들은 그를 영웅으로 추켜세웠다. 베르가스는 국왕의 대신들에 대한 파리 고등법원의 투쟁을 지지했다. 투쟁이 결국 삼부회의 소집으로 이어지자 베르가스는 의회 지도자의 반열에 오르게 되었다.

니콜라스 베르가스의 사례는 삼류 과학의 급진적인 사회적 정치적 함의가 자코뱅주의와 같은 특정한 종류의 급진주의와 연결될 수 없다는 것을 잘 보여 준다. 베르가스는 "귀족 반란"을 대표했고 혁명이 민주적인 성격을 보이기 시작하자마자 등을 돌렸다.[185] 그는 1789년이 끝나기 전에 국민 의회(National Assembly)에서 사퇴했고 곧바로 국왕 직속으로 복무하게 되었다. 그는 자코뱅 집권기에 체포되었지만 운 좋게도 살아남았다. 베르가스는 혁명파에서 반혁명파로 재빨리 돌아섰고, 그의 반동적 경향들은 나이를 먹어 갈 수록 깊어졌다.[186]

하지만 베르가스의 사례가 과학의 민중사에서 중요한 이유는 그가 메스머주의를 옹호했기 때문이었다. 혁명 전에 그와 그의 동료들은 동물 자기 이론이 과학계에서 받아들여지는 것을 목표로 많은 힘을 쏟았다. 메스머주의가 파리 상류 사회에서 관심을 받게 되자 과학 아카데미와 왕립 의학 협회(Royal Society of Medicine) 역시 마지못해 발언 기회를 줄 수밖에 없었다. 왕실 정부는 그것을 평가하기 위한 조사 위원회를 임명했지만, 그 결과는 베르가스가 바라던 것과는 거리가 있었다. 위원회는 동물 자기는 허구이며, 그러므로 메스머주의는 과학적 근거가 없다는 판결을 내렸다.[187]

몇몇 조사 위원들이 이 임무를 수행하는 데 있어서 편견을 가지고 있었다는 것은 명확하다. "동물 자기에 대한 조사는 두 명의 주요 인물인 벤저민 프랭클린과 앙투안 로랑 라부아지에로부터 시작되었다. 그 결과는 라부아지에가 예상했던 대로였다."[188] 위원회의 최종 보고서는 위원들이 "조사 과정에서 필수 덕목인 철학적 의구심으로 무장했다."라고 밝혔다. 그 결과, 위원들은 "세 명의 낮은 계급 출신의 환자들이 경험했다는 감각을 전혀 느끼지 못했다." 하지만 환자들의 감각은 "설득에 의한 기대감의 결과"라는 그들의 결론은 그들이 감각을 느끼지 못했다는 사실에도 동일하게 적용될 수 있을 것이다.[189]

하지만 위원회가 동물 자기를 인정하지 않았던 것이 순전히 주관적인 판단만은 아니었다. 그들이 메스머주의자들의 영향력에 대항할 수 있었던 것은 실험 결과 때문이었다. 눈가리개를 한 환자들은 자석을 대지 않았을 때에도 자석을 댄 것처럼 행동했으며, 자석을 댔을 때 그렇지 않은 것처럼 행동하기도 했다. 그러므로 동물 자기의 효과는 환자들의 상상력의 산물이라고 결론 내릴 수 있었다.

베르가스는 메스머주의가 비과학적이라는 아카데미의 주장에 강력하게 반발했다. 그는 자신의 주장이 신비주의적 지식이라는 혐의를 완강하게 부인했으며, 동물 자기가 과학적 진실이라는 것을 시범을 통해 보일 수 있다고 주장했다. 동물 자기는 "우리의 물리학 지식 체계 전반에 걸쳐 혁명을 이루어 냈다."라는 것이었다.[190] 그는 자신의 지식 체계가 뉴턴주의 물리학의 근본 공리에서 연역해 낼 수 있다고 설명했다.

> 물리학에서 단 하나 확실한 진실이 있다면, 그것은 공간 속에서 움직이는 모든 물체가 서로 힘을 가하고 있다는 것과, 이 힘의 크기는 그 물체들 사이의 거리와 중량에 따라 커지거나 작아진다는 것이다. …… 자연 속에서 발견되는 모든 힘들 중에서 이것은 가장 근본적이고, 일정하며, 보편적이다.[191)]

모든 사물이 가지는 상호 영향력은 보편적인 자기력을 전송하는 미묘한 유체(流體)에 의해 전달된다고 알려져 있었다. 메스머주의 치료법은 이와 같은 자기 유체를 환자의 몸속으로 통과시켜 불편함, 고통, 질병 등을 발생시키는 내부의 불균형을 바로잡아 주는 것이었다. 항상 그런 것은 아니었지만, 보통 손을 갖다 대면 환자의 몸속으로 자기력이 들어가게 할 수 있었다. 그렇게 하면 환자는 손을 갖다 댄 부위에 강한 열기를 느끼게 되었다. 많은 경우에 환자들은 바로 격렬하게 몸을 떨었고, 최면 상태에 빠지는가 하면, 발작을 일으키며 기절하기도 했다. 이와 같은 극적인 "위기 상태"는 치료 기능을 수행하는 자기력의 힘을 드러냈다.

위원회는 보고서를 통해 국왕에게 메스머주의가 위험한 사회적 결과를 가질 수도 있을 것이라고 경고했다. 자기 치료사들은 흥분하기 쉬운 환자들의 상상력을 조작해 그들의 열정을 뒤흔들어 놓는 데 능하다는 것이었다. 위원회는 "그들은 또한 반란 세력에게 깊은 관심을 가지고 있다. 대중들은 상상력에 의해 지배되고 있다. 수많은 집회에서 이들은 감각에 휘둘리고 있으며 이성의 명령에 따르는 능력을 상실하는 것으로 보인다."[192)] 위원들은 또한 남성 치료사들이 흥분하기 쉬운 여성들에 손을 대 오르가슴이라고 볼 수밖에 없는 반응을 이끌어 내는 행위가 가지는 윤리적 함의에 대해서도 걱정했다. 이와 같은 우려는 공개 보고서에서는 빠져 있었지만 비밀 메모를 통해 국왕의 각료들에게 전달되었다.

베르가스는 무엇보다도 동물 자기가 암시의 산물이며 그 존재를 증명해 주는 사실이 전혀 없다는 위원회의 결론에 반박하기 위해 노력했다. 우선 그는 암시의 힘이 실재한다는 것을 부정할 수는 없을 것이라고 말했다. 위원들이 논리를 거꾸로 뒤집었다는 것이었다. 즉 "암시"는 설명이 아니며, 오히려 상상력 자체를 설명해야만 했다. 베르가스는 감정적인 군중 속에 섞여 있을 때 왜 그 군중의 감정에 휘말리는 것에 저항하기 어려운지를 물었다. 이것은 확실히 암시의 산물이었다. 하지만 이것을 군중의 집단적 동물 자기의 영향 때문이라고 볼 수 있지도 않을까?

베르가스는 이와 유사하게 "같은 사회에서 생활하는 사람들이 무의식 중에 같은 의견, 같은 선입견, 같은 습관을 갖게 되는" 이유는 무엇인지 물었다.[193] 이와 같은 "무의식적 의견"을 보다 깊이 연구한다면 새롭고 유의미한 분야를 개척할 수 있다는 것이었다. 어쨌든, 베르가스의 인식론이 전혀 말도 안 되는 것은 아니었다. 물리적 효과와 암시의 관계에 대해 정답을 알 수 없는 수많은 질문들이 산적해 있었다.

베르가스는 메스머의 원칙이 유효하다는 물리적 증거를 수많은 치료 사례들에서 찾을 수 있을 것이라고 주장했다. 그 사례들 중에는 암시와 상상력에 의존하지 않는 경우도 많이 있었다. "원컨대 상상력이 어떻게 맹인을, 귀머거리를, 상처를, 마비를 치료할 수 있는지 가르쳐 주시오."[194] 마지막으로 그는 유아와 동물에 대한 치료는 상상력으로 설명될 수 없을 것이라고 덧붙였다.

베르가스의 주장은 그가 순진하고 속기 쉬운 사람이 아니라는 것을 보여 준다. 오히려 그는 복잡한 현상에 대한 환원론적 설명을 받아들이려 하지 않았다. 눈가리개를 이용한 위원회의 실험은 재치 있는 것이었지만, 베르가스가 목격했던 치료 행위들에 대해서는 설명할 수 없었다. 결국 위원회는 베르가스가 사기꾼이라고 선언하는 것 외에 만족할 만한 결론을 내리지 못했다. 베르가스가 보기에 극단적인 회의주의에 입각해 자신의 과학이 가져다줄 엄청난 혜택을 포기하는 것은 멍청한 일이었다.

동물 자기에 대한 광범위한 관심으로 인해 그것은 19세기 들어서까지 사회 운동의 초점에서 벗어나지 않을 수 있었다. 하지만 혁명 후 그것은 공식 과학 기관들에서 비웃음거리가 되었고 사이비 과학이라는 오명을 얻게 되었다. "메스머주의"와 "동물 자기론"은 오늘날 여전히 조소와 놀라움의 대상이다. 하지만 이와 같은 비하적 반사 작용을 걷어 내면, 어느 정도는 역사학자 메스머주의를 부당하게 취급했다는 것을 볼 수 있다.

메스머주의 운동이 초기에 가졌던 영향력은 메스머주의 치료사들이 환자들을 발작 상태나 최면 상태에 빠지게 만들 수 있었기 때문이었다. 이와 같은 강력한 효과들을 설명하는 것은 과학의 몫이다. 정통 과학자들은 그러한 효과들을 일으키는 데 어떤 **외부로부터의 물리적 힘**이 투입되지 않았다는 것을 확인하고 나자 곧 동물 자기 현상은 실재하지 않으며 메스머주의는 사기라고 결론 내렸다.

주요 과학사학자들은 거의 200년 후까지 그와 같은 주장을 반복했다. 길리스피는 메스머의 주장에 대해 "과학 공동체"가 "서툴게" 대응했다고 책망했다. "그의 주장을 살펴보는 것을 거부함으로써 그들은 모든 사람들이 관심을 가지고 있던 사안이 진지한 주목을 받을 가치가 없다고 선언한 셈이었다. **그것은 사실이었지만** 보다 부드럽게 반응할 수도 있었을 것이다."[195] 메스머주의자들이 보여 주었던 극적 효과들이 진지하게 고려할 만한 가치가 없었다는 것은 사실일까? 이와는 반대로, 아카데미 과학자들의 근시안적인 태도는 과학의 범위를 확장하고 발전시키는 중요한 기회를 놓친 것이라고 볼 수도 있다.

동물 자기론의 지지자들이 올바로 지적했듯이, 원인을 탐지할 수 없다는 것만으로 어떤 효과의 실재성을 부정할 수는 없는 노릇이다. 메스머주의의 경우에, 외부로부터의 물리적 원인이 없었다는 것만으로 결과에 대한 조사를 마무리 지을 수는 없었다. 메스머와 베르가스가 동물 자기의 원인이 외부로부터의 물리적 힘이라고 오해했던 것은 사실이지만, 이것을 이유로 비판자들이 동물 자기를 더 자세히 살피지 않았던 무책임함을 충분히 변명할 수는 없다.

동물 자기의 효과를 상상력의 산물이라고 묵살해 버림으로써, 아카데미 과학자들은 그것이 실재하지 않으며 과학 활동의 영역 바깥에 있는 것으로 선언했다. 하지만 메스머주의 치료사들이 환자들의 상상력 속에 만들어 냈던 효과들은 확실히 실재했다. "메스머가 동물 자기 현상을 발견했던 것은 근대 심리학과 정신 요법에 있어서 중대한 순간이었다. 그것은 자기 수면(최면 상태)에 나타나는 의식에 대한 마르키스 드 퓌세귀르(Marquis de Puysegur)의 연구로 이어졌고, 궁극적으로 잠재의식을 발견하는 토대가 되었다."[196] 의학사학자 에르빈 아커크네히트 역시 "심리 분석가들도 근대 정신 요법의 기원을 프란츠 안톤 메스머에서 찾고 있다."라고 덧붙였다.[197]

조사 위원회의 위원들이 근대 심리학의 관점에서 문제를 파악하지 못했다고 비난하는 것은 극단적인 시대착오이다. 하지만 그들의 인식론적 눈가리개가 그들로 하여금 특정한 종류의 현상의 존재를 인정조차 못하게 했다는 점은 안타까운 일이다. 메스머주의 자연 철학은 마음의 과학이 발전하게끔 자극했다. 그리고 정통 아카데미 과학자들의 회의주의와 협소한 '물리학' 중심 편향은 과학의 발전을 방해하는 결과를 낳았다.

테르미도르가 프랑스 과학에 미친 영향

베르가스와 베르나르댕 드 생피에르가 과학 엘리트들로부터 받았던 조롱은 19세기에 걸쳐 프랑스의 과학 활동을 계속해서 괴롭히게 될 편협함을 잘 보여 주는 것이었다. 프랑스에서 과학에 대한 중앙 집권적 국가 통제를 고려해 봤을 때, 혁명 이후 보수적인 사회적인 압력이 향후 과학계의 전반적인 방향에 결정적인 영향을 끼쳤으리라는 점은 쉽게 예상할 수 있다.

테르미도르의 사회적 보수주의는 과학적 보수주의를 낳았다. 혁명이 퇴조하고 급진파의 인기가 몰락하자 체계의 정신은 제도권 과학계에서 케케묵은 이론 취급을 받게 되었다. 추측과 체계 구축은 사회적으로 위험한 사고방식으로 여겨졌고 제도권 프랑스 과학에서 제거되었다. 이와 같은 경향은 나폴레옹 1세(Napoleon I)의 과학 정책과도 잘 어울렸다. 삼류 과학자들의 몰락은 그들이 지식의 성장에 기여하지 못했다거나 과학적 논쟁에서 살아남을 능력이 없었기 때문이 아니었다. 그들의 운명은 그들이 정치적 급진주의와 연관되어 있다는 인상을 주기 시작했을 때 이미 결정된 것이었다.

체계 구축에 대한 억압은 과학의 진보를 위해 불가피한 일이었다는 식으로 그동안 설명되어 왔다. 하지만 이와 같은 주류적 역사 해석과는 반대로 그것이 과학 발전을 지연시켰다는 주장 역시 가능하다. 이와 같은 상반되는 주장들은 양립할 수 있다. 비정통 자연 철학의 몰락은 진정으로 상반되는 결과를 낳았던 것이다. 분석적이고 정량적인 방법론의 우위는 몇몇 분야의 경계를 넓히는 효과가 있었지만, 동시에 다른 분야들의 발전을 제한했다.

전문화의 가속은 지식을 학제에 따라 잘게 나누기보다 통합해야 한다고 주장했던 삼류 과학자들의 패배를 반영하는 또 하나의 현상이었다. 그들의 전일론적 시각이 터무니없지 않았다는 사실은 전문화가 꼭 좋은 일만은 아니었다는 점이 보여 준다. 전문화로 인한 이득을 살피려면, 지식을 산산조각 내 울타리를 치는 것으로 인한 손해와 득실을 따져 보아야 한다.

혁명 후 프랑스 과학에서 라부아지에의 후계자들이 완전한 승리를 거두었던 것은 그들의 이데올로기가 테르미도르와 나폴레옹식 사회를 정당화해 주었기 때문이었다.[198] "나는 가설을 세우지 않는다."라는 뉴턴의 신조는 사변적인 사고를 억제하고, 과학 활동의 범위를 제한하며, 자연 현상을 그 맥락에서 떼어 내 추상화하는 것을 의미했다. 이와 같은 방법론은 기존의 사회 구조를 교란시키지 않는 과학 활동의 근간이 되었다.

무엇보다도 정통 과학은 과학을 정치적, 사회적, 윤리적 사안들로부터 분리시켰다. 윤리적, 사회적 가치들을 과학과 통합시키려던 루소의 기획은 완전히 배제되었다. 윤리적으로 그리고 사회적으로 중립적인 과학은 테르미도르식의, 법률적 평등과 사회적 불평등을 정당화하는 자유 방임주의 이데올로기의 당연한 결과였다. 비엘리트 과학에 대한 공격은 새로 구성된 과학 아카데미의 지도자들이 주도했다. 이 중에서도 중요한 역할을 담당했던 이가 바로 나폴레옹 보나파르트의 전폭적인 지지를 등에 업은 조르주 퀴비에였다.

조르주 퀴비에, "과학의 입법관"

조르주 퀴비에는 1803년 왕립 과학 아카데미의 종신 서기로 임명되었다.[199] "퀴비에는 과학계 최고의 영예인 이 직위를 차지하면서 자신의 선배와 동료들에 대해 평가할 수 있는 기회와 함께 자연학의 향후 발전 과정을 좌지우지할 수 있는 권력을 갖게 되었다."[200] 퀴비에는 자신에게 맡겨진 사회적 역할의 중요성을 잘 알고 있었고, 1808년에 황제에게 올리는 중요한 보고서에서 과학의 사회적 효용들을 열거했다.

> 가장 낮은 계급의 신민들에게까지 건전한 생각을 퍼뜨리는 것, 선입견과 열정의 영향력을 제거하는 것, 이성을 대중 여론의 중재자이자 최고의 안내인으로 삼는 것, 이것이 과학의 본질적 목표입니다. 이를 통해 과학은 문명의 진보에 기여할 수 있습니다. 그리고 이것이 권력의 안정을 보장받고 싶은 정부들이 과학 활동을 보호하는 이유입니다.[201]

퀴비에의 보고서는 과학의 사회적 효용을 이야기할 때 항상 나오는 요소들을 잘 정리하고 있다. "건전한 생각", "가장 낮은 계급의 신민들", "대중 여론의 중재자(로서의) 이성", 그리고 "열정" 등이 핵심적인 구절들이었다. 여기에서 우리는 낮은 계급의 신민들에게서 건전하지 못한 생각들이란 바로 다름 아닌 혁명적인 생각들이라고 예상해 볼 수 있다. 사회의 현 상태(*status quo*)에 도전하는 생각들은 비과학적이라는 사실을 밝혀내야 했고, 위험한 계층들이 과학적인 사고방식을 받아들이도록 교육시킬 필요가 있었다. 사회의 현 상태에 불만을 갖는 것, 사회적 변화를 추구하는 것, 또는 사회적 변화가 가능하다고 생각하는 것까지도 자연스럽지 않으며 이성에 반하는 상태라는 것을 보여야 했다.

무엇보다도, 과학과 정치에서 "열정"은 불건전하고, 자연스럽지 않으며, 불합리하고, 비과학적인 것이라고 생각되어야만 했다. 열정은 열광으로 이어지며, 곧 사회 불안을 야기할 것이었다. 열정은 상상력을 과도하게 자극하고 무엇이 가능한지에 대해 불합리한 억측을 낳는다. 과학에 대한 열정의 침입은 과학이 무엇보다도 인간의 가장 근원적인 문제들에 초점을 맞추어야 한다는 루소의 충고에서 비롯되었다. 한마디로 말해 감정은 책임감 있는 과학으로부터 축출해야 마땅한 사회악의 근원이었다.

퀴비에가 과학의 사회적 효용이 부수적인 것이 아니라 "과학의 **본질적인** 목표"라고 강조했다는 것에 주목할 필요가 있다. 그 목표는 지식을 위한 지식이나 단순한 호기심 충족이 아니었다. 또한 그것은 물질적 향상을 위한 기술의 진보 역시 아니었다. 과학의 목표는 **국가 권력을 안정시키기 위해 대중 여론을 이데올로기적으로 지배**하는 것이다.

퀴비에의 보고서는 과학에서의 사변적인 풍조가 야기하는 사회적 위험성을 강조했다. 그는 자신이 "방만한 학설을 마구 제기하는 것과 사회적 윤리적 혼돈 상태를 동일시하기 시작했을 정도로 프랑스 혁명의 경험으로 인해 단련되었다."라고 기록했다.

> 전문 행정가들에 의한 통치를 지지하는 정치적 엘리트주의자였던 퀴비에는 혁명과 통제되지 않은 군중에 의한 통치 상태로 돌아가는 것을 두려워했다. 과학적 개념들은 그것에 고삐를 매어 두지 않는다면 파렴치한 사람들이 사회 질서를 약화시키는 데 사용될 수도 있었다. 그러므로 퀴비에가 과학 활동의 범위를 "실증적 사실들"로 제한하는 것을 그토록 강력하게 고집했던 것은 정치적 이유 때문이었다.[202]

퀴비에는 무엇이 과학이라고 불릴 자격이 있고 무엇이 그렇지 않은지에 대해 판결을 내렸다. 퀴비에에 따르면, "모든 가설들과 천재적인 추측들은 오늘날 진정한 과학자들에 의해 거짓으로 판명 나고 있다." 다른 한편, "천칭, 척도, 계산, 사용한 물질과 새로 생긴 물질 전체의 비교 등의 방법론을 이용한 실험만이 추론과 증명을 향한 정당한 길을 보여 줄 것이다."[203] 퀴비에의 선언에서는 어느 정도의 이중 잣대를 찾아볼 수 있다. 비록 자신의 과학 작업은 "경험적인 것과는 거리가 멀"지만, "퀴비에는 반대파에 대항해 싸우기 위해 경험주의 이데올로기를 받아들였고 널리 퍼뜨렸다."[204]

1797년에 나폴레옹 보나파르트는 과학 아카데미에서 새로 생긴 실용 기예 분과 소속의 회원으로 선출되었다. 보나파르트는 확실히 과학에 많은 관심을 가지고 있기는 했지만, 그가 선출된 것은 당연히 과학적 업적 때문이 아니었다. 그것은 나폴레옹이 아카데미에 보다 많은 혜택을 줄 수 있는 위치에 있었기 때문이었다. 나폴레옹의 아카데미 가입은 정치 권력과 과학 활동의 통합을 촉발하지는 않았지만, 확실히 그것을 강화하는 효과는 있었다.

혁명 후 과학 활동을 둘러싼 정치 활동에서 나폴레옹의 개입을 역사의 영웅 서사로 해석할 필요는 없다. 그는 과학 엘리트와 그들의 보수적 과학 이데올로기를 만들어 내지 않았으며, 자신의 정치 권력을 이용해 그들이 과학계를 지배할 수 있도록 하지도 않았다. 하지만 나폴레옹은 그들에게 호감을 가지고 있다는 것을 숨기지 않음으로써 그들의 사회적 지위를 강화했고, 그들이 계속 헤게모니를 장악하도록 간접적으로 지원했다.

요약하자면 프랑스 혁명은 과학을 포함한 인류 문화의 모든 측면을 좋은 쪽으로든 나쁜 쪽으로든, 근본적으로 변화시켰다. 혁명과 그 여파가 프랑스 과학에 끼친 제도적, 이데올로기적 변화들은 이후 근대 과학의 행로에 큰 영향을 주었다. 헤센 명제가 주장하듯이, 가장 근본적인 요소는 혁명이 강화시킨 자본주의의 승리였다. 새로운 사회 질서는 유럽에서뿐만 아니라 전 세계로 널리 퍼졌고, 이것은 과학의 발전을 자본의 이해에 종속시키는 결과로 이어졌다.

7장
자본과 과학의 결합 : 19세기

상업의 법칙은 자연의 법칙이고, 그러므로 신의 법칙이다.

—에드먼드 버크(Edmund Burke),

『결핍에 대한 고찰(*Thoughts and Details on Scarcity*)』(1800년)

거대 기업의 성장은 단순히 적자생존의 결과이다.

—존 데이비슨 록펠러(John Davison Rockefeller, 1900년경)

당연하게도 노동자가 보다 숙련될수록 그는 점점 더 고집 세고 다루기 어려워질 뿐만 아니라 기계 장치 부품으로서의 역할을 수행하기에 적합하지 않게 된다. …… 그러므로 현대 공장주의 궁극적 목표는 자본과 과학의 연합을 통해 노동자들이 주어진 일만을 정확하게 수행하도록 만드는 것이다. …… 과학은 자본의 호명을 받아 노동자들이 조직하는 조합을 모조리 파괴할 것이다. …… 과학이 자본의 시녀가 될 때, 거친 노동의 손은 온순하게 길들여질 것이다.

—앤드루 유어(Andrew Ure),

『제조의 철학(*The Philosophy of Manufactures*)』(1835년)

"자본과 과학의 결합"이 평등한 연대인 적은 없었다. 둘 사이의 관계는 언제나 자본이 우위를 점한 상태에서 이루어진 주종 관계였다. 근대 과학의 눈부신 성공으로 인해 사람들은 과학이 역사 발전의 과정을 이끄는 자율적인 요소라는 환상을 가지게 되었지만, 앤드루 유어가 올바르게 지적했듯이 과학은 아주 오래전부터 "자본을 위해 복무"해 왔다.[1] 오늘날 과학 지식은 기업 연구소라는 거대한 과학 공장들에서 생산되고 있다. 대부분의 과학 연구 활동은 자본주의 기업 및 정부에 고용되어 있거나 직접적인 재정 지원을 받는 전문직 과학자들이 그것을 수행하고 있다.[2]

그 결과 지식뿐만 아니라 자연 그 자체까지도 점차 "상품화"되어 사고팔 수 있는 것으로 변환되고 말았다. 19세기와 20세기에 과학 지식의 생산은 인류에게 무엇이 필요한지가 아니라 어떤 것이 이윤을 낼 수 있을지에 따라 형성되었다. 하지만 이러한 사실은 과학이 중립적이라는 믿음 때문에 주목받지 못하는 경향이 있다. 과학자들이 불편부당한 입장에서 외부의 압력 때문에 자신들의 발견을 왜곡하지는 않을 것이며, 그렇게 축적된 객관적인 진실들은 보편적인 지식의 지평을 넓히는 데 기여할 것이라는 믿음이 그것이다. 여기에 대한 반례는 얼마든지 찾을 수 있다. 제약 회사들은 인류의 복지가 아니라 독점적인 이해관계를 지속하기 위해 의학 연구를 수행하는 것으로 악명이 높지 않은가? 담배 회사들은 흡연이 중독성이 없을 뿐만 아니라 암을 유발하지도 않는다는 우스꽝스러운 "과학적" 연구를 내놓지 않았는가? 이 책에서 다루는 내용이 점점 현재에 가까워질수록 과학의 민중사를 서술하기 위해서는 사회적으로 맹목적인 거대과학에 고삐를 채우기 위한 대중들의 노력에 관심을 기울여야 할 필요가 있다.[3)]

하지만 거대과학의 지배력은 200년이 넘는 오랜 세월에 걸쳐 형성되어 왔다. 19세기까지만 해도 여전히 제도권 과학에서 밀려난 사람들이 과학에 중대한 기여를 하는 것이 가능했다. 19세기 이전의 재야 과학자들이 대개 독립적인 장인들이었다면, 이제 그들은 대부분 자본가들에게 고용된 임노동자들이었다. 영국의 석탄 회사와 운하 회사에서 일하고 있던 윌리엄 스미스(William Smith)는 독학으로 측량 기사가 되었는데, 그는 지층이 형성된 지질학적 과정에 대한 혁명적인 연구 결과를 내놓았다. 마찬가지로 소위 "의료 민주파"라고 불리던 비엘리트 의사들은 다윈보다 훨씬 먼저 진화 생물학의 근간을 다지기도 했다.

하지만 이들에 대한 이야기를 하기 전에, 역사적으로 보다 중요한 평민 집단에 주목할 필요가 있다. 이들은 산업 혁명을 완수하는 데 필수적인 지식을 만들어 낸 광부, 금속 노동자, 기계공들이다. 이들은 여러 가지 이유에서 과학사에서 중요한 위치를 차지할 만하다. 근대 기술의 "기적들"은 흔히 이론적 과학에서 나온 것이라고 생각하지만, 사실은 산업 혁명에서 기인한 것이기 때문이다.

두 가지 문제

그렇다면 과연 18세기 말과 19세기 초 영국에서 산업 혁명이 일어나기 위해 필수적인 지식은 무엇이었을까? 역사적 경험을 돌이켜 보면 두 개의 서로 연결된 문제를 들 수 있다. 우선 산업화를 이루기 위해서는 다량의 철이 필요한데, 철의 공급량은 그것을 생산하기 위해 필수적인 에너지원, 즉 숯을 얼마나 구할 수 있는지에 달려 있었다.

영국에서는 이미 100여 년 전부터 선박을 건조하고 연료로 숯을 만들기 위한 나무의 수요가 급증했고, 이것은 숲을 고갈시켜 심각한 에너지 위기를 낳았다. 단 하나의 제련로를 작동하기 위해 매년 0.8제곱킬로미터나 되는 면적의 나무를 베어야만 했다. 사람들은 나무 대신 석탄을 연료로 사용할 수 있다는 것을 알고 있기는 했지만 자연 상태의 석탄은 철을 제련하기에 적당하지 않았다. 이렇게 보았을 때, 첫 번째 결정적인 문제는 석탄과 철의 성질에 대한 지식을 얻는 것이었다. 즉 석탄을 가공해 철을 생산하기에 적절한 연료로 만들어 내는 방법을 찾을 수 있을 것인가?

일단 그 지식을 얻게 되자 석탄에 대한 수요는 급격하게 증가하게 되었고, 그것은 또 다른 문제를 낳았다. 보다 많은 석탄이 필요하게 되자 광부들은 석탄을 채굴하기 위해 땅속으로 더 깊이 파고 들어가야만 했고, 그 결과 탄광 갱도에 물이 찰 가능성이 높아지게 되었다. 하지만 당시에는 많은 양의 물을 퍼낼 수 있는 효과적인 방법이 알려져 있지 않았다. 그래서 석탄 생산량을 급속하게 늘리기 위해서는 새로운 종류의 펌프를 개발해야만 했고 여기에는 새로운 물리학 지식이 필요했다.

두 번째 문제에 대한 해결책은 증기와 대기압의 힘을 이용한 펌프였다. 이 펌프의 발명가들은 아마도 자신들의 발명이 가지게 될 거대한 세계사적 의미를 알아채지 못했을 것이다. 그들의 업적은 "산업 혁명의 원동력"인 증기 기관의 발명으로 이어져 산업 생산량을 급격하게 증가시킬 수 있는 기계 장치들에 거의 무제한적인 동력원을 제공하는 결과를 낳았다.

산업 혁명을 이루는 데 쓰였던 자연에 대한 지식은 오늘날 우리가 사용하는 최첨단 기술을 가능케 하였다. 그것들을 만든 사람들은 누구였을까? 제임스 매클렐런과 해럴드 도른은 "산업 혁명의 기저에 놓여 있던 모든 기술 혁신들은 기술자, 장인, 또는 엔지니어라고 불리던 사람들에 의해 이루어졌다."라고 설명했다. "이들은 대개 대학 교육을 받지 못했으며, 이들의 성과들은 과학 이론에 의지하지 않고 이루어 낸 것들이었다."[4] 여기서 말하는 엔지니어는 엘리트 전문직 계층에 속하는 사람들이 아니었다. 18세기 영국에서 "엔지니어들은 단순 직공으로 일을 시작한 사람들이 대부분이었다. 이들은 손재주가 좋았고 야심이 있었지만, 대개 문맹이거나 독학을 한 경우가 많았다. 그들은 조지프 브라마(Joseph Bramah) 같은 물방아 제작자, 윌리엄 머독(William Murdoch)과 조지 스티븐슨(George Stevenson) 같은 기계공, 또는 토머스 뉴커먼(Thomas Newcomen)과 헨리 모즐리(Henry Maudslay) 같은 대장장이였다."[5]

기술자와 엔지니어들이 당면한 문제를 이론적인 접근이 아닌 경험적인 방식으로 해결하려 했다는 것이 그들의 성취들을 덜 과학적으로 만드는 것은 결코 아니다. 기체의 행동, 대기압의 법칙, 열역학 등의 이론들은 장인들이 실험적인 방식으로 구성한 새로운 자연 현상을 이해하기 위해 만들어진 것이었다. 예를 들어 에너지의 보존과 변환 법칙들은 이론가들의 지적 호기심에서 비롯된 것이 아니라 증기 기관의 효율성을 조금이라도 높여서 이윤을 높이기 위한 엔지니어들의 치열한 노력의 결과였다. "역사적으로 과학의 진보는 이론가들보다는 실제로 손을 더럽히며 실험을 수행했던 사람들에 의해 이루어져 왔다." **태초에는 말씀이 아니라 실천과 행위가 있었던 것이다.**

석탄에서 코크스로

숯을 대신해 철을 제련하는 데 사용할 수 있는 연료를 발견한 것은 일반적으로 에이브러햄 다비(Abraham Darby)라고 알려져 있다. 작은 제철 공장의 주인이었던 다비는 1709년에 처음으로 숯이 아니라 코크스를 사용해 고품질의 철을 생산해 내는 데 성공했다. 코크스는 석탄의 불순물을 제거해 순수한 연료로 만들기 위해 부분적으로 태워졌다. 즉 코크스와 석탄의 관계는 숯과 나무의 관계와 같다.

매클렐런과 도른은 다비의 업적이 "과학 이론에 기반한 것도 아니고 조직적인 과학적 연구 활동에 의한 것도 아니"라고 평가했다. "실제로 적용할 수 있는 야금 이론은 아직 만들어지지 않았고, 심지어 '탄소'와 '산소'라는 원소들도 정확하게 정의되지 않은 상태였다. 전형적인 장인이자 엔지니어였던 다비는 자신의 실험 과정에 대해 아무런 기록도 남겨 두지 않았다."[6] 다시 말해서 온도에 따라 철과 석탄의 성질이 어떻게 변하는지에 대한 지식을 만들어 낸 것은 제도권 과학자들의 이론적 작업이 아니라 다비와 같은 "땜장이(tinkerer)"들의 시행착오를 통한 실험뿐이었다. 만약 장인들이 탄소를 숯과 코크스라는 형태로 분리하는 방법을 고안해 내지 않았더라면 탄소라는 원소를 "정의"할 수 있었을까? 또 다른 장인들이 새로운 기체를 발견하는 과정에서 산소에 대한 여러 지식을 얻어 낼 수 있었다는 이야기는 이 장 뒷부분에 더 자세히 다루기로 한다.

다비가 수많은 선후배들과 동료들의 도움과 영향을 받았다는 사실 때문에 그의 업적을 평가절하해서는 안 된다. 양조업자들은 특히 중요한 기여를 했던 집단이었다. 맥주 생산업자들은 오래전부터 맥주의 원료인 몰트를 말리는 화덕에서 숯 대신 연료로 사용할 만한 성분을 찾고 있었다. 석탄은 그리 좋은 대안이 아니었다. 석탄에 포함된 황 성분은 맥주 맛을 좋지 않게 바꾸는 효과가 있기 때문이다. 하지만 1603년에 휴 플랫은 나무로 숯을 만드는 것과 비슷한 과정을 석탄에 적용해 볼 수 있으리라고 제안했다. 하지만 이것은 생각보다 어려운 일이었다. 더비셔의 양조업자들이 실행할 수 있는 방법을 개발해 낸 것은 그로부터 40여 년이나 지난 후였다. 그 이후 코크스는 양조업계에서 연료로 널리 이용되었지만, 다른 산업으로 퍼져 나가지는 않았다.

에이브러햄 다비가 등장했던 것이 바로 이 무렵이었다. 다비는 젊은 시절 몰트를 갈기 위한 분쇄기를 만드는 버밍햄 소재의 한 회사에서 견습생으로 기술 훈련을 받았다. 그는 금속 주물 기술을 익히는 한편, 양조 기술 역시 어깨 너머로 배웠다. 다비가 철을 제련하는 데 코크스를 사용해 보았던 것은 이와 같은 경험이 있었기 때문이었다.

다비는 1709년 처음으로 성공적인 시범을 해 보이기는 했지만, 그의 가족 회사인 콜브룩데일(Coalbrookdale) 사는 60여 년에 걸쳐 "누적적인 성취"를 통해 마침내 코크스 제련 기술을 완성했다. 한 기술사학자는 다비 가문의 "몇 세대에 걸친 동업"에 대해 다음과 같이 썼다.

> 안정적인 집단의 기술자들과 경영자들이 기술 패러다임을 한 세대에서 다음 세대로 넘겨주며 점진적으로 발전시킬 수 있었다. 당시의 철 제련 산업에서 가족 동업은 그러한 안정적인 집단을 유지할 수 있는 유일한 조직 구성 방식이었다. 다비 가문과 코크스 제련 기술의 중요성은 에이브러햄 다비가 새로운 기법을 "발명"했다는 것이 아니라, 다섯 세대에 걸친 다비 가문의 구성원들이 그것을 완성했고 생산에 응용했다는 데 있었다.[7]

불을 이용해 물을 끌어올리다

기계공들과 이론가들은 깊은 갱도 속으로부터 물을 끌어올리는 문제에 많은 노력을 기울였다. 토머스 세이버리(Thomas Savery)가 1689년에 만든 최초의 증기 동력 펌프는 이론적 법칙을 근거로 설계되었다. 비록 세이버리의 장치는 해결책에 상당히 접근한 것이기는 했지만, 광산에서 실제로 사용하기에는 무리가 있었다.

그로부터 10년 후, 대장장이 토머스 뉴커먼은 배관공 존 캘리(John Calley)와 함께 "불을 이용해 물을 끌어올리는" 상업적으로 성공적인 기계를 만들어 냈다.[8] 린 화이트에 따르면 뉴커먼의 "동시대인들은 시골 출신의 대장장이가 세이버리 엔진을 가능하게 한 과학적 성과들에 대해 전혀 알지 못한 채 증기를 에너지원으로 이용하는 복잡한 문제를 해결할 수 있었다는 사실에 대해 깜짝 놀랐다."[9] 그들이 놀란 것은 당시 사회적으로 널리 퍼져 있던 편견 때문이었다. "당시의 과학자들은 손재주와 눈대중으로 작업하는 장인들을 오만한 태도로 무시했다. 토머스 뉴커먼에 대해서도 마찬가지였다."[10]

18세기 초의 한 평론가는 증기 기관에 대해 다음과 같이 평가했다. "이보다 더 이론가들의 작업이 쓸모없었던 기계는 없었다. 그것은 기계공들에 의해 만들어졌고, 개량되었고, 완성되었다."[11] 화이트는 뉴커먼의 증기 기관이 공기가 증기 속으로 용해해 들어가는 현상에 의존해 설계되었다는 사실에 주목했다. 그는 "당시의 과학자들은 공기가 물에 용해된다는 사실을 모르고 있었"기 때문에 뉴커먼의 설계는 기존에 알려진 과학 이론으로부터 나올 수가 없었다고 주장했다. 확실히 "증기 동력의 이용"은 "갈릴레오식 과학의 영향을 받지 않은" 경험적 과학의 눈부신 성과였다.[12]

증기 기관을 기계를 구동하는 데 사용할 수 있는 효율적인 동력원으로 만들어 준 기술은 가난한 집안 출신으로 정식 교육 과정을 밟지 못한 기술자 제임스 와트(James Watt)가 발명해 냈다. 글래스고 대학교 주변에서 실험 기구를 만드는 일을 하던 와트는 한 교수로부터 뉴커먼 엔진을 수리해 달라는 부탁을 받고서는 그것을 개량해 보아야겠다고 마음을 먹었다. 그는 뉴커먼 엔진의 실린더 속에서 증기가 응축되며 발생하는 열손실 때문에 효율성이 떨어진다고 판단했다. 그의 해결책은 또 하나의 용기를 덧붙여 주 실린더의 온도를 낮추지 않고 차가운 물을 이용해 증기를 응축시키는 것이었다.

와트는 비록 장인이었지만 대학 주변에서 활동했고 학문적인 분위기의 영향을 받았다. 하지만 그 영향의 정도를 지나치게 과장해서는 안 될 것이다. 와트는 당시 글래스고 대학교에서 화학을 가르치던 조지프 블랙(Joseph Black)과 친하게 지냈다.[13] 이 사실 때문에 사람들은 와트가 블랙 박사의 잠열 이론을 응용해 뉴커먼 엔진을 개량할 수 있었으리라고 믿게 되었다. 하지만 매클렐런과 도른에 따르면 "와트가 조지프 블랙의 잠열 이론을 적용해 분리된 응축기를 고안해 냈다."라는 주장은 "역사적 연구에 의해 사실이 아니라고 밝혀졌다."[14]

더구나 와트가 증기 기관을 기계적으로 개량한 것은 "19세기 말 운동학 이론에 의해 적절한 분석 기법이 개발되기 전까지는 과학적으로 탐구될 수조차 없었다." 그러므로 와트의 이력은 이 시기의 이론과 실천의 일반적인 관계를 잘 보여 준다. "증기 기관이 열역학에 끼친 영향은 열역학이 증기 기관에 끼친 영향에 비해 훨씬 크다."라는 말은 그 이후 상투적인 표현이 되었다.[15]

양조업자, 증류업자, 그리고 여러 기체들

산업 혁명의 중심에는 철과 증기가 놓여 있었지만, 이 혁명이 그것들만으로 이루어진 것은 아니었다. 마찬가지로 자연에 대한 지식의 증가에 기여했던 것은 기계공들과 금속 노동자들만이 아니었다. 양조업자들이 숯을 대체할 수 있는 연료로 코크스를 개발했다는 것은 앞서 논의한 바 있다. 열을 정량적으로 탐구하는 과학이 대두하게 된 데에는 "많은 양의 액체를 끓이고 응축시키는 작업에 익숙했던 양조업자들과 제염업자들의 경험"이 중요했다.[16] 조지프 블랙의 잠열 이론은 당시 양조업자들 사이에서 널리 알려진 지식들 — 물을 끓여 증발시키기 위해서는 그것의 온도를 끓는점까지 올리는 것보다 훨씬 많은 열을 필요로 한다는 점과, 끓이는 과정에서 흡수된 열량은 증기가 응축되는 과정에서 다시 나타난다는 점 — 을 설명하려고 시도하는 과정에서 나온 것이었다.

양조업자들은 또한 기체의 성질을 이해하는 데 중요한 역할을 했다. 17세기에 산소를 만들어 병에 담을 수 있었을 뿐만 아니라, "기체들"이 모두 똑같지 않다는 사실을 인식했던 코르넬리위스 드레벨의 업적은 앞서 5장에서 살펴보았지만, 기체들의 성질에 대한 지식은 18세기 말이 될 때까지 그리 진전되지 못했다. 1770년대에 과학 교육이라고는 전혀 받지 못한 목사인 조지프 프리스틀리(Joseph Priestley)는 여러 기체들의 성질을 체계적으로 분석하기 시작했다. 프리스틀리는 나중에 자신이 "양조장 옆집에 살고 있었는데, 그곳에서 발효 과정 중에 발생하는 고정된 공기(fixed air, 이산화탄소)를 손쉽게 구할 수 있었다. 나는 재미삼아 그것을 이용해 여러 가지 실험을 해 보았다."라고 설명했다.[17]

프리스틀리는 기체 실험을 통해 150년 전 드레벨이 잠수함 승객들을 숨 쉴 수 있게 해 주는 데 사용했던 것과 같은 기체를 만들어 낼 수 있었다. 프리스틀리는 자신이 알고 있는 연소 이론에 따라 그것을 "플로지스톤이 없는 공기"라고 불렀고, 그것이 대기 중에서 볼 수 있는 보통 공기의 순수한 형태라고 기록했다. 그는 자신의 연구 결과를 프랑스의 저명한 화학자 라부아지에에게 보여 주었고, 라부아지에는 그 기체를 이해하는 새로운 이론적 틀을 만들어 내면서 그것을 산소(oxygen)라고 불렀다. 비록 라부아지에의 "새로운 화학"은 기체에 대한 지식을 한 단계 진전시켰지만, 이 과학 분야가 발전하는 데 양조업자들의 경험적 지식이 많은 부분 바탕이 되었다는 사실을 잊어서는 안 될 것이다.

양조업자들이 화학에 기여했던 것은 이뿐만이 아니었다. 19세기 말엽, 오스트레일리아 출신 양조업자인 찰스 포터(Charles Potter)는 발효하는 맥주에서 기포가 떠오르면서 불순물을 표면으로 옮긴다는 사실을 발견했다. 포터는 이 현상이 광산에서 오랫동안 골칫거리였던 문제를 해결해 줄 수 있으리라고 생각했다. 그 자신은 광부가 아니었지만, 포터는 광산 지역에서 살고 있었고 광부들과 교류했으며, 그들의 작업 과정에 대해 잘 알고 있었다. 포터는 특히 멜버른 광산에서 채굴되는 금속의 상당량이 원광으로부터 효율적으로 분리할 수 없어서 폐기물로 버려지고 있다는 사실을 알고 있었다. 은의 약 절반 이상, 납의 삼분의 일 이상, 아연의 대부분이 버려지고 있었다.

10년 이상 실험을 한 후인 1901년, 포터는 마침내 광물을 원광으로부터 분리하는 새로운 방법에 대한 특허를 냈다. 그의 공정은 원광을 작은 입자로 갈아 액체와 섞은 뒤, 그 혼합물에 강한 공기를 불어넣어 수많은 작은 공기 방울을 만들어 내는 것이었다. 포터는 이와 같은 슬러리(slurry)에 금속 표면에 달라붙는 화학 물질을 첨가해 공기 방울에 붙기 쉽게 만들었고, 결국 채취하려는 광물은 액체 위로 떠오르는 거품에 모이게 되었다. 이 거품을 표면에서 제거해 금속을 추출해 낼 수 있었다. 이 포터의 부선법(浮選法, flotation)은 야금학 지식과 실천에 커다란 진전을 가져다주었다. 양조업자가 이와 같은 과학적 업적을 이루었다는 것은 전혀 놀라운 일이 아니다. "포터의 혁신이 맥주 생산과 광업이 문화의 중요한 부분을 차지하는 오스트레일리아에서 시작된 것은 우연이 아니었다."[18]

산업 전기 작가

산업 혁명기의 장인과 엔지니어들에 대해서는 이전 시기에 비해 상당히 많이 알려져 있는 편이다. 이것은 그들의 업적에 대한 기록이 많이 남아 있을 뿐만 아니라 대중들에게 널리 알리려는 노력도 있었기 때문이다. 산업화가 한창 진행 중이던 영국의 사회적 분위기는 손노동의 가치에 대한 태도에 큰 변화를 가져올 수밖에 없었다. "1850년대를 지나면서 여러 엔지니어들의 삶을 예찬하는 영웅적 전기들이 쏟아져 나오기 시작했다. 새뮤얼 스마일스(Samuel Smiles)의 저작들은 비교적 잘 알려진 사례에 속한다."[19)]

스마일스는 현대 문명을 이루는 데 지대한 공헌이 있었던 엔지니어들의 삶과 업적을 기록으로 남기는 작업에 평생을 바쳤다. 그의 의도는 『엔지니어들의 생애(*Lives of Engineers*)』(전 5권), 『발명가와 산업가(*Men of Invention and Industry*)』, 『산업 전기(*Industrial Biography*)』 등 그의 주요 저작의 제목에서 쉽게 파악할 수 있다. 스마일스는 조지 스티븐슨, 제임스 와트, 조사이어 웨지우드(Josiah Wedgwood) 등 잘 알려진 인물들뿐만 아니라 그다지 유명하지 않은 장인들의 일생을 다룬 전기도 썼다. 그의 저작들은 영국의 "발명가들이 자신의 발명품에 대한 법적 독점권을 행사할 수 있게 해 주는 특허 제도"를 수호하는 투쟁을 벌이는 데 강력한 정치적 무기가 되었다.[20)]

스마일스는 "산업, 과학, 기예, 기술 분야에서 혼돈으로부터 질서를 만들어 낸 사람들은 바로 수많은 노동자들과 장인들이었다."라고 주장했다.

> 농부와 광부, 발명가와 탐험가, 제조업자, 기계공과 장인, 시인, 철학자와 정치인 등 다양한 계층의 사람들이 이전 세대의 성과를 바탕으로 한 단계씩 서서

히 보다 높은 단계로 나아가는 데 힘을 보탰다.[21]

스마일스는 위대한 사상가들의 업적을 폄하하지는 않았지만 그들이 역사에서 차지하는 위치가 지나치게 과장되었다고 보았다.

어느 시대에나 대중들 사이에서 돋보이는 위대한 사람들이 있게 마련이다. 이들은 대개 모든 찬사를 독차지하게 된다. 하지만 인류의 진보에는 보다 작고 알려지지 않은 수많은 사람들도 공헌했다. 모든 전쟁사에는 장군의 이름만이 기록되지만, 승리를 일구는 데에는 병사들의 용기와 영웅적인 행동 역시 필수적이다. 우리의 인생 역시 전쟁과 같다. 어느 시대건 간에 일선에서 싸우는 병사들이 가장 훌륭한 일꾼들이다. 이들의 인생은 기록되지 않지만, 일대기가 기록되는 몇몇 행운아들 못지않게 문명이 진보하는 데 크나큰 공적을 남겼다.[22]

스마일스의 찬사는 스티븐슨과 와트 등이 위인의 반열에 오르는 데 도움을 주었다. 그의 전기들은 엔지니어들이 장인에서 전문가 엘리트로 신분이 상승했음을 반영했다. 비록 그 문체는 감상적이었지만, 스마일스는 민중사를 처음으로 개척한 공로를 인정받아 마땅한 성실하고 유능한 학자였다.

광산, 운하, 그리고 지구에 관한 과학

광부들의 경험에 기반한 지식의 도움을 받은 것은 야금학뿐만이 아니었다.[23] 지질학의 기원 역시 광업과 밀접한 관계가 있었고, 고생물학도 광부들이 작업하는 도중에 발견하여 가지고 올라온 조개껍질과 뼛조각을 비롯한 화석들을 연구하는 것에서 비롯되었다.[24)]

광부들은 수 세기에 걸쳐 지각의 지층 문양과 원하는 광석의 존재 유무 사이의 관계를 탐구해 왔다.[25)]

> 광업은 지구에 관한 과학을 형성하는 데 핵심적인 역할을 담당했다. 광산들은 경제 활동을 하는 공간 이상의 의미를 가졌다. 특히 독일어를 사용하는 지역의 경우, 광산들은 **지구에 대한 지식을 만들어 내는** 지적이고 사회적인 공간이었다.[26)]

하지만 광부들은 자신의 아는 바를 거의 기록으로 남기지 않았기 때문에,[27)] 지질학의 역사에서 광부들의 역할을 이해하기 위해서는 어느 위대한 사상가의 저서를 살펴볼 필요가 있다. 고트프리트 빌헬름 라이프니츠(Gottfried Wilhelm Leibniz)가 지구의 형성 과정을 설명한 에세이인 『프로토가이아(*Protogaea*)』(1690년경)에 따르면, 이 주제에 대한 가장 이른 이론적인 작업들은 광부들이 제공한 정보를 바탕으로 이루어졌다.

라이프니츠는 일하는 사람들의 경험적 지식을 과학이라고 부르기를 마다하지 않았다. "비록 광산 탐사를 가리키는 독일어 단어(Markscheidekunst)는 수공업적인 기원을 보여 주지만, 라이프니츠는 그것을 과학이라고 불렀다."[28)] 『프로토가이아』는 광부들이 지구에 대해 알고 있던 지식들을 정리해서 학술적인 형태로 만들어 보려는 노력의 결과였다.

라이프니츠에게 광업은 추상적인 학술의 영역에 놓여 있는 것이 아니었다. 라이프니츠는 "광산들뿐만 아니라 여러 가지 과학 기술의 문제에 많은 관심을 가지고 있는 실용적인 철학자였다. 지구의 역사를 다룬 그의 책은 광산들이 대단히 중요한 역할을 담당하던 그 시대의 문화적 맥락을 잘 보여 주는 사례이다."[29] "자연 지리학"이라는 새로운 과학 분야를 만들어 귀중한 광석들을 보다 체계적으로 발견할 수 있게 해 주고 싶었던 라이프니츠의 생각에서부터 오늘날 지질학을 전공한 대학 졸업생이 석유 회사들로부터 높은 연봉을 받는 예를 보면, 자본주의의 "숨겨진 손"의 영향력이 지질학만큼 효과적으로 작동하는 분야도 없을 것이다.

라이프니츠가 주창한 새로운 과학은 "광산에서 만들어진 지식을 기반으로 하는 동시에 광산 운영에 도움을 줄 수 있을 것이었다. 광부들보다 광석들의 정확한 위치를 알고 싶어 하는 사람들이 어디 있겠는가?" 라이프니츠는 하르츠 산맥의 광산들에 31번이나 방문해 3년 이상 직접 일을 하기도 했다.[30]

라이프니츠는 지구의 물리적 과거를 이해하는 데 화석들이 중요한 역할을 한다는 것을 알고 있었다. 금세공인들이 곤충이나 작은 동물의 복제품을 금으로 만드는 과정을 지켜보면서 라이프니츠는 화석이 어떻게 생겨나게 되었는지를 설명할 수 있게 되었다. "화학자, 분석가, 장인, 그리고 광부들의 세계는 화석과 그것의 기원을 설명하는 데 중요한 역할을 담당했다. 이 내용이 『프로토가이아』의 상당 부분을 차지하고 있다."[31]

그로부터 약 7년 후, 상트페테르부르크의 화학 교수인 요한 고틀로브 레만(Johann Gottlob Lehmann) 역시 하르츠의 광산에 대해 연구하기 시작했다. 레만은 자연의 "지하 작업장"을 살피는 것이 "지구에 대한 지식을 얻는 데 필수적"이라고 믿었다.[32] 레만은 "이상하게 생긴 작업복을 입고 지저분한 갱도를 기어 들어가 험한 사람들과 함께 광부의 일을 하려 하지 않는 자"들에게 "공론가"라며 냉소를 퍼부었다.[33] 그의 다음 세대부터는 광업 활동과 학술 연구는 공식적으로 같이 진행되었는데 이것은 광산 내에서 만들어지는 지질학과 야금학 지식의 중요성을 강조한 결과였다. 1765년에 은 광산으로 유명한 프라이부르크에 첫 광업 학교가 설립되었다. 이 학교는 곧 아브라함 고틀로브 베르너(Abraham Gottlob Werner)와 알렉산더 폰 훔볼트(Alexander von Humboldt) 같은 유명 인사들이 거쳐 가는 엘리트 과학의 국제적 중심지로 성장했다.

한편 영국에서는 탄광업의 성장에 따라 석탄을 운송하기 위한 수단으로 운하 건설이 증가했다. 탄광업과 운하 건설은 이전까지는 땅속에 묻혀 있던 지층을 볼 수 있게 해 주는 효과가 있었다. 토머스 사우스클리프 애슈턴이 설명했듯이 "제임스 허턴(James Hutton)이 동시대에서 가장 유명한 지질학자가 될 수 있었던 배경에는 운하를 만들기 위해 찰흙을 파내고 암석을 폭파하는 인부들이 있었다."[34] 허턴 이후 세대에서는, 독학으로 측량 기사가 된 윌리엄 스미스가 광산을 측량하던 중 특정 퇴적암 지층에서 특정 종류의 화석들이 발견된다는 사실을 알아챘다. 스미스는 1815년에 영국 각지의 암석 지층 지도를 출판했다. 그는 지층이 항상 같은 순서로 배열되어 있으며 화석 내용물을 통해 확인할 수 있다는 것을 보였다. 이를 통해 스미스는 "이론만 만발하고 데이터는 없었던 과학 분야에 새로운 생기를 불어넣었다."[35]

윌리엄 스미스의 이야기는 사이먼 윈체스터(Simon Winchester)를 비롯한 여러 학자들이 다루었기 때문에 더 이상 자세히 할 필요는 없을 것이다.[36] 여기서는 스미스가 상류 계급 출신이 아니었기 때문에 과학 분야 엘리트들이 그가 세운 업적의 가치를 알아보는 데 시간이 좀 걸렸다는 사실만 짚고 넘어 가도록 하자. 더구나 그의 사례는 상류층 과학자들이 저지른 지적 강도짓을 특히 잘 보여 준다. 조지 벨라스 그리너(George Bellas Greenough)를 비롯한 런던 지질학회(Geological Society of London)의 명문가 출신 임원들은 "공인된 지식계 엘리트"[37]로서 측량 기사 출신의 스미스를 무시했다. 하지만 스미스가 엄청난 지층 지도를 출판하자, 그들은 그것을 표절했을 뿐만 아니라 모조품을 훨씬 싼 가격에 판매하기까지

했다. 이로 인해 스미스는 커다란 경제적 타격을 입었고 결국 채무 불이행으로 투옥되었다. 하지만 결국 정의는 승리했다. 스미스는 1839년 세상을 떠나기 전 영국 지질학의 아버지로 널리 인정받게 되었다.

기계공 강습소: 민중 과학의 제도화

스미스가 지층학 연구를 하고 있을 무렵 영국에서는 전 사회 계층에 걸쳐 과학에 대한 관심이 높아지고 있었다. 일종의 민중 과학 운동이 일어난 셈이다. 하지만 노동 계급이 스스로 시작한 움직임은 아니었다. 중간 계층 개혁가들은 "하층 계급"을 계몽하기 위해 기계공 강습소 형태의 조직을 만들기 시작했다. 첫 번째 기계공 강습소는 글래스고 대학교 자연 철학 교수인 조지 버크베크(George Birkbeck)의 무료 강의에서 시작되었다. 그의 강의는 매우 인기가 있었다. 그의 네 번째 강의에는 500명이 넘는 청중이 몰리기도 했다.

버크베크는 나중에 런던으로 가게 되었고, 그는 그곳에서 제러미 벤담(Jeremy Bentham)의 영향을 받은 개혁 운동 모임을 이끌던 헨리 브로엄(Henry Brougham)을 만나게 되었다. 뜻이 맞은 두 사람은 1823년에 런던 기계공 강습소를 설립했다. 협회의 첫 번째 모임이 열린 크라운 앤 앵커 주점에는 2,000명의 사람들이 모였다. 3년 후가 되자 영국, 스코틀랜드, 웨일스 각지에는 100여 개의 기계공 강습소가 생겨났고, 그 숫자는 계속해서 증가했다.[38] 1827년이 되자 브로엄은 노동자들이 싼 값에 과학 관련 출판물을 받아 볼 수 있도록 실용 지식 전파 협회(Society for the Diffusion of Useful Knowledge)를 설립하기도 했다.

기계공 강습소는 노동자들의 정치적 권리를 주장하는 격렬한 선동으로 대표되는 불안한 사회적 분위기와 계급의 양극화라는 경제적 맥락 속에서 생겨났다. 이와 같은 사회적 갈등은 과학에 대한 담론에서도 볼 수 있었다. 당시 영국에서 가장 유명한 과학자였던 험프리 데이비 경(Sir Humphy Davy)은 그 시대의 가장 저명한 이데올로그였다. 1802년 왕립 연구소(Royal Institution) 설립 기념 연설에서 데이비는 과학의 사회적 역할을 강조하면서 과학이 "고요함과 질서를 가져다줄 것"이라고 주장했다. 데이비는 과학이 엘리트주의적 속성을 가지고 있다는 점에 대해 조금도 의심하지 않았다. 그는 과학이 "대개 부유한 특권층에 의해 발전"하며 그들이 과학의 혜택을 "노동자 계층"에게 나누어 주게 되는 것이라고 선언했다. 그는 또한 계급 사이의 구분은 투쟁 대상이 될 수 없다고 덧붙였다. "재산과 노동의 불평등한 분배와 그에 따른 계층의 구분은 문명 생활의 원동력이자 핵심적인 요소이다."[39]

19세기 초 영국에서 과학 지식은 전혀 중립적인 것이 아니었다. 기계공 강습소들은 "다투기 좋아하는 노동 계급이 받아들일 수 있는 과학을 제공하기 위해" 설립되었다.[40] 그 주요한 정치적 후원자였던 브로엄 경은 진보적 휘그당원이었다. 그는 변호사로서 노동조합이 불법일 당시 노조 지도자들을 변론했고 여성의 권리를 지지했다. 그럼에도 기계공 강습소들의 설립은 "사회적 통제를 위한 것"이었다. 브로엄을 비롯한 기계공 강습소 운동의 지도자들은 "노동 계급을 위한 과학 교육은 그들을 온순하게 만들 것이며 산업 사회의 구조를 보다 쉽게 받아들이게 해 줄 것"이라는 의도를 숨기려 하지 않았다.[41]

기계공 강습소에 지원금을 제공했던 부유한 기업가들은 강습소가 "위험한" 생각을 사전에 차단하는 역할을 해 줄 것으로 기대했다. 지배 계층의 관점에서 보았을 때 가장 위험한 과학 사상은 진화론이라는 무신론적 개념이었다.

다윈 이전의 "장인 진화론자들"

종의 진화 이론은 찰스 다윈의 이름과 너무나 유착된 나머지 진화 생물학의 창시자가 다윈이 아니라고 상상하기 어려운 지경에 이르렀다. 다윈의 공헌은 생물 종이 어떻게 진화하는지에 대해 자연 선택이라는 개연성 있는 설명을 제공하고, 그 주장을 수많은 증거로 뒷받침했다는 것이다. 다윈이 1859년 유명한 『종의 기원』을 출판하기 훨씬 전부터 진화론적 조류가 존재하고 있었다는 사실은 또 다른 자연학자인 앨프리드 러셀 월리스가 다윈이 비슷한 시기에 같은 설명을 제기했다는 점에서 드러난다.

다행히도 과학사학자 에이드리언 데즈먼드(Adrian Desmond)는 민중사라는 관점에서 다윈 이전의 진화론자들에 대한 훌륭한 저서를 출간했다. 데즈먼드의 책 『진화론의 정치(*The Politics of Evolution*)』는 "옥스퍼드 또는 케임브리지 대학교에서나 볼 수 있을 법한 예의바르고 책임감 있는 과학에 관한 이야기가 아니다. 그와는 반대로 이 책은 성난 반대파의 목소리, 사회를 통째로 바꾸어 내는 과학에 대한 이야기이다." 데즈먼드는 "우리는 너무나 오랫동안 '아래로부터의' 생물학사를 기다려 왔다. 이제 우리가 '위대한 사람들에게 감명받는' 것을 그만두기 위해서는 대부분의 사람들이 살았던 사회 속으로 뛰어드는 수밖에 없다."라고 주장했다.[42]

"합법적인 진화론적 세계관을 '민중'들 사이에 확립하기 위한 진짜 투쟁"은 다윈이 등장하기 한 세대 전에 이미 시작되었다.[43] 다윈과 월리스 이전에 창조론을 반대하는 과학자들은 프랑스의 자연학자인 장 바티스트 라마르크(Jean Baptiste Lamarck)의 이론에 의존했다. 라마르크는 후천적으로 획득된 형질이 부모에서 자손으로 이전됨으로써 종의 진화가 이루어진다고 주장했다. 라마르크 이론의 급진성은 프랑스 대혁명의 분위기에서 영향을 받은 것이었고, 이어진 테르미도르 반동 시기에는 집중적인 공격 대상이 되었다. 조르주 퀴비에가 프랑스 과학에 끼친 해악이 이보다 극명하게 드러난 분야는 없었다. 미국의 고생물학자 오스니얼 찰스 마쉬(Othniel Charles Marsh)가 1879년에 언급했듯이, 퀴비에의 영향력으로 인해 "진화론의 발전은 반세기 이상 지연되었다."[44]

하지만 영국에서 급진적 라마르크주의는 1820년대 말과 1830년대 초의 격렬했던 개혁 법안 시기를 거치면서 번창하게 되었다. 라마르크의 이론을 신봉하던 자들은 대개 비엘리트 의료인들 및 교회와 연관이 없는 사립 학교의 해부학 교수들이었다. 데즈먼드는 그들을 "공화주의 과학"의 지지자들이라고 명명했다. 이들은 "진보주의, 유물론, 그리고 환경 결정론으로 대표되는 사회적 라마르크주의 과학을 받아들여 민주적이고 협동적인 사회를 만들려 했다."[45]

이들 "장인 진화론자들"에게 라마르크와 그의 동조자들은 "저항의 상징"이 되었다. "그것은 의료에서의 민주주의를 부르짖는 사람들이 흔드는 삼색 깃발이었다."[46] 이와 같은 계급 전선의 반대편에서는 "옥스퍼드, 케임브리지 출신의 대학 교수들과 부유한 런던 상류층 젠틀맨 전문가 등이 허용될 만한 영국 과학을 촉진시키기 위해 모금 활동을 벌이고 있었다."[47] 이들 "과학의 후원자들은 …… 제도권 과학을 사회 안정과 영국의 위대함을 위한 도구로 만들었다."[48] 그들은 진화 생물학이 프랑스 혁명의 급진주의에 영향을 받은 프랑스 수입품에 불과하며, 결국 영국 국교회와 국체에 위협적인 요소로 작용할 것이라고 보았다.

데즈먼드는 진화론의 초기 지지자들이 역사에서 잊혀진 이유는 "역사학자들이 그동안 상류층 과학자들과 영국 국교회 사제들에게만 관심을 쏟아 왔기 때문"이라고 주장했다.[49] 급진주의자들의 대변자로 어느 정도 알려진 자들은 토머스 와클리(Thomas Wakley), 로버트 그랜트(Robert

Grant), 로버트 녹스(Robert Knox), 조지 더모트(George Dermott), 패트릭 매슈(Patrick Matthew), 마셜 홀(Marshall Hall), 그리고 휴잇 왓슨(Hewett Watson) 등이다.[50] 1823년 의학 전문 학술지 《랜싯(*Lancet*)》을 창간한 와클리는 "가난한 계층의 자녀들이 과학을 접할 수 있게" 해 주고 싶었다고 밝혔다. 그는 1831년 전투적인 전국 노동 계급 조합(National Union of the Working Classes)의 의장직을 맡았다. 더모트가 설립한 해부학 사립 학교는 가난한 학생들도 다닐 수 있을 정도로 학비를 낮게 책정했다. 더모트는 "비타협적이고 물리력의 사용을 겁내지 않는 급진주의자"로 알려져 있었다. 그는 사회적 진보가 폭력적인 혁명에 의해서만이 가능하다고 생각했다.[51]

진화론이라는 생각이 널리 퍼지는 데는 로버트 체임버스(Robert Chambers)라는 대중 과학 저술가의 역할이 컸다. "민중의 과학"을 만들기 위해 체임버스는 1844년 장인 진화론자들의 생각들을 종합해 『창조의 자연사적 흔적들(*Vestiges of the Natural History of Creation*)』이라는 제목의 책을 출간했다. 익명으로 출판된 이 책은 "대학의 엘리트들 사이에서는 엄청난 반발을 샀지만 런던을 비롯한 전국에서 불티나게 팔려 나갔다." 이 책은 보수주의자들에게 눈엣가시 같은 존재였다. 더군다나 책의 내용 중에 "임신, 낙태, 기형 등과 같은 상스러운 주제들(이전까지 의사들의 영역이었던)을 대중 과학의 영역으로 끌어들였다는 것이 문제였다. 사회주의에 경도된 여성들뿐만 아니라 수많은 부녀자들 역시 이 책을 즐겨 읽었다." 의료계의 엘리트들은 진화론이 "우중충한 의과 대학을 떠나 중산층의 응접실로 들어가는 것"을 지켜보며 곤혹스러워할 수밖에 없었다.[52]

평민 출신인 영국 라마르크주의자들은 다윈주의와의 이데올로기 투쟁에서 패배자로만 기억되고 있다. 하지만 그들은 그보다 훨씬 큰 사안에서는 승리를 거두었다. 종의 진화에 대한 자신들의 생각을 변호하고 발전시킴으로써 나중에 결국 다윈과 월리스의 이론이 받아들여질 수 있는 초석을 놓았던 것이다.[53] 데즈먼드는 그들이 진화 생물학에 얼마나 많은 공적을 남겼는지를 기억하는 것은 매우 중요하다고 강조했다. 왜냐하면 "우리가 과학을 단지 보수주의적 엘리트들에 의해 만들어진 것이라고 생각하지 않는다면, 진화 생물학의 역사에서 장인 진화론자들이 얼마나 많은 업적을 남겼는지 평가해 보지 않을 수 없"기 때문이다.[54]

"다윈의 불독"과 노동 대중

다윈은 『종의 기원』을 1859년에 출판했지만, 자신의 작업이 불러온 엄청난 논쟁을 정면으로 맞닥뜨릴 용기를 갖지 못했다. 그 틈은 토머스 헨리 헉슬리(Thomas Henry Huxley)가 메웠다. 그는 자연 선택설의 공식 변호인으로 행세하면서 "다윈의 불독"이라는 별명을 얻기까지 했다. 헉슬리에게 다윈주의를 변호하는 것은 당시 진행 중이던 과학 전쟁의 일부였다.

데즈먼드에 의하면 다윈의 길을 터 주었던 것은 헉슬리와 그의 지인들의 자칭 "프롤레타리아" 과학이었다.[55] 다윈의 중대한 작업이 등장하기 전 약 10년 동안 헉슬리와 수많은 젊은 과학자들은 영국의 제도권 과학에 개혁이 필요하다는 것을 느끼고 있었다. 헉슬리 자신은 "과학을 가르치는 직업을 구해 보려 노력했지만 곧 그것이 쥐꼬리만 한 봉급에 사회적 지위도 높지 않다는 것을 알게 되었다." 19세기 중반 이전에 영국 과학계의 엘리트가 되기 위해서는 "일반적으로 부유하지 않으면 안 되었다. 이제 개혁가들은 과학을 민간의 손으로부터 빼앗아 공공 부문으로 옮기려고 한다. 간단히 말해서 그들은 국가의 지원을 받는 현대적인 연구 시설을 갖춘 전문직 공동체의 전국적 조직을 만들려고 노력하고 있다."[56]

헉슬리와 그의 친구들은 “새로운 중산층 과학 운동의 전위” 역할을 담당했다. 그들의 목표는 “과학을 전문직화”하고, 그것을 “전통적 지주 계급의 지원을 받는 옥스퍼드, 케임브리지 교수들”이 아니라 “상업적 중간 계급”의 통제 아래 두는 것이었다. 그 목적을 향해 그들은 “의도적으로 임금 노동자들에게 접근했다.” 기계공 강습소의 전통에 따라 헉슬리는 1855년 “노동자를 위한 강의”를 하기 시작했고 기술 교육의 강화를 옹호했다. 이것은 자신이 벌이던 “새로운 운동에 노동 계급의 지지를 받기 위해서였다.” 헉슬리는 “노동자를 위한 강의에서 ‘과학자’를 프롤레타리아로 묘사”했고 장인들과 해부학자들을 “노동 형제들”이라고 표현했다. 데즈먼드는 헉슬리와 그의 동료 과학 개혁가들이 “대중들에게 다가가기 위해 그 누구보다도 많은 노력을 기울였다.”라고 평가했다.[57]

헉슬리는 초기에 기계공 강습소를 설립했던 개혁가들과 공통점을 가지고 있었다. 그의 “평민 중심주의”에는 의심의 여지가 없었지만 그의 강연과 에세이는 “사업주들에게도 매력적이었다. 헉슬리는 자본주의 사회의 안정화를 위해 노동자들 역시 과학적 사고방식을 갖추도록 설득해야 한다고 주장했다. 간단히 말해 중간자적 입장에서 양쪽에 접근하려 했던 것이다.” 사회적 불만이 높아 가던 시기에 “헉슬리는 급진적이고 사회주의적인 해결책들에 대한 대안으로 과학을 제시했다.”[58]

이들 개혁가들은 자신의 목표를 달성하는 데 성공했다. 1868년과 1874년 사이 런던에서 “새로운 중간 계급 전문가들이 과학의 권력 기구들을 장악하기 시작했다.”[59] 하지만 타협할 수 없는 계급적 이해관계를 중재하려 했던 운동의 목표는 모순적인 결과를 낳을 수밖에 없었다. 한편으로는, 직업으로서의 과학이 보다 많은 사람들에게 열리게 됨으로써 과학 활동이 상당히 민주화되었다. 하지만 다른 한편으로, 과학은 점점 더 국가의 지원을 받는 전문직 엘리트들이 주도하는 형태로 바뀌게 되었다.

다윈주의 이데올로기: 사회주의인가 야만주의인가?

과학이 이데올로기적으로 어떻게 사용되는지를 빼놓고서는 과학과 대중의 관계를 제대로 파악할 수 없다. 우리는 일반적으로 다윈주의가 자연의 작동 방식에 대한 객관적인 진실을 말하고 있기 때문에 지금껏 승리해 왔다고 생각하기 쉽다. 하지만 한 과학 이론이 널리 받아들여지기까지의 과정은 이보다 훨씬 복잡하기 마련이다.

다윈의 이론이 널리 받아들여질 수 있었던 것은 그것이 라마르크주의와 연관된 급진적인 사회적 함의가 없었기 때문이었다. 다윈의 진화 개념은 중요한 과학 엘리트 계층에게 이데올로기적으로 수용될 만했던 것이다. 라마르크의 생각은 인간 사회의 유동성을 내포하고 있다고 받아들여진 반면, 다윈의 이론은 사회 계층을 위협하지 않는 것으로 해석되었다. 다윈 이론의 주요 지지자들 중 한 명은 "다윈주의는 상류 계층의 과학입니다. 그것은 적자생존이라는 개념을 기본으로 하니까요."라고 논평하기도 했다.[60]

다윈은 빈곤과 기아가 인구를 통제하려는 "자연의 방식"이기 때문에 맞서 싸워서는 안 된다고 믿었던 토머스 로버트 맬서스(Thomas Robert Malthus) 목사의 저작들에 직접적인 영향을 받았다. 맬서스의 말도 안 되는 믿음은 수학이라는 옷을 입고 권위 있는 주장으로 탈바꿈했다. 다윈은 자신의 자서전에 다음과 같이 썼다.

> 나는 오랫동안 동식물을 관찰해 오면서 어디서나 생존을 위한 경쟁이 벌어지고 있다는 것을 잘 알고 있었다. 하지만 (1838년에) 재미삼아 맬서스가 인구론에 대해 쓴 책을 읽고 나서, 나는 그와 같은 조건에서 생존에 유리한 형질을 가진 개체는 보존되고 불리한 것들은 없어지리라는 것을 깨닫게 되었다. 그

결과 새로운 종이 형성될 것이다. 이렇게 해서 나는 마침내 나의 이론 체계를 구축할 수 있게 되었다.[61)]

맬서스의 "과학적" 주장들이 가지는 근본적으로 반동적인 사회적 함의는 이미 확실하게 드러났다. 1834년에 영국 정부는 맬서스의 주장에 따라 극빈 계층에게 제공하던 구호금을 중단하고 그들을 열악한 구빈원(救貧院)으로 몰아넣었다. 노동 계급 급진주의자들이 맬서스 목사의 영향을 받은 무자비한 법률에 대항해 싸우고 있을 때 다윈은 당시 정권을 잡고 있던 휘그당의 정치적 지지자였다.

다윈주의가 해석된 여러 가지 방식들을 살펴보면, 하나의 생물학 이론에서 서로 상반된 사회적 의미를 읽어 낼 수 있다는 점을 알 수 있다. 『종의 기원』이 출간되고 얼마 후 카를 마르크스(Karl Marx)는 흥분한 채로 프리드리히 엥겔스에게 "이 책이야말로 우리 관점에 맞는 자연사의 기반을 제시한다."라고 편지를 보냈다.[62)] 마르크스는 다윈의 이론이 자신의 사회 혁명 이론을 지탱하는 변증법적 유물론 철학을 확증해 주었다고 생각했다.

독일의 뛰어난 과학자이자 매우 영향력 있는 정치인이었던 루돌프 피르호(Rudolf Virchow)는 다윈주의를 1871년 파리에서의 사회주의 혁명을 위한 봉기와 연관 짓기도 했다. 사회주의 반대파였던 피르호는 "그 이론을 조심하라. 그것은 우리의 이웃 나라에 많은 근심을 안겨 주었던 이론과 매우 밀접한 관계가 있다."라고 경고했다.[63)]

하지만 다윈의 지지자들은 피르호의 경고에 강력하게 반박했다. 에른스트 헤켈(Ernst Haeckel)은 사회주의와 다윈주의는 "물과 불의 관계와 같다."라고 주장했다.[64)] 다윈 스스로도 "독일에서는 사회주의와 자연 선택에 의한 진화론을 연결시키는 멍청한 생각이 유행하고 있다."라고 말했다.[65)]

마르크스와 피르호의 사회주의적 해석에도 불구하고, 다윈의 이론은 주로 반사회주의적인 목적에 이용되었다. 헉슬리의 가까운 지인이었던 사회 철학자 허버트 스펜서(Herbert Spencer)는 다윈의 이론을 응용해 "사회 다윈주의"를 주창했다. 사회 다윈주의는 족쇄 풀린 자본주의의 잔인함과 탐욕스러움을 정당화하는 역할을 맡았다. 스펜서는 다윈이 제기한 "적자생존"의 원칙이 생물학적 진화뿐만 아니라 인간 사회에도 적용된다고 주장했다.[66]

사회 다윈주의는 무자비한 자유 시장 자본주의가 가장 "자연스러운" 경제 체제라는 관점을 설파했다. 부유한 자들은 원래 우월하기 때문에 부자가 된 것이고, 빈민들은 경제적 성공을 거두기 위해 필요한 재능과 능력을 적게 타고 났기 때문에 가난한 것이다. 이러한 생각을 극단적으로 밀어붙이면 가난한 사람들에게 자선이나 복지 계획 등을 통해 도움을 주는 것보다 굶어 죽게 만드는 것이 전체 인류를 위해서 나은 선택이라는 결론에 도달하게 된다. 맬서스의 영향을 받은 몇몇 자본주의 지상주의자들은, 가난한 자들을 굶어 죽게 내버려 두는 것이 열등한 개체들을 솎아 내기 위한 "자연의 방식"이며 이것은 인류가 점차 나은 방향으로 진화하기 위해 필수적인 과정이라고 주장했다.

사회 다윈주의는 맬서스주의라는 낡은 술을 새 부대에 담은 것에 지나지 않았다. 그렇기 때문에 다윈을 전적으로 탓할 수는 없다. 그럼에도 "그의 공책에 남겨진 기록에 의하면 다윈은 경쟁, 자유 무역, 제국주의, 인종 청소, 그리고 성적 불평등 등에 대해 생각하고 있었다. 다윈주의는 원래 인간 사회를 설명하기 위한 의도를 가지고 있었던 것이다."[67]

우생학

빈민들은 굶어 죽게 내버려 두어야 한다는 사고방식보다 '아주 조금' 나은 것은 "열등한" 부류의 사람들의 생식 능력을 제한하면 인류가 보다 완전한 상태로 진화하도록 촉진할 수 있다는 생각이다. 여기서 "열등한" 사람들이란 대개 어두운 피부색을 가진 인종을 말한다. 이것이 바로 다윈의 사촌인 프랜시스 골턴(Francis Galton)이 주창했던 우생학의 핵심 사상이었다. 골턴은 "우수한 계층"이 보다 많은 자손을 낳게끔 독려했고 "도덕적, 지적, 신체적으로 열등한 아이들"의 출산을 제한하기 위한 제도를 도입하기 위해 노력했다.[68]

골턴은 과학적 엘리트주의에 대한 생물학적 근거를 찾으려고 시도했다. 그의 저서인 『천재성의 유전(*Hereditary Genius*)』와 『영국의 과학자들(*English Men of Science*)』의 핵심 주장은 "창조적인 과학자들을 포함한 대부분의 위대한 사람들은 혈연관계가 있다. 그렇기 때문에 소수의 엘리트 가문에서 대부분의 훌륭한 정치가, 과학자, 시인, 판사, 그리고 장군을 배출"했으리라는 것이었다.[69]

골턴은 부유한 집안 출신으로 다양한 분야에서 재능을 보였다. 그는 인간 행동 연구에 처음으로 수학적 방법론을 적용했던 것으로 널리 알려져 있다. 골턴은 지능 검사의 아버지로 불리기도 하고, 지문을 이용해 개인을 식별하는 방법을 발명하기도 했다. 또한 현대 통계 분석에서도 뛰어난 업적을 이루었다.[70] 하지만 우생학을 포함해 골턴이 사회 문제를 해결하는 데 과학적 방법론을 적용하려 했던 여러 시도들은 사회적 편견이라는 잘못된 전제 위에 놓여 있었다.

골턴은 "특정한 종류의 형질"이 "서로 다른 인종"에 따라 다르게 나타나는 것은 "자명"하다고 주장했다. 예를 들어 골턴에 따르면 "전형적인 서아프리카 흑인"은 "충동적이며 차분하지 못하고 고상함이 없다. …… 그들은 항상 큰소리로 다투거나 춤을 추고 있다. 기질적으로 원기를 가지고 태어나서 아무리 해도 그것을 억누를 수가 없는 것이다."[71] 우생학은 무엇보다도 성적으로 원기왕성한 흑인들이 영국 사회에 가지고 올 위협에 대한 일견 과학적인 대답이었다.

우생학은 특권 계층이 왜 특권을 가질 수밖에 없는지에 대한 과학적인 설명을 제공하는 듯 보였다. 그래서 골턴의 우생학은 과학이 진실을 향한 객관적인 탐구에 '불과'했더라면 얻지 못했을 영향력을 갖게 되었다. 그 영향력은 19세기 말 무렵에 더욱 강해졌고 20세기에도 계속 그 힘을 발휘했다. 그리고 불행하게도 그것은 21세기 들어서까지 완전히 없어지지 않았다.

8장
과학-산업 복합체
: 20세기를 넘어

과학의 진보를 제대로 이용하면 보다 많은 일자리, 높은 임금, 짧은 노동 시간, 풍부한 작물, 많은 여가 시간을 가질 수 있게 된다. 그리하여 과학은 과거 수백만 년 동안 보통 사람들이 져야만 했던 고통을 경감시켜 준다. 과학의 발전은 이렇듯 보다 높은 생활 수준을 가져다줄 뿐만 아니라, 질병을 예방하거나 치료할 수 있게 해 주고, 제한된 우리의 자연 자원을 보존하는 데 도움이 되며, 적들에 대항해 방어하는 수단을 제공할 것이다.

—배너바 부시(Vannevar Bush),

「과학: 그 끝없는 미개척지(Science: The endless Frontier)」(1945년 7월)

화학을 통한 보다 나은 삶.

—듀퐁(DuPont) 사(1939~1980년대)

20세기 들어서 사람들은 근대 과학이 가져다주는 혜택에 대해 끝없는 확신을 갖게 되었다. 1945년 7월에 배너바 부시가 과학을 "끝없는 미개척지"라고 부르며 연구 활동의 진흥을 촉구하는 보고서를 작성했을 때만 해도 그의 주장은 전혀 이상하거나 순진해 보이지 않았다. 하지만 바로 그 다음 달, 일본 히로시마와 나가사키에 원자 폭탄이 투하되자 일반 대중도 전쟁 중에 핵물리학자들이 만들어 낸 엄청난 파괴력의 실체를 알게 되었고, 과학에 대한 전반적인 인식 역시 서서히 바뀌기 시작했다. 하지만 냉전 초기의 숨 막히는 사회 분위기는 고조되는 불안감을 일시적으로 덮어 두는 효과가 있었다. 듀퐁 사나 유니언 카바이드(Union Carbide) 사 같은 대기업들은 거대과학에 대한 찬사를 늘어놓았고, 이러한 담론은 과학에 대한 대중적 논의를 주도했다. 하지만 20세기가 끝나갈 무렵이 되자 근대 과학의 위세는 눈에 띄게 꺾였다.

과학이 모든 문제들을 해결할 수 있으리라는 맹목적인 믿음인 "과학주의(scientism)"는 20세기 초반에 광범위하게 퍼져 있었다. 예를 들어, 그 당시 우생학은 우익 이데올로기의 부속물만은 아니었다. 우생학은 극우에서부터 극좌까지 다양한 정치관을 가진 사람들로부터 폭넓은 지지를 받았다. 당시 사람들은 우수한 형질을 가진 사람들을 중심으로 한 선택적인 번식이 고질적인 사회 문제들에 대한 손쉬운 과학적 해결책이라고 생각했다. 프랜시스 골턴의 수제자이자 그의 뒤를 이어 우생학 이론의 대표 주자가 된 칼 피어슨(Karl Pearson)은 때때로 마르크스주의에 대한 강의를 하기도 했던 잘 알려진 사회주의자였다. 마거릿 생어(Margaret Sanger)는 선구적인 산아 제한 운동을 우생학 이론을 이용해 정당화하기도 했다. 조지 버나드 쇼(George Bernard Shaw)와 같은 중도파 사회주의자들이나 페이비언주의자들은 물론이고, 존 버든 샌더슨 홀데인(John Burdon Sanderson Haldane)과 랜슬럿 호그벤(Lancelot Hogben) 같은 급진적 사회주의자들까지도 열성적인 우생학 지지자였다. 우생학을 지지했던 영향력 있는 미국의 중진 과학자들 중에는 허먼 조지프 멀러(Hermann Joseph Muller)라는 사람이 있었는데, 그는 자신의 사회주의적 정치관 때문에 1932년 미국을 떠나 소련에서 연구 활동을 할 정도였다.[1]

우생학의 끔찍한 실체는 미국과 독일의 정치 운동을 통해 드러났다. 미국의 우생학자들은 1924년 남유럽, 동유럽, 발칸 반도, 러시아 등지로부터의 이민을 금지하는 존슨-리드 법안(Johnson-Reed Act)이 통과될 수 있도록 막후에서 영향력을 발휘했다. 캘빈 쿨리지(Calvin Coolidge) 대통령은 "미국은 미국으로 남아 있어야 한다."라고 선언했다. "생물학 법칙에 따르면 …… 북유럽계 인종이 다른 인종들과 섞이면 열등한 후손들이 나올 확률이 높다."[2]

쿨리지는 "동유럽인, 지중해 연안 인종들, 러시아계 유대인 등에게서 결함이 있는 유전자를 가진 사람들이 많이 발견된다."라는 우생학 운동의 지도자 해리 해밀턴 로플린(Harry Hamilton Laughlin)의 주장을 되풀이하고 있었던 것이다. 그 지역에서 이주해 온 이민자들이 미국의 급진주의적 노동 운동의 대부분을 주도했다는 사실은 우연이 아니었다. "앤드루 카네기(Andrew Carnegie), 록펠러, 윌리엄 애버럴 해리먼(William Averell Harriman), 윌 키스 켈로그(Will Keith Kellogg) 등 부유한 자선 사업가들에게 우생학은 전례 없는 불안과 폭력의 시기에 사회 질서를 유지할 수 있는 수단을 제공했다."[3]

해리 로플린과 그의 지지자들은

> 유전적으로 결함이 있다고 판명되면 주 정부가 강제로 불임 시술을 할 수 있도록 하는 우생학 불임화 법을 통과시키기 위해 로비 활동을 벌였다. 35개가 넘는 주에서 이와 같은 법안을 통과시켰다. 이들 법이 폐지되기 시작했던 1960년대까지 6만여 명의 사람들이 강제로 불임 시술을 받았다. 독일에서 나

> 치스는 로플린의 모델을 바탕으로 1933년 불임화 법을 제정했고, 결국 40만 명이 넘는 사람들이 이 법에 의해 불임 시술을 받았다.[4]

우생학에 대한 국제적 여론이 결정적으로 악화된 것은 홀로코스트 때문이었다. 다시 말해 우생학 학설은 새로운 증거를 제시한 연구 결과에 의해서가 아니라, 과학 활동 바깥의 거대한 사회적 변화들로 인해 그릇된 이론으로 여겨지게 되었다. 순수한 인종을 만들기 위한 나치스의 노력은 1938년 극에 달했다. 독일 정신과 의사들은 아이들도 포함된 수만 명의 사람들을 정신 질환을 앓고 있다고 진단한 후 "안락사 프로그램"이라는 이름으로 가스실에서 대규모 처형 작전을 벌였다. 이렇듯 나치스가 사회 다윈주의와 우생학을 시행한 결과 끔찍한 대량 학살로 이어지자 사람을 유전적으로 개량할 수 있다는 생각이 얼마나 위험한 것인지 드러나게 되었다.[5]

인간 모르모트

제2차 세계 대전은 제도권 과학과 과학자들이 반인간적 이데올로기의 영향을 받아 윤리적으로 어디까지 추락할 수 있는지를 극명하게 보여주었다. 로이 포터는 "독일 의사들이 인종 퇴화 이론과 인종 청소 정책의 시행을 열렬하게 지지했다는 사실은 당시 폭넓게 받아들여지고 있던 의학과 인류학 이론들을 반영하고 있었다."라고 지적했다.

> 의사들과 과학자들은 유전학적으로 부적격인 사람들에게 강제로 불임 시술을 받게 하자는 나치스의 정책에 적극적으로 동조했다. 의사들은 전쟁이 시

작되기도 전인 1939년 이전부터 이미 유전자 보건 재판소(genetic health court)를 통해 정신 질환자, 간질병 환자, 알코올 중독자 등 약 40만 명에 대한 불임 시술을 명령했다. 그 이후 정신 병원에서 '기아에 의한 안락사'를 포함해 '자비로운 죽음'은 흔히 볼 수 있는 일이 되었다. 1940년 1월부터 1942년 9월 사이만 해도 7만 723명의 정신병 환자들이 가스실에서 죽음을 맞았다. "살 가치가 없는 인생들"을 골라내는 과정에는 9명의 정신 의학 교수들과 39명의 의사들이 참여했다.[6]

독일 과학자들은 인간을 연구 프로젝트의 실험 재료로 사용했다. 강제 수용소에 갇힌 수감자들은 "겨자가스, 괴저(壞疽), 동상, 티푸스 및 여러 치명적인 질병들에 대한 연구에" 이용되었다. "아이들은 혈관에 석유를 주입당했고, 동상에 걸리거나 익사했으며, 해부학 연구 목적으로 죽음을 맞아야만 했다." 일본인 의사나 과학자들의 행태도 이에 못지않았다.

이시이 시로(石井四郎) 박사의 지도 아래 수백 명의 의사, 과학자, 테크니션들은 당시 일본의 지배에 있던 북만주 핑판의 어느 작은 마을에 연구 시설을 설치하고 세균전 연구를 시작했다. 이들은 전 세계 인구를 몇 번이고 몰살시킬 수 있을 정도의 탄저균, 이질균, 콜레라균, 페스트균 등의 미생물들을 만들었다. 이 같은 세균 폭탄은 중국 도시들을 폭격하는 데 시험되기도 했다.[7]

이시이 박사는 "전염 경로를 연구하고 전염병을 발생시키기 위해 필요한 박테리아의 양을 규명하기 위해" 3,000여 명의 사람들을 대상으로 생체 실험을 수행했다. "다른 피해자들은 새로 개발된 총의 효과를 시험하기 위해 총살되거나, 동상이 인체에 미치는 영향을 알아보기 위해 얼어 죽기도 했다. 다른 실험들로는 전기 사형, 치명적인 양의 방사선 노출, 산

채로 끓는 물에 집어넣거나 해부 실험의 대상이 되는 등 여러 사례가 있었다." 마취 없이 진행된 해부 실험의 잔인함은 상상을 초월했다. 이시이 박사의 실험 대상자들은 대부분 중국인들이었지만 미국인과 영국인 포로도 소수 포함되어 있었다. 그럼에도 "미국 정부는 일본의 잔학 행위를 비밀로 하기로 결정"했는데, 그 이유는 "이시이 박사와 그의 연구 팀이 연구 결과를 제공하는 대가로 전범 재판에서 제외될 수 있도록 협상"했기 때문이었다.[8)]

미국 과학자들의 일탈 행위는 물론 독일과 일본에 비하면 훨씬 덜하기는 했다. 하지만 그들 중 몇몇은 전쟁을 전후로 핵 관련 연구 프로그램의 일환으로 군인들을 방사능에 노출시키는 실험을 하는 등 비윤리적인 군사 연구에 협조했다.[9)] 불행하게도, 비양심적인 과학 활동은 먼 과거의 일만은 아니다. 로버트 제이 리프턴(Robert Jay Lifton)은 2004년 《뉴잉글랜드 의학 저널(*New England Journal of Medicine*)》에 기고한 기사에서 "미국인 의사, 간호사, 위생병들이 이라크, 아프가니스탄, 관타나모 만 등지에서 고문을 비롯한 기타 불법 행위에 가담하고 있다는 증거가 속출하고 있다."라고 고발했다.[10)] 몇 달 후 발간된 국제 적십자사의 보고서는 리프턴의 주장을 확인해 주었다. 이 보고서는 관타나모의 감옥에서 심리학자와 정신과 의사로 구성된 행동 과학 자문 팀(Behavioral Science Consultation Team, BSCT, "비스킷"이라고 읽는다.)이라는 집단이 군 수사관들과의 협조 아래 "포로들에게 고문에 가까운 잔인한 심문 방식"을 자행하고 있음을 밝혔다.[11)]

사회 다윈주의에서 사회 생물학으로

비록 우생학을 공개적으로 지지하는 사람은 많이 줄어들었지만, 반동적인 정치 의제를 지지하는 다윈주의적 사고방식은 계속해서 퍼져 나갔다. 최근 각광을 받고 있는 "사회 생물학"과 "진화 심리학"은 인간의 사회적 행동이 유전적 특징에 의해 결정지어진다고 주장한다. 만약 모성애, 온순함, 공격성, 지능, 범죄 성향 등이 어떤 유전자를 가지고 있느냐에 따라 결정된다면, 각 개인은 일개미나 여왕벌처럼 태어나면서부터 특정한 사회적 역할이 정해져 있다고 보아야 하는 것이다(사회 생물학을 선도하는 이론가가 곤충학자였다는 사실은 우연이 아니다.).[12] 스티븐 로즈(Stephen Rose)는 "유전자 신봉자"들에 대해 다음과 같이 논평했다.

> 그들은 노동 계급, 흑인, 아일랜드인 등이 유전적으로 중산층, 백인, 영국인들에 비해 멍청하다고 주장한다. 그들은 여성들은 비서가 될 유전자를 타고나고, 남성들은 중역이 될 유전자를 타고난다고 생각한다. 그러므로 계급, 인종, 성별에 따른 차별과 착취는 (우리가 바꿀 수 있는) 사회 제도나 구조가 아니라 (우리가 바꿀 수 없는) 유전자에 기인한다는 것이다.[13]

유전설의 사고방식은 종종 노동 계급 가족 출신의 아이들이 생물학적으로 진지한 지적 성취를 이룰 능력이 없다는 이유로, 나쁜 학교에 갈 수밖에 없게 만드는 교육 정책을 정당화하는 데 사용되어 왔다. 칼 피어슨의 제자이자 나중에 존경받는 실험 심리학자가 된 시릴 버트 경(Sir Cyril Burt)은 태어나자마자 헤어져 서로 다른 사회 계급 분위기 속에서 자라난 일란성 쌍둥이들을 1943년부터 1966년까지 관찰한 결과 유전적인 요인이 환경적인 요인보다 훨씬 더 큰 영향을 미친다고 주장했다. 이 연구 결과가 사회 정책에 가지는 함의는 노동 계급 청소년들에게 고등 교육을 제공하는 것은 사회적 자원의 낭비라는 것이었다.

영국 정부는 버트의 연구 결과를 심각하게 받아들여 가난한 집안 출신의 학생들을 그들의 계층에 적절한 것이라고 받아들여진 직업 학교를 비롯한 여러 프로그램으로 유도하는 교육 체계를 수립했다. 시릴 경이 죽고 나서 얼마 후 그의 연구는 조작된 것이었음이 밝혀졌다. 통계 분석 결과, 그가 자신의 사회적 편견을 지지하기 위해 자료를 조작했음이 드러났다. 하지만 이미 수많은 노동 계급 가족 출신의 아이들이 어마어마한 피해를 입은 후였다.[14)]

사회 생물학의 또 다른 함의는 "여성의 역할은 생물학적 요인에 의해 결정된다."라는 생각이다. 페미니즘 운동가들은 이 명제가 거짓일 뿐만 아니라 여성들의 이해관계에 해롭다는 이유로 격렬하게 저항해 왔다. 또 다른 사례는 지능이 유전자에 의해 결정된다는 이론을 들어 아프리카 혈통을 가진 사람들이 낮은 지능을 가질 수밖에 없다고 주장하는 것이다. 이런 주장은 그동안의 연구 결과에 의해 철저하게 반박되었지만 끈질기게 사라지지 않고 있다. 1994년에 출판되어 널리 읽힌 『벨 커브(*The Bell Curve*)』라는 책은 지능의 유전자 결정론에 세련된 학술적 근거를 제공하려고 시도했다.[15)]

다윈주의는 사회적 변화가 점진적으로 이루어져야 한다는 이데올로기적 주장을 뒷받침하는 데에도 이용되었다. 다윈이 주장한 자연 선택은 대단히 오랜 시간에 걸쳐 서서히 나타난다. 자연 선택 이론의 교훈은 "자연은 뛰어넘으면서 전진하지 않는다(*Natura non facit saltum*)."라는 라틴어 경구에 잘 나타나 있다. 이런 생각을 사회 변화에 적용하게 되면 급작스러운 혁명보다 점진적인 개혁이 사회 발전의 "자연스러운" 방향이라는 결론에 이르게 된다.

고생물학자인 스티븐 제이 굴드와 나일스 엘드리지(Niles Eldridge)는 다윈의 점진주의를 면밀히 검토했다. 그들의(다윈이 했던 것보다 훨씬 더 광범위한) 화석 연구에 따르면 종의 분화 과정은 매우 긴 평형의 시기가 상대적으로 갑작스러운 변화와 폭발에 의해 때때로 단절되는 특징을 갖는다. 그들이 옳다면, 자연은 개혁적이라기보다는 혁명적이라고 볼 수 있다. 굴드와 엘드리지의 "단속 평형(punctuated equilibrium)" 이론은 처음 등장했을 때 진화 생물학자들 사이에서 논쟁의 대상이 되었지만, 그들은 서서히 학자들 대부분에게 동의를 얻어 낼 수 있었다. 하지만 단속 평형 이론을 둘러싼 논쟁은 진화론적 점진주의가 "사실"이 아니라 이데올로기적 구성물임을 보여 준다.

이와 같은 사례들로부터 얻을 수 있는 교훈은 생물학 이론들로부터 도출된 사회적 의미들은 "그 이론들에 논리적으로 내재된 것이 아니라는 것"이다.[16] 진화가 서서히 또는 급격하게 진행되는 것은 정치 투쟁이 전개되는 방식과는 아무런 관계가 없다. 생물학적 진화 과정에서 나타나는, 생존을 건 필사적인 경쟁을 인간 사회가 따라해야 할 필요는 없는 것이다. 일반적으로, 사회 과학의 법칙을 생물학 법칙으로 환원하려는 시도들은 나쁜 사회 정책을 장려하는 나쁜 과학인 경우가 많다.

프레더릭 테일러와 과학적 관리법

"자본과 과학의 결합"의 이데올로기를 가장 명쾌하게 보여 준 것은 사회 다윈주의이었지만, 가장 직접적으로 실무에 적용된 것은 과학적 관리 운동이었다. 과학적 관리법은 창시자인 프레더릭 윈슬로 테일러(Frederick Winslow Taylor)의 이름을 따 테일러주의라고 불리기도 했다. 테일러주의의 목적은 근대 과학의 방법론을 자본주의 기업 운영에 적용하려는 것이었다. 영감을 제공한 것은 테일러였지만, "과학적 관리법과 조직 통제 기법을 산업계에 소개"했던 것은 우생학 운동에 자금을 대던 "경제계 엘리트"들이었다.[17)]

생산 과정에 과학적 방법을 적용하기 위한 테일러식 시도의 중심에는 손노동자들의 노동 과정을 세밀하게 분석하여 효율성을 최적화하기 위한 시간-동작 연구(time-and-motion study)가 놓여 있었다. 테일러의 궁극적인 목표는 사용자와 노동자 모두에게 이득이 되도록 노동 생산성을 높이는 것이었다. 테일러는 자신의 제안에서 "노동자와 경영자 사이의 조화"를 칭송했고, 자신의 방법을 이용해 얻은 지식이 "노동자들이 이전에 받던 임금을 그대로 받으면서 훨씬 더 많은 일을 하게 강요하는 몽둥이"가 되어서는 안 될 것이라고 경고했다.[18)] 하지만 그의 윤리적 잣대는 순전히 사용자들이 얼마나 그것을 받아들일 것인지에 달려 있었다.

한편 시간 동작 연구의 대상이 된 노동자들은 노동 속도의 가속화, 촉박해진 시간, 지루한 반복 작업의 증가, 성과급 임금의 감소로 인한 전체 봉급의 감소, 심지어는 생산성의 증가로 직업을 잃게 되는 것 등 여러 가지 달갑지 않은 변화들이 생기리라고 생각해 두려움에 떨고 있었다. 그러므로 노동자들이 초시계와 클립보드를 들고 그들의 모든 움직임을 관찰하고 기록하던 효율성 전문가들에게 적대적인 태도를 보인 것도 놀라운 일이 아니었다. 노동자들의 태도는 다음과 같은 일화에 잘 나타나 있다.

> 한 목수가 대패질을 하는 것을 보며 효율성 전문가는 "당신은 일을 아주 잘하는군요."라고 말했다. "만약 당신 팔꿈치에 보호대를 달면 대패질과 연마를 동시에 해낼 수 있을 것입니다." 목수는 다음과 같이 대답했다. "그렇소. 당신 뒷구멍에 빗자루를 쑤셔 넣으면 바닥을 쓸면서 기록할 수 있을 거요."[19)]

테일러는 『과학적 관리의 원칙(*Principles of Scientific Management*)』을 1911년에 출판했지만, 이와 같은 생각은 훨씬 이전부터 대두되고 있었다. 앤드루 유어가 1835년에 설명했듯이 "근대 제조업의 궁극적인 목적"은 노동자들을 "기계 장치의 부속품"으로 만드는 것이다.[20] 이것은 노동을 비인간적인 로봇의 행위로 만들기 위한 것이었다. 해리 브레이버만(Harry Braverman)은 인간의 총체적인 능력에 대한 고려가 없는 노동 분업은 "개인의 파편화"이며 "인류에 대한 범죄 행위"라고 날카롭게 비판했다.[21]

비록 과학적 관리법은 근본적으로 자본주의적 움직임이었지만, 자본주의의 숙적들조차 그것이 약속하는 경제적인 혜택들을 외면할 수는 없었다. 러시아 혁명 초기에 니콜라이 레닌(Nikolai Lenin)은 테일러주의에 대해 다음과 같이 선언했다.

> 다른 자본주의적 발달 과정처럼, 세련된 부르주아 착취의 잔인성과 위대한 과학적 업적들이 혼재되어 있다. 노동 과정에서 기계적 움직임의 분석, 불필요하고 어색한 움직임의 제거, 올바른 노동 과정의 정교화, 노동 통제와 회계 관리의 효율적인 운영 같은 업적들이 포함되어 있는 것이다. …… 우리는 러시아에서 테일러주의를 연구하고 가르쳐야 하며, 체계적으로 시범 운영해 우리의 목적에 맞게 개량하려는 노력을 지속해야 한다.[22]

스타하노프 운동과 리센코주의

노동자들의 이해관계를 대변하는 소비에트 정부라면 "부르주아 착취의 잔인성"을 제거하고 인간적인 테일러주의를 운용할 수 있을 것이라는 레닌의 의심스러운 주장은 검증의 기회를 갖지 못했다. 소비에트의 산업화는 스탈린 치하에서 급속하게 진행되었고, 그가 국가 정책을 결정할 때 개별 노동자들의 복지를 고려하지 않았다는 데에는 의심의 여지가 없다. 1930년대와 1940년대의 스타하노프 운동은 노동자들이 자율적으로 "과학적으로" 정해진 노동 방식에 따라 작업을 진행하는 일종의 "밑으로부터의 테일러주의"라고 선전되었다. 하지만 스탈린의 정책들이 대부분 그랬듯 스타하노프 운동 역시 거짓말로 점철되어 있었고, 무자비한 방식으로 실행될 수밖에 없었다.

스탈린의 과학 정책들 중에 가장 악명 높은 사례는 유전학을 둘러싼 논쟁에서 농학자 트롬핀 데니소비치 리센코(Trofim Denisovich Lysenko)를 지지했던 것이다. 리센코주의는 리센코가 과학계에 등장하기 훨씬 이전에 이미 틀린 것으로 판명된 라마르크의 획득 형질 유전설로 회귀하는 주장이었다. 스탈린의 이데올로그들은 변증법적 유물론의 공리들을 원용해 리센코주의가 멘델의 유전학보다 낫다는 것을 "증명"해 냈다. 이와 같은 선험적 방법론은 마르크스도 나서서 강력하게 비난할 만한 것이었다. 그 결과 한 세대의 소비에트 유전학자들이 완전히 제거되었고 소비에트의 유전학은 회복할 수 없을 정도로 후퇴해 버렸다.[23]

대공황, 급진화, 민중 과학

1930년대 초에 서구는 급격히 대공황에 빠져들고 있었다. 반면 소비에트의 계획 경제는 건전하게 성장하고 있었고, 이 모습을 지켜보던 서구 지식인들 사이에서는 1917년 러시아 혁명에 대해 긍정적으로 평가하는 분위기가 나타났다. 이처럼 급진화하는 분위기 속에서 과학의 민중사를 표방하는 국제적인 학술 대회가 1931년 런던에서 열렸다.

이전 장에서 논의했듯이, 보리스 헤센이 뉴턴의 『프린키피아』에 대한 선구적인 논문을 발표했던 것이 바로 이 제2차 국제 과학 기술사 대회에서였다. 헤센은 국제적 지식 담론에서 마르크스주의 사상을 퍼뜨리려는 소비에트의 노력에 따라 이 학회에 참석했던 일군의 소비에트 과학자들과 역사학자들 중 한 명이었다. 대회 조직 위원들은 런던에 나타난 소비에트 대표단의 규모에 깜짝 놀랄 수밖에 없었다.

> 수개월 동안 그들은 소비에트에서 자바도프스키(Zavadovsky) 교수 한 명만이 참가할 것이라고 생각하고 있었다. 하지만 정작 나타났던 것은 작은 대대 규모의 정치가, 행정가, 과학자, 역사학자, 철학자들이었고, 그들 모두가 길고 구체적인 발표문을 준비해 온 상태였다. 그들은 자신들의 업적을 세계인들에게 발표하고 싶어 했다.[24)]

이 학술 대회에서 벌어진 이데올로기의 충돌은 이후 과학사 연구 방향에 깊은 영향을 끼쳤다.

소비에트 대표단의 단장은 다름 아닌 볼셰비키 지도자 니콜라이 이바노비치 부하린(Nikolai Ivanovich Bukharin)이었다. 부하린은 혁명가로서도 명성이 높았지만, 소비에트의 가장 뛰어난 지식인이기도 했다.

> 소비에트 과학 아카데미 과학사 분과장이자 최고 경제 위원회(Supreme Economic Council)의 산업 연구국 국장을 맡고 있던 부하린은 대표단을 선정하고 지도하기에 적격인 인물이었다. 그는 소비에트의 대표적 물리학자 아브람 페도로비치 조페(Abram Fedorovich Joffe), 널리 알려진 생물학자 니콜라이 이바노비치 바빌로프(Nikolai Ivanovich Vavilov), 그리고 무명의 역사학자이자 물리

학자인 보리스 헤센을 골랐다.[25]

어느 누구도 헤센이 스타가 되리라고는 생각하지 않았다. 하지만 뉴턴의 『프린키피아』에 대한 그의 논문은 참석자들 사이에서 가장 많은 논쟁을 불러일으켰고 가장 오랫동안 영향을 끼쳤다.

스탈린은 이미 소비에트에서 권력을 잡기 위한 투쟁에 돌입한 상태였지만 아직까지 절대 권력을 휘두르지는 못했다. 비록 외부인들은 그 당시에 거의 알지 못했지만, 부하린과 스탈린은 목숨을 건 승부를 벌이던 경쟁 상대였다. 런던 학회에서 부하린의 목표는 마르크스주의 이론을 소비에트 외부에 퍼뜨리는 것 이외에도 자신만이 소비에트를 방어할 수 있는 인물이라는 사실을 소비에트 지도부의 동료들에게 각인시키는 것이다.

이 학술 대회의 서구 측 참가자들은 대부분 "과학이란 일련의 과학적 천재들이 내놓은 생각들의 총집합이라고 굳게 믿던 일군의 학자들"이었다.[26] 하지만 두 명의 대회 조직 위원들인 조지프 니덤과 랜슬럿 호그벤을 비롯한 소장파 학자들은 부하린과 그의 동료들이 제기하는 마르크스주의 세계관에 이끌리고 있었다. 이로써 활발한 토론을 위한 무대가 세워졌다.

하지만 헤센의 발표는 전통적인 과학사와 워낙 거리가 있어서 대화를 나눌 수 있는 공통의 기반을 찾기 어려울 정도였다. 대부분의 서구 측 참가자들은 헤센의 논문이 소비에트의 선전이나 마르크스주의 교의에 불과하다고 생각할 수밖에 없었다. 게다가 헤센과 그의 동료들은 마르크스주의 용어를 섞어 가며 귀에 거슬리는 목소리로 발표해 서구 측 참가자들의 편견을 부추겼다.

한 영국인 기자가 논평했듯이, 소비에트 대표단이 "그들의 생각을 소비에트식 사고방식 그대로 번역하지 않고 다른 언어의 표현 방식으로 의 역했다면 훨씬 쉽게 받아들여졌을 것이다."[27] 하지만 부하린과 헤센은 "그들의 발표문에 마르크스주의를 강조"하라는 소비에트 정치국의 지시에 따를 수밖에 없었다.[28] 다시 말하면, 그들은 서구 측 학자들에게 인상을 남기는 것보다는 소비에트의 지도부가 어떻게 받아들일지를 훨씬 더 걱정하고 있었다.

이 학술 대회는 전문 과학사학자들 사이에서 오랫동안 지속될 논쟁거리를 남겼다. 전통적인 역사관은 이후 수십 년 동안 지배적인 위치를 유지했지만, 헤센은 사회적 맥락과 과학 외적인 요소들을 고려해야 한다는 반대 의견의 씨앗을 뿌렸고, 그것은 피어나기 시작했다. 정치적, 사회적으로 급진화하던 1960년대의 분위기는 "외재적 접근법(externalist)" 또는 "맥락 접근법(contextualist)"에 불을 댕겼고, 그 이후 새로운 역사관은 과학사학자들의 연구 주제에 영향을 미쳤다.

역설적이게도, 과학을 자본주의의 발흥과 연결시키는 헤센의 논문은 학술 대회 직후에는 서구에서뿐만 아니라 소비에트에서도 그리 인정받지 못했다. 이 논문은 파벌 투쟁의 희생양이 되었다. 그리고 1930년대 말 무렵 헤센과 부하린은 스탈린의 숙청 대상으로 정치 무대에서 사라졌다. 1960년대 이전에 헤센의 선구적인 통찰을 받아들였던 것은 조지프 니덤, 존 데즈먼드 버널, 존 홀데인, 랜슬럿 호그벤, 하이먼 레비(Hyman Levy) 등 마르크스주의에 경도된 영국 과학자들이었다.[29] 헤센 명제는(6장에서 논의했던) 에드거 질셀과 로버트 머튼(Robert Merton)의 작업으로 그 명맥을 이어 갔다.

노골적인 마르크스주의 분석인 질셀의 작업은 냉전 시기의 학계에서 냉대를 받았다. 반면 "헤센에게 많이 의존했던" 로버트 머튼의 『17세기 영국의 과학, 기술, 사회(*Science, Technology and Society in Seventeenth-Century England*)』는 훨씬 나은 대접을 받았다. "머튼은 헤센에게서 논문의 전반적인 구조와 상당량의 사실 데이터를 무비판적으로 받아들였는데, 이것은 나중에 미국 주류 사회학의 대표 주자가 될 사람으로서는 놀라운 일이었다."[30]

머튼은 마르크스주의 용어를 학술적인 사회학 용어로 치환하고, 거의 무의미해질 정도로 제한적인 주장을 펼침으로써 서구인들이 헤센 명제를 보다 쉽게 받아들일 수 있도록 했다. 머튼은 비록 냉전 시기 미국 학계의 보수적인 압력에 굴복하기는 했지만, 그렇게 하지 않았다면 당시의 서구 사회의 분위기 속에서 헤센 명제를 주장하기란 대단히 어려웠을 것이다.[31]

스탈린의 "프롤레타리아 과학"

리센코주의가 과학 활동에 대한 정치적 개입의 해로움을 극적으로 보여 주었기 때문에, 그것이 프롤레타리아 과학이라는 스탈린의 주장은 민중 과학이라는 개념 자체에 나쁜 인상을 심어 주었을지도 모른다. 하지만 이 두 구절(프롤레타리아 과학, 민중 과학)은 비슷하게 들릴 수 있어도 그 내용은 전혀 다르다. 리센코의 프롤레타리아 과학은 이미 공고하게 정립된 유전학이라는 분야와 상반되는 이론을 제기했다. 반면 이 책에서 말하는 민중 과학은 유전학을 포함한 모든 과학 분야에서 수많은 사람들의 참여를 통해 정립된 지식을 만들어 나가는 것을 의미한다. 근대의 과학 지식이 특정한 사회적 맥락 속에서 발전해 왔다는 사실은 그것이 근본적으로 보편적인 특징을 가진다는 점을 부정하지는 못한다.[32]

"부르주아 과학"에 대항하는 "프롤레타리아 과학"을 제기한 스탈린의 생각은 여러 대안 과학들을 장려했던 문화적 민족주의자들과 유사하다.

나치스는 "유대인 과학"에 대항해 "아리안 과학"을 제기했던 것으로 악명이 높다. 힌두 전통주의자들은 "힌두 과학"을 지지하고 이슬람 근본주의자들은 "타락한 서양 과학"에 대항하기 위한 무기로 "이슬람 과학"을 추구한다. 하지만 스탈린과 리센코처럼 스스로 근대 과학의 보편성을 부정하는 문화 운동들은 항상 자연에 대한 지식을 얻는 것보다는 이데올로기적 권위를 행사하는 데 관심을 더 가지고 있었다.

인도의 과학자이자 사회 활동가인 미라 난다(Meera Nanda)는 비서구인들에게 자민족 중심 과학이 "우리의 문화적 전통의 독재를 …… 정당화하는 데 이용되는, 검증되지 않았을 뿐만 아니라 검증될 수조차 없는 이론"에 불과하다는 것을 인식해야 한다고 촉구해 왔다. 난다는 "과학적 국제주의에 반하는 문화적 민족주의는 진보와는 거리가 멀며, 스스로 대변한다고 선전하는 민중들을 낡은 미신에 따르는 억압의 족쇄에 얽어맬 뿐"이라고 경고했다.[33] 난다가 비판하는 독재는 전통적으로 특히 여성들에게 억압적인 존재였다.

미라 난다의 주장은 충분히 일리가 있다. 하지만 불행하게도 우리는 그동안 보편적 과학의 혜택을 보편적으로 누리지 못했다. 사실 근대 과학이 이용되어 온 방식은 대개 신식민지(neocolonial)의 민중들에게 억압적이었다. 문화적 민족주의자들의 관점에서 보면, "서양" 과학은 외세의 지배라는 족쇄를 채웠을 뿐만 아니라 스스로를 문화적 우월성의 상징으로 과시하기까지 했다. 더구나 근대 과학이 후진국에서 삶의 질을 향상시킬 수 있을 것이라는 약속은 지켜지지 않았다. 서구 과학자들은 과학의 힘으로 가장 근본적인 사회 문제인 기아를 해결할 수 있을 것이라고 주장해 왔다는 점을 상기해 볼 필요가 있다.

녹색 혁명: 민중을 위한 과학?

가난한 나라들에서 폭넓게 나타나는 영양실조 현상은 **매일 수만 명이 사망하는** 원인이다. 영양실조가 이토록 광범위하게 퍼져 있다는 것은 모두 충분히 먹을 만큼 식량을 생산하고 있지 못한다는 것이 아닌가? 그리고 그것이 문제라면 해결책은 식량의 생산을 늘리는 것이지 않은가? 이와 같은 상식적 논리에 따라 서구의 몇몇 기관들은 수십 년 전 근대 과학의 힘을 이용해 아시아, 아프리카, 남아메리카 등지의 가난한 농부들이 보다 많은 식량을 생산할 수 있도록 돕는 지식을 만들어 냄으로써 기아라는 저주를 해결하려 노력했다.

그것은 1944년 멕시코에서 농업 생산성을 높이기 위해 진행된 록펠러 재단의 프로그램으로 시작되었다. 이 프로그램은 멕시코의 곡물 산출량을 급속도로 늘리는 데 성공했고, 곧이어 이와 같은 혜택을 전 세계로 퍼뜨리려는 노력이 이어졌다. 이것이 세계 기아와 빈곤 문제에 대한 근대 과학의 대답인 녹색 혁명의 시작이었다. 녹색 혁명의 지지자들은 그것으로 인해 빈곤의 사슬을 끊을 뿐만 아니라 폭력적인 "적색 혁명" 역시 제거되기를 바랐다.

1970년대가 되자 록펠러 재단과 포드 재단의 연구 기관에서 개발된 새로운 품종의 밀, 쌀, 옥수수 등이 전 세계로 퍼져 나가게 되었다. 녹색 혁명이 낳은 "기적의 종자"는 수백만 명의 가난한 농부들에게 전통적인 경작법을 버리고 새로운 방식을 받아들일 것을 요구했다.

> 1990년대가 되자, 아시아의 쌀 경작지의 75퍼센트에 달하는 면적에 이와 같은 새로운 종을 심게 되었다. 아프리카에 파종된 밀의 절반과 전 세계 옥수수의 70퍼센트 역시 그러했다. 전체적으로 보아 제3세계 농부들의 40퍼센트가

녹색 혁명의 씨앗을 사용한 것으로 추산되었다. 가장 높은 사용률은 아시아에서 나타났고, 남아메리카 지역이 그 뒤를 이었다.[34]

그 자체로만 보면, 녹색 혁명은 커다란 성과를 올렸다. 녹색 혁명의 가장 신랄한 비판자들조차도 "녹색 혁명으로 인한 생산량의 증가는 신화가 아니다."라고 인정한다. "새로운 씨앗으로 인해 매년 수천만 톤에 달하는 추가 수확을 올릴 수 있었다." 이것은 좋은 일이기는 했지만, 그에 따른 문제점들도 있었다. 녹색 혁명의 역설은 바로 "식량 생산의 증가는 종종 대규모 기아 문제를 낳는다."라는 것이다. 1970년부터 1990년까지 녹색 혁명의 성과에 대한 통계적 분석에 의하면, 남아메리카에서

일인당 식량 공급이 거의 8 퍼센트 증가했지만, 굶주리는 사람의 숫자는 19퍼센트나 증가했다. 1990년 무렵이면 남아시아에서 일인당 9퍼센트 더 많은 식량을 생산했지만, 굶주리는 사람도 9퍼센트 더 많아졌다. 굶주리는 사람의 숫자가 늘어난 것은 인구 증가 때문이 아니었다. 한 사람당 돌아가는 식량의 양은 실제로 증가했다.[35]

식량이 늘었는데 굶주림 역시 늘었다니, 어떻게 이런 일이 생겼을까? "간단히 말해, 빈곤층이 식량을 구입할 수 있는 돈이 없다면 생산량의 증가는 아무런 도움이 되지 않는다." 진짜 문제는 "늘어나는 불평등 때문에 많은 사람들이 이미 생산된 식량을 이용할 수 없었다는 것이다." 녹색 혁명은 불행하게도 사회적 불평등을 완화시키는 것이 아니라 악화시키는 경향이 있었다. "기술의 혜택을 선택적으로 받게 된다는 사회적 문제에 대한 고려 없이" 도입된 녹색 혁명은 단지 대규모 농업 생산자들에게 유리한 환경을 조성해 빈부 격차를 벌리는 효과가 있었던 것이다.[36]

새로운 품종의 밀, 쌀, 옥수수 등이 기적을 발휘하기 위해서 대다수의 소규모 농부들은 감당할 수 없을 정도로 엄청난 양의 비료와 살충제를 필요로 했다. 이것들을 충당할 수 있었던 대규모 영농업자들은 큰 성공을 거두었지만, 가난한 농부들은 더 깊은 빈곤의 나락으로 빠져들 수밖에 없었다. 이어서 영농업자들은 내국인들을 위한 필수 농작물을 재배하기보다는 수출을 위한 환금 작물을 경작하기 시작했다. 게다가 이와 같은 전환을 통해 가장 큰 이득을 보았던 것은 다국적 농기업들인 델몬트(Del Monte) 사, 앤더슨 클레이튼(Anderson Clayton) 사, 스탠더드 브랜드(Standard Brands) 사 등이었다.

식량의 공급을 늘리면 기아 문제를 해결할 수 있으리라는 생각은 농업경제사에 대해 조금이라도 알고 있다면 피할 수 있는 순진한 믿음이다. 100여 년 전만 해도 전 세계 식량 생산량은 세계 인구의 기본적 수요를 충족시키기에 부족했다. 그러한 맥락에서 전 세계 식량 공급이 점점 더 부족하게 될 것이라는 1798년 맬서스의 예측은 전혀 얼토당토않은 것은 아니었다. 하지만 그의 예측은 완전히 빗나갔다. 19세기 말이 되자, 농업 생산성이 증가하여 식량의 수요에 비해 공급이 **훨씬 많아지는 지경**에 이르렀다. 곡물 가격은 급락했고, 수많은 농부들이 파산했다. **농업에서의 과잉 생산이라는 영구적 위기 상태**는 이 당시부터 시작되어 현재에 이르고 있다.

1930년대에는 대공황이 야기한 "잉여" 식량 문제로 농업이 마비 상태에 빠지는 것을 막기 위해 정부가 개입해서 역사상 가장 황당무계한 정책을 만들어 냈다. 가난한 나라들에서 사람들이 굶주리고 있던 와중에, 시장 경제 선진국들에서는 "가격 조정"이라는 이름으로 **식량 생산을 줄이기 위한** 농업 정책이 시행되었다. 산더미처럼 쌓인 곡식들이 시장에 방출되는 것을 막기 위해 태워지거나 창고에 보관되었고, 농부들은 수만 제곱 킬로미터의 경작지를 놀리는 대가로 지원금을 받았다. 사람들은 맬서스의 잘못된 예측을 비꼬아 이와 같은 상태를 "농업 맬서스주의"라고 부르기 시작했다. 이렇게 보았을 때, 식량 생산을 증가시키기 위한 녹색 혁명의 전략이 전 세계 기아 문제를 완화시키는 데 성공하지 못했던 것은 놀라운 일이 아니었다.

궁극적으로 "기아 문제는 식량 부족에 의한 것이 아니며, 식량 생산을 늘려도 해결할 수 없다."[37] 다른 한편, 농업이 점점 값비싼 석유 화학 제품에 의존하게 되면서 전 세계 식량 공급이 다국적 기업의 손아귀에 들어가게 되었다. 하지만 그들의 화학 비료와 살충제가 수확 체감의 법칙과 충돌하게 되자, 똑같은 기업들은 또 하나의 간편한 해결책으로 유전 공학을 장려하기 시작했다. 녹색 혁명 반대파들은 "몬산토(Monsanto) 사, 듀퐁 사, 노바티스(Novartis) 사를 비롯한 화학 및 생명 공학 회사들이 유전 공학으로 인해 곡물 생산량이 늘어날 것이고 배고픈 사람들에게 식량을 제공해 줄 수 있을 것이라고 말할 때, 우리는 회의적인 태도를 견지해야 한다."라고 경고한다.[38]

식량 생산을 늘리기 위해 살충제를 대규모로 생산하는 것의 위험성은 1984년 인도 보팔의 살충제 공장에서 메틸이소시안(methyl isocyanate) 가스가 누출되는 비극적인 사고를 통해 널리 알려지게 되었다. 이 사고로 인해 2만여 명이 사망했으며 10만여 명은 만성적 질병에 시달리게 되었다. 국제 엠네스티(Amnesty International)는 2004년에 인권 책임을 회피한 보팔 공장의 경영자들을 비난하는 신랄한 보고서를 내놓았다. 다우(Dow) 사와 그 자회사 유니언 카바이드 사는 사고에 대한 법적 책임을 지는 것을 거부했을 뿐만 아니라, 피해자들에게 적절한 보상조차 하지 않았다. 또한 엠네스티의 보고서에 의하면 유니언 카바이드 사는 피해자들의 치료를 위한 꼭 필요한 정보를 알리지 않기까지 했다.[39]

녹색 혁명은 "민중을 위한 과학"의 최고의 사례로 선전되었지만, 그것은 결국 과학이 얼마나 주류 세계 경제 체제에 종속해 있는지를 극명하게 보여 줄 따름이었다. 근대 과학의 눈부신 발달과 그에 따른 기술적 진보에도 불구하고, 오늘날 세계는 여전히 수십억 명의 인류가 기아, 질병, 억압, 빈곤의 늪에서 허우적거리는 와중에 극히 일부의 사람들만이 빛나는 풍요로움을 즐길 수 있는 곳으로 남아 있다.

따라서 20세기 후반에 근대 과학에 대한 불신이 광범위하게 퍼지는 것도 놀랄 만한 일은 아니다. 오늘날 많은 사람들은 과학자들이 오류를 범할 수 있음에도 스스로의 오류를 인정하려 하지 않는 오만함을 가지고 있다고 생각한다. 또한 과학자들은 돈을 받고 거대 기업들과 정부 기관들을 옹호하는 역할을 한다는 오명을 쓰게 되었다. "포스트모던 과학"의 시대가 도래한 것이다.

이와 같은 과학에 대한 대중적 태도의 급변은 히로시마와 나가사키의 핵참화로 대변되는 20세기 역사의 비극적 경험을 반영하는 것이었다. 종말론자들은 근대 과학의 어두운 잠재력에 대해 경고한 바 있지만, 자연에 대한 지식이 얼마나 위험해질 수 있는지를 원자 폭탄이 극명하게 보여 주기 전까지 국제적 여론은 이를 무시해 왔다.

레이철 카슨과 환경 운동

이와 같은 위험성에도 불구하고 거대과학의 인기가 금새 폭락하지는 않았다. 하지만 1950년대 말부터 배리 커머너(Barry Commoner)를 비롯한 정치적으로 각성한 과학자들이 세인트루이스 핵 정보 위원회(St. Louis Committee for Nuclear Information)를 구성해 미국 네바다 주 원자 폭탄 시험장에서 발생하는 방사능 낙진의 위험성에 대해 경고하기 시작하자 과학에 대한 맹신에 균열이 가기 시작했다. 커머너와 그의 동료들은 과학자들이 정부의 정책 결정자들을 위해서가 아니라 민중을 위해 일해야 한다며 "과학 정보 운동"에 앞장섰다. 그들은 과학자들의 윤리적 의무는 사회문제의 과학적 측면들에 대한 모든 정보를 일반 대중들에게 직접 제공하는 것이라고 주장했다.[40)]

하지만 그중에서도 가장 중요한 저항의 목소리를 냈던 이는 레이철 루이즈 카슨(Rachel Louise Carson)이었다. 그녀가 1962년 출간한 『침묵의 봄(*Silent Spring*)』은 환경 운동을 낳았고 인류 역사에서 과학의 위치를 철저하게 재고하게 하는 논쟁을 촉발시켰다.[41)] 카슨은 식량을 생산하기 위한 살충제 및 다른 합성 화학 물질의 대규모 사용이 인류뿐만이 아니라 궁극적으로는 지구상 모든 생명체의 영속적 생존에 심각한 위협이 될 것이라고 경고했다. 『침묵의 봄』은 다가오는 환경 위기를 농업 및 화학 산업의 무모한 이윤 추구와 연결시킴으로써 "자본과 과학의 결합"에 근본적인 문제를 제기했다.

당연하게도, 카슨이 비판의 화살을 겨누었던 산업들은 미국 농무부와 함께 그녀와 그녀의 책에 대해 맹렬한 공격을 퍼붓기 시작했다. 주요 화학 회사들과 업계 조직 단체들은 "카슨의 평판을 떨어뜨리고 그녀의 인격을 헐뜯는 데 25만 달러를 썼다."[42)] 《뉴욕 타임스(*New York Times*)》는 "몇몇 농화학 회사들은 소속 화학자들을 시켜 카슨 씨의 책을 철저하게 분석해 반박하도록 했다. 다른 회사들은 그들의 제품을 변호하기 위한 보고서를 작성하고 있다. 워싱턴과 뉴욕에서는 회의가 열렸다. 그들은 성명서 초안을 작성했고 반격하기 위한 계획을 수립했다."라고 보도했다.[43)]

"전후 미국에서 과학은 신이었고, 과학은 남성"이었으므로, 카슨이 여성이었다는 사실은 『침묵의 봄』에 대한 반박 운동에 중요한 요소일 수밖에 없었다. 화학 산업의 홍보 담당자들은 카슨을 다음과 같이 묘사했다.

이 히스테리에 걸린 여자의 미래에 대한 놀라운 관점에 대해서는 무시하거나, 경우에 따라서는 억누를 필요가 있다. 카슨은 "새와 토끼 애호가"였고, 고양이를 키운다. 따라서 확실히 의심쩍은 데가 있다. 카슨은 단지 유전학에 지나치게 몰두했고, 낭만적인 생각에 빠진 "노처녀"일 뿐이다. 간단히 말해, 카슨은 통제 불가능한 여자이다. 그녀는 자신의 성별과 과학의 경계를 벗어났다.[44]

오염 물질을 내뿜던 회사들로부터 월급을 받고 있던 과학자들은 카슨이 "제도권 과학에 발을 들인 적이 없었던 외부인"이라는 이유로 그 주장을 간단히 무시해 버릴 수 있을 것이라고 생각했다. "카슨은 경력이 독특했고, 대학 교수도 아니었다." 그들의 눈에 가장 거슬렸던 것은 "그녀가 과학계의 협소한 청중들을 위해서가 아니라 대중을 위한 글쓰기를 했다는 점"이었다.[45] 하지만 이러한 엘리트 과학계의 시도에도 불구하고, 이 "민중의 작가"는 거대과학에 대항하는 거대한 사회 운동에 불을 붙였다. 카슨은 "과학의 시대에 살고 있기는 하지만, 우리는 과학 지식이 사회와는 동떨어진 연구소에서 사제들처럼 연구 활동에 종사하는 극소수의 인간들에게 주어지는 특권이라고 생각하고 있다. 이것은 사실이 아니다. 과학을 만드는 재료들은 생명을 만드는 재료들과 똑같은 것"이라고 선언했다.[46]

카슨은 "민중의 관찰과 해석이 과학자들의 그것만큼 중요하며, 환경 문제에 대한 결정을 내리는 기준으로 공동체 윤리라는 잣대를 사용할 수 있다."라는 "대안적인 과학 방법론"을 제시했다.[47] 『침묵의 봄』은 생물학 연구자들로 하여금 기계적이고 환원주의적인 접근 방식을 고수하던 전통적인 사고 틀에서 벗어나 생태적인 관점을 받아들이게 함으로써 과학 활동 자체에도 영향을 끼쳤다.

화학 산업에 종사하는 과학자들은 이제 더 이상 자연환경에 대한 대중의 우려를 무시할 수만은 없다는 사실을 알게 되었다. 새로운 전략이 필요했던 것이다. 이에 따라 과학자들은 사회 운동 세력에 대항해 싸우기보다는 그들을 체제 내부로 흡수하려는 전략을 구사했다. 그 결과 "환경주의는 직업적 환경주의자들 간 정치적 합의의 문제"로 전락하고 말았다. 과학 엘리트들은 "생태학을 받아들였"고, 그것은

> 주류 환경주의의 주요한 사상적 기반이 되었다. 하지만 그것은 경제학, 소비자 행태, 과학 기술적 통제에 관한 근본적인 가치에 질문을 던지는 불온한 생태학이 아니었다. 그것은 오히려 폐기물, 공해, 인구, 생물 종 다양성, 유해 환경 등의 문제들이 과학적으로 해결될 수 있을 것이라는 공학적인 사고방식에 가까웠다.[48)]

환경주의에는 주류적인 입장뿐만이 아니라 에코 페미니즘과 환경 정의 운동과 같은 보다 급진적인 분파들도 있다. 한 환경 운동가의 말에 따르면, 환경 정의 운동은 "유색 인종, 노동 계급, 그리고 빈민들"의 목소리를 대변한다. 이들은

> 습지와 야생 조류 구역에 대해 우려하지만, 다른 한편으로는 도시 환경, 아메리카 원주민 보호 구역의 문제, 미국-멕시코 국경에서 벌어지는 일들, 납 중독으로 고통을 받는 아이들, 오염된 놀이터에서 놀고 있는 어린이들에 대해서도 우려하고 있다.[49)]

환경 정의 운동, 에코 페미니스트들, 그리고 다른 급진주의자들이 있었음에도, 이들을 흡수하기 위한 기업의 전략은 근본적인 변화를 막아

내는 데 성공했다. 그 결과 일부 환경 문제들이 정부의 개입과 규제 개혁으로 해결되기는 했지만, 전체적으로 보았을 때 상황은 여전히 암담할 따름이다. 레이철 카슨의 전기 작가는 "유해 화학 물질의 문제점에 관한 레이철 카슨의 묵시론적 경고에도 불구하고 살충제 사용은 줄지 않았다. 이것은 현 시대의 주요한 정책 실패 사례라고 볼 수 있다. 전 지구적 오염은 이미 실현되었다."라며 탄식했다.[50)]

한편 이 모든 것들은 과학의 어두운 측면을 노출시키고 말았다. 과학의 옹호자들은 과학 활동을 하는 사람들의 불편부당성으로 인해 진리에 가까워질 수 있으며, 궁극적으로 우월한 지식을 생산해 낼 수 있다고 주장해 왔다. 하지만 『침묵의 봄』에 대한 공격으로 인해 많은 사람들이 기업의 이익을 대변하는 거대과학의 진면목을 파악할 수 있게 되었다. "과학과 자본의 결합"은 오랫동안 과학에 악영향을 끼쳐 왔다. 하지만 이제 그 악영향의 본모습이 만천하에 드러나게 된 것이었다. 기업에 고용된 과학자들은 스스로 객관적인 입장을 취하고 있다고 주장하겠지만, 그들은 탐욕의 신에게 영혼을 팔아넘긴 자들로 점차 인식되고 있다.

페미니즘 대 의료 과학

정통 과학의 한 분야에 대한 가장 철저하고 대중적인 도전은 1960년대 후반 여성 해방 운동과 과학 정보 운동이 연대해 의료 자조(medical self-help) 운동을 시작한 것이었다. "온정주의적이고, 비판적이며, 제대로 알려 주지도 않으면서 은혜를 베푸는 듯한 태도를 가진" 의사들의 손아귀에서 벗어나기 위해 수많은 여성들은 여성 해부학 및 생리학을 공부했고 자가 진단을 할 수 있는 기술을 익히기 시작했다. 그들은 남성 위주의 의사 집단으로부터 당당한 의료 소비자로서 존중받을 수 있게 되기를 원했다. 이와 같은 페미니즘적 비판은 의료 행위의 개혁에 엄청난 공헌을 했지만, 그 영향력에 비해 과소평가되는 경향이 있다.

이 운동의 중요한 이정표는 1973년 보스턴 여성 건강서 공동체(Boston Women's Health Book Collective)에서 『우리 몸, 우리 자신(*Our Bodies, Ourselves*)』이라는 책을 펴낸 일이었다. 이 책의 개정판(1984년)에는 의료 자조 운동의 목표가 잘 나타나 있다.

> 우리는 의료 전문가들이 부적절하게 빼앗아 간 지식과 기능을 되찾으려 한다. 우리는 또한 예방적이고 비의료적 치유법을 필요로 하는 사람들이라면 누구나 그것을 얻을 수 있게 되기를 바란다. 우리는 의료 전문가들이 어떻게 이와 같은 대안적 의료 행위(예를 들어 가정 출산이나 조산술)들을 억압하고 있는지를 밝힐 것이다.[51)]

"의료는 과학"이라는 "신화"에 도전하면서, 저자들은 다음과 같이 선언했다.

> 다음 내용은 사실이다. 의학이 권위를 가지는 이유는 대중들이 그것을 과학과 연결 지어 객관성과 중립성을 가진다고 생각하기 때문이다. 현대 의료 행위의 근간을 이루는 의학 이론들은 앞선 세대 의학 지도자들의 검증되지 않은 가정과 편견에 근거한 것이 많다. …… 여성이나 흑인들처럼 소위 "열등"한 집단에 대해 의학 권위자들이 "과학"의 이름을 빌어 어떤 추악한 발언들을 해 왔으며, 소수자들에 대한 정치 권력을 박탈하기 위해 이 같은 사이비 과학적 발언을 어떻게 이용했는지를 생각해 보라.[52)]

성별에 대한 "추악한 발언들"은 의학의 역사에서 너무나도 빈번하게 찾아볼 수 있다. 19세기 무렵의

> "과학적" 의학 이론에 따르면, 첫째, 여성들은 여성이기 때문에 병에 걸린다. 둘째, 그들이 통상적인 여성의 역할에서 벗어나려고 할 때 병에 걸린다. 즉 이 이론에 따르면 어떤 선택을 해도 병에 걸릴 수밖에 없는 것이다. "질병들"은 거의 항상 여성의 생식 기관과 관련이 되어 있었는데, 이 기관은 그 자체가 질병의 원인이었다.[53]

『우리 몸, 우리 자신』의 저자들은 다음과 같은 중대한 질문에 답하려 했다. "현재의 미국 의료 체계는 어째서 적절한 가격에 질병 예방과 일차 진료를 강조하는 의료 서비스를 제공하지 못하는가? 이윤 동기를 제외하고는 다른 적절한 동기를 찾을 수 없다."

> 우리는 그동안 엄청난 속도로 의료가 "기업화"되는 것을 지켜봐 왔다. 다시 말하면 병원과 요양원뿐 아니라 이윤을 추구하는 의료 체인점들도 실험실, "응급실", 이동식 컴퓨터 단층 촬영(CAT) 설비 등을 운영하고 있다. 이것은 이윤 추구를 위해 의료 서비스를 잘게 나눈 결과이다. 의과 대학과 교육용 병원들은 그들 나름대로 "과학 연구"라는 명목으로 제약 회사들로부터 수백만 달러의 지원을 받고 있다.[54]

의료 과학의 기업화에 대한 페미니즘적 비판은 현대 과학 일반에도 적용 가능하다.

과학-산업 복합체의 등장

1961년 드와이트 데이비드 아이젠하워(Dwight David Eisenhower) 대통령은 임기를 마치면서 "군산 복합체" 때문에 "제자리를 잘못 찾은 권력이 파멸적으로 부상할 가능성"이 있다는 유명한 경고를 남겼다.[55] 오늘날 미국에서의 과학은 군산 복합체의 시녀이기도 하지만 또 동시에 대학, 정부, 그리고 대기업은 얽히고설킨 복잡한 구조를 가지고 있다. 지난 수년간 연방 정부의 연구비는 소수의 기관들에게 집중되었다. 이는 "부자가 더욱 부유해지는" 결과를 낳았다.[56]

《뉴 사이언티스트(*New Scientist*)》 지는 2002년 "현재 전체 연구비의 삼분의 이가 사기업들로부터 나오고 있다. 그리고 이와 같은 '사유화된' 과학의 상당 부분은 그보다 훨씬 적은 수의 다국적 거대 기업의 손아귀에 떨어지고 있다."라고 보도했다.[57] 과학의 타락은 직접 기업을 위해 일하는 연구자들에 국한된 문제가 아니다. 산업계와의 연계를 통해 점점 더 단일한 개체가 되어 가는 대학 연구실과 정부 기관들 역시 공범이다. 사회 비평가 셸던 크림스키(Sheldon Krimsky)는 "과학에서의 이해관계의 상충은 예외적인 상황이 아니라 일반적인 행동 규범이 되었다."라고 논평했다. "학술 연구가 영구적이고 노골적으로 민간 부문에 연결되어 있다는 것을 누구나 알고 있다."[58]

과학의 사유화는 1980년 대학들과 중소기업들이 연방 정부의 연구비로 만들어 낸 연구 결과에 대한 특허를 낼 수 있게 해 주는 베이-돌 법(Bayh-Dole Act)이 통과되면서 더욱 가속화되었다. 필연적인 수순에 따라, 주요 대기업들 역시 1987년 똑같은 특권을 가지게 되었다. 정부, 산업, 대학 연구를 구분 짓는 경계는 점점 더 흐려졌다. 그 결과 세금에서 나온 공적 자금으로 대학의 연구비를 주어 만들어 낸 지식은 기업들의 사유 재산이 되어 버렸다.

“거대 제약 회사”들과 의료 과학

제약 산업에 고용된 과학자들이 만들어 내는 연구 결과를 믿을 수 없다는 사실은 그들이 생산하는 약품을 복용하는 모든 이들에게 우려를 가져다줄 것이다. 한 평론가는 “의학 연구를 하는 과학자들의 약 사분의 일이 제약 산업과 모종의 금전 관계를 맺고 있다.”라고 보고한다. “그러므로 이들 과학자들의 연구 결과와 그들의 후원자들 사이에 강한 연관 관계가 있다는 것은 놀라운 일이 아니다.”[59] 의학계의 권위 있는 학술지인 《미국 의사 협회지(*Journal of the American Medical Association*)》는 문제를 다음과 같이 진단했다. “《미국 의사 협회지》에 의하면, 크고 작은 몇몇 제약 회사들이 돈을 바라는 대학 연구자들과 짜고 과학적 수치 자료를 조작하고 과장함으로써, 첫째, 규제 기관의 승인을 얻고, 둘째, 의사들을 설득해 아무것도 모르는 대중들에게 자신의 상품을 처방하도록 했다.[60]

하지만 《미국 의사 협회지》는 스스로의 과실에 대해서는 언급하지 않았다. 영국의 의학 전문지 《랜싯》의 편집자인 리처드 호튼(Richard Horton)은 의학 논문 출판에 대해 “정당한 과학의 옷을 입은 마케팅 전략”에 불과하다고 평가했다. 의학 학술지들은 “제약 산업의 이익을 위해 정보를 왜곡시키는 기관으로 전락”했으며 스스로 “과학적 진실을 가로막는 장애물”이 되어 버렸다. 그들은 “중립적 중개인”으로서의 태도를 취하지만 동시에 “제약 회사들의 광고 수입으로 먹고 사는 출판사들과 과학 협회들의 소유물”이라는 존재론적인 모순에 빠져 있다. 그래서 그들의 발표는 믿을 수 없게 되었다. 호튼은 “과학자들의 의견은 가장 높은 값을 부르는 사람에게 팔려 나가게 되었다. 여기에서 지식은 거래되어야 할 또 하나의 상품에 지나지 않는다."라는 결론을 내렸다.[61]

과학자의 이름이 과학 학술지에 실린 논문에 저자로 나와 있다고 해서 그가 그 논문을 쓰는 데 실제적으로 관여했다고 간주해서는 안 된다. 왜냐하면 "과학과 의학 분야에 대필 산업이 번성하고 있기" 때문이다.[62] 예를 들어 2002년 5월에 《뉴욕 타임스》는 간질 치료제로 승인받은 약품인 뉴런틴(Neurontin)에 대한 기사에서 다음과 같이 보도했다. "워너 램버트(Warner Lambert)는 승인받지 않은 용도로 뉴런틴을 이용하는 것에 대한 기사 작성을 담당할 마케팅 전문 회사 두 곳을 고용하고 저자로 이름을 올릴 용의가 있는 의사들을 구했다."[63]

익서프타 메디카(Excerpta Medica) 사는 미국 뉴저지에 위치한 의학 전문 출판사로 제약 회사들에게 "영향력 있는 학자들의 승인 아래 최고의 의학 학술지에 실리는 과학 논문들을 준비해 주는" 서비스를 제공한다.[64]

> 대개 이런 식이다. 익서프타는 제약 회사로부터 특정한 논평, 사설, 리뷰, 또는 연구 논문에 자신의 이름을 빌려 줄 수 있는 대학의 저명한 학자를 찾아달라는 요청을 받는다. 논문은 대개 제약 회사의 직원이나 익서프타가 선정한 사람에 의해 작성된다. (이 경우) 논문의 원저자는 5,000달러를 받고 회사의 기준에 맞는 논문을 작성해 주는 프리랜서였다. 논문의 저자로 이름이 오른 대학의 과학자는 1,500달러를 받았다. 제약 산업 관계자들은 프리랜서들이 대필한 논문이 학술 잡지에 실리는 것은 일상적인 일이라고 주장한다.[65]

어떤 경우에는 "저자로 이름이 오른 과학자들은 회사 직원들이 만들어 낸 표를 훑어볼 뿐 원자료는 보지도 않는 경우도 있다."[66]

일반인들에게 제공되는 과학 정보란 이처럼 음침하고 비밀스러운 이해관계로 인해 더럽혀진 경우가 많다. 1966년에 널리 읽혔던 『영원히 여성답게(*Feminine Forever*)』라는 책은 에스트로겐이 여성들이 젊음과 아름다움을 유지할 수 있게 해 주는 만병통치약이라며 선전했다. 의학 박사에 의해 씌어진 이 책은 의학적 권위를 가진 것처럼 보였다. 하지만 이 책은 호르몬 대체 약물을 주력 상품으로 하는 제약 회사인 와이어스(Wyeth) 사의 재정 지원을 받은 것으로 밝혀졌다.[67]

정부의 과학자들이 우리를 보호해 주지 않을까?

불행히도 거대 제약 회사들의 과학 활동에 대한 정부의 규제를 완전히 믿는 것은 곤란하다. 미국 식품 의약국(Food and Drug Administration, FDA) 소속의 과학자들은 대중들을 안전하지 않은 약품들로부터 보호할 의무를 가지고 있다. 하지만 식품 의약국은 "약품 평가 과정에서 이해관계의 상충이 일상적으로 나타나는 기관"으로 전락해 버리고 말았다.[68] 식품 의약국은 1998년 어떤 백신을 승인했는데, 얼마 있지 않아서 그것은 어린이들의 장폐쇄증을 유발하는 것으로 알려져 사용 중지 처분이 내려졌다. 그 이후 "식품 의약국 자문 위원회와 미국 질병 관리 본부(Centers for Disease Control, CDC)가 백신 제조 업체들과 관련 있는 자들로 채워져 있다."라는 것이 드러났다.[69] 2000년에 시행된 조사에 따르면 "약품의 안전성과 효과에 대해 정부의 자문을 맡은 전문가들의 절반 이상이 그들의 결정으로 인해 도움을 받거나 피해를 당할 수 있는 위치에 놓인 제약 회사들과 금전적인 관계를 맺고 있다."[70]

2004년 11월, 20여 년 동안 식품 의약국 안전 담당관으로 근무했던 데이비드 그레이엄(David Graham)은 미국 상원에서 열린 청문회에서 자신의 상사가 "몇몇 약품들의 안전성에 대한 그의 비판을 그만두게 하기 위해 압력을 행사했다."라고 밝혔다. 비록 식품 의약국 관리들은 그레이엄의 진술을 부인했지만, 한 달 후 보건 복지부 감시관의 보고서에 따르면 사실인 것으로 확인됐다. 이 보고서는 "식품 의약국 약품 평가 및 연구 센터에 반대 의견을 억누르는 분위기가 있다."라고 평가했다. 설문 조사 대상인 식품 의약국 과학자 360명 가운데 63명이 "약품의 안전성, 효과, 품질 등에 대해 의심의 여지가 있더라도 승인 결정을 내라는 압력"을 받은 적이 있다고 답변했다. 식품 의약국은 조사 결과를 공개하려 하지 않았다. 하지만 이 보고서는 환경 책임을 위한 공무원 모임(Public Employees for Environmental Responsibility)과 우려하는 과학자 동맹(Union of Concerned Scientists)의 노력을 통해 마침내 대중들에게 공개될 수 있었다.[71]

크림스키가 지적했듯이 과학 활동에서 이해관계의 상충과 부정행위의 사례들은 엄청나게 많다. 대중들에게 알려지게 되는 사례들은 "빙산의 일각"에 지나지 않는다. 에일러(Alar, 화학 물질 다미노진[daminozine]의 상품명) 스캔들에 대해 알고 있는가? 1989년에 미국의 대중들은 인기 텔레비전 프로그램 「60분(60 Minutes)」를 통해 사람들이 널리 사용하던 에일러라는 살충제가 대단히 위험한 발암 물질일 수도 있다는 소식을 접했다.[72] 사실 미국 환경 보호국(Environmental Protection Agency) 소속 과학자들로 구성된 위원회는 이미 4년 전 그렇게 결론을 내린 바 있었다. 하지만 환경 보호국은 모든 연구 결과에 대해 공평무사한 전문가들로 구성된 외부 자문 위원의 평가를 받도록 되어 있었다. 그 자문 위원은 에일러가 충분히 안전하다고 결정했으며, 계속해서 사용될 수 있도록 허가를 내주었다. 나중에 알려진 바에 의하면 그 자문 위원 8명 중에서 7명이 다미노진의

유일한 제조 업체인 유니로열(Uniroyal) 사의 유급 컨설턴트들이었다.[73)]

흡연이 건강에 미치는 위험성을 최소화하는 독성학 연구들은 아마도 과학의 권위를 오용하는 가장 명백한 사례일 것이다. 세계 보건 기구(World Health Organization, WHO)에서 2000년에 발행한 보고서는 "담배 회사들이 어떻게 위장 과학 단체를 설립해 스스로를 옹호하는 과학 연구를 지원하며, 이를 통해 흡연과 암 발병률 사이의 관계를 보여 주는 책임감 있는 연구를 부정하려 하는지" 잘 보여 주고 있다.[74)] 유난히 노골적인 사례로, 하버드 대학교의 위험 분석 센터(Center for Risk Analysis) 소장인 존 그레이엄(John Graham)은 "2차 흡연의 위험성을 낮게 평가하면서 담배 회사들의 재정 지원을 요청하기도 했다."[75)]

이처럼 "돈이 많은 기업체에게 노골적으로 정당성을 부여하는 목소리를 내는" 대학 부설 정책 연구 기관은 하버드 대학교에만 있는 것이 아니다. 그들의 재정 지원은 "다우 사, 몬산토 사, 듀퐁 사 등 대기업 100여 곳과 염소 화학 위원회(Chlorine Chemistry Council), 화학 제조업 연합회(Chemical Manufacturers Association) 등 주요 업종 단체"들로부터 나온다. 하버드 대학교 위험 분석 센터는 담배 산업에 봉사하는 것으로도 모자라 "비스페놀 A(Bisphenol A)와 프탈산(phthalates) 등 플라스틱 원료 및 살충제에 노출되었을 때 어린이들에게 미치는 위험을 지나치게 낮게 평가하기도 했다. 물론 이곳은 바로 그 화학 물질들을 제조하는 업체들로부터 재정 지원을 받고 있다는 사실을 사람들에게 밝히지 않았다."[76)]

과학에서의 일탈 행위가 정부 기관이나 의회 청문회의 보고서를 통해 알려지는 경우는 극히 드물다. 많은 경우 우려하는 과학자 동맹, 공익 과학 협회(Association for Science in the Public Interest), 자연 자원 보호 위원회(Natural Resources Defense Council), 퍼블릭 시티즌(Public Citizen) 같은 비정부 조직에 의해 폭로된다. 하지만 가장 많은 경우는 보통 과학사에서 잘 다뤄지지 않는 직업군에 의해 밝혀진다. 바로 탐사 보도 기자들이다. 현대 과학의 윤리를 뿌리째 흔들 정도로 널리 퍼진 이해관계의 상충을 가장 성공적으로 폭로했던 것은 바로 이들이다.

오늘날 미국에서의 거대과학 및 거대 자금

거대과학은 국제적인 규모를 가지고 있기는 하지만, 지난 반세기 동안 미국이 주도적인 역할을 해 왔던 만큼 미국에 초점을 맞출 수밖에 없다. 미국 국립 과학 재단(National Science Foundation, NSF)의 1998년 보고서에 따르면 미국의 연구비는 일본, 독일, 영국, 프랑스, 이탈리아, 캐나다를 **모두 합친** 것보다도 많다. 러시아와 기타 구 소비에트 국가들에서의 과학은 "외국의 원조에 의존해 간신히 명맥을 유지하고 있을 뿐"이다.[77] 그러므로 전 세계의 재능 있는 과학도들이 미국으로 몰려들어 미국의 과학을 윤택하게 만드는 것도 어떻게 보면 당연하다.

19세기와 20세기 초반 미국에서 "과학과 정부는 서로 경계하며 어느 정도의 거리를 유지했다." 이처럼 비교적 순수했던 시대에 기초 연구란 "대개 개인적인 자선을 통해 연구비를 조달해 몇몇 대학들이나 독립 연구 기관에서 행해지는 엘리트적 활동"이었다.[78] 하지만 제2차 세계 대전이 이 모든 것을 바꾸어 놓았다. 현대전의 위기 앞에서 미국 정부는 과학 활동을 통솔하기 시작했다. 연구 활동이 중앙 집권적으로 동원되기 시작했고 훨씬 많은 양의 자원이 제공되면서, 미국의 과학자들은 레이더에서 말라리아 예방약에 이르기까지 여러 가지 중요한 성과를 거둘 수 있었다. 하지만 그중에서도 가장 중요한 승리는 맨해튼 프로젝트에 의해 이루어진 핵분열 무기의 개발이었다.

미국의 고위 관리들이 두 일본 도시를 원자 폭탄으로 불태워 버리라고 명령한 것은 일본을 굴복시키기 위해서가 아니라 전쟁이 끝난 후 소비에트의 영향력을 최소화시키기 위해 최대한 빨리 전쟁을 마무리 짓기 위해서였다는 점은 여러 유능한 역사학자들이 설득력 있게 보인 바 있다.[79] 어찌 되었건, 이어진 냉전은 전쟁이 끝나고 미국 정부가 과학 부문에서 맡는 역할이 급속도로 커지는 것을 정당화시켜 주었다. 대학 연구 개발비에 투입되는 연방 정부 예산은 1953년 1억 5000만 달러에서 1990년에는 무려 100억 달러로 증가했다.[80]

하지만 과학의 후견인으로서 정부의 역할은 냉전이 끝나도 줄어들지 않았다. 기대되었던 "평화 배당금"은 어디에서도 나오지 않았다.[81] 미국 연방 정부는 냉전이 끝난 이후에도 매년 연구 개발 예산을 서서히 높이면서 다른 선진국들과의 경쟁에서 우위를 지켜야 한다는 이유를 내세웠다. 하지만 어떤 미사여구를 구사해도 미국이 여전히 영구 전시 경제를 운영하고 있다는 사실을 가릴 수는 없었다. 2000년의 전체 연구 개발 예산인 754억 달러 중 정확히 절반이 "국방" 부문으로 책정되었다.[82] 그 외에 또 84억 달러가 공식적으로 민간 부문으로 분류되는 우주 관련 연구로 책정되었지만, 이 역시 궁극적으로는 잠재적 군사적 효용을 고려한 것이었다. 마찬가지로 "맨해튼 프로젝트에서 유래한 미국 에너지국(Department of Energy)은 물리학, 핵 과학 등 과학과 공학 여러 분야에 걸쳐 매년 20억 달러의 연구비를 제공하고 있다."[83]

케인스와 과잉 생산의 영구적 위기

과학의 형태, 내용, 방향성이 무기 관련 연구에 투입되는 어마어마한 비용으로부터 강한 영향을 받았기 때문에, 왜 그런 비용을 들이고 있는지를 이해하는 것은 현대 미국에서 과학의 위치를 파악하는 데 필수적이다. 그것은 물론 진짜 군사적 위협에 대항해 국토를 방어하기 위한 준비와는 전혀 관계가 없다. 소련의 붕괴와 함께 "국제 공산주의"의 유령이 사라지자, 수천억 달러 규모의 전쟁 예산을 유지하기 위한 또 다른 그럴듯한 적이 등장했다. 다름 아닌 "국제 테러리즘"이었다. 무작위로 행해지는 테러 공격은 특히 대도시에 대해(통계적으로는 미미하지만) 의미 있는 위협이 될 수 있을 것이다. 하지만 미국 제국주의의 사령탑에 위치한 자들이 거적을 입은 이슬람 급진주의자들을 정말로 두려워한다는 것은 말이 되지 않는다.

헬렌 캘디코트(Helen Caldicott) 박사의 논평은 이 모든 것이 속임수임을 확연하게 보여 준다. 미국 에너지국은 현재 "향후 10~15년 동안 매년 50~60억 달러를 들여 새로운 핵무기를 설계, 시험, 개발하기로 계획하고 있다." 하지만 "전 세계에서 가장 많은 핵무기를 보유하고 있는 미국도 커터칼로 무장한 테러리스트에게는 당할 수 없다."[84]

이와 같은 막대한 전쟁 비용을 들이는 주요 목적은 공격용 무기를 보유하기 위해서가 아니다. 그것은 미국 경제가 멈춰 서는 것을 방지하기 위해 필요하다. 대공황을 겪은 이후 사람들은 통제되지 않은 자본주의 체제에서는 생산력이 지나치게 발달해 수많은 상품들을 모두 흡수할 수 있는 구매력을 상실하게 된다는 것을 알게 되었다. 존 메이너드 케인스(John Maynard Keynes)는 프랭클린 델러노 루스벨트(Franklin Delano Roosevelt) 대통령에게 경제가 얼어붙는 것을 방지하기 위해 충분한 "총수요"를 만들어 내려면, 정부는 막대한 재정 적자 지출을 통해 새로운 구매력(새로운 직업)을 창출해 내야 한다고 설명했다.[85]

펌프에 마중물을 붓고 나서 한 발짝 물러서서 공급과 수요의 보이지 않는 손이 다시 경제적 평형 상태를 유지시킬 수 있게 하는 것으로는 충분치 않다. 정부의 적자 지출은 곧 **영구적인** 조건이 될 것이었을 뿐만 아니라, 적자는 **계속해서 증가**할 것이었다. 정부들이 계속해서 산처럼 빚을 쌓아 나가게 되면 "장기적으로는 결국" 어떻게 되겠냐는 질문을 받자, 케인스는 "결국 우리는 모두 죽는다."는 유명한 말을 남겼다.[86)]

모든 적자 지출이 경제적 마비 상태를 방지하는 데 똑같이 효과적이지는 않은 것으로 밝혀졌다. 정부의 자금으로 학교나 주택, 고속도로 등의 상품을 생산하게 되면 민간 자본과 경쟁하게 되고, 민간 부문의 일자리 수를 줄이는 효과가 있으며, 결국 그들의 구매력은 줄어들게 되므로 도움이 되지 않을 것이다. 루스벨트의 공공사업 프로그램들 중 가장 효과적이었던 것은 아무것도 생산하지 않는 것들이었다. 가장 악명 높은 사례로는 일군의 노동자들이 삽으로 구멍을 파고 다시 메우는 일을 반복하기도 했다.[87)] 이와 같은 일은 무의미하다고 생각될 수 있지만, 그것으로 노동자들은 보다 많은 잉여 상품을 생산하지 않은 채로 봉급을 받아 이미 시장에 풀려 있는 잉여 상품을 사들일 수 있었다. 하지만 눈에 보이는 낭비는 이성에 대한 모욕이었다. 미국의 정치적 맥락에서 이와 같은 역설이 자본주의 경제 체제에 내재된 특징이라는 것을 설명하는 것은 불가능했다.

어쨌든, 루스벨트의 공공사업 프로그램으로 대표되는 적자 지출은 미국 경제를 수렁 속에서 건져 내기에는 턱없이 부족했다. 대공황은 제2차 세계 대전으로 돌입하는 과정에서 어마어마한 금액의 군사비 지출이 있고 나서야 끝나게 되었다.

전쟁이 끝나자 마셜 계획을 통한 유럽의 재건은 불충분한 총수요 문제를 완화하는 데 도움을 주었다. 하지만 그것은 임시방편에 불과했다. 세계 경제가 다시 한번 과잉 생산으로 인한 위기에 빠지지 않게 하기 위해서는 각국의 정부들이 계속해서 다량의 자금을 무의미한 생산, 즉 그 누구에게도 의식주를 비롯한 그 어떤 혜택도 제공하지 않는 생산에 낭비하는 것이 필수적이었다. 하지만 그것을 어떻게 정당화할 수 있을 것인가? 그 해답은 국가 방위를 위해 필요한 무기 체계에서 찾을 수 있었다. 이렇게 해서 끝없이 증가하는 "국방" 예산이 탄생하게 되었고, 이것은 그 이후 과학 연구비의 원천이 되었다. 거대과학 활동의 상당 부분이 일부러 낭비를 만들기 위해 사용되고 있다고 결론 내리는 것은 참으로 슬픈 일이 아닐 수 없다.

거대과학이 보이는 계획적 낭비의 가장 노골적인 사례는 "스타워즈"라고 널리 알려진 전략 방위 구상(Strategic Defense Initiative)이다. 대기권 밖에 "방패"를 만들어 미국을 향해 날아오는 미사일을 막아 내겠다는 로널드 레이건(Ronald Reagan) 행정부의 1983년 발표는 과학 연구에 거대한 규모의 연방 정부 투자를 약속한 것이나 다름없었다. 수많은 연구 프로젝트들은 기업 및 대학 연구실들에게 강력한 유혹이 될 것이었다. 하지만 이 프로그램에 대한 과학자들의 상당한 반발은 예기치 못한 사태로 전개되었다.

우려하는 과학자 동맹은 「스타워즈의 오류(The Fallacy of Star Wars)」라는 제목의 구체적인 보고서를 준비했다. "전국적으로 2,300명의 대학 연구자들은 상상도 할 수 없는 일을 저지르고 있었다. 그들은 전략 방위 구상이 대학 연구 기관에 불어넣으려는 막대한 연구비 공모에 지원하지도 수락하지도 않겠다고 서약했다." 하지만 독립적인 과학자들의 부정적 결론은 공적 자금의 힘을 당하지 못했다. 전략 방위 구상의 관리들은 "미사일 방어 프로그램에 참여하고 싶어 하는 대학의 과학자들로부터 3,000개가 넘는 지원서를 받았다고 보고했다."[88)]

그리하여 전략 방위 구상은 번창했고, 이후 여러 해에 걸쳐 엄청난 양의 불필요한 과학 프로젝트들이 넘쳐 나게 되었다. 레이건과 조지 허버트 워커 부시(George Herbert Walker Bush, 아버지 부시) 대통령의 임기가 끝나자, 빌 클린턴(Bill Clinton) 행정부는 프로그램의 이름을 탄도 미사일 방어 기구라고 개명했지만 자금 지원을 계속했다. "1984년 스타워즈의 탄생으로부터 20세기가 끝날 때까지 미사일 방어에 600억 달러의 공적 자금이 투입되었다." 하지만 "이 엄청난 지출은 무시해도 좋을 만한 결과를 낳는 데 그쳤다."[89] 아들 부시 대통령은 우주의 군사화라는 길을 계속해서 따라갔다. 부시 행정부의 국가 미사일 방어 프로그램은 "스타워즈의 아들"이라는 별명을 갖게 되었다.

불행하게도 엉뚱한 연구 프로그램과 필요 없는 무기를 개발하는 데 들어간 수조 달러의 자금보다 더 나쁜 소식이 있다. 인간의 고통이라는 척도에 따르면, 투하된 적이 없는 폭탄들보다 값비싼 것은 실제로 투하된 폭탄들일 것이다. "수백만 톤의 폭탄이 투하되었다. 그로 인해 수백만 명이 죽었다. 물론 그들 대부분은 민간인들이었다."[90]

핵 위협과 그에 반대하는 운동

하지만 투하되지 않은 폭탄이라고 해서 무시할 수만은 없다. 냉전 시기에 그것들은 미국과 소련 사이에 "공포의 균형"을 이루기 위해 사용되었다. 이와 같은 전략을 "상호 확증 파괴(Mutually Assured Destruction)"라고 부르는데, 앞 글자를 따면 공교롭게도 MAD(미친)가 된다. 냉전이 끝났다고 해서 잠재적 위험이 줄지는 않았다. 전 세계에 현존하는 핵무기 비축량은 2004년에 밝혀졌다.

현재 미국은 2,000기의 육상 기지 발진의 대륙 간 수소 폭탄, 목표물에서 15분 거리에 위치한 잠수함에 3,456기의 핵무기, 그리고 언제든 투하될 수 있는 1,750기의 핵무기를 폭격기에 장착해 두고 있다. 이들 7,206기의 폭탄들 중에 2,500여 개가 단추만 누르면 발사될 수 있는 상태에 놓여 있다. 러시아 역시 비슷한 숫자의 전략 무기를 가지고 있고, 그중 약 2,000개가 즉각 발사 준비 상태에 놓여 있다. 두 나라의 핵무기 보유량을 합치면 지구상의 모든 사람들을 32차례 몰살시킬 수 있을 정도가 된다.[91]

핵 확산은 거대과학이 사회의 통제를 벗어났을 때 가져올 수 있는 가장 위험한 결과를 보여 준다. 하지만 무기들만이 문제는 아니다. "원자력을 평화적으로 이용"하는 발전소들이 사용하는 핵 원자로들은 주변 환경에 대단히 큰 위험 요소가 된다. 원자로에서 나오는 방사능이 대기 중으로 또는 물을 통해서 누출되기 때문이다. 대중들에게 핵의 위험성을 알리는 운동의 선두 주자인 컬디코트 박사는 "지금과 같은 경향이 계속된다면 우리가 숨 쉬는 공기, 우리가 먹는 음식, 마시는 물 등이 모두 방사능으로 오염되어 지금껏 인류가 경험해 보지 못한 규모의 잠재적 위험 요소로 작용할 것"이라고 경고했다.[92]

많은 양의 방사능 물질이 유출되는 거대한 사고의 가능성 이외에도, 우라늄 채굴과 처리, 그리고 핵 발전소 조작 과정에서 일상적으로 핵 폐기물이 축적되는 것 역시 무시할 수 없다.[93] 앞으로 수십만 년 동안 없어지지 않을 방사능은 암을 유발시키고 생식 관련 유전자를 변형시켜 "선천성 기형과 질병을 가진 자손을 낳을 가능성을 다음 세대뿐만 아니라 영속적으로 증가시킨다."[94]

이와 같은 위험성에 대항해, 핵무기의 폐기와 핵 발전소의 해체를 요구하는 풀뿌리 운동이 1960년대와 1970년대에 왕성하게 전개되었다.

1979년 3월 미국 펜실베이니아 주 스리마일 섬에서 원자로의 노심 용융을 정점으로 몇 차례의 핵 사고가 발생하자 대중의 두려움과 불신은 높아만 갔다. 대중들의 반대는 1982년 6월 뉴욕 시에서 열린 반핵 집회에 100만 명 정도가 참가했을 정도로 극에 달했다. 이것은 미국 역사상 가장 큰 시위였다. 반핵 정서는 1980년대 내내 강력한 힘을 발휘했고, 특히 1986년 4월 러시아의 체르노빌 핵 발전소가 폭발해 유럽 전역에 방사능 물질을 흩뿌리는 사고가 발생하자 더욱 탄력을 받았다.

미국에서 소수의 헌신적인 활동가들이 반핵 운동을 계속해 나갔지만, 1990년대 들어 핵 산업이 복지부동하자 점차 힘을 잃어 갔다. 하지만 핵 발전 설비의 생산은 조용히 규모를 늘리고 있었다. 20세기가 끝나 갈 무렵이면, 103개의 상업 핵 발전소가 미국 전체 전력 생산의 20퍼센트를 담당했다. 21세기 초에 핵 산업은 편의를 봐 주는 정부와 긴밀하게 협조하면서 공세적인 자세로 전환할 정도로 자신감에 넘쳐 있었다.

> 취임 이후 조지 워커 부시와 그의 행정부는 새로운 기술을 이용하는 핵 발전소의 허가를 보다 빠르게 내줄 수 있도록 법률을 개정할 것을 제안했다. 그들은 또한 기존 핵 발전소들의 발전 용량을 늘리는 것을 지지했을 뿐만 아니라, 폐쇄하기로 예정되어 있던 낡은 발전소들을 재허가하는 것도 장려했다. 그들은 최악의 사고가 발생했을 때 핵 발전소 운영사들의 피해를 보상하는 정부 책임 보험 프로그램을 확장 운영하겠다고 밝혔고, 핵 발전을 환경 친화적인 전력원으로 선전하기까지 했다.[95]

반핵 활동가들은 자신들의 주장을 뒷받침하기 위해 독립적인 과학자들의 도움을 받았다. 사회적 책임을 위한 의사회(Physicians for Social Responsibility)라는 조직은 특별 표창을 받을 만하다. 하지만 핵 산업과 정부의 동맹 세력들은 돈을 주고 살 수 있는 최고의 과학자들을 자신들의 대변인으로 활용함으로써 논쟁을 혼란스럽게 만드는 데 성공했다. 그들의 연구 결과의 질에 상관없이, 돈을 받고 상업적인 이해에 복무하는 과학자들의 주장을 의구심 없이 그대로 받아들여서는 안 될 것이다.

물리학이 과학적 객관성의 전형으로 받아들여지고 있는 시대에 핵물리학자들이 스스로의 이득을 위해 자신들의 과학을 왜곡하고 팔아넘기는 파렴치한 짓을 하고 있다는 것은 참으로 역설적인 일이다. 가장 널리 알려진 사례는 군산 복합체를 강력하게 옹호했으며 종종 "수소 폭탄의 아버지"로 잘못 알려져 있기도 한 에드워드 텔러(Edward Teller)이다.[96]

의료 과학의 대표 주자들이 찬핵 세력으로부터 돈을 받고 스스로를 팔아넘기는 것 역시 역겹기는 마찬가지다. 컬디코트 박사는 "심지어 미국 의사 협회(American Medical Association, AMA)마저도 원자력 발전을 옹호하고 있다."라고 선언했다. 의사 협회는 1989년에 발표한 성명서에서 미국에서의 원자력 발전은 안전 기준에서 벗어나지 않는다고 결론 내렸다. "의사 협회의 문서를 작성한 과학 위원회는 핵 산업 종사자들과 그 충실한 옹호자들로 채워져 있었다."[97]

거대과학은 도전을 용납하지 않을 정도로 우위를 보이는 듯하다. 주인공이 죽어 끝나는 모든 전기처럼, 민중의 과학도 끝나 버린 것일까? 잠깐! 장례식을 취소하라! 보통 사람들의 과학적 창의성은 아직 메마르지 않았다.

차고 속의 과학자들

우리는 한때 블랙홀이라고 알려진 외계 존재가 너무나 거대해서 단 한 개의 소립자도 그것의 중력장으로부터 벗어날 수 없으리라고 생각했다. 그 이후의 관찰 결과 그렇지 않다는 것이 밝혀지자 과학자들은 작은 질량과 에너지가 거대한 블랙홀의 손아귀에서 벗어날 수 있다는 사실을 설명하기 위해 "웜홀(wormhole)"이라는 가설적 개념을 만들었다. 그와 마찬가지로, 작고 약하지만 끈질긴 민중 과학의 정신이 20세기 후반 거대과학의 강력한 중력장의 손아귀에서 벗어나려 하고 있었다. 엘리트 전문가가 아니면 더 이상 과학 활동에서 중대한 성과를 낼 수 없으리라고 생각될 무렵, 대학 중퇴자들이 자신들의 차고와 다락방에서 일급의 과학적 혁신을 이루어 내는 거대한 지각 변동이 시작되었다. 이들은 기업-대학 복합체에 속하지 않고서도 과학적 창의력을 발휘할 수 있다는 것을 보여주었다.

첫 번째 디지털 전자 컴퓨터는 냉전의 부산물이었다. 그것들은 군사적 목적을 위해 설계되고 이용되었다. 1950년대와 1960년대 당시의 컴퓨터들은 크기가 엄청났을 뿐만 아니라 대단히 비싼 장비였다. "그것은 견고한 중앙 집권적 권력의 상징이었다. 오만하고, 익명적이며, 비효율적이고, 접근하기 어려웠다."[98] 하지만 1970년대가 되자 수많은 젊은이들이 취미로 값싼 디지털 컴퓨터를 만들기 시작했고, 이들은 컴퓨터라는 신기술을 수백만 명의 일반인들도 접근할 수 있게 만들었다.

"가정용 컴퓨터"의 탄생은 1975년 대중 잡지 《파퓰러 일렉트로닉스(Popular Electronics)》에 알테어 8800(Altair 8800)이라는, 프로그램을 입력할 수 있는 작은 장치를 395달러에 살 수 있다는 기사가 실림으로써 널리 알려지게 되었다.[99] 알테어는 에드워드 로버츠(Edward Roberts), 윌리엄 예이츠(William Yates), 짐 바이비(Jim Bybee)라는 세 명의 공군 엔지니어들에 의해 만들어졌다. 그들은 미국 앨버커키에 위치한 로버츠의 차고에 "작은 로케트 모형 취미 공방"을 차리고 작업을 진행했다. 그들의 소형 컴퓨터는 놀랍게도 “IBM 사, 왕(Wang) 사, 유니백(UNIVAC), 디지털(Digital) 사, 컨트롤 데이터(Control Data) 사 등 대기업들을 물리치는 데 성공했다.”[100)]

개인용 컴퓨터의 탄생이 로버츠, 예이츠, 바이비의 공적에만 힘입은 것은 아니었다. 이들은 여러 사람들의 작업에 의존했기 때문이었다. 지난 수십 년 동안 수많은 과학자들과 엔지니어들은 트랜지스터, 집적 회로, 마이크로프로세서 등을 발명하고 개발해 왔다. 하지만 알테어의 개발이 많은 젊은 혁신가들을 이 분야로 이끌었다는 것은 부정할 수 없는 사실이다. 이 당시 컴퓨터 분야로 뛰어든 빌 게이츠(Bill Gates), 폴 앨런(Paul Allen), 몬트 다비도프(Monte Davidoff) 등은 알테어가 컴퓨터로서 기능을 하는 데 필요한 프로그램 코드를 개발했다. 게이츠와 다비도프는 하버드 대학교 학생이었다. 앨런은 워싱턴 주립 대학교를 자퇴했다. 19세의 게이츠는 학교를 그만두고 앨런과 함께 자신들의 소프트웨어를 팔기 위한 회사를 설립했다.

그로부터 얼마 지나지 않아 1971년 또 다른 대학 자퇴생 스티브 워즈니악(Steve Wozniak)과 고등학생 스티브 잡스(Steve Jobs)도 공동 작업을 시작했다. 알테어의 등장은 미국 전역에 걸쳐 컴퓨터 클럽을 활성화시켰는데, 이 과정은 일종의 사회 운동 같았다. 워즈니악은 캘리포니아 주 먼로 파크에 위치한 한 엔지니어의 차고에서 처음 모였던 홈브루 컴퓨터 클럽(Homebrew Computer Club)의 열성 회원이었다. 이런 환경 속에서 워즈니악은 새로운 개인용 컴퓨터를 설계했고, 잡스와 함께 그것을 제조하고 판매하기 위해 애플 컴퓨터(Apple Computer) 사를 설립했다.

그들은 자신들의 물건을 팔고 친구들에게 돈을 빌려 6,000달러의 자본금을 마련했다. “애플의 초라한 유통 본부, 판매 사무소, 그리고 본사”는 다름 아닌 잡스 가족의 차고에 차려졌다.[101)] 이후 애플의 급성장과, 보다 많은 사람들에게 컴퓨터를 “사용자 친화적”으로 만드는 과정에서 애플 II(Apple II)와 매킨토시(Macintosh)가 사회에 끼친 영향은 이미 유명한 이야기이다.[102)]

애플 II와 매킨토시를 만드는 데 워즈니악과 잡스가 중심적인 역할을 담당하기는 했지만, 애플이 성공하는 과정에서 수많은 공동 개발자들이 컴퓨터 과학에 기여했던 공로 역시 인정받아 마땅하다. 그중에서도 로트 홀트, 앤디 허즈펠드(Andy Herzfeld), 빌 앳킨슨(Bill Atkinson), 버드 트리블(Bud Tribble), 버렐 스미스(Burrell Smith), 제리 매노크(Jerry Manock), 랜디 위긴턴(Randy Wigginton) 등이 중요한 역할을 했다. 홀트는 애플 II의 주요 설계자들 중 한 명이었는데, 그는 개인용 컴퓨터의 역사를 매킨토시로부터 시작하는 것은 "러시아 혁명사를 스탈린의 등장에서 시작하는 것과 같다."라고 불평했다. 또 홀트는 "맥은 훨씬 나중 일이었다. 애플은 맥이 나오기 훨씬 전부터 세계 시장을 장악했다."라고 선언하면서, 더 나아가 컴퓨터 과학의 발전과 민주화라는 측면에서는 애플 II가 중심적인 역할을 담당했다고 주장했다.

> 애플 II는 타자기가 아니었다. 그것은 아름다운 알고리듬과 씨름하기 위한 지적인 도구였다. 사람들은 프로그램을 돌리는 데 사용하려고 애플 II를 구입한 것이 아니었다. 스스로 소프트웨어를 작성하기 위해서였다. 수백 메가바이트의 이해할 수 없는 코드로 가득 찬 오늘날의 컴퓨터로는 "컴퓨터가 어떻게 작동하는지" 가르치는 것이 불가능하다. 하지만 1976년에는 12살, 14살 먹은 아이들도 고장난 컴퓨터를 고칠 수 있었다.[103)]

애플 II가 촉진한 중요한 소프트웨어 혁신들 중에는 최초의 전자 스프레드시트인 비지칼크(VisiCalc)가 있었다. 비지칼크는 "하버드 경영 대학원 학생인" 대니얼 브리클린(Daniel Bricklin)과 "그의 친구" 로버트 프랭크스턴(Robert Frankston)의 창작품이었다. "그들은 컴퓨터 분야에서는 국외자였다."[104] 브리클린과 프랭크스턴은 미국 매사추세츠 주 알링턴에 위치한 프랭크스턴의 다락방에서 작업을 진행했다. 한 역사학자가 심술궂게 지적했듯이, "보스턴 지역에는 실리콘밸리만큼 차고가 많지 않았기 때문"이었다.[105]

거대과학을 수행하고 있던 기관들은 미국 전역의 차고와 다락방에서 출현하고 있던 기술 혁신들을 처음에는 무시했고, 심지어는 헐뜯기까지 했다. 하지만 제도권 과학자들은 결국 이와 같은 소규모 벤처 회사들에 주목할 수밖에 없었다. 그리고 이들 벤처 회사들은 오래지 않아 제도권으로 진입했다. 몇몇은 개인용 컴퓨터(personal computer, PC) 사업에 뛰어든 대기업에 영입되었고, 다른 사람들은 차고에서 시작한 회사를 중견 기업으로까지 성장시켰다. 풋내기 과학과 자본의 결합은 빠른 속도로 이루어졌다. 애플 사는 설립한 지 6년 만에 4,700명의 직원과 9억 8300만 달러의 매출액을 자랑하는 기업으로 성장했다.[106] 그리고 게이츠와 앨런의 작은 소프트웨어 회사가 세계 유수의 대기업으로 탈바꿈한 이야기는 이제 전설이 되었다.

IBM은 초기에 개인용 컴퓨터 혁명에 저항했다. 하지만 곧 이 운동에 대항해 이길 수 없으리라는 것이 명확해지자 회사는 여기에 적극적으로 참여하여 주도권을 잡으려 노력했다. 1981년에 IBM의 개인용 컴퓨터가 발매되자 IBM은 강력한 재정적 뒷받침을 등에 업고 경쟁자들을 재빨리 몰아내기 시작했다. 비록 가정에서 주로 사용되었지만, IBM의 주 관심사는 개인용 컴퓨터를 사무용 기기로 만드는 것이었다. IBM은 결국 성공을 거두었다. 하지만 저가의 IBM "호환 기기(clones)"를 판매하는 새로운 경쟁자들이 이미 시장을 장악한 뒤였다. 컴퓨터 분야라는 도박판에서 가장 큰 승리를 거둔 것은 하드웨어 제조 업체가 아니라 소프트웨어 개발자인 빌 게이츠였다.

"정보 시대의 장인들"

컴퓨터 기술의 역사를 연구하는 한 역사학자는 "프로그래머들은 정보 시대의 장인, 기술자, 벽돌공, 건축가"라고 선언했다.[107] 그들이 하는 일은 손으로 하는 노동이라기보다는 머리를 쓰는 일처럼 보이기 때문에, 프로그래머를 장인이라고 부르는 것은 적절하지 않다고 생각될 수도 있다. 하지만 그들의 일을 조금만 자세히 들여다보면 과학 혁명의 최전선에 있었던 기술자들과 많은 공통점을 찾을 수 있다. 포트란(FORTRAN)이라는 프로그래밍 언어를 만든 존 백커스(John Backus)는 자신의 방식을 "반복을 통한 혁신, 끝없는 시행착오"라고 설명했다.[108] 백커스의 말이 사실이라면, 컴퓨터 과학의 창조적 핵심은 이론보다도 경험에 의해 좌우된다. 선도적인 프로그래머인 켄 톰슨(Ken Thompson)은 프로그래밍의 매력이 "온갖 재료들을 확보하기 위한 비용과 노력 없이도 물건을 만들어 내는 기술자의 만족감을 느낄 수 있"는 것이라고 설명했다.[109]

처음에는 이들 프로그래머-장인들이 새로운 과학의 전위가 되리라는 것이 명확하지 않았다. 컴퓨터 시대의 여명기에 "프로그래밍은 '뒤늦게 추가된 부분'에 불과했다." 그것은 "기술자들에게 하지 않으면 안 되는 허드렛일 취급을 받았다. 최초의 거대 계산기 에니악(ENIAC)에는 "소프트웨어가 장착되지 않았다. 기계 조작자들은 손으로 미로와 같은 전선들을 뽑고 꽂는 일을 반복하며 수백 개에 달하는 스위치들이 제 위치에 놓여 있는지를 확인해야만 했다." 즉 초기의 프로그래밍은 비숙련 **손노동**의 한 형태였다. 이와 같은 작업을 수행하기 위해 "정부는 수학 실력을 갖춘 젊은 여성들을 훈련생으로 고용했다."[110] 이 젊은 여성들은 프로그래밍의 선구자들이었다. 하지만 그들의 일은 동시대 사람들에게 전혀 인정받지 못했다.[111]

프로그래밍과 소프트웨어는 여러 해 동안 과학의 영역에 속하지 못했다.

> 컴퓨터의 엔지니어링 문화에서 하드웨어 기술자들은 프로그래머들을 미심쩍은 눈으로 바라보았다. 하드웨어야말로 진짜 학문 분야였고 프로그래머들은 자유분방한 히피였다. 하드웨어 기술자들은 전기 공학이라는 잘 정립된 분야 출신인 경우가 많았다. 게다가 하드웨어는 물리학과 화학 같은 "경성 과학" 분야의 법칙에 따라 작동했다. 몇몇 수학자들이 컴퓨터와 프로그래밍의 매력에 빠지는 경우도 있기는 했지만, 그들의 관심은 대개 고차원적인 이론에 있었지 컴퓨터 프로그램의 코드를 짜고 디버깅하는 등의 일과는 거리가 있었다. 1960년대 들어 컴퓨터 과학 학과들이 생겨나면서부터야 비로소 프로그래밍은 서서히 학계에서 인정받기 시작했다.[112]

컴퓨터 기술 초기에 엔지니어들은 프로그래머들을 낮추어 보았고, "순수" 수학자들은 반대로 엔지니어들을 우습게 여겼다. 코볼(COBOL) 언어를 만들어 낸 팀의 일원이었던 진 새메트(Jean Sammet)는 수학을 공부한 사람이 프로그래밍에 대해 흔히 갖고 있는 지적 거만함을 넘어서고 나서야 프로그래밍을 가치 있는 일로 받아들일 수 있었다. 새메트의 수학과 동료들은 컴퓨터 작업을 얕보는 경향이 있었다. "우리는 컴퓨터 센터에서 일하는 엔지니어들을 얼마나 우습게 여겼는지 모릅니다."[113]

프로그래밍이 학계에서 어느 정도 존중을 받게 된 이후에도, 주요한 혁신들은 계속해서 제도권 바깥으로부터 나왔다. 컴퓨터 시대 초창기에 코드를 작성하는 것은 대단히 전문적인 기술이었다. "공학이나 과학 문제를 컴퓨터가 계산할 수 있도록 준비하는 것은 몇 주가 걸릴 수도 있고 특별한 기술을 필요로 하는 어려운 작업이었다. 기계에게 말을 걸 수 있는 신비로운 지식을 가지고 있는 극소수의 사람들은 원시 사회의 대사제와 같았다."[114] 포트란이나 코볼과 같은 "고급" 언어가 생기고 나서야 비전문가들도 컴퓨터 기술에 접근할 수 있게 되었다.

포트란은 과학자들이 프로그래밍 사제들을 통하지 않고도 컴퓨터에 직접 문제를 입력할 수 있게끔 만들어졌다. "포트란을 만든 팀"은 "스스로 성공할 확률이 0에 가깝다고 생각했던 제도권 바깥의 국외자들로 구성되어 있었다." 그들은 "포트란을 발표했을 당시 모두 20대 또는 30대의 젊은이들이었다."[115]

제도권의 저항에도 불구하고 포트란은 엄청난 성공을 거두었을 뿐만 아니라 다른 고급 언어들이 생겨날 수 있는 토양이 되었다. 그중에서도 사회에 가장 커다란 영향을 주었던 것은 베이식(BASIC)이었다. 이 언어는 컴퓨터 과학이 민중의 과학이 되는 데 중대한 역할을 했다. 베이식은 다트머스 대학교 출신의 컴퓨터 과학자인 토머스 커츠(Thomas Kurtz)와 존 케메니(John Kemeny)가 만들었다. 대부분의 컴퓨터 전문가들은 베이식을 얕잡아 보았다. 많은 사람들이 "베이식은 나쁜 프로그래밍 습관을 조장하는 어린이 장난감 같은 언어라고 비난했고, 베이식을 가르치는 것조차 거부했다."[116] 베이식의 잠재력은 게이츠, 앨런, 그리고 다비도프가 그것을 최초의 소형 컴퓨터에 도입하기로 결정했을 때 빛을 발하기 시작했다. 하지만 만약 게이츠와 그의 친구들이 컴퓨터 과학과 수학이라는 공식적 교육 과정에 얽매여 있었다면, 그들은 중대한 업적을 남기지 못했을 것이다.

게이츠와 앨런이 알테어 8800용으로 만든 변형 베이식 언어는 그들을 새로운 산업의 선두 주자로 만들어 주었다. 그들의 회사인 마이크로

소프트(Microsoft) 사는 알테어 이후에 나온 모든 소형 컴퓨터가 필요로 하는 소프트웨어에 대한 법적 권리를 가지고 있었고, 게이츠는 얼마 지나지 않아 "세계 최고의 부자"가 되었다.[117] 하지만 후에, 역설적이게도 마이크로소프트의 대중적 이미지는 제2의 게이츠 또는 제2의 앨런이 될 벤처 사업가들의 창의성을 억압하는 악랄한 독점 기업으로 고착되어 버렸다.

정보 고속도로를 건설하다

개인용 컴퓨터 산업은 기업이 장악했고, 거대과학의 중력장은 점점 더 강력해져 갔지만, 컴퓨터의 민주화는 1990년대 들어서도 계속 진전되었다. 점점 더 많은 사람들이 컴퓨터와 친숙해지면서, 컴퓨터를 이용해 새로운 기능을 수행하는 방법들을 터득해 나갔다. 가장 중요한 사회적 결과는 컴퓨터가 예기치 못하게도 수치를 다루는 계산기에서 주요 통신 매체로 변화했다는 것이었다.

비록 인터넷은 군산 복합체에서 그 기원을 찾을 수 있지만, 그것이 전 세계를 아우르는 통신, 정보, 상업, 오락의 네트워크를 형성할 수 있게 해준 주요한 혁신들은 학생들이나 제도권 컴퓨터 과학 바깥에서 활동하는 프로그래머들에 의해 이루어졌다. 예를 들어 월드 와이드 웹이 "스위스-프랑스 경계에 놓인 유럽 핵입자 물리 연구소(Conseil Européen pour la Recherche Nucléaire, CERN)에서 발명되리라고는 아무도 예상하지 못했다. 그것은 IBM 사나 제록스 사, 또는 마이크로소프트 사 같은 대기업의 연구소나 매사추세츠 공과 대학교(MIT) 미디어 연구실 같은 유명한 대학 연구 기관에서 만들어지지 않았다."[118]

물리학자 팀 버너스리(Tim Berners-Lee)가 월드 와이드 웹에 대한 "비전을 구상"했을 당시 그는 우연히도 유럽 핵입자 물리 연구소에서 근무하고 있었다. 버너스리는 웹의 창시자로 널리 알려져 있지만, 그는 "익명의 수많은 사람들이 필수적인 재료를 제공했다."라고 조심스럽게 강조했다.[119] 거대과학 연구 기관의 대명사와도 같은 유럽 핵입자 물리 연구소는 웹의 발상지이기는 하지만 그 탄생에 있어서 방해가 되었으면 되었지 긍정적인 역할을 했던 것 같지는 않다. 버너스리 역시 유럽 핵입자 물리 연구소의 무관심에도 불구하고 자신의 생각을 밀어붙여서 성공을 거둔 것이라고 털어놓았다. 그는 "어느 정도는 몰래 숨어서 일을 진행해야만 했다."라고 회고했다. "높은 직위에 있는 사람들이 알게 되면" 이와 같은 비공식적인 프로젝트는 중단될 수밖에 없는 상황이었다. 버너스리는 "유럽 핵입자 물리 연구소 본래의 업무에서 벗어난 일을 하고 있다는 사실이 밝혀질까 봐" 걱정했다.[120]

월드 와이드 웹이 없었더라면 인터넷의 사회적 그리고 문화적인 영향력은 반감되었을 것이다. "인터넷 경제의 목수와 벽돌공 역할"을 하는 것은 "온라인 상거래 사이트의 결제 시스템을 만드는 프로그래머들"이었다.[121] 그리고 브라우저와 검색 엔진이 웹의 방대한 정보에 접근하게 해 주지 않았더라면, 인터넷의 유용성은 미미했을 것이다. 다시 한번, 차고 속에서 사업을 시작한 학생들이 큰 역할을 해냈다. 검색 엔진 야후!(Yahoo!)는 1994년 데이브 파일로(Dave Filo)와 제리 양(Jerry Yang)이라는 두 명의 스탠퍼드 대학교 학생들에 의해 만들어졌다. 같은 해, 일리노이 대학교 학생인 마크 안드리센(Marc Andreessen)과 에릭 비나(Eric Bina)는 웹 브라우저 모자이크(Mosaic)를 세상에 선보였다. 한편 스탠퍼드 대학교 학생인 래리 페이지(Larry Page)와 세르게이 브린(Sergey Brin)은 구글(Google)이라는 검색 엔진을 만들어 냈다. 페이지와 브린은 1998년 미국 캘리포니아 주 먼로파크의 차고에서 회사를 설립했다. 구글 사는 이후 수억 달러의 가치를 가지는 기업으로 급속하게 성장했다.

"컴퓨터 해방"

한편으로 빌 게이츠와 폴 앨런과 같이 컴퓨터 과학을 개인적 부를 축적하는 수단으로 생각했던 사람들이 있었다면, 다른 한편으로는 테드 넬슨(Ted Nelson)이나 밥 알브레히트(Bob Albrecht)처럼 컴퓨터가 민중의 과학이 되어야 한다고 믿었던 사람들도 있었다. 넬슨은 "하이퍼텍스트(hypertext)" 개념의 창시자로, 자신의 저서를 통해 스스로를 "민중 권력의 '컴퓨터 해방'을 위한 전도사"로 널리 알렸다.[122]

알브레히트는 1960년대에 "컴퓨터 산업이 점점 개인보다도 기관과 기업에 복무하는 경향에 불만"을 갖고 컨트롤 데이터 사를 사퇴했던 컴퓨터 엔지니어였다. 알브레히트는 샌프란시스코로 옮기고 나서 "곧 캘리포니아 북부 대안 컴퓨터 문화의 중핵이 되었다. 그는《민중의 컴퓨터 회사(*People's Computer Company, PCC*)》라는 제목의 타블로이드 지를 통해 대중을 위한 컴퓨터라는 복음을 전파하기 시작했다." 알브레히트와 그의 동업자들은 PCC라는 이름의 컴퓨터 센터를 개설해 "기계와 코드를 해방의 도구로 삼는 컴퓨터 문화를 전파하는 본부"로 삼았다. PCC 회원들은 대개 "언론의 자유를 옹호하고 자본과 베트남 전쟁을 반대하는 반체제 인사들"이었다.[123]

알브레히트와 그의 동료 데니스 앨리슨(Dennis Allison)은 소형 컴퓨터로 혁신적인 일을 하는 프로그래머의 숫자를 엄청나게 늘릴 수 있게 해주는 베이식 언어의 한 버전을 개발했다. 게이츠나 앨런의 접근 방식과는 반대로, 알브레히트와 앨리슨은 "다른 사람들이 하고 싶은 일을 할 수 있도록 코드를 공개했다. 그들은 그것으로부터 돈을 벌려는 생각조차 없었다. 그들은 언론의 자유와 자유 소프트웨어를 지지했다."[124)]

그들의 비전에는 자유 소프트웨어 재단(Free Softward Foundation)의 설립자 리처드 스톨만(Richard Stallman) 역시 동의하는 바였다. 스톨만은 1970년대 매사추세츠 공과 대학교 인공 지능 연구실에서 선구적인 역할을 담당했었다.

> 1984년 1월에 스톨만은 매사추세츠 공과 대학교에 사직서를 내고 소프트웨어를 자유롭게 사용할 수 있게 한다는 독특한 사명을 좇기 시작했다. 스톨만은 말했다. "나는 소프트웨어를 개인이 소유하는 것은 잘못이라는 결론에 도달했다. 그것은 사람들을 구분 짓고 무력하게 만들 뿐이다. 나는 그것에 대항해 싸우기로 결심했다."

스톨만은 "소유권 제도에 대항한 전쟁에서 사용할 수 있는 유일한 무기, 즉 소프트웨어를 개발해 무료로 배포하는 방법을 이용했다."[125)] 그의 활동은 1990년대 들어 작성한 소스 코드를 자유롭게 공유하는 전 세계 프로그래머들의 공동 작업인 "오픈 소스 소프트웨어" 운동에 커다란 영감을 주었다.

1991년에 핀란드의 학생인 리누스 토발즈(Linus Torvalds)는 컴퓨터의 기본적인 작동을 통제하는 핵심 프로그램인 운영 체제(operating system, OS)의 기본적인 뼈대를 개발해 냈고, 이것은 오픈 소스 운동의 주요한 프로젝트가 되었다. 토발즈의 창작품은 인터넷을 통해 배포되었고, 수많은 프로그래머들의 무료 봉사를 통해 그것은 마이크로소프트 사의 실질적인 독점에 도전할 수 있을 만한 리눅스(Linux)라는 운영 체제로 발전해 나갔다.

비록 오픈 소스 운동의 몇몇 지지자들은 여전히 그것이 급진적인 사회 변화를 이끌어 낼 잠재력을 가지고 있다고 믿고 있지만, IBM 사가 여기에 참여하기 시작했다는 사실은 그들의 희망이 다소 유토피아적이었다는 것을 보여 준다. IBM 사가 "셰어웨어(shareware)"를 장려했던 것은 마이크로소프트와 썬 마이크로시스템즈(Sun Microsystems) 사의 경쟁에서 비롯되었다. IBM 사의 기본 전략은 한 내부 보고서에 잘 정리되어 있다. "우리는 IBM 사가 리눅스 기반 응용 프로그램을 공격적으로 개발해야 할 뿐만 아니라 전 품목에 걸쳐 리눅스를 지원해야 한다고 권고한다. 이것은 썬 마이크로시스템즈 사가 장악하고 있는 시장을 뒤흔드는 효과를 가져올 것이다."[126]

혁명(들)에 대한 중간 평가

새로운 기술이 사회에 미치는 전반적인 영향에 대한 주장들은《와이어드(*Wired*)》에 실린 기사에서 쉽게 찾아볼 수 있다.[127] 하지만 컴퓨터 혁명, 디지털 혁명, 정보 혁명, 또는 인터넷 혁명이 사회를 보다 나은 방향으로 바꾸어 나가는 데 결정적인 역할을 했다고 말할 수 있을까? 컴퓨터 기술의 역사를 쓰기에는 아직 너무 이를지도 모른다. 이들 신기술 혁명의 이야기는 아직 현재 진행형이지만, 지금까지의 상황만 가지고도 몇 가지 결론을 도출해 낼 수 있다.

1980년대 중반이 되자 가정과 직장에서 사용되는 컴퓨터는 수백만 대에 이르렀고, 그것이 만들어 낸 문화적 대전환에 대해서는 의심의 여지가 없다. 컴퓨터는 우리가 일하고, 놀고, 돈을 쓰는 방식에 엄청난 변화를 가져다주었다. 심지어 우리의 언어, 우리가 인생과 마음과 인류에 대해 생각하는 방식, 우리의 사고방식 자체가 변했다고까지 말할 수 있다.

통신 과정을 분권화(decentralize)함으로써 인터넷과 월드 와이드 웹은 확실히 민주화를 촉진시키는 효과가 있었다. 일반인들도 정부나 기업의 통제를 받지 않고도 정보를 주고받을 수 있게 되었다. 인터넷이 전 세계 10여 개 국가들에서 표현의 자유를 위한 투쟁의 장이 되었다는 사실은 중국이 정보 초고속도로를 받아들이는 과정에서 잘 볼 수 있다. 중국의 인터넷 사용자는 1993년 아무도 없던 상태에서 1997년에는 10만 명, 2000년에는 1700만 명, 2002년에는 5900만 명으로 급속히 불어났고, 현재까지도 성장 속도가 줄지 않고 있다.[128]

중국 정부는 새로운 통신 기술에 대해 그동안 애매한 태도를 취해 왔다. 한편으로는 인터넷 상거래의 거대한 경제적 잠재력을 무시할 수 없으면서도, 다른 한편으로는 무검열 뉴스와 자유로운 통신이 가져올 정치적 결과를 두려워하고 있는 것이다. 정보의 흐름을 강력하게 통제하기 위해, 정부는 거대한 정보 접속 통제 체제를 구축해 정부의 서버를 통해서 모든 인터넷 서비스를 제공하기 시작했다. 이로써 중국 내에서는 외국 언론 기관, 인권 단체, 또는 중국 반정부 조직의 웹사이트에 접속할 수 없게 되었다. 하지만 많은 중국인 "누리꾼"들은 익명의 프록시 서버를 통해 접속하면 금지된 사이트에 접근할 수 있다는 것을 알아냈다. 정부의 인터넷 감시단은 이와 같은 프록시 서버를 찾아내는 대로 접속 금지 사이트 목록에 추가하는 일을 계속했다.

이러한 술래잡기 놀이는 기술의 변화에 발맞추어 더욱 복잡해졌다. 하지만 중국의 "인터넷 경찰"들은 그동안 "사이버 반체제 인사"들을 비교적 성공적으로 통제해 왔다고 말할 수 있다. 이것은 물론 당국이 정보 통신 분야에서 독점적인 권력을 유지하는 데 성공했다는 것은 아니다. 중국의 채팅방, 게시판, 그리고 비공식 웹사이트들은 검열 기관의 감시망이 감당할 수 없을 정도로 활성화되었고, 게다가 이제는 수천만 명의 인터넷 사용자들이 주고받는 개인 이메일만 감시한다고 될 문제가 아니라, 수억 명의 핸드폰 사용자들이 주고받는 문자 메시지까지 신경 써야 할 지경에 이르렀다.[129] 그럼에도 엄격한 처벌 규정에 걸릴 수 있다는 위험성은 중국의 네티즌들로 하여금 스스로를 검열하게 하는 효과를 낳았다. 비록 "인터넷 있는 중국은 인터넷 없는 중국보다 훨씬 자유로운 곳"이기는 하지만,[130] 억압적인 정부는 여전히 주도권을 쥐고 있다.

중국뿐만이 아니라 전 세계에 걸쳐서 개인용 컴퓨터의 확산이 낳은 효과는 "그것을 옹호했던 사람들이 상상했던 것에 비해 훨씬 덜 혁명적"인 것으로 드러났다. 컴퓨터를 사용한다고 해서 "일반인이 권력자와 동등한 위치에 놓이게 될 수는 없는 것이다." 컴퓨터는 "가정생활에 도움이 되기보다는 사무실의 업무 기능을 도와주는 도구로서" 가장 큰 영향력을 가졌다. 폴 세루지(Paul Ceruzzi)의 결론에 따르면, 컴퓨터가 "민중에게 다가오기는 했지만 여기에는 기업의 통제라는 대가가 있었다."[131]

자본과 컴퓨터 과학의 결합은 월드 와이드 웹의 급속한 상업화와 그에 따른 21세기 초 "닷컴"의 성쇠에서 가장 극명하게 볼 수 있었다. 그것은 고전 자본주의에서 볼 수 있는 경기 순환의 가상 패러디 같았다. 컴퓨터 해방의 꿈은 사라지고, 제2의 마이크로소프트 사를 꿈꾸는 작은 기술 벤처 회사들이 정보 초고속도로를 따라 바쁘게 몰려다녔다. 이들은 몇 개의 성공 사례를 제외하고는 대부분 파산했다. 일대 소동이 가라앉고 나자 인터넷이라는 새로운 매체가 얼마나 거대 기업들에 의해 장악되었는지가 명확해졌다. 2004년이 되자 전 세계 20대 웹사이트들은 AOL-타임워너(AOL-Time Warner) 사, 디즈니(Disney) 사, 비아콤(Viacom) 사, 폭스 방송사(Fox Broadcasting) 등의 언론 재벌들에게로 소유권이 넘어가게 되었다. "겨우 14개의 회사가 전체 미국인들이 온라인에서 보내는 시간의 60퍼센트에 해당하는 콘텐츠를 제공하고 있다."[132)]

컴퓨터 이용의 확산이 "해방"으로 이어지리라고 생각했던 것은 기술에 지나친 기대를 건 결과였다. 과학과 기술은 도구이자 무기이다. 그것들이 만들어 내는 결과들은 어떻게 사용되는지에 달려 있다. 다시 말해서, 그것들을 누가 통제하느냐에 달려 있는 것이다. 현재 세계 체제 하에서 컴퓨터와 컴퓨터 과학은 대개 주요 금융권 및 대기업의 이해관계에 종속되어 있다고 할 수 있다. 부유한 개인들과 국가들에게 힘을 몰아주는 시장 원리가 아니라 사회 정의 원칙의 지배를 받는 세계 경제 체제를 구축하는 것을 해방이라고 정의한다면, 컴퓨터 혁명은 해방을 더욱 어렵게 만들었다.

이 사실이 컴퓨터 과학을 비롯한 현대 과학에 의해 만들어진 지식들은 사회 변화를 불러일으키는 데 사용될 수 없다는 것을 의미하지는 않는다. 하지만 해방이 이뤄진다면, 그것은 과학과 기술을 완전히 복속시킨 정치적 힘의 작품이 될 것이다.

결론: 과학, 민중, 그리고 미래

선사 시대의 수렵 채집인들이 자연에 대한 지식을 축적했던 것으로부터 맨해튼 프로젝트를 비롯한 최근에 이르기까지, 과학은 언제나 수많은 사람들의 기여를 필요로 하는 사회적 활동이었다. 인류 공동의 노력을 통해 얻은 것은 무엇인가?

현대 과학은 소립자의 미시 세계에서부터 은하계라는 거대한 우주 공간까지 자연에 대한 우리의 지식을 방대하게 늘리는 데 성공했다. 우리가 갖게 된 각종 기술들이 그 증거이다. 다른 한편으로, 그것은 인간에게 가장 중요한 쟁점인 사회적, 경제적, 정치적 문제들에서 신뢰할 수 없는 존재가 되었다. 과학은 비록 (적어도 부유한 지역에서는) 기대 수명을 늘려 주었고 "노동을 절약하는" 장치들을 많이 만들어 내기는 했지만, 현대 과학이 대다수 민중의 삶의 질을 증진시키지 못했다는 주장은 여전히 설득력을 가지고 있다.

과학 정보 운동을 비롯한 환경, 반핵, 여성 및 여타 대중 운동에 의한 저항의 노력들 역시 거대과학을 사회적 책임이라는 방향으로 이끌지는 못했다. 이 모든 문제들의 근원에는 이윤 추구 동기에 의한 지식 생산의 종속이 깔려 있다. 자본과 과학의 결합은 더욱 강고해져 갈 뿐이다.

과학에 대한 자본의 장악력이 줄어들 가능성이 있을까? 그리고 만약 그렇게 된다면 뭔가 달라지기는 할까? 이와 같은 질문들은 역사학자의 역할을 뛰어넘어 미래학자가 대답해야 할 것이다. 하지만 나는 두 번째 질문에 대해서는 내 나름대로의 대답을 갖고 있다. 결론을 대신해 여기에 대해 간단히 이야기해 보고자 한다.

나는 생산 수단에 대한 사유 재산을 철폐하고 시장 체계를 계획 경제로 대체한다면 인류의 필요에 복무하는 과학이 꽃필 것이라는 "버널 명제(Bernal thesis)"에 동의하지 않는다. 스탈린 치하 소비에트와 마오쩌둥 치하 중국의 경험은 이것이 **필요**조건이기는 하지만 **충분**조건은 아니라는 것을 보여 주었다.

다른 한편으로 나는 거대과학, 거대 기술, 그리고 대규모 산업은 **본질적으로** 반사회적일 수밖에 없다고 주장하는 "심층 생태주의(deep ecology)" 사상 또한 반대한다.[133] 극단적인 심층 생태주의 이론가들은 심지어 모든 종들은 동등한 가치를 가지기 때문에, 인간의 이해관계가 다른 종보다 더 가치 있다고 말할 수 없다고까지 주장한다. 누군가가 이와 같은 가치 체계를 진심으로 믿는다면 어떤 이성적 논증도 그를 설득할 수 없을 것이다. 하지만 합리적인 선택을 할 수 있는 유일한 종인 호모 사피엔스의 일원으로서 나는 인본주의적 이데올로기를 옹호할 수밖에 없다.

"지구를 먼저 생각한다."라는 것은 매력적인 말이다. 하지만 그렇게 하는 것이 전 세계 산업 생산량의 급격한 감소를 의미한다면, 결국 수십 억 명의 사람들이 굶어 죽는 결과를 낳을 것이다. 그러므로 이와 같은 생각의 옹호자들의 의도는 좋을지 모르지만, 인류의 행복이라는 측면에서 보면 오히려 사회 다윈주의보다 훨씬 잔인한 이데올로기인 셈이다. 나의 주장을 구호로 만들어 본다면, 그것은 "지구 먼저!"가 아니라 "민중 먼저!"가 될 것이다.

불행하게도, 전 세계 60~70억 인구의 이해관계에 복무하는 과학을 만들어야 한다는 나의 주장 역시 추상적인 차원에 머물러 있다고 인정할 수밖에 없다. 하지만 현대 과학이 계속해서 시장 경제 논리라는 무정부주의적 힘에 이끌리는 한, 그것이 인류에게 부정적인 영향을 가져오게 되리라는 것은 명확하다. 해결해야 할 문제는 과학, 기술, 그리고 산업을 전 세계 계획 경제의 맥락 속에서 진정한 민주적 통제 아래 놓이게 할 수 있느냐이다. 이를 통해서만이 우리는 어렵게 손에 넣은 과학 지식을 모두에게 유익하게 사용할 수 있게 될 것이다. 나는 이것을 성취하는 것이 가능하다고 믿는다. 하지만 정말로 성취할 수 있을까? 만약 그렇다면 우리는 희망을 가져도 좋을 것이다. 그렇지 못한다면 …… 케인즈의 말을 빌려, "우리 모두는 이제 곧 죽는다."

주(註)

감사의 글

1) Roy Porter and Mikulás Teich, eds., *The Scientific Revolution in National Context*, p. 6.
2) 이 단락과 다음 단락에 언급된 학자들이 쓴 저작 중 내가 이 책을 쓰면서 참고한 것들은 권말의 참고 문헌에 나와 있다.

1장 민중의, 민중에 의한, 민중을 위한 역사

1) Walter Burkert, *Lore and Science in Ancient Pythagoreanism*, p. 217. 피타고라스의 사례는 3장에서 좀 더 자세하게 다뤄진다.
2) 만약 어떤 주제를 다룬 결정판이라고 할 만한 저작이 있다면, 흔히 뉴턴의 말로 간주되곤 하는 유명한 경구에 관해서는 Robert Merton, *On the Shoulders of Giants*가 분명 그런 칭호를 얻을 자격이 있다. 뉴턴은 1675/76년 2월 5일에 로버트 훅에게 보낸 편지에서 그 표현을 썼다(Newton, Correspondence, vol. 1, p. 416).
3) 마거릿 로시터가 이 점을 특히 잘 보여 주었다. Margaret Rossiter, *Women Scien-tists in America*를 보라.
4) Lynn White Jr., *Medieval Technology and Social Change*, p. 39.
5) T. S. Ashton, *The Industrial Revolution, 1760-1830*, p. 27-28, 62.
6) 뱃사람들의 기여는 4장에서 좀 더 상세하게 다뤄진다.
7) 이 책에서는 시기 구분을 위한 약어로 "A.D."와 "B.C." 대신 "C.E."(Common Era)와 "B.C.E." (Before the Common Era)를 사용했다(우리말로는 "기원후"와 "기원전"으로 번역했다. — 옮긴

이).

8) 신흥 자본가 계급 중 부유한 이들이 도시 엘리트로서 가졌던 지위는 상대적인 것이었다. 전반적인 귀족 사회의 맥락 속에서 그들은 "하위 엘리트(subelite)" 내지 "중간" 계급이었다.

9) William Eamon, *Science and the Secrets of Nature*, p. 80.

10) *Egyptian Hieratic Papyri in the British Museum*, second series (London, 1923); J. D. Bernal, *Science in History*, vol. 1, p. 130에서 재인용.

11) Xenophon, *The Economist*, chapter 4, pp. 22-23.

12) Eamon, *Science and the Secrets of Nature*, p. 80.

13) 손꼽히는 기술사학자 한 사람은 이렇게 논평하고 있다. "사상가와 기술자를 갈라놓는…… 수천 년 묵은 구분은 심지어 우리가 살고 있는 오늘날에도 사라지지 않고 있다." Lynn White, Jr., "Pumps and Pendula," p. 110.

14) Eamon, *Science and the Secrets of Nature*, p. 37.

15) 이먼은 이렇게 쓰고 있다. "중세 후기에 글을 읽고 쓸 줄 아는 능력이 보급되면서 기술자들은 점차 자신이 지닌 기술적 비밀을 문자로 기록해 두기 시작했다. 그들은 다른 장인들을 교육시키고 자신의 발명에 대한 권리를 주장하기 위해 편람을 만들었다." 그는 "수십 개의 사례들"을 인용하고 있다. Eamon, *Science and the Secrets of Nature*, p. 83. 장인들이 저술한 이런 저작들은 5장에서 좀 더 상세하게 다뤄진다.

16) 데이바 소벨(Dava Sobel)이 쓴 책『경도(*Longitude*)』와 이 책에 기반해 만들어진 4시간짜리 텔레비전 다큐멘터리는 해리슨을 위대한 과학자들의 만신전에 올려놓으려는 시도를 하고 있다.

17) Clifford Dobell, ed., *Antony van Leeuwenhoek and His "Little Animals."* 인용한 문구는 책 표지에 나온 것을 옮겼다.

18) 가령 Edgar Zilsel, "The Origins of Gilbert's Scientific Method," p. 91을 보라.

19) "Physicists Seek Definition of 'Science,'" *Nature*, April 31, 1998.

20) J. D. Bernal, *Science in History*, vol. 1, pp. 3, 34.(한국어판『과학의 역사: 돌도끼에서 수소폭탄까지 1~4』(김상민 외 옮김, 한울, 1995년) — 옮긴이) 모두 4권으로 구성된 이 중요한 과학사 연구의 저자는 본업이 역사학자가 아니었다. 존 데즈먼드 버널은 결정학 분야에 대한 기여로 20세기의 지도적 물리학자 반열에 오른 인물이다.

21) Benjamin Farrington, *Science in Antiquity*, p. 3.

22) 다른 한편으로 일부 과학사학자들은 이러한 과학의 정의가 충분히 포괄적이지 못하다고 생각할지 모른다. "지식"이라는 표현이 정확히 무엇을 의미하는가 하는 물음이 여전히 남아 있기 때문이다. 이는 과거의 사람들이 지식으로 간주했던 모든 것을 포함하는가, 아니면 오늘날 더 많은 이해를 갖추게 된 우리가 지식으로 받아들이는 것에만 국한해야 하는가? (가령 Michael H. Shank, ed., *The Scientific Enterprise in Antiquity and the Middle Ages*에 수록된 도입 논문들을 보라.) 사후적으로 틀렸음이 밝혀진 지식을 과학사에서 배제해서는 안 된다는 주장에 동의하기는 하지만, 이 책의 강조점은 대다수 독자들이 오늘날 여전히 유효한 것으로 받아들이는 지식의 기원을 추적하는 데 있다.

23) "우표 수집"이라는 모욕은 원래 한 세기 전에 물리학자 어니스트 러더퍼드(Ernest Rutherford)에게서 유래한 말이지만, 이후에도 수없이 반복되어 왔다.

24) 이 문구는 Richard Creath, "The Unity of Science," p. 168에서 빌려 왔다.

25) Daniel S. Greenberg, *Science, Money, and Politics*, pp. 451-453.

26) 페미니스트 과학 철학자들은 "가치가 개입되지 않은" 과학이라는 관념에 대해 가장 통찰력 있는 비판을 제기해 왔다. Sandra Harding, *The Science Question in Feminism*, pp. 43-44, 227-228, 232-233(한국어판 『페미니즘과 과학』(이재경, 박혜경 옮김, 이화여자대학교 출판부, 2002년) — 옮긴이); Helen Longino, "Can There Be a Feminist Science?"; Helen Longino, *Science as Social Knowledge*, chapters 4-5를 보라.

27) Harding, *The Science Question in Feminism*, p. 47.

28) 8장에 수록된 "페미니즘 대 의료 과학"이라는 절을 보라.

29) Derek J. de Solla Price, "Of Sealing Wax and String," p. 239.

30) 자크 바전(Jacques Barzun)은 실용 기예인 테크네(techne)와 "기술(tech-nology)"을 구분한다. Barzun, *From Dawn to Decadence*, p. 205. 나는 좀 더 익숙한 용어인 기술을 사용하도록 하겠다.

31) V. Gordon Childe, *Man Makes Himself*, p. 171.

32) Claude Lévi-Strauss, *The Savage Mind*, pp. 13-15.

33) Cyril Stanley Smith, "Preface" to Denise Schmandt-Besserat, ed., *Early Technologies*, p. 4.

34) 최초의 중요한 과학 기반 기술로서 화학 염료의 대량 생산이 갖는 의미에 대해서는 David Landes, *The Unbound Prometheus*, pp. 274-276을 보라.

35) 역설적인 것은, 내가 읽어 본 책들 중에서 (이론적) 과학에 대한 기술의 존재론적 선차성을 옹호한 가장 훌륭한 책 — James McClellan and Harold Dorn, *Science and Technology in World History*(한국어판 『과학과 기술로 본 세계사 강의』(전대호 옮김, 모티브북, 2006년) — 옮긴이) — 을 쓴 저자들이 내가 과학에 대해 내린 정의를 거부할 가능성이 매우 높다는 점이다. 내가 보기에 그들이 내린 정의는 과학의 경험적 측면을 축소하고 오직 이론적 측면에만 초점을 맞추고 있다. 이렇게 함으로써 그들은 기술과 과학 사이에 지나치게 선명한 구분선을 그어 놓았고, 결국 "과학과 기술은 선사 시대에 해당하는 200만 년 동안 서로 분리된 궤적을 그렸다."(p. 5)는 결론에 이르렀다. Harold Dorn, *The Geography of Science*는 "기술과 과학을 한데 합치는" 것에 대해 더욱 강력한 반대 주장을 펼쳤다(pp. 17-21). 그럼에도 불구하고 매클렐런과 도른은 과학이 자라날 수 있었던 토양을 기술이 제공했다는 점을 훌륭하게 보여 주었으며, 내가 이 책에서 강조하고자 하는 주요 논지도 바로 그것이다.

36) Richard Westfall, "Science and Technology during the Scientific Revolution," p. 69. 여기서 웨스트폴은 17~18세기 영국 최초의 왕실 천문학자였던 존 플램스티드(John Flamsteed)의 정서를 반향하고 있다. 플램스티드는 이렇게 썼다. "우리가 과학에서 거둔 모든 위대한 성취들은 …… 사상가들의 안식처였던 난로가에서 나온 것이며 …… 그렇게 대단할 것도 없는 경험을 갖춘 선원들로부터 나온 것이 아니다." E. G. R. Taylor, *The Mathematical Practitioners of Tudor and Stuart England*, p. 4에서 재인용.

37) 6장에 수록된 "아이작 뉴턴과 헤센 명제"라는 절을 보라.

38) Strabo, *The Geography of Strabo*, vol. VII, p. 269.

39) Christopher J. Scriba, ed., "The Autobiography of John Wallis, F.R.S.," p. 27(강조는 원문).

40) Derek J. de Solla Price, *Science since Babylon*, p. 47.

41) 대니얼 그린버그(Daniel Greenberg)의 말을 빌면, "과학계의 지도자들은 그들이 속한 전문직의 역사적, 정치적, 재정적 실체에 관해 그리 믿을 만한 논평가가 못 된다." Greenberg, *Science, Money, and Politics*, p. 77.

42) 위선적인 태도라는 공격을 피하기 위해, 이 책이 터널 시각으로부터 완전히 자유롭지 않음을 다시 한번 인정하고 넘어가야겠다(앞의 주 22 참조). 자기 변호를 하자면 이 책은 대단히 방대한 주제를 간략하게 다루는 개설서로서 관련 내용을 포괄적으로 담으려는 의도를 갖고 있지 않고, 과학사의 비전문가들도 알아볼 수 있을 지식의 연속성에 초점을 맞추고 있음을 말해 두고자 한다.

43) 알렉상드르 쿠아레와 루퍼트 홀(Rupert Hall)은 과학사의 이상화된 상을 그려 낸 가장 영향력 있는 학자들이다. 아래 5장을 보라. "대단히 유능한 과학사학자들"의 대표적인 사례는 이 책 서두의 '감사의 글'에 밝혀 두었다.

44) Mott T. Greene, "History of Geology"를 보라.

45) James Jacob, *Robert Boyle and the English Revolution*과 Magaret Jacob, *The Newtonians and the English Revolution, 1689-1720*을 보라.

46) Steven Shapin, *A Social History of Truth*, p. xxi.

47) Robert Boyle, *That the Goods of Mankind May Be Much Increased by the Naturalist's Insight into Trades*, p. 444.

48) 4장에 수록된 "조수 간만"이라는 절을 보라.

49) Shapin, *Social History of Truth*, p. xxii(강조는 원문).

50) 6장 앞머리의 인용문을 보라. 과학의 사회적 효용에 관한 베이컨의 생각은 6장에서 좀 더 자세하게 다뤄진다.

51) Eamon, *Science and the Secrets of Nature*, p. 81.

52) Boyle, *That the Goods of Mankind May Be Much Increased by the Naturalist's Insight into Trades*, p. 446.

2장 선사 시대 수렵-채집인의 과학

1) Jean-Jacques Rousseau, *Discourse on Inequality among Men*, p. 180.

2) Ibid., p. 156.

3) 이 문구는 1957년에 발표된 네안데르탈인에 관한 논문에서 유래한 것으로 보인다. William L. Straus, Jr. and A. J. E. Cave, "Pathology and the Posture of Neander-thal Man."

4) John Noble Wilford, "Debate Is Fueled on When Humans Became Human"에서 재인용.

5) "최근 들어 일각에서는 **수렵-채집인**이라는 용어를 버리고 이를 총칭하는 **채식인**이라는 용어를 선호하는 현상이 나타나고 있다. 채식인이라는 용어는 수렵-채집인에서 수렵의 측면에 우위를 두는 것을 피할 수 있게 해 준다." Robert L. Kelly, *The Foraging Spectrum*, p. xiv.

6) "인간 사회들이 문화사의 99퍼센트 이상에 해당하는 기간을 수렵인과 채집인으로 보냈다는 주장은 거의 새로울 것이 없는 얘기가 되었다." Geoff Bailey, ed., *Hunter-Gatherer Economy in Prehistory*, p. 1.

7) R. B. Lee and I. DeVore, *Man the Hunter*, p. 3.

8) Marshall Sahlins, "The Original Affluent Society."

9) Kelly, *The Foraging Spectrum*, p. 150. 누나미우트 족, 핀투피 족과 관련해 켈리는 Binford, *In Pursuit of the Past*(1983)과 J. Long, "Arid Region Aborigines: The Pintupi"(1971)를 각각 인용하고 있다.

10) Susan Carol Rogers, "Woman's Place," p. 126.

11) Sarah Milledge Nelson, *Gender in Archaeology*, p. 72(강조는 원문). 채식인 사회에서는 대체로 남성은 사냥을 하고 여성은 채집을 했다고 말할 수 있지만, 넬슨은 성별 노동 분업을 절대적인 것으로 간주해서는 안 됨을 강조했다(p. 86).

12) Frances Dahlberg, ed., *Woman the Gatherer*, 1981.

13) Nelson, *Gender in Archaeology*, p. 101. 선사 시대 여성들의 특별한 기여는 이 장의 뒷부분에서 논의될 것이다.

14) Stephen Jay Gould, "Posture Maketh the Man," pp. 208-210.

15) Ibid., p. 211.

16) Frederick Engels, *The Part Played by Labor in the Transition from Ape to Man*.

17) Gould, "Posture Maketh the Man," p. 212.

18) Engels, *Part Played by Labor in the Transition from Ape to Man*.

19) James McClellan and Harold Dorn, *Science and Technology in World History*, p. 5(강조는 원문). 1장에서 언급했듯이 이 저자들은 (내 생각에) 과학과 기술을 지나치게 분리시키는 과학의 정의를 사용하고 있다.

20) V. Gordon Childe, *Man Makes Himself*, p. 106.

21) J. D. Bernal, *Science in History*, vol. 1, p. 61.

22) Kelly, *The Foraging Spectrum*, p. xiii.

23) Ibid., p. 26.

24) Jared Diamond, *Guns, Germs, and Steel*, pp. 19-21(한국어판 『총, 균, 쇠』(김진준 옮김, 문학사상사, 2005년) — 옮긴이).

25) Peter Worsley, *Knowledges*, p. 14.

26) Ibid., p. 66(강조는 원문).

27) Donald F. Thomson, "Names and Naming among the Wik Monkan Tribe," *Journal of the Royal Anthropological Institute*, vol. LXXVI(1946)을 Worsley, Knowledges, p. 66에서 재인용.

28) Worsley, *Knowledges*, pp. 66-67.

29) J. A. Waddy, *Classification of Plants and Animals from a Groote Eylandt Point of View*(1988)을 Worsley, *Knowledges*, p. 67에서 재인용.

30) Worsley, *Knowledges*, p. 69.

31) Ibid., pp. 71-72.

32) Ibid., p. 17. 그가 인용한 연구는 J. A. Waddy, *Classification of Plants and Animals from a Groote Eylandt Point of View*와 David H. Turner, *Tradition and Transformation: A Study of Aborigines in the Groote Eylandt Area, Northern Australia*(1974)이다.

33) Worsley, *Knowledges*, p. 20.

34) Ibid., p. 23.

35) Ibid., p. 56. 그가 인용한 출전은 Dulcie Levitt, *Plants and People: Aboriginal Uses of Plants on Groote Eylandt*(1981)이다. 피임약은 주로 겨우살이나무의 과실과 속껍질로부터 추출해서 썼다.

36) Worsley, *Knowledges*, p. 123(강조는 필자).

37) Ibid., pp. 72-73.

38) Richard Rudgley, *Lost Civilisations of the Stone Age*, p. 110.

39) Carlo Ginzburg, "Clues."

40) L. W. Liebenberg, *The Art of Tracking*. 특히 6장 "Scientific Knowledge of Spoor and Animal Behaviour"를 보라.

41) Liebenberg, *Art of Tracking*, pp. 4, 29, 71, 87, 91.

42) Nicolas Blurton-Jones and Melvin J. Konner, "!Kung Knowledge of Animal Behavior," p. 343.

43) Liebenberg, *Art of Tracking*, pp. 156-157.

44) 두 번째 세계 일주는 프랜시스 드레이크 경(Sir Francis Drake)이 1580년에 해냈다.

45) 이 장 앞머리의 인용문을 보라.

46) Steve Thomas, *The Last Navigator*, p. 5에서 재인용.

47) Diamond, *Guns, Germs, and Steel*, pp. 41-42를 보라.

48) J. C. Beaglehole, ed., *The Endeavour Journal of Joseph Banks 1768-1771*, vol. 1, p. 368.

49) Louis-Antoine de Bougainville, *A Voyage Round the World*, pp. 275-276.

50) Bolton Glanvill Corney, ed., *The Quest and Occupation of Tahiti by Emissar-ies of Spain during the Years 1772-1776*, vol. 2, p. 286.

51) 다시 한번 이 장 앞머리의 인용문을 보라. 또 다른 반례로는 이 장에 수록된 "'야만인들'의 지리 지식과 지도 제작"이라는 절을 보라.

52) David Lewis, *We the Navigators*, pp. 9, 342-345.

53) Ibid., p. 306. 루이스가 인용한 출전은 J. Burney, *A Chronological History of the Discoveries in the South Seas or Pacific Ocean*, vol. 5(1967)이다.

54) Lewis, *We the Navigators*, p. 248.

55) Otto von Kotzebue, *A Voyage of Discovery*, vol. 2 (1821), pp. 144-146.

56) Antonio Pigafetta, *Magellan's Voyage*, p. 110. 콜럼버스에 대해서는 이 장에 수록된 "'야만인들'의 지리 지식과 지도 제작"이라는 절을 보라.

57) Thomas, *The Last Navigator; Lewis, We the Navigators;* Thomas Gladwin, *East Is a Big Bird;* Richard Feinberg, *Polynesian Seafaring and Navigation*.

58) Lewis, *We the Navigators*, pp. 23-24, 30.

59) Gladwin, *East Is a Big Bird;* p. xi.

60) Feinberg, *Polynesian Seafaring and Navigation*.

61) Thomas, *Last Navigator*, p. viii.

62) Lewis, *We the Navigators*, p. 53.

63) Ibid., p. 7.

64) 예를 들어 Andrew Sharp, *Ancient Voyagers in the Pacific*, p. 153을 보라. "폴리네시아와 미크로네시아에 정착한 사람들이 방대한 태평양이라는 황무지에서 길을 잃은 방랑자들이었다는 점은 아무리 강조해도 지나치지 않다."

65) Lewis, *We the Navigators*, p. 16. 여기서 루이스는 M. Levison, R. G. Ward, and J. W. Webb, *The Settlement of Polynesia: A Computer Simulation*(1972)의 연구 결과를 요약하고 있다.

66) Gladwin, *East Is a Big Bird*, p. 148.

67) Ibid., p. 154.

68) Lewis, *We the Navigators*, pp. 111, 284.

69) Gladwin, *East Is a Big Bird*, p. 131.

70) 4장을 보라.

71) Jacob Bronowski, *The Ascent of Man*, p. 192(한국어판 『인간 등정의 발자취』(김현숙, 김은국 옮김, 바다출판사, 2004년) — 옮긴이).

72) Thomas, *Last Navigator*, p. 76.

73) Lewis, *We the Navigators*, p. 127에서 재인용.

74) Lewis, *We the Navigators*, p. 3.

75) Ibid., pp. 206-207.

76) Louis De Vorsey, "Amerindian Contributions to the Mapping of North America," p. 211. 이 절에 담긴 대부분의 정보는 드 보시의 논문에서 얻었다.

77) Ibid., p. 211.

78) Ibid., p. 212.

79) Ibid., p. 212.

80) Captain John Smith, "The Description of Virginia," in *Travels and Works of Captain John Smith*, ed. Edward Arber, vol. I, p. 55. De Vorsey, p. 211에서 재인용(강조는 원문).

81) J. McIver Weatherford, *Native Roots*, p. 21.

82) Samuel de Champlain, *The Works of Samuel de Champlain*, ed. H. P. Biggar, vol. II, p. 191. De Vorsey, p. 211에서 재인용.

83) Herman Friis, "Geographical and Cartographical Contributions of the American Indian to Exploration of the United States Prior to 1860"(unpublish-ed paper), p. 214. De Vorsey, p. 211에서 재인용.

84) John Lawson, *A New Voyage to Carolina*, ed. Hugh Talmadge Lefler (Chapel Hill, 1967), p. 214. De Vorsey, p. 215에서 재인용.

85) British Public Record Office, London, C.O. 700 Maps — Florida 3. De Vorsey, p. 216-217에서 인용.

86) Baron De Lahontan, *New Voyages to North America*, ed. Reuben Gold Thwartes (New York: 1900 [Reprint of 1703 English ed.]), vol. II, p. 427. De Vor-sey, p. 216에서 재인용.

87) Justin Winsor, *Christopher Columbus*, p. 442.

88) Jacques Cartier, *The Voyages of Jacques Cartier.*

89) J. B. Harley, "New England Cartography and the Native Americans," p. 174 and n. 16, p. 271.

90) Weatherford, *Native Roots*, pp. 23-24.

91) Lewis Pyenson, "Cultural Imperialism and Exact Science: German Expansion Overseas, 1900-1930," *History of Science*, vol. 20(1982)에 나온 문구를 Harley, "New England Cartography and the Native Americans," p. 188에서 재인용.

92) Harley, "New England Cartography and the Native Americans," pp. 170, 187, 195.

93) Ibid., pp. 187-190.

94) Ibid., pp. 187-188, 191.

95) Ibid., p. 195.

96) E. C. Krupp, *Skywatchers, Shamans & Kings*, p. 136.

97) Ibid., p. 135.

98) Gerald Hawkins, "Stonehenge," *Nature*, January 27, 1964. 아울러 Gerald Hawkins, *Stonehenge Decoded*도 보라.

99) Krupp, *Skywatchers, Shamans & Kings*, p. 140.

100) E. C. Krupp, *Echoes of the Ancient Skies*, pp. 1, 157.

101) Lloyd A. Brown, *Story of Maps*, pp. 35-37.

102) Krupp, *Echoes of the Ancient Skies*, p. 47.

103) Ibid., p. 165.

104) Alexander Marshack, "Lunar Notation on Upper Paleolithic Remains," p. 743. 아울러 Marshack, *The Roots of Civilization*도 보라.

105) Anthony F. Aveni, *Ancient Astronomers*, pp. 32-33. 애버니는 인류학자 윌리엄 브린 머레이(William Breen Murray)의 연구를 인용했다.

106) Krupp, *Echoes of the Ancient Skies*, p. 163.

107) Ibid., p. 145. 크럽은 John A. Eddy, "Medical Wheels and Plains Indian Astronomy," in Kenneth Brecher and Michael Fiertag, eds., *Astronomy of the Ancients*를 인용했다.

108) 이에 대한 이견은 David Vogt, "Medicine Wheel Astronomy"를 보라. 보그트는 "여기서 제시한 증거와 분석이 의료 바퀴가 천문학 유적이라는 주장을 입증하는 것은 아니"라고 결론 내리면서도, "모든 증거들은 평원 지대의 부족들이 실용적인 음력 달력을 만들 수 있는 기술적 능력을 갖추었음을 말해 준다."라고 덧붙이고 있다.

109) Krupp, *Skywatchers, Shamans & Kings*, p. 156. 아울러 Travis Hudson and Ernest Underhay, *Crystals in the Sky*도 보라.

110) E. C. Krupp, "As the World Turns," in E. C. Krupp, ed., *Archaeoastronomy and the Roots of Science.*

111) Krupp, *Skywatchers, Shamans & Kings*, pp. 149-150, 154, 228, 231, 234.

112) "과학과 문자 이용의 기원이 여기 있는 듯 보인다." Marshack, *Roots of Civiliz-ation*, p. 57.

113) Georges Ifrah, *The Universal History of Numbers*, p. 64.

114) 처음 문자를 발명하고 이용한 사람들이 수메르인인지 아니면 그들의 메소포타미아 선조인 수바

르인인지는 분명치 않다. Denise Schmandt-Besserat, "On the Origins of Writing," p. 41을 보라.

115) Denise Schmandt-Besserat, *Before Writing*. 이 분야의 비전문가들은 축약판을 참조해도 좋다. Denise Schmandt-Besserat, *How Writing Came About*. 이와 견해를 달리하는 관점으로는 S. J. Liebermann, "Of Clay Pebbles, Hollow Clay Balls, and Writing"을 보라.

116) 연도들은 Schmandt-Besserat, "On the Origins of Writing," p. 42에서 가져왔다. 내가 짧게 정리한 내용만 가지고는 그녀의 발견을 온전하게 이해하기 어렵다. 관심 있는 독자들은 주 115에 인용된 책들에서 완전한 내용을 찾아볼 수 있다.

117) Schmandt-Besserat, *How Writing Came About*, p. 17.

118) Ibid., p. 16.

119) Ibid., p. 83.

120) Ibid., p. 6; V. Gordon Childe, *What Happened in History*, p. 86.

121) Tobias Dantzig, *Number*, p. 21.

122) Schmandt-Besserat, *How Writing Came About*, p. 118.

123) 또 다른 혁명적 진보인 자릿수 계산에 대해서는 다음 절에서 다룬다.

124) Edward Chiera, *They Wrote on Clay*, pp. 83-84.

125) Georges Charbonnier, *Conversations with Claude Lévi-Strauss*, pp. 29-30.

126) Karl Kautsky, *Foundations of Christianity*, p. 204(강조는 원문).

127) Dantzig, *Number*, p. 27.

128) Ibid., p. 36.

129) Ibid., p. 25.

130) Dantzig, *Number*, p. 19에서 재인용. 자릿수 계산은 훨씬 이전 시기에 바빌로니아 수학에서 사용되었지만, 10진법이 아닌 60진법 하에서 쓰였다. 우리가 힌두-아라비아 숫자 체계라고 부르는 것 역시 인도에서 기원했다는 수많은 증거들이 있지만, 이런 결론이 보편적으로 받아들여지고 있는 것은 아니다. Lam Lay Yong and Ang Tian Se, *Fleeting Footsteps*는 우리가 쓰는 "힌두-아라비아" 체계가 실은 중국에서 기원했다고 주장한다.

131) Dantzig, Number, p. 84. 피보나치에 관해서는 5장에서 좀 더 상세히 다뤄진다.

132) Ibid., p. 33(강조는 원문).

133) Lancelot Hogben, *Mathematics in the Making*, p. 38.

134) Ifrah, *Universal History of Numbers*, pp. 416-418.

135) Ibid., p. 357. 이프라 자신은 위치값 체계의 창안자가 "인도의 학자들"이었다고 주장하지만(p. 433), 이런 추측을 뒷받침하는 문서나 기타 형태의 증거가 없다는 사실을 시인하고 있다.

136) Lancelot Hogben, *Astronomer Priest and Ancient Mariner*, p. 62.

137) Childe, *Man Makes Himself*, p. 40.

138) Ibid., p. 68.

139) Theodore A. Wertime, "Pyrotechnology," in Denise Schmandt-Besserat, ed., *Early Technologies*, p. 18.

140) Henry Hodges, *Technology in the Ancient World*, p. 41.

141) Nelson, *Gender in Archaeology*, pp. 106-108과 118-120을 보라. 넬슨이 "도기를 만드는 과정에는 본질적으로 성별화된 요소가 아무것도 없다."라고 주의를 주고 있긴 하지만, 그녀는 도기 제조가 분명히 "여성의 일"이었음을 보여 주는 증거를 수많은 문화들 — 가령 "대다수의 아메리카 원주민 집단들" — 에서 찾아내었다.

142) Childe, *Man Makes Himself*, p. 73.

143) Ibid., p. 72.

144) "많은 사회들에서 남성들도 직조 활동을 하긴 했지만, 직물은 거의 항상 여성들이 발명해 낸 것으로 간주된다." Nelson, *Gender in Archaeology*, pp. 109-111.

145) 천연 상태로 존재하는 철 대부분은 지구상에 떨어진 유성에서 유래한다.

146) Robert Raymond, *Out of the Fiery Furnace*, p. xi.

147) Hodges, *Technology in the Ancient World*, p. 92.

148) Raymond, *Out of the Fiery Furnace*, pp. 21-22, 36-49.

149) Ibid., p. 40.

150) Wertime, "Pyrotechnology," p. 22.

151) Raymond, *Out of the Fiery Furnace*, p. 35.

152) Ibid., p. 55.

153) Ibid., pp. 56-57.

154) John Read, *Through Alchemy to Chemistry*, pp. 12-13.

155) George W. Beadle, "The Ancestry of Corn," p. 125.

156) Bruce D. Smith, *The Emergence of Agriculture*, pp. 17-18.

157) Ibid., p. 17.

158) Diamond, *Guns, Germs, and Steel*, p. 143.

159) T.P. Denham et al., "Origins of Agriculture at Kuk Swamp in the Highlands of New Guinea," *Science* (July 2003)를 보라.

160) Smith, *Emergence of Agriculture*, p. 23. 다윈의 『종의 기원』의 첫 번째 장이 자연 선택이 아닌 인공 선택에 할애되었다는 점은 기억해 둘 만하다.

161) Patty Jo Watson, "Explaining the Transition to Agriculture," p. 35.

162) Smith, *Emergence of Agriculture*, p. 27.

163) Diamond, *Guns, Germs, and Steel*, pp. 132-133, 146.

164) Weatherford, *Native Roots*, p. 128.

165) Weatherford, *Indian Givers*, p. 88.

166) Beadle, "Ancestry of Corn," p. 125.

167) Weatherford, *Indian Givers*, pp. 84-85.

168) Michael J. Balick and Paul Alan Cox, *Plants, People and Culture*, p. 75.

169) Judith Ann Carney, *Black Rice*, p. 166.

170) Balick and Cos, *Plants, People and Culture*, pp. 75, 91.

171) 내가 여기서 건드린 주제 중 몇몇을 좀 더 심도 있게 파고들려는 독자들은 매혹적이면서도 술술 잘 읽히는 Jared Diamond, *Guns, Germs, and Steel*을 참고해야 할 것이다. 풍부한 기술적 자료를

제공해 주는 또 다른 문헌으로는 Richard S. MacNeish, *The Origins of Agriculture and Settled Life*가 있다.

172) Weatherford, *Indian Givers*, p. 89.

173) Joyce Chaplin, *An Anxious Pursuit*, p. 156. 18세기 유럽의 관찰자들이 작물의 도입을 아프리카 노예들 덕분으로 돌리고 있는 숱한 사례들은 William Grimé, *Botany of the Black Americans*, pp. 19-27을 보라.

174) Carney, *Black Rice*, pp. 140-141.

175) Ibid., pp. 44, 38.

176) Ibid., pp. 2, 81.

177) Ibid., pp. 136, 97.

178) Ibid., p. 90.

179) Ibid., p. 89

180) Ibid., pp. 50, 117, 107.

181) Ibid., p. 97. 그런 서술의 예를 하나 들어 보자. "캐롤라이나 저지대에서 벼 재배는 계속 발전해 지난 2,000년 동안 벼를 재배하는 그 어떤 나라에서도 달성된 적이 없는 수준의 완성도에 도달했다. …… 이와 같은 위업을 이뤄 낸 정착민들이 부릴 수 있었던 노동력은 숙련도가 가장 낮은, 기니 해안에서 막 실려 온 아프리카의 야만인들이 고작이었다. …… 이러한 결과를 성취해 낸 남부의 농장주들은 자신의 두뇌를 광범위한 규모로 활용한 이들이었다." Sass and Smith, *A Carolina Rice Plantation of the Fifties*(1936), p. 23을 Carney, pp. 97-98에서 재인용.

182) Carney, *Black Rice*, p. 48.

183) Ibid., p. 141.

184) Roy Porter, *The Greatest Benefit to Mankind*, p. 35.

185) Balick and Cox, *Plants, People and Culture*, p. 25.

186) Ibid., pp. vii, 20-21.

187) Balick and Cox, *Plants, People and Culture*, p. 14에서 재인용.

188) Balick and Cox, *Plants, People and Culture*, p. 18.

189) Ibid., pp. 38-39, 53-54.

190) 이 주제에 관한 정보를 담고 있는 탁월한 문헌은 Virgil J. Vogel, *American Indian Medicine*이다. 이 책에는 "약학에 대한 아메리카 인디언의 기여"라는 제목의 147쪽짜리 부록이 실려 있다.

191) Weatherford, *Indian Givers*, pp. 183-184.

192) Nicholas Monardes, *Joyfull Newes out of the Newe Founde Worlde*, vol. I, p. 10.

193) Vogel, *American Indian Medicine*, pp. 263-265를 보라.

194) Weatherford, *Indian Givers*, p. 177.

195) Ibid., p. 195.

196) Porter, *Greatest Benefit to Mankind*, pp. 465-466.

197) Balick and Cox, *Plants, People and Culture*, p. 27-31을 보라.

198) Ibid., p. 29.

199) Ibid., p. 29. 강조는 원문.

200) Ibid., p. 31.

201) Weatherford, *Indian Givers*, pp. 183, 190.

202) Roderick E. McGrew, *Encyclopedia of Medical History*, p. 218.

203) Ibid., p. 218.

204) Weatherford, *Indian Givers*, p. 184.

205) Cartier, *Voyages of Jacques Cartier*, pp. 79–80.

206) James Lind, *A Treatise on the Survey*, pp. 177-178. 카르티에의 경험에 관한 지식을 얻은 출전으로 린드는 "Hackluit's collection of voyages, vol. 3, p. 225"를 인용하고 있다.

207) Lind, *Treatise on Scurvy*, p. 303.

208) Balick and Cox, *Plants, People and Culture*, pp. 32, 118.

209) Ibid., p. 3.

210) Ibid., p. 3.

211) William Withering, *An Account of the Foxglove, and Some of Its Medical Uses*, p. 2. 수종[水腫](부기[浮氣]에 해당하는 현대어)은 신체 조직이나 장기에 체액이 과도하게 모여 있는 상태를 말한다.

212) Ibid., p. 2.

213) John Gerard, *The Herball, or General Historie of Plantes*.

214) Vogel, *American Indian Medicine*, pp. 10–11. 보겔은 Harlow Brooks, "The Medicine of the American Indian," *Journal of Laboratory and Clinical Medicine*, vol. XIX, no. 1(October 1933)에서 정보를 얻었다.

215) Balick and Cox, *Plants, People and Culture*, pp. 17–18.

216) "천연두 병원체 주입과 이어 백신 접종이 처음 도입된 것은 '과학'을 통해서가 아니라 민간 의료의 전승을 끌어안는 과정을 통해서였다." Porter, *Greatest Benefit to Mankind*, p. 11.

217) Cotton Mather, *The Angel of Bethesda*, p. 109에서 인용한 "베네치아의 스미르나 주재 영사" 자코부스 필라리누스(Jacobus Pylarinus)의 말(강조는 원문). 필라리누스의 편지는 1717년에 왕립학회의《철학 회보》에 실렸다.

218) 병원체 주입 시술이 중국에서 유래했다는 주장에 대해서는 Joseph Needham, *The Grand Titration*, pp. 58–59를 보라.

219) Otho T. Beall and Richard Shryock, *Cotton Mather*.

220) George Lyman Kittredge, ed., "Lost Works of Cotton Mather," p. 422(강조는 원문).

221) Mather, *The Angel of Bethesda*, p. 107(강조는 원문).

222) William Douglass, *Inoculation Consider'd*(1722)를 Kittredge, "Lost Works of Cotton Mather," p. 436에서 재인용(강조는 원문). 병원체 수입을 둘러싼 논쟁에 대해서는 John B. Blake, "The Inoculation Controversy in Boston," pp. 489–506을 보라.

223) Kittredge, "Lost Works of Cotton Mather," p. 430(강조는 원문).

224) Ibid., pp. 439–440.

225) Larry Stewart, "The Edge of Utility"를 보라.

226) Porter, *Greatest Benefit to Mankind*, p. 275에서 재인용(강조는 원문).

227) Elizabeth Anne Fenn, *Pox Americana*, pp. 41-42에서 재인용(강조는 원문).

228) Fenn, *Pox Americana*, p. 102.

229) Porter, *Greatest Benefit to Mankind*, pp. 275-276.

230) Edward Jenner, 1801을 Hervé Bazin, *The Eradication of Smallpox*, p. 180에서 재인용(강조는 원문).

231) Richard Horton, "Myths in Medicine," p. 62.

232) Peter Razzell, *Edward Jenner's Cowpox Vaccine*.

233) C.N.B. Camac, ed., *Classics of Medicine and Surgery*, p. 211에서 재인용.

234) Blurton-Jones and Konner, "!Kung Knowledge of Animal Behavior," p. 348.

3장 그리스의 기적은 없었다

1) David Pingree, "Hellenophilia versus the History of Science," pp. 30-31.

2) Michael H. Shank, "Introduction" to *The Scientific Enterprise in Antiquity and the Middle Ages*, pp. 4-5.

3) 예컨대 Dick Teresi, *Lost Discoveries*를 보라. 반면 그리스 천재들에 대한 숭배의 정신은 여전히 살아 있으며 Charles Murray, *Human Accomplishment* 같은 책에 잘 드러나 있다.

4) Martin Bernal, *Black Athena, vol. I: The Fabrication of Ancient Greece, 1785-1985*.(한국어판 『블랙 아테나 1』(오흥식 옮김, 소나무, 2002년) — 옮긴이) 마틴 버널은 이 책에서 자주 인용되는 『역사 속의 과학(*Science in History*)』의 저자 존 데즈먼드 버널의 아들이다.

5) 특히 Mary Lefkowitz, *Not Out of Africa*와 Mary Lefkowitz and Guy MacLean Rogers, eds., *Black Athena Revisited*를 보라.

6) Mario Liverani, "The Bathwater and the Baby," p. 421.

7) 노이게바우어에 대한 평가는 Robert Palter, "Black Athena, Afrocentrism, and the History of Science," p. 213에서 가져왔다. 노이게바우어의 말은 Martin Ber-nal, "Animadversions on the Origins of Western Science," p. 77에서 재인용했다(강조는 필자).

8) Pingree, "Hellenophilia versus the History of Science," p. 38.

9) Stephen F. Mason, *A History of the Sciences*, p. 23.

10) J. D. Bernal, *Science in History*, vol. 1, p. 127.

11) Benjamin Farrington, *Science in Antiquity*, pp. 3-4.

12) Ibid., p. 8. 이 문헌의 내용에 관해서는 James H. Breasted, *The Edwin Smith Surgical Papyrus*를 보라.

13) James H. Breasted, *The Conquest of Civilization*, p. 112.

14) Ibid., p. 113. "위대한 백인종에는 항상 검은 머리카락에 길쭉한 머리 모양을 한 '지중해 인종'이 포함되어 있었다. …… 이집트인들이 이런 유형에 속했다(살갗이 검게 그을려 있긴 하지만)."

15) Herodotus, *The History*, book II, 50-51.

16) Isocrates, *Busiris*, section 28 (Loeb Classical Library, vol. 3, p. 119).

17) G. S. Kirk, J. E. Raven, and M. Schofield, eds., *The Presocratic Philosophers*, pp. 76-86에 인용

된 고대 저자들의 증언을 보라.

18) Aristotle, *Metaphysics*, book I, chapter 1, 981b.

19) Plato, *Phaedrus*, 274.

20) Herodotus, *History*, book II, 109.

21) Strabo, *The Geography of Strabo*, vol. VII, pp. 269-271.

22) Proclus Diadochus, *Commentary on Euclid's Elements*를 Morris R. Cohen and I. E. Drabkin, *A Source Book in Greek Science*, p. 34에서 재인용.

23) M. Bernal, *Black Athena*, p. 106에서 재인용. 칼 마르크스도 같은 점을 지적했다는 점은 흥미로운 일이다. 그는 "플라톤의 『국가론』은 이집트의 신분제도의 아테네식 이상화에 불과하다."고 썼다. Marx, *Capital*, vol. 1, p. 366.

24) M. Bernal, *Black Athena*, pp. 215-223.

25) Ibid., p. 215.

26) Johann Friedrich Blumenbach, *On the Natural Varieties of Mankind*.

27) M. Bernal, *Black Athena*, p. 219.

28) Ibid., pp. 218-219. 마이네르스의 "민족사(peoples' history)"는 "민중사(people's history)"와 완전히 다른 개념이다. 어포스트로피를 어디에 찍느냐에 따라 엄청난 차이가 난다.

29) Ibid., p. 33.

30) Stephen Jay Gould, *The Mismeasure of Man*, p. 36에서 재인용(한국어판 『인간에 대한 오해』(김동광 옮김, 사회평론, 2003년) — 옮긴이)

31) M. Bernal, p. 241에서 재인용.

32) Stephen Jay Gould, *The Mismeasure of Man*, p. 36에서 재인용.

33) ibid., p. 36에서 재인용.

34) ibid., p. 45에서 재인용.

35) ibid., p. 47에서 재인용.

36) ibid., pp. 83-84에서 재인용.

37) ibid., p. 84에서 재인용.

38) ibid., p. 84에서 재인용.

39) Farrington, *Science in Antiquity*, p. 6. 그가 말하고 있는 것은 린드 파피루스(수학)와 에드윈 스미스 파피루스(의학)로, 이 둘은 함께 발견되었다. Breasted, *Edwin Smith Papyrus*와 T. Eric Peet, *The Rhind Mathematical Papyrus*를 보라.

40) M. Bernal, *Black Athena*, p. 15.

41) Herodotus, *History*, book II, 104.

42) See, e.g., Mary R. Lefkowitz, "Ancient History, Modern Myths," pp. 11-12.

43) 고대 이집트 사람들은 "흑인"이었는가? 이 질문이 의미하는 바는 무엇인가? 학술지 《아레투사(*Arethusa*)》의 1989년 가을 호에서 프랭크 M. 스노던 2세와 마틴 버널이 주고받는 논쟁을 보라.

44) M. I. Finley, *The Ancient Greeks*, p. 121.

45) Farrington, *Science in Antiquity*, p. 18.

46) "원자료들은 개인의 과학적 성취를 강조하는 쪽으로의 편향을 반영하고 있다(이런 편향은 문서

자료의 중요성에 우위를 두는 수많은 근대 이후의 논평가들에 의해 지속되어 왔다)." O. A. Dilke, "Cartography in the Ancient World: An Introduction," p. 140.

47) Simplicius, following Theophrastus, Kirk, Raven, and Schofield, *Presocratic Philosophers*, p. 86에서 재인용.

48) Finley, *Ancient Greeks*, p. 34.

49) Benjamin Farrington, *Greek Science*, p. 80에서 재인용.

50) Aristotle, *Politics*, book I, chapter 11, 1259a. 아리스토텔레스의 설명은 탈레스의 과학적 탐구에 점성술이 포함되어 있었음을 시사한다. 점성술은 상대적으로 최근까지도 전적으로 정당한 과학의 일부로 간주되었다는 사실을 기억해 두어야 할 것이다.

51) Karl Kautsky, *Foundations of Christianity*, p. 205.

52) Kirk, Raven, and Schofield, *Presocratic Philosophers*, pp. 144-145를 보라.

53) Ibid., pp. 197-198.

54) J. D. Bernal, *Science in History*, vol. 1, p. 167.

55) Otto Neugebauer, *The Exact Sciences in Antiquity*, p. 36.

56) Palter, "*Black Athena*, Afrocentrism, and the History of Science," p. 233.

57) Walter Burkert, *Lore and Science in Ancient Pythagoreanism*, pp. 216, 426.

58) Ibid., pp. 292-294.

59) Farrington, *Science in Antiquity*, p. 32.

60) J. D. Bernal, *Science in History*, vol. 1, p. 181, citing G. Thomson, *Studies in Ancient Greek Society* (London, 1949; 강조는 원문).

61) Farrington, *Science in Antiquity*, p. 34.

62) J. D. Bernal, *Science in History*, vol. 1, p. 181-183. 버널은 이렇게 덧붙이고 있다. "파르메니데스의 관념론은 '신이 내린' 권리에 따라 통치하는 소수에게 있어 극히 편리한 [철학적 기반]이다."

63) Farrington, *Science in Antiquity*, p. 36.

64) Benjamin Farrington, *Science and Politics in the Ancient World*, p. 119.

65) Farrington, *Science in Antiquity*, p. 36.

66) Farrington, *Science and Politics in the Ancient World*, pp. 29-30에서 재인용.

67) Farrington, *Science in Antiquity*, p. 114.

68) George Sarton, *A History of Science*, vol. I, p. 409. 플라톤의 반민주주의적 이데올로기에 대한 설명은 Karl Popper, *The Open Society and Its Enemies*를 보라.

69) Farrington, *Greek Science*, p. 106.

70) Farrington, *Science in Antiquity*, p. 58.

71) The *virtuosi* are discussed in chapters 5 and 6.

72) Farrington, *Science and Politics in the Ancient World*, p. 126.

73) Ibid., p. 127.

74) Ibid., p. 94.

75) Plato, *The Republic*, book III, 414-415.

76) Farrington, *Science and Politics in the Ancient World*, p. 105.

77) Aristotle, *Metaphysics*, book XII, chapter 8, 1074b.

78) Shadia Drury, *The Political Ideas of Leo Strauss*; and Drury, *Leo Strauss and the American Right*을 보라.

79) Shadia Drury, "Noble Lies and Perpetual War."

80) J. G. Landels, *Engineering in the Ancient World*, p. 189.

81) Farrington, *Science in Antiquity*, p. 7.

82) Sarton, *A History of Science*, vol. 1, pp. 403-404.

83) Ibid., pp. 420, 423, 430.

84) Ibid., p. 451.

85) Farrington, *Science in Antiquity*, p. 49.

86) Ibid., p. 52.

87) Ibid., p. 52.

88) "Aphorisms," in Hippocrates, *Hippocratic Writings*, p. 206.

89) John Henry, "Doctors and Healers," p. 193. 히포크라테스 선서가 "피타고라스주의 선언"이었음을 처음 밝혀낸 것은 루드비히 에델슈타인의 책『히포크라테스 선서(*The Hippocratic Oath*)』(1943년)였다.

90) "Tradition in Medicine," in Hippocrates, *Writings*, p. 71.

91) Erwin H. Ackerknecht, *A Short History of Medicine*, p. 50.

92) Farrington, *Science in Antiquity*, p. 51.

93) Ackerknecht, *Short History of Medicine*, p. 72.

94) Farrington, *Science in Antiquity*, p. 134.

95) Ackerknecht, *Short History of Medicine*, p. 77. "외과의(surgeon)"라는 단어는 프랑스 어의 *chirurgien*에서 유래한 것인데, 이는 그리스 어로 "손노동자"를 뜻하는 *cheir ourgos*에서 나온 말이다.

96) Ackerknecht, *Short History of Medicine*, pp. 89-90.

97) 5장에 수록된 "내과의, 외과의, 약제사, 돌팔이 의사"라는 절을 보라.

98) Farrington, *Science in Antiquity*, p. 142.

99) Ibid., p. 114. "기계공이나 수공업자, 노동자들"에게 시민권을 주는 데 대한 아리스토텔레스의 태도는 Aristotle, *Politics*, book III, chapter 5, 1278a와 book VI, chapter 4, 1319b를 보라.

100) J. D. Bernal, *Science in History*, vol. 1, p. 44.

101) Aristotle, *Meteorology*, book I, chapter 12, 348b-349a.

102) J. D. Bernal, *Science in History*, vol. 1, pp. 167, 169.

103) T. Gomperz, *Greek Thinkers*, vol. 2, p. 148. 고대의 맥락에서 "프롤레타리아"라는 단어의 의미는 "노동 계급"보다는 "도시 빈민"에 더 가깝다.

104) Farrington, *Science and Politics in the Ancient World*, p. 122.

105) W. W. Tarn, *Alexander the Great and the Unity of Mankind*, p. 4(강조는 필자). Aristotle, Politics, book I, chapter 5, 1254b를 보라.

106) Farrington, *Science and Politics in the Ancient World*, p. 113.

107) Ibid., p. 155.

108) Ibid., p. 98.

109) Sarton, *A History of Science*, vol. I, p. 592.

110) Farrington, *Science and Politics in the Ancient World*, pp. 125-126.

111) Polybius, *The Histories* (book 6, section 56), vol. 1, p. 506.

112) George Novack, *The Origins of Materialism*, pp. 258-259.

113) 레우키푸스와 데모크리투스(기원전 5세기)는 물질세계에 항구성이 결핍돼 있기 때문에(암석은 침식되고 물은 증발하며 사람은 죽는다.) 그것은 실재하는 것일 리가 없다는 관념론적 사고에 대한 답변으로 물질의 원자 이론을 제안했다. 원자론자들은 모든 물질 대상이 지각할 수 없을 정도로 작은 입자("원자")들로 구성돼 있으며, 이런 입자들은 항구적이고 영원하므로 실재하는 것이라는 이론을 세웠다. 우리의 감각이 물질세계에서 항구성의 결핍으로 지각하는 것은 단지 원자들의 재배열에 불과하다고 그들은 말했다.

114) Farrington, *Science in Antiquity*, p. 102.

115) J. D. Bernal, *Science in History*, vol. 1, p. 212.

116) Lionel Casson, *Libraries in the Ancient World*, pp. 35, 70.

117) Farrington, *Greek Science*, p. 302.

118) J. D. Bernal, *Science in History*, vol. 1, p. 218.

119) Ibid., p. 222.

120) Henry M. Leicester, *The Historical Background of Chemistry*, p. 38.

121) Ibid., pp. 41, 44, 46.

122) Pamela H. Smith, *The Body of the Artisan*, p. 16.

123) Leicester, *Historical Background of Chemistry*, p. 47.

124) J. D. Bernal, *Science in History*, vol. 1, p. 235.

125) Leicester, *Historical Background of Chemistry*, p. 38.

126) Edward Peters, "Science and the Culture of Early Europe," p. 9(강조는 필자).

127) J. D. Bernal, *Science in History*, vol. 1, p. 267.

128) Ibid., p. 235.

129) Ibid., p. 234.

130) A. I. Sabra, "Situating Arabic Science," p. 226.

131) William Eamon, *Science and the Secrets of Nature*, p. 39.

132) Roy Porter, *The Greatest Benefit to Mankind*, pp. 93-94.

133) 그러나 "화학(chemistry)"이라는 단어에서 "chem"은 이집트 어의 *khem*이 아랍 어로 유입된 것으로 보이는데, 이는 제료 과학의 기원이 훨씬 더 이전 시기에 있음을 말해 준다. 이 울러 중국어에서 유래했다는 주장도 제기된 바 있다. Needham, *Science in Traditional China*, p. 59를 보라.

134) Farrington, *Greek Science*, p. 309.

135) 이슬람 전통에는 그 나름의 과학사의 "위인"들이 있다. 이에 따르면 연금술의 기원은 우마이야의 왕자인 칼리드 이븐 야지드와 6대 이맘(이슬람의 종교 지도자 — 옮긴이)으로 자비르의 선생이었다고 하는 자아르 알-사디크에게로 소급된다. 그러나 "실제 칼리드나 실제 자아르가 연금술에 관

심을 가졌다는 증거는 없다." Leicester, *Historical Background of Chemistry*, pp. 62-63.

136) 자비르가 실존 인물인지 여부는 대단히 불분명해서 후대의 저자들은 그를 8세기, 9세기, 10세기에 살았던 인물로 제각기 이해했다. 자비르는 그의 이름을 빌린 13세기의 라틴 저자(라틴명은 "게베르[Geber]"였다.)와 종종 혼동되기도 했다.

137) P. Kraus, *Jabir ibn Hayyan*, vol. 1.

138) 이 이론에서 "수은"과 "황"은 특정한 원소가 아니라 추상적인 성질을 가리킨다. 예컨대 황은 "가연성의 원리"였다.

139) J. D. Bernal, *Science in History*, vol. 1, p. 280.

140) Leicester, *Historical Background of Chemistry*, p. 72.

141) J. D. Bernal, *Science in History*, vol. 1, p. 279.

142) Needham, *Science in Traditional China*, p. 9. 여러 권으로 된 니덤의 대작 『중국의 과학과 문명(*Science and Civilisation in China*)』은 앞으로도 분명 오랜 기간 동안 서구 세계에서 중국 과학의 역사를 다룬 가장 권위 있는 저작의 자리를 지킬 것이다. 니덤 연구소(Needham Institute)의 수전 베넷에 따르면, "지금까지 이 시리즈로 21권의 책이 출간되었고, 니덤 박사가 생전에 구상한 프로젝트에 따라 추가로 나올 책들에 대한 연구가 계속되고 있다. …… 이 시리즈로 모두 28권의 책이 나올 것으로 예상된다." Personal Communication, 2003. 축약본인 *The Shorter Science and Civilisation in China*도 있다. 나는 니덤이 평생의 연구 결과를 요약한 세 권의 짧은 책들 — *The Grand Titration, Science in Traditional China, Clerks and Craftsmen in China and the West* — 을 인용했다. 니덤은 자신의 연구가 갖는 집단적 성격을 결코 잊지 않았고, 수많은 중국인 동료 학자들, 특히 노계진(魯桂珍), 왕정녕(王靜寧), 조천흠(曹天欽), 하병욱(何丙郁)에게 공로를 돌렸다. 그가 "자신의 주요 협력자"라고 불렀던 노계진을 처음 만났을 때 그녀는 니덤 밑에 있는 젊은 학생이었다. 그는 자신에게 중국 과학사를 처음 소개해 준 것이 바로 그녀였다고 했다.

143) Joseph Needham, *The Grand Titration*, p. 11. 카르다노 현가장치는 이탈리아 사람 지롤라모 카르다노(제롬 카르단)의 이름을 딴 "서로 연결되어 선회축을 따라 도는 고리들의 체계"로, "카르다노의 이름이 붙기 1,000년 전에 중국에서 일반적으로 쓰이고 있었다." 또한 "파스칼의 이름이 붙은 삼각형은 [기원후] 1300년경에 중국에서 이미 오래전부터 쓰이고 있었다."(p. 17)

144) J. D. Bernal, *Science in History*, vol. 1, p. 157. 그런데 관료층으로 진입하는 데는 "간혹 주장된 것처럼 그렇게 계급 차별이 없지는 않았다. 심지어 최고로 개방적이었던 시기에도 훌륭한 개인 서재를 갖춘 식자층 가정의 자제는 대단히 큰 이점을 가졌기 때문이다." Needham, *Science in Traditional China*, p. 24.

145) Needham, *Grand Titration*, p. 117.

146) Needham, *Science in Traditional China*, pp. 24-25.

147) Ibid., p. 3.

148) Needham, *Grand Titration*, p. 58.

149) Needham, *The Shorter Science and Civilisation in China*, vol. 4, pp. 3-4.

150) Needham, *Grand Titration*, p. 24.

151) Ibid., p. 62.

152) Ibid., p. 70.

153) Ibid., p. 50.

154) Needham, *Science in Traditional China*, pp. 22-23.

155) Needham, *Grand Titration*, p. 267.

156) Ibid., p. 28. 초기 중국의 장인과 엔지니어들의 사회적 지위에 대한 좀 더 자세한 논의는 Needham, *Science and Civilisation in China*, vol. 7, part 1을 보라.

157) Needham, *Grand Titration*, p. 28.

158) Ibid., pp. 29-30.

159) Ibid., p. 31.

160) Ibid., p. 27.

161) Needham, *Science in Traditional China*, pp. 73-74. 중국 당나라 때의 세계주의는 Jonathan D. Spence, *The Question of Hu*에 묘사된, 그로부터 1,000년 후의 파리가 보여 준 문화적 편협성과 흥미로운 대조를 이룬다. 18세기의 파리 사람들은 '후'라는 이름의 중국인을 대할 때, 마치 다른 행성에서 온 외계인을 보는 것처럼 별난 존재로 여겼다. 그들은 그가 세상을 인지하는 다른 방식을 정신이 이상해진 탓으로 치부했다.

162) Needham, *Clerks and Craftsmen in China and the West*, pp. 61-62.

163) Robert Temple, *The Genius of China*, p. 9.(템플의 책에는 니덤의 서문이 붙어 있는데, 그는 이 책이 "나의 작품『중국의 과학과 문명』의 정수를 훌륭하게 뽑아낸 결과물"이라고 썼다.)(한국어판 『그림으로 보는 중국의 과학과 문명』(과학세대 옮김, 까치, 2009년) — 옮긴이)

164) Temple, Genius of China, p. 114. 템플이 인용한 출전은 Shen Kua, *Dream Pool Essays*(기원후 1086년)이다.

165) J. D. Bernal, *Science in History*, vol. 1, p. 327. 인쇄술이 과학사에 미친 영향은 5장에서 좀 더 자세하게 다룬다.

166) Temple, *Genius of China*, p. 112.

167) Ibid., p. 115.

168) Ibid., pp. 112-113.

169) Ibid., p. 59.

170) Ibid., pp. 94-95. 템플이 인용한 출전은 Hsi Han, *Records of the Plants and Trees of the Southern Regions*(기원후 304년)이다.

171) Temple, *Genius of China*, p. 120에서 재인용.

172) Temple, *Genius of China*, p. 103.

173) Needham, *Clerks and Craftsmen in China and the West*, p. 204. 중국과 유럽의 기계 계시 장치의 연속성을 주장한 니덤의 입장에 대한 비판으로는 David Lan-des, *Revolution in Time*, pp. 17-25를 보라. 랜스는 니덤의 연구가 보여 준 완벽성과 진실성을 인정하면서도, 기계 시계 장치의 전파에 있어서는 니덤이 확인되지 않은 결론으로 비약했다고 주장했다.

174) Temple, *Genius of China*, pp. 61-62.

175) Ibid., p. 78.

176) Ibid., p. 54.

177) Ibid., p. 93.

178) Temple, *Genius of China*, p. 93에서 재인용.

179) Temple, *Genius of China*, p. 94.

180) Ibid., p. 49.

181) Ibid., pp. 224-225.

182) Ibid., p. 75.

183) Ibid., p. 76.

184) Ibid., p. 127.

185) T'ao Ku, *Records of the Unworldly and the Strange*(950년경)를 Temple, *Genius of China*, p. 98에서 재인용.

186) Temple, *Genius of China*, p. 99. "이 여인들은 단명했던 중국의 북제(北齊) 왕국에서 …… 빈곤에 허덕이던 궁중의 부인들이었다."

187) Ibid., p. 11.

188) Ibid., p. 20.

189) Ibid., pp. 11, 25.

190) Ibid., p. 9.

191) Ibid., p. 149-150.

192) Ibid., p. 185.

193) Ibid., p. 188.

194) Temple, *Genius of China*, p. 190에서 재인용.

195) 이 질문은 "니덤의 문제"라고 불려 왔다. 이것이야말로 니덤이 답하려 애쓴 중심 질문이기 때문이다. Kenneth Boulding, "Great Laws of Change," p. 9를 보라.

4장 대양 항해자들과 항해학

1) Virginia de Castro e Almeida, ed., *Conquests and Discoveries of Henry the Navigator; Being the Chronicles of Azurara*을 보라.

2) Peter Russell, *Prince Henry "the Navigator,"* p. 374, n. 15을 보라. 이 독일 지리학자는 J. E. Wappäus이다.

3) Russell, *Prince Henry*, pp. 6-7.

4) R. H. Major 등이 이런 주장을 펼쳤다. Edward Gaylord Bourne, "Prince Henry the Navigator," p. 185을 보라.

5) Ibid., p. 185. On Henry's will, Russell, *Prince Henry*, pp. 346-353을 보라.

6) Lloyd Brown, *The Story of Maps*, p. 109 (강조는 필자).

7) "특별히 언급할 것은 …… 15권으로 이루어진 『엔리케 기념 총서(*Monumenta Enricina*)』(1960~1974년), 그리고 실바 마르케스(J.M. Silva Marques)가 편집한, 세 권으로 출간된 방대한 『포르투갈의 발견(*Descobrimentos Portugueses*)』(1944~1971년)이다." Russell, *Prince Henry*, p. 9.

8) Ibid., pp. 6-8.

9) Clements R. Markham, *Sea Fathers*, p. 6.

10) 콜럼버스의 선원들이 무지하게도 지구가 평평하다고 생각했다는 추측에 대해서는 이 장의 뒷부분 논의를 참조하라.

11) K. St. B. Collins, "Introduction," to E. G. R. Taylor, *The Heven-Finding Art*, pp. x-xi.

12) Markham, *Sea Fathers*, p. 56.

13) Claudius Ptolemy, *The Geography*, book 1, chap. XI(Dover ed., p. 33). 프톨레마이오스는 카나리아 제도를 행운의 섬(축복받은 자들이 죽은 뒤 가게 되는 이상향으로 당시 알려져 있었다. — 옮긴이)이라고 알고 있었다. 프톨레마이오스는 이 제도의 위치를 원초 자오선으로 택하여 다른 지역의 위치를 측정하는 기준으로 삼았다.

14) J. R. Hale, *Renaissance Exploration*, p. 19. 이 아홉 번의 원정은 문헌 증거가 남아 있는 경우에 한하며, 더 많은 항해가 있었음이 분명하다. 포르투갈인들이 1336년에 카나리아 제도를 "발견"했을 때, 이 섬들에는 이미 농경 및 목축을 하는 거주민이 있었다. 포르투갈인들은 이들을 '관체'인이라고 불렀는데, "1496년에 이들은 자취를 감추었다. 유럽의 해상 팽창의 결과로 멸족된 최초의 원주민들이었다."(Judith Ann Carney, *Black Rice*, p. 9.)

15) R. A. Skelton, Thomas E. Marston, and George D. Painter, *The Vinland Map and the Tartar Relation*, p. 168.

16) E. G. R. Taylor, *The Haven-Finding Art*, p. 65.

17) Herodotus, *The History*, book IV, 42-43; 그리고 Lloyd Brown, *Story of Maps*, p. 119을 보라.

18) J. H. Parry, *The Age of Reconnaissance*, p. 84을 보라.

19) Brown, *Story of Maps*, p. 114.

20) Taylor, *The Heven-Finding Art*, p. 38.

21) Hale, *Renaissance Exploration*, p. 99.

22) Taylor, *The Haven-Finding Art*, p. 3.

23) Brown, *Story of Maps*, p. 114.

24) Alfred W. Crosby, *Ecological Imperialism*, p. 114.

25) 사실 스페인 탐험가 비센테 이아녜스 핀손(Vicente Yáñez Pinzón)이 카브랄보다 수개월 앞서서 브라질에 도착했음이 거의 분명하다. 그러나 새뮤얼 엘리엇 모리슨(Smuel Eliot Morison)이 설명했듯 "[브라질의] 점진적 개척은 핀손보다는 카브랄에서 출발했다." Morison, *The European Discovery of America: The Southern Voyages*, p. 224.

26) Armando Cortesão, *The Mystery of Vasco da Gama*. 얄궂게도, 코르테상은 이러한 문헌 자료의 공백을 오히려 "천재" 다가마의 전설을 강화하는 백지 수표로 활용하려 노력했다. 그러나 모리슨이 지적했듯 이 주장은 "아마도 근대사에서 가장 터무니 없을 텐데, 왜냐하면 증거의 부재를 오히려 포르투갈인이 모든 것을 발견했다는 긍정적인 증거로 사용하고 있기 때문이다." Morison, *The European Discovery of America: The Southern Voyages*, p. 110.

27) 저자 미상, *Calcoen: A Dutch Narrative of the Second Voyage of Vasco da Gama to Calicut*. 쪽 번호가 매겨져 있지 않다. 이 사건은 일곱 번째 및 여덟 번째 쪽에 걸쳐 서술되어 있다.

28) Markham, *Sea Fathers*, p. 46. 이 뱃사람의 이름은 역사 문헌들에서 델카노(Del Cano), 엘카노(Elcano), 그리고 데엘카도(de Elcano) 등으로 다르게 기록되었다. 하지만 그의 "천재성"에 대한 마크햄의 부정적인 평가는 가려들을 필요가 있다.

29) Crosby, *Ecological Imperialism*, p. 122.

30) Laurence Bergreen, *Over the Edge of the World*, pp. 242-243. Morison, *European Discovery of America: Southern Voyages*, p. 435도 참고하라.

31) Bergreen, *Over the Edge of the World*, pp. 278, 286.

32) Ibid., p. 394.

33) Ibid., p. 394.

34) Lionel Casson, ed. and trans, *The Periplus Maris Erythraei*.

35) Ibid., p. 87.

36) Strabo, *The Geography*, vol. I. pp. 377-385.

37) 에우독소스와 히팔로스의 관계에 대한 추측은 다음을 참조할 수 있다. J. H. Thiel, "Eudoxus of Cyzicus"; Lionel Carsson, *The Ancient Mariners*, p. 187.

38) Casson, *Periplus Maris Erythraei*, pp. 12, 224의 역주를 보라.

39) 티엘의 글 "Eudoxus of Cyzicus" 13쪽에 인용되어 있는 포세이도니우스의 글 일부. 또한 다음을 참조하라. Strabo, *Geography*, vol. I, pp. 377-379.

40) 13세기 마르코 폴로는 몬순 풍에 대해 정확하게 서술하고 있다(Marco Polo, *Travels*, p. 210). 그러나 이 정보가 바스코 다가마에게 도움이 되지는 않았던 것으로 보인다.

41) 다가마를 도왔던 전문가는 아마도 아흐마드 이븐 마지드(Ahmad Ibn Majid)였을 것이다. 당시 노인이었던 마지드는 아랍권에서 항해술 논문 및 지침서의 주요 저술가로 널리 이름나 있었다. 다가마가 어떻게 그의 협력을 얻게 되었는지에 대해서는 — 만약 마지드가 그를 안내한 이가 맞다면 — 알려진 바 없다.

42) Crosby, *Ecological Imperialism*, p. 120.

43) Jack Beeching, "Introduction" to Richard Hakluyt, *Voyages and Discoveries*, p. 10.

44) Hale, *Renaissance Exploration*, p. 42(강조는 필자).

45) Benjamin Franklin, *The Ingenious Dr. Franklin: Selected Scientific Letters of Benjamin Franklin*, p. 129.

46) Ibid., p. 131(강조는 필자).

47) Ibid., p. 131.

48) Ibid., p. 133.

49) American Philosophical Society, *Transactions* (Philadelphia, 1786), vol. 2, opposite p. 315.

50) Franklin, *Ingenious Dr. Franklin*, p. 132.

51) E. C. Krupp, *Skywatchers, Shamans & Kings*, p. 51.

52) "그러나 이와 같은 관찰은 피테아스보다 1세기 전 혹은 그보다 더 전에 마살리아에 살았던 에우티메네스(Euthymenes)의 기여로 보는 경우가 있다." Barry Cunliffe, *The Extraordinary Voyage of Pytheas the Greek*, p. 102.

53) Strabo, *Geography*, vol II, pp. 149, 153.

54) Ibid., p. 149.

55) George Sarton, *A History of Science*, vol. 1, p. 524.

56) Parry, *Age of Reconnaissance*, p. 86.

57) Taylor, *The Haven-Finding Art*, pp. 136-137.

58) Stillman Drake, *Cause, Experiment and Science*, p. 210.

59) Galileo Galilei, *Dialogue Concerning the Two Chief World Systems*, pp. 419, 445.

60) Ibid., pp. 446, 454-455, 460.

61) Casson, *Ancient Mariners*, p. 77.

62) Brown, *Story of Maps*, p. 12. 지도학의 기원은 여러 권으로 구성된 『지도학의 역사』(J. B Harley and David Woodward, eds., *The History of Cartography*)에서의 학제 간 협력 작업 덕분에 이제 보다 명확하게 밝혀졌다. 그러나 로이드 브라운의 이러한 지적은 여전히 본질적으로 유효하다. 최초의 지도 제작자들은 기록된 역사 이전 시대에 존재했고 익명으로 남아 있다.

63) Urban Wråkberg, "The Northern Space."

64) 마살리아는 오늘날 프랑스 마르세이유(Marseilles)이다.

65) 다른 저자들의 작품에 등장하는 피테아스 저서의 모든 조각들은 수집되어 『마살리아의 피테아스, 대양에 관하여』(C. H. Roseman ed., *Pytheas of Massalia, On the Ocean*)로 편찬되었다.

66) Casson, *Ancient Mariners*, p. 139.

67) Strabo, *Geography*, vol. I, pp. 399-401를 보라.

68) Cunliffe, *Extraordinary Voyage of Pytheas the Greek*, pp. 168, 173.

69) Ptolemy, *Geography*, book 1, chap. II, p. 26.

70) Ibid., book 1, chaps. XI and XVII, pp. 33, 37. 프톨레마이오스가 주로 참고한 출처 중 하나가 바로 티루스의 마리누스라는 점, 그리고 "마리누스의 방법은 그저 여행자들과 상인들의 다양한 기록들을 차용하는 것이었"음은 짚고 넘어갈 필요가 있다. O. A. W. Dilke, "The Culmination of Greek Cartography in Ptolemy," p. 179.

71) Strabo, *Geography*, vol. I, p. 267.

72) 프톨레마이오스, 스트라본, 히팔로스, 그리고 에라토스테네스를 염두에 두고 『지도학의 역사』의 편집자들은 이렇게 썼다. "일견한 바로, 그리스 헬레니즘에서 지도학이 발전한 원천을 보면 그 지식과 실행은 상대적으로 소수인 교육받은 엘리트들에게 국한된 인상을 강하게 준다. 지도 제작과 관련된 인물들은 통상적인 그리스 과학사에서 전통적으로 널리 알려진 소수의 사상가들이 대부분이다. 그러나 비록 파편적이긴 하지만 다른 문헌들을 보면 더 넓은 그림을 그릴 수 있다." Harley and Woodward, eds., *The History of Cartography*, vol I, p. 157.

73) Aurelio Peretti, *Il Periplo di Scilace: Studio sul primo portolano del Mediterraneo*.

74) A. E. Nordenskiöld, *Periplus*, p. 7.

75) Ibid., pp. 11-12.

76) Taylor, *The Haven-Finding Art*, p. 85에서 재인용.

77) Brown, *Story of Maps*, p. 114.

78) Ibid., p. 121.

79) Ibid., p. 9(강조는 필자).

80) Brown, *Story of Maps*, p. 143에서 재인용.

81) Brown, *Story of Maps*, p. 144.

82) J. B. Harley and David Woodward, "The Growth of an Empirical Cartography in

Hellenistic Greece," p. 149.

83) Strabo, *Geography*, vol. I, pp. 453-455.

84) Brown, *Story of Maps*, p. 139.

85) Louise Levathes, *When China Ruled the Seas*.

86) Taylor, *The Haven-Finding Art*, pp. 184-185.

87) Bergreen, *Over the Edge of the World*, p. 11.

88) Taylor, *The Haven-Finding Art*, p. 103.

89) Ibid., p. 104. "하나로 통합"된 "산재되어 있었던 지중해 및 흑해 전역에 걸친 수로지"는 13세기 후반 출간된 『항해의 나침반(*Compasso da navigare*)』이다. B. R. Motzo, ed., *Il Compasso da navigare*.

90) Taylor, *The Haven-Finding Art*, p. 111.

91) J. A. Bennett, "The Challenge of Practical Mathematics"를 보라.

92) 저자 미상, *An Essay on the Usefulness of Mathematical Learning*. 이 글은 1700년 11월 25일에 출간되었으며, 마틴 스트롱(Martin Strong), 존 아버스넛(John Arbuthnot), 그리고 존 케일(John Keill) 등이 글의 저자로 추측된다. 저자들이 뱃사람이나 또 다른 낮은 신분들로부터 수학을 분리시켜서 이 학문의 사회적 지위를 상승시키기를 희망했다는 점은 짚고 넘어갈 필요가 있다.

93) Brown, *Story of Maps*, p. 113.

94) Zvi Dor-Net, *Columbus and the Age of Discovery*, p. 62.

95) Taylor, *The Haven-Finding Art*, p. 112.

96) Brown, *Story of Maps*, p. 144.

97) Ibid., p. 74.

98) Tony Campbell, "Portolan Charts from the Late Thirteenth Century to 1500," p. 434.

99) David S. Landes, *Revolution in Time*, p. 111.

100) Campbell, "Portolan Charts from the Late Thirteenth Century to 1500," pp. 427-428. 캠벨은 이러한 증언이 없었더라면 "대부분의 새로운 정보가 어떻게 해도 제작자들에게 전달될 수 있었는지에 대해서는 그저 추측할 수밖에 없었을 것"이라고 첨언했다.

101) O. A. W. Dilke, "Roman Large-Scale Mapping in the Early Empire," pp. 212, 226. 딜크의 주요 참고 문헌은 『로마 토지 측량 총서』(*Corpus agrimensorum*)로, 이 문헌은 "그 집필 시기가 매우 다양한, 라틴 어로 씌어진 현존하는 짧은 저술들의 모음집이다. 이 저술들은 로마 토지 측량의 가장 주요한 문서 기록으로 인정받아 왔다." Dilke, "Roman Large-Scale Mapping," p. 217.

102) Derek J. de Solla Price, *Science since Babylon*, p. 64.

103) Silvio A. Bedini, *Thinkers and Tinkers*, pp. xv-xvii.

104) "Archaeoastronomy" in chapter 2를 보라.

105) Taylor, *The haven-Finding Art*, p. 40. 파라오 스네프루(Snefru)는 기원전 3,200년경부터 비블로스와 거래해 왔다고 알려져 있다.

106) Pliny the Elder, *Natural History*, book 2, chap. 71 (Loeb Classical Library, vol. 1, p. 313).

107) Strabo, *Geography*, vol. I, pp. 41-43.

108) Aristotle, *On the Heavens*, book 2, chap. 14, 298a.

109) Homer, *The Odyssey*, book V, 262. 이때 "목동자리"는 아르크투루스(목동자리 가장 큰 별, 대각성(大角星) — 옮긴이)를 가리킨다.

110) Strabo, *Geography*, vol. I, p. 9. 큰곰자리와 작은곰자리는 또한 큰물주걱자리, 작은물주걱자리로도 불린다.

111) Callimachus, *Iambus*, Kirk, Raven, and Schofield, *The Presocratic Philosophers*, p. 84에 수록된 부분을 재인용.

112) 시운동은 오늘날보다는 고대의 선원들에게 더 뚜렷했다. 이 때문에 서력 기원 당시 위도 측정에서 4도의 오차가 날 정도였지만 오늘날에는 1도 정도이다. 이 변화는 분점(分點)의 세차 운동 때문이다(분점에는 춘분점과 추분점이 있다. 태양이 적도 위에 있어 밤낮 길이가 같아지게 된다. — 옮긴이).

113) Brown, *Story of Maps*, p. 180.

114) Ibid., p. 184.

115) John Davis, The Seaman's Secrets.

116) 나머지 둘은 아이작 뉴턴, 그리고 존 하들리(John Hadley)라는 "컨트리 젠틀맨"이었다. 고드프리와 하들리는 각각 1730년과 1731년에 자신들의 발명을 공표했고 뉴턴은 그의 사후인 1742년에야 조명을 받았다. Brown, *Story of Maps*, pp. 192-193.

117) 이 목록에 추가될 만한 또 다른 유명한 과학 엘리트로는 라이프니츠, 파스칼, 훅, 베르누이, 오일러가 있다.

118) 데이바 소벨은『경도』에서 경도 문제 및 그 해법을 이해하기 쉽도록 설명하고 있다. 아울러 다음의 저술들도 참고할 수 있다. David W. Waters, "Nautical Astonomy and the Problem of Longitude.", Landes, *Revolution in Time*, chap. 9.

119) Richard S. Westfall, *Never at Rest: A Biography of Isaac Newton*, p. 544.

120) Robert Temple, *The Genius of China*, pp. 153-155.

121) Robert Norman, *The Newe Attractive*. 노먼이 발견한 축은 잘 알려진 축(지표와 수평을 이루며 북극을 가리키는 축 — 옮긴이)에 대해 수직이었다.

122) William Gibert, *De magnete magneticisque corporibus et de magno magneto tellure physiologia nova*. 길버트와 노먼 작업 간의 관계에 대해서는 5장에서 더 논의하고 있다.

123) Christiaan Huygens, *Horologium oscillatorium*을 보라.

124) Landes, *Revolution in Time*, p. 146에서 재인용.

125) Landes, *Revolution in Time*, pp. 133-134.

126) Galileo Galilei, *Il Saggiatore*, p. 212. "평범한 안경 제작인"의 정확한 신원에 대해서는 5장에서 살펴보도록 한다. 아울러 다음도 참조하라. Galileo Galilei, *Sider-eus nuncius*, pp. 36-37.

127) Galileo Galilei, *Sidereus nunctus*, p. 7.

128) Lynn White, Jr., "Pumps and Pendula," p. 104.

129) Amir D. Aczel, *The Riddle of the Compass*, p. 103. Lionel Casson, *Ships and Seamanship in the Ancient World*, pp. 270-271도 참조하라.

130) Timoteo Bertelli, *Discussione della legenda di Flavio Gioia, inventore della bussola* (Pavia, 1901), Aczel, *Riddle of the Compass*, p. 7의 번역을 재인용.

131) Chu Yü, *P'ingchow Table Talk*, 1117; Temple, *Genius of China*, p. 150의 번역을 재인용.

132) Alexander Neckam, *De naturis rerum libri duo*, p. 183.

133) Collins, "Introduction," p. x.

134) Herototus, *The History*, book II, 5. 11길이라는 숫자는 아마도 필사자의 착오였음이 분명하다.

135) 「사도행전」 27:28: "[뱃사람들은] 물 깊이를 재어, 20길이라는 사실을 발견했다. 그리고 좀 더 나아가서 그들이 다시 한번 물 깊이를 재 보니, 15길이었다."

136) Parry, *Age of Reconnaissance*, p. 80. A fathom equals six feet을 보라.

137) Russell, *Prince Henry*, p. 131.

138) Hale, *Renaissance Exploration*, p. 87.

139) Russell, *Prince Henry*, pp. 210, 301-302.

140) Ibid., p. 232. 러셀은 일례로서 교황 니콜라스 5세가 1455년 1월 8일에 내린 『대칙서(*Romanus pontifex*)』를 인용하고 있다.

141) Russell, *Prince Henry*, pp. 204-205.

142) Cadamosto, *Navigazioni*, Russell, *Prince Henry*, pp. 340-341에서 재인용.

143) Michel Eyquem de Montaigne, *The Essays*, book I, no. 30, "Of Cannibals," pp. 173, 175.

144) Ibid., p. 176.

145) H. Floris Cohen, *The Scientific Revolution*, p. 355.

146) Ibid., p. 355.

147) R. Hooykaas, "The Portugueses Discoveries and the Rise of Modern Science," p. 580.

148) R. Hooykaas, "The Rise of Modern Science," p. 472 (강조는 원문).

5장 누가 과학 혁명의 혁명가들인가?: 15~17세기

1) 예컨대 스티븐 섀핀의 『과학 혁명』 1쪽을 보라(한국어판 『과학 혁명』(한영덕 옮김, 영림 카디널, 2002년) — 옮긴이).

2) "과학 혁명(Scientific Revolution)"이라는 용어를 쓸 때 대문자를 사용해야 하는지는 그저 단순 편집 이상의 논란거리다. 돕스와 리처드 웨스트폴 간의 논쟁은 이를 보여 주는 사례이다. 나의 입장은 대문자 쓰기를 피하는 돕스의 의견에 가까운 편이기는 하지만, [여기서는] 대문자를 쓰는 쪽을 택했다. Dobbs, "Newton as Final Cause and First Mover"와 Westfall, "The Scientific Revolution Reasserted" in Margaret J. Osler, ed., *Rethinking the Scientific Revolution*을 참조하라.

3) Charles Van Doren, *A History of Knowledge*, pp. 139-142, 184, 195-209.

4) Derek de Solla Price, *Science Since Babylon*, p. 47.

5) William Eamon, *Science and the Secrets of Nature*, p. 11.

6) Reijer Hooykaas, "Science and Reformation," p. 59에서 재인용.

7) 이 주제에 대한 문헌들은 방대하다. 특히 다음을 참조하라. Stillman Drake, Galileo at Work, James MacLachlan, "A Test of an 'Imaginary' Experiment of Galileo's."

8) H. Floris Cohen, *The Scientific Revolution*, p. 99.

9) Thomas Kuhn, "Alexandre Koyré and the History of Science," pp. 67-69.

10) Francis Bacon, *The Great Instauration*," p. 8.

11) Bacon, "Aphorisms on the Composition of the Primary History," Aphorism 5, in *The New Organon*, p. 278.

12) Robert Hooke, *General Scheme or Idea of the Present State of Natural Philosophy* (1705), pp. 24-26.

13) Descartes, *Rules for the Direction of the Mind*, rule X.

14) Price, *Science Since Babylon*, p. 46.

15) 이 장의 "휴 플랫" 절을 보라.

16) Anthony F. C. Wallace, *The Social Context of Innovation*, pp. 21-23. L. E. Harris, *The Two Netherlanders*, pp. 171-181도 참조하라.

17) 보일에 따르면, "드레벨은 호흡을 할 수 있게 하는 것은 공기 전체가 아니라 (화학자들이 말하는) 특정한 원소 혹은 공기의 영적인 부분이라고 생각했다." Boyle, *New Experiments Physico-Mechanical, Touching the Spring of the Air*, p. 107.

18) Eamon, *Science and the Secrets of Nature*, p. 8.

19) 이 장의 "갈릴레오와 장인들" 절을 보라.

20) H. F. Cohen, The Scientific Revolution, p. 323(강조는 필자). 이는 올슈키의 세 권 분량의 고전 『지방에서의 과학적 문헌의 역사(*Geschichte der neusprachlichen wissenschaftlichen Literature*)』(1919~1927년)의 핵심 명제를 코헨이 자신의 표현으로 바꿔 쓴 것이다.

21) 이 장의 "장인 저술가들" 절을 보라.

22) J. A. Bennett, "The Challenge of Practical Mathematics," p. 176(강조는 필자).

23) Frank J. Swetz, *Capitalism and Arithmetic*, p. 295.

24) Ibid., p. 291.

25) Ibid., p. 292.

26) Ibid., pp. 11-12.

27) Paul L. Rese, *The Italian Renaissance of Mathematics*; quoted in Swetz, *Capitalism and Arithmetic*, p. 289.

28) Swetz, *Capitalicm and Arithmetic*, p. 289(강조는 필자).

29) Ibid., pp. 14-16.

30) Ibid., p. 292.

31) Ibid., p. 33.

32) Ibid., pp. 24-25, 33.

33) J. V. Field, "Mathematics and the Craft of Painting," p. 74(강조는 필자).

34) Swetz, *Capitalism and Arithmetic*, p. 240.

35) Bennett, "Challenge of Practical Mathematics," p. 178.

36) Ibid., pp. 184-185.

37) E. G. R. Taylor, *The Mathematical Practitioners of Tudor & Stuart England*, pp. 16-17. 테일러는 자신의 책에 대해 다음과 같이 말한다. "덜 중요한 이들 — 교사, 교과서 집필자, 기술자, 장인들 — 의 연대기로, 그들이 없었더라면 과학의 위인들은 자신의 세대에서 대단한 업적을 이루

지 못했을 것이다."(p. ix). 이 책에서 테일러는 582명의 수학적 작업가들의 전기적 개요를 제공하고 있다(pp. 165-307). 그 속편으로 역시 가치 있는 저술은 다음과 같다. *The Mathematical Practioners of Hanoverian England, 1714-1840.*

38) Taylor, *Mathematical Practitioners of Tudor and Stuart England*, pp. 9-10.

39) Ibid., pp. 22-23, 33, 41-42.

40) Derek de Solla Price, "Proto-Astrolabes, Proto-Clocks and Proto-Calcul-ators," p. 61.

41) Taylor, *Mathematical Practitioners of Tudor & Stuart England*, p. 162.

42) Ibid., p. 20.

43) Price, *Science Since Babylon*, p. 54. 험프리 콜에 대한 더 자세한 내용은 R. T. Gunther, "The Great Astrolabe and Other Scientific Instruments of Hum-phrey Cole"을 보라.

44) John Aubrey, *Aubrey's Brief Lives*, p. 116. 측량에 대한 군터의 공헌에 대한 더 자세한 내용은 Andro Linklater, *Measuring America*, pp. 5, 13-20.

45) E. G. R. 테일러가 인용한 저술들에 더해, Silvio A. Bedini, *Patrons, Artisans and Instruments of Science, 1600-1750*을 보라.

46) Price, *Science Since Babylon*, pp. 53-55.

47) David Landes, *Revolution in Time*, p. 113.

48) Bennett, "Challenge of Practical Mathematics," p. 177. Pamela H. Smith, *The Body of the Artisan*, pp. 65-66도 참조하라.

49) Bennett, "Challenge of Practical Mathematics," p. 178.

50) Edgar Zilsel, "The Origins of Gilbert's Scientific Method," p. 91.

51) Ross King, *Brunelleschi's Dome*, pp. 157-158.

52) Giorgio de Santillana, "The Role of Art in the Scientific Revolution," pp. 41-42.

53) George Sarton, *Six Wings*, p. 113.

54) Leonardo da Vinci, *The Notebooks of Leonardo da Vinci*, pp. 57-58.

55) Ibid., p. 853.

56) Giorgio Vasari, *The Lives of the Artists*, pp. 105, 393.

57) Ibid., pp. 327, 365.

58) Ibid., p. 224.

59) King, *Brunelleschi's Dome*, p. 13.

60) Vasari, *Lives of the Artists*, pp. 134, 140.

61) King, *Brunelleschi's Dome*, p. 35.

62) Vasari, *Lives of the Artists*, pp. 135, 140.

63) Zilsel, "Origins of Gilbert's Scientific Method," p. 91을 보라.

64) Vasari, *Lives of the Artists*, p. 120 (emphasis added).

65) Ibid., p. 121.

66) Ibid., p. 311.

67) Ibid., p. 310.

68) Ibid., p. 310.

69) Santillana, "Role of Art in the Scientific Revolution," pp. 60-61 (강조는 원문).

70) Leonardo da Vinci, Notebooks, pp. 875, 867, 993. 레오나르도 다빈치의 교육용 논저들은 그의 생전 및 사후 오랫동안 미출간 상태로 남아 있었다.

71) Santillana, "Role of Art in the Scientific Revolution," p. 34에서 재인용.

72) William Barclay Parsons, *Engineers and Engineering in the Renaissance*, pp. 94-95.

73) Christoph J. Scriba, ed., "The Autobiography of John Wallis, F.R.S.," p. 27(강조는 원문).

74) Sarton, *Six Wings*, pp. 24-25.

75) Alberti, *Trattato della pittura* (1434), J. D. Bernal, *Science in History*, vol. 2, p. 390에서 재인용.

76) Field, "Mathematics and the Craft of Painting," pp. 74, 82-83.

77) Santillana, "Role of Art in the Scientific Revolution," p. 35. 브루넬레스키의 원근 장치에 대한 묘사는 King, *Brunelleschi's Dome*, pp. 35-36을 보라.

78) 베르메르가 카메라 옵스큐라를 사용했다는 사실은 논란의 여지가 있다. 하지만 필립 스테드먼(Philip Steadman)의 최근 저서 『베르메르의 카메라(*Vermere's Camera*)』는 이 입장을 무리하게 채택하고 있는 것으로 보인다. 베르메르는 선구적인 현미경 사용자인 안톤 반 레벤후크에게 이 기구용 렌즈를 얻을 수 있었을 것이다. 베르메르와 레벤후크는 정확히 동시대에(둘 다 1632년생) 네덜란드 델프트에 살았으며, 베르메르가 사망했을 때 레벤후크는 그의 유산 집행자였다.

79) Lynn White, Jr., "Pumps and Pendula," p. 101.

80) Santillana, "Role of Art in the Scientific Revolution," p. 36.

81) Ibid., p. 56.

82) Edgar Zilsel, "Problems of Empiricism," p. 174.

83) Alexandre Koyré, *Metaphysics and Measurement*, p. 13.

84) Santillana, "Role of Art in the Scientific Revolution," p. 33.

85) Vasari, *Lives of the Artists*, p. 418.

86) 바사리의 입증에 근거해 의학사학자들은 티티안의 제자인 플랑드르의 예술가 얀 슈테판 반 칼카(Jan Stephen van Kalkar, 혹은 Calcar)가 이 삽화를 맡았다고 인정하는 경우가 종종 있다. 그러나 바사리의 이 논의는 매우 미덥지 못하다. 안드레아스 베살리우스에 대한 다음의 글을 참조하라. Saunders and O'Malley, "Introduction," *The Illustrations from the Works of Andreas Vesalius of Bruss-els.*, pp. 25-29.

87) 베살리우스에 대한 "역사적인 개관"은 다음 책을 참조하라. Vivian Nutton, *On the Fabric of the Human Body*. 너튼은 미술가 한 명이 삽화 제작을 모두 했다고 볼 수 없으며, 이것은 "해부학자, 미술가, 목판 기술자, 그리고 인쇄공의 공동 생산"으로 봐야 한다고 주장한다.

88) Price, *Science Since Babylon*, p. 54.

89) Sarton, *Six Wings*, pp. 130-132.

90) Smith, *Body of the Artisan*, p. 99.

91) Sarton, *Six Wings*, pp. 135.

92) Smith, *Body of the Artisan*, pp. 240-241.

93) Roy Porter, *The Greatest Benefit to Mankind*, p. 229에서 재인용.

94) H. F. Cohen, *Scientific Revolution*, p. 157.

95) Price, *Science Since Babylon*, p. 46, 그리고 Lane Cooper, *Aristotle, Galileo, and the Tower of Pisa*를 참조하라. 클라짓은 (서로 다른 무게의 물체가 사실상 동시에 낙하한다는) 결과를 1554년에 지암바티스타 베네데티(Giambattista Benedetti)가 먼저 출간했다는 사실을 지적했다. 클라짓은 또한 기원후 6세기에 필로포누스(Philoponus)가 실험을 통해 이미 같은 관찰을 했다고도 언급한다. Marshall Clagett, *The Science of Mechanics in the Middle Ages*, p. 665.

96) Zilsel, "Origins of Gilbert's Scientific Method," p. 79.

97) Zilsel, "The Genesis of the Concept of Physical Law," p. 110.

98) Zilsel, "Origins of Gilbert's Scientific Method," p. 92.

99) White, "Pumps and Pendula," pp. 97-98.

100) 이 학회는 1957년 9월 위스콘신 대학교에서 열렸다. 당시 발표된 논문들은 다음의 책으로 묶여 출간되었다. Marshall Clagett, ed., *Critical Problems in the History of Science*.

101) A. Rupert Hall, "The Scholar and the Craftsman in the Scientific Revolu-tion," p. 21.

102) Ibid., p. 22.

103) A. C. Crombie, "Commentary on the Papers of Rupert Hall and Giorgio de Santillana," p. 67.

104) 대체로 보아 크롬비는 피에르 뒤엠(Pierre Duhem)에 동의하는데, 뒤엠은 1913년 과학 혁명은 16세기가 아닌 14세기에 시작되었다고 주장하여 기나긴 논쟁을 촉발시킨 인물이다. 그러나 뒤엠이 파리 대학교의 학자들에만 초점을 맞춘 반면 크롬비는 연구의 범위를 옥스퍼드 대학교의 학자들에까지 확장했다.

105) Francis R. Johnson, "Commentary on the Paper of Rupert Hall," p. 30.

106) Crombie, "Commentary on the Papers of Rupert Hall and Giorgio de San-tillana," p. 68.

107) J. D. Bernal's *Science in History* (1954)은 예외이다.

108) Crombie, "Commentary on the Papers of Rupert Hall and Giorgio de San-tillana," p. 68.

109) Roy Porter, "Introduction" to Stephen Pumphrey, Paolo L. Rossi, and Maurice Slawinski, eds., *Science, Culture and Popular Belief in Renaissance Europe*, p. 2.

110) Hall, "The Scholar and the Craftsman in the Scientific Revolution," pp. 7, 21.

111) Ibid., pp. 18-19. 홀은 *Lazarus Ercker's Treatise on Ores and Assaying*, trans. Anneliese Grunhaldt Sisco and Cyril Stanley Smith (Chicago, 1951)를 인용하고 있다.

112) Hall, "The Scholar and the Craftsman in the Scientific Revolution," pp. 18, 23.

113) Benjamin Farrington, *Science in Antiquity*, p. 145.

114) 기계공과 수학적 실천가들이 기계적 철학의 탄생에서 담당한 역할에 대해서는 J. A. Bennett, "The Mechanics' Philosophy and the Mechanical Philosophy."를 보라.

115) J. D. Bernal, *Science in History*, vol. 1, p. 315.

116) Ibid., pp. 317, 320.

117) Hall, "The Scholar and the Craftsman in the Scientific Revolution," p. 21.

118) 이 장의 "장인 저술가들" 절을 보라.

119) Diederick Raven and Wolfgang Krohn, "Edgar Zilsel," p. lv.

120) Edgar Zilsel, "The Sociological Roots of Science," pp. 12-15.

121) Smith, *Body of the Artisan*, pp. 151, 239.

122) Hall, "The Scholar and the Craftsman in the Scientific Revolution," p. 7.

123) Joseph Glanvill, *Plus Ultra, or, The Progress and Advancement of Know-ledge Since the Days of Aristotle*, p. 105.

124) Pamela O. Long, "Power, Patronage, and the Authorship of *Ars*," p. 419의 Nicholas of Cusa's *Idiota: De sapientia, De mente, De staticis experimentis* (c. 1450)에 대한 언급을 참조하라.

125) Juan Luis Vives, *De tradendis disciplines*; Smith, *Body of the Artisan*, p. 66에서 재인용.

126) James R. Jacob, *The Scientific Revolution*, p. 27에서 재인용.

127) Crombie, "Commentary on the Papers of Rupert Hall and Giorgio de Santi-llana," pp. 72-74.

128) Ibid., p. 73.

129) Roger Bacon, *Opus majus*; Eamon, *Science and the Secrets of Nature*, p. 86에서 재인용. 맥락상 이 진술은 "기계적 기예에 대한 찬사"가 아니라, "지적인 우월감에 대한 경고"를 의도한 것이었다고 이먼은 논평했다.

130) Nicholas of Poland, *Antipocras*; Eamon, *Science and the Secrets of Nature*, p. 78에서 재인용.

131) 예컨대 A. C. Crombie, *Augustine to Galileo, Crombie, Robert Grosseteste and the Origins of Experimental Science*, Marshall Clagett, *The Science of Mechanics in the Middle Ages*를 보라. 크롬비와 클라짓의 연구는 피에르 뒤엠의 초기 저작에 기반하고 있다(주 104 참조).

132) White, "Pumps and Pendula," pp. 101-102.

133) Galileo Galilei, *Dialogues Concerning Two New Sciences*, p. 49.(강조는 필자). 강조된 부분은 "베이컨식" 과학뿐만 아니라 "고전 물리학적인" 것에도 장인의 역할이 중요했음을 입증하고 있다.

134) Galileo, *Dialogues Concerning Two New Sciences*, p. 49.

135) White, "Pumps and Pendula," pp. 96-98. 화이트는 레오나르도 올슈키의 『갈릴레오와 그의 시대(*Galileo and His Time*)』(1927년)를 갈릴레오 과학의 기술적 맥락에 대한 선구적 저작으로 언급했다.

136) White, "Pumps and Pendula," p. 110.

137) Galileo, *Dialogues Concerning Two New Sciences*, pp. 275-276.

138) See A. Rupert Hall; "Gunnery, Science, and the Royal Society."

139) Jean Daujat, *Origines et formation de la theorie des phénomènes électriques et magnétiques*; Duane H. D. Roller, *The* De magnete *of William Gilbert*, p. 98에서 인용.

140) A. Wolf, *A History of Science, Technology, and Philosophy in the 16th and 17th Centuries*; Roller, *The* De magnete *of William Gilbert*, p. 98에서 인용.

141) Robert K. Merton, *Science, Technology and Society in Seventeenth-Century England*, p. 6.

142) Hugh Kearny, *Science and Change*, p. 108.

143) W. P. D. Wightman, *The Growth of Scientific Ideas*, p. 209.

144) William Gibert, *De magnete magneticisque corporibus et de magno magneto tellure physiologia nova*, book III, chap. 13. 로저 한이 지적했듯 "학계"라는 용어는 "고대로까지 거슬러 올라가는 긴 역사를 지녔다." Hahn, *The Anatomy of a Scientific Institution*, p. 38.

145) Zilsel, "Origins of Gilbert's Scientific Method," p. 75.

146) Ibid., p. 82.

147) Gilbert, *De magnete*, book III, chap. 2.

148) Ibid., book III, chap. 12.

149) Zilsel, "Origins of Gilbert's Scientific Method," p. 81.

150) Ibid., p. 82.

151) Gilbert, *De magnete*, book IV, chap. 5.

152) Zilsel, "Origins of Gilbert's Scientific Method," pp. 72, 88.

153) Robert Norman, *The Newe Attractive*.

154) Gilbert, *De magnete*, book I, chap. 1.

155) Zilsel, "Origins of Gilbert's Scientific Method," pp. 85-86.

156) Ibid., pp. 85-86.

157) Ibid., p. 72. Gilbert, *De magnete*, book III, chap. 3.

158) Bennett, "Challenge of Practical Mathematics," p. 187.

159) Zilsel, "Origins of Gilbert's Scientific Method," p. 88.

160) Ibid., p. 90.

161) Eamon, *Science and the Secrets of Nature*, p. 3.

162) Long, "Power, Patronage, and the Authorship of *Ars*," p. 410.

163) Edgar Zilsel, "The Genesis of the Concept of Scientific Progress," p. 160.

164) 중요한 예외가 바로 레오나르도 올슈키의 연구로(주 20과 135 참조), 이는 질셀에게 주요한 영감을 준 듯하지만, 플로리스 코헨이 지적했듯 불운하게도 올슈키의 걸작은 "어떤 구체적인 토론은 고사하고 거의 인용조차 되지 않았다." Cohen, *Scientific Revolution*, p. 324.

165) Zilseo, "Genesis of the Concept of Scientific Progress," p. 150.

166) Eamon, *Science and the Secrets of Nature*, p. 94.

167) 이 중요한 문헌 조사의 대부분은 윌리엄 이먼의 『자연의 비밀과 과학(*Science and the Secrets of Nature*)』이 없었더라면 나로서는 입수할 수 없는 것들이었다. 나는 이먼의 연구에 대단한 빚을 지고 있으며, 이 주제에 대해 더 연구하고자 하는 이들에게 그의 책을 추천한다.

168) 5장 주 44를 보라.

169) Sarton, Six Wings, pp. 20-21. 보다 정확히 말하자면, ("오로지"라기보다는) 거의 남성들만이 라틴어를 사용해 말했다고 할 수 있지만, 사튼이 말하고자 한 바는 여전히 유의미하다.

170) 이 장 앞부분에서 논의했던 12세기에서 14세기의 "기술과 학습의 연계"는, "베이컨주의"에 선례가 없지 않지만 당대 엘리트 과학에 그것이 미친 영향은 매우 적었다는 점을 보여 주고 있다.

171) Long, "Power, Patronage, and the Authorship of *Ars*," p. 398.

172) Ibid., p. 433.

173) Olschki, *Geschichte der neusprachlichen wissenschaftlichen Literatur*; quoted in and trans. by H. F. Cohen, *Scientific Revolution*, p. 323(강조는 필자).

174) Eamon, *Science and the Secrets of Nature*, pp. 5, 9, 4.

175) Ibid., p. 7.

176) Price, *Science Since Babylon*, p. 51.

177) Elizabeth L. Eisenstein, *The Printing Press as an Agent of Change*.

178) Parsons, *Engineers and Engineering in the Renaissance*, pp. 105-107.

179) Eamon, *Science and the Secrets of Nature*, p. 94.

180) Ibid., pp. 94-95.

181) Ibid., pp. 111, 106, 122.

182) Ibid., pp. 109, 113-114.

183) Ibid., pp. 96-97, 104.

184) Ibid., pp. 97-98.

185) W. H. Ryff, *Prakticir Büchlein der Leibartzeney; quoted in Eamon, Science and the Secrets of Nature*, p. 102.

186) W. H. Ryff, *Kurtz Handbüchlein und Experiment vieler Artzneien; Eamon, Science and the Secrets of Nature*, p. 99에서 재인용.

187) Eamon, *Science and the Secrets of Nature*, pp. 101-102.

188) Sarton, Six Wings, p. 164. 다른 한 명은 아그리콜라로, 이 장에 포함된 "아그리콜라, 비링구치오, 그리고 광부들" 부분에서 다루고 있다.

189) Sarton, *Six Wings*, p. 164.

190) 그가 언제 태어났는지는 알려져 있지 않지만 이에 대해 전기 작가들은 1499년에서 1520년 사이로 추정하고 있다.

191) Sarton, *Six Wings*, p. 168.

192) Ibid., pp. 164-166.

193) Aurèle La Roque, "Introduction" to Bernard Palissy, *Discours admirables*, p. 15.

194) Palissy, *Discours admirables*, p. 24.

195) La Roque, "Introduction" to Palissy, *Discours admirables*, p. 14.

196) Palissy, *Discours admirables*, p. 26.

197) Sarton, *Six Wings*, p. 170.

198) La Roque, "Introduction" to Palissy, *Discours admirables*, p. 5.

199) 비록 명백하게 입증되지는 않았지만, 1570년대 후반에 파리에 살던 당시 십대의 베이컨은 지질학, 광물학 및 여타 과학에 대한 팔리시의 대중 강연에 이미도 참석했던 것 같다.

200) Eamon, *Science and the Secrets of Nature*, p. 311.

201) 데버러 하크니스는 당시 진행 중인 연구를 2003년 11월 미국 과학사학회(History of Science Society) 학술 대회에서 "연금술사와의 인터뷰: 근대 초기 런던에서 휴 플랫의 자연 지식 연구"로 발표했다. 이 주제에 대한 그녀의 책은 『자연의 보석 전시관: 엘리자베스 시대 런던과 과학 혁명의 사회적 기초(*The Jewel House: Elizabethan London and the Scientific Revolution*)』라는 제목

으로 출간되었다.

202) Julian Martin, "Natural Philosophy and Its Public Concerns." 이 주제는 다음 장에서 더 다루고 있다.

203) 월터 페이겔(Walter Pagel)에 따르면 테오프라스투스 봄바스트 폰 호엔하임(Theophrastus Bombast von Hohenheim) 자신이 "파라셀수스"라는 이름을 썼는지는 증명할 수 없다고 한다. Pagel, *Paracelsus*, p. 5. 그럼에도 불구하고 후대에는 그를 이 이름으로 알고 있으며, 그를 다른 방식으로 부른다면 혼란스러울 것이다.

204) Pamela H. Smith, "Vital Spirits," p. 127.

205) Smith, *Body of the Artisan*, pp. 25, 233, 239.

206) Jacob, *The Scientific Revolution*, p. 61.

207) Ibid., p. 27.

208) Ibid., p. 27.

209) "허풍스러운(bombastic)"이라는 형용사가 파라셀수스의 성에 붙여진 역설적 찬사인지 아닌지는 논쟁거리이다. 앨런 드버스(Allen Debus)는 그렇다고 보고 있지만, 월터 페이겔은 그렇지 않다고 단호히 주장한다. Debus, *The Chemical Philosophy*, vol. 1, p. 52; Pagel, *Paracelus*, p. 6. 옥스퍼드 영어 사전은 페이겔의 의견을 따르고 있지만 대안적인 설명은 하고 있지 않다.

210) Paracelsus, *The Diseases that Deprive Man of His Reason*에 실린 폰 보덴슈타인이 쓴 "서문" 136쪽을 보라.

211) Petrus Severinus, *Idea medicinae philosophicae*; Allen G. Debus, *The English Paracelsians*, p. 20에서 재인용(강조는 필자).

212) Pagel, *Paracelsus*, p. 25. 『광부들의 병에 대하여(*On the Miners' Sickness*)』는 파라셀수스 사후인 1567년 출판되었다.

213) Pagel, *Paracelsus*, p. 13.

214) George Rosen, "Introduction" to Paracelsus, *On the Miners' Sickness*, p. 26.

215) Sarton, *Six Wings*, p. 109.

216) Eamon, *Science and the Secrets of Nature*, p. 102.

217) Sarton, *Six Wings*, pp. 109-110.

218) Paracelsus, *Sämtliche Werke*, vol. 14, p. 541, Debus, English Paracelsians, p. 22에서 재인용.

219) Paracelsus, *Sämtliche Werke*, vol. 10, p. 19; Smith, *Body of the Artisan*, p. 84에서 재인용.

220) Pagel, *Paracelsus*, p. 15에서 재인용.

221) Porter, *Greatest Benefit to Mankind*, p. 11.

222) Erwin H. Ackerknecht, *A Short History of Medicine*, pp. 89-90.

223) Vesalius, *De fabrica*; John Henry, "Doctors and Healers," pp. 193-194에서 재인용.

224) Ackerknecht, *Short History of Medicine*, pp. 153, 220.

225) Porter, *Greatest Benefit to Mankind*, pp. 186, 194.

226) Smith, *Body of the Artisan*, pp. 196-197.

227) Porter, *Greatest Benefit to Mankind*, pp. 282-283에서 재인용.

228) Henry, 「의사와 치료자들(Doctors and Healers)」 197~198쪽에서 인용. "여성뿐만 아니라 남성

(도)"라는 구절은 이 시기에 여성이 치료자로서 주요한 역할을 수행했음을 간접적으로 보여 주는 증거이다.

229) John Berkenhout, *Symptomatology* (1784); Porter, *Greatest Benefit to Mankind*, p. 267에서 재인용.

230) Ackerknecht, *Short History of Medicine*, p. 110.

231) Ambroise Paré, *Apologie and Treatise*, pp. 23-24.

232) Ibid., p. 140.

233) Henry, "Doctors and Healers," p.197. 헨리는 프랑수아 루세의 저서 *Isterotomotochia*(Basle, 1588년)의 보론 부분에서 가스파르 보앵이 최초로 누페르의 성공을 기록한 듯하다고 보았다.

234) Porter, *Greatest Benefit to Mankind*, 141~142쪽. 크루소와 트린들리의 보고서는 《마드라스 가제트(*Madras Gazette*)》에 처음 실렸고, 1794년 10월 런던의 《젠틀맨 매거진(*Gentleman's Magazine*)》에 재수록되었다.

235) Porter, *Greatest Benefit to Mankind*, pp. 266, 396, 686.

236) Ibid., pp. 283, 290.

237) Ibid., pp. 391-391.

238) Roberta Bivins, "The Body in Balance," p. 116.

239) Porter, *Greatest Benefit to Mankind*, p. 393와 John Crellin, "Herbalism," p. 88을 참조하라.

240) 『광물에 관하여』는 허버트 클라크 후버(Herbert Clark Hoover)와 루 헨리 후버(Lou Henry Hoover)가 영어로 번역했다(허버트 후버는 미국 대통령이 되기 전 엔지니어였다.).

241) 플로리스 코헨은 아그리콜라를 베르나르 팔리시, 로버트 노먼과 함께 "학식 있는 장인" 계급에 포함시켰는데 내게는 이 분류가 부적절해 보인다. Cohen, *Scientific Revolution*, p. 350.

242) Sarton, *Six Wings*, p. 120.

243) Ibid., p. 120.

244) Ibid., pp. 121-122. Appendix B to Agricola, *De re metallica*, Hoover and Hoover, trans. pp. 609-613도 참조하라.

245) Sarton, *Six Wings*, pp. 123-124.

246) 허버트 후버와 루 후버가 작성한 『광물에 관하여』 영어판 서문, vii쪽. 이들은 아그리콜라의 저서 『오래되고 새로운 광물들에 대하여(*De Veteribus et Novis Metallis*)』의 서문을 참조했다.

247) Ibid., p. vii. Also see Appendix A, pp. 596-597.

248) Sarton, *Six Wings*, p. 125.

249) Cyril Stanley Smith, "The Development of Ideas on the Structure of Me-tals," pp. 473-474. 메르센느에게 보낸 편지는 Descartes, *Oeuvres*, vol. II, pp. 479-492를 보라.

250) Smith, "Development of Ideas on the Structure of Metals," p. 474. Descartes, *Oeuvres*, vol. IX, pp. 276-278를 보라.

251) Theodore M. Porter, "The Promotion of Mining and the Advancement of Science," p. 544.

252) Thomas Sprat, *History of the Royal-Society of London*, p. 113.

253) Eamon, *Science and the Secrets of Nature*, p. 9.

254) Zilsel, "Genesis of the Concept of Scientific Progress," p. 150.

255) Ibid., p. 129.

256) Ibid., p. 129.

257) Julian Martin, "Natural Philosophy and Its Public Concerns," p. 111.

258) Victor E. Thoren, *The Lord of Uraniborg*, p. 150.

259) Christianson, *On Tycho's Island* p.3 크리스천슨은 "1576년에서 1597년 사이 벤에서 활동했던, 혹은 1597년에서 1601년 사이에 완스부르, 비텐베르, 그리고 보헤미아에서 활동했던" 수백 명에 이르는 브라헤의 협력자들을 밝혀낼 수 있었다. 여기서 다섯 중 셋은 대학 교육을 받았으며, 3분의 1은 예술가(artist) 혹은 명인이었다."(같은 곳, 247쪽)

260) Thoren, *Lord of Uraniborg*, p. 1.

261) Christianson, *On Tycho's Island*, p.24. 비록 이는 영속적으로 하사된 권한이었지만, 덴마크의 정치 상황 변화로 인해 브라헤의 벤 섬 보유권은 1597년에 끝나게 되었다.

262) Ibid., pp. 3, 35, 43, 80(강조는 필자).

263) Ibid., p. 79.

264) Ibid., p. 81.

265) Ibid., p. 72.

266) Thoren, *Lord of Uraniborg*, p. 159(강조는 필자). 쉬슬러에 대한 전기는 Christianson, *On Tycho's Island*, pp. 295-296을 보라.

267) Thoren, *The Lord of Uraniborg*, p. 150.

268) Ibid., p. 180. 크롤에 대한 전기는 Christianson, *On Tycho's Island*, pp. 262-263을 보라.

269) Christianson, *On Tycho's Island*, p. 80.

270) Ibid., p. 143.

271) Ibid., p. 183.

272) Ibid., pp. 246-247.

273) Henry C. King, *The History of the Telescope*, pp. 30-31.

274) Ibid., p. 31에서 재인용.

275) Ibid., p. 32에서 재인용.

276) Steven Shapin, *A Social History of Truth*, p. 307.

277) Clifford Dobell, *Antony van Leeuwenhoek and His "Little Animals,"* p. 5.

278) Ibid., p. 362.

279) Ibid., p. 40.

280) 레벤후크가 왕립 학회에 보낸 유명한 첫 번째 서한의 영문 번역본은《철학 회보》(1673년) 8권 94호(6037쪽)에서 출간되었다.

281) 레벤후크가 올덴버그에게 보낸 서신, August 15, 1673. Dobell, *Leeuwenhoek*, p. 42에서 재인용.

282) Dobell, *Leeuwenhoek*, p. 54.

283) Ibid., p. 52. 인용의 출처는 Robert Hooke, *Phil. Expts. & Obss.* (1726).

284) Dobell, *Leeuwenhoek*, p. 363.

285) 레벤후크가 올렌버그에게 보낸 서신 August 15, 1673. Dobell, *Leeuwenhoek*, p. 42에서 재인용.

286) Dobell, *Leeuwenhoek*, pp. 343-344.

287) Lisa Jardine, *Ingenious Pursuits*, p. 99.

288) 특히 Marie Boas Hall, *Robert Boyle and Seventeenth-Century Chemistry*를 참조하라.

289) 표준적인 역사적 통화 가치 변환 규칙에 따르면 17세기의 2만 파운드는 대략 20세기의 120만 파운드(한화로 약 21억 원이다. — 옮긴이)에 해당한다.

290) 리처드 보일에 대한 더 자세한 정보는 Nicholas Canny, *The Upstart Earl*을 보라.

291) Robert Boyle, "That the Goods of Mankind May Be Much Increased by the Naturalist's Insight into Trades," in Boyle, *Works*, vol. 3, pp. 443, 444.

292) Ibid., p. 442(강조는 필자).

293) Ibid., p. 443.

294) Shapin, *Social History of Truth*, p. 395.

295) Boyle, "An Account of Philaretus, during His Minority," p. xiii.

296) Boyle, "The Excellency of Theology Compared with Natural Philosophy," p. 35-36.

297) Boyle, "Some Considerations Touching the Usefulness of Experimental Natural Philosophy," p. 14.

298) 보일과 동시대인들은 보수를 받는 실험실 조수를 가리킬 때 "기술자(tech-nician)"라는 단어가 아니라 "실험자(laborants, laborators)" 등을 포함한 다양한 용어로 표현했다.

299) Shapin, *Social History of Truth*, pp. 374, 367.

300) Ibid., p. 359.

301) Ibid., p. 326.

302) Ibid., p. 379.

303) Robert Boyle, *Continuation of New Experiments Physico-Mechanical, Touching the Spring and Weight of the Air, Second Part*, pp. 505-508.

304) Shapin, *Social History of Truth*, pp. 356-358.

305) Ibid., p. 372.

306) Ibid., pp. 359-360.

307) Hall, *Boyle and Seventeenth-Century Chemistry*, p. 208.

308) Shapin, *Social History of Truth*, p. 381(강조는 필자).

309) Ibid., pp. 367-369.

310) Ibid., p. 367. 또한 Stephen Pumphrey, "Who Did the Work?"을 보라.

311) Derek de Solla Price, *Little Science, Big Science...and Beyond*, pp. 237-238.

6장 과학 혁명의 승자들은 누구였나?: 16~18세기

1) Pamela H. Smith, "Vital Spirits," p. 135.

2) Margaret C. Jacob, *The Cultural Meaning of the Scientific Revolution*, p. 105.

3) Galileo Galilei, *Sidereus nuncius; Galileo, Istoria e dimostrationi intorno alle macchie solari.*

4) John Robert Christianson, *On Tycho's Island*, p. 168.

5) Ibid., pp. 5-6.

6) Ibid., p. 237.

7) William Eamon, *Science and the Secrets of Nature*, p. 146(224~225쪽도 참고).

8) Robert Boyle, *The Works*, vol. I, pp. cxxx-cxxxi.

9) Eamon, *Science and the Secrets of Nature*, p. 231.

10) Ibid., pp. 219-220.

11) Ibid., pp. 201, 402, n. 38.

12) Ibid., p. 148. 아카데미아 세그레타에 대한 루첼리의 묘사는 그의 사후인 1567년에 출판된 유작 *Secreti nuovi di maravigliosa virtù*에서 살펴볼 수 있다.

13) Eamon, *Science and the Secrets of Nature*, p. 149. 이 면은 폼페오 사르넬리(Pompeo Sarnelli)의 델라 포르타 전기에 의존하고 있다.

14) 5장을 보라.

15) Eamon, *Science and the Secrets of Nature*, p. 231.

16) 린체이는 1629년에 없어졌지만, "(아카데미아 델) 치멘토의 진정한 근원"이라고 할 수 있다. W. E. Knowles Middleton, *The Experimenters*, p. 7.

17) Middleton, *Experimenters*, p. 53에서 재인용. 원출전은 아카데미아 델 치멘토의 유일한 출판물인 *Saggi di naturali esperienze*(1667)이다.

18) Derek J. de Solla Price, *Science Since Babylon*, pp. 54-55.

19) Christopher Hill, "Newton and His Society," p. 30.

20) Stephen Pumphrey, "Who Did the Work?" pp. 139, 152.

21) Peter Linebaugh and Marcus Rediker, *The Many-Headed Hydra*, p. 123.

22) Joseph Glanvill, *Plus Ultra*, pp. 92-109.

23) Thomas Sprat, *The History of the Royal-Society of London*, p. 35.

24) 코울리의 송가는 Sprat, *The History of the Royal-Society of London*의 서문으로 출판되었다.

25) Charles Webster, *From Paracelsus to Newton*, p. 96.

26) 크리스토퍼 힐(Christopher Hill)이 자신의 책 *The World Turned Upside Down*에서 보였듯이, 이 구절은 우리가 현재 사회 혁명이라고 부를 만한 변화를 나타내기 위해 17세기에 흔히 사용되었다.

27) James Jacob, *The Scientific Revolution*, pp. 95-96.

28) Hill, *World Turned Upside Down*, p. 296.

29) Ibid., p. 301.

30) Gerrard Winstanley, *The Law of Freedom*(1652). Hill, *World Turned Upside Down*, p. 287에서 재인용.

31) Hill, *World Turned Upside Down*, p. 304.

32) P. M. Rattansi, "Paracelsus and the Puritan Revolution"을 보라.

33) Jacob, *Scientific Revolution*, p. 102.

34) Hill, *World Turned Upside Down*, p. 298. 컬페퍼에 대해서는 F. N. L. Poynter, "Nicholas

Culpeper and His Books"를 보라.

35) Jacob, *Scientific Revolution*, p. 102-103.

36) Hill, *World Turned Upside Down*, p. 296.

37) Ibid., 304-305.

38) Ibid., p. 305. 인용구 속 인용구의 원출전은 Charles Webster, "Science and the Challenge to the Scholastic Curriculum, 1640-1660," in *The Changing Curriculum*(History of Education Society, 1971), pp. 32-34.

39) Henry G. Lyons, *The Royal Society, 1660-1940*, p. 41에서 재인용.

40) Christopher Hill, "Science and Magic," p. 287.

41) Catherine Drinker Bowen, *Francis Bacon*, p. 26.

42) Francis Bacon, "Of Seditions and Troubles," p. 32.

43) Julian Martin, "Natural Philosophy and Its Public Concerns," p. 101.

44) 널리 알려졌듯이, 그는 정치 권력의 정점에서 오래 머무르지 않았다. 이 책에서 이에 대해 더 이상 자세히 언급할 필요는 없을 것이다.

45) Martin, "Natural Philosophy and Its Public Concerns," pp. 105, 108.

46) 그와 같은 이미지를 만들어 냈던 것은 볼테르, 드니 디드로(Denis Diderot), 장 르 롱 달랑베르(Jean Le Rond d'Alembert), 루소, 마리 장 콩도르세(Marie Jean Condorcet) 등 베이컨을 가장 위대한 철학자로 추앙하던 계몽주의 학파의 주요 인물들이었다. 예를 들어 달랑베르, *Encyclopédie*의 서문을 보라.

47) Loren Eisley, *The Man Who Saw Through Time*, p. 22; Benjamin Farrington, *Francis Bacon*.

48) Linebaugh and Rediker, *Many-Headed Hydra*, pp. 19, 37, 65.

49) 이 장 서두에 소개한 인용문을 보라.

50) 이 두 문단에 나오는 베이컨의 인용구는 모두 Carolyn Merchant, *The Death of Nature*, pp. 168-172에서 재인용한 것이다. 그녀가 인용하는 베이컨의 저작들은 다음과 같다. "The Masculine Birth of Time," "De Dignitate et Augmentis Scientiarum," 그리고 "Thoughts and Conclusions on the Interpretation of Nature or A Science of Productive Works."

51) H. R. Trevor-Roper, "The European Witch-Craze of the Sixteenth and Seventeenth Centuries," pp. 90-91.

52) Brian Easlea, *Witch Hunting, Magin and the New Philosophy*, p. 33.

53) Trevor-Roper, "European Witch-Craze," p. 91.

54) A. L. Morton, *A People's History of England*, p. 146. 여기서 "부분적으로는"이라는 수식어는 괜히 넣은 것이 아니다. 모턴은 마녀사냥이 거대하고 조직적인 비밀 사회 운동에 대한 반응이라는 것을 지나치게 강조한 나머지 과장한 측면이 있다. 그와 같은 주장은 M. A. Murray가 *The Witch-Cult in Western Europe*과 *The God of the Witches*에서 구체적으로 보인 바 있다. 모턴이 위 글을 쓸 당시에는 그와 같은 주장이 수용되었지만, 이후 반박되었다. Keith Thomas, *Religion and Decline of Magic*, pp. 514-516을 보라.

55) Thomas, *Religion and the Decline of Magic*, p. 456. 토머스는 R. H. Robbins, *Encyclopedia of Demonology and Witchcraft*(1959)의 관점을 받아들이고 있다.

56) Trevor-Roper, "European Witch-Craze," p. 91, 122.

57) 제임스는 1597년에 *Daemonologie*라는 책을 출간했다. 마녀들에 대한 그의 뜨거운 믿음은 시간이 지나면서 점점 식어 갔고, 결국 회의적인 태도로 변하게 되었다.

58) Trevor-Roper, "European Witch-Craze," p. 151. 마녀 혐의를 받은 여인들을 유럽 대륙에서는 주로 화형시켰지만 영국에서는 교수형으로 죽이는 것이 일반적이었다.

59) Merchant, *The Death of Nature*, p. 138.

60) Easlea, *Witch Hunting, Magic and the New Philosophy*, p. 8.

61) Kramer and Sprenger, *Malleus maleficarum*. Easlea, *Witch Hunting, Magic and the New Philosophy*, p. 8에서 재인용.

62) H. C. E. Midelfort, *Witch Hunting in Southwestern Germany 1562-1684*, p. 192.

63) Webster, *From Paracelsus to Newton*, p. 99.

64) Ibid., pp. 92-93.

65) Ibid., p. 93.

66) 은퇴한 혁명가는 존 웹스터였는데, 그는 나중에 왕립 학회 회원이 되었다. 그는 *Displaying of Supposed Witchcraft*(1677)에서 글랜빌을 비난했다. Webster, *From Paracelsus to Newton*, pp. 96-100을 보라.

67) Webster, *From Paracelsus to Newton*, p. 100.

68) Francis Bacon, *Advancement of Learning*(1605). Easlea, *Witch Hunting, Magic and the New Philosophy*, p. 38에서 재인용.

69) Easlea, *Witch Hunting, Magic and the New Philosophy*, p. 38.

70) Vern L. Bullough, *The Development of Medicine as a Profession*, p. 95에서 재인용.

71) M. J. Hughes, *Women Healers in Medieval Life and Literature*, p. 85.

72) "An Acte Concernyng the Approbation of Phisicions and Surgions"(3 Hen. VII, cap. XI). Sidney Young, *Annals of the Barber-Surgeons of London*, pp. 72-73에서 재인용.

73) Linebaugh and Rediker, *Many-Headed Hydra*, p. 92. 인용문 내의 인용구의 원출전은 Silvia Federici, "The Great With Hunt," *The Maine Scholar*(1988)이다.

74) Webster, *From Paracelsus to Newton*, p. 100.

75) 글라우베르의 *Tractatus de natura salium*(1658)의 내용은 Smith, "Vital Spirits"에 묘사되어 있다.

76) Smith, "Vital Spirits," p. 120.

77) Ibid., p. 121.

78) Ibid., p. 120. 글라우베르 인용문의 원출전은 *Tractatus de natura salium*(영문 해석은 스미스, 강조는 원문).

79) Smith, "Vital Spirits," pp. 124, 135.

80) Ibid., p. 130.

81) Myles W. Jackson, "Can Artisans Be Scientific Authors?" p. 113.

82) Ibid., p. 114.

83) Ibid., pp. 118-119.

84) Ibid., pp. 123-124.

85) Ibid., p. 125.

86) Jackson, "Can Artisans Be Scientific Authors?" p. 126에서 재인용.

87) Jackson, "Can Artisans Be Scientific Authors?" pp. 120-121.

88) 막스 베버(Max Weber)는 헤센보다 먼저 과학의 등장과 자본주의의 등장을 연결지었다. 하지만 베버의 초점은 신교(Protestantism)에 있었는 데 비해, 헤센은 자본주의를 논의의 중심에 두었다.

89) B. J. T. Dobbs, "Newton as Final Cause and First Mover," p. 29.

90) Boris Hessen, *The Social and Economic Roots of Newton's "Principia."* 이 논문은 원래는 *Science at the Crossroads*(1931)이라는 책의 한 장으로 수록되었다.

91) Hessen, *Social and Economic Roots*, pp. 5, 24.

92) Ibid., p. 6.

93) Ibid., p. 9.

94) Ibid., p. 21.

95) Ibid., p. 26.

96) 뉴턴이 애스턴에게 보낸 편지, 1669년 5월 18일. Newton, *Correspondence*, vol. 1, pp. 9-11.

97) Ibid., pp. 9-10.

98) Ibid., p. 11.

99) Ibid., p. 11.

100) Ibid., p. 11.

101) 이 편지의 독특함에 대해서는 Richard S. *Westfall, Never at Rest*, p. 193을 보라. 웨스트폴은 뉴턴이 이 편지를 애스턴에게 보내지 않았을지도 모른다고 주장했다.

102) Margaret C. Jacob, *The Newtonians and the English Revolution*; Jacob, *The Cultural Meaning of the Scientific Revolution*.

103) Rattansi, "Paracelsus and the Puritan Revolution," p. 24.

104) 다른 한편, 뉴턴주의 이데올로기는 홉스와 같은 유물론자들에 대항해 싸우는 데 유용했다. 홉스는 자연에서 너무 많은 영혼을 뽑아낸 결과, 신의 존재 자체에 의구심을 갖게 되었다. James R. Jacob and Margaret C. Jacob, "Anglican Origins of Modern Science," p. 257을 보라.

105) James R. Jacob, "By an Orphean Charm," p. 242.

106) 특히 Henry Guerlac, *Newton on the Continent*을 보라.

107) 이 인용구는 R. R. Palmer가 Georges Lefebvre의 고전 *Quatre-vingt-neuf*의 번역본을 출간하면서 서문에 넣었던 말이다. 이러한 해석은 역사학자들 사이에서 폭넓게 받아들여졌지만, 1954년 5월 앨프리드 코반(Alfred Cobban)의 "프랑스 혁명의 신화(Myth of the French Revolution)"라는 강의에 의해 촉발된 "수정주의" 학파에 의해 반박되었다. Cobban, *The Social Interpretation of the French Revolution*을 보라. 나는 수정주의 학파의 작업이 별로 설득력 있다고 보지 않는다. 게다가 그들은 여전히 혁명을 결정적인 역사적 전환점으로 여기고 있다.

108) 이와 같은 역사 해석은 1803년 무렵에 공고하게 자리 잡게 된다. 하나의 예로 Jean Baptiste Biot, *Essai sur l'histoire générale des sciences pendant la Révolution française*를 보라.

109) Biot, *Essai sur l'histoire générale des sciences pendant la Révolution française*, pp. 74ff;

Donald M. Vess, *Medical Revolution in France*, 1789-1795.

110) James McClellen, *Science Reorganized*, p. 257. 또한 Roger Hahn, *The Anatomy of a Scientific Institution*, pp. 264, 285를 보라.

111) 이와 같은 주장은 "테르미도르가 프랑스 과학에 미친 영향"라는 절에서 보다 상세하게 소개하게 될 것이다. 테르미도르 반동은 프랑스 혁명 달력에서 로비스피에르와 자코뱅 공화국이 몰락한 달을 가리키는 테르미도르에서 그 이름을 딴 것이다.

112) Hahn, *The Anatomy of a Scientific Institution*, p. 4.

113) Ibid., pp. 224-225.

114) Christiaan Huygens, *Oeuvres completes*, p. ix.

115) Hahn, *The Anatomy of a Scientific Institution*, p. ix.

116) Ibid., p. 15.

117) Ibid., pp. 41, 76, 80.

118) Ibid., p. 35.

119) d'Alembert, *Preliminary Discourse*, p. 42.

120) Hahn, *Anatomy of a Scientific Institution*, p. 41.

121) Ibid., p. 45.

122) Ibid., p. 68.

123) Ibid., p. 68. 제안서의 저자는 아마도 르네앙투앙 페르쇼르 드 레아무르(René-Antoine Ferchault de Réamur)였을 것이다.

124) Ibid., pp. 66, 68. 여기서 "특허(patent)"라는 말을 당시의 사람들은 군주의 특전(royal privilége)이라고 불렀을 것이다.

125) Ibid., p. 67.

126) C. C. Gillispie, "The Encyclopédie and the Jacobin Philosophy of Science," pp. 270-271.

127) Ibid., pp. 271-272.

128) 예를 들어, A. Rupert Hall, *"Epilogue" in From Galileo to Newton*을 보라. 보다 구체적인 소개는(비록 나는 이들을 "영웅적 과학사관의 수호자"로 여기지는 않지만) James McClellan and Harold Dorn, *Science and Technology in World History*에서 볼 수 있다.

129) Hahn, *The Anatomy of a Scientific Institution*, p. 185.

130) Ibid., p. 185.

131) Ibid., pp. 176-177.

132) Ibid., p. 186.

133) 협회는 스스로를 "장인들과 과격 공화주의자들로 이루어져 있다(compose de tous artistes vrai sans-culottes)."라고 묘사하기도 했다. Gillispie, "The Encyclopédie and the Jacobin Philosophy of Science," p. 274.

134) Hahn, *The Anatomy of a Scientific Institution*, p. 192.

135) Ibid., p. 240.

136) Ibid., pp. 215-216. 중앙협회의 팸플릿의 제목은 *A tous les artistes et autres citoyens* 였다. Maurice Tourneux, *Bibliographie de l'histoire de Paris pendant la Révolution*

français(Paris, 1890-1913), vol. III, p. 661을 보라.

137) Hahn, *The Anatomy of a Scientific Institution*, pp. 83, 275, 288.

138) Ibid., pp. 303, 318.

139) Toby Appel, *The Cuvier-Geoffroy Debate*, p. 8.

140) Robert Darnton, *The Literary Underground of the Old Regime*. 또한 Clifford Conner, "Jean Paul Marat and the Scientific Underground of the Old Regime"을 보라.

141) "삼류 과학자(Grub Street scientists)"라는 말이 비하하는 의미를 가지고 있음에도 불구하고 사용하기로 결정한 것은 그것이 "국외자," 즉 비엘리트 자연 철학자들을 지칭하는 데 유용하기 때문이다. 삼류 과학자들로 불리울 만한 사람들 중에는 장 폴 마라(Jean Paul Marat), 자크피에르 브뤼소, 장루이 카라(Jean-Louis Carra), 루이 세바스티엔느 메르시에르(Louis Sébastien Mercier), 루이 자크 고시에르(Louis Jacques Goussier) 등이 있다.

142) 예를 들어 다음과 같은 문장을 보라. "필요한 법칙들의 통합성과 결과들이 역학을 구성한다. 우리는 다른 법칙들의 통합성을 '세계 체제'라고 부른다. 우리가 모든 현상들을 알기 전에는 그것을 완전히 파악할 수 없다." Condorcet, *Lettre sur le Système du Monde et sur le Calcul Intégral*(1768). Roger Hahn, *Laplace as a Newtonian Scientist*, p. 16에서 재인용.

143) *Observations sur la physique*, December 1781, p. 503. 이 학술지는 나중에 *Journal de physique*라는 제목으로 널리 알려지게 되었다. 아이러니하게도 1780년대에 왕성하게 활동하던 체계 구축가였던 장클로드 델라메테리(Jean-Claude Delamétherie)가 곧 이 학술지의 편집인을 맡게 되었다.

144) d'Alembert, *Preliminary Discourse*, p. 23. 체계 구축에 대한 반대는 달랑베르에게서 비롯된 것이 아니었다. 그는 퐁트넬(Fontenelle), 콩디야크(Condillac) 등의 생각을 이야기하고 있는 것이었다. 프랑스 어로 "정신(Esprit)"은 "정신(spirit)"으로 번역될 수도 있지만 "마음(mind)"으로 번역될 수도 있다. 프랑스 어의 모호함이 달랑베르의 목적과 잘 맞아떨어졌다.

145) Letter of March 13, 1769, from Nollet to E. F. Dutour. J. L. Heilbron, *Elements of Early Modern Physics*, p. 69에서 재인용.

146) C. C. Gillispie, *The Edge of Objectivity*, p. 199. 또한 Gillispie, "Encyclopédie and Jacobin Philosophy," p. 282를 보라(강조는 필자.).

147) Jacques Henri Bernardin de Saint-Pierre, *Etudes de la nature*, vol. I, pp. 39-40, 47.

148) Hahn, *Anatomy of a Scientific Institution*, p. 156.

149) 『폴과 비르지니』는 1788년에 출간된 『자연의 연구』 제3판 4권에 처음 발표되었다. 이 소설이 처음으로 단독 출간된 것은 1789년의 일이었다. 이후 영문으로 번역되어 『폴과 버지니아(*Paul and Virginia*)』라는 제목으로 출간되었다.

150) "환원주의"라는 말은 여러 가지 의미로 해석될 수 있다. 최근 들어 이 용어는 과학의 사회사를 옹호하는 사람들을 지칭하는 말로 잘못 이용되고 있다. 브뤼노 라투르(Bruno Latour)가 지적했듯이, "과학에 대한 '사회적' 설명을 거부하는 사람들은 …… 과학과 사회에 관한 모든 연구가 환원주의적이며 과학의 가장 중요한 특징들을 무시하고 있다고 볼 것이다." Latour, *The Pasteurization of France*, p. 153. 하지만 여기서는 "환원주의"를 모든 자연 법칙을 물리학의 법칙으로 환원시키려는 경향을 나타내는 의미로 사용한다.

151) Maurice Souriau, *Bernardin de Saint-Pierre d'après ses manuscrits*, p. 255.

152) John Nottingham Ware, "The Vocabulary of Bernardin de Saint-Pierre and Its Relation to the French Romantic School," p. 2.

153) 베르나르댕은 혁명 후에도 자연 철학에 대한 대작을 완성하기 위한 자료를 수집하는 작업을 계속했고, 이것은 그의 사후에 『자연의 조화(*Harmonies de la nature*)』로 출간되었다. 그의 명성은 아이메 마르탱(Aimé Martin)이라는 제자에 의해 상당히 왜곡되었다. 마르탱은 보수적인 시대 분위기 속에서 스승의 명성을 지켜 내기 위해 『자연의 조화』를 편집하면서 배교주의를 비롯한 모든 급진적인 주장들을 제거했다. 마르탱은 왕정복고 이전에 정통파였으며, 베르나르댕의 작업에 자신의 정치적, 종교적 믿음을 투영했던 것이다. 그러므로 베르나르댕의 사상을 제대로 반영하는 것은 그가 죽기 전에 출간된 『자연의 연구』라고 보아야 할 것이다. 모리스 수리오(Maurice Souriau)는 이를 "아이메 마르탱의 장난"이라고 불렀다. Maurice Souriau, *Bernardin de Saint-Pierre d'après ses manuscrits*.

154) Augustine Dirrell, "Preface" to Arvède Barine, *Bernardin de Saint-Pierre*. 아르베드 바린(Arvède Barine)은 세실 방센(Cécile Vincens)의 가명이었다.

155) Hahn, *Anatomy of a Scientific Institution*, p. 183.

156) E. de las Casas, *Le memorial de Sainte-Hélène*. Nicole Dhombres and Jean Dhombres, *Naissance d'un nouveau pouvoir*, p. 685에서 재인용.

157) Arthur O. Lovejoy, The Great Chain of Being, p. 186.

158) Gaston Bachelard, *The Psychoanalysis of Fire*, pp. 28-30. 바슐라르는 18세기 후반의 체계 구축가들에게 주목했다. 하지만 그는 이들의 주요 업적이 과학이라기보다는 시작(詩作)에 있다고 보았다. 즉 과학사학자들에게보다도 심리 분석가들에게 혜안을 준다는 것이다. 바슐라르는 이들을 "생각이 정리되지 않은 자들(muddled thinkers)"라고 불렀으며, 그들의 작업을 "엉터리," "멍청한 주장들," "말도 안 되는 문장"이라고 비판했다.

159) 베르나르댕에게 "생태학"이라는 말을 붙이는 것은 시대착오적인 것일지도 모른다. 하지만 도널드 워스터(Donald Worster)가 지적했듯이, "생태학이라는 개념은 그 이름보다 훨씬 오래된 것이다. 개념으로서의 생태학은 18세기에 지구 전체를 바라보는 통합적 관점이 등장하면서 시작되었다. 이는 지구상에서 살아가는 모든 생명체들을 상호 작용하는 전체로 파악하려는 관점이었다." Worster, *Nature's Economy*, p. xiv.

160) Bernardin de Saint-Pierre, *Etudes de la nature*, vol. I, p. 36.

161) 베르나르댕의 비판자들은 『자연의 연구』에서 나타난 두 가지 실수를 표적으로 삼아 그의 작업 전체를 인정하지 않으려 했다. 첫 번째 실수는 조류가 달의 중력의 영향 때문이 아니라 남극과 북극에서 얼음이 부분적으로 녹고 다시 어는 현상에 의해 발생한다는 주장이었다. 두 번째 실수는 지구의 극점들이 비교적 평평한 것이 아니라 반대로 솟아 있나고 고집한 것이있다.

162) Clarence J. Glacken, *Traces on the Rhodian Shore*, p. 550.

163) Ibid., p. 501.

164) Bernardin de Saint-Pierre, *Etudes de la nature*, vol. I, p. 1.

165) Ibid., p. 2.

166) Ibid., pp. 10-11.

167) Ibid., p. 11.

168) Ibid., p. 60. 여기에서 주목할 점은 베르나르댕이 위대한 생명의 사슬(Great Chain of Being)이라는 원칙을 명시적으로 부정했다는 것이다. 그가 사슬이라는 은유를 사용했던 것은 단순히 모든 생명체들이 서로 의존하며 연결되어 있다는 점을 나타내기 위해서였다.

169) Ibid., p. 53.

170) Ibid., p. 13.

171) Ibid., p. 18.

172) Ibid., p. 37.

173) Ibid., p. 18.

174) Glacken, *Traces on the Rhodian Shore*, p. 548.

175) Louis Roule, *Bernardin de Saint-Pierre et l'harmonie de la nature*를 보라.

176) 민중 과학 운동으로서 메스머주의의 사회사는 Robert Darnton, *Mermerism and the End of the Enlightenment in France*에 잘 정리되어 있다.

177) Etienne Lamy, "Introduction," in Aristide G. H. N. Bergasse du Petit-Thouars, *Nicolas Bergasse*, p. x.

178) 메스머는 자신의 추종자들에게 "위계에 따른 계급 증명서"를 나누어 주었는데, 그중 "베르가스가 가장 위에 있었다." Darnton, *Mermerism*, p. 75.

179) Ibid., p. 51.

180) Ibid., p. 78.

181) Ibid., p. 163.

182) Ibid., p. 79.

183) Ibid., p. 88.

184) J. P. Brissot, *Mémoires*, vol. II, pp. 53-56. Darnton, *Mesmerism*, p. 79에서 재인용. 단턴은 브뤼소의 회고를 그대로 받아들여서는 안 될 것이라고 경고했다. 왜냐하면 브뤼소는 당시 반혁명 음모 혐의를 받고 있었고, 자신의 과거를 혁명에 헌신했던 것으로 그려야만 했기 때문이었다.

185) 1780년대의 프랑스 왕정은 심각한 재정 위기에 빠져 있었다. 국왕은 전통적으로 상당한 세금 혜택을 누리고 있던 귀족 계급에서 새로운 자금원을 찾을 수밖에 없었다. 그들의 혜택받은 사회적 지위에도 불구하고 귀족들은 그동안 국가 권력으로부터 배제되어 왔다. 귀족들은 자신들의 경제적 이해가 위협받게 되자 자위의 수단으로 정치적 권리를 주장하기 시작했다. "귀족 혁명"은 왕정을 흔드는 데 성공했지만 그 와중에 다른 사회 계층들 역시 요구 사항을 내세우는 빌미를 제공했다. 프랑스 혁명의 역설은 그것을 촉발했던 사회 계급이 궁극적으로 그로 인해 파괴되었다는 데 있다.

186) 1815년에 자신의 군대와 함께 파리에 입성한 러시아 차르 알렉산더 1세(Alexander I)는 베르가스를 방문했고 그의 이데올로기를 칭송했다. 그들은 유럽에 다시 혁명이 일어날 지도 모른다는(꼭 망상이라고만은 볼 수 없는) 편집증적인 두려움에 시달렸다는 공통점을 가지고 있었다. 메시아적인 야심을 가진 신비주의자였던 알렉산더 1세는 프랑스 혁명에 대항한 "기독교도들의 연합"으로 러시아, 프러시아, 오스트리아 왕국의 신성 연합을 이루는 데 주도적인 역할을 담당했다. 베르가스는 차르의 정신적 자문역으로서 반혁명 운동의 이데올로기와 정책을 세우는 작업에 기여했다.

187) 사실은 두 개의 위원회가 있었다. 여기서는 1784년 8월에 프랭클린(Franklin), 라부아지에,

베일리(Bailly), 르 로이(Le Roy), 기요틴(Guilotin), 다르세르(D'Arcet), 살린(Sallin), 드 보리(De Bory), 마조르(Majault)의 서명이 담긴 보고서를 제출한 위원회에 대해서만 논의할 것이다. 이 보고서에서 나온 인용문들은 1785년 영국에서 출간된 영어 번역본에 따른다. *Report of Dr. Benjamin Franklin and Other Commissioners Charged by the King of France, with the Examination of the animal Magnetism as Now Practised at Paris.*

188) Denis I. Duveen and Herbert S. Klickstein, *Bibliography of the Works of Antoine Laurent Lavoisier, 1743-1794*, pp. 249-261.

189) 저자 미상, *Report of Dr. Benjamin Franklin and Other Commissioners*, p. 54.

190) Nicolas Bergasse, *Considérations sur le Magnétisme animal*, p. 60.

191) Ibid., p. 38.

192) Franklin report. 주 187을 보라.

193) Nicolas Bergasse, *Considérations sur le Magnétisme animal*, p. 54.

194) Ibid., p. 131.

195) Gillispie, "Encyclopédie and Jacobin Philosophy," p. 267(강조는 필자.).

196) Adam Crabtree, *Animal Magnetism, Early Hypnotism, and Psychical Research*, 1766-1925, p. xi.

197) Erwin H. Ackerknecht, *A Short History of Medicine*, p. 207.

198) 키스 베이커(Keith Baker)는 과학이 혁명 이후 정치인들에게 "과학 지식에서 파생되어 나온 각종 기술 이상"을 제공했다고 주장했다. "그것은 또한 정당성의 새로운 원천, 이성과 자연의 원칙에 기반한 권위의 체계를 보여 주었다." Baker, *Inventing the French Revolution*, p. 159.

199) 당시 아카데미에는 두 명의 종신 사무국장이 있었다. 다른 한 명은 장 바티스트 들랑브르(Jean Baptiste Delambre)였다.

200) Appel, *Cuvier-Geoffroy Debate*, p. 42.

201) Georges Cuvier, *Rapport historique sur les progrès des sciences naturelles*, p. 387.

202) Appel, *Cuvier-Geoffroy Debate*, pp. 9-12.

203) Cuvier, *Rapport historique sur les progrès des sciences naturelles*, p. 389.

204) Appel, *Cuvier-Geoffroy Debate*, p. 41.

7장 자본과 과학의 결합: 19세기

1) 화학자이자 화학 교수였던 앤드루 유어(1778~1857년)는 나중에 자유 무역의 강력한 주창자가 되었다. 그는 공장 제도를 찬양한 자신의 저작 『제조업의 철학(*The Philosophy of Manufactures*)』에서 아동 노동을 옹호하기도 했다.

2) 자본주의적 의사 결정보다는 경제 계획이 우선시되는 쿠바와 같은 나라에서의 과학 활동은 여기에서 중요한 예외이다. 하지만 쿠바에서도 과학 활동의 방향은 국제 금융 시장과 자본주의 국가들과의 군사력 경쟁에서 막대한 영향을 받고 있다.

3) "거대과학"이라는 표현은 오크리지 국립 연구소(Oak Ridge National Laboratory) 소장인 앨빈 와인버그(Alvin Weinberg)가 만들었다. *Science*, July 21, 1961. 또한 그의 저작 *Reflections on Big Science*를 보라. 거대과학에 대한 논의에서 빼놓을 없는 고전으로는 Derek J. de Solla Price,

*Little Science, Big Science*가 있다. 보다 최근의 논의로는(주로 미국 거대 물리학에 초점을 맞추고 있기는 하지만) Peter Galison and Bruce Hevly, eds., *Big Science*를 보라.

4) James McClellan and Harold Dorn, *Science and Technology in World History*, p. 287.

5) J. D. Bernal, *Science in History*, vol. 2, p. 591.

6) McClellan and Dorn, *Science and Technology in World History*, p. 280.

7) Anthony F. C. Wallace, *The Social Context of Innovation*, pp. 91, 101.

8) 뉴커먼의 펌프는 증기가 응축하면서 생기는 부분적 진공 상태에 가해지는 대기압을 이용했던 것에 비해, 세이버리의 펌프는 팽창하는 증기의 힘을 이용한 것이었다. 이후 등장한 증기 기관은 뉴커먼의 원리를 이용하여 발전시키는 방향으로 발달하게 되었다.

9) Lynn White, Jr., "Pumps and Pendula," p. 107.

10) L. T. C. Rolt and J. S. Allen, *The Steam Engine of Thomas Newcomen*, p. 12.

11) R. S. Meikleham, *Descriptive History of the Steam Engine*(London, 1824). Bernal, *Science in History*, vol. 2, p. 580에서 재인용.

12) White, "Pumps and Pendula," pp. 107-108. 화이트는 과학과 기술을 확고하게 대조시키고 있다. 하지만 그의 서술에 따르면 "대단한 경험주의적 천재"인 뉴커먼의 작업은 갈릴레오식 과학자들에게는 알려지지 않았던 자연에 관한 지식을 만들어 냈다. 뉴커먼의 발명이 세이버리와는 무관하게 이루어졌다는 주장을 반박할 만한 증거는 나타나지 않았다. 하지만 몇몇 역사학자들은 그러한 주장을 펴고 있다. 예를 들어, Wallace, *Social Context of Innovation*, pp. 55-57을 보라.

13) 와트와 블랙의 관계는 그들 사이에 오간 편지들을 보면 알 수 있다. 그들의 편지들은 Eric Robinson and Douglas McKie, *Partners in Science*에 수집되어 있다.

14) McClellan and Dorn, *Science and Technology in World History*, p. 288. 와트는 "블랙 박사와의 대화를 통해 얻은 지식"에 대해 깊은 사의를 표했다. 하지만 그는 "그것이 내가 증기 기관을 개량하는 데 직접적인 도움을 주지는 않았다."라고 주장했다. Robinson and Douglas McKie, *Partners in Science*, p. 416. 버널은 와트가 블랙의 이론에 의존했다는 주장을 받아들였다. Bernal, *Science in History*, vol. 2, p. 582.

15) Derek J. de Solla Price, *Little Science, Big Science … and Beyond*, p. 240.

16) Bernal, *Science in History*, vol. 2, p. 580.

17) Robert E. Schofield, ed., *A Scientific Autobiography of Joseph Priestley*, p. 51.

18) Robert Raymond, *Out of the Fiery Furnace*, p. 234.

19) David Philip Miller, "Puffing Jamie," p. 9.

20) Ibid., p. 17.

21) Samuel Smiles, *Self-Help*. 이 책은 전자 문서로 만들어져 있고 검색이 가능하기 때문에 페이지 번호를 달지 않았다. 전자 문서 형태로 전환되어 있는 스마일스의 다른 저작들에는 *Industrial Biography*와 *Men of Invention and Industry*가 있다.

22) Ibid.

23) 5장을 보라.

24) "지질학"이라는 명칭이 만들어지기 이전 시기를 다루면서 이 단어를 사용해도 되는가? 햄은 다음과 같이 주장했고, 나 역시 이에 동의한다. "18세기의 용어들에 얽매여 있는 역사학자라면 우주 구

조론, 지하 지질학, 광물학(oryctognosy), 화석학(oryctology), 지구에 대한 물리적 기술, 자연 지질학, 신성 물리학, 광물학 기행문(travelogues), 광물과 지구 구조의 자연학 등 다양한 분야의 역사를 모조리 따로 기술해야 할 것이다. 하지만 시대착오를 피하기 위해 까다롭게 구는 것은 바람직하지도 않을뿐더러 불가피하지도 않다. E. P. Hamm, "Knowledge from Underground," pp. 77-78.

25) Mott T. Greene, *Geology in the Nineteenth Century*, p. 39.

26) Hamm, "Knowledge from Underground," p. 79(강조는 저자).

27) 여기에 대한 몇몇 예외들은 5장에서 언급한 바 있다.

28) Hamm, "Knowledge from Underground," p. 82.

29) Ibid., p. 77

30) Ibid., pp. 81-82.

31) Ibid., p. 81.

32) Ibid., p. 84.

33) Johann Gottlob Lehmann, *Abhandlung* …(1753). Hamm, "Knowledge from Underground," p. 86에서 재인용.

34) T. S. Ashton, *The Industrial Revolution, 1760-1830*, p. 16.

35) Cecil J. Schneer, "William Smith's Geological Map of England and Wales and Part of Scotland, 1815-1817."

36) Simon Winchester, *The Map That Changed the World*.

37) Roy Porter, "Gentlemen and Geology," p. 810.

38) Thomas Kelly, *George Birbeck*를 보라.

39) Humphrey Davy, "Discourse Introductory to a Course of Lectures on Chemistry," vol. 2, pp. 323, 326.

40) Adrian Desmond, *The Politics of Evolution*, p. 27.

41) Steven Shapin and Barry Barnes, "Science, Nature and Control," p. 32.

42) Desmond, *Politics of Evolution*, pp. 3, 20.

43) Ibid., p. 1.

44) O. C. Marsh, *History and Methods of Peleontological Discovery: An Address Delivered before the AAAS at Saratoga, N.Y., Aug. 28, 1879*. Adrian Desmond, *Archetypes and Ancestors*, p. 173에서 재인용.

45) Desmond, *Politics of Evolution*, p. 329.

46) Ibid., pp. ix. 24.

47) Ibid., p. 135.

48) Ibid., pp. 2, 20.

49) Ibid., p. 1.

50) Desmond, *Politics of Evolution*, pp. 415-429의 부록 A와 B를 보라.

51) Desmond, *Politics of Evolution*, pp. 121, 125, 166.

52) Ibid., pp. 177, 379.

53) 직접적인 연관을 가장 잘 볼 수 있는 사례는 찰스 다윈에 대한 로버트 그랜트의 영향이다. Desmond, *Politics of Evolution*, pp. 398-403을 보라.

54) Desmond, *Politics of Evolution*, p. 21.

55) Desmond, *Archetypes and Ancestors*, p. 13.

56) Ibid., pp. 109-110.

57) Ibid., pp. 13, 17, 40, 122, 139.

58) Ibid., pp. 40, 160, 162(강조는 원문).

59) Ibid., p. 142.

60) 에른스트 헤켈의 말. Anton Pannekoek, *Marxism and Darwin*에서 재인용.

61) Charles Darwin, *Autobiography*(1876), p. 120.

62) Karl Marx to Friedrich Engels, December 19, 1860. *Selected Correspondence*, p. 126.

63) Pannekoek, *Marxism and Darwin*에서 재인용.

64) Pannekoek, *Marxism and Darwin*에서 재인용.

65) Darwin to Karl von Scherzer, December 26, 1879. *The Life and Letters of Charles Darwin*, vol. 2, p. 413.

66) 사회 다윈주의의 창시자인 허버트 스펜서에 대해 다윈은 다음과 같이 언급했다. "나는 그가 생존해 있는 영국의 철학자들 가운데서 가장 위대하다는 평가를 받게 될 것이라고 생각한다." *Life and Letters of Charles Darwin*, vol. 2, p. 301.

67) Adrian Desmond and James Moore, *Darwin*, p. xxi.

68) Francis Galton, "Hereditary Improvement," p. 129.

69) Price, *Little Science, Big Science … and Beyond*, p. 31.

70) 골턴은 지문 감식법을 발명했다기보다는 대중화시켰다고 하는 편이 옳을 것이다. Martin Brookes, *Extreme Measures*, pp. 247-255를 보라.

71) Francis Galton, "Hereditary Talent and Character," pp. 320-321.

8장 과학-산업 복합체: 20세기를 넘어

1) 멀러는 리센코 사건에 충격을 받은 나머지 1937년 소련을 떠났다(이 장의 "스타하노프 운동과 리센코주의" 절을 보라.).

2) Roy Porter, *The Greatest Benefit to Mankind*, p. 424 에서 재인용.

3) Garland E. Allen, "Is a New Eugenics Afoot?" pp. 59-61.

4) Ibid.

5) 우생학의 역사에 대한 훌륭한 논저로는 Daniel J. Kevles, *In the Name of Eugenics*와 Garland E. Allen, "The Eugenics Record Office at Cold Spring Harbor, 1910 1940"가 있다.

6) Porter, *Greatest Benefit to Mankind*, pp. 648-649.

7) Ibid, pp. 649-650.

8) Ibid, p. 650.

9) Ibid, p. 650.

10) Robert Jay Lifton, "Doctors and Torture."

11) Neil A. Lewis, "Red Cross Finds Detainee Abuse in Guantánamo"에서 재인용.

12) 에드워드 윌슨(Edward Osborne Wilson)은 개미의 행동에서 얻은 지식을 이용해 인간의 사회 조직 방식을 설명하려 시도했다. E. O. Wilson, *Sociobiology*를 보라. 생물학 결정론과 사회 생물학에 대한 비판으로는 Richard Lewontin, Stephen Rose, and Leon Kamin, eds., *Not in Our Genes*를 보라.

13) Steven Rose, *The Times*(London), November 9, 1976, p. 17.

14) 특히 Leon Kamin, *The Science and Politics of IQ*와 Leslie Hearnshaw, *Cyril Burt*를 보라. 간단한 요약으로는 Lewontin, Rose, and Kamin, eds., *Not in Our Genes*, pp. 101-106을 보라. 이 문제에 걸린 이데올로기적 함의를 생각해 보았을 때, 여전히 버트를 옹호하는 사람들이 있다는 것은 놀라운 사실이 아니다. 예를 들어, Ronald Fletcher, *Science, Ideology, and the Media*를 보라.

15) Richard J. Herrnstein and Charles Murray, *The Bell Curve*. 반박 논리로는 Russell Jacoby and Naomi Glauberman, eds., *The Bell Curve Debate*가 있다.

16) Adrian Desmond, *The Politics of Evolution*, p. 378.

17) Allen, "Is a New Eugenics Afoot?"

18) Frederick W. Taylor, *Scientific Management*, pp. 133-134.

19) Mitchel Cohen, *Big Science, the Fragmenting of Work, and the Left's Curious Notion of Progress*.

20) 이 장 서두의 인용문을 보라.

21) Harry Braverman, *Labor and Monopoly Capital*, p. 73.

22) V. I. Lenin, The Immediate Tasks of the Soviet Government," p. 664.

23) 이와 같은 짧은 소개로 리센코주의의 복잡다단함을 보이는 것은 불가능할 것이다. 보다 구체적인 논의로는 "The Problem of Lysenkoism," in Richard Levins and Richard Lewontin, *The Dialectical Biologist*가 있다.

24) Gary Werskey, *The Visible College*, p. 139. 학술 대회에서 발표된 논문들은 저자 미상, *Science at the Cross Roads*로 묶여 출판되었다.

25) Werskey, *Visible College*.

26) Ibid., p. 142.

27) J. G. Crowther, *Manchester Guardian*, July 7, 1931; Werskey, *Visible College*, p. 145에서 재인용.

28) Loren Graham, "The Socio-Political Roots of Boris Hessen," p. 713.

29) Werskey의 *Visible College*는 이들 다섯 명의 반체제 과학자 집단에 대한 전기이다.

30) H. Floris Cohen, *The Scientific Revolution*, p. 334.

31) Robert K. Merton, *Science, Technology and Society in Seventeenth-Century England*는 헤센과 막스 베버의 작업에서 그 기원을 찾을 수 있는 독특한 사상적 혈통을 가지고 있다. 서구 학자들 사이에서는 베버의 영향을 받은 부분에만 초점을 맞추고 헤센의 영향은 무시하는 경향이 있었다.

32) 몇몇 포스트모던 학자들은 근대 과학이 "사회적으로 구성"되었으며, 물질적 실재의 세계에 대한 객관적 지식을 얻는 것과는 무관하다고 주장한다(이와 같은 학파의 기본 텍스트로는 Jean-

François Lyotard, *The Postmodern Condition: A Report on Knowledge*가 있다.). 비록 이 책에서 과학의 발달에 관여하는 사회적 요인들을 강조하고 객관성에 대한 협소한 개념을 비판하기는 했지만, 나는 근대 과학이 자연에 대한 보편적인 지식을 생산해 왔다고 주장한다. 이는 과학 활동을 수행하는 사회의 문화가 다르다고 해서 그 결과가 달라지지 않는다는 것을 의미한다. 간단히 말해서, 나는 근대 과학이 "사회적으로 구성"되었다기보다는 "사회적 중개"의 과정을 거친다고 묘사하려는 것이다.

33) Meera Nanda, "Against Social De(con)struction of Science," pp. 1-4; Meera Nanda, *Prophets Facing Backward*.

34) Ibid.

35) Ibid.

36) Ibid.

37) Ibid.

38) Ibid.

39) Amnesty International, "Clouds of Injustice, November 2004. Saritha Rai, "Bhopal Victims Not Fully Paid, Rights Group Says," *New York Times*, November 30, 2004. 유니언 카바이드 사의 죄목에 대한 간략한 분석으로는 Timothy H. Holtz, "Tragedy Without End"를 보라.

40) Maril Hazlett and Michael Egan, "Technological and Ecological Turns."

41) 『침묵의 봄』 원고의 일부는 1962년 6월부터 《뉴요커(*New Yorker*)》 지에 연재되기 시작했고, 그해 9월 호튼 미플린 출판사에서 출간되었다.

42) Linda Lear, "Introduction" to the anniversary edition of *Silent Spring*, p. xvii.

43) John M. Lee, "Silent Spring Is Now Noisy Summer."

44) Lear, "Introduction," pp. xi, xvii.

45) Ibid., p. xi.

46) Rachel Carson, *Lost Woods*, p. 91.

47) Hazlett and Egan, "Technological and Ecological Turns."

48) Gary Kroll, "Rachel Carson's *Silent Spring*."

49) Robert Bullard, "Environmental Justice."

50) Lear, "Introduction," p. xviii.

51) Boston Women's Health Book Collective, *The New Our Bodies, Ourselves*, pp. xvii, 557. 이 주제에 대해서는 Sandra Morgen, *Into Our Own Hands*와 Ellen Frankfort, *Vaginal Politics*를 보라. 심리 과학에 대한 페미니즘적 비판으로는 Phyllis Chesler, *Women and Madness*가 있다.

52) Boston Women's Health Book Collective, *New Our Bodies*, pp. 558-561.

53) Ann Dally, "The Development of Western Medical Science," p. 59.

54) Boston Women's Health Book Collective, *New Our Bodies*, pp. 563-564.

55) Dwight D. Eisenhower, "Farewell Address to the Nation," January 17, 1961.

56) Daniel S. Greenberg, *Science, Money, and Politics*, p. 100.

57) David Concor, "Corporate Science versus to Right to Know," *New Scientist*, March 16, 2002. Sheldon Krimsky, *Science in the Private Interest*, p. 80에서 재인용.

58) Krimsky, *Science in the Private Interest*, pp. 6, 51. 또한 Derek Bok, *Universities in the Marketplace*, chap. 4, "Scientific Research"를 보라.

59) Richard Horton, "The Dawn of McScience," p. 9.

60) Greenberg, *Science, Money, and Politics*, pp. 349-350. 그린버그는 Drummond Rennie, "Fair Conduct and Fair Reporting of Clinical Trials," *Journal of the American Medical Association*, November 10, 1999를 인용하고 있다.

61) Horton, "The Dawn of McScience," pp. 7, 9.

62) Krimsky, *Science in the Private Interest*, p. 115.

63) Melody Peterson, "Suit Says Company Promoted Drug in Exam Rooms," *New York Times*, May 15, 2002. Krimsky, *Science in the Private Interest*, p. 115에서 재인용.

64) Matthew Kaufman and Andrew Julian, "Scientists Helped Industry to Push Diet Drug," *Hartfort Courant*, April 10, 2000. Krimsky, *Science in the Private Interest*, p. 115에서 재인용.

65) Krimsky, *Science in the Private Interest*, p. 116.

66) Sarah Bosely, "Scanadal of Scientists Who Take Money for Papers Ghostwritten by Drug Companies," *Guardian Weekly*(UK), February 7, 2002. Krimsky, *Science in the Private Interest*, p. 116에서 재인용.

67) Krimsky, *Science in the Private Interest*, p. 173.

68) Ibid., p. 99.

69) Ibid., pp. 9, 23-24.

70) Dennis Cauchon, "Number of Experts Available Is Limited," *USA Today*, September 25, 2000. Krimsky, *Science in the Private Interest*, p. 96에서 재인용.

71) Marc Kaufman, "Many Workers Call FDA Inadequate at Monitoring Drugs."

72) 「60분」의 에피소드는 주요 환경 단체인 자연 자원 보호 위원회(Natural Resources Defense Council)의 보고서 "Intolerable Risk: Pesticides in our Children's Food," February 27, 1989에 기초한 것이었다. Krimsky, *Science in the Private Interest*, p. 102에서 재인용.

73) Krimsky, *Science in the Private Interest*, pp. 101-102.

74) Ibid., p. 51. 원출전은 World Health Organization, *Tobacco Company Strategies to Undermind Tobacco Control Activities at the World Health Organization*, July 2000.

75) Krimsky, *Science in the Private Interest*, p. 39. 원출전은 Public Citizen, *Safeguards at Risk: John Graham and Corporate America's Back Door to the Bush White House*, March 2001.

76) Ibid., p. 39.

77) Greenberg, *Science, Money, and Politics*, p. 74. 그는 National Science Foundation, *Science & Engineering Indicators*, 1998의 데이터를 이용하고 있다.

78) Greenberg, *Science, Money, and Politics*, p. 43.

79) 특히 Gar Alperovitz, *Atomic Diplomacy*와 Alperovitz, *The Decision to Use the Atomic Bomb and the Architecture of an American Myth*를 보라.

80) National Science Foundation, *National Patterns of R&D Resources*. 이것은 Greenberg, *Science, Money, and Politics*, Table 1에 부록으로 수록되어 있다.

81) 1990년과 2000년 사이에 연구 개발 예산은 638억 달러에서 754억 달러로 서서히 증가했다. Greenberg, *Science, Money, and Politics* 부록의 Table 5를 보라.

82) 제2차 세계 대전 이후, 미국은 자국 영토를 지키기 위해서뿐만이 아니라 미국 기업의 경제적 지배력을 유지하기 위해 군대를 전 세계에 파견했다. 이것은 "국방"이 아니라 "제국주의"라고 불러 마땅할 것이다.

83) Greenberg, *Science, Money, and Politics*, p. 51.

84) Helen Caldicott, *The New Nuclear Danger*, pp. 4-5.

85) 케인스가 루스벨트 대통령에게 보낸 조언의 한 사례는 그의 글 "Open Letter to President Roosevelt"(1933)에서 볼 수 있다.

86) 케인스가 이 구절을 처음 사용했던 것은 대공황이 발생하기 이전이었다. 하지만 그는 이것을 그 이후 "장기"를 다루는 모든 질문에 대한 대답으로 활용했다. John Maynard Keynes, *A Tract on Monetary Reform*(1923).

87) 케인스는 자신의 가장 중요한 저작에서 이와 같이 겉보기에는 말도 안 되는 경제 활동의 혜택에 대해 언급했다. "만약 재무부가 빈 병에 지폐를 가득 담은 후 표면까지 쓰레기로 채워져 있는 폐광 속 깊이 파묻어 두고 나서 사기업들에게 알아서 그것을 파내라고 하면, 공동체의 실수입과 자본 규모는 상당히 증가할 것이다." Keynes, *The General Theory of Employment, Interest and Money*, chap. 10, sect. 6.

88) Greenberg, *Science, Money, and Politics*, p. 285.

89) Ibid., p. 332. *Physics Today*, July 1999에서 재인용.

90) Tom Engelhardt, "Icarus(Armed with Vipers) over Iraq."

91) Caldicott, *New Nuclear Danger*, p. 3.

92) Helen Caldicott, *Nuclear Madness*, pp. 21-22.

93) Donald L. Barlett and James B. Steele, *Forevermore*를 보라.

94) Caldicott, *New Nuclear Danger*, p. 24.

95) Kevin Bogardus, "The Politics of Energy."

96) 텔러는 열핵 무기를 가능케 한 과학 지식을 만들어 낸 연구 팀의 일원이었다. 그가 혼자서 열핵 폭탄을 만든 것은 아니었다. 텔러가 "수소 폭탄의 아버지"라는 명성을 얻게 된 것은 폭탄의 개발을 위해 쉼 없이 로비 활동을 펼쳤기 때문이었다. 최근에 출간된 그의 전기는 이러한 그의 면모를 정확하게 평가하고 있다. Peter Goodchild, *Edward Teller: The Real Dr. Strangelove*.

97) Caldicott, *Nuclear Madness*, pp. 146-147. 미국 의사 협회의 논문("Medical Perspective on Nuclear Power")은 *Journal of the American Medical Asso-ciation*, November 17, 1989에 출판되었다.

98) Stan Augarten, *Bit by Bit*, pp. 195, 253.

99) H. Edward Roberts and William Yates, "Exclusive! Altair 8800."

100) Paul E. Ceruzzi, *A History of Modern Computing*, pp. 226, 304.

101) Augarten, *Bit by Bit*, pp. 276-280.

102) 애플 사와 매킨토시의 이야기를 다룬 책은 많이 있다. Michael Moritz, *The Little Kingdom*; Owen Linzmayer, *Apple Confidential 2.0*; 그리고 Steven Levy, *Insanely Great*.

103) 로드 홀트와의 개인 통신, November 26, 2004.

104) Steve Lohr, *Go To*, p. 171. 브리클린과 프랭크스턴은 "컴퓨터에 대해 수많은 경험을 쌓기는 했지만", 그들은 여전히 제도권 컴퓨터 과학에서는 국외자였다.

105) Ceruzzi, *History of Modern Computing*, p. 267.

106) Augarten, *Bit by Bit*, p. 280.

107) Lohr, *Go To*, p. 7.

108) Ibid., p. 29.

109) Ibid., p. 68. 톰슨은 유닉스 운영 체제를 만든 팀의 일원이었다.

110) Ibid., pp. 3, 7.

111) 전자 시대 이전의 "컴퓨터"는 기계를 지칭하는 말이 아니라 보잘것없는 임금을 받고 과학자들을 위한 지루한 계산을 손으로 해 주던 낮은 지위의 여직원들을 부르는 호칭이었다. 최근에 출간된 한 전기는 20세기 초 하버드 대학교 천문대에서 천문 사진들 속 별들의 밝기를 계산하는 여성 팀의 일원이었던 헨리에타 스완 리비트(Henrietta Swan Leavitt)의 이야기를 다루고 있다. 리비트는 자신이 다루던 데이터에 익숙해진 결과, 1912년에 천문학과 우주론에서 대단히 중요한 과학적 발견을 해냈다. 그녀의 발견은 특정한 별들의 밝기가 주기적으로 변하는 것(세페이드 변수)을 측정하면 우주 공간에서의 거리를 잴 수 있다는 것이다. 그녀의 업적은 주석에서 다루기에는 너무나 크다. 다행히도, 그녀의 일생은 George Johnson, *Miss Leavitt's Stars*에 훌륭하게 묘사되어 있다.

112) Lohr, *Go To*, p. 6.

113) Lohr, *Go To*, pp. 47-48에서 재인용. 새메트는 코볼 언어를 만들어 낸 팀의 일원이었다.

114) Lohr, *Go To*, p. 13.

115) Ibid., pp. 13-14.

116) Ceruzzi, *History of Modern Computing*, p. 232.

117) 게이츠는《포춘(*Fortune*)》지의 2004년도 미국 최고 부자 명단에 11년 연속으로 1위에 올랐다. 그의 재산은 약 48억 달러로 추산된다.

118) Ceruzzi, *History of Modern Computing*, p. 301.

119) Tim Berners-Lee, *Weaving the Web*, p. 2.

120) Ibid., pp. 31-32, 42-43, 55.

121) Lohr, Go To, p. 201.

122) Ibid., p. 177. Ted Nelson, *Computer Lib*를 보라.

123) Lohr, *Go To*, p. 201.

124) Ibid., p. 89.

125) Ibid., p. 212.

126) 이 보고서는 닉 보웬(Nick Bowen)이 1999년 12월 20일에 작성되었다. 2000년 1월 7일, IBM 사의 선임 부회장이자 나중에 회장직에 오른 새뮤얼 팔미사노(Samuel Palmisano)는 IBM 사 중역들에게 보내는 이메일에서 이 보고서를 회사의 공식적인 입장으로 승인하였다. Lohr, *Go To*, p. 218에서 재인용.

127) "《와이어드》 지는 1993년 1월 디지털 혁명을 다루기 위해 창간되었다. 디지털 혁명이란 컴퓨터, 미디어, 통신 산업들의 수렴 현상에 따른 근본적인 변화들을 일컫는다. ……《와이어드》는 컴퓨

터 잡지가 아니다. 이 잡지는 디지털 혁명에 참여하는 사람, 회사, 아이디어 등을 다룬다." Wired Ventures, Inc.가 1996년 미국 증권 거래 위원회(Securities and Exchange Commission)에 보낸 문건에서 인용.

128) 중국 인터넷 네트워크 정보 센터의 인터넷 사용 통계는 A. Lin Neumann, "The Great Firewall"과 중국 신화(Xinhua) 뉴스 서비스(December 25, 2002)에 인용되어 있다. 중국의 6천만 인터넷 사용자들은 중국 인구 전체의 5퍼센트에 불과하다는 사실을 상기할 필요가 있다.

129) 2005년 4월 당시 중국의 휴대폰 사용자 수는 약 3억 5000만 명이었을 것이다. "A Hundred Cellphones Bloom, and Chinese Take To the Streets," *New York Times*, April 25, 2005.

130) Neumann, "The Great Firewall."

131) Ceruzzi, *History of Modern Computing*, pp. 280, 349.

132) John Pilger, "Australia's Samizdat."

133) 예를 들어 David Watson, *Beyond Bookchin*을 보라.

참고 문헌

Ackerknecht, Erwin H. *A Short History of Medicine* (Baltimore, MD: Johns Hopkins University, 1982)

Aczel, Amir D. *The Riddle of rhe Compass* (New York: Harcourt, 2001).

Agricola, Georgius. *De re metallica*, trans. Herbert Clark Hoover and Lou Henry Hoover (New York: Dover, 1950)

Allen, Garland E. "The Eugenics Record Office at cold spring Harbor, 1910-1940." *Osiris* 2 (1986)

———. "Is a New Eugenics Afoot?" *Science* 294, 5540 (October 5, 2001).

Alperovitz, Gar. *Atomic Diplomacy: Hiroshima and Potsdam* (New York: Penguin, 1985).

———. *The Decision to Use the Atomic Bomb and the Architecture of an American Myth* (New York: Knopf, 1995).

Anonymous. *Calcoen: A Dutch Narrative of the Second Voyage of Vasco da Gama to Calicut, Printed at Antwerp circa 1504*, trans. J. Ph. Berjeau (London: Pickering, 1874).

———. *An Essay on the Usefulness of Mathematical Learning. In a Letter from a Gentleman in the City, to his Friend at Oxford*, 3rd ed. (London, 1745).

———. *Report of Dr. Benjamin Franklin and Other Commissioners Charged by the King of France, with the Examination of the animal Magnetism as Now Practised at Paris* (London, 1785).

———. *Science at the Cross Roads. Papers presented to the International Congress of the History of Science and Technology* (London, 1931) *by the delegates of the USSR* (London: Frank Cass, 1971; originally published in 1931).

Appel, Toby A. *The Cuvier-Geoffroy Debate: French Biology in the Decades Before Darwin* (Oxford: Oxford University Press, 1987).

Aristotle. *Metaphysics*, W. D. Ross, trans. (Chicago, IL: Great Books of the Western world, 1952).

———. *Meteorology*, E. W. Webster, trans. (Chicago, IL: Great Books of the Western World, 1952).
———. *On the Heavens*, J. L. stocks, trans. (Chicago, IL: Great Books of the Western World, 1952).
———. *Politics*, Benjamin Jowett, trans. (Chicago, lL: Great Books Western World, 1952).
Aronson, J. K. *An Account of the Foxglove and Its Medical Uses, 1785-1985* (London: Oxford University Press: 1985).
Ashton, T. S. *The Industrial Revolution, 1760-1830* (London: Oxford University Press: 1964).
Aubrey, John. *Aubrey's Brief Lives*, ed. Oliver Lawson Dick (Boston, MA: David R. Godine, 1999).
Augarten, Stan. *Bit by Bit: An Illustrated History of Computers* (New York: Ticknor & Fields, 1984).
Aveni, Anthony F. *Ancient Astronomers* (Washington, DC: Smithsonian Books, 1993).
Bachelard, Gaston. *The Psychoanalysis of Fire* (Boston, MA: Beacon Press, 1968).
Bacon, Francis. *The Essays, or Counsels Civil and Moral* (Oxford, UK: Oxford University Press, 1999).
———. "The Great Instauration," in *The New Organon.*
———. *The New Organon*, ed. Fulton H. Anderson (New York: Macmillan, 1960).
———. "Of Seditions and Troubles," in *The Essays.*
———. *The Works of Francis Bacon*, ed. James Spedding, Robert L. Ellis, and Douglas D. Heath (London: Longman, 1857-1874).
Bailey, Geoff, ed. *Hunter-Gatherer Economy in Prehistory: A European Perspective* (Cambridge, UK: Cambridge University Press, 1983).
Baker, Keith. *Inventing the French Revolution: Essays on French Political Culture in the Eighteenth Century* (Cambridge, UK: Cambridge University Press, 1990).
Balick, Michael J., and Paul Alan Cox, *Plants, People and Culture: The Science of Ethnobotany* (New York: Scientific American Library, 1996).
Barine, Arvède. *Bernadin de Saint-Pierre* (Chicago, IL: A. C. McClurg, 1893).
Barlett, Donald L., and James B. Steele. *Forevermore: Nuclear Waste in America* (New York: W. W. Norton, 1985).
Barm, Jacqties. *From Dawn to Decadence* (New York: HarperCollins, 2000).
Bazin, Hervé. *The Eradication of SmallPox* (San Diego, CA: Academic Press, 2000).
Beadle, George W. "The Ancestry of Corn," *Scientific American*, 242 (1980).
Beaglehole, J. C., ed. *The Endeavour Journal of Joseph Banks 1768-1771* (Sydney, Australia: Angus and Robertson, 1962).
Beall, Otho T., and Richard Shryock. *Cotton Mather: First Significant Figure in American Medicine* (Baltimore, MD: Johns Hopkins University Press, 1954).
Bedini, Silvio A. *Thinkers and Tinkers: Early American Men of Science* (New York: Scribner's, 1975).
———. *Patrons, Artisans and Instruments of Science, 1600-1750* (Brookfield, VT: Ashgate/ Variorum, 1999).
Beeching, Jack. "Introduction" to Richard Hlakluyt, *Voyages and Discoveries.*
Bennett, J. A. "The Challenge of Practical Mathematics," in Pumphrey, Rossi, and Slawinski, eds., *Science, Culture and Popular Belief in Renaissance Europe.*
———. "The Mechanics' Philosophy and the Mechanical Philosophy." *History of Science* 24

(1986).
Bergasse, Nicolas. *Considerations sur le Magnétisme animal, ou Sur la théorie du monde et des êtres organisés, d'aprés les principes de M. Mesmer* (La Haye, 1784).
Bergasse du Petit-Thouars, Aristide G. H. N. *Nicolas Bergasse: Un Défenseur des principes traditionnels sous la Révolution* (Paris: Librairie Académique, 1910).
Bergreen, Laurence. *Over the Edge of the World* (New York: William Morrow, 2003).
Bernal, J. D. *Science in History* (Cambridge, MA: MIT Press, 1971).
Bernal, Martin. "Animadversions on the Origins of Western Science," in Shank, ed., *The Scientific Enterprise in Antiquity and the Middle Ages.*
———. *Black Athena* (New Brunswick, NJ: Rutgers University Press, 1987).
———. "Response to Professor Snowden." *Arethusa* 22 (1989).
Bernardin de Saint-Pierre, Jacques Henri. *Etudes de la nature*, new ed. (Basel, Switzerland: Chez Tourneizen, 1797; originally published in 1784).
———. *Paul and Virginia* (London: Penguin, 1982).
Berners-Lee, Tim. *Weaving the Web: The Original Design and Ultimate Destiny of the World Wide Web* (New York: HarperBusiness, 2000).
Biagioli, Mario, and Peter Galison, eds. *Scientific Authorship: Credit and Intellectual Property in Science* (New York: Routledge, 2003).
Biot, Jean Baptiste. *Essai sur l'histoire generale des sciences pendant la Revolution francaise* (Paris, 1803).
Bivins, Roberta, "The Body in Balance," in Porter, ed., *Medicine: A History of Healing.*
Blake, John B. "The Inoculation Controversy in Boston: 1721-1722." *New England Quanedy* 25 (1952).
Blumenbach, Johann Friedrich. *On the Natural Varieties of Mankind*, trans. Thomas Bendyshe (New York: Bergman, 1969).
Blurton-Jones, Nicolas, and Melvin J. Konner, "!Kung Knowledge of Animal Behavior (or: The Proper Study of Mankind is Animals)," in Lee and De Vore, eds., *Kalahari Hunter-Gatherers.*
Bogardus, Kevin. "The Politics of Energy: Nuclear Power." December 11, 2003. http://www.icij.org/report.aspx?aid=122&sid=200
Bok, Derek. *Universities in the Marketplace: The Commercialization of Higher Education* (Princeton, NJ: Princeton University Press, 2003).
Boston Women's Health Book Collective. *The New Our Bodies, Ourselves* (New York: Simon & Schuster, 1984).
———. *Our Bodies, Ourselves* (New York: Simon & Schuster, 1973).
Bougainville, Louis-Antoine de. *A voyage Round the world, Performed by Order of His Most Christian Majesty, in the Years 1766, 1767, 1768, and 1769*, trans. John Reinhold Forster (London, 1772).
Boulding, Kenneth. "The Great Laws of Change," in Tang, Westfield, and Worley, eds., *Evolution, Welfare, and Time in Economics.*
Bourne, Edward Gaylord. "Prince Henry the Navigator," in Essays in *Historical Criticism* (New York: Scribner's, 1901).
Bowen, Catherine Drinker. *Francis Bacon: The Temper of a Man* (Boston, MA: Little, Brown, 1963).
Boyle, Robert. *An Account of Phi1aretus, during His Minority*, in *The Works of the Honourable*

Robert Boyle, vol. 1.
———. *A Continuation of New Experiments Physico-Mechanical, Touching the Spring and Weight of the Air, Second Part*, in *The Works of the Honourable Robert Boyle*, vol. 4.
———. *The Excellency of Theology Compared with Natural Philosophy*, in *The Works of the Honourable Robert Boyle*, vol. 4.
———. *New Experiments Physico-Mechanical, Touching the Spring of the Air*, in *The Works of the Honourable Robert Boyle*, vol. 1.
———. *Some Considerations Touching the Usefulness of Experimental Natural Philosophy*, in *The Works of the Honourable Robert Boyle*, vol. 2.
———. *That the Goods of Mankind May Be Much Increased by the Naturalist's Insight into Trades*, in *The Works of the Honourable Robert Boyle*, vol. 3.
———. *The Works of the Honourable Robert Boyle* (London, 1772).
Braverman, Harry. *Labor and Monopoly Capital: The Degradation of Work in the Twentieth Century* (New York: Monthly Review Press, 1974).
Breasted, James H. *The Conquest* (New York: Harper, 1926).
———. *The Edwin Smith Surgical Papyrus Published in Facsimile and Hieroglyphic Transliteration with Translation and Commentary in Two Volumes* (Chicago, IL: University of Chicago Press, 1930).
Bronowski, Jacob. *The Ascent of Man* (London: British Broadcasting Corporation, 1973).
Brookes, Martin. *Extreme Measuns: The Dark Visions and Bright Ideas of Francis Galton* (New York: Bloomsbury, 2004).
Brown, Lloyd A. *The Story of Maps* (New York: Dover, 1979).
Bullard, Robert. "Environmental Justice: An Interview with Robert Bullard." *Earth First! Journal* July 1999. http://www.ejnet.org/ej/bullard.html
Bullough, Vern L. *The Development of Medicine as a Profession* (New York: Hafner, 1966).
Burke, John G, ed. *The Uses of Science in the Age of Newton* (Berkeley, University of California Press, 1983).
Burkert, Walter. *Love and Science in Ancient Pythagonanism* (Cambridge, MA: Harvard University Press, 1972).
Bush, Vannevar. "As We May Think," *Atlantic Monthly*, July 1945.
Caldicott, Helen. *The New Nuclear Danger: George W. Bush's Military-Industrial Complex* (New York: New Press, 2004).
———. *Nuclear Madness: What You Can Do* (New York: W. W. Norton, 1994).
Camac, C. N. B., ed. *Classics of Medicine and Surgery* (New York: Dover, 1959).
Campbell, Tony. "Portolan Charts from the Late Thirteenth Century to 1500," in Harley and Woodward, eds., *The History of Cartography*, vol. 1.
Canny, Nicholas. *The Upstart Earl: A Study of the Social and Mental World of Richard Boyle, First Earl Of Cork, 1566-1643* (Cambridge, UK: Cambridge University Press, 1982).
Carney, Judith Ann. *Black Rice: The African Origins of Rice Cultivation in the Americas* (Cambridge, MA: Harvard University Press, 2001).
Carson, Rachel. *Lost Woods: The Discovered Writing of Rachel Canon*, ed. Linda Lear (Boston, MA: Beacon Press, 1998).
———. *Silent Spring* (Boston, MA: Houghton Mifflin, 1962).
———. *Silent Spring*, anniversary ed. (Boston, MA: Mariner, 2002).

Cartier, Jacques. *The Voyages of Jacques Cartier*, ed. H. P. Biggar (Toronto: University of Toronto Press, 1993).

Casson, Lionel. *The Ancient Mariners: Seafarers and Sea Fighters of the Mediterranean in Ancient Times* (New York: Macmillan, 1959).

———. *Libraries in the Ancient World* (New Haven, CT: Yale University Press, 2001).

———. *Ships and Seamanship in the Ancient World* (Princeton, NJ: Princeton University Press, 1971).

———, ed. and trans. *The Periplus Maris Erythraei* (Princeton, NJ: Princeton University Press, 1989).

Ceruzzi, Paul E. *A History of Modem Computing* (Cambridge, MA: MIT Press, 2003).

Chaplin, Joyce. *An Anxious Pursuit: Agricultural Innovation and Modernity in the Lower South, 1730-1815* (Chapel Hill, NC: University of North Carolina Press, 1993).

Charbonnier, Georges. *Conversations with Claude Levi-Strauss* (London: Jonathan Cape, 1969).

Chesler, Phyllis. *Women and Madness* (Garden City, NY: Doubleday, 1972).

Chiera, Edward. *They wrote on Clay* (Chicago, IL: University of Chicago Press, 1966).

Childe, V. Gordon. *Man Makes Himself* (New York: New American Library, 1951).

———. *What Happened in History* (New York: Penguin, 1954).

Christianson, John Robert. *On Tycho's Island: Tycho Brahe and His Assistants. 1570-1601* (Cambridge, UK: Cambridge University Press, 2003).

Clagett, Marshall. *The Science of Mechanics in the Middle Ages* (Madison, WI: University of Wisconsin Press, 1959).

———, ed. *Critical Problems in the History of Science* (Madison, WI: University of Wisconsin Press, 1959).

Cobban, Alfred. *The Social Interpretation of the Franch Revolution* (Cambridge, UK: Cambridge University Press, 1964).

Cohen, H. Floris. *The Scientific Revolution: A Historiographical Inquiry* (Chicago, IL: University of Chicago Press, 1994).

Cohen, Mitchel. *Big science, the Fragmenting of Work, and the Left's Curious Notion of Progress* (Brooklyn, NY: Red Balloon Collective, 2004).

Cohen, Morris R., and I. E. Drabkin, *A Source Book in Greek Science* (New York: McGraw-Hill, 1948).

Collins, K. St. B. "Introduction" to Taylor, *The Haven-Finding Art*.

Conner, Clifford D. "Jean Paul Marat and the Scientific Underground of the Old Regime." Unpublished dissertation, City University of New York, 1993.

Cooper, Lane. *Aristotle, Galileo and the Tower of Pisa* (Ithaca, NY: Cornell University Press, 1935).

Corney, Bolton Glanvill, ed. *The Quest and Occupation of Tahiti by Emissaries of Spain during the Yean 1772-1776* (London: Flakluyt Society, 1915).

Cortesao, Armando. *The Mystery of Vasco da Gama* (Lisbon, 1973).

Crabtree, Adam. *Animal Magnetism, Early Hypnotism, and Psychical Research 1766-1925* (White Plains, NY: Kraus, 1988).

Creath, Richard. "The Unity of Science: Catnap, Neurath, and Beyond," in Galison and Stump, eds., *The Disunity of Science* (Stanford, CA: Stanford University Press, 1996).

Crellin, John. "Herbalism," in Porter, ed., *Medicine: A History of Healing*.

Crombie, A. C. *Augustine to Galileo* (Cambridge, MA: Harvard University Press, 1961).
———. *Robert Grosseteste and the Origins of Experimental Science, 1100-1701* (Oxford: Clarendon Press, 1953).
———. "Commentary on the Papers of Rupert Hall and Giorgio de Santillana," in Clagett, ed., *Critical Problems in the History of Science.*
Crosby, Alfred W. *Ecological Imperialism: The Biological Expansion of Europe, 900-1900* (Cambridge, UK: Cambridge University Press, 1986).
Cunliffe, Barry. *The Extraordinary Voyage of Pytheas the Greek* (New York: Walker, 2002).
Cunningham, Andrew, and Nicholas Jardine, eds. *Romanticism and the Sciences* (Cambridge, UK: Cambridge University Press, 1990).
Cuvier, Georges. *Rapport historique sur les progrès des sciences naturelles depuis 1789, et sur leur état actuel* (Paris: De I'lmprimerie impériale, 1810).
Dahlberg, Frances, ed. *Woman the Gatherer* (New Haven, CT: Yale University Press, 1981).
d'Alembert, Jean Le Rond. *Discours préliminaire de l'Encyclopédie* (1751), tran Richard N. Schwab as *Preliminary Discourse to the Encyclopedia of Diderot* (Chicago, IL: University of Chicago Press, 1995).
Dales, Richard C. *The Scientific Achievement of the Middle Ages* (Philadelpa: University of Pennsylvania Press, 1973).
Dally, Ann. "The Development of Western Medical Science," in Porter, ed *Medicine: A History Of Healing.*
Dantzig, Tobias. *Number: The Language of Science* (New York: Macmillan, 1954).
Darnton, Robert. *The Literary Underground of the Old Regime* (Cambridge, MA: Harvard University Press, 1982).
———. *Mesmerism and the End of the Enlightenment in France* (Cambridge, MA: Harvard University Press, 1968).
Darwin, Charles. *The Autobiogmphy of Charles Darin* (New York: W. W Norton, 1993; originally published in 1876).
———. *The Descent of Man* (London: John Murray, 1971).
———. *The Life and Letters of Charles Darwin*, ed. F. Darwin (New York: Basic Books, 1959).
———. *Origin of Species* (Oxford, UK: Oxford University Press, 1996; originally published in 1859).
da Vinci, Leonardo. *The Notebooks of Leonardo da Vinci*, trans. and ed. Edward MacCurdy (New York: George Braziller, 1955).
Davis, John. *The Seaman's Secrets* (London, 1607).
Davy, Humphry. "Discourse Introductory to a Course of Lectures on Chemistry," in John Davy, ed., *The Collected Works of Humphry Davy* (London: Smith, Elder, 1839-1840).
de Castro e Almeida, Virginia, ed., and Bernard Miall, trans. *Conquests and Discoveries of Henry the Navigator; Being the Chronicles of Azurara* (London: Allen Unwin, 1936).
Debus, Allen G. *The Chemical Philosophy: Paracelsian Science and Medicine in the Sixteenth and Seventeenth Centuries* (New York: Science History Publications, 1976).
———. *The English Paracelsians* (New York: Franklin Watts, 1966).
Denham, T. P., S. G. Haberle, C. Lentfer, R. Fullagar, J. Field, M. Therin, N. Porch, and B. Winsborough. "Origins of Agriculture at Kuk Swamp in the Highlands of New Guinea." *Science* July I l, 2003.

Descartes, Rene. *Oeuvres de Descartes*, Charles Adams and Paul Tannery, eds. (Paris: J. Vrin, 1996).

———. *Rules for the Direction of the Mind*, Elizabeth S. Haldane and G. R. T. Ross, trans. (Chicago, IL: Great Books of the Western World, 1952).

Desmond, Adrian. *Archetypes and Ancestors: Palaeontology in Victorian London 1850-1875* (Chicago, IL: University of Chicago Press, 1982).

———. *The Politics of Evolution: Morphology, Medicine, and Reform in Radical London* (Chicago, IL: University of Chicago Press, 1989).

Desmond, Adrian, and James Moore. *Darwin* (London: Michael Joseph 1991).

De Vorsey, Louis. "Amerindian Contributions to the Mapping of North America: A Preliminary View," in Storey, William K, ed., *Scientific Aspects of European Expansion* (Brookfield, VT: Variorum, 1996).

Dhombres, Nicole, and Jean Dhombres. *Naissance d'un nouveau pouvoir: Sciences et savants en France, 1793-1824* (Paris: Editions Payor, 1989).

Diamond, Jared. *Guns, Gems, and Steel* (New York: W. W. Norton, 1998).

Dilke, O. A. W. "Cartography in the Ancient world: An Introduction," in Harley and Woodward, eds., *The History of Cartography*, vol. l.

———. "The Culmination of Greek Cartography in Ptolemy," in Harley and Woodward, eds., *The History of Cartography*, vol. l.

———. "Roman Large-Seale Mapping in the Early Empire," in Harley and Woodward, eds., *The History of Cartography*, vol. 1.

Dobbs, B. J. T. "Newton as Final Cause and First Mover," in Osier, ed., *Rethinking the Scientific Revolution*.

Dobell, Clifford, ed. *Antony van Leewenhoek and His "Little Animals": A Collection of Writings by the Father of Protozoology and Bacteriology* (New York: Dover, 1960).

Dorn, Harold. *The Geography of Science* (Baltimore, MD: Johns Hopkins University Press, 1991).

Dor-Net, Zvi. *Columbus and the Age of Discovery* (New York: William Morrow, 1991).

Drake, Stillman. *Cause, Experiment and Science* (Chicago, IL: University of Chicago Press, 1981).

———. *Galileo at Work: His Scientific Biography* (Chicago, IL: University of Chicago Press, 1978).

Drury, Shadia. *Leo Strauss and the American Right* (New York: Palgrave Macmillan, 1988).

———. *The Political Ideas of Leo Strauss* (London: Macmillan, 1988).

———. "Noble Lies and Perpetual war: Leo Strauss, the Neo-cons, and Iraq." An interview with Shadia Drury by Danny Postel, October 16, 2003 http://www.informationclearinghouse.info/article5010.htm

Duvecn, Denis I., and Herbert S. Klickstein, *Bibliography of the Works of Antoine Laurent Lavoisier, 1743-1794* (London: Wm. Dawson & Sons, 1954).

Eamon, William. *Science and the Secrets of Nature: Books of Medieval and Early Modern Culture* (Princeton, NJ: Princeton University Press, 1996).

Easlca, Brian. *Witch Hunting, Magic and the New Philosophy* (Atlantic Highlands, NJ: Humanities Press, 1980).

Eisenhower, Dwight D. "Farewell Address to the Nation," January 17, 1961. htrp://www.eisenhower.archives.gov/farewell.htm

Eisenstein, Elizabcth L. *The Printing Press as an Agent of Change: Communications and Cultural Transformations in Early Modern Europe* (Cambridge, UK: Cambridge University Press, 1979).
Eisley, Loren. *The Man Who Saw Through Time* (New York: Scribner's, 1973).
Engelhardt, Tom. "Icarus (Armed With Vipers) over Iraq." December 6, 2004. Tom Dispatch, http://www.tomdispatch.com/index.mhtml?pid=2047
Engels, Frederick. *The Part Played by Labor in the Transsistion from Ape to Man* (Moscow: Progress Publishers, 1934; first published in 1876).
Farrington, Benjamin. *Francis Bacon: Philosopher of Industrial Science* (New York: Farrar, Straus and Giroux, 1979).
———. *Greek Science* (Harmondsworth, UK: Penguin, 1969).
———. *Science and Politics in the Ancient World* (London: Allen & Unwin, 1939).
———. *Science in Antiquity* (Oxford, UK: Oxford University Press, 1969).
Feinberg, Richard. *Polynesian Seafaring and Navigation* (Kent, OH: Kent State University Press, 1988).
Fenn, Elizabeth Anne. *Pox Americana: The Great Smallpox Epidemic of 1775-82* (New York: Hill & Wang, 2001).
Field, J. V. "Mathematics and the Craft of Painting: Piero della Francesca and Perspective," in Field and James, eds., *Renaissance and Revolution: Humanists, Scholars, Craftsmen and Natural Philosophers in Early Modern Europe*.
———. and Frank A. J. L. James, eds. *Renaissance and Revolution: Humanists, Scholars, Craftsmen and Natural Philosophers in Early Modern Europe.* (Cambridge, UK: Cambridge University Press, 1993).
Finley, M. I. *Ancient Slavery and Modern Ideology* (Harmondsworth, UK: Penguin, 1980).
———. *The Ancient Greeks* (Harmondsworth, UK: Penguin, 1979).
Fletcher, Ronald. *Science, Ideology, and the Media: The Cyril Burt Scandal* (London: Transaction Publishers, 1991).
Frankfort, Ellen. *Vaginal Politics* (New York: Quadrangle Books, 1972).
Franklin, Benjamin. "Chart of the Gulf Stream," in American Philosophical Society, *Transactions* 28 (Philadelphia, 1786), opposite p. 315.
———. *The Ingenious Dr. Franklin: Selected Scientific Letters of Benjamin Franklin*, ed. Nathan G. Goodman (Philadelphia: University of Pennsylvania Press, 1931).
Galilei, Galileo. *Dialogue Concerning the Two Chief World Systems*, trans. Stillman Drake (Berkeley: University of California Press, 1967).
———. *Dialogues Concerning Two New Sciences*, trans. Henry Crew and Alfonso dc Salvio (New York: Dover, 1954).
———. *Il Saggiatore* [The Assayer], trans. Stillman Drake, in *The Controversy on the Comets of 1618* (Philadelphia: University of Pennsylvania Press, 1960).
———. *Istoria e dimostratieni intorno alle macchie solari e loro accidenti* (Bologna, 1655; originally published in 1613).
———. *Sidereus nuncius* [The Starry Messenger] (1610), trans. Albert Van Helden (Chicago, IL: University of Chicago Press, 1989).
Galison, Peter, and Bruce Hevly, eds. *Big Science: The Growth of Large-Scale Research* (Stanford, CA: Stanford University Press, 1992).

Galison, Peter. and David J. Stump, eds. *The Disunity of Science* (Stanford, CA: Stanford University Press, 199b).
Galton, Francis. *English Men of Science: Their Nature and Nurture* (London: Macmillan, 1874).
———. *Hereditary Genius: An Inquiry into Its Laws and Consequences* (London: Macmillan, 1869).
———. "Hereditary Improvement." *Fraser's Magazine* 7 (1865).
———. "Hereditary Talent and Character," *Macmillan's Magazine* 12 (1865).
Gerard, John. *The Herball, or General Historie of Plantes* (London, 1597).
Gilbert, William, *De magnete magneticisque corporibus et de magno magneto tellure physiologia nova* (1600), trans. P. Fleury Mottelay as *On the Loadstone and Magnetic Bodies and on the Great Magnet the Earth* (Chicago, IL: Great Books of the Western World, 1952).
Gillispie, C. C. *The Edge of Objectivity* (Princeton, NJ: Princeton University Press, 1960).
———. "The Encyclopedie and the Jacobin Philosophy of Science," in Clagett, ed., *Critical Problems in the History of Science.*
Ginzburg, Carlo. "Clues: Roots of an Evidential Paradigm," in *Myths, Emblems, Clues.*
———. *Myths, Emblems, Clues* (London: Radius, 1990).
Glacken, Clarence J. *Traces on the Rhodian Shore* (Berkeley: University of California Press, 1967).
Gladwin, Thomas. *East is a Big Bird: Navigation and Logic on Puluwat Atoll* (Cambridge, Ma: Harvard University Press, 1970).
Glanvill, Joseph. *Plus Ultra, or, The Progress and Advancement of Knowledge since the Day of Aristotle* (Gainesville, FL: Scholars' Facsimiles & Reprints, 1958; originally published in 1668).
Goethe, Johann Wolfgang von. *Faust*, trans. Philip Wayne (Harmondsworth, UK: Penguin, 1962).
Golino, Carlo Ll., ed. *Galileo Reappraised* (Berkeley: University of California Press, 1966).
Gomperz, T. *Greek Thinkers* (London: J. Murray, 1901-1912).
Goodchild, Peter. *Edward Teller: The Real Dr. Strangelove* (Cambridge, MA: Harvard University Press, 2004).
Goodenough, Ward H. *Native Astronomy in the Central Carolines* (Philadelphia: University Museum, 1953).
Gooding, David, Trevor Pinch, and Simon Schaffer, eds. *The Uses of Experiment: Studies in the Natural Sciences* (Cambridge, UK: Cambridge University Press, 1989).
Gould, Stephen Jay. *Ever Since Darwin* (New York: W. W. Norton, 1977).
———. *The Mismeasure of Man* (New York: W. W. Norton, 1981).
———. "Posture Maketh the Man," in Gould, *Ever Since Darwin.*
Graham, Loren. "The Socio-Political Roots of Boris Hessen: Soviet Marxism and the History of Science," *Social Studies of Science* 15 (1985).
Greenberg, Daniel S. *Science, Money, and Politics: Political Triumph and Ethical Erosion* (Chicago, IL: University of Chicago Press, 2001).
Greene, Mott T. *Geology in the Nineteenth Century* (Ithaca, NY: Cornell University Press, 1982).
———. "History of Geology," *Osiris* 1 (1985).
Grime, William. *Botany of the Black Americans* (St. Clair Shores, MI: Scholarly Press, 1976).
Guedj, Denis. *La Révolution des Savants* (Paris: Gallimard, 1988).
Guerlac, Henry. *Newton on the Continent* (Ithaca, NY: Cornell University Press, 1981).

Gunther, R. T. "The Great Astrolabe and Other Scientific Instruments of Humphrey Cole," *Archaeologia* 76 (1926-1927).
Hahn, Roger. *The Anatomy of a Scientific Institution: The Paris Academy of Sciences, 1666-1803* (Berkeley: University of California Press, 1971).
———. *Laplace as a Newtonian Scientist* (Los Angeles: University of California Press, 1967).
Hakluyt, Richard. *Voyages and Discoveries* (London: Penguin, 1985).
Hale, J. R. *Renaissance Exploration: An Authoritative Survey of the Great Age of European Discovery* (New York: W. W. Norton, 1968).
Hall, A. Rupert. *From Galileo to Newton* (New York: Harper & Row, 1963).
———. "Gunnery, Science, and the Royal Society," in Burke, *The Uses of Science in the Age of Newton.*
———. "The Scholar and the Craftsman in the Scientific Revolution," in Clagett, *Critical Problems in the History of Science.*
Hall, Marie Boas. *Robert Boyle and Seventeenth-Century Chemistry* (Cambridge, UK: Cambridge University Press, 1958).
Hamm, E. P. "Knowledge from Underground: Leibniz Mines the Enlightenment," *Earth Sciences History* 16 (1997).
Harding, Sandra. *The Science Question in Feminism* (Ithaca, NY: Cornell University Press, 1986).
Harley, J. B. "New England Cartography and the Native Americans," in J. B. Harley, *The New Nature of Maps: Essays in the History of Cartography* (Baltimore, MD: Johns Hopkins University Press, 2001).
Harley, J. B., and David Woodward, "The Growth of an Empirical Cartography in Hellenistic Greece," in Harley and Woodward, eds., *The History of Cartography* vol. 1.
———, eds. *The History of Cartography*, vol. 1: *Cartogramy in Prehistoric, Ancient, and Medieval European and the Mediterranean* (Chicago, IL: University of Chicago Press, 1987).
Harris, L. E. *The Two Netherlanders: Humphrey Bradley and Comelius Drebbel* (Leiden, Netherlands: Brill, 1961).
Harris, scale. *Banting's Miracle: The story of the Discoverer of Insulin* (Philadelphia, PA: Lippincott, 1946).
Hawke, David Freeman. *Nuts and Bolts of the Past: A History Technology, 1776-1860* (New York: Harper & Row, 1988).
Hawkins, Gerald. "Stonehenge: A Neolithic Computer," *Nature*, January 27, 1964.
———. *Stonehenge Decoded* (New York: Dell, 1965).
Hazlett, Maril, and Michael Egan. "Technological and Ecological Turns: Science and American Environmentalism." Paper presented at the History of Science Society Annual Conference, November 2003.
Hearnshaw, Leslie. *Cyril Burt: Psychologist* (Ithaca, NY: Cornell University Press, 1979).
Heilbron, J. L. *Elements of Early Modern Physics* (Berkeley: University of California Press, 1982).
Henry, John. "Doctors and Healers: Popular Culture and the Medical Profession," in Pumphrey, Rossi, and Slawinski, eds., *Science, Culture and Popular Belief in Renaissance Europe.*
Herodotus. *The History*, trans. George Rawlinson (Chicago, IL: Great Books of the Western World, 1952).
Herrnstein, Richard J., and Charles Murray, *The Bell Curve: Intelligence and Class Structure in American Life* (New York: Free Press, 1994).

Hessen, Boris. *The Social and Economic Roots of Newton's "Principia"* (New York: Howard Fertig, 1971).
Hill, Christopher. "Newton and His Society," in Robert Palter, ed., *The Annus Mirabilis of Sir Isaac Newton, 1666-1966* (Cambridge, MA: MIT Press, 1970).
———. "Science and Magic," in *The Collected Essays Christopher Hill* vol. 3: *People and Ideas in Seventeenth-Century England* (Amherst: University of Massachusetts Press, 1986)
———. *The World Turned Upside Down: Radical Ideas during the English Revolution* (New York: Penguin, 1975).
Hippocrates. *Hippocratic Writings* (Harmondsworth, UK: Penguin, 1986).
Hodges, Henry. *Technology in the Ancient World* (New York: Alfred A. Knopf, 1970).
Hogben, Lancelot. *Astronomer Priest and Ancient Mariner* (New York: St. Martin's Press, 1974).
———. *Mathematics in the Making* (London: Macdonald, 1960).
Holtz, Timothy H. "Tragedy Without End: The 1984 Bhopal Gas Disaster," in *Dying for Growth: Global Inequality and the Health of the Poor*, Jim Yong Kim *et al*, eds.
Homer. *The Odyssey*, trans. Samuel Butler (Chicago, IL: Great Books of the Western World, 1952).
Hooke, Robert. *General Scheme or Idea of the Present State of Natural Philosophy* (1705), in *The Posthumous Works of Robert Hooke* (New York: Johnson Reprint corp., 1969).
Hoover, Herbert Clark, and Lou Henry Hoover. "Introduction" to Agricola, *De re metallica*.
Hooykaas, Reijer. "The Portuguese Discoveries and the Rise of Modern Science," in Hooykaas, *Selected Studies in History of Science*.
———. "The Rise of Modern Science: When and Why?" *British Journal for History of Science* 20, (1987).
———. "Science and Reformation," in Clagett, ed., *Critical Problems in the History of Science*.
———. *Selected Studies in History of Science* (Coimbra: Pot Ordem da Universidade, 1983).
Horton, Richard. "The Dawn of McScience," *New York Review of Books*, March 11, 2004.
———. "Myths in Medicine: Jenner Did Not Discover Vaccination." *British Medical Journal*, 310 (1995).
Hudson, Travis, and Ernest Underhay, *Crystals in the Sky: An Intellectual Odyssey Involving Chumash Astronomy, Cosmology, and Rock Art* (Socorro, NM: Ballena Press, 1978).
Hughes, M. J. *Women Healers in Medieval Life and Literature* (New York: King's Crown, 1943).
Huygens, Christiaan. *Horologium oscillatorium* (1673), trans. Richard J. Blackwell as *The Pendulum Clock* (Ames, IA: Iowa State University Press, 1986).
Ifrah, Georges. *The Universal History of Numbers* (New York: Wiley, 2000).
Isocrates. *Busiris*, in *Isocrates*, trans. George Norlin. Loeb Classical Library (New York: G. P. Putnam's Sons, 1928-1945).
Jackson, Myles W. "Can Artisans Be Scientific Authors?" in Biagioli and Galison, eds., *Scientific Authorship: Credit and Intellectual Property in Science*.
Jacob, James R. "'By an Orphean Charm': Science and the Two Cultures in Seventeenth-Century England," in P. Mack and M. C. Jacob, eds., *Politics and Culture in Early Modern Europe* (Cambridge, UK: Cambridge University Press, 1987).
———. *Robert Boyle and the English Revolution: A Study in Social and Intellectual Change* (New York: B. Franklin, 1977).
———. *The Scientific Revolution: Aspirations and Achievements, 1500-1700* (Atlantic

Highlands, NJ: Humanities Press, 1998).
Jacob, James R., and Margaret C. Jacob, "Anglican Origins of Modern Science," *Isis* 71 (1980).
Jacob, Margaret C. *The Newtonians and the English Revolution, 1689-1720* (Ithaca, NY: Cornell University Press, 1976).
———. *The Cultural Meaning of the Scientific Revolution* (New York: Alfred A. Knopf, 1988).
———, ed. *The Politics of Western Science: 1640-1990* (Atlantic Highlands, NJ: Humanities Press, 1992).
Jacoby, Russell, and Naomi Glauberman, eds. *The Bell Curve Debate: History, Documents, Opinions* (New York: Times Books, 1995).
Jardine, Lisa. *The Curious Life of Robert Hooke* (New York: HarperCollins, 2004).
———. *Ingenious Pursuits: Building the Scientific Revolution* (New York: Anchor Books, 1999).
Jardine, Lisa, and Alan Stewart. *Hostage to Fortune: The Trouble Life of Francis Bacon* (New York: Hill & Wang, 1999).
Johnson, Francis R. "Commentary on the Paper of Rupert Hall," in Clagett, ed., *Critical Problems in the History Of Science.*
Johnson, George. *Miss Leavitt's Stars: The Untold Story of the Woman Who Discovered Flow To Measure the Universe* (New York: W. W. Norton, 2005).
Kamin, Leon. *The Science and Politics of IQ* (Potomac, MD: Lawrence Erlbaum Associates, 1974).
Kaufman, Marc. "Many Workers Call FDA Inadequate at Monitoring Drugs," *Washington Post*, December 17, 2004.
Kautsky, Karl. *Foundations of Christianity* (New York: Monthly Review Press, 1972; originally published in 1908).
Kearny, Hugh. *Science and Change: 1500-1700* (New York: McGraw-Hill, 1971).
Kelly, Robert L. *The Foraging Spectrum: Diversity in Hunter-Gatherer Lifeways* (Washington, DC, and London: Smithsonian Institution Press, 1995).
Kelly, Thomas. *George Birbeck: Pioneer of Adult Education* (Liverpool, UK: Liverpool University Press, 1957).
Kevles, Daniel J. *In the Name of Eugenics* (Berkeley: University of California, 1985).
Keynes, John Maynard. *The General Theory of Employment, Interest and Money* (London: Macmillan, 1936).
———. "An Open Letter to President Roosevelt," *New York Times*, December 31, 1933. http://newdeal.feri.org/misc/keynes2.htm
———. *A Tract on Monetary Reform* (London: Macmillan, 1923).
Kim, Jim Yong, Joyce V. Millen, Alec Irwin, and John Gershman, eds. *Dying for Growth: Global Inequality and the Health of the Poor* (Monroe, ME: Common Courage Press, 2000).
King, Henry C. *The History of the Telescope* (London: Griffin, 1955).
King, Ross. *Brunelleschi's Dome: How a Renaissance Genius Reinvented Architecture* (New York: Penguin, 2000).
Kirk, G. S., J. E. Raven, and M. Schofield, eds. *The Presocratic Philosophers* (Cambridge, UK: Cambridge University Press, 1983).
Kittredge, George Lyman, ed. "Lost Works of Cotton Mather," *Proceedings of the Massachusetts Historical Society* 45 (1912).
Kotzebue, Otto von. *A Voyage of Discovery, into the South Sea and Beering's Straits, for the Purpose of Exploring a North-east Passage, Undertaken in the Years 1815-1818* (London:

Longman, Hurst, Rees, Orme, and Brown, 1821).
Koyre, Alexandre. *Metaphysics and Measurement* (Cambridge, MA: Harvard University Press, 1968).
Kraus, Paul. *Jabir ibn Hayyan: Contribution à l'histoire des idées scientifiques dans l'Islam, in Mémoires présentés à l'Institut d'Egypte*, tomes 44-45 (Cairo: Imprimerie de I'lnstitut Française d'Archéologie Orientale, 1942-1943).
Krimsky, Sheldon. *Science in the Private Interest* (Lanham, MD: Rowman aittlefield, 2003).
Kroll, Gary. "Rachel Carson's *Silent Spring*: A Brief History of Ecology as a Subversive Subject." Online Ethics Center for Engineering and Science at Case Western Reserve University, http://onlineethics.org/moral/carson/kroll.html
Krupp, E. C. *Echoes of the Ancient Skies* (New York: Harper & Row, 1983).
———. *Skywatchers, Shamans & Kings* (New York: Wiley, 1997).
———, ed. *Archaeoastmnomy and the Roots of Science* (Boulder, CO: Westview Press, 1984).
Kuhn, Thomas. "Alexandre Koyré and the History of Science," *Encounter* 34 (1970).
Landels, J. G. *Engineering in the Ancient World* (Berkeley: University of California Press, 1978).
Landes, David S. *Revolution in Time: Clocks and the Making of the Modern World* (Cambridge, MA: Harvard University Press, 1983).
———. *The Unbound Prometheus: Technological Change and Industrial Development in Western Europe from 1750 to the Present* (Cambridge, UK: Cambridge University Press, 1969).
Latour, Bruno. *The Pasteurization of France* (Cambridge, NIA: Harvard University Press, 1988).
Lear, Linda. "Introduction" to Carson, *Silent Spring* (2002 edition).
Lee, John M. "Silent Spring Is Now Noisy Summer: Pesticides Industry up in Arms," *New York Times*, July 22, 1962.
Lee, R. B., and I. DeVore, *Man the Hunter* (Chicago, IL: Aldine, 1968).
———, eds. *Kalahari Hunter-Gatherers: Studies of the !Kung San and Their Neighbors* (Cambridge, MA: Harvard University Press, 1976).
Lefkowitz, Mary R. "Ancient History, Modern Myths," in Letkowitz and Rogers, eds., *Black Athena Revisited*.
———. *Not Out of Africa* (New York: Basic Books, 1996).
Lefkowitz Mary R., and Guy MacLean Rogers, eds. *Black Athena Revisited* (Chapel Hill: University of North Carolina Press, 1996).
Leicester, Henry M. *The Historical Background of Chemistry* (New York: Dover. 1971).
Lenin, V. I. "The Immediate Tasks of the Soviet Government" (April 1918), in *Selected Works*, vol. 2 (New York: International Publishers, 1967).
Levathes, Louise. *When China Ruled the Seas: The Treasure Fleet of the Dragon Throne, 1405-1433* (Oxford, UK: Oxford University Press, 1996).
Levins, Richard, and Richard Lewontin, *The Dialectical Biologist* (Cambridge. MA: Harvard University Press, 1985)
Lévi-Strauss, Claude. *The Savage Mind* (London: Weidenfeld and Nicolson, 1966).
Levy, Steven. *Insanely Great: The Life and Times of Macintosh, the Computer That Changed Everything* (New York: Penguin. 1995).
Lewis, David. *We the Navigators: The Ancient Art of Landfinding in the Pacific* (Honolulu: University of Hawaii Press, 1994).
Leuis, Neil A. "Red Cross Finds Detainee Abuse in Guantanamo," *New York Times*, November 30,

2004.
Lewontin, R. C., Steven Rose, and Leon J. Kamin, eds. *Not in Our Genes: Biology, Ideology and Human Nature* (New York: Pantheon, 1984).
Liebenberg, L. W. *The Art of Tracking: The Origin of Science* (Cape Town, South Africa: David Philip, 1990).
Liebermann, S. J. "Of Clay Pebbles, Hollow Clay Balls, and Writing," *American Journal of Archaeology* 84 (1980).
Lifton, Robert Jay. "Doctors and Torture," *Naw England Journal of Medicine* 351, 5 (July 29, 2004).
Lind, James. *A Treatise on the Scurvy* (London, 1757).
Linebaugh, Peter, and Marcus Rediker. *The Many Headed Hydra: Sailors, Slaves, Commoners, and the Hidden History of the Revolutionary Atlantic* (Boston, MA: Beacon, 2000).
Linklater, Andro. *Measuring America: How an Untamed Wilderness Shaped the United States and Fulfilled the Promise of Democracy* (New York: Walker, 2002).
Linzmayer, Owen. *Apple Confidential 2.0: The Definitive History of the World's Most colorful Conmany* (San Francisco, Ca: No Starch Press, 2004).
Littlefield, Daniel C. *Rise and Slaves: Ethnicity and the Slave Trade in Colonial South Carolina* (Baton Rouge: Louisiana State University Press, 1981).
Liverani, Mario. "The BathWater and the Baby" in Lefkowitz and Rogers, eds., *Black Athena Revisited.*
Lohr, Steve. *Go To: The Story of the Math Majors, Bridge Players, Engineers, Chess Wizards, Maverick Scientists and Iconoclasts?the Programers Who Created the Software Revolution* (New York: Basic Books, 2001).
Long, Pamela O. "Power, Patronage, and the Authorship of *Ars*" in Shank, ed., *The Scientific Enterprise in Antiquity and the middle Ages.*
———, ed. "Science and Technology in Medieval Society." *Annals of the New York Academy of Science*, vol. 441 (New York: New York Academy of Sciences, 1985).
Longino, Helen. "Can There Be a Fesminist Science?" *Hypatia* 2 (1987).
———. *Science as Social Knowledge: Values and Scientific Inquiry* (Princeton, NJ: Princeton University Press, 1990).
Lovejoy, Arthur O. *The Great Chain of Being* (New York: Haper & Brothers, 1960; originally published in 1936).
Lyons, Henry G. *The Royal Society, 1660-1940: A History of Its Administration under Its Charters* (Cambridge, UK: Cambridge University Press, 1944).
Lyotard, Jean-Francois. *The Postmodern Condition: A Report on Knowledge* (Minneapolis, MN: University of Minnesota Press, 1985). Originally published as *La Condition postmoderne: rapport sur le savoir* (Paris, 1979).
MacLachlan, James. "A Test of an 'Imaginary' Experiment of Galileo's" *Isis* 66 (1973).
MacLeod, Roy, ed. "Nature and Empire: Science and the Colonial Enterprise," *Osiris*, 2nd series, 15 (2000).
MacNeish, Richard S. *The Origins of Agriculture and Settled Life* (Norman, Ok University of Oklahoma Press, 1992).
Majno, Guido. *The Healing Hand: Man and Wound in the Ancient World* (Cambridge, MA: Harvard University Press, 1975).

Major, Richard Henry. *The Life of Prince Henry of Portugal, Surnamed the Navigator, and Its Results: Comprising the Discovery, within One Century, of Half the World* (London: A. Asher, 1868).
Markham, Clements R. *The Sea Fathers: A Series of Lives of Gnar Navigators of Former Times* (London: Cassel, 1884).
Marshack, Alexander. "Lunar Notation on Upper Paleolithic Remains," *Science* 146 (November 6, 1964).
———. *The Roots of Civilization: The Cognitive Beginnings of Man's First An, Symbol, and Notation* (New York: McGraw-Hill, 1972).
Martin, Julian. "Natural Philosophy and Its Public Concerns," in Pumphrey, Rossi, and Slawinski, eds., *Science, Culture and Popular Belief in Renaissance Europe.*
Marx, Karl. *Capital* (New York: International Publishers, 1967).
Marx, Karl, and Friedrich Engels. *Correspondence*, 1846-1895, trans. Dona Torr (London: M. Lawrence, 1934).
Mason, Stephen F. *A History of the Sciences* (New York: Collier, 1962).
Mather, Cotton, *The Angel of Bethesda*, ed. Gordon W. Jones (Barre, MA: Barre Publishers, 1972).
McClellan, James. *Science Womanized: Scientific-Societies in the Eighteenth Century* (New York: Columbia University Press, 1985).
McClellan, James, and Harold Dorn. *Science and Technology in World History* (Baltimore, MD: Johns Hopkins University Press, 1999).
McGrew, Roderick E. *Encyclopedia of Medical History* (London: Macmillan, 1985).
Merchant, Carolyn. *The Death of Nature: Women, Ecology and the Scientific Revolution* (New York: Harper & Row, 1983).
Merton, Robert K. "Commentary on the Paper Of Rupert Hall," in Clagett ed., *Critical Problems in the History of Science.*
———. *On the Shoulders of Giants* (Chicago, IL: University Of Chicago Press, 1993).
———. *Science, Technology and Society in Seventeenth-Century England* (New York: Howard Fertig, 1970; originally published in 1938).
Middleton, W. E. Knowles. *The Experimenters: A Study of the Accademia del Cimento* (Baltimore, MD: Johns Hopkins University Press, 1971).
Mideltfort. H. C. E. *Witch Hunting Southwestern Germany 1562-1684* (Stanford, CA: Stanford University Press. 1972).
Miller, David Philip. "'Puffing Jamie': The Commercial and Ideological Importance of Being a 'Philosopher' in the Case of the Reputation of James Watt (1736-1819)," *History of Science* 38 (2000).
Monardes, Nicholas. *Joyfull Newes out of the Newe Founde Worlde, Written in Spanish by Nicholas Monardes, and Englished by John Frampton, Merchant, anno* 1577 (New York: Knopf, 1925).
Montaigne, Michel Eyquem de. *The Essays*, trans. E. J. Trechmann (New York: Modern Library, 1946).
Morgen, Sandra. *Into Our Own Hands: The Women's Health Movement in the United States, 1969-1990* (New Brunswick, NJ: Rutgers University Press, 2002).
Morison, Samuel Eliot. *The European Discovery of America: The Northern Voyages* (New York: Oxford University Press, 1971).

———. *The European Discovery of America: The Southern Voyages* (New York: Oxford University Press, 1974).
Moritz, Michael. *The Little Kingdom: The Private Story of Apple Computer* (New York: William Morrow, 1984).
Morton, A. L. *A People's History of England* (London: Lawrence & Wishart, 1984).
Motzo, B. R., ed. *Il compasso da navigare* (Cagliari, 1947).
Murray, Charles. *Human Accomplishment: The Pursuit of Excellence in the Am and sciences, 800 B.C. to 1950* (New York: HarperCollins, 2003).
Murray, M. A. *The God of the Witches* (London: Low, Marston, 1933)
———. *The Witch-Cult in Western Europe* (Oxford, UK: Oxford University Press, 1962).
Nanda, Meera. "Against Social De(con)struction of Science: Cautionary Tales from the Third World." *Monthly Review* 48, 10 (March 1997).
———. *Prophets Facing Backward: Postmodern Critiques of Science and Hindu Nationalism in India* (New Brunswick, NJ: Rutgers University Press, 2003).
Neckam, Alexander. *De naturis rerum: libri duo (c. 1187)*, ed. Thomas Wright (London: Longman, Green, 1863; reprinted by Kraus Reprints, 1967).
Needham, Joseph. *Clerks and Craftsmen in China and the West* (Cambridge, UK: Cambridge University Press, 1970).
———. *The Grand Titration* (London: Allen & Unwin, 1969).
———. *Science and Civilisation in China* (Cambridge, UK: Cambridge University Press, 1954-).
———. *Science in Traditional China* (Cambridge, MA: Harvard University Press, 1981).
———. *The Shorter Science and Civilisation in China* (Cambridge, UK: Cambridge University Press, 1978-1995).
Nelson, Sarah Milledge. *Gender in Archaeology: Analyzing Power and Prestige* (Walnut Creek, CA: Altamira, 1997).
Nelson, Ted. *Computer Lib: Dream Machines* (Redmond, WA: Microsoft Press, 1987).
Neugebauer, Otto. *The Exact Sciences in Antiquity* (New York: Dover, 1969).
Neumann, A. Lin. "The Great Firewall." Committee to Protect Journalists, http://www.cpj.org/Biefings/2001/China_jan0l/China_jan0l.htmI
Newton, Isaac. *The Correspondence of Issac Newton*, ed. R. Hall Laura Tilling (Cambridge, UK: Cambridge University Press, 1977).
———. *Isaac Newton's Papers and Letters on Natural Philosophy*, ed. I. B Cohen (Cambridge, MA: Harvard University Press, 1978).
Nordenskiöld, A. E. *Peripuls: An Essay on the Early History of Charts and Sailing-Directions*, trans. Francis A. Bather (Stockholm: P. A. Norstedt, 1897).
Norman, Robert. *The Newe Attractive* (London, 1592; first published in 1581).
Novack, George. *The Origins of Materialism* (New York: Merit, 1965).
Nutton, Vivian. "Historical Introduction" to Vesalius, *On the Fabric of the Human Body.*
Osier, Margaret J., ed. *Rethinking the Scientific Revolution* (Cambridge, UK: Cambridge University Press, 2000).
Pagel, Walter. *Paracelsus: An Introduction to Philosophical Medicine in the Era of the Renaissance* (Basel, Switzerland: S. Karger, 1958).
Palissy, Bernard. *Discours Admirables*, trans. Aurèle La Roque (Urbana: University of Illinois Press, 1957).

Palter, Robert. "Black Athena, Afrocentrism, and the History of Science," in Lefkowitz and Rogers, eds., *Black Athena Revisited.*

———, ed. *The Annus Mirabilis of Sir Isaac Newton, 1666-1966* (Cambridge, MA: MIT Press, 1970).

Pannekoek, Anton. *Marxism and Darwin* (Chicago, IL: Charles H. Kerr, 1912).

Paracelsus. *The Diseases that Deprive Man of His Reason*, in Paracelsus, *Four Treatises.*

———. *Four Treatises of Theophrastus von Hohenheim called Paracelsus*, ed. Henry E. Sigerist (Baltimore, MD: Johns Hopkins University Press, 1996).

———. *On the Miners' Sickness and Other Miners' Diseases*, in Paracelsus, Four Tnatises.

Parè, Ambroise. *Apologie and Treatise* (New York: Dover, 1968; originally published in 1585).

Parry, J. H. *The Age of Reconnaissance* (Berkeley: University of California Press, 1981).

Parsons, William Barclay. *Engineers and Engineering in the Renaissance* (Cambridge, MA: MIT Press, 1976).

Peet, T. Eric. *The Rhind Mathematical Papyrus* (Liverpool, UK: Liverpool University Press, 1923).

Perctti, Aurelio. *Il Periplo di Scilace: Studio std primo Portolano del Mediterraneo* (Pisa: Giardini, 1979).

Peters, Edward. "Science and the Culture of Early Europe," in Dales, *The Scientific Achievement of the Middle Ages.*

Pigafetta, Antonio. *Magellan's Voyage: A Narrative Account of the First Circumnavigation* (New York: Dover, 1969; originally published c. 1525).

Pilger, John. "Australia's Samizdat," September 29, 2004. *Green Left weekly.* Pingree, David. "Hellenophilia versus the History of Science", in Shank, ed., *The Scientific Enterprise in Antiquity and the Middle Ages.*

Plato. *Phaedrus*, trans. Benjamin Jowett (Chicago, IL: Great Books Of the Western World, 1952).

———. *The Republic*, trans. Benjamin Jowett (Chicago, IL: Great Books of the Western World, 1952).

Pliny the Elder. *Natural History*, trans. H. Rackham (Cambridge, MA: Harvard University Press, 1997).

Polo, Marco. *The Travels of Marco Polo*, trans, Ronald Latham (London: Folio Society, 1968).

Polybius. *The Histories*, trans. from the text of F. Hultsch by Evelyn S. Shuckburgh (Bloomington: Indiana University Press, 1962).

Popper, Karl. *The Open Society and Its Enemies* (London: Routledge & K. Paul, 1962).

Porter, Roy. "Gentlemen and Geology. The Emergence of a Scientific Career, 1660-1920," *Historical Journal* 21 (1978).

———. *The Greatest Benefit to Mankind: A Medical History of Humanity* (New York: W. W. Norton, 1998).

———. "Introduction," in Pumphrey, Rossi, and Slawinski, eds., *Science, Culture and Popular Belief in Renaissance Europe.*

———, ed. *Medicine: A History of Healing* (New York: Barnes & Noble Books, 1997).

Porter, Roy, and Mikulás Teich, eds. *Scientific Revolution in National Context* (Cambridge, UK: Cambridge University Press, 1992).

Porter, Theodore M. "The Promotion of Mining and the Advancement of Science: The Chemical Revolution of Mineralogy," *Annals of Science* 38 (1981).

Poynter, F. N. L. "Nicholas Culpeper and His Books," *Journal of the History of Medicine* 17 (1962).
Price, Derek J. de Solla. *Little Science, Big Science* (New York: Columbia University Press, 1963).
———. *Little Science, Big Science ... and Beyond* (New York: Columbia University Press, 1986).
———. "Of Sealing Wax and String. A Philosophy of the Experimente's Craft and Its Role in the Genesis of High Technology," in Price, Little Science, *Little Science, Big Science ... and Beyond.*
———. "Proto-Astrolabes, Proto-Clocks and Proto-Calculators: The Point Of Origin of High Mechanical Technology," in Schmandt-Besserat, ed., *Early Technologies.*
———. *Science since Babylon* (New Haven, CT: Yale University Press, 1962).
Price, T. Douglas, and Anne Birgitte Gebauer, eds. *Last Hunters, First Farmers: New Perspectives on the Prehistoric Transition to Agriculture* (Santa Fe, NM: School of American Research Press, 1995).
Ptolemy, Claudius. *The Geography* (New York: Dover, 1991).
Pumphrey, Stephen. "Who Did the work? Experimental Philosophers Public Demonstrators in Augustan England," British Journal for the History of Science 28 (1995).
Pumphrey, Stephen, Paolo L. Rossi, and Maurice Slawinski, eds. *Science Culture and Popular Belief in Renaissance Europe* (Manchester, UK: Manchester University Press, 1991).
Pytheas of Massalia. *Pytheas of Massalia, On the Ocean*, ed. (I H. Roseman (Chicago, IL: Ares, 1994).
Rattansi, P. M. "Paracelsus and the Puritan Revolution," *Ambix* 11 (1964).
Raven, Diederick, and Wolfgang Krohn. "Edgar Zilsel: His Life and Work," in Zilsel, *The Social Origins Of Modern Science.*
Raymond, Robert. *Out of the Fiery Furnace* (University Park: Pennsylvania State University Press, 1986).
Razzell, Peter. *Edward Jenner's Cowpox Vaccine: The History of a Medical Myth* (Firie, UK: Caliban Books, 1977).
Read, John. *Through Alchemy to Chemistry* (New York: Harper Torchbooks, 1963).
Roberts, H. Edward, and William Yates. "Exclusive! Altair 8800: The Most Powerful Minicomputer Project Ever Presented?Can Be Built for under $400," *Popular Electronics*, January 1975.
Robinson, Eric, and Douglas McKie, eds. *Partners in Science: Letters of James Watt and Joseph Black* (Cambridge, MA: Harvard University Press, 1970).
Rogers, Susan Carol. "Woman's Place: A Critical Review of Archaeological Theory," *Comparative Studies in Society and History 20* (1978). Roller, Duane H. I).
Roller Duane H. D. *The De magnete of William Gilbert* (Amsterdam: Hertzberger, 1959).
Rolt, L. T. C., and J. S. Allen. *The Steam Engine of Thomas Newcomen* (New York: Science History Publications, 1977).
Rosen, George. "Introduction" to Paracelsus, *On the Miners' Sickness.*
Rosset, Peter, Joseph Collins, and Frances Moore Lappé. "Lessons from the Green Revolution," *Tikkun* March/April 2000. Available at Third World Network, http://www.foodfirst.org/rnedia/opeds/2000f4-greenrev.html
Rossi, Paolo. *Philosophy, Technology and the Arts in the Early Modem Era* (New York: Harper & Row, 1970).
Rossiter, Margaret. *Women Scientists in America: and Strategies to 1940* (Baltimore, MD: Johns

Hopkins University Press, 1982).
Route, Louis. *Bernardin de Saint-Pierre et l'harmonie de la nature* (Paris: Flammarion, 1930).
Rousseau, Jean-Jacques. *Discourse On Inequality Among Men, in The Essential Rousseau*, trans. Lowell Bair (New York: Meridian, 1983).
Rudglcy, Richard. *Lost Civilisations of the Stone Age* (London: Century, 1998).
Russell, Peter. Prince Henry *"the Navigator": A Life* (New Haven, CT. Yale University Press, 2001).
Sabra, A. I. "Situating Arabic Science," in Shank, ed., *The Scientific Enterprise in Antiquity and the Middle Ages*.
Sahlins, Marshall. "The Original Affluent Society," in *Stone Age Economics* (Chicago, IL: Aldine-Atherton, 1972).
Santillana, Giorgio de. "The Role of Art in the Scientific Revolution," in Clagett, ed., *Critical Problems in the History of Science*.
Santillana, Giorgio de, and Edgar Zilsel. *The Development of Rationalism and Empiricism*, vol. 2, no. 8 (Chicago, IL: University of Chicago Press, 1941).
Sarton, George. *A History of Science* (Cambridge, MA: Harvard University Press, 1952-1960).
———. *Six Wings: Men of Science in the Renaissance* (Bloomington, IN: University of Indiana Press, 1957).
Saunders, J. B. de C. NL, and Charles D. O'Malley, eds. "Introduction" to Vesalius, *The Illustrations from the Works of Andreas Vesalius of Brussels*. Schmandt-Besserat, Denise. *Before Writing*, vol. I: *From Counting to Cuneiform*; vol. Il: *A Catalogue of Near Eastern Tokens* (Austin, TX: University of Texas Press, 1992).
———. *How Writing Came About* (Austin: University of Texas Press, 1996).
———. "On the Origins of Writing," in Schmandt-Besserat, ed., *Early Technologies*.
———, ed. *Early Technologies* (Malibu, CA: Undena, 1979).
Schneer, Cecil J. "William Smith's Geological Map of England and Wales and Part of Scotland, 1815-1817." University of New Hampshire, http://www.unh.edu/esci/mapexplan.html
Schofield, Robert E., ed. *A Scientific Autobiography of Joseph Priestley* (Cambridge, MA: MIT Press, 1966).
Scriba, Christoph J., ed. "The Autobiography of John Wallis, FRS.," *Notes and Records of the Royal Society* 25, I (June 1970).
Shank, Michael H., ed. *The Scientific Enterprise in Antiquity and the Middle Ages* (Chicago, IL: University of Chicago Press, 2000).
Shapin, Steven. *A Social History of Truth: Civility and Science in Seventeenth- Century England*. (Chicago, IL: University of Chicago Press, 1994).
———. *The Scientific Revolution* (Chicago, IL: University of Chicago Press, 1996).
Shapin, Steven, and Barry Barnes. "Science, Nature and Control: Interpreting Mechanics' Institutes," *Social Studies of Science* 7 (1977).
Sharp, Andrew. *Ancient Voyagers in the Pacific* (Harmondsworth, UK: Penguin, 1957).
———. *Ancient Voyagers in Polynesia* (Berkeley: University of California Press, 1964)
Skelton, R. A., Thomas E. Marston, and George D. Painter. *The Vinland Map and the Tartar Relation* (New Haven, CT: Yale University Press, 1965).
Smiles, Samuel. *Self-Help* (1858). eBookMall, http://www.ebookrnall.m
Smith, Bruce D. *The Emergence of Agriculture* (New York: Scientific Am Library, 1995).
Smith, Cyril Stanley. "The Development of Ideas on the Structure of Metals," in Clagett, ed.,

Critical Problems in the History of Science.
Smith, Pamela H. *The Body of the Artisan* (Chicago, IL: University of Chicago).
———. "Vital Spirits: Redemption, Artisanship, and the New Philosophy in Early Modern Europe," in Osler, ed., *Rethinking the Scientific Revolution.*
Snowden, Frank Nf., Jr. "Bernal's 'Blacks,' and Other Classical Evidence," *Arethusa* 22 (1989).
Sobel, Dava. *Longitude* (New York: Walker, 1995).
Souriau, Maurice. *Bernardin de Saint-Pierre d'après ses manuscrits* (Geneva: Slatkine Reprints, 1970; first published in 1905).
Spence, Jonathan D. *The Question of Hu* (New York: Vintage Books, 1989).
Sprat, Thomas. *The History of the Royal-Society of London* (London: 1667).
Steadman, Philip. *Vermeer's Camera* (Oxford, UK: Oxford University Press, 2001).
Stewart, Larry. "The Edge of Utility: Slaves and Smallpox in the Early Eighteenth Century," *Medical History* 29 (1985).
Strabo. *The Geography of Strabo, trans. Horace Leonard Jones* (London: Loeb Classical Library, 1917-1933).
Straus, William IA., Jr., and A. J. E. Cave. "Pathology and the Posture of Neanderthal Man," *Quarterly Review of Biology* (December 1957).
Swetz, Frank J. *Capitalism and Arithmetic: The New Math of the 15th Century* (La Salle, IL: Open Court, 1987).
Tang, Anthony M., Fred M. Westfield, and James S. Worley, eds. *Evolution, Welfare, and Time in Economics* (Lexington, MA: Lexington Books, 1976).
Tarn, W. W. *Alexander the Gnat and the Unity of Mankind* (London: H. Milford, 1933).
Taylor, E. G. R., *The Haven-Finding Art: A History of Navigation from Odysseus to Captain Cook* (London: Hollis & Carter, 1971).
———. *The Mathematical Practitioners of Hanoverian England, 1714-1840* (Cambridge, UK: Cambridge University Press, 1966).
———. *The Mathematical Practitioners of Tudor Stuart England* (Cambridge, UK: Cambridge University Press, 1954).
Taylor, Frederick W. *Scientific Management* (New York: Harper & Row, 1964).
Temple, Robert. *The Genius of China: 3,000 Years of Science, Discovery, and Invention* (New York: Simon & Schuster, 1986).
Teresi, Dick, *Lost Discoveries* (New York: Simon & Schuster, 2002).
Thiel, J. H. "Eudoxus of Cyzicus," in *Historische Studies* 23 (Utrecht, Netherlands: University of Utrecht, 1966).
Thomas, Keith. *Religion and the Decline of Magic* (New York: Scribner's, 1971).
Thomas, Steve. *The Last Navigator* (Camden, ME: International Marine, 1997).
Thoren, Victor E. *The Lord of Uraniborg: A Biography of Tycho Brahe* (Cambridge, UK: Cambridge University Press, 1990).
Thorndike, Lynn. *The Place of Magic in the Intellectual History of Europe* (New York: AMS Press, 1967).
Tourneux, Maurice. *Bibliographie de l'Histoire de Paris Pendant la Révolution Française* (Paris, 1890-1913; reprinted by AMS Press, 1976).
Trevor-Roper, H. R, "The European Witch-Craze of the Sixteenth and Seventeenth Centuries," in *The European Witch-Craze of the Sixteenth and Seventeenth Centuries and Other Essays* (New

York: Harper and Row, 1969).
Union of Concerned Scientists. *The Fallacy of Star Wars* (New York: Vintage Books, 1984).
Ure, Andrew. *The Philosophy of Manufactures, or, an Exposition of the Scientific, Moral, and Commercial Economy of the Factory System of Great Britain* (London: C. Knight, 1835).
Van Doren, Charles. *A History of Knowledge* (New York: Ballantine, 1991).
Vasari, Giorgio. *The Lives of the Artists* (Harmondsworth, UK: Penguin, 1965).
Vesalius, Andreas. *On The Fabric of the Human Body.* An annotated translation by Daniel Garrison and Malcolm Hast of the 1543 and 1555 editions of *De humani corporis fabrica.* Northwestern University.
———. *The Illustrations from the Works of Andreas Vesalius of Brussels*, ed. J. B. de C. M. Saunders and Charles D. O'Malley (New York: Dover, 1950).
Vess, Donald M. *Medical Revolution in France, 1789-1795* (Gainesville: University Presses of Florida, 1975).
Vogel, Virgil J. *American Indian Medicine* (Norman: University of Oklahoma Press, 1970).
Vogt, David. "Medicine Wheel Astronomy," in Clive N. Ruggles and Nicholas J. Saunders, eds., *Astronomies and Cultures* (Boulder. University Press of Colorado, 1993).
von Bodenstein, Adam. "Foreword" to Paracelsus, *The Diseases that Deprive Man of His Reason.*
Wallace, Anthony F. C. *The Social Context of Innovation* (Princeton, NJ: Princeton University Press, 1982).
Ware, John Nottingham. "The Vocabulary of Bernardin de Saint-Pierre and Its Relation to the French Romantic School," in *The Johns Hopkins Studies in Romance Literatures and Languages*, vol. IX (Baltimore, MD: Johns Hopkins University Press, 1927).
Waters, David W. "Nautical Astronomy and the Problem of Longitude", in Burke, ed., *The Uses of Science in the Age of Newton.*
Watson, David. *Beyond Bookchin: Preface for a Future Social Ecology* (Brooklyn, NY: Autonomedia, 1996).
Watson, Patty Jo. "Explaining the Transition to Agriculture," in Price Gebauer, eds., *Last Hunters, First Farmers.*
Weatherford, Jack. *Indian Givers: How the Indians of the Americas Transformed the World* (New York: Crown, 1988).
———. *Native Roots: How the Indians Enriched America* (New York: Crown, 1991).
Webster, Charles. *From Paracelsus to Newton: Magic and the Making of Modern Science* (Cambridge, UK: Cambridge University Press, 1982).
Weinberg, Alvin. *Reflections on Big Science* (Cambridge, MA: MIT Press, 1966).
Werskey, Gary. *The Visible College* (New York: Holt, Rinehart and Winston, 1979).
Wertime, Theodore A. "Pyrotechnology: Man's Fire-Using Crafts," in Schmandt-Besserat, ed., *Early Technologies.*
Westfall, Richard S. *Never at Rest: A Biography of Isaac Newton* (Cambridge, UK: Cambridge University Press, 1980).
———. "Science and Technology during the Scientific Revolution: An Empirical Approach," in Field and James, eds., *Renaissance and Revolution: Humanists, Scholars, Craftsmen and Natural Philosophers in Early Modem Europe.*
———. "The Scientific Revolution Reasserted," in Osler, ed., *Rethinking the Scientific Revolution.*
White, Lynn, Jr. *Medieval Technology and Social Change* (Oxford, UK: Oxford University Press,

1962).

———. "Pumps and Pendula: Galileo and Technology," in Golino, ed., *Galileo Reappraised.*

Wightman, W. P. D. *The Growth of Scientific Ideas* (New Haven, CT: Yale University Press, 1953).

Wilford, John Noble. "Debate Is Fueled on When Humans Became Human," *New York Times*, February 26, 2002.

Wilson, E. O. *Sociobiology: The New Synthesis* (Cambridge, MA: Harvard University Press, 1975).

Wilson, L. G. *Sir Charles Lyell's Scientific Journals on the Species Question* (New Haven, CT: Yale University Press, 1970).

Winchester, Simon. *The Map That Changed the World: William Smith and the Birth of Modern Geology* (New York: HarperCollins, 2001).

Winsor, Justin. *Christopher Columbus: And How He Received and Imparted the Spirit of Discovery* (Boston, MA: Houghton Mifflin, 1892).

Withering, William. *An Account of the Foxglove, and Some of Its Medical* (1785), reproduced in J. K. Aronson, *An Account of the Foxglove and Its Medical Uses, 1785-1985* (Oxford, UK: Oxford University Press, 1985).

Wooldridge, Adrian. *Measuring the Mind: Education and Psychology in England, c. 1860-c. 1990* (Cambridge, UK: Cambridge University Press, 1994). Worsley, Peter. Knowledges (New York: New Press, 1997).

Worster, Donald. *Nature's Economy* (Cambridge, UK: Cambridge University Press, 1977).

Wråkberg, Urban. "The Northern Space: Reflections on Arctic Landscapes." Centrum för Vetenskapshistoria (Center for History of Science, Royal Swedish Academy of Sciences), http://www.cfvh.kva.se

Xenophon. *The Economist*, trans. Alexander D. O. Wedderburn and W. Gershom Collingwood (New York: Burt Franklin, 1971).

Yong, Lam Lay, and Ang Tran Se. *Fleeting Footsteps: Tracing the Conception of Arithmetic and Algebra in Ancient China* (River Edge, NJ: World Scientific, 1992).

Young, Sidney. *The Annals of the Barber-Surgeons of London* (London: Blades, East & Blades, 1890).

Zilsel, Edgar. "The Genesis of the Concept of Physical Law," in Zilsel, *The Social Origins of Modern Science.* Originally published in *Philosophical Review* 60 (1942).

———. "The Genesis of the Concept of Scientific Progress and Scientific Cooperation," in Zilsel, *The Social Origins of Modern Science.* Originally pub lished in *Journal of the History of Ideas* 6 (1945).

———. "The Origins of Gilbert's Scientific Method," in Zilsel, *The Social Origins of Modern Science.* Originally published in *Journal of the History of Ideas* 2 (1941).

———. "Problems of Empiricism," in Zilsel, *The Social Origins of Modern Science.* Originally published in Giorgio de Santillana and Edgar Zilsel, *The Development of Rationalism and Empiricism* (1941).

———. *The Social Origins of Modern Science*, ed. Diederick Raven, Wolfgang Krohn, and Robert S. Cohen (Dordrecht, Boston, and London: Kluwer Academic, 2000)

———. "The Sociological Roots of Science," in Zilsel, *The Social Origins of Modern Science.* Originally published in *American Journal of Sociology* 47 (1942).

Zinn, Howard. *A People's History of the United States, 1492-Present* (New York: Harper & Row, 1995).

옮긴이 후기

균형 잡힌 과학사 서술을 위한 '막대 구부리기'

과학이나 과학자라는 단어를 들으면 누구나 머릿속에 떠올리는 이름들이 있다. 코페르니쿠스, 갈릴레오, 뉴턴, 파스퇴르, 다윈, 아인슈타인, 호킹 같은 이름들이다. 과학사에 좀 관심이 있는 사람이라면 여기에 아리스토텔레스, 케플러, 하비, 라부아지에, 멘델, 러더퍼드, 페르미, 왓슨과 크릭 등의 이름들을 손쉽게 보탤 수 있을 것이다. 우리는 어렸을 때부터 위인전기나 과학 교과서를 통해 이런 사람들의 이름을 접하며, 그들이 제시한 새로운 이론이나 법칙들을 공부한다. 대학의 교양 과학사 과목을 수강하는 경우에도 사정은 크게 다르지 않다. 과학사 강의의 많은 부분은 몇 안 되는 불세출의 과학자들이 어떤 지적, 사상사적 기여를 했는가에 초점을 맞추며, 종종 그들이 기존의 '상식'에서 벗어나는 '이단적'인 주장을 하면서 어떤 어려움을 겪고 때로 박해를 받았는지를 상세하게 다룬다. (그런 점에서 갈릴레오와 종교재판, 다윈과 진화론 논쟁에 관한 에피소드는 과학사에서 빼놓을 수 없는 단골 주제들이다.) 대중적 과학사 책들에서 흔히 볼 수 있는 이러한 서술은 과학의 발전 과정에 대해 강력한 인상을 심어 준다. 요컨대 과학의 역사는 소수의 '천재'들이 그들을 이해하지 못하는 비우호적 사회 분위기 속에서 간헐적으로 이뤄 낸 깜짝 놀랄 만한 업적들의 연속이라는 것이다.

미국의 역사가이자 교육자인 클리퍼드 코너는 역저 『과학의 민중사』에서 이와 같은 이른바 '과학의 위인 이론'에 반기를 든다. 이 책에서 그는 역사를 마치 장군, 왕, 부자, 귀족, 지식인들의 전유물인 양 다루던 경향에서 탈피해 그간 무시돼 온 기층 민중들(노동자, 농민, 하층 계급, 여성 등)의 관점에서 그려 낸 지난 수십 년간의 민중사(people's history) 서술 방향에 공감을 표시한다. 그는 이러한 서술 방향을 과학사에 접목시켜, 그간 지식인들의 지적 속물근성 때문에 공로를 인정받지 못했던 광부, 산파, 선원, 기계공 등이 자연에 대한 체계적 지식을 획득하는 데 기여한 바를 정당하게 복원해 내려 한다.

원시 시대부터 현대에 이르는 이 엄청난 과업을 달성하기 위해 그는 수많은 기존의 연구 성과들에 의존하고 있다. 특히 제2차 세계 대전 이후 과학사라는 학문 분야가 제도화되는 과정에서, 냉전 시기의 이데올로기적 지형도로 인해 '조악한 경제 결정론'으로 부당하게 배척되고 비난받았던 이른바 과학사의 외적 접근(externalist approach)을 다시금 되살려 내고 있다는 점에서 주목할 만하다(1930년대부터 1950년대까지 보리스 헤센, J. D. 버널, 벤저민 패링턴, 에드거 질셀 같은 마르크스주의 과학사가들이 성취해 낸 업적이 여기 속한다). 그는 여기에서 그치지 않고 1960년대 이후 고고학자와 인류학자들이 (주로 지구상의 외딴 지역에 거주하는 부족들을 연구해) 발굴해 낸 성과나 1980년대 이후 스티븐 섀핀, 패멀라 스미스처럼 과학의 사회사를 추구한 학자들이 얻어 낸 새로운 이해 등도 곳곳에 흥미로운 방식으로 접목시키고 있다.

물론 기존의 과학사 서술에 익숙한 사람들에게 이 책은 당혹스럽게 여겨질지 모른다. 서양 과학사의 중요한 축을 이루는 플라톤, 아리스토텔레스, 베이컨, 뉴턴, 다윈 등 유명한 과학자들이 극히 소략하게 다뤄지고 있을 뿐 아니라 때로는 그들이 과학의 발전을 가로막은 원흉으로 비난받기까지 하기 때문이다. 혹자는 이러한 서술이 기존의 과학사 연구 성과를 깡그리 부정하는 것은 아니냐는 의혹의 시선을 보낼 수도 있다. 그러나 이 책은 '과학의 위인 이론'으로 대표되는 대중적 과학사 서술의 편향을 바로잡기 위해 이미 구부러져 있던 막대를 반대 방향으로 휘려는 노력의 소산이며, 이 과정에서 불가피하게 막대가 반대 방향으로 과도하게 휘어지는 또 다른 편향을 낳는 것처럼 보일 수 있음을 염두에 두어야 한다. 이 책은 기존의 과학사 서술을 완전히 대체한다기보다 그것과 (때때로 상당한 긴장을 수반하는) 보완 관계를 갖는다고 봐야 온당할 것이며, 또 그렇게 읽을 때 비로소 이 책이 갖는 가치를 제대로 이해할 수 있을 것이다.

이 책의 저자인 코너는 역사가로서 흥미로운 이력을 가진 인물이다. 조지아 공과 대학교를 졸업한 그는 1960년대에 군수업체인 록히드 항공에서 엔지니어로 일하다가, 영국 연수를 계기로 현대 과학의 군사적 속성에 눈을 뜨게 되어 직장을 그만두고 이후 20년 가까이 반전 운동, 노조 운동, 좌파 운동에 투신했고 급진 과학 운동을 표방한《민중을 위한 과학》같은 잡지를 즐겨 읽었다. (이 와중에 그는 FBI의 블랙리스트에 올라 취업이 제한되기도 했다.) 그 후 40대 중반에 접어들어 인생의 새로운 전기를 찾던 그는 늦깎이로 대학원에 입학해 과학사를 공부하기 시작했고, 프랑스 혁명기의 정치가이자 과학자인 장 폴 마라에 관한 논문으로 박사 학위를 받은 후 현재까지 뉴욕 시립 대학교에서 학생들을 가르치며 저술 활동을 하고 있다. 이 책은 격동의 20세기 후반기를 치열하게 헤쳐 나온 저자의 여러 경험과 이념, 학문적 성과들이 한데 어우러져 나온 성과물이라고 할 만하다.

영어 초판이 2005년에 출간된 이 책이 8년이 지나서야 우리말로 선을 보이게 된 데는 약간의 변명의 말이 필요할 것 같다. 사실 역자 중 한 사람(김명진)에게 책의 번역이 처음 제안된 시점은 원서가 출간되기도 전인 2005년 봄이었다. 그러나 원서가 출간된 후에도 역자의 게으름으로 책의 번역 작업이 기약 없이 늘어지자 2008년 여름 사이언스북스에서 번역의 짐을 덜어 줄 공역자들의 섭외에 나섰고, 당시 미국에 체류 중이던 최형섭과 안성우가 구원투수 역할을 자청하고 나섬으로써 번역이 본궤도에 오르게 되었다. 그러나 그 이후에도 번역의 진척 속도는 그리 빠른 편이 못 되어서 2010년 여름이 되어서야 처음으로 초역 원고가 만들어졌고, 이 원고에 대한 전체적인 용어 통일과 수차례에 걸친 교열 작업에 또 상당한 시간이 소요되어 결국 2014년에 와서야 번역서의 출간을 보게 되었다. 번역은 김명진이 1~3장, 안성우가 4~5장, 최형섭이 6~8장을 각각 맡아서 작업했다.

이 자리를 빌려 예상보다 크게 늦어진 이 책의 출간을 위해 힘써 주신 사이언스북스의 여러 분들과 무려 8년에 이르는 기간 동안 이 책의 출간에 관심을 가지고 종종 소식을 물어봐 주신 여러 선생님들께 감사의 말씀을 드린다. 부디 이 책에서 제시하는 신선한 시각을 많은 사람들이 접하고 그것이 과학 교육이나 일반 시민들의 과학에 대한 이해에서 흥미로운 토론거리를 제공할 수 있기를 바라마지 않는다.

2014년 1월

역자들을 대표해서

김명진

찾아보기

ㄴ

ㄷ

ㄹ

ㅂ

ㅈ

ㅋ

ㅌ

ㅍ

ㅎ

과학의 민중사

1판 1쇄 펴냄 2014년 1월 13일
1판 5쇄 펴냄 2022년 5월 31일

지은이 클리퍼드 코너
옮긴이 김명진, 안성우, 최형섭
펴낸이 박상준
펴낸곳 (주)사이언스북스

출판등록 1997. 3. 24.(제16-1444호)
(우)06027 서울특별시 강남구 도산대로1길 62

대표전화 515-2000 팩시밀리 515-2007
편집부 517-4263 팩시밀리 514-2329

www.sciencebooks.co.kr

ISBN 978-89-8371-639-2 93400